공조냉동기계
산업기사 필기

과년도 문제풀이 10개년

예문사

무료 동영상 강의 이용 안내

STEP 1   네이버 카페 "가냉보열" 가입

- 좌측 QR 코드를 스캔하여 카페에 가입합니다.
- 카페 주소(https://cafe.naver.com/kos6370)를 직접 입력하거나, 네이버에서 "가냉보열"을 검색하셔도 됩니다.

STEP 2   도서인증 게시판 확인

- "권오수 저자 직강 무료 강의 수강 방법 안내" 글을 정독합니다.
- 각 강의별로 인증 가능한 도서가 다르게 운영되고 있으니, 원하시는 강의 게시판에 게시된 공지사항을 꼭 읽어보세요.

STEP 3   도서 구매인증 서식 작성

- "무료강의 도서인증" 해당 게시판에 구매 인증 글을 남깁니다.
- 도서 안쪽 첫 페이지에 자필로 카페 아이디를 적고 인증 사진을 촬영해주세요.

STEP 4   저자 직강 무료 강의 시청

- 카페 관리자가 승인하면 바로 시청이 가능합니다.
- 승인 가능한 시간은 평일 오전 8시~오후 5시이며, 주말 및 공휴일은 제외됩니다.

PREFACE
머리말

공조냉동기계산업기사 1차 필기시험은 2020년 4회 시험부터 CBT(Computer-Based Test) 방식으로 변경되었으며, 2022년 1회 시험부터 총 문항수가 80문항에서 60문항으로 줄어들었다. 이러한 흐름에 맞춰 필자는 10년간의 과년도 기출문제와 CBT 실전모의고사로 구성된 「공조냉동기계산업기사 필기 과년도 문제풀이 10개년」이라는 책을 독자들에게 선보이게 되었다.

출제기준

2022년 이전	2022년 이후
• 1과목 : 공기조화(20문항) • 2과목 : 냉동공학(20문항) • 3과목 : 배관일반(20문항) • 4과목 : 전기제어공학(20문항)	• 공기조화 설비(20문항) • 냉동냉장 설비(20문항) • 공조냉동 설치 · 운영(20문항) 배관일반(10문항), 전기일반(8문항), 관련법(2문항)
총 80문항	총 60문항

※ 총 60문항 중 계산문제는 15문항가량 출제되며, 전기일반에서 블록선도, 주파수응답, 시간응답, 제어의 응용 등 어려운 문제는 출제되지 않아 비교적 용이해졌다.

시험에 응시하는 수험자에게는 실력 쌓기도 중요하지만 시험에 앞서 그동안 출제된 문제들을 풀어봄으로써 출제경향을 파악하고 문제풀이의 요령을 터득하는 것이 매우 중요할 것이다. 이러한 과정은 시험준비의 마지막 정리를 할 수 있게 해주며 합격에 이르는 요긴한 방법이 될 수 있다.

필자는 다년간 기술학원에서 수강생들에게 강의를 해오며 여러 가지 국가기술자격증 취득을 위한 수험서적을 저술하였다. 독자 여러분들의 큰 호응에 힘입어 자격증 취득에 필요한 노하우를 이 책을 통해 다시 한번 선보일 수 있게 되어 기쁘게 생각한다.

저자 일동

INFORMATION
최신 출제기준

직무분야	기계	중직무분야	기계장비설비·설치	자격종목	공조냉동기계산업기사	적용기간	2025. 1. 1. ~ 2029. 12. 31.

직무내용: 산업현장, 건축물의 실내 환경을 최적으로 조성하고, 냉동냉장설비 및 기타 공작물을 주어진 조건으로 유지하기 위해 기술기초이론 지식과 숙련기능을 바탕으로 공조냉동, 유틸리티 등 필요한 설비를 설계, 시공 및 유지관리하는 직무이다.

필기검정방법	객관식	문제수	60	시험시간	1시간 30분

필기과목명	문제수	주요항목	세부항목	세세항목
공기조화 설비	20	1. 공기조화의 이론	1. 공기조화의 기초	1. 공기조화의 개요 2. 보건공조 및 산업공조 3. 환경 및 설계조건
			2. 공기의 성질	1. 공기의 성질 2. 습공기 선도 및 상태변화
		2. 공기조화 계획	1. 공기조화 방식	1. 공기조화 방식의 개요 2. 공기조화 방식 3. 열원 방식
			2. 공기조화 부하	1. 부하의 개요 2. 난방부하 3. 냉방부하
			3. 클린룸	1. 클린룸 방식 2. 클린룸 구성 3. 클린룸 장치
		3. 공기조화설비	1. 공조기기	1. 공기조화기 장치 2. 송풍기 및 공기정화장치 3. 공기냉각 및 가열코일 4. 가습·감습장치 5. 열교환기
			2. 열원기기	1. 온열원기기 2. 냉열원기기
			3. 덕트 및 부속설비	1. 덕트 2. 급·환기설비
		4. 공조프로세스 분석	1. 부하적정성 분석	1. 공조기 및 냉동기 선정
		5. 공조설비운영 관리	1. 전열교환기 점검	1. 전열교환기 종류별 특징 및 점검
			2. 공조기 관리	1. 공조기 구성 요소별 관리방법
			3. 펌프 관리	1. 펌프 종류별 특징 및 점검 2. 펌프 특성 3. 고장 원인과 대책 수립 4. 펌프 운전 시 유의사항
			4. 공조기 필터점검	1. 필터 종류별 특성 2. 실내공기질 기초

필기과목명	문제수	주요항목	세부항목	세세항목
			6. 보일러설비 운영	1. 보일러 관리	1. 보일러 종류 및 특성
				2. 부속장치 점검	1. 부속장치 종류와 기능
				3. 보일러 점검	1. 보일러 점검항목 확인
				4. 보일러 고장 시 조치	1. 보일러 고장원인 파악 및 조치
냉동냉장 설비	20	1. 냉동이론	1. 냉동의 기초 및 원리	1. 단위 및 용어 2. 냉동의 원리 3. 냉매 4. 신냉매 및 천연냉매 5. 브라인 및 냉동유
			2. 냉매선도와 냉동사이클	1. 몰리에르 선도와 상변화 2. 냉동사이클
			3. 기초열역학	1. 기체상태변화 2. 열역학 법칙 3. 열역학의 일반관계식
		2. 냉동장치의 구조	1. 냉동장치 구성 기기	1. 압축기 2. 응축기 3. 증발기 4. 팽창밸브 5. 장치 부속기기 6. 제어기기
		3. 냉동장치의 응용과 안전관리	1. 냉동장치의 응용	1. 제빙 및 동결장치 2. 열펌프 및 축열장치 3. 흡수식 냉동장치 4. 기타 냉동의 응용
		4. 냉동냉장부하	1. 냉동냉장부하 계산	1. 냉동부하 계산 2. 냉장부하 계산
		5. 냉동설비 설치	1. 냉동설비 설치	1. 냉동·냉각설비의 개요
			2. 냉방설비 설치	1. 냉방설비 방식 및 설치
		6. 냉동설비 운영	1. 냉동기 관리	1. 냉동기 유지보수
			2. 냉동기 부속장치 점검	1. 냉동기·부속장치 유지보수
			3. 냉각탑 점검	1. 냉각탑 종류 및 특성 2. 수질관리
공조냉동 설치·운영	20	1. 배관재료 및 공작	1. 배관재료	1. 관의 종류와 용도 2. 관이음 부속 및 재료 등 3. 관 지지장치 4. 보온·보냉 재료 및 기타 배관용 재료
			2. 배관공작	1. 배관용 공구 및 시공 2. 관 이음방법

INFORMATION
최신 출제기준

필기과목명	문제수	주요항목	세부항목	세세항목
		2. 배관 관련 설비	1. 급수설비	1. 급수설비의 개요 2. 급수설비 배관
			2. 급탕설비	1. 급탕설비의 개요 2. 급탕설비 배관
			3. 배수통기설비	1. 배수통기설비의 개요 2. 배수통기설비 배관
			4. 난방설비	1. 난방설비의 개요 2. 난방설비 배관
			5. 공기조화설비	1. 공기조화설비의 개요 2. 공기조화설비 배관
			6. 가스설비	1. 가스설비의 개요 2. 가스설비 배관
			7. 냉동 및 냉각설비	1. 냉동설비의 배관 및 개요 2. 냉각설비의 배관 및 개요
			8. 압축공기 설비	1. 압축공기설비 및 유틸리티 개요
		3. 설비 적산	1. 냉동설비 적산	1. 냉동설비 자재 및 노무비 산출
			2. 공조냉난방설비 적산	1. 공조냉난방설비 자재 및 노무비 산출
			3. 급수급탕오배수설비 적산	1. 급수급탕오배수설비 자재 및 노무비 산출
			4. 기타 설비 적산	1. 기타 설비 자재 및 노무비 산출
		4. 공조급배수설비 설계도면 작성	1. 공조, 냉난방, 급배수 설비 설계도면 작성	1. 공조·급배수설비 설계도면 작성
		5. 공조설비점검 관리	1. 방음/방진 점검	1. 방음/방진 종류별 점검
		6. 유지보수공사 안전관리	1. 관련 법규 파악	1. 고압가스 안전관리법(냉동) 2. 기계설비법
			2. 안전작업	1. 산업안전보건법
		7. 교류회로	1. 교류회로의 기초	1. 정현파 교류 2. 주기와 주파수 3. 위상과 위상차 4. 실효치와 평균치
			2. 3상 교류회로	1. 3상 교류의 성질 및 접속 2. 3상 교류전력(유효전력, 무효전력, 피상전력) 및 역률
		8. 전기기기	1. 직류기	1. 직류전동기의 종류 2. 직류전동기의 출력, 토크, 속도 3. 직류전동기의 속도제어법

필기과목명	문제수	주요항목	세부항목	세세항목
			2. 변압기	1. 변압기의 구조와 원리 2. 변압기의 특성 및 변압기의 접속 3. 변압기 보수와 취급
			3. 유도기	1. 유도전동기의 종류 및 용도 2. 유도전동기의 특성 및 속도제어 3. 유도전동기의 역운전 4. 유도전동기의 설치와 보수
			4. 동기기	1. 구조와 원리 2. 특성 및 용도 3. 손실, 효율, 정격 등 4. 동기전동기의 설치와 보수
			5. 정류기	1. 정류기의 종류 2. 정류회로의 구성 및 파형
		9. 전기계측	1. 전류, 전압, 저항의 측정	1. 전류계, 전압계, 절연저항계, 멀티미터 사용법 및 전류, 전압, 저항 측정
			2. 전력 및 전력량의 측정	1. 전력계 사용법 및 전력 측정
			3. 절연저항 측정	1. 절연저항의 정의 및 절연저항계 사용법 2. 전기회로 및 전기기기의 절연저항 측정
		10. 시퀀스 제어	1. 제어요소의 작동과 표현	1. 시퀀스 제어계의 기본구성 2. 시퀀스 제어의 제어요소 및 특징
			2. 논리회로	1. 불대수 2. 논리회로
			3. 유접점회로 및 무접점 회로	1. 유접점회로 및 무접점회로의 개념 2. 자기유지회로 3. 선형우선회로 4. 순차작동회로 5. 정역제어회로 6. 한시회로 등
		11. 제어기기 및 회로	1. 제어의 개념	1. 제어의 정의 및 필요성 2. 자동제어의 분류
			2. 조절기용 기기	1. 조절기용 기기의 종류 및 특징
			3. 조작용 기기	1. 조작용 기기의 종류 및 특징
			4. 검출용 기기	1. 검출용 기기의 종류 및 특성

CBT 전면시행에 따른

CBT PREVIEW

한국산업인력공단(www.q-net.or.kr)에서는 실제 컴퓨터 필기시험 환경과 동일하게 구성된 자격검정 CBT 웹 체험을 제공하고 있습니다. 또한, 예문사 홈페이지(http://yeamoonsa.com)에서도 CBT 형태의 모의고사를 풀어볼 수 있으니 참고하여 활용하시기 바랍니다.

💻 수험자 정보 확인

시험장 감독위원이 컴퓨터에 나온 수험자 정보와 신분증이 일치하는지를 확인하는 단계입니다.
수험번호, 성명, 주민등록번호, 응시종목, 좌석번호를 확인합니다.

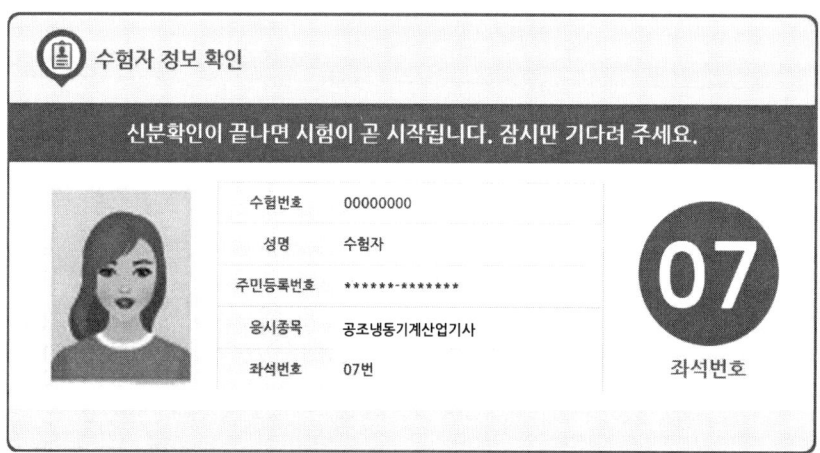

💻 안내사항

시험에 관련된 안내사항이므로 꼼꼼히 읽어보시기 바랍니다.

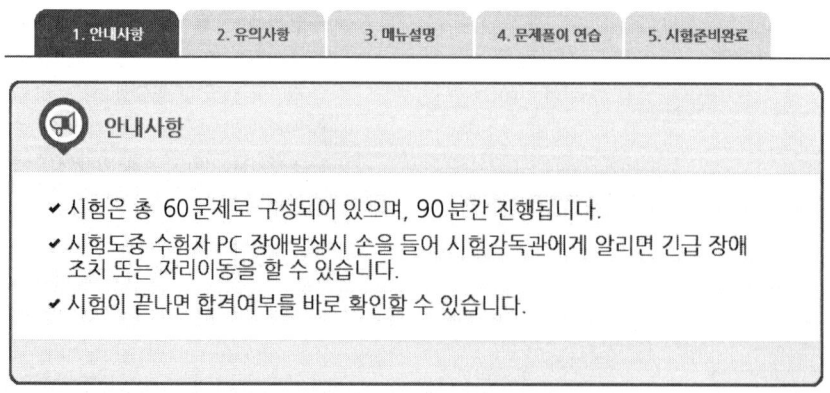

AIR – CONDITIONING REFRIGERATING MACHINERY ■ ■ ■

🖥 유의사항

부정행위는 절대 안 된다는 점, 잊지 마세요!

- 다음과 같은 부정행위가 발각될 경우 감독관의 지시에 따라 퇴실 조치되고, 시험은 무효로 처리되며, 3년간 국가기술자격검정에 응시할 자격이 정지됩니다.

  - ✓ 시험 중 다른 수험자와 시험에 관련한 대화를 하는 행위
  - ✓ 시험 중에 다른 수험자의 문제 및 답안을 엿보고 답안지를 작성하는 행위
  - ✓ 다른 수험자를 위하여 답안을 알려주거나, 엿보게 하는 행위
  - ✓ 시험 중 시험문제 내용과 관련된 물건을 휴대하여 사용하거나 이를 주고받는 행위

> 다음 유의사항 보기 ▶

🖥 문제풀이 메뉴 설명

문제풀이 메뉴에 대한 주요 설명입니다. CBT에 익숙하지 않다면 꼼꼼한 확인이 필요합니다.
(글자크기/화면배치, 전체/안 푼 문제 수 조회, 남은 시간 표시, 답안 표기 영역, 계산기 도구, 페이지 이동, 안 푼 문제 번호 보기/답안 제출)

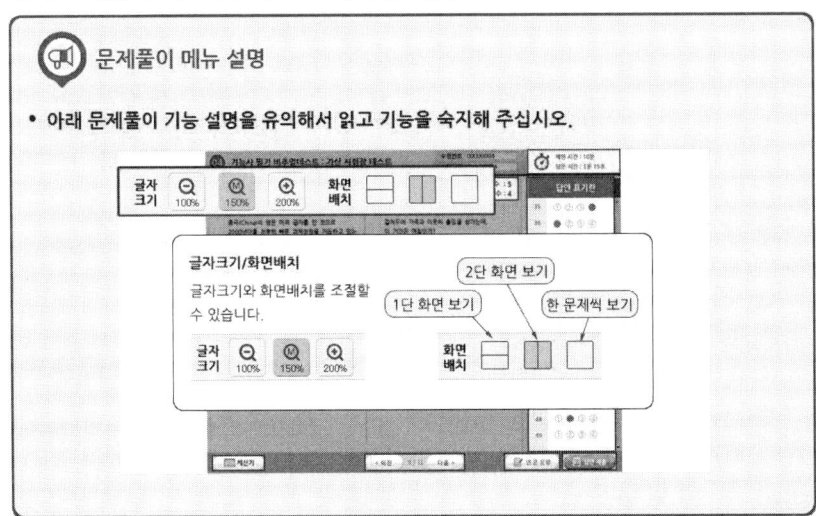

CBT PREVIEW 9

CBT 전면시행에 따른
CBT PREVIEW

🖥️ 시험준비 완료!

이제 시험에 응시할 준비를 완료합니다.

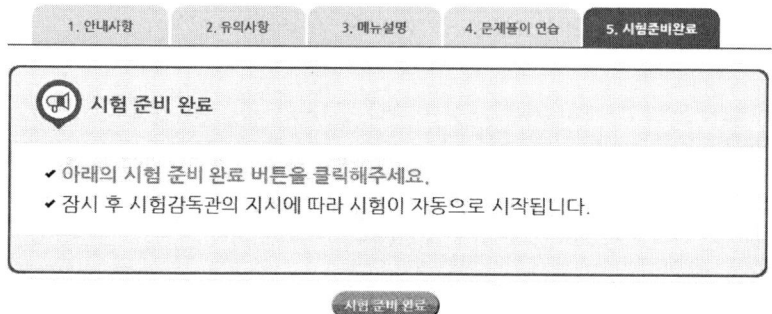

🖥️ 시험화면

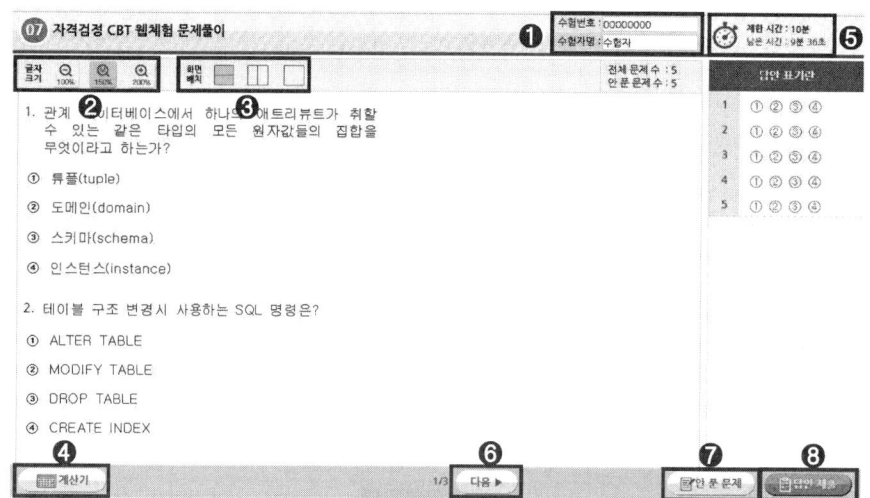

❶ 수험번호, 수험자명 : 본인이 맞는지 확인합니다.
❷ 글자크기 : 100%, 150%, 200%로 조정 가능합니다.
❸ 화면배치 : 2단 구성, 1단 구성으로 변경합니다.
❹ 계산기 : 계산이 필요할 경우 사용합니다.
❺ 제한 시간, 남은 시간 : 시험시간을 표시합니다.
❻ 다음 : 다음 페이지로 넘어갑니다.
❼ 안 푼 문제 : 답안 표기가 되지 않은 문제를 확인합니다.
❽ 답안 제출 : 최종답안을 제출합니다.

AIR – CONDITIONING REFRIGERATING MACHINERY ■ ■ ■

📺 답안 제출

문제를 다 푼 후 답안 제출을 클릭하면 다음과 같은 메시지가 출력됩니다.
여기서 '예'를 누르면 답안 제출이 완료되며 시험을 마칩니다.

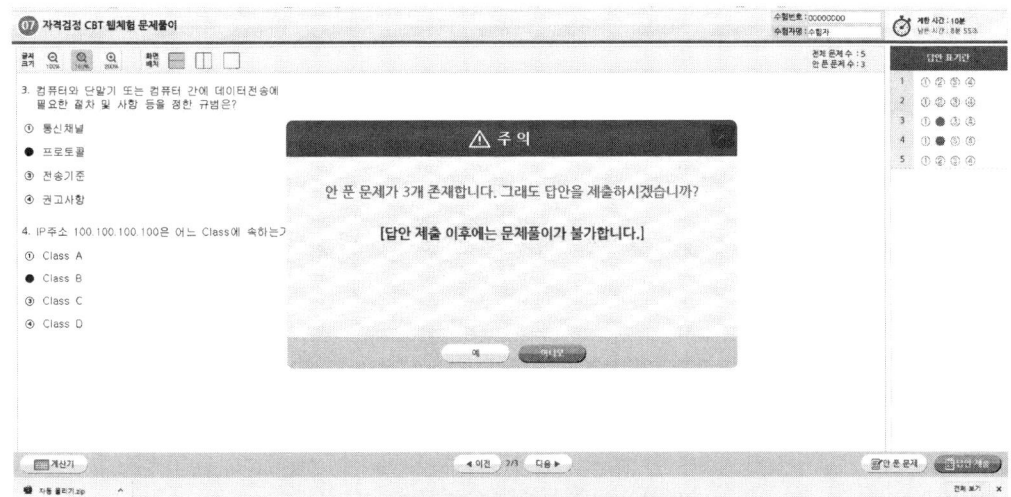

📺 알고 가면 쉬운 CBT 4가지 팁

1. 시험에 집중하자.
　기존 시험과 달리 CBT 시험에서는 같은 고사장이라도 각기 다른 시험에 응시할 수 있습니다. 옆 사람은 다른 시험을 응시하고 있으니, 자신의 시험에 집중하면 됩니다.

2. 필요하면 연습지를 요청하자.
　응시자의 요청에 한해 시험장에서는 연습지를 제공하고 있습니다. 연습지는 시험이 종료되면 회수되므로 필요에 따라 요청하시기 바랍니다.

3. 이상이 있으면 주저하지 말고 손을 들자.
　갑작스럽게 프로그램 문제가 발생할 수 있습니다. 이때는 주저하며 시간을 허비하지 말고, 즉시 손을 들어 감독관에게 문제점을 알려주시기 바랍니다.

4. 제출 전에 한 번 더 확인하자.
　시험 종료 이전에는 언제든지 제출할 수 있지만, 한 번 제출하고 나면 수정할 수 없습니다. 맞게 표기하였는지 다시 확인해보시기 바랍니다.

CBT 모의고사 이용 가이드

- 인터넷에서 [예문사]를 검색하여 홈페이지에 접속합니다.
- PC, 휴대폰, 태블릿 등을 이용해 사용이 가능합니다.

STEP 1 회원가입 하기

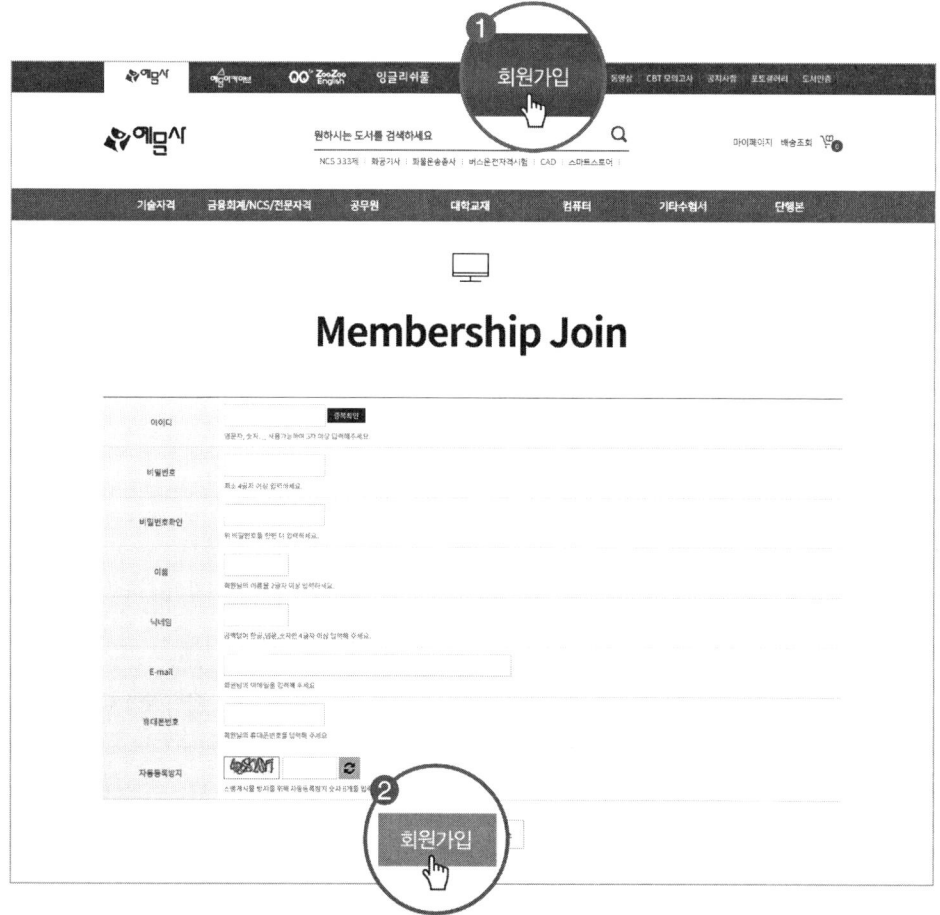

1. 메인 화면 상단의 [회원가입] 버튼을 누르면 가입 화면으로 이동합니다.
2. 입력을 완료하고 아래의 [회원가입] 버튼을 누르면 **인증절차 없이 바로 가입**이 됩니다.

STEP 2 시리얼 번호 확인 및 등록

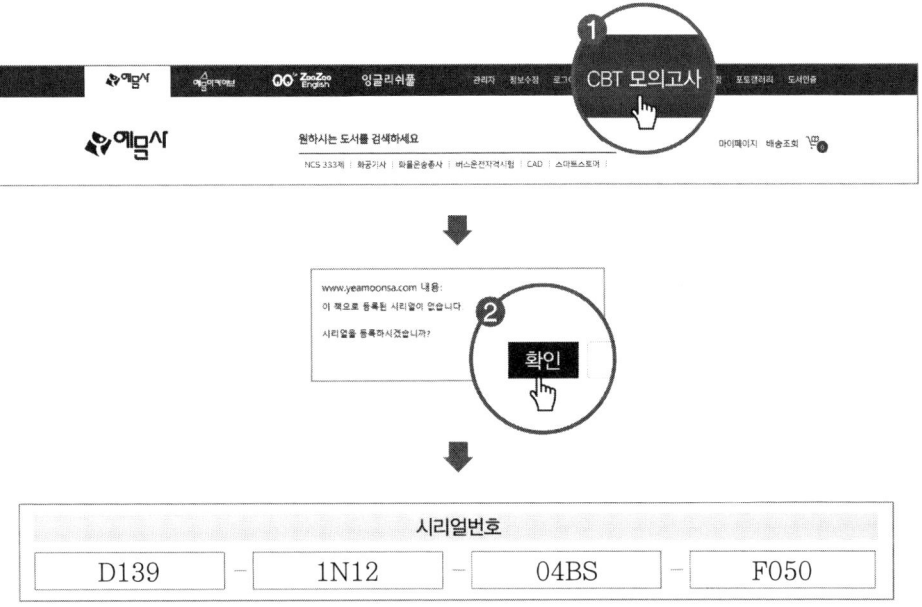

시리얼번호			
D139	1N12	04BS	F050

1. 로그인 후 메인 화면 상단의 [CBT 모의고사]를 누른 다음 **수강할 강좌를 선택**합니다.
2. 시리얼 등록 안내 팝업창이 뜨면 [확인]을 누른 뒤 **시리얼 번호를 입력**합니다.

STEP 3 등록 후 사용하기

1. 시리얼 번호 입력 후 [마이페이지]를 클릭합니다.
2. 등록된 CBT 모의고사는 [모의고사]에서 확인할 수 있습니다.

CONTENTS
이책의 차례

제1편 핵심요점 총정리

- CHAPTER 01 | 공기조화 설비 ·· 2
- CHAPTER 02 | 냉동냉장 설비 ·· 22
- CHAPTER 03 | 공조냉동 설치·운영(배관) ·· 46
- CHAPTER 04 | 공조냉동 설치·운영(전기) ·· 77

제2편 과년도 기출문제

2011년
- 제1회(2011. 03. 20. 시행) ·· 106
- 제2회(2011. 06. 12. 시행) ·· 117
- 제3회(2011. 08. 21. 시행) ·· 128

2012년
- 제1회(2012. 03. 04. 시행) ·· 140
- 제2회(2012. 05. 20. 시행) ·· 153
- 제3회(2012. 08. 26. 시행) ·· 166

2013년
- 제1회(2013. 03. 10. 시행) ·· 178
- 제2회(2013. 06. 02. 시행) ·· 190
- 제3회(2013. 08. 18. 시행) ·· 203

2014년
- 제1회(2014. 03. 02. 시행) ·· 215
- 제2회(2014. 05. 25. 시행) ·· 227
- 제3회(2014. 08. 17. 시행) ·· 240

2015년

- 제1회(2015. 03. 08. 시행) ········· 253
- 제2회(2015. 05. 31. 시행) ········· 266
- 제3회(2015. 08. 16. 시행) ········· 279

2016년

- 제1회(2016. 03. 06. 시행) ········· 292
- 제2회(2016. 05. 08. 시행) ········· 305
- 제3회(2016. 08. 21. 시행) ········· 318

2017년

- 제1회(2017. 03. 05. 시행) ········· 332
- 제2회(2017. 05. 07. 시행) ········· 345
- 제3회(2017. 08. 26. 시행) ········· 358

2018년

- 제1회(2018. 03. 04. 시행) ········· 372
- 제2회(2018. 04. 28. 시행) ········· 385
- 제3회(2018. 08. 19. 시행) ········· 399

2019년

- 제1회(2019. 03. 03. 시행) ········· 412
- 제2회(2019. 04. 27. 시행) ········· 426
- 제3회(2019. 08. 04. 시행) ········· 438

2020년

- 제1·2회(2020. 06. 21. 시행) ········· 452
- 제3회(2020. 08. 22. 시행) ········· 466

CONTENTS
이책의 차례

제3편 **CBT 실전모의고사**

- 제1회 CBT 실전모의고사 ·· 484
          정답 및 해설 ·· 499
- 제2회 CBT 실전모의고사 ·· 503
          정답 및 해설 ·· 516
- 제3회 CBT 실전모의고사 ·· 519
          정답 및 해설 ·· 535

공조냉동기계산업기사 필기시험은 2022년 1회부터 총 60문항이 출제됩니다.

공조냉동기계산업기사 필기 과년도 문제풀이 10개년
INDUSTRIAL ENGINEER AIR-CONDITIONING REFRIGERATING MACHINERY

출제기준

2022년 이전	2022년 이후
• 1과목 : 공기조화(20문항) • 2과목 : 냉동공학(20문항) • 3과목 : 배관일반(20문항) • 4과목 : 전기제어공학(20문항)	• 공기조화 설비(20문항) • 냉동냉장 설비(20문항) • 공조냉동 설치·운영(20문항) 배관일반(10문항), 전기일반(8문항), 관련법(2문항)
총 80문항	총 60문항

※ 총 60문항 중 계산문제는 15문항가량 출제되며, 전기일반에서 블록선도, 주파수응답, 시간응답, 제어의 응용 등 어려운 문제는 출제되지 않아 비교적 용이해졌다.

PART 01
핵심요점 총정리

CHAPTER 01 | 공기조화 설비
CHAPTER 02 | 냉동냉장 설비
CHAPTER 03 | 공조냉동 설치·운영(배관)
CHAPTER 04 | 공조냉동 설치·운영(전기)

CHAPTER 01 공기조화 설비

SECTION 01 공기조화의 개요

1. 공기조화

(1) 정의

　인위적으로 실내 또는 일정한 공간의 공기를 사용목적에 적합하도록 적당한 상태로 조정하는 것을 공기조화라 한다.

(2) 공기조화의 4대 요소

　온도, 습도, 기류, 청정도가 바람직한 상태

(3) 공기조화의 분류

　① **보건용 공기조화** : 쾌적한 주거환경을 유지하면서 보건, 위생 및 근무환경을 향상시키기 위한 공기조화
　② **산업용 공기조화** : 생산과정에 있는 물질을 대상으로 하여 물질의 온도, 습도의 변화 및 유지와 환경의 청정화로 생산성 향상이 목적이다.

(4) 공기조화의 열원장치

　① **열운반장치** : 송풍기, 펌프, 덕트, 배관 등이다.
　② **공기조화기** : 외기와 환기의 혼합실, 난방가열 코일, 냉방용 공기의 냉각, 감습을 위한 냉각 코일, 가습을 위한 가습노즐 등의 조합기기이다.
　③ **자동제어장치**
　④ **열원장치** : 보일러, 냉동기 등의 기기이다.

(5) 보건용 공기의 실내환경

　① **유효온도(ET ; Effective Temperature)** : 실내환경을 평가하는 척도로서 온도, 습도, 기류를 하나의 조합한 상태의 온도감각을 나타내며 상대습도 100%, 풍속 0m/s일 때 느껴지는 온도감각이다.

(6) 공업용 공조의 실내조건

　① 실험 및 측정실은 건구온도 20℃, 상대습도 65%로 유지시킨다.
　② 클린룸(Clean Room)
　　㉮ 공업용 클린룸(ICR ; Industrial Clean Room)
　　㉯ 바이오 클린룸(BCR ; Bio Clean Room)
　　㉰ 클린룸 등급은 미연방 규격에 의하여 공기 $1ft^3$ 체적 내에 $0.5\mu m$ 크기의 유해가스 입자 수로 나타낸다.

(7) 냉난방 설계 시 외기조건

① 상당외기온도(t_e)

$$t_e = \frac{a}{a_0} \times I + t_0$$

$$q = a \times I + a_0(t_0 - t_s) = a_0\left[\left(\frac{a}{a_0} \times I + t_0\right) - t_s\right]$$

여기서, a : 벽체 표면의 일사흡수율(%)
I : 벽체 표면이 받는 전일사량(kcal/m²h)
a_0 : 표면 열전달률(kcal/m²h℃)
t_0 : 외기온도(℃)
t_s : 벽체의 표면온도(℃)
q : 표면의 공기층으로부터 벽체에 전달되는 열량(kcal/m²h)

② 상당외기온도차(실효온도차 ETD ; Equivalent Temperature Difference)

$$\text{ETD} = \text{상당외기온도}(℃) - \text{실내온도}(℃) = t_e - t_r$$

(8) 도일(度日, Degree Day)

실내온도를 t_r, 냉난방 개시 및 종료온도를 t_p라고 하면 표시된 면적과 같은 양의 기간 냉난방부하의 총량이 된다. 이를 도일이라 한다.

$$\text{도일}(D) = \Delta d \times (t_r - t_0)[\text{deg℃} \cdot \text{day}]$$

여기서, t_r : 설정한 실내온도(℃)
t_0 : 냉난방기간 동안의 매일 평균외기온도(℃)
Δd : 냉난방기간(day)
도일(D) : 난방도일이면 HD, 냉방도일이면 CD

2. 공기

(1) 습공기의 조성

체적비율로서 질소 78%, 산소 21%, 아르곤 0.6%, 탄산가스 0.03% 정도와 약 1%의 수증기로 조성된다.

(2) 건구온도(t)

기온을 측정할 때 온도계의 감열부가 건조된 상태에서 측정한 온도(℃)

(3) 습구온도(t')

기온 측정 시 감열부를 천으로 싸고 모세관 현상으로 물을 빨아올려 감열부가 젖게 한 뒤 측정한 온도(℃)

(4) 포화공기

습공기 중에 수증기(x)가 점차 증가하여 더 이상 수증기를 포함할 수 없을 때의 공기

(5) 노점온도

공기 중에 포함된 수증기가 작은 물방울로 변화하여 이슬이 맺히는 현상을 결로라고 하는데, 이때의 온도가 노점온도이다.

(6) 노입온도(무입온도)

수증기가 미세한 안개(물방울)로 존재하는 공기의 온도

(7) 절대습도(x)

습공기 중에 함유되어 있는 수증기의 중량, 즉 습공기를 구성하고 있는 건공기 1kg 중에 포함된 수증기의 중량 x(kg)를 말하며 절대습도 x(kg/kg′)로 표시한다. 여기서 kg′는 습공기 중에서의 건조공기의 중량이다.

$$\text{습공기의 포화도}(\phi_s) = \frac{x}{x_s} \times 100\%$$

여기서, ϕ_s : 포화도(%)
  x : 어떤 공기의 절대습도(kg/kg′)
  x_s : 포화공기의 절대습도(kg/kg′)

(8) 습공기의 엔탈피(건공기의 엔탈피+수증기의 엔탈피)

① 건조공기의 엔탈피(h_a)

$$h_a = C_p \cdot t = 0.24t [\text{kcal/kg}]$$

② 수증기의 엔탈피(h_v)

$$h_v = r + C_{vp} \cdot t = 597.5 + 0.44t [\text{kcal/kg}]$$

③ 습공기의 엔탈피(h_w)

$$h_w = h_a + x \cdot h_v = C_p \cdot t + x(r + C_{vp} \cdot t)$$
$$= 0.24t + x(597.5 + 0.44t) [\text{kcal/kg}]$$

여기서, C_p : 건조공기의 정압비열(약 0.24kcal/kg℃)
  t : 건구온도(℃)
  r : 0℃에서 포화수의 증발잠열(약 597.5kcal/kg)
  C_{vp} : 수증기의 정압비열(약 0.44kcal/kg℃)

3. 습공기의 선도

(1) $h-x$ 선도(Molier Chart)

엔탈피 h를 경사축으로 절대습도 x를 종축으로 구성한 선도

(2) $t-x$ 선도(Carrier Chart)

건구온도 t를 횡축으로 절대습도 x를 종축으로 한 선도

(3) 습공기의 상태변화

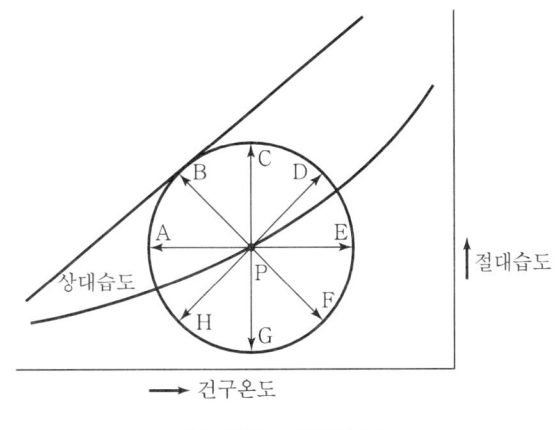

‖ 습공기의 상태변화 ‖

4. 결로(結露) 현상

(1) 결로

습공기가 차가운 벽이나 천장, 바닥 등에 닿으면 공기 중에 함유된 수분이 응축되어 그 표면에 이슬이 맺히는 현상

(2) 표면결로

물체의 표면에서 발생되는 결로

(3) 내부결로

벽체 내의 어떤 층의 온도가 습공기의 노점온도보다 낮으면 그 층 부근에서 결로현상이 발생하는 것

(4) 결상(빙결)

결로현상은 공기와 접한 물체의 온도가 그 공기의 노점온도보다 낮을 때 일어나며, 온도가 0℃ 이하가 되면 결상(結霜) 또는 결빙(結氷)이라 한다.

(5) 표면결로의 방지온도

벽체 표면의 온도(t_s)가 실내공기의 노점온도(t_r'')보다 높으면 표면결로가 방지된다.

5. 습도계

(1) 모발습도계

모발의 신축을 이용해서 상대습도를 측정하며, 정밀도가 낮다.

(2) 전기저항 습도계

다공질의 유리면에 염화리튬을 도포한 것으로 상대습도가 증가하면 전기저항이 감소한다. 따라서 이 저항을 측정하여 상대습도를 측정한다.

SECTION 02 공조부하

1. 부하의 분류

(1) 냉방부하

냉각 감습하는 열 및 수분의 양을 냉방부하라 한다.

(2) 난방부하

가열 가습하는 양을 난방부하라 한다.
① 냉방 시에는 실내의 온습도를 일정한 상태로 유지시키기 위해 외부로부터 들어오거나 실내에서 발생하는 열량과 수분을 제거해야 한다.
② 난방 시에는 외부로 손실되는 열량과 수분을 보충해야 한다.

2. 냉방부하

(1) 냉방부하 발생원인

① **실내 취득열량**
  ㉮ 벽체로부터의 취득 현열량
  ㉯ 유리로부터의 취득 현열량(직달일사 + 전도대류)
  ㉰ 극간풍에 의한 현열과 잠열량의 발생열량
  ㉱ 인체의 현열과 잠열 발생열량
  ㉲ 기구로부터의 현열과 잠열의 발생열량

② **기기로부터의 취득열량**
  ㉮ 송풍기에 의한 현열 취득열량
  ㉯ 덕트로부터의 취득 현열량

③ **재열부하** : 재열기의 가열에 의한 현열 취득열량

④ **외기부하** : 외기의 도입으로 인한 현열과 잠열의 취득열량

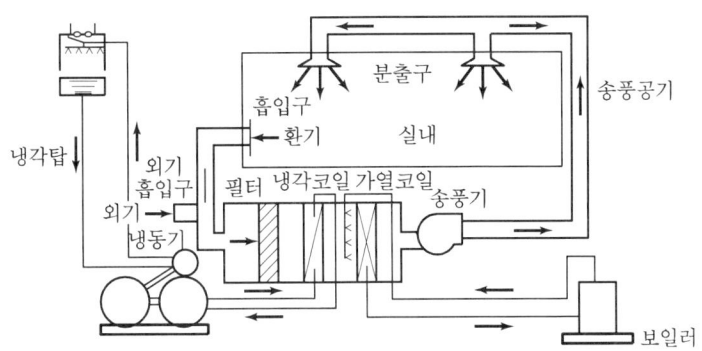

|| 공기조화설비의 구성 ||

(2) 냉방부하 계산

　① 벽체로부터의 취득열량(q_w)

　　㉮ 햇빛을 받는 외벽 및 지붕의 취득열량

$$q_w = k \cdot A \cdot ETD [\text{kcal/h}]$$

　　　여기서, k : 구조체의 열관류율(kcal/m²h℃)
　　　　　　 A : 구조체의 면적(m²)(벽체 중심 간 또는 기둥 중심 간 거리×층고)
　　　　　　 ETD : 상당온도차(℃)(실내온도와 상당외기 온도차)

　　※ 외기에 접하고 있는 벽이나 지붕의 취득열량

　　㉯ 칸막이, 천장, 바닥으로부터의 취득열량

$$q_w = k \cdot A \cdot \Delta t [\text{kcal/h}]$$

　　　여기서, k : 칸막이, 천장, 바닥 등의 열관류율(kcal/m²h℃)
　　　　　　 A : 칸막이, 천장, 바닥 등의 면적(m²)(벽체 중심 간 또는 기둥 중심 간 거리×천장고)
　　　　　　 Δt : 인접실과의 온도차(℃)

　　※ 외기에 접하지 않은 칸막이, 천장, 벽, 바닥 등의 관류되는 열량

　② 유리로부터의 일사에 의한 취득열량(q_{GR})

　　㉮ 유리로부터 열관류의 형식으로 전해지는 열량

$$q_{GR} = k \cdot A_g \cdot \Delta t [\text{kcal/h}]$$

　　　여기서, k : 유리의 열관류율(kcal/m²h℃)
　　　　　　 A_g : 유리창의 면적(m²)(새시 포함)
　　　　　　 Δt : 실내외 온도차(℃)

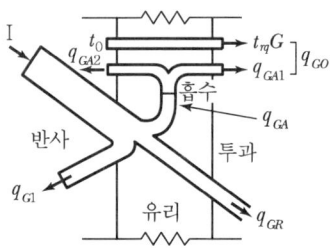

유리창에 들어온 태양 복사의 열팽창

④ 유리로부터의 일사 취득열량
  ㉠ 표준일사취득법에 의한 취득열량(q_{GR})

$$q_{GR} = SSG \cdot K_S \cdot A_g [\text{kcal/h}]$$

  여기서, SSG : 유리를 통해 투과 및 흡수되는 표준일사취득열량(kcal/m²h℃)
  K_S : 전 차폐계수
  A_g : 유리의 면적(m²)(새시 포함)

  ㉡ 축열계수를 고려하는 경우의 취득열량(q_{GRS})

$$q_{GRS} = SSG_{\max} \cdot K_S \cdot A_g \cdot SLF_g [\text{kcal/h}]$$

  여기서, $SSG_{\max}$: 방위마다 최대 취득일사량(kcal/m²h℃)
  K_S : 전 차폐계수
  A_g : 유리의 면적(m²)
  SLF_g : 축열부하계수

  ㉢ 일사흡열수정법에 의한 취득열량(q_{GR})

$$q_{GR} = \text{표준일사취득법에 의한 취득열량} + A_g \cdot K_R \cdot AMF [\text{kcal/h}]$$

  여기서, A_g : 유리창의 면적(m²)
  K_R : 유리의 복사차폐계수
  AMF : 벽체의 일사흡열수정계수(kcal/m²h)

③ 극간풍(틈새바람)에 의한 취득열량(q_I)

$$q_I = q_{IS} + q_{IL} [\text{kcal/h}]$$
$$q_{IS} = 0.24 G_1 (t_0 - t_r)$$
$$q_{IL} = r \cdot G_1 (x_0 - x_r) = 717 Q_1 (x_0 - x_r)$$

여기서, q_{IS} : 틈새바람에 의한 현열 취득량(kcal/h)
q_{IL} : 틈새바람에 의한 잠열 취득량(kcal/h)
t_0 : 외기온도(℃)

t_r : 실내온도(℃)

G_1 : 틈새바람의 양(kg/h)

Q_1 : 틈새바람의 양(m³/h)

x_0 : 외기의 절대습도(kg/kg′)

x_r : 실내의 절대습도(kg/kg′)

r : 0℃에서 물의 증발잠열(597.5kcal/kg, 717kcal/m³)

0.24 : 건조공기의 정압비열(kcal/kg℃)

0.29 : 건조공기의 정압비열(kcal/m³℃)

Q_1 : 틈새바람의 양(시간당 환기횟수×실의 체적)

④ 인체로부터의 취득열량(q_M)

㉮ 한 명인 경우

$$q_M = q_C + q_R + q_E + q_S [\text{kcal/h}]$$

여기서, q_M : 신진대사에 의해 발생하는 열량(kcal/h)

q_C : 인체의 피부면에서 대류에 의해 방출하는 열량(kcal/h)

q_R : 인체의 피부면에서 복사에 의해 방출하는 열량(kcal/h)

q_E : 호흡, 땀의 증발에 의해 방출하는 열량(kcal/h)

q_S : 체내에 축열되는 열량(kcal/h)

㉯ 실내에 여러 명(n명)이 있는 경우 인체로부터 현열량(q_{HS})과 잠열량(q_{HL})

$$q_{HS} = n \cdot H_S [\text{kcal/h}]$$
$$q_{HL} = n \cdot H_L [\text{kcal/h}]$$

여기서, n : 실내 총 인원수(명)

H_S : 1인당 인체발생 현열량(kcal/h 인)

H_L : 1인당 인체발생 잠열량(kcal/h 인)

⑤ 기기로부터의 취득열량(q_E)

㉮ 조명기구의 총 와트(W)수가 알려져 있을 때

㉠ 백열등일 경우

$$q_E = 0.86 \times w \cdot f [\text{kcal/h}]$$

㉡ 형광등일 경우(안정기가 실내에 있을 때)

$$q_E = 0.86 \times w \cdot f \times 1.2 [\text{kcal/h}]$$

여기서, w : 조명기구의 총 와트(W)

f : 조명 점등률

0.86 : 1W당 발열량(1W=0.86kcal/h)

1.2 : 형광등의 안정기가 실내에 있을 때 발열량의 20%를 가산할 경우

> **Reference** 기구발생부하(조명기구 발생열량)

- 백열등 : 0.86kcal/h W
- 형광등 : 1.00kcal/h W

㉯ 조명기구의 총 와트(W)수를 모를 때
  ㉠ 백열등일 경우
  $$q_E = 0.86 \times w \cdot A \cdot f [\text{kcal/h}]$$

  ㉡ 형광등일 경우
  $$q_E = 0.86 \times w \cdot A \cdot f \times 1.2 [\text{kcal/h}]$$

  여기서, w : 단위면적당 와트수(W/m^2)
  A : 실 면적(m^2)

㉰ 축열부하를 고려하는 경우
$$q'_E = q_E \cdot SLP_E [\text{kcal/h}]$$

여기서, q_E : 조명기구의 발생열량(kcal/h)
SLP_E : 축열부하계수

> **Reference** 축열부하

조명기구에서 실내로 방출하는 열은 대류성분과 복사성분으로 구분되며, 복사성분은 벽이나 바닥에 흡수된 후 시간지연과 함께 실내부하가 된다.

㉱ 동력으로부터의 취득열량
전동기 및 기계로부터 발생되는 열
$$q_E = 860 \times p \times f_e \times f_o \times f_k [\text{kcal/h}]$$

여기서, p : 전동기 정격출력(kW)
f_e : 전동기에 대한 부하율(0.8~0.9)(실제 모터 출력/모터 정격출력)
f_o : 전동기의 가동률
f_k : 전동기의 사용상태 계수

㉲ 기구로부터의 취득열량
$$q_E = q_e \cdot k_1 \cdot k_2 [\text{kcal/h}]$$

여기서, q_e : 기구의 열원용량(발열량)(kcal/h)
k_1 : 기구의 사용률
k_2 : 후두가 달린 기구의 발열 중 실내로 복사되는 비율

⑥ 송풍기와 덕트로부터의 취득열량(q_B)

㉮ 송풍기로부터의 취득열량

$$q_B = 860 \times \text{kW}[\text{kcal/h}]$$

여기서, 1kWh=860kcal/h
kW : 소요동력

㉯ 덕트로부터의 취득열량 : 실내취득 현열량의 약 2% 정도이다. 또한 송풍기와 덕트로부터의 취득되는 현열량을 합하여 개략적으로 산출할 때에는 실내취득열량의 15% 정도로 보아도 큰 차이가 없다.

⑦ 재열부하(q_R)과 외기부하(q_F)

㉮ 재열부하(q_R)

$$q_R = 0.24\,G(t_2-t_1) = 0.29\,Q(t_2-t_1)\,[\text{kcal/h}]$$

여기서, G : 송풍공기량(kg/h)
Q : 송풍공기량(m^3/h)
0.24 : 공기의 정압비열(0.24kcal/kg℃)
0.29 : 공기 1m^3당 정압비열(kcal/m^3℃)
※ 0.24×1.2kg/m^3≒0.29kcal/m^3℃

> **Reference 재열부하**
>
> 공조기에 의해 온도 t(℃)까지 냉각된 공기를 재열기로 온도 t_2(℃)까지 가열하여 실내로 보낼 때 재열기에서 가열한 만큼 냉각기에서 더 냉각해야 되므로 냉방부하에 첨가시킨다.

㉯ 외기부하(q_F)

$$q_F = q_{FS} + q_{FL} = G_F(h_0 - h_r)\,[\text{kcal/h}]$$
$$q_{FS} = 0.24\,G_F(t_0 - t_r) = 0.29\,Q_F(t_0 - t_r)$$
$$q_{FL} = 597.5\,G_F(x_0 - x_r) = 717\,Q_F(x_0 - x_r)$$

여기서, q_{FS} : 외기부하의 현열(kcal/h)
q_{FL} : 외기부하에 의한 잠열(kcal/h)
G_F : 외기량(kg/h)
Q_F : 외기량(m^3/h)
h_0 : 외기의 엔탈피(kcal/kg)
h_r : 실내공기의 엔탈피(kcal/kg)
t_0 : 외기의 건구온도(℃)
t_r : 실내공기의 건구온도(℃)
x_0 : 외기의 절대습도(kg/kg′)
x_r : 실내공기의 절대습도(kg/kg′)
597.5 : 0℃에서 물의 증발잠열(kcal/kg)

> **Reference** 외기부하
>
> 실내의 공기는 담배연기나 호흡 및 여러 가지의 원인 등에 의해 오염되므로 일정한 양의 외기 도입이 필요하다. 이때 도입되는 외기의 온도나 습도는 실내공기와 차이가 있다. 따라서 온도 차이에 의한 현열부하와 습도 차이에 의한 잠열부하를 합하여 외기부하라 한다.

3. 난방부하

(1) 난방부하의 발생원인

① 실내 손실열량
  ㉮ 외벽, 창유리, 지붕내벽, 바닥의 현열 발생량
  ㉯ 극간풍의 현열과 잠열

② 기기 손실열량 : 덕트의 현열

③ 외기부하 : 환기의 극간풍, 현열과 잠열

(2) 난방부하 계산

① 벽체로부터의 손실열량(q_w)

㉮ 외벽, 창유리, 지붕에서의 열손실

$$q_w = k \cdot A \cdot K(t_r - t_0 - \Delta t_a)[\text{kcal/h}]$$

여기서, k : 구조체의 열관류율(kcal/m²h℃)
A : 구조체의 면적(m²)
K : 방위에 따른 부가계수
t_r : 실내의 공기온도(℃), t_0 : 실외의 공기온도(℃)
Δt_a : 대기복사에 의하는 외기온도에 대한 보정온도(℃)

㉯ 내벽, 내창, 천장에서의 열손실

$$q_w = k \cdot A \cdot \Delta t [\text{kcal/h}]$$

여기서, k : 구조체의 열관류율(kcal/m²h℃)
Δt : 인접실과의 온도차(℃)
A : 구조체의 면적(m²)

㉰ 지면에 접하는 바닥 콘크리트 또는 지하층 벽의 손실열량

㉠ 지상 0.6m~지하 2.4m까지의 경우

$$q_w = k_p \cdot l_p (t_r - t_0)[\text{kcal/h}]$$

여기서, k_p : 열손실량(kcal/m h ℃)
l_p : 지하 벽체의 길이(m)
t_r : 실내온도(℃), t_0 : 실외온도(℃)

ⓒ 지하 2.4m 이하인 경우

$$q_w = k \cdot A(t_r - t_g)[\text{kcal/h}]$$

여기서, k : 바닥 및 지하 2.4m 이하인 벽에 대한 열관류율(kcal/m²h℃)
A : 벽체 및 바닥의 면적(m²)
t_r : 실내외의 온도(℃)
t_g : 지중온도(℃)

② 극간풍에 의한 손실열량(q_I)

$$q_1 = q_{IS} + q_{IL} = 현열량 + 잠열량[\text{kcal/h}]$$
$$q_{IS}(현열부하) = 0.24G_1(t_r - t_0) = 0.29Q_1(t_r - t_0)$$
$$q_{IS}(잠열부하) = 597.5G_1(x_r - x_0) = 717Q_1(x_r - x_0)$$

여기서, G_1 : 극간풍량(kg/h), Q_1 : 극간풍량(m³/h)
t_r : 실내온도(℃), t_0 : 실외온도(℃)
x_r : 실내공기의 절대습도(kg/kg′), x_0 : 실외공기의 절대습도(kg/kg′)

③ 외기부하에 의한 손실열량(q_F)

$$q_F = q_{FS} + q_{FL}[\text{kcal/h}]$$
$$q_{FS}(현열부하) = 0.24G_F(t_r - t_0) = 0.29Q_F(t_r - t_0)$$
$$q_{FL}(잠열부하) = 597.5G_F(x_r - x_0) = 717Q_F(x_r - x_0)$$

여기서, G_F : 도입 외기량(kg/h), Q_F : 도입 외기량(m³/h)

※ 외기부하란 외기의 도입으로 인한 손실열량(kcal/h)이다.

④ 기기(器機)에서의 손실열량(q_B)
공조기의 챔버나 덕트의 외면으로부터의 손실부하와 여유 등을 총괄해서 일어나는 손실열량(kcal/h)이다.

SECTION 03 공기조화방식

1. 공기조화방식의 분류

(1) 중앙방식

각 실이나 존(Zone)에 공급해야 할 공조용 열매체인 냉수, 온수 또는 냉풍, 온풍을 만드는 장소를 중앙기계실이라고 하며 중앙방식의 공조시스템은 중앙기계실로부터 조화된 공기나 냉온수를 각 실로 공급하는 방식이다.

① 열을 운반하는 매체의 종류에 따른 분류
  ㉮ 전공기방식
  ㉯ 공기-수방식
  ㉰ 전수방식
② 중앙방식의 특징
  ㉮ 덕트 스페이스나 파이프 스페이스 및 샤프트가 필요하다.
  ㉯ 열원기기가 중앙기계실에 집중되어 있으므로 유지관리가 편리하다.
  ㉰ 주로 규모가 큰 건물에 필요하다.

(2) 개별방식

개별방식은 각 층 또는 각 존에 별도로 공기조화 유닛(Unit)을 분산시켜 설치한 것으로서 개별제어 및 국소 운전이 가능한 방식이다.

① 냉매방식에 따른 분류
  ㉮ 패키지 방식
  ㉯ 룸 쿨러 방식
  ㉰ 멀티 유닛 방식
② 개별방식의 특징
  ㉮ 각 유닛마다 냉동기가 필요하다.
  ㉯ 소음과 진동이 크다.
  ㉰ 외기냉방은 할 수 없다.
  ㉱ 유닛이 여러 곳에 분산되어 있어 관리가 불편하다.

▼ 공조방식의 분류

분류			명칭	
중앙 방식	전공기방식	단일덕트방식	정풍량방식	• 말단에 재열기가 없는 방식 • 말단에 재열기가 있는 방식
			변풍량방식	• 재열기가 없는 방식 • 재열기가 있는 방식
		2중덕트방식	• 정풍량 2중덕트방식　　• 변풍량 2중덕트방식 • 복사 냉난방 방식	
		• 덕트병용 팬코일 유닛 방식 • 각 층 유닛 방식		
	공기수방식 (유닛병용방식)	• 덕트병용 팬코일 유닛 방식　• 유인 유닛 방식 • 복사 냉난방 방식		
	전수방식	• 팬코일 유닛 방식		
개별 방식	냉매방식	• 패키지 방식　　　　　• 룸 쿨러 방식 • 멀티 유닛 방식		

(3) 운반되는 열매체에 의한 분류
  ① **전공기방식** : 중앙공조기로부터 덕트를 통해 냉온풍을 공급받는다.
    ㉮ 장점
      ㉠ 송풍량이 많아서 실내의 공기 오염이 적다.
      ㉡ 중간기에 외기냉방이 가능하다.
      ㉢ 실내 유효면적을 넓힐 수 있다.
      ㉣ 실내에 배관으로 인한 누수의 염려가 없다.
    ㉯ 단점
      ㉠ 대형 덕트로 인해 덕트 스페이스가 필요하다.
      ㉡ 열매체인 냉온풍의 운반에 필요한 팬의 소요동력이 크다.
      ㉢ 넓은 공조실이 필요하고 많은 풍량이 필요하다.
    ㉰ 사용처
      ㉠ 클린룸(Clean Room)과 같이 청정을 필요로 하는 곳에 사용된다.
      ㉡ 10,000m^2 이하의 소규모에 적당하다.
  ② **전수방식(全水方式)** : 보일러로부터 증기 또는 온수나 냉동기로부터 냉수를 각 실에 있는 팬코일 유닛(FCU)으로 공급시켜 냉난방을 하는 방식이다. 배관에 의해 공조공간, 즉 실내로 냉온수를 공급한다.
    ㉮ 장점
      ㉠ 덕트 스페이스가 필요 없다.
      ㉡ 열의 운송동력이 공기에 비해 적게 소요된다.
      ㉢ 각 실의 제어가 용이하다.
    ㉯ 단점
      ㉠ 송풍공기가 없어서 실내 공기의 오염이 심하다.
      ㉡ 실내의 배관에 의해 누수될 염려가 있다.
    ㉰ 사용처
      ㉠ 극간풍이 비교적 많은 주택, 여관, 요정 등에 적당하다.
      ㉡ 재실 인원이 적은 방에 적당하다.
  ③ **공기-수방식** : 전공기방식과 수방식을 병용한 방식이다. 이 방식은 전공기방식과 전수방식의 장점을 가지고 있으며 서로의 단점을 보완시킨 방식이다.
    ㉮ 장점
      ㉠ 덕트 스페이스가 작아도 된다.
      ㉡ 유닛 1대로 극소의 존을 만들 수 있다.
      ㉢ 수동으로 각 실의 온도제어를 쉽게 할 수 있다.
      ㉣ 열 운반 동력이 전공기방식에 비해 적게 든다.
    ㉯ 단점
      ㉠ 유닛 내의 필터(Filter)가 저성능이므로 공기의 청정에 도움이 되지 못한다.

　　　　　ⓒ 실내에 수(水) 배관에 있어서 누수의 염려가 있다.
　　　　　ⓓ 유닛의 소음이 있다.
　　　　　ⓔ 유닛의 설치 스페이스가 필요하다.
　　　　㉺ 사용처 : 사무소 건축, 병원, 호텔 등에서 외부 존은 수방식이, 내부 존은 공기방식이 좋다.
　　　④ **냉매방식(개별방식)** : 이 방식은 냉동기 또는 히트 펌프 등의 열원을 갖춘 패키지 유닛을 사용하는 방식이다.
　　　　㉮ 종류 : 룸 쿨러 방식, 멀티 유닛형 룸 쿨러 방식, 패키지형 방식
　　　　㉯ 사용목적 : 냉방용, 냉난방용
　　　　㉰ 설치위치 : 벽걸이형, 바닥설치형, 천장매립형

(4) **제어방식에 의한 분류**

　　전체 제어방식, 존별 제어방식, 개별 제어방식

(5) **공급열원에 의한 분류**

　　① **단열원방식** : 냉난방 시 냉동기 또는 보일러만 갖춘 방식
　　② **복열원방식** : 보일러나 냉동기를 동시에 갖춰서 실내의 부하변동 시 즉시 대응이 가능한 방식이다.

(6) **조닝(Zoning)과 존(Zone)**

　　① **조닝** : 건물 전체를 몇 개의 구획으로 분할하고 각각의 구획은 덕트나 냉온수에 대해 냉난방 부하를 처리하게 되는 것을 말한다.
　　② **존**
　　　㉮ 내부 존 : 용도에 따른 시간별 조닝 등
　　　㉯ 외부 존 : 방위별, 층별 조닝

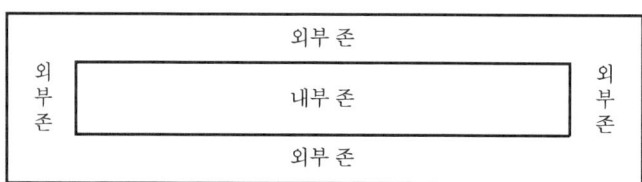

‖ 건물의 내부 존과 외부 존 ‖

2. 공기조화방식의 특성

(1) **단일덕트방식**

　　공조기(AHU ; Air Handling Unit)에서 조화된 냉풍 또는 온풍을 하나의 덕트를 통해 취출구로 송풍하는 방식이다.
　　① **장점**
　　　㉮ 덕트가 1계통이라서 시설비가 적게 들고 덕트 스페이스를 작게 차지한다.
　　　㉯ 냉풍과 온풍을 혼합하는 혼합상자가 필요 없어서 소음·진동도 작다.
　　　㉰ 에너지가 절약된다.

② 단점
- ㉮ 각 실이나 존의 부하변동에 즉시 대응할 수 없다.
- ㉯ 부하특성이 다른 여러 개의 실이나 존이 있는 건물에 적용하기 곤란하다.
- ㉰ 실내부하가 감소될 경우에 송풍량을 줄이면 실내공기의 오염이 심하다.

(2) 단일덕트 재열방식

냉방부하가 감소될 경우 냉각기 출구공기를 재열기(Reheater)로 가열시켜 송풍하므로 말단 재열기(Terminal Reheater) 또는 존별 재열기를 설치하고 증기 또는 온수로 송풍공기를 가열하는 방식이다.

① 장점
- ㉮ 부하특성이 다른 여러 개의 실이나 존이 있는 건물에 적합하다.
- ㉯ 잠열부하가 많은 경우나 장마철 등의 공조에 적합하다.
- ㉰ 설비비는 2중덕트방식보다는 적게 든다.

② 단점
- ㉮ 재열기의 설치로 설비비 및 유지관리비가 든다.
- ㉯ 재열기의 설치 스페이스가 필요하다.
- ㉰ 냉각기에 재열부하가 첨가된다.
- ㉱ 여름에도 보일러의 운전이 필요하다.
- ㉲ 재열기가 실내에 있는 경우 누수의 염려가 있다.

(3) 2중덕트방식

공조기에 냉각코일과 가열코일이 있어서 냉방, 난방 시를 불문하고 냉풍 및 온풍을 만든다. 냉풍과 온풍은 각각 별개의 덕트를 통해 각 실이나 존으로 송풍하고 냉난방 부하에 따라 혼합상자(Mixing Box)에 혼합하여 취출시킨다.

① 종류
- ㉮ 2중덕트방식
- ㉯ 멀티존방식

② 장점
- ㉮ 부하의 특성이 다른 다수의 실이나 존에도 적용할 수 있다.
- ㉯ 각 실이나 존의 부하변동이 생기면 즉시 냉온풍을 혼합하여 취출하기 때문에 적응속도가 빠르다.
- ㉰ 방의 설계변경이나 완성 후에 용도변경에도 쉽게 대처가 가능하다.
- ㉱ 실의 냉난방 부하가 감소되어도 취출공기의 부족현상이 없다.

③ 단점
- ㉮ 덕트가 2계통이므로 설비비가 많이 든다.
- ㉯ 혼합상자에서 소음과 진동이 생긴다.
- ㉰ 냉온풍의 혼합으로 인한 혼합손실이 있어서 에너지 소비량이 많다.
- ㉱ 덕트의 샤프트 및 덕트의 스페이스가 크게 된다.

(4) 변풍량방식

① 단일덕트 변풍량방식 : 취출구 1개 또는 여러 개에 변풍량 유닛(VAN Unit)을 설치하여 실의 온도에 따라 취출풍량을 제어한다.
  ㉮ 장점 : 실내부하가 감소되면 송풍량이 감소된다.
  ㉯ 단점 : 부하가 극히 감소되면 실내의 공기오염이 심해진다.
② 2중덕트 변풍량방식 : 단일덕트의 변풍량방식의 단점을 보완하여 만든 방식이다. 2중덕트의 혼합상자와 변풍량 유닛을 조합한 2중덕트 변풍량 유닛을 사용하거나 또는 혼합상자와 변풍량 유닛이 별개로 분리된 것을 사용하기도 한다.
③ 단일덕트 변풍량 재열방식 : 단일덕트 변풍량방식은 실의 냉방부하가 최솟값에 달해도 일정량의 최소 냉풍량이 취출되므로 추위를 느끼게 된다. 따라서 재열형 변풍량 유닛으로 공급 공기를 재열시킨 후 취출하는 방식이다.

▼ 변풍량방식의 특성 비교표

단일덕트 변풍량방식	단일덕트 변풍량 재열방식	2중덕트 변풍량방식
• 에너지절감 효과가 크다. • 일사량 변화가 심한 페리미터존에 적합하다. • 각 실의 온도를 개별제어하기 쉽다. • 설비비가 많이 든다.	• 각 실 및 존의 개별제어가 쉽다. • 외기 풍량을 필요로 하는 곳에 좋다. • 설비비가 많이 든다. • 여름에도 보일러 가동이 필요하다. • 누수의 염려가 있다.	• 에너지절감 효과가 있다. • 외기 풍량이 많이 필요한 곳에 좋다. • 까다로운 실내조건을 만족시킨다. • 설비비가 많이 든다. • 혼합손실이 있다.

(5) 덕트병용 패키지 방식

각 층에 있는 패키지 공조기(PAC ; Package Type Air Conditioner)로 냉온풍을 만들어 덕트를 통해 각 실로 송풍한다. 패키지 내에는 직접팽창코일, 즉 증발기가 있어서 냉풍을 만들 수 있고 응축기에는 옥상에 있는 냉각탑으로부터 공급되는 냉각수에 의해 냉각된다. 또 패키지 내에 있는 가열코일로는 지하실에 있는 보일러로부터 온수 또는 증기가 공급된다. 그러나 난방부하가 적은 경우에는 전열기를 설치하므로 보일러가 냉각되는 경우도 있다.

① 장점
  ㉮ 중앙기계실에 냉동기를 설치하는 방식에 비하여 설비비가 적게 든다.
  ㉯ 특별한 기술이 없어도 된다.
  ㉰ 중앙기계실의 면적이 작다.
  ㉱ 냉방 시에는 각 층은 독립적으로 운전이 가능하므로 에너지절감 효과가 크다.
  ㉲ 급기를 위한 덕트 샤프트가 필요 없다.

② 단점
  ㉮ 패키지형 공조기가 각 층에 분산 배치되므로 유지관리가 번거롭다.
  ㉯ 실내 온도제어가 2위치 제어이므로 편차가 크고 또한 습도제어가 불충분하다.
  ㉰ 15RT 이하의 소형은 송풍기 정압이 낮고 고급의 필터를 설치할 때 부스터 팬(Booster Fan)이 필요하다.

㉑ 공조기로 외기의 도입이 곤란한 것도 있다.

③ **사용처** : 중소규모의 건물, 호텔 등

(6) 각 층 유닛 방식

각 층마다 독립된 유닛(2차 공조기)을 설치하고 이 공조기의 냉각코일 및 가열코일에는 중앙기계실로부터 냉수 및 온수나 증기를 공급받는다. 이 방법은 대규모 건물이나 다층인 경우에 적용된다.

① **장점**

㉮ 외기용 공조기가 있는 경우에는 습도제어가 용이하다.

㉯ 외기 도입이 용이하다.

㉰ 1차 공기용 중앙장치나 덕트가 작아도 된다.

㉱ 중앙기계실의 면적을 적게 차지하고 송풍기의 동력도 적게 든다.

㉲ 각 층마다 부하변동에 대응할 수 있다.

㉳ 각 층마다 부분운전이 가능하다.

㉴ 환기 덕트가 작거나 필요 없어도 된다.

② **단점**

㉮ 공조기가 각 층에 분산되므로 관리가 불편하다.

㉯ 각 층마다 공조기를 설치해야 할 장소가 필요하다.

㉰ 각 층의 공조기로부터 소음 및 진동이 있다.

㉱ 각 층마다 수(水) 배관을 해야 하므로 누수의 우려가 있다.

(7) 팬코일 유닛 방식

팬코일 유닛(Fan Coil Unit)은 수(水)방식으로서 중앙기계실의 냉열원기기(냉동기나 보일러 열교환기 및 축열조)로부터 냉수 또는 온수나 증기를 배관을 통해 각 실에 있는 팬코일 유닛(FCU)에 공급하여 실내공기와 열교환시킨다.

① **종류**

㉮ 외기를 도입하지 않는 방식

㉯ 외기를 실내 유닛인 팬코일 유닛으로 직접 도입하는 방식

㉰ 덕트병용의 팬코일 유닛 방식

② **장점**

㉮ 각 실의 유닛은 수동으로도 제어가 가능하고 개별제어가 용이하다.

㉯ 유닛을 창문 밑에 설치하면 콜드 드래프트(Cold Draft)를 줄일 수 있다.

㉰ 덕트방식에 비해 유닛의 위치변경이 용이하다.

㉱ 펌프에 의해 냉수, 온수가 이송되므로 송풍기에 의한 공기의 이송동력보다 적게 든다.

㉲ 덕트 샤프트나 스페이스가 필요 없거나 작아도 된다.

㉳ 중앙기계실의 면적이 작아도 된다.

③ 단점
  ㉮ 각 실에 수배관에 의해 누수의 염려가 있다.
  ㉯ 외기량이 부족하여 실내공기의 오염이 심하다.
  ㉰ 팬코일 유닛 내에 있는 팬으로부터 소음이 있다.
  ㉱ 유닛 내에 설치된 필터는 주기적으로 청소가 필요하다.

(8) 유인 유닛 방식

유인 유닛 방식(IDU ; Induction Unit System)은 1차 공기를 처리하는 중앙공조기, 고속덕트와 각 실로 이루어지며, 각 실은 유인 유닛 및 냉온수나 증기를 공급하는 배관에 의해 구성된다. 1차 공기는 보통 외기만 통과하지만 때로는 실내 환기와 외기를 혼합하여 통과하는 경우도 있다. 1차 공조기에서 냉각, 감습 또는 가열, 가습한 1차 공기를 고압, 고속으로 유닛 내로 보내면 유닛 내에 있는 노즐을 통해 분출될 때 유인작용으로 실내공기인 2차 공기를 혼합하여 분출한다. 이때 2차 공기는 흡입구와 노즐 사이에 설치된 냉수, 온수 코일에 의해 냉각 또는 가열된다.

> **Reference** 유인비
>
> $$유인비(k) = \frac{합계\ 공기}{1차\ 공기} = \frac{TA}{PA} = 3 \sim 4$$
>
> 여기서, PA(Primary Air) : 유인 유닛으로 들어오는 1차 공기
> SA(Secondary Air) : 유인 유닛으로 들어오는 2차 공기
> TA(Total Air) : 1차 공기와 2차 공기가 혼합된 합계공기

① 장점
  ㉮ 각 유닛마다 제어가 가능하므로 개별제어가 가능하다.
  ㉯ 고속 덕트를 사용하므로 덕트 스페이스를 작게 할 수 있다.
  ㉰ 중앙공조기는 1차 공기만 처리하므로 규모가 작아도 된다.
  ㉱ 유인 유닛에는 전기배선이 필요 없다.
  ㉲ 실내부하의 종류에 따라 조닝을 쉽게 할 수 있다.
  ㉳ 부하변동에 따른 적응성이 좋다.

② 단점
  ㉮ 각 유닛마다 수배관이 필요하여 누수의 염려가 있다.
  ㉯ 유닛은 소음이 있고 가격은 비싸다.
  ㉰ 유닛 내의 필터 청소를 자주 해야 한다.
  ㉱ 외기냉방의 효과가 적다.
  ㉲ 유닛 내에 있는 노즐이 막히기 쉽다.

③ **사용처** : 고층 사무소, 빌딩, 호텔, 회관 등의 외부 존

  ※ 최근의 건물은 유리창이 많아서 태양의 일사량이 많아 방위에 따라 변화가 심하며 겨울철에도 냉방이 필요할 때가 있어서 냉온수를 준비하여 부하의 변동에 대응하도록 한 방식이다.

(9) 복사 냉난방방식

바닥, 천장 또는 벽면을 복사면으로 하여 실내 현열부하의 50~70%를 처리하도록 하고 나머지의 현열부하와 잠열부하는 중앙공조기를 통해 덕트로 공급 처리하는 방식이다. 복사면은 냉수, 온수를 통하게 하는 패널(Panel)을 사용하거나 파이프를 바닥이나 벽 등에 매설하는 경우와 전기 히터를 사용하는 경우 또는 연소가스가 구조체의 온돌을 통하게 하는 경우가 있다.

① 장점
  ㉠ 현열부하가 큰 곳에 설치하기에 효과적이다.
  ㉡ 쾌감도가 높고 외기의 부족현상이 적다.
  ㉢ 냉방 시에 조명부하나 일사에 의한 부하가 쉽게 처리된다.
  ㉣ 바닥에 기기를 배치하지 않아도 되므로 공간이용이 넓다.
  ㉤ 건물의 축열을 기대할 수 있다.
  ㉥ 덕트 스페이스가 필요 없고 열운반 동력을 줄일 수 있다.

② 단점
  ㉠ 단열 시공이 필요하다.
  ㉡ 시설비가 많이 든다.
  ㉢ 방의 내부구조나 모양의 변경 시 융통성이 적다.
  ㉣ 냉방 시에는 패널에 결로의 염려가 있다.
  ㉤ 풍량이 적어서 풍량이 많이 필요한 곳에는 부적당하다.

(10) 개별방식

① 종류
  ㉠ 패키지 공조기(Packaged Air Conditioner) 방식
  ㉡ 룸 쿨러(Roon Cooler) 방식
  ㉢ 멀티 유닛(Multi-unit) 방식

② 장점
  ㉠ 설치나 철거가 용이하다.
  ㉡ 운전조작이 쉽고 유지관리가 수월하다.
  ㉢ 제품이 규격화되어 있고 용도나 용량에 따라 선택이 자유롭다.
  ㉣ 히트 펌프(Heat Pump)식은 냉난방을 겸할 수 있다.
  ㉤ 개별제어가 용이하다.

③ 단점
  ㉠ 설치장소에 제한이 따른다.
  ㉡ 실내에 설치하므로 설치공간이 필요하다.
  ㉢ 실내 유닛이 분리되지 않는 경우에는 소음이나 진동이 발생된다.
  ㉣ 응축기의 열풍으로 주위에 피해가 우려된다.
  ㉤ 외기량이 부족하다.

CHAPTER 02 냉동냉장 설비

SECTION 01 냉동의 열역학 기초

1. 온도

(1) 섭씨온도(Centigrade Temperature)

표준대기압(1atm) 상태에서 물이 어는 온도(빙점)를 0℃로 정하고, 끓는 온도(비점)를 100℃로 정한 다음, 그 사이를 100등분하여 한 눈금을 1℃로 규정한다.

(2) 화씨온도(Fahrenheit Temperature)

표준대기압(1atm) 상태에서 물이 어는 온도(빙점)를 32℉로 정하고, 끓는 온도(비점)를 212℉로 정한 다음, 그 사이를 180등분하여 한 눈금을 1℉로 규정한다.

> **Reference** ℃와 ℉와의 관계
>
> $$℃ = \frac{5}{9} \times (℉ - 32), \quad ℉ = \frac{9}{5} \times ℃ + 32, \quad \frac{t(℃)}{100} = \frac{t(℉) - 32}{180}$$

(3) 절대온도(Absolute Temperature)

온도의 시점(始點)을 -273.16K으로 한 온도로서, K으로 표시한다.

① 섭씨 절대온도(Kelvin 온도)

K = 273 + ℃,   0℃ = 273K,   0K = -273℃

② 화씨 절대온도(Rankine 온도)

°R = 460 + ℉,   ℉ = °R - 460

(4) 건구온도

온도계로 측정할 수 있는 온도

(5) 습구온도

봉상온도계(유리온도계)의 수은 부분에 명주를 물에 적셔 수분이 대기 중에 증발될 때 측정한 온도

(6) 노점온도

대기 중에 존재하는 포화수증기가 응축하여 이슬이 맺히기 시작할 때의 온도

2. 압력

단위면적 1cm²에 작용하는 힘(kg 또는 Pa)의 크기로 단위는 kgf/cm² 또는 lb/in²(PSI ; Pound per Square Inch)

(1) 표준대기압(atm)

1기압은 위도 45°의 해면에서 0℃, 760mmHg가 매 cm^2에 주는 힘으로 정의한다.

$1atm = 1.0332 kg_f/cm^2 = 760 mmHg = 10.33 mH_2O$
$= 1.01325 bar = 1,013.25 mbar = 101,325 N/m^2 = 101,325 Pa = 14.7 lb/in^2$
$= 101.325 kPa$

(2) 공학기압(at)

$1 kg_f/cm^2 = 735.6 mmHg = 10 mH_2O = 0.9807 bar = 980.7 mbar = 98,070 Pa$
$= 0.9679 atm = 14.2 lb/in^2 = 98.07 kPa$

(3) 게이지 압력

표준대기압을 0으로 하여 측정한 압력, 즉 압력계가 표시하는 압력

※ 단위 : kg_f/cm^2, $kg_f/cm^2 g$, $lb/in^2 g$

(4) 절대압력

완전 진공을 0으로 하여 측정한 압력

※ 단위 : kg_f/cm^2 abs, lb/in^2 abs

① 절대압력(kg_f/cm^2 a) = 게이지 압력(kg_f/cm^2) + 대기압($1.033 kg_f/cm^2$)

② 절대압력 = 대기압 - 진공압

③ 게이지 압력(kg_f/cm^2) = 절대압력(kg_f/cm^2) - 대기압($1.033 kg_f/cm^2$)

※ $1MPa = 0.1 kg_f/cm^2$

(5) 진공도(Vacuum)

대기압보다 낮은 압력을 진공도 또는 진공압력이라 한다. 단위로는 cmHgV, inHgV로 표시하며, 진공도를 절대압력으로 환산하면 다음과 같다.

① cmHgV에 kg_f/cm^2 a로 구할 때 : $P = 1.033 \times \left(1 - \dfrac{h}{76}\right)$

② cmHgV에 lb/in^2 a로 구할 때 : $P = 14.7 \times \left(1 - \dfrac{h}{76}\right)$

③ inHgV에 kg_f/cm^2 a로 구할 때 : $P = 1.033 \times \left(1 - \dfrac{h}{30}\right)$

④ inHgV에 lb/in^2 a로 구할 때 : $P = 14.7 \times \left(1 - \dfrac{h}{30}\right)$

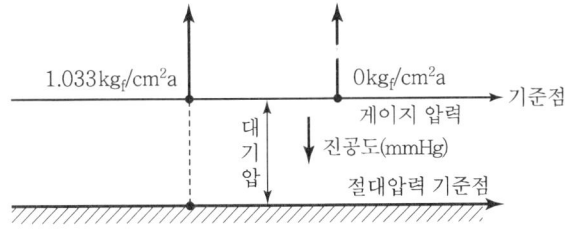

| 완전진공상태 |

(6) 압력계

① **복합 압력계** : 진공과 저압을 측정할 수 있는 압력계

② **고압 압력계** : 대기압 이상의 압력을 측정할 수 있는 압력계

③ **매니폴드 게이지** : 복합 압력계와 고압 압력계가 같이 붙어 있는 게이지

3. 열량

(1) 1kcal

물 1kg을 1℃ 올리는 데 필요한 열량(한국 · 일본에서 사용되는 단위)

(2) 1BTU

물 1 lb를 1°F 올리는 데 필요한 열량(미국 · 영국에서 사용되는 단위)

(3) 1PCU(CHU)

물 1 lb를 1℃ 올리는 데 필요한 열량

> **Reference** 열량의 단위 환산
>
> - 1kcal = 3.968BTU(British Thermal Unit)
> - 1BTU = $\frac{1}{3.968}$ kcal = 0.252kcal = 252cal
> - 1CHU = 0.4536kcal

4. 비열(Specific Heat)

어떤 물질 1kg(1 lb)을 1℃(1°F) 높이는 데 필요한 열량(kcal/kg℃ 또는 BTU/lb°F)

(1) 정압비열(Constant Pressure, C_P)

기체를 압력이 일정한 상태에서 1℃ 높이는 데 필요한 열량

(2) 정적비열(Constant Volume, C_V)

기체를 체적이 일정한 상태에서 1℃ 높이는 데 필요한 열량

(3) 비열비(k)

① 기체의 정압비열과 정적비열과의 비, 즉 C_P/C_V이다.

② $C_P > C_V$이므로 $C_P/C_V > 1$이다(비열비는 항상 1보다 크다).

③ 각 냉매의 비열비(k)

㉮ NH_3 : 1.313(토출가스온도 98℃)

㉯ R-12 : 1.136(토출가스온도 37.8℃)

㉰ R-22 : 1.184(토출가스온도 55℃)

㉱ 공기 : 1.4

5. 현열(감열)과 잠열 및 열용량

(1) 잠열
온도변화 없이 상태를 변화시키는 데 필요한 열

(2) 감열(현열)
상태변화 없이 온도를 변화시키는 데 필요한 열(현열)

(3) 증발잠열(기화열)
액체가 일정한 온도에서 증발할 때 필요한 열

(4) 열용량(Heat Content)
어떤 물질의 온도를 1℃ 만큼 올리는 데 필요한 열량이며 그 단위는 kcal/℃이다.

$$열용량(Q) = 물질의 질량(m) \times 비열(C)$$

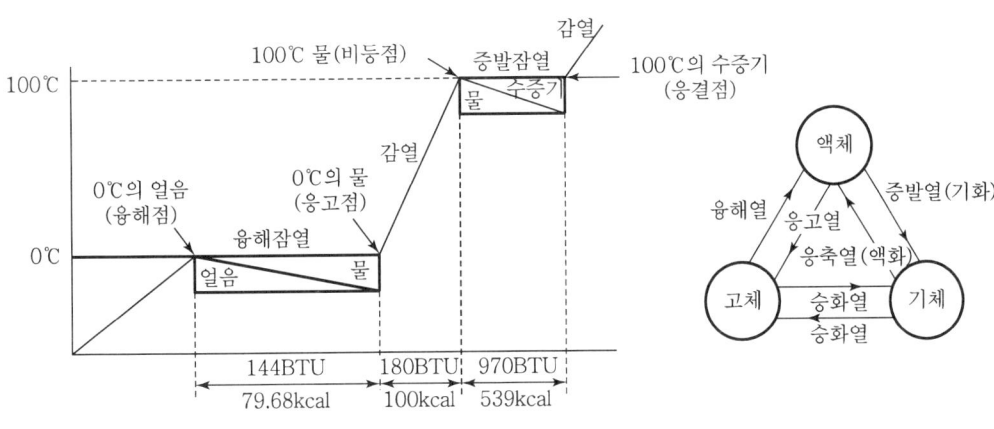

∥ 물의 상태변화 ∥

> **Reference** 잠열
> - 물의 증발잠열 : 539kcal/kg(970BTU/lb)
> - 얼음의 융해잠열 : 79.68kcal/kg(144BTU/lb)

(5) 열량 계산방식

① 감열

$$Q = W \times C \times t$$

여기서, Q : 열량(kcal)
W : 중량(kg)
C : 비열(kcal/kg℃)(얼음 0.5, 물 1, 공기 0.24, 수증기 0.46)
Δt : 온도차(℃)

② 잠열

$$Q = W \times \gamma$$

여기서, Q : 열량(kcal)
W : 중량(kg)
γ : 잠열(kcal/kg)

6. 증기(Steam)

(1) 포화(飽和)
어느 일정한 압력하에서 증발상태에 있을 때를 포화상태라 한다.

(2) 과냉액(過冷液)
일정한 압력하에서 포화온도 이하로 냉각된 액체를 말한다.

(3) 포화액(飽和液)
포화온도상태에 있는 액을 열로 가하면 온도는 오르지 않고 증발하는 액을 말한다.

(4) 포화증기(飽和蒸氣)
① 습포화증기 : 포화온도상태에서 수분을 포함하고 있는 증기(건조도 1 이하)
② 건조포화증기 : 포화온도상태에서 수분을 포함하지 않는 증기로 습포화증기를 계속 가열하여 물방울을 완전히 제거한 증기(건조도가 1)

(5) 건조도(乾燥度)
증기 속에 함유되어 있는 액의 혼용률을 나타낸다.

(6) 과열증기(過熱蒸氣)
포화온도보다 높은 온도의 증기로 건조포화증기에 계속 열을 가하여 얻은 증기이다.
단, 압력은 일정하다.

> **Reference** 포화온도와 포화압력
>
> - 포화온도 : 어느 압력하에서 액을 가열할 때 액의 상태에서는 이 이상의 온도로는 오르지 않는다는 한계온도를 말한다.
> - 포화압력 : 포화온도상태에 있는 압력
> - 포화온도는 압력에 비례한다. 즉 압력이 낮아지면 포화온도가 낮아지고 압력이 높아지면 포화온도는 상승한다.

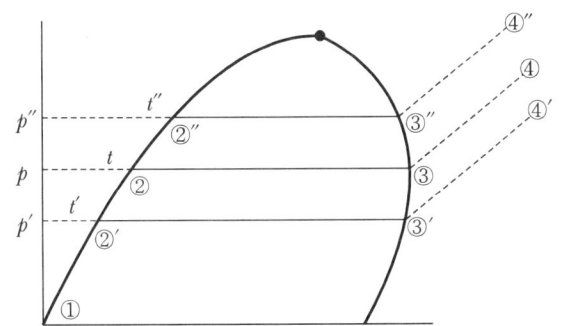

※ 포화액선 : ②'②②"의 연결곡선
   건조포화증기선 : ③'③③"의 연결곡선
   증발과정 : ②'→③', ②→③, ②"→③"
   응축과정 : ③'→②', ③→②, ③"→②"

∥ 포화액, 건조포화증기, 증발, 응축과정선 ∥

(7) 과열도(過熱度)

$$\text{과열도(℃)} = \text{과열증기온도} - \text{포화증기온도}$$

즉, 과열증기온도와 포화증기온도와의 차를 말한다.

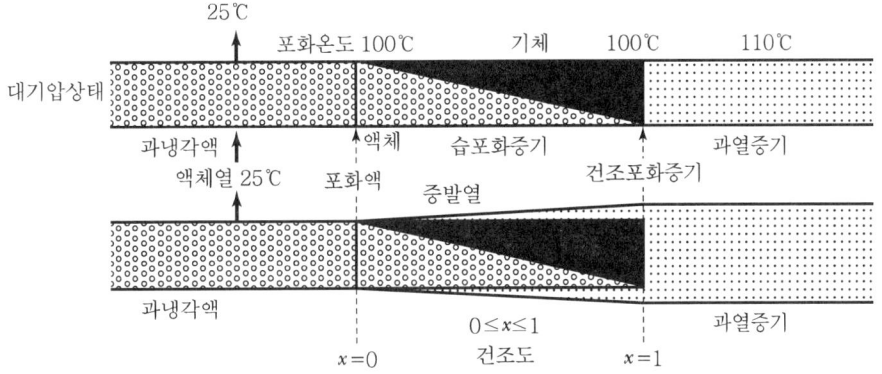

∥ 열의 흡수에 의한 상태변화 ∥

(8) 임계점(臨界点)

증발잠열은 압력이 클수록 적어지므로 어느 압력에 도달하면 잠열이 0kcal/kg이 되어 액체, 기체의 구분이 없어진다. 이 상태를 임계상태라 하고 이때의 온도를 임계온도, 이에 대응하는 압력을 임계압력이라 한다. (그 이상의 압력에서는 액체와 증기가 서로 평형으로 존재할 수 없는 상태)

냉매구분	임계온도(℃)	임계압력(kg/cm² abs)
NH_3	133	116.5
R-11	198	44.7
R-12	111.5	40.9
R-22	96	50.3

7. 동력

단위 시간당(sec) 일의 양을 말한다.

- 1PS = 75kg · m/sec = 632kcal/hr = 0.736kW
- 1kW = 102kg · m/sec = 860kcal/hr = 1.36PS = 1,000J/sec
- 1HP = 76kg · m/sec = 641kcal/hr

kW	HP	PS	kg · m/sec	kcal/h
1	1.34	1.36	102	860
0.746	1	1.0144	76	641
0.736	0.986	1	75	632

8. 밀도, 비중, 비체적

(1) **가스 밀도** : 가스 단위 체적당 질량을 말한다. 단위는 g/L, kg/m^3이다.

$$\text{가스 밀도}(kg/m^3) = \frac{\text{분자량}}{22.4}$$

(2) **가스 비중** : 표준상태(STP : 0℃, 1기압)의 공기 일정 부피당 질량과 같은 부피의 가스 질량과의 비

$$\text{가스 비중} = \frac{\text{가스 분자량}}{\text{공기의 평균 분자량}(29)}$$

(3) **가스 비체적** : 가스 단위 질량당 체적을 말한다. 단위는 L/g, m^3/kg이다.

$$\text{가스 비체적}(m^3/kg) = \frac{22.4}{\text{분자량}}$$

(4) **액의 밀도** : 단위 부피당 질량

$$\rho = \frac{m}{V}$$

여기서, ρ : 밀도, m : 질량(kg), V : 부피(m^3)

(5) **액비중** : 4℃의 순수한 물의 무게와 같은 부피의 액의 무게와의 비

> **Reference** 질량과 중량의 구별
>
> - 질량(kg) : 그 물질이 갖는 순수한 고유의 무게로 장소에 따라 변동이 없다.
> - 중량(kg중 또는 kg_f) : 그 물질이 갖는 고유의 무게에 중량(9.8m/sec^2의 가속도)이 가해진 무게로 장소에 따라 변동이 있다.

9. 원자량과 분자량

(1) 원자량(Atomic Weight)

① 질량수 12인 탄소원자 ^{12}C의 질량을 12라고 했을 때 각 원소의 원자인 상대적인 질량의 값을 말한다.
② 원자량에 g 단위를 붙인 질량을 1g 원자 또는 원자 1몰이라 하며, 1g 원자는 종류에 관계없이 6.02×10^{23}개(아보가드로 수)의 질량이다.

(2) 분자량(Molecular Weight)

① 각 분자를 구성하고 있는 성분원소의 원자량의 총합을 말한다.
② 분자량에 g 단위를 붙인 질량을 1g 분자 또는 1몰이라 하며, 1g 분자는 6.02×10^{23}개의 질량이다.
③ **분자량을 구하는 방법** : 표준상태 이외인 경우 이상기체 상태방정식으로 구한다.

$$PV = \frac{W}{M}RT \text{에서 } M = \frac{WRT}{PV}$$

여기서, P : 압력(atm), R : 기체상수(0.082atm L/mol K)
V : 체적(L), T : 절대온도(K), M : 분자량, W : 질량(g)

> **Reference** 공기의 평균 분자량
>
> 공기의 평균 조성은 부피(%) 기준으로 질소(N_2) 78%, 산소(O_2) 21%, 아르곤(Ar) 및 기타 가스 1%로 보아 그 평균 분자량은 $\frac{(28 \times 78) + (32 \times 21) + (40 \times 1)}{100} = 29$이다. 공기의 평균 분자량, 즉 공기 22.4L가 차지하는 무게는 약 29g이라 할 수 있다.

(3) 기체 1g 분자가 차지하는 부피(아보가드로의 법칙)

① 모든 기체 1g 분자(1mol)는 표준상태(STP : 0℃, 1기압)에서 22.4L의 부피를 차지하며, 분자수는 6.02×10^{23}개이다.
② 1몰(mol)이란 분자, 원자, 전자 이온 6.02×10^{23}개의 모임을 말한다. 단, 원자 전자(이온)란 명시가 없을 때는 분자 몰만을 표시한다.
③ 몰수를 구하는 방법

$$몰수(mol) = \frac{W}{M} = \frac{체적(L)}{22.4} = \frac{분자수}{6.02 \times 10^{23}}$$

구분	O_2	H_2	CO_2	NH_3
g 분자량	32	2	44	17
몰수	1몰	1몰	1몰	1몰
체적(L)	22.4	22.4	22.4	22.4
분자수(개)	6.02×10^{23}	6.02×10^{23}	6.02×10^{23}	6.02×10^{23}

(4) 프로판 가스의 화학반응식이 가지는 뜻

조건	반응물질	생성물질
화학반응식	$C_3H_8 + 5O_2$	$3CO_2 + 4H_2O$
몰비	1 : 5	3 : 4
질량비	44g : 5×32g	3×44g : 4×18g
부피비	22.4L : 5×22.4L	3×22.4L : 4×22.4L

10. 열역학 법칙

(1) 열역학 제0법칙

온도가 서로 다른 물체를 접촉시키면 높은 온도를 지닌 물체의 온도는 내려가고 낮은 온도를 지닌 물체의 온도는 올라가서 두 물체의 온도차가 없게 되어 열평형이 이루어지는 현상으로, 두 물체가 열평형이 된 상태의 온도는 다음과 같이 구한다.

$$℃ = \frac{G \cdot C \cdot \Delta t + G' \cdot C' \cdot \Delta t'}{G \cdot C + G' \cdot C'}$$

여기서, G : 질량(kg)
C : 비열(kcal/kg℃)
Δt : 온도차(℃)

(2) 열역학 제1법칙(에너지 보존법칙)

기계적 일이 열로 바뀌고, 또 열이 기계적 일로 바뀌는, 즉 일정비율로 서로 전환될 수 있는 현상

$$Q = A \cdot w \frac{1}{J}$$
$$w = JQ$$

여기서, w : 일량(kg · m)
J : 열의 일당량(427kg · m/kcal) = (778ft · lb/BTU)
Q : 열량(kcal)
A : 일의 열당량($\frac{1}{427}$ kcal/kg m) = ($\frac{1}{778}$ BTU/ft lb)

① 엔탈피(Enthalpy) : 유체가 가진 열에너지와 일에너지를 합한 열역학적 총 에너지를 엔탈피라 하고 유체 1kg이 가진 엔탈피가 비엔탈피이다.

$$엔탈피(h) = U + APV$$

여기서, U : 내부 에너지(kcal/kg)
A : 일의 열당량
PV : 일에너지(kg · m/kcal)

(3) 열역학 제2법칙(에너지 흐름의 법칙)

일에너지는 열에너지로 쉽게 바꿀 수 있지만 열에너지를 일에너지로 바꾸려면 열기관을 통해야 하는데, 열기관을 통해도 열의 전부가 일로 바뀌지 않고 일부가 손실된다. 이처럼 일은 쉽게 열로 바꿀 수 있지만 열은 쉽게 일로 바꿀 수 없는 것이다. 즉 열은 고온에서 저온으로 이동한다는 에너지 변환의 방향성을 표시하는 법칙을 말한다.

① 엔트로피(Entropy) : 어떤 단위 중량당 물체가 가지고 있는 열량을 그 유체의 절대온도로 나눈 값이다.

$$\text{엔트로피}(\Delta S) = \frac{\Delta Q}{T}$$

여기서, ΔQ : 열량(kcal)
ΔS : 엔트로피(kcal/kg K)
T : 절대온도(℃ + 273)

(4) 열역학 제3법칙

열적 평형상태에 있는 모든 결정성 고체의 엔트로피는 절대 0도에서 0이 된다는 법칙, 즉 어떠한 상태에서도 절대 0도(−273℃)에 이르게 할 수 없다는 법칙을 말한다.

11. 기체

(1) 이상기체(완전가스)

이상기체란 보일·샤를·돌턴의 법칙, 즉 기체의 압력, 부피, 온도 관계가 어떤 종류의 단순한 법칙에 따라가는 가상적인 기체를 말한다.

> **Reference** 이상기체의 특성
>
> - 이상기체는 질량이 있으나, 이상기체 분자 자신은 부피가 없다. 단, 전체로서는 부피를 갖는다.
> - 이상기체 분자 사이에는 인력이나 반발력이 작용하지 않는다.
> - 이상기체는 응축시켜서 액화할 수 없다.

① 이상기체 상태방정식 : 온도, 압력, 부피와의 관계를 나타내는 방정식

$$PV = nRT = \frac{W}{M}RT$$

※ $P_1 V_1 = GR_1 T$
  $PV = nZRT$(보정하고자 할 때)
    여기서, R : 압력(atm)
      V : 부피(L)

R : 기체상수(기체 1몰의 경우 $R = \dfrac{PV}{T}$ 로서, 0℃, 1기압일 때 모든 기체는 22.4L의 체적을 가지므로 $\dfrac{1 \times 22.4}{273} ≒ 0.082\text{L atm/mol K}$이 된다.)

T : 절대온도(K)

P_1 : 압력($\text{kg}_\text{f}/\text{cm}^2$, 절대 $\times 10^4 = \text{kg}_\text{f}/\text{m}^2$)

V_1 : 부피(m^3)

W : 무게(g)

G : 질량(kg)

R_1 : 기체정수 $\left(\dfrac{848}{M} \text{kg m/kg K}\right)$

$$R = \dfrac{1.0332 \times 10^4 \text{kg}_\text{f}/\text{m}^2 \times 22.4\text{m}^3/\text{kmol}}{273\text{K}} = 848 \text{kg m/kmol K}$$

M : 분자량(kg/kmol)

Z : 보정계수(압축계수)

> **Reference** 기체상수(R)
>
> 기체상수 R의 값은 단위에 따라 달라진다.
> - 0.082L atm/mol K
> - 8.31J/mol K
> - 8.31×10^7erg/mol K
> - 1.987cal/mol K

② **보일(Boyle)의 법칙** : 온도가 일정할 때 일정량의 기체가 차지하는 체적(부피)은 절대압력에 반비례한다.

$$PV = P_1 V_1$$

여기서, P : 압력($\text{kg}_\text{f}/\text{cm}^2$ abs), V : 부피(L)

P_1 : 부피가 V_1일 때 가스 압력($\text{kg}_\text{f}/\text{cm}^2$ abs)

V_1 : 압력이 P_1일 때 가스 부피(L)

③ **샤를(Charle)의 법칙(게이뤼삭(Gay-Lussac)의 법칙)** : 압력이 일정할 때 기체의 부피는 절대온도에 비례한다.

$$\dfrac{V}{T} = \dfrac{V_1}{T_1}$$

여기서, V : 0℃(273K)일 때의 가스 부피(L)

T : 0℃(273K)

V_1 : t℃($273+t$K)일 때의 가스 부피(L)

T_1 : t℃($273+t$K)

④ 보일-샤를의 법칙 : 일정량의 기체가 갖는 부피는 압력에 반비례하고, 절대온도에 비례한다.

$$\frac{PV}{T} = \frac{P_1 V_1}{T_1}$$

$$V_2 = V_1 \times \frac{T_2}{T_1} \times \frac{P_1}{P_2}$$

⑤ 돌턴(Dalton)의 분압법칙 : 혼합기체의 전압은 성분기체의 분압(부분압력)의 총합과 같다.

$$P = P_1 + P_2 + P_3 \cdots\cdots$$

여기서, P : 전압
P_1, P_2, P_3 : 분압

$$분압 = 전압 \times \frac{성분가스\ 몰수}{전가스\ 몰수} = 전압 \times \frac{성분가스\ 부피}{전가스\ 부피} = 전압 \times \frac{성분가스\ 분자수}{전가스\ 분자수}$$

※ 압력비=몰비=부피비=분자수의 비

(2) 실제 기체

이상기체는 실제로 존재할 수 없지만, 실제 기체는 분자 사이에 상호 인력도 존재하고 분자 자체의 부피도 무시할 수 없다. 기체의 압력이 높거나 온도가 낮을 때 이상기체 법칙으로부터 제외된다.

① 반데르발스(Van der Waals)의 방정식

㉮ 1mol인 경우

$$\left(P + \frac{a}{V^2}\right)(V-b) = RT \qquad ※ P = \frac{RT}{V-b} - \frac{a}{V^2}$$

㉯ n(mol)인 경우

$$\left(P + \frac{n^2 a}{V^2}\right)(V-nb) = nRT \qquad ※ P = \frac{nRT}{V-nb} - \frac{n^2 a}{V^2}$$

여기서, a : 기체 분자 간의 인력
b : 기체 자신이 차지하는 체적
n : 몰수

(3) 혼합가스의 조성

① 몰%=$\dfrac{어느\ 성분가스의\ 몰수}{가스\ 전체의\ 몰수} \times 100\%$

② 부피%(용량%)=$\dfrac{어느\ 성분가스의\ 부피}{가스\ 전체의\ 중량} \times 100\%$

③ 중량%(무게%)=$\dfrac{어느\ 성분가스의\ 중량}{가스\ 전체의\ 중량} \times 100\%$

$$\frac{100}{L} = \frac{V_1}{L_1} + \frac{V_2}{L_2} + \frac{V_3}{L_3} \cdots\cdots$$

12. 고압가스의 용기 내용적과 저장능력

(1) 용기의 내용적 산정기준

① 압축가스

$$V = \frac{M}{P}$$

여기서, V : 용기의 내용적(L)
M : 대기압상태 기준 가스의 용적(L)
P : 35℃에서의 최고 충전 압력(kg/cm^2)

② 액화가스

$$G = \frac{V}{C}$$

여기서, G : 액화가스의 질량(kg)
V : 용기의 내용적(L)
C : 가스에 따른 충전상수

> **Reference** 가스 정수
>
> $G = \dfrac{V}{C}$ 식에서 C는 가스 정수이다. 예로서 액화 프로판의 C가 2.35라는 것은 액화 프로판을 넣을 수 있는 용기의 체적 2.35L당 1kg의 액화 프로판을 넣을 수 있다는 뜻이다. 일반적으로 많이 쓰이는 가스 정수는 기억하는 것이 좋다.

(2) 저장설비의 저장능력 산정기준

① 압축가스

$$Q = (P+1)V$$

여기서, Q : 저장설비의 저장능력(m^3)
P : 35℃ 온도에서의 저장설비의 최고 충전 압력(kg$_f$/cm^2)
V : 저장설비의 내용적(m^3)

② 액화가스

$$W = 0.9dV$$

여기서, W : 저장설비의 저장능력(kg)
d : 저장설비의 상용 온도에 있어서 액화가스의 비중(kg$_f$/L)
V : 저장설비의 내용적(L)

(3) 가스의 기화부피

$$d = \frac{M}{V}, \quad V = \frac{M}{d}, \quad M = dV$$

여기서, V : 액 부피(L)
d : 액 밀도(kg/L)
M : 가스 질량(kg)

또한, STP(표준상태)에서의 액 부피

$$V = \frac{G}{m} \times 22.4$$

여기서, m : 가스의 분자량
G : 가스 질량(kg)

(4) 구형 탱크의 내용적

$$V = \frac{4}{3}\pi r^3 = \frac{\pi D^3}{6}$$

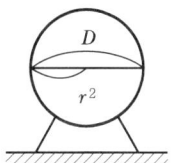

여기서, V : 내용적($kL = m^3 = ton$)
r : 구의 반지름(m)
D : 구의 지름(m)

(5) 원통형 탱크의 내용적

$$V = \frac{\pi}{4} D^2 \cdot L$$

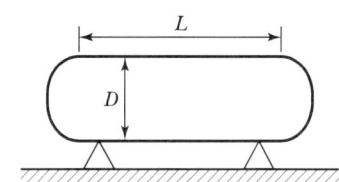

여기서, V : 내용적($kL = m^3$)
D : 지름(m)
L : 탱크의 길이(m)

(6) 탱크의 표면적

$$A = \pi D \times L + 2 \times \left(\frac{\pi}{4}D^2\right)$$

여기서, A : 표면적(m^2)
$\pi D \times L$: 동판의 면적(m^2)
$2 \times \left(\frac{\pi}{4}D^2\right)$: 경판의 면적(m^2)

※ 원통형에서 경판부는 $\frac{4}{3}\pi r^2 h$로 구해지나 보통 $\left(\frac{\pi}{4}D^2\right) \times 2$ 평판으로 계산한다.

(7) 탱크나 용기의 안전공간

액화가스를 충전하는 저장탱크나 용기에서 온도상승에 따른 액의 부피팽창을 고려하여 약 10% 정도 안전공간을 두며, 그 부피(%)는 다음 계산식에 의한다.

$$\text{안전공간} = \frac{V_1}{V} \times 100\%$$

여기서, V : 전체의 부피
V_1 : 기상부의 부피(전 부피 − 액 부피)

13. 가스의 압축

(1) 등온압축

실린더 주위를 냉각하면서 압축에 수반되는 가스의 온도상승을 완전히 막으면서, 압축 전후에 있어서 가스의 온도를 같게 하는 압축이다.

$$PV = P_1 V_1 \quad \frac{P_1}{P} = \frac{V}{V_1}$$

여기서, P : 압축 전의 가스압력(kg_f/cm^2 abs)
P_1 : 압축 후의 가스압력(kg_f/cm^2 abs)
V : 압축 전의 체적(m^3)
V_1 : 압축 후의 체적(m^3)

(2) 단열압축

실린더를 완전하게 열을 절연하고 가스의 압축 중에 열이 외부로 방출되지 않게 해서 압축하는 방법이다. 단열압축은 압축 후 가스의 온도상승, 소요일량, 압력상승이 가장 크다.

$$PV^k = P_1 V_1^k, \quad k = C_P/C_V$$

(3) 폴리트로픽 압축

실제적인 압축방식으로, 등온과 단열의 중간 형태로 열량, 온도상승, 압력상승도 중간 형태인 압축방식이다.

$$PV^n = P_1 V_1^n, \quad 1 < n < k$$

여기서, C_P : 정압비열, C_V : 정적비열
k : 비열비
n : $n = k$(단열변화)
$n = 1$(등온변화)
$n = 0$(정압변화)
$n = \infty$(정적변화)

14. 전열

온도가 높은 곳에서 낮은 곳으로 열이 이동하는 것을 전열이라고 하며, 온도차에 의해서 이루어진다. 전열량은 온도차에 비례하고 열저항에 반비례한다.

$$Q = \frac{\Delta t}{W}$$

여기서, Q : 전열량(kcal/h)
　　　　W : 열이동에 대한 저항(m h ℃/kcal)
　　　　Δt : 온도차(℃)

(1) 열전도(Conduction)

고체와 고체 간에 열이 이동하는 것, 즉 고체 내에서의 열의 이동을 열전도라 한다. (푸리에의 법칙에 따른다.)

$$Q = \lambda \cdot \frac{F \cdot \Delta t}{l}$$

여기서, Q : 한 시간에 이동되는 열량(kcal/h)
　　　　λ : 열전도율(kcal/m h ℃)
　　　　F : 전열면적(m²)
　　　　Δt : 온도차(℃)
　　　　l : 두께(m)

(2) 열전도율(kcal/m h ℃)

한 변이 1m인 입방체에 4면을 완전히 열절연하여 나머지 2면을 온도차 1℃로 유지할 때 1시간에 양면을 흐르는 열량을 열전도율이라 한다.

▼ 각종 재료의 열전도율(kcal/m h ℃)

재료	열전도율	재료	열전도율
강(탄소강)	31~46	유막	0.10~0.13
주철	46	물	0.51
동	300~330	얼음	2.0
알루미늄	190	스타이로폼	0.28
탄화코르크	0.036~0.04	공기	0.02
유리	0.67~0.83	물때	0.3~1.0
콘크리트	0.7~1.2	적상(서리)	0.1~0.4

(3) 대류(Connection)

열이 액체나 기체의 운동에 의하여 이동하는 것을 말한다. 가열된 기체나 액체가 팽창하면 주위의 기체나 액체보다 밀도가 작아져서, 부력이 작용하여 위로 올라간다. 그 다음 온도가 낮고 밀도가 큰 기체나 액체가 들어가서 유체의 위치가 이동한다.

① **자연대류** : 유체의 밀도 변화에 의하여 일어나는 대류
② **강제대류** : 팬 또는 펌프 또는 교반기 등 기계적 방법으로 행하는 대류

(4) 복사(Radiation)

태양열은 공기층을 지나 지구 표면에 이른다. 이와 같이 열이 통과하는 중간물질을 가열하지 않고 열선(자외선)에 의해 높은 온도의 물체에서 낮은 온도의 물체로 옮아가는 작용을 복사라고 한다.

> **Reference**
>
> 검은색은 복사열을 잘 흡수하고 또한 복사열을 잘 방출한다. 가정용 냉장고는 이러한 이유 때문에 응축기를 검은색으로 칠한다.(단, 흰색은 검은색의 반대이다.)

(5) 열전달(Heat Transfer)

유체와 고체 간의 열이 이동하는 것을 말한다.

$$Q = \alpha \cdot F \cdot \Delta t$$

여기서, Q : 한 시간 동안에 이동된 열량(kcal/h)
α : 열전달률, 표면전열률(kcal/m^{2}h℃)
F : 전열면적(m^2)
Δt : 유체와 고체 간의 온도차(℃)

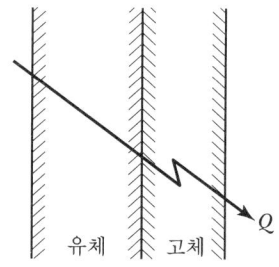

▼ 유체의 종류 및 상태에 따른 열전달률(kcal/m^{2}h℃)

구분	유체	상태	열전달률	구분	유체	상태	열전달률
금속면과 유체	액체	정지	70~300	건축면과 공기	벽	옥외벽	20
		유동	200~5,000		응축면	NH$_3$	500
	기체	정지	2~30			R-12	1,600
		유동	10~500		증발면	NH$_3$	6,000
	벽	옥내벽	5~7			R-12	1,700

(6) 열관류율(K)

온도가 다른 유체가 고체벽을 사이에 두고 있을 때 온도가 높은 유체에서 온도가 낮은 유체로 열이 이동하는 비율을 열통과율 또는 열관류율(kcal/m^{2}h℃)이라 한다.

$$Q = K \cdot F \cdot \Delta t$$

여기서, Q : 한 시간 동안에 통과한 열량(kcal/h)
K : 열통과율(kcal/m²h℃ ; 전열계수)
F : 전열면적(m²)
Δt : 온도차(℃)

(7) 평판전열벽

열통과저항은 제반 전열저항의 합이므로

$$W = W_{S_1} + W_{C_1} + W_{C_2} + W_{C_3} + \cdots + W_{S_2}$$

열전도저항 $W_C = \dfrac{l}{\lambda \cdot F}$

열전달저항 $W_S = \dfrac{1}{\lambda \cdot F}$ 이므로

$$W = \frac{1}{\alpha_1 \cdot F} + \frac{l_1}{\lambda_1 \cdot F} + \frac{l_2}{\lambda_2 \cdot F} + \frac{l_3}{\alpha_3 \cdot F} + \cdots + \frac{1}{\alpha_2 \cdot F}$$

$K = \dfrac{1}{F \cdot W}$ 에서 $W = \dfrac{1}{K \cdot F}$ 이므로

$$K = \frac{1}{F\left\{\dfrac{1}{F}\left(\dfrac{1}{\alpha_1} + \dfrac{l_1}{\lambda_1} + \dfrac{l_2}{\lambda_2} + \dfrac{l_3}{\lambda_3} + \cdots + \dfrac{1}{\alpha_2}\right)\right\}}$$

$$\therefore K = \frac{1}{\dfrac{1}{\alpha_1} + \dfrac{l_1}{\lambda_1} + \dfrac{l_2}{\lambda_2} + \dfrac{l_3}{\lambda_3} + \cdots + \dfrac{1}{\alpha_2}}$$

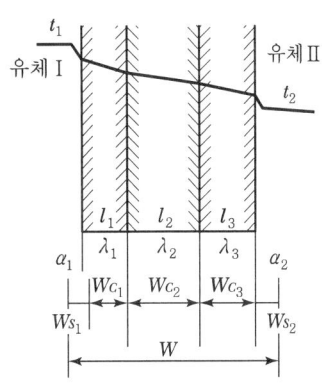

(8) 핀 튜브(Finned Tube)의 전열

냉동장치에서 냉매와 냉각수, 냉매와 공기 간에 전열저항이 큰 쪽에 전열면적을 증가시켜 전열을 양호하게 하기 위하여 Fin을 부착한 Tube를 말한다.

> **Reference** 전열의 순서
>
> NH_3 > H_2O > Freon > 공기

① 핀 튜브의 종류
  ㉮ 로 핀 튜브(Low Finned Tube) : 튜브 내로 전열이 양호한 유체가 흐르고 튜브 밖에 전열이 불량한 유체가 흐르고 있을 때 전열이 불량한 튜브 밖에 핀을 설치한 튜브를 말한다.
  ㉯ 이너 핀 튜브(Inner Finned Tube) : 튜브 내로 전열이 불량한 유체가 흐르고, 튜브 밖에 전열이 양호한 유체가 흐르고 있을 때 전열이 불량한 튜브 내에 핀을 설치한 튜브를 말한다.

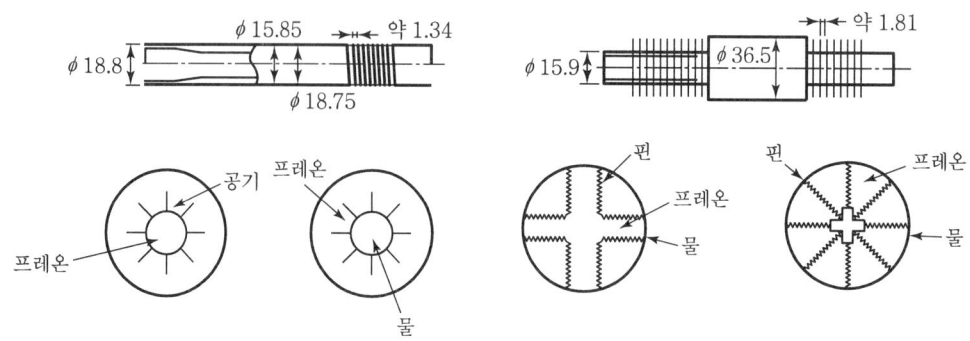

‖ 핀 튜브의 종류 ‖

② 핀의 설치
  ㉮ 핀을 설치했을 때 내외면적비는 약 3.5이다.
  ㉯ 핀의 재료 : 동, 알루미늄 브레이스, 큐포로 니켈
  ㉰ NH_3는 전열이 양호하기 때문에 Fin을 부착시키지 않는다.

(9) 방열재의 구비조건과 종류
  ① 방열재의 구비조건
    ㉮ 전열이 불량할 것
    ㉯ 흡습성이 적을 것
    ㉰ 강도가 있을 것
    ㉱ 불연성일 것
    ㉲ 부식성이 없을 것
    ㉳ 시공이 용이할 것
    ㉴ 내구력이 있을 것
    ㉵ 가격이 저렴하고 구입이 용이할 것
  ② **방열재의 종류** : 유리섬유(Glass Fiber), 스타이로폼(Styrofoam), 글라스 파이버(Glass Fiber), 코르크(Cork), 톱밥

> **Reference**
>
> 방열재 내의 온도가 외기의 노점온도보다 낮으면 수분이 침입하여 방열재 부식, 방열작용을 저해하게 되므로 경제적인 면과 외벽면에 이슬이 맺히는 것을 방지할 수 있는 두께로 방열해야 한다. 대기 온도차 7~8℃에 대해 1인치의 두께로 한다.

SECTION 02 냉동공학

1. 기계적인 냉동방법

(1) 증기압축식 냉동기 : 압축기, 응축기, 증발기, 팽창밸브
(2) 흡수식 냉동기 : 증발기, 흡수기, 재생기, 응축기
(3) 증기분사식 냉동기 : 증기 Ejector 이용
(4) 전자냉동기 : 펠티에 효과 이용
(5) 히트펌프(Heat Pump)

2. 기준 냉동사이클

(1) 증발온도 : $-15℃(5℉)$
(2) 응축온도 : $30℃(86℉)$
(3) 팽창밸브 직전 온도 : $25℃(77℉)$
(4) 압축기 흡입가스온도 : $-15℃$ 건조포화증기

3. 냉동능력

(1) 냉동효과(kcal/kg) : 냉매 1kg이 증발기에 들어가서 흡수하여 나오는 열량
(2) 체적냉동효과(kcal/m^3) : 압축기 입구에서의 증기 1m^{3}의 흡열량
(3) 냉동능력(kcal/hr) : 증발기에서 시간당 제거할 수 있는 열량
(4) 냉동톤(Refrigeration Ton)
   ① 1RT는 0℃의 물 1ton을 24시간 동안에 0℃의 얼음으로 만드는 능력으로 3.862kW(3,320kcal/h)이다.
   ② 1USRT는 미국 냉동톤 32℉의 순수한 물 1ton(2,000 lb)을 24시간 동안에 32℉의 얼음으로 만드는 데 필요한 능력으로 3,024kcal/hr이다.
(5) 제빙톤 : 1일의 얼음 생산능력을 ton으로 나타낸 것으로 1제빙톤은 1.65RT이다.

4. 냉매

(1) 냉매

   냉동사이클 내를 순환하는 동작유체로서 냉동공간 또는 냉동물질로부터 열을 흡수하여 다른 공간 또는 다른 물질로 열을 운반하는 작동유체이며, 화학적으로 다음과 같이 분류한다.
   ① 무기화합물 : NH_3, CO_2, H_2O
   ② 탄화수소 : CH_4, C_2H_6, C_3H_8
   ③ 할로겐화 탄화수소 : Freon
   ④ 공비(共沸) 혼합물(Azetrope) : R-500, R-501, R-502 등

(2) 냉매의 종류

① 1차 냉매(직접 냉매) : 냉동사이클 내를 순환하는 동작유체로서 잠열에 의해 열을 운반하는 냉매(NH_3, Freon 등)

② 2차 냉매(간접 냉매) : 통칭 Brine($NaCl$, $CaCl_2$, $MgCl_2$ 등)을 말하며, 제빙장치의 브라인, 공조장치의 냉수 등이 이에 속한다. 감열에 의해 열을 운반한다.

5. 몰리에르 선도($P-i$ 증기선도)

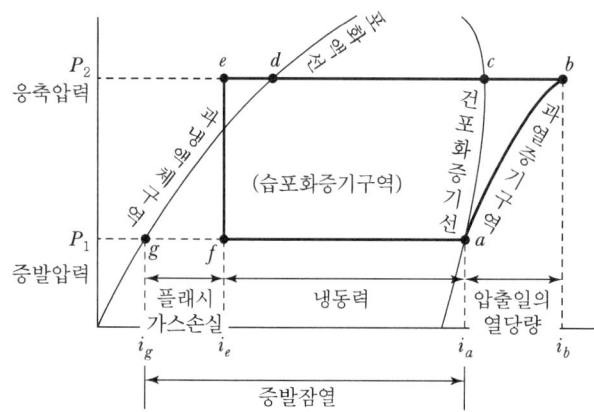

- a : 압축기 흡입지점＝증발기 출구지점
- b : 압축기 토출지점＝응축기 입구지점
- c : 응축기에서 응축이 시작되는 지점
- d : 응축기에서 응축이 끝난 지점
  ＝과냉각이 시작되는 점
- e : 팽창밸브 입구지점
- f : 팽창밸브 출구지점＝증발기 입구지점

6. 냉동기의 구성

(1) 압축기(Compressor)

① 체적식(용적식) 압축기 : 왕복동식, 회전식, 스크루식

② 비용적식 압축기 : 원심식(터보형)

(2) 펌프

① 터보형 : 원심식(터빈형, 볼류트형), 사류식, 축류식

② 용적형 : 왕복동식, 회전식

(3) 응축기(Condenser)

① 입형 응축기(열통과율 750kcal/m²h℃)

② 횡형 응축기(열통과율 900kcal/m²h℃)

③ 7통로식 응축기(열통과율 1,000kcal/m²h℃)

④ 2중관식 응축기(열통과율 900kcal/m²h℃)

⑤ 대기식 응축기(열통과율 600kcal/m²h℃)

⑥ 셀 앤드 코일식 응축기(열통과율 500kcal/m²h℃)

⑦ 증발식 응축기(열통과율 200~280kcal/m²h℃)

⑧ 공랭식 응축기(열통과율 20~25kcal/m²h℃)

(4) 냉각탑(쿨링타워)
① 1RT = 3,900kcal/h
② 쿨링 레인지(냉각수온 – 냉각수 출구수온)
③ 쿨링 어프로치(냉각수 출구수온 – 입구공기 습구온도)

(5) 팽창밸브
① 수동팽창밸브
② 모세관
③ 정압식 팽창밸브(AEV)
④ 온도식 자동팽창밸브(TEV)
⑤ 파일럿식 자동팽창밸브
⑥ 고압 측 부자밸브
⑦ 저압 측 부자밸브
⑧ 파일럿 플로트밸브
⑨ 부자 스위치
⑩ 온도식 액면제어밸브

(6) 자동제어 및 안전장치
① **증발압력 조정밸브(EPR)** : 한 대의 압축기로 유지온도가 다른 여러 대의 증발실을 운용할 때 제일 온도가 낮은 냉장실의 압력을 기준으로 운전되기 때문에 고온 측의 증발기에 EPR을 설치하여 압력이 한계치 이하가 되지 않도록 한다.
② **흡입압력 조정밸브(SPR)** : 흡입압력이 소정 압력 이상이 되었을 때 과부하에 의한 전동기의 소손을 방지하기 위해 설치한다.
③ **전자밸브(SV)** : 솔레노이드 밸브
④ **압력 자동급수밸브(절수밸브)** : 응축압력을 항상 일정하게 하고 운전정지 중 냉각수를 단수시킴으로써 경제적인 운전을 할 수 있다.
⑤ **온도 자동 수량조절밸브** : 브라인이나 냉각수 출구에 부착하여 온도변화에 의해 유량을 조절한다.
⑥ **단수 릴레이** : 수냉각기에서 수량의 감소로 인하여 동파되는 것을 방지한다.
⑦ **고압차단 스위치(HPS)** : 압축기의 안전장치로서 정상고압 + 0.4MPa에서 차단한다.
⑧ **저압차단 스위치(LPS)** : 저압이 일정 이하가 되면 압축기를 정지시킨다.
⑨ **유압보호 스위치(OPS)** : 압축기 기동 시 60~90초 내에 유압이 정상으로 오르지 않으면 압축기 구동용 모터로 들어가는 전원을 차단한다.
⑩ **온도제어(TC)** : 바이메탈식, 가스압력식, 전기저항식
⑪ **습도제어** : 습도가 증가하면 모발이 늘어나서 전기적 접점이 붙어 이에 의하여 전자밸브 등을 작동시켜 공기조화기에서 감습장치를 움직이게 한다.
⑫ **안전밸브**
⑬ **가용전** : 프레온 냉동장치의 응축기나 수액기 등에서 압력용기의 냉매액과 증기가 공존하는 곳의 증기 부분에 설치하여 불의의 사고 시 일정온도에서 녹아 고압가스를 외기로 방출하여 이상 고압을 저지시킨다.
⑭ **파열판** : 용기 내부의 압력이 위험한 상태가 되면 파열되어 이상 고압으로부터 위해가 방지되며 주로 터보냉동기의 저압 측에 사용된다.

(7) 증발기

① 건식 증발기(증발기 내 액이 25%, 가스가 75%)

② 반만액식 증발기(증발기 내 액이 50%, 가스가 50%)

③ 만액식 증발기(증발기 내 액이 75%, 가스가 25%)

④ 액순환식 증발기(증발기 출구에 액 냉매가 80%)

⑤ 공기 냉각용 증발기

　㉮ 관 코일 증발기 : 냉장고, 쇼케이스용

　㉯ 캐스케이드 : 벽 코일 동결실의 동결선반용

　㉰ 멀티피드 멀티석션 증발기 : 암모니아용 공기동결실의 동결선반용

　㉱ 핀 튜브식 증발기 : 소형 냉장고, 쇼케이스, 에어컨용

　㉲ 판형 증발기 : 가정용 냉장고, 쇼케이스, 급속동결장치용

⑥ 액체 냉각용 증발기

　㉮ 암모니아 만액식 셸 앤 튜브식 증발기 : 셸 내에 냉매가 흐르고 튜브 내는 브라인 냉매가 흐른다.

　㉯ 프레온 만액식 셸 앤 튜브식 증발기 : 셸 내에 냉매, 튜브 내에 브라인이 흐른다.

　㉰ 건식 셸 앤 튜브식 증발기 : 튜브 내로 냉매, 셸 내로 브라인이 흐른다.

　㉱ 보데로형 냉각기 : 암모니아 만액식, 프레온 반만액식에 사용한다.

　㉲ 셸 앤 코일식 증발기 : 튜브 내로 냉매, 셸 내로 브라인이 흐른다.

　㉳ 탱크형 증발기 : 암모니아용이며 제빙장치의 브라인 냉각용이며 헤링본형이 많이 쓰인다.

(8) 냉동기 부속장치

① 수액기 : 응축기에서 액화된 냉매를 팽창밸브에 보내기 전에 일시적으로 저장하는 용기

② 오일분리기 : 압축기에서 토출되는 냉매가스 중에 오일의 혼입량이 현저하게 많으면 걸러낸다.

　㉮ 원심분리형

　㉯ 가스충돌식

　㉰ 유속감소식

③ 냉매액분리기 : 흡입가스 중에 냉매액이 혼입되었을 때 냉매액을 분리하여 건조가스만 압축기에 투입시킨다.

④ 냉매건조기(드라이어, 제습기) : 프레온 냉동장치에서 수분의 침입으로 인한 팽창밸브 동결을 방지하기 위하여 설치한다.(실리카겔, 알루미나겔, 소바비드, 몰레큘러시브 사용)

⑤ 여과기 : Y형, L형, －형(펑거타입)이 있다.

⑥ 투시경(사이트 글라스) : 냉동장치 내의 충전 냉매량의 부족 여부나 수분의 혼입상태를 확인하기 위하여 설치한다.

⑦ 균압관 : 응축기 상부와 수액기 상부에 연결하는 관이며 수액기 압력이 높아지는 때를 대비하여 응축기와 수액기의 압력을 일정하게 하고 응축기의 냉매액이 낙차에 의해 수액기로 흐르도록 한다.

⑧ **오일냉각기** : 오일의 온도가 상당히 높아지는 경우 오일펌프에서 나온 오일을 냉각시켜 오일의 기능을 증대시킨다.

⑨ **열교환기** : 증발기로 유입되는 고압 액냉매를 과냉시켜 플래시 가스량을 억제하여 냉동효과를 증대시킨다.
  ㉮ 관접촉식
  ㉯ 2중관식
  ㉰ 셸 앤드 튜브식

⑩ **불응축가스 퍼저** : 냉동장치의 냉매계통에 공기와 같은 불응축가스가 존재하면 그 분압만큼 응축압력이 높아져서 악영향을 미치므로 장치 내에서 제거시키는 장치이다.
  ㉮ 요크식
  ㉯ 암스트롱식

⑪ **냉매액 회수장치** : 액 분리기를 압축기 가까이 흡입관에 설치하여 분리된 액을 고압 측 수액기로 회수하거나 증발기로 돌려보내는 장치이다.

⑫ **오일회수장치** : 압축기에 사용되는 오일은 암모니아 냉매보다 무거워 하부에 고이기 때문에 유분리기, 응축기, 수액기 등에 고인 오일을 최저부의 드레인 밸브를 통해 오일 – 리시버를 이용하여 가스는 저압 측으로 흡입시키고 오일은 유면계를 보면서 드레인한다.

7. 적상 및 제상

(1) 적상

공기 냉각에 있어서 증발기 냉각 코일 표면온도가 공기 냉각 노점온도보다 낮으면 공기 중의 수분이 응축하여 코일 표면에 부착되며, 이때 코일의 온도가 물의 동결온도보다 낮으면 코일에 부착된 물이 얼어붙어 서리가 되는데 이 서리가 부착된 것을 적상이라 한다.

(2) 제상

공기를 냉각하는 증발기에서 대기 중의 습기가 서리가 되어 냉각관에 부착하는데 이 서리가 전열을 불량하게 하므로 이것을 제거하는 것을 제상이라 한다.

(3) 제상의 종류

① 전열제상(히터이용)
② 고압가스제상(압축기 토출냉매가스 이용)
③ 온 브라인 제상(브라인식 냉각 코일의 경우 사용)
④ 살수식 제상(10~25℃의 물을 사용)
⑤ 온 공기 제상(실내공기로 제상)

CHAPTER 03 공조냉동 설치·운영(배관)

SECTION 01 배관재료 및 배관부속품

1. 관의 재료

배관을 할 수 있는 관의 재료는 철금속관, 비철금속관, 비금속관이 있다.

(1) 강관(Steel Pipe)

강관은 용도가 다양하며 특히, 물, 증기, 기름, 가스, 공기 등의 유체 배관에 널리 사용된다. 강관의 재질은 탄소강이며 제조법상에 따라 가스단접관, 전기저항 용접관, 이음매 없는 관, 아크용접관 등이 있으며 강관의 부식을 막기 위하여 관의 내외면에 아연을 도금한 아연도금강관(배관)과 아연도금을 하지 않는 흑관이 있다. 아연도금은 주로 물, 온도, 공기, 가스 등의 배관에 사용하며, 흑관은 증기, 기름, 냉매배관 등에 사용한다.

① 장점
 ㉮ 인장강도가 크다.
 ㉯ 내충격성이나 굴요성이 크다.
 ㉰ 가격이 저렴하다.
 ㉱ 연관이나 주철관에 비해 가볍다.
 ㉲ 관의 접합작업이 용이하다.

② 스케줄 번호(Schedule No.)
관의 두께를 나타내는 번호로서 계산식은 아래와 같다.
 ㉮ 스케줄 번호

$$\text{스케줄 번호(SCH)} = 10 \times \frac{P}{S}$$

여기서, P : 사용압력(kg/cm^2)
   S : 허용응력(kg/mm^2)
    S = 인장강도 ÷ 안전율
   t : 관의 두께(mm)
   D : 관의 외경(mm)
   σ_w : 허용인장응력(kg/mm^2)

 ㉯ 관의 두께

$$\text{관의 두께}(t) = \left(\frac{PD}{175\sigma_w}\right) + 2.54 \text{(mm)}$$

▼ KS에 정해진 재질 및 용도별 분류

종류		KS 규격기호	용도
배관용	배관용 탄소강 강관	SPP	사용압력이 낮은 증기, 물, 기름 및 공기 등의 배관용, 호칭 지름 15~500A (0.1MPa 이하용)
	압력 배관용 탄소강 강관	SPPS	350℃ 이하에서 사용하는 압력 배관용, 관의 호칭은 호칭 지름과 두께(스케줄 번호)에 의한다. 호칭 지름 6~500A, 25종이 있다.(0.1~10MPa 사용)
	고압 배관용 탄소강 강관	SPPH	350℃ 이하에서 사용압력이 높은 고압 배관용, 관지름 6~500A, 25종이 있다.(10MPa 이상 사용)
	고온 배관용 탄소강 강관	SPHT	350℃ 이상 온도의 배관용(350~450℃), 관의 호칭은 호칭 지름과 스케줄 번호에 의한다. 호칭 지름 6~500A
	배관용 아크용접 탄소강 강관	SPW	사용압력 1MPa의 낮은 증기, 물, 기름, 가스 및 공기 등의 배관용, 2.1MPa 이상 수압시험 실시, 호칭 지름 350~1,500A이며 22종이 있다.
	배관용 합금강 강관	SPA	주로 고온도의 배관용, 호칭 지름 6~500A, 두께는 스케줄 번호로 표시, 증기관, 석유정제용 배관
	배관용 스테인리스 강관	STS×TP	내식용, 내열용 및 고온 배관용, 저온 배관용에도 사용, 호칭 지름 6~300A, 두께는 스케줄 번호로 표시
	저온 배관용 강관	SPLT	빙점 이하 특히 저온도 배관용, 호칭 지름 6~500A, 두께는 스케줄 번호로 표시
수도용	수도용 아연 도금 강관	SPPW	정수두 100m 이하의 수도로서 주로 급수 배관용, 호칭 지름 10~300A
	수도용 도복장 강관	STPW	정수두 100m 이하의 수도로서 주로 급수 배관용, 호칭 지름 80~1,500A
열전달용	보일러·열교환기용 탄소강 강관	STH	관의 내외에서 열의 수수를 행함을 목적으로 하는 장소에 사용
	보일러·열교환기용 합금강 강관	STHA	보일러의 수관, 연관, 과열관, 공기예열관, 화학공업, 석유공업의 열교환기, 가열로 관 등에 사용
	보일러·열교환기용 스테인리스 강관	STS×TB	
	저온 열교환기용 강관	STLT	빙점하의 특히 낮은 온도에서 관의 내외에서 열의 수수를 행하는 열교환기관 콘덴서관에 사용
구조용	일반 구조용 탄소강 강관	SPS	토목, 건축, 철탑, 지주와 기타의 구조물용
	기계 구조용 탄소강 강관	STM	기계, 항공기, 자동차, 자전차 등의 기계 부품용
	구조용 합금강 강관	STA	항공기, 자동차, 기타의 구조물용

(2) 주철관(Cast Iron Pipe)

주철관의 용도는 급수, 배수, 통기관 등에 사용되며 비교적 내구력이 크다. 매몰 시에는 부식이 적으며, 기타의 관에 비하여 강도도 크다. 특히, 오수관, 가스공급관, 케이블 매설관, 광산용, 화학공업용에 널리 사용된다.

① 수도용 수직형 주철관

㉮ 보통압관 : 정수두 75m 이하에 사용

㉯ 저압관 : 정수두 45m 이하에 사용

② 수도용 원심력 사형 주철관
　㉮ 고압관 : 정수두 100m 이하에 사용
　㉯ 보통압관 : 정수두 75m 이하에 사용
　㉰ 저압관 : 정수두 45m 이하에 사용
③ 원심력 모르타르 라이닝 주철관(부식방지관)
　부식을 방지할 목적으로 관 내면에 모르타르를 바른다.
④ 배수용 주철관
　㉮ 1종(두꺼운 것)　　　㉯ 2종(얇은 것)

(3) 동관
① 종류
　㉮ 타프피치동관　　　㉯ 인탈산동관(수소용접에 적합)
　㉰ 무산소동관　　　　㉱ 동합금관
② 장점
　㉮ 내식성이 좋다.　　　㉯ 수명이 길다.
　㉰ 마찰저항이 적다.　　㉱ 무게가 가볍다.
　㉲ 열전도율이 크다.　　㉳ 가공성이 좋다.
　㉴ 동결에 파열되지 않는다.
③ 단점
　㉮ 외부의 충격에 약하다.　　㉯ 가격이 비싸다.
④ 용도
　열교환기용, 급수관, 압력계 연결관, 급유관, 냉매관, 급탕관, 화학공업용 관

> **Reference** 동합금관의 종류
> - 이음매 없는 황동관(BsST)
> - 이음매 없는 단동관(RBsP)
> - 이음매 없는 제지롤 황동관(BsPP)
> - 이음매 없는 복수기용 황동관(BsPF)
> - 이음매 없는 규소-황동관(SiBP)
> - 이음매 없는 니켈-동합금관(NCuP)

(4) 연관
① 종류
　㉮ 수도용 연관(1종, 2종)　　㉯ 공업용 연관(일반용)
　㉰ 배수용 연관(HASS)　　　㉱ 경질연관
② 장점
　㉮ 부식에 잘 견딘다.
　㉯ 산성에 강하다.
　㉰ 전연성이 풍부하고 굴곡이 용이하다.

㉔ 신축성이 매우 좋다.
㉕ 바닷물이나 수돗물 등에 의한 관의 용해나 부식이 방지된다.
③ 단점
㉮ 중량이 크다.(비중이 크기 때문에 횡주배관에서 휘어 늘어지기 쉽다.)
㉯ 초산이나 농초산, 진한 염산에 침식된다.
㉰ 알칼리에 약하다.
④ 용도
가정용 수도 인입관, 가스배관, 기구의 배수관, 화학공업용 관

(5) 알루미늄관
① 장점
㉮ 전기 및 열전도율이 좋다.
㉯ 전연성이 풍부하다.
㉰ 내식성이 뛰어나다.(알칼리에는 약하다.)
㉱ 비중이 가벼운 편이다.(비중 2.7)
㉲ 기계적 성질이 우수하다.
② 용도
열교환기, 선박, 차량 등에 사용된다.

(6) 스테인리스관
① 장점
㉮ 내식성·내열성이 있다.(철+크롬 12~20% 정도 함유)
㉯ 관 내 마찰손실수두가 작다.
㉰ 강도가 크다.
㉱ 온수·온돌용으로 사용이 가능하다.
㉲ 배관작업 시간의 단축이 가능하다.
② 단점
㉮ 굽힘가공이 곤란하다.
㉯ 수리작업이 비교적 어렵다.
㉰ 열전도율이 낮다.

(7) 비금속관
① 경질염화비닐관(합성수지관)
㉮ 가격이 싸다.   ㉯ 마찰손실이 적다.
㉰ 내식성이 있다.   ㉱ 중량이 가볍다.
㉲ 저온이나 고온에서는 강도가 떨어진다.
㉳ 열팽창률이 커서 온도변화가 심한 곳은 사용이 부적당하다.

⑷ 증기나 고온수 및 -10℃ 이하에는 사용이 부적당하다.

⑻ 물, 기름, 공기 등의 배관에 이상적이다.

② 철근콘크리트관

관의 길이가 1m, 구경이 600mm 또는 소켓이 붙어 있는 형상이며, 짧은 거리의 대지 하수관 또는 옥외 배수관에 사용된다.

③ 원심력 철근콘크리트관(Hume Pipe, 흄관)

철망을 원통형으로 엮어서 형틀에 넣고 회전기로 수평 회전시키면서 콘크리트를 주입한 다음 고속으로 회전시켜 균일한 두께의 관으로 제조한 관이다.

④ 석면시멘트관

석면과 시멘트를 1:5~1:6으로 배합하고 물을 혼입하여 풀형상으로 된 것을 운전기에 의해 얇은 층으로 만들고 5~9kg/cm² 고압을 가하여 성형한다.

⑤ 유리관(Glass Tubes)

붕규산 유리로 만들어져 배수관으로 사용되며 관경이 140~150mm, 길이 1.5~3m가 제작된다.

2. 관의 이음쇠

(1) 강관용 관이음쇠

① 나사결합형

㉮ 강관제 ㉯ 가단주철제

② 용접형

③ 플랜지형 조인트

(2) 나사결합형의 사용처별 분류(가단주철제관 이음쇠)

① 배관의 방향을 바꿀 때 : 엘보, 벤드

② 관을 도중에서 분기할 때 : T, Y, 크로스

③ 같은 관(동경)을 직선 결합할 때 : 소켓, 유니언, 니플

④ 다른 관(이경관)을 연결할 때 : 리듀서, 이경 엘보, 줄임티, 부싱

⑤ 관의 끝을 폐쇄할 때 : 플러그, 캡

⑥ 관의 수리 교체가 필요할 때 : 유니언, 플랜지

㉮ 크로스(Cross) : 동경 크로스, 이경 크로스

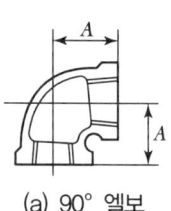 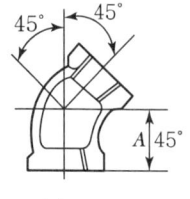 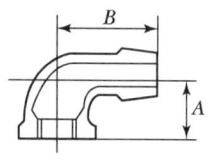 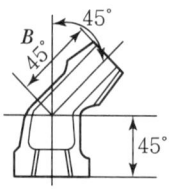

(a) 90° 엘보　　(b) 45° 엘보　　(c) 90° 엘보　　(d) 45° 암수엘보

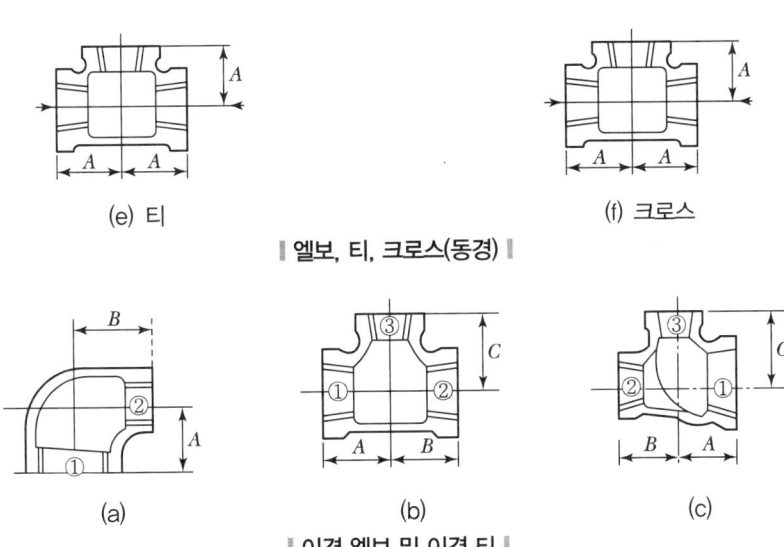

|| 엘보, 티, 크로스(동경) ||

|| 이경 엘보 및 이경 티 ||

㉯ 와이(Y) : 45°Y, 90°Y, 이경 90°Y

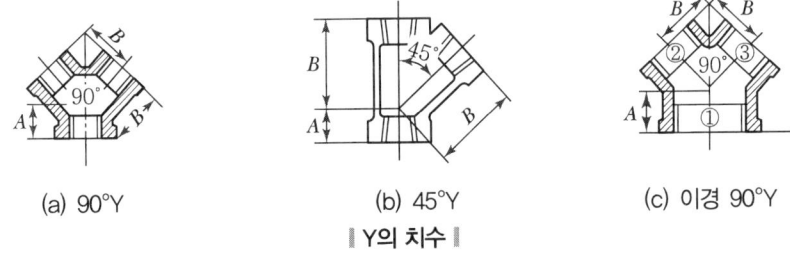

|| Y의 치수 ||

㉰ 소켓(Socket) : 동경 소켓, 이경 소켓, 암수 소켓, 편심 소켓

㉱ 벤드(Bend) : 90°벤드, 암수벤드, 수벤드, 45°벤드, 45°암수벤드, 리턴 벤드

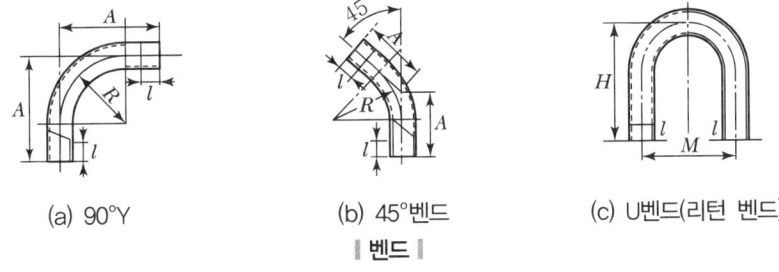

|| 벤드 ||

※ 플레어 이음쇠는 용접접합이 어렵거나 용접접합을 할 수 없는 곳에 사용된다.

(3) 동합금 주물 이음쇠(Cast Bronze Fitting)

청동 주물로서 이음쇠 본체를 만들고 관과의 접합부분을 기계 가공으로 다듬질한 것이다.

(4) 순동 이음쇠

동관을 성형 가공시킨 것으로서 엘보, 티, 커플링 등이 있으며, 냉온수 배관, 도시가스, 의료용 산소, 건축용 동관의 접합에 사용한다.

3. 신축이음(Expansion Joint)

철은 온도가 1℃ 변화할 때마다 길이 1m에 대하여 0.012mm씩 신축한다. 온도변화에 따른 파이프의 신축에 의해 배관 및 기기류에 손상을 입히는 것을 방지하기 위하여 설치한다.

(1) 슬리브형(Slip Type Joint, 미끄럼형)
   ① 형식 : 단식, 복식
   ② 호칭 지름 50A 이하는 청동제 조인트이고, 호칭 지름 65A 이상은 슬리브, 파이프는 청동제이고 본체 일부가 주철제이거나 전체가 주철제로 되어 있다.
   ③ 관과의 접합은 호칭 지름 50A 이하는 주로 나사이음이고, 호칭 지름 65A 이상은 플랜지 접합이다.
   ④ 슬리브형은 조인트 본체와 슬리브 파이프로 되어 있으며 관의 팽창수축은 본체 속 슬리브 파이프에 의해 흡수된다.
   ⑤ 사용처는 최고 사용압력 10kg/cm^2 정도의 포화증기, 온도변화가 심한 기름, 물, 증기 등의 배관에 사용된다.
   ⑥ 구조상 과열증기에는 사용이 부적당하다.
   ⑦ 배관에 곡선부분이 있으면 신축이음에 비틀림이 생겨서 파손의 원인이 된다.

(2) 벨로스형(Bellows Type)
   ① 형식 : 단식, 복식
   ② 일명 팩리스(Packless) 신축이음이다.
   ③ 재료는 인청동, 스테인리스가 사용된다.
   ④ 접합은 나사이음식, 플랜지이음식이 있다.
   ⑤ 원리는, 관의 신축에 따라 벨로스는 슬리브와 함께 신축하며 슬리브 사이에서 유체가 새는 것을 방지한다.
   ⑥ 설치장소를 많이 차지하지 않는다.
   ⑦ 응력이 생기지 않는다.
   ⑧ 벨로스의 주름이 있는 곳에 응축수가 고이면 부식되기 쉽다.

(3) 루프형(Loop Type)
   ① 고압증기의 옥외 배관에 많이 사용된다.
   ② 관에 사용할 때 굽힘 반경은 파이프 지름의 6배 이상으로 한다.
   ③ 신축곡관이라 하며 관을 굽혀서 그 디플렉션(Deflexion)을 이용한다.
   ④ 장소를 많이 차지하며 응력이 생기는 결점이 있다.

(4) 스위블형(Swivel Type) : 지블이음
   ① 스윙타입이라고도 하며 주로 증기 및 온수난방용 배관에 사용된다.
   ② 2개 이상의 엘보를 사용하여 이음부의 나사회전을 이용해서 배관의 신축을 흡수한다.
   ③ 굴곡부에서는 압력강하가 생긴다.
   ④ 신축량이 큰 배관에서는 나사접합부가 헐거워져 누수의 원인이 된다.
   ⑤ 설비비가 싸고 조립이 용이하다.

> **Reference** 신축량의 크기
>
> 루프형 > 슬리브형 > 벨로스형 > 스위블형

4. 밸브의 종류

(1) 글로브 밸브(Glove Valve)

① **형상** : 옥형 밸브이다.(구형)
② **설치위치** : 직선배관의 중간
③ **밸브 디스크(Disk)의 형상** : 평면형, 원뿔형, 반구형, 부분원형 등이 있다.
④ 유체의 저항이 크나 개폐가 용이하다.
⑤ 일명 스톱밸브이다.(Y형 글로브 밸브도 있다.)
⑥ 가볍고 가격이 싸다.
⑦ 유량조절 밸브로 사용된다.
⑧ 50A 이하는 포금제의 나사결합형이다.
⑨ 65A 이상은 밸브와 밸브 시트는 포금제이고, 본체는 주철제의 플랜지형이다.

(2) 앵글밸브(Angle Valve)

① 주증기밸브 등에서 많이 사용된다.
② 엘보와 글로브 밸브의 조합형이라서 직각형이다.
③ 유체의 저항을 막아준다.

(3) 니들밸브(Needle Valve)

15~16mm의 원뿔모양의 침이며 극히 유량이 적거나 고압일 때 유량을 조금씩 가감하는 데 사용된다.

(4) 게이트 밸브(Gate Valve or Sluice Valve)

① 일명 슬루스 밸브라고 한다.
② 유체 흐름의 저항이 아주 적다.
③ 대형은 동력으로 조작한다.
④ 가격이 비싸다.
⑤ 밸브의 개폐에 시간이 많이 걸린다.
⑥ 밸브를 자주 개폐할 필요가 없는 곳에 사용한다.
⑦ 유량 조절에는 부적당하다.
⑧ 단면적을 조정하여 유량을 조정한다.
⑨ 찌꺼기가 체류하는 곳에서는 사용이 부적당하다.
⑩ 반개하면(절반만 열면) 파손이나 마모가 온다.

⑪ 종류
- ㉮ 바깥나사식 : 50A 이하 배관용
- ㉯ 속나사식 : 65A 이상 배관용

⑫ 디스크의 구조에 따른 종류
- ㉮ 웨지 게이트 밸브(Wedge Gate Valve)
- ㉯ 패러럴 슬라이드 밸브(Parallel Slide Valve)
- ㉰ 더블 디스크 게이트 밸브(Double Disk Gate Valve)

(5) 체크밸브(Check Valve)

① 설치목적

유체의 흐름이 역류하면 자동적으로 밸브가 닫혀서 역흐름을 차단시킨다.

② 종류
- ㉮ 스윙형(Swing Type) : 수직배관, 수평배관에 사용
- ㉯ 리프트형(Lift Type) : 수평배관에만 사용

③ 특징
- ㉮ 스윙형은 유수에 마찰저항이 리프트형보다 적다.
- ㉯ 리프트형은 글로브 밸브와 같은 시트의 구조이다.
- ㉰ 리프트형 밸브의 리프트는 지름의 1/4 정도이고 유체의 흐름에 대한 마찰저항이 크다.
- ㉱ 리프트형 내의 날개가 달려서 충격을 완화시키는 스모렌스키형이 있다.
- ㉲ 10~15A의 것은 청동나사 이음형이고, 50~200A의 것은 주철 또는 주강 플랜지형이다.

5. 패킹재(Packing)

패킹재는 배관 라인의 각종 접합부로부터 누설을 방지하기 위하여 사용되는 것이며 일명 가스킷이다.

(1) 패킹재의 선택조건

① 배관 내에 흐르는 유체의 물리적 성질을 고려한다.

② 관 내의 유체에 대한 화학적 성질을 고려한다.

③ 배관 내외의 기계적인 조건을 고려한다.

(2) 패킹재의 종류

① 플랜지 패킹제
- ㉮ 천연고무 패킹
  - ㉠ 내산성, 내알칼리성이 있다.
  - ㉡ 100℃ 이상의 온도에는 사용이 불가하다.
  - ㉢ 열과 기름에 약하다.
  - ㉣ 흡수성이 없다.

㉯ 네오프렌 패킹
- ㉠ 합성고무제이다.
- ㉡ 내열범위가 −46∼121℃이다.
- ㉢ 증기배관에는 사용이 불가하다.
- ㉣ 기계적 성질이 우수하다.

㉰ 석면 조인트 시트
- ㉠ 섬유가 가늘고 강한 광물질로 된 패킹재이다.
- ㉡ 내열범위가 450℃까지이다.
- ㉢ 증기나 온수 고온의 기름배관에 사용된다.

㉱ 오일 실 패킹(Oil Seal Packing)
- ㉠ 한지를 여러 장 붙여 내유 가공한 식물성 섬유제품이다.
- ㉡ 내유성이 좋으나 내열성은 나쁘다.
- ㉢ 보통 펌프나 기어 박스에 사용된다.

㉲ 합성수지 패킹(Teflon)
- ㉠ 가장 대표적인 합성수지는 테프론이다.
- ㉡ 내열범위가 −260∼260℃이다.
- ㉢ 기름에 침해되지 않는다.
- ㉣ 탄성이 부족해서 석면, 고무, 금속판 등과 같이 쓴다.

㉳ 금속패킹
- ㉠ 금속재 : 구리, 납, 연강, 스테인리스 강재
- ㉡ 탄성이 작아서 배관의 팽창, 수축, 진동 등에 의해 누설하기 쉽다.

② **나사용 패킹**
- ㉮ 페인트 : 광명단을 섞어 사용하며, 고온의 기름배관 외에는 전부 사용이 가능하다.
- ㉯ 일산화연 : 페인트에 소량 타서 사용하며, 냉매 배관용이다.
- ㉰ 액화합성수지(액상합성수지) : 내열범위가 −30∼130℃까지이며, 화학약품에 강하고 내유성이 크다. 증기, 기름, 약품수송 배관에 많이 쓴다.

③ **글랜드 패킹**
밸브나 펌프 등의 핸들 또는 레버와 몸체 사이의 회전 부분에 사용되며 누설을 방지한다.
- ㉮ 석면 각형 패킹 : 내열성, 내산성이 좋으며, 대형의 밸브에 사용된다.
- ㉯ 석면 얀 : 소형 밸브나 수면계의 콕에 사용되며, 소형 글랜드용이다.
- ㉰ 아마존 패킹 : 면포와 내열 고무 컴파운드를 가공 성형한 것으로 압축기의 글랜드용이다.
- ㉱ 몰드 패킹 : 석면, 흑연, 수지 등을 배합 성형한 것으로 밸브, 펌프 등의 글랜드용이다.

6. 방청도료(Paint)

(1) 종류

① **광명단 도료(연단)** : 밀착력이 강하고 풍화에 잘 견디며 페인트 밑칠에 사용한다.
② **합성수지도료**
  ㉮ 요소 멜라민계   ㉯ 프탈산계   ㉰ 염화비닐계   ㉱ 실리콘 수지계
③ 산화철도료
④ 알루미늄 도료(은분)
⑤ 타르 및 아스팔트
⑥ 고농도 아연도료

7. 배관용 지지쇠

(1) 행거(Hanger)

행거는 배관계에 걸리는 하중을 위에서 걸어 당김으로써 지지하는 지지쇠이다.

① **리지드 행거(Rigid Hanger)** : I빔에 턴 버클을 연결하여 관을 걸어 당겨 지지하는 행거로서 수직방향에 변위가 없는 곳에 사용한다.
② **스프링 행거(Spring Hanger)** : 관의 수직 이동에 대해 지지하중이 변화하는 행거로서 하중조절을 턴 버클로 행한다.
③ **콘스턴트 행거(Constant Hanger)** : 지정된 이동거리 범위 내에서 배관의 상하이동에 대하여 항상 일정한 하중으로 배관을 지지한다. 그리고 구조에 따라 스프링식과 중추식이 있다.

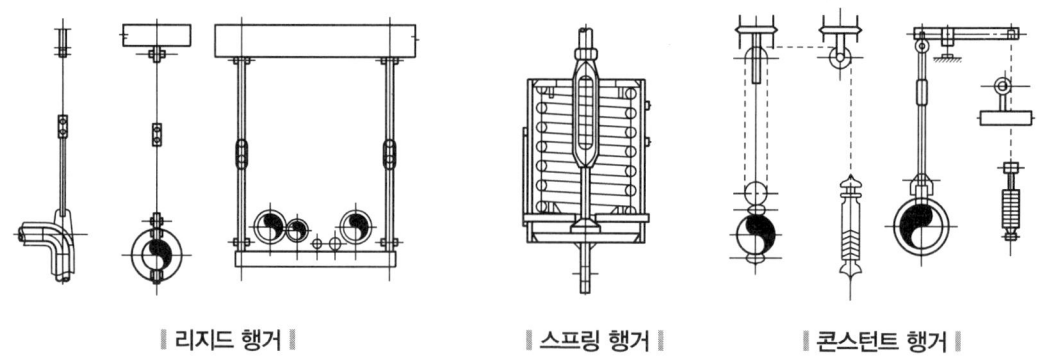

‖ 리지드 행거 ‖   ‖ 스프링 행거 ‖   ‖ 콘스턴트 행거 ‖

(2) 서포트(Support)

서포트는 배관에 걸리는 하중을 아래에서 위로 떠받쳐 지지하는 것이다.

① **스프링 서포트(Spring Support)** : 스프링의 작용으로 상하 이동이 자유로워서 배관에 걸리는 하중변화에 따라 완충작용을 한다.
② **롤러 서포트(Roller Support)** : 롤러가 관을 받침으로써 배관의 축 방향 이동을 자유롭게 한다.

③ 파이프 슈(Pipe Shoe) : 배관이 굽힘부 또는 수평부에 관으로 영구히 고정시킴으로써 배관의 이동을 구속한다.
④ 리지드 서포트(Rigid Support) : 강성이 큰 빔 등으로 만든 배관 지지쇠로서 정유공장 등 산업설비 배관의 파이프 랙(Pipe Rack)으로 이용한다.

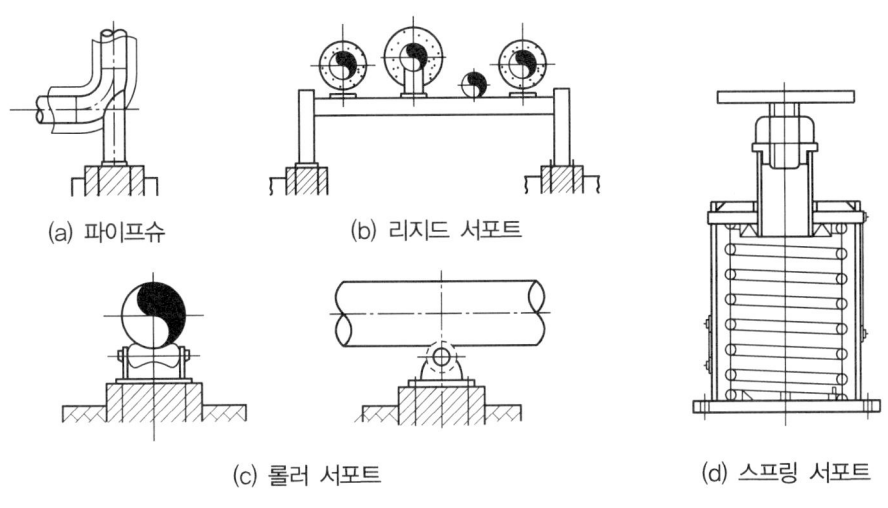

‖ 서포트 ‖

(3) 리스트레인트(Restraint)

리스트레인트는 열팽창 등에 의해 신축이 발생되는 좌우상하 이동을 구속하고 제한하는 데 사용한다.
① 앵커(Anchor) : 배관의 이동이나 회전을 방지하기 위해 지지점 위치에 완전히 고정시킨 일종의 리지드 서포트이다. 또한 시공 시 열팽창, 신축에 의한 진동 등이 다른 부분에 영향이 미치지 않게 배관을 분리, 설치하여 고정한다.

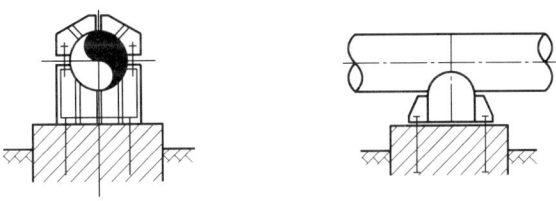

‖ 앵커 ‖

② 스톱(Stop) : 배관의 일정한 방향의 이동과 회전을 구속하고 나머지 방향은 자유롭게 이동할 수 있는 구조로 되어 있다.

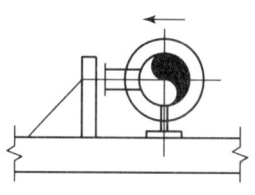 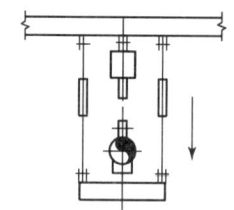

‖ 스톱 ‖

③ **가이드(Guide)** : 배관 라인의 축방향 이동을 허용하는 안내역할을 하며 축과 직각방향의 이동을 구속한다.

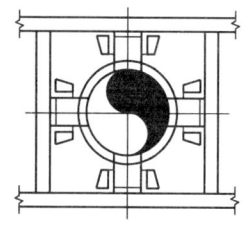 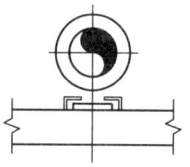

‖ 가이드 ‖

(4) 브레이스(Brace)

브레이스는 배관계의 진동을 방지하거나 감쇠시키는 데 사용한다.

① **완충기** : 지진 수격작용 안전밸브의 흡출반력 등에 의한 충격을 완화시킨다. 구조에 따라 스프링식과 유압식이 있다.

② **방진기** : 배관계의 진동을 방지하거나 감쇠시키며 구조에 따라 스프링식과 유압식이 있다.

> **Reference** 턴 버클(Turn Buckle)
>
> 지지봉, 지지용 로프 등을 조이거나 늦출 때 편리하게 사용되는 지지부품으로서 양 끝에 오른나사 및 왼나사가 있다.

SECTION 02 배관공작

1. 배관공작용 공구

(1) 강관의 공작용 공구

① 파이프 커터(Pipe Cutter)

㉮ 관을 절단할 때 사용되는 공구이다.

㉯ 종류 : 1개의 날에 2개의 롤러로 된 것(1개 날), 날만 3개로 된 것(3개 날)

▼ 파이프 커터의 종류

1개 날		3개 날	
호칭번호	파이프 치수	호칭번호	파이프 치수
1	6~32A		
2	6~50A	2	15~50A
3	25~75A	3	32~75A
		4	65~100A
		5	100~150A

② 쇠톱(Iron Saw)

 ㉮ 크기 : 톱날을 끼우는 구멍의 간격(Fitting Hole)으로 표시한다.

 ㉯ 종류 : 200mm, 250mm, 300mm(3종류가 있다.)

 ㉰ 톱날의 잇수(1인치당) : ㉠ 14   ㉡ 18   ㉢ 24   ㉣ 32

▼ 톱날의 잇수와 공작물의 재질

잇수 (25.4mm당)	공작물의 종류	잇수 (25.4mm당)	공작물의 종류
14	탄소강(연강), 주철, 동합금, 경합금, 레일	24	강관, 합금강, 앵글
18	탄소강(경강), 주철, 합금강	32	얇은 철판, 얇은 철관, 작은 지름의 관, 합금강

③ 파이프 리머(Pipe Reamer) : 관을 절단한 후 생기는 거스러미(Burr)를 제거하는 관용 리머이다.

④ 수동 나사절삭기(Pipe Threder) : 관 끝에 나사를 절삭하는 수동용 나사절삭기이다.

 ㉮ 종류

  ㉠ 리드형(Reed Type) : 2개의 다이스와 4개의 조(Jaw)로 되어 있으며, 좁은 공간에서도 절삭작업이 가능하다.

  ㉡ 오스터형(Oster Type) : 다이스 4개로 나사를 절삭하며 현장작업용으로 많이 사용된다.

▼ 오스터의 종류별 사용관경

형식	NO.	사용관경	형식	NO.	사용관경
오스터형	112R(102)	8A-32A	리드형	2R4	15A-32A
	114R(104)	15A-50A		2R5	8A-25A
	115R(105)	40A-80A		2R6	8A-32A
	117R(107)	65A-100A		4R	15A-50A

⑤ 파이프 렌치(Pipe Rench) : 관 접속부나 부속류의 분해 조립 시에 사용한다.

 ㉮ 크기 : 입을 최대로 벌려놓은 전장으로 표시한다.

 ㉯ 종류 : 보통형, 강력형과 체인형이 있다. 체인형은 200A 이상의 대형관에 사용한다.

 ㉰ 조정 파이프 렌치는 2개의 조로 되어 있다.

▼ 파이프 렌치의 종류

호칭 (mm)	치수 (inch)	사용관경 (mm)	호칭 (mm)	치수 (inch)	사용관경 (mm)
150	6	6~15	250	10	6~25
200	8	6~20	300	12	6~32
350	14	8~40	900	36	15~90
450	18	8~50	1,200	48	25~125
600	24	8~65			

⑥ 파이프 바이스(Pipe Vise) : 둥근 관을 잡아서 절단, 나사절삭 조립 시에 고정시키는 역할을 한다.
  ㉮ 크기 : 고정이 가능한 관경의 치수로 표시한다.
  ㉯ 종류 : 고정식(일반 작업용), 가반식(현장용)
  ㉰ 체인을 사용하는 바이스는 체인 파이프 바이스라 하며, 3~200mm의 크기도 있다.(3~65mm, 10~200mm)

▼ 파이프 바이스의 종류

호칭치수	호칭번호	파이프 치수
50	#0	6A~50A
80	#1	6A~65A
105	#2	6A~90A
130	#3	6A~115A
170	#4	15A~150A

⑦ 평바이스(수평바이스) : 강관의 조립이나 관의 열간 벤딩작업을 쉽게 하기 위해 관을 고정할 때 사용한다.
  ㉮ 크기 : 조(Jaw)의 폭으로 표시한다.
⑧ 줄(File) : 금속을 조금 깎거나 표면을 매끈하게 다듬질할 때에 사용된다.
  ㉮ 모든 줄은 포인트, 모서리, 면, 힐, 탱의 5부분으로 되어 있다.
  ㉯ 줄은 단면의 형상에 따라 평줄, 각줄, 원줄, 반원줄, 삼각줄 등으로 분류된다.
  ㉰ 100mm, 150mm, 200mm, 250mm, 300mm, 350mm, 400mm의 7종류의 크기가 있다.
⑨ 해머(Hammer) : 일반적으로 못, 스파이크, 드리프트, 핀, 볼트 및 쐐기를 박거나 빼는 데 사용된다.
  ㉮ 종류
    ㉠ 볼 핀 해머(Ball Peen Hammer)
    ㉡ 가로 핀 해머(Cross Peen Hammer)
    ㉢ 세로 핀 해머(Straight Peen Hammer)
    ㉣ 연질 해머(Soft Faced Hammer)
⑩ 정(Chisel) : 강을 열처리 단조해서 정을 만들며 평정, 평홈정, 홈정이 있다. 정의 날끝 각도는 일반적으로 60° 정도지만 공작물의 재질의 종류에 따라 날끝 각도가 25~70°인 것도 있다.

(2) 연관용 공구

① **봄볼** : 연관의 분기관 따내기 작업 시 주관에 구멍을 뚫는다.
② **드레서** : 연관 표면의 산화물을 깎아 낸다.
③ **벤드벤** : 연관을 굽히거나 굽은 관을 펼 때 사용된다.
④ **턴핀** : 접합하려는 연관의 끝부분을 소정의 관경으로 넓혀준다.
⑤ **맬릿** : 턴핀을 때려 박든가 접합부의 주위를 오므리는 데 사용한다.

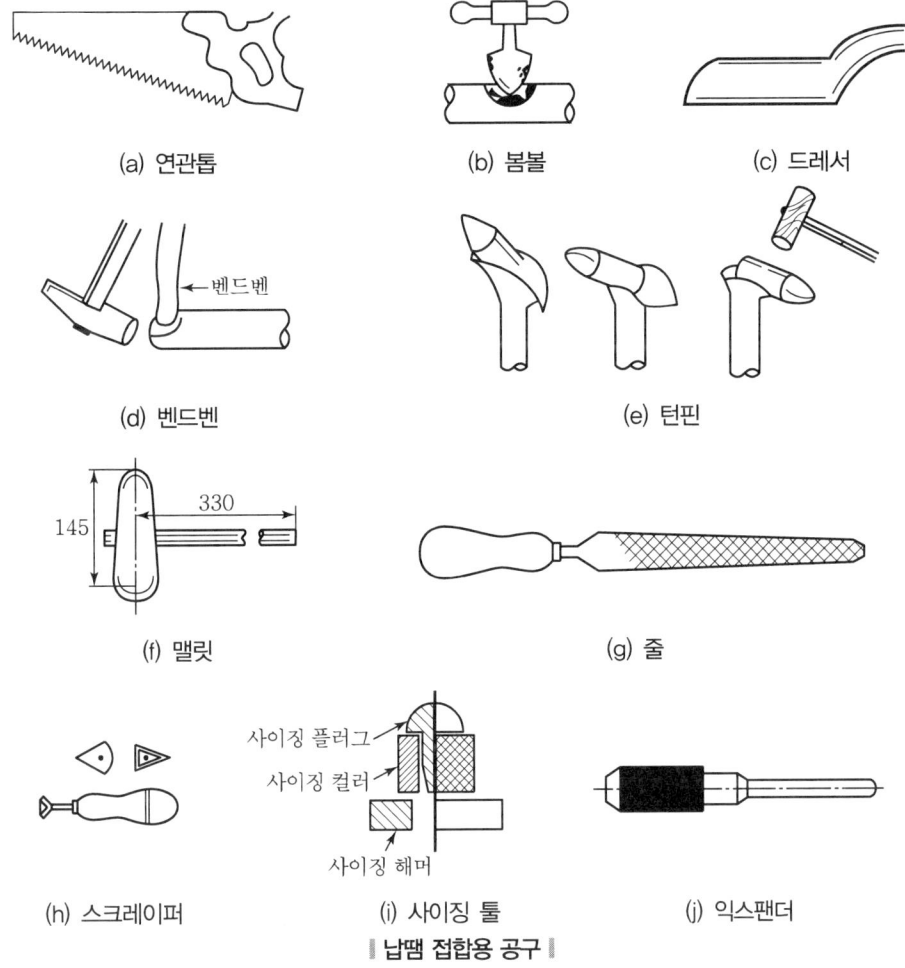

(a) 연관톱   (b) 봄볼   (c) 드레서
(d) 벤드벤   (e) 턴핀
(f) 맬릿   (g) 줄
(h) 스크레이퍼   (i) 사이징 툴   (j) 익스팬더

‖ 납땜 접합용 공구 ‖

(3) 동관용 공구

① **토치 램프** : 납땜이음이나 구부리기 등의 부분적 가열이 필요할 때 쓰이는 공구이며 사용연료는 가솔린용과 경유용이 있다.
② **사이징 툴** : 동관의 끝부분을 원형으로 교정한다.
③ **플레어링 툴 셋** : 동관의 압축이나 접합용에 사용되며 나팔관 모양을 만든다.
④ **튜브벤더** : 동관의 벤딩용 공구이다.

⑤ 익스팬더 : 동관의 관끝 확관용 공구이다.

⑥ 튜브커터 : 작은 동관의 절단용 공구이다.

⑦ 리머 : 동관의 절단 후 생기는 관의 내면, 외면에 생긴 거스러미를 제거한다.

(4) 주철관용 공구

① 납 용해용 공구세트 : 냄비, 파이어 포트, 납물용 국자, 산화납 제거기 등의 세트이다.

② 클립 : 소켓 접합 시 용해된 납물의 비산을 방지한다.

③ 코킹 정 : 소켓 접합 시 다지기(코킹)에 사용한다.

④ 링크형 파이프 커터 : 주철관의 전용 절단공구이다.

(5) PVC관용 공구

① 가열기 : PVC관의 접합 및 벤딩을 위해 관을 가열할 때 사용한다.

② **열풍용접기**(Hot Jet Welder, 핫제트건) : PVC관의 접합 및 수리를 위하여 용접 시 사용한다.

③ 파이프 커터 : PVC관을 절단할 때 쓰이는 공구이다.

④ PVC 리머 : PVC관의 절단 후 관 내면에 생긴 거스러미를 제거한다.

(6) 스테인리스관용 공구

① 압축용 프레스 실 유닛 : 스테인리스관을 몰코 접합할 때에 사용되는 압착공구이다.

② 튜브 커터 : 스테인리스관을 자르고자 할 때에 사용하며 또한 쇠톱이나 동관용 공구와 병용하면 더욱 좋다.

2. 관의 접합(파이프의 접합)

(1) 강관의 접합

① 나사접합

㉮ 관의 절단방법

㉠ 수동공구에 의한 절단

㉡ 가스절단

㉢ 동력기계절단

㉯ 나사절삭과 결합

㉠ 나사의 테이퍼는 $\frac{1}{16}$이다.

㉡ 나사산 수 : 길이 25.4mm에 대한 나사산 수로 표시

㉢ 나사산의 각도 : 55°

㉣ 나사절삭 시는 절삭유를 수시로 치며 2~3회 나누어 절삭하면 더욱 좋다.

㉤ 나사결합 시는 1~2산 정도 남겨두고 조립한다.

㉥ 나사접합 시에는 누설을 방지하기 위하여 패킹재를 사용한다.

▼ 관 이음쇠의 치수   (단위 : mm)

호칭 \ 부속명	중심거리		수나사 유효 나사부	최소 물림길이	공간거리 ⓐ		물림 길이	공간거리 ⓑ	
	엘보, 티	45°L			엘보, 티	45°L		엘보, 티	45°L
15	27	21	15	11	16	10	13	14	8
20	32	25	17	13	19	12	15	17	10
25	38	29	19	15	23	14	17	21	12
32	46	34	22	17	29	17	19	27	15
40	48	37	23	19	30	19	20	28	17
50	57	42	26	20	37	22	22	35	20

ⓢ 관 길이 산출법

- 공간거리 = 여유치수
  공간거리 ⓐ = 중심거리 − 최소 물림길이
  공간거리 ⓑ = 중심거리 − 물림길이

- 강관 나사접합 시 : 아래 그림에서 배관의 중심선 길이를 L, 관의 실제 길이를 l, 부속의 끝 단면에서 중심선까지의 치수를 A, 나사가 물리는 길이를 a라 할 때, $L = l + 2(A-a)$의 공식을 이용한다. 이때 관의 실제 길이를 구하는 공식은 $l = L - 2(A-a)$으로 된다.

  즉, 관의 실제 절단 길이 = 전체 길이 − 2(부속의 중심 길이 − 관의 삽입길이)

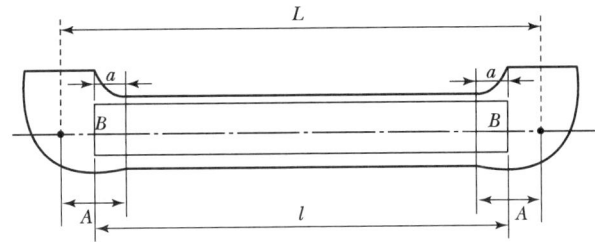

▼ 배관용 탄소강 강관의 호칭별 외경

관의 호칭		외경 (mm)	관의 호칭		외경 (mm)	관의 호칭		외경 (mm)
(A)	(B)		(A)	(B)		(A)	(B)	
6	$\frac{1}{8}$	10.5	40	$1\frac{1}{2}$	48.6	150	6	165.2
8	$\frac{1}{4}$	13.8	50	2	60.5	175	7	190.7
10	$\frac{3}{8}$	17.3	65	$2\frac{1}{2}$	76.3	200	8	216.3
15	$\frac{1}{2}$	21.7	80	3	89.1	225	9	241.8
20	$\frac{3}{4}$	27.2	90	$3\frac{1}{2}$	101.6	250	10	267.4
25	1	34.0	100	4	114.3	300	12	318.5
32	$1\frac{1}{4}$	42.7	125	5	139.8			

② 용접접합
  ㉮ 접합방법
    ㉠ 가스용접접합
    ㉡ 전기용접접합
  ㉯ 특징
    ㉠ 가스용접은 용접속도가 느리며 변형의 발생이 커서 비교적 얇고 가는 관의 접합에 사용된다.
    ㉡ 전기용접은 가스용접에 비하여 용접속도가 빠르고 변형이 적다.
    ㉢ 용접 시에 용입이 깊어서 두껍고 굵은 관의 맞대기 용접, 슬리브 용접, 플랜지 용접에 사용된다.
  ㉰ 용접접합의 이점
    ㉠ 유체의 저항손실이 적다.
    ㉡ 접합부의 강도가 강하고 누수의 염려가 없다.
    ㉢ 돌기부가 없어서 보온 피복시공이 용이하다.
    ㉣ 중량이 가볍다.
    ㉤ 배관의 용적을 축소시킬 수 있다.
    ㉥ 시설의 유지비, 관리비가 절감된다.
③ 전기용접
  ㉮ 맞대기 용접 : 일을 할 때 보조물이 필요 없고 관지름이 변화가 없이 저항이 작다.
    ㉠ 누설의 염려가 없다.
    ㉡ 강도가 크다.
    ㉢ 가급적 하향 자세로 용접한다.
    ㉣ 파이프 내에 용착금속이 새어나가지 않게 주의한다.
  ㉯ 슬리브 접합 : 슬리브의 길이는 파이프 지름의 1.2~1.7배로 한다. 그 특징은 다음과 같다.
    ㉠ 누설의 염려가 없다.
    ㉡ 배관용적이 작아도 된다.
    ㉢ 슬리브의 한쪽은 미리 공장에서 접합하고 나머지 한쪽은 현장에서 접합한다.
  ㉰ 플랜지 접합 : 용접접합, 나사접합
    ㉠ 관 끝에 용접이음 또는 나사이음을 하고 양 플랜지 사이에 패킹을 넣어 볼트 및 너트로 연결시킨다.
    ㉡ 플랜지의 볼트 및 너트를 조일 때에는 균일하게 대칭으로 조인다.
    ㉢ 대구경관의 직관은 공장에서 접합하고 곡관부분은 보통 현장에서 접합한다.

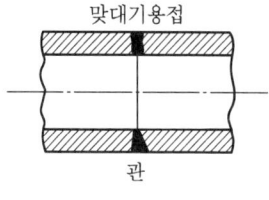

‖ 맞대기 용접 ‖

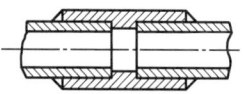

‖ 슬리브 용접 ‖

(2) 주철관의 접합

주철관은 용접이 어렵고 인장강도가 낮아 다음과 같은 방법을 쓴다. 주철관 접합법에는 소켓, 기계적, 빅토리, 플랜지, 타이톤 접합 등이 있다.

① 소켓 접합(Socket Joint)

주철관의 허브(Hub) 속에 스피고트(Spigot)가 있는 쪽을 삽입하여 파이프로 고정한다. 관의 소켓부에 얀(Yarn)을 단단히 꼬아 허브 입구에 감아서 정으로 다져 놓고 크로스 파이프일 때에는 입구 옆에 클립(Clip)을 감아 녹인 납을 흘려서 넣는다. 응고한 후 클립을 풀어 납의 표면을 코킹한다. 시공 상의 주의사항은 다음과 같다.

㉮ 얀(Yarn)의 길이
  ㉠ 급수관에서는 소켓 길이의 1/3
  ㉡ 배수관에서는 배수관 파이프의 2/3
㉯ 납은 충분히 가열하며 표면의 산화막을 제거한 후 접합부 1개소에 필요한 양은 한 번에 부어준다.
㉰ 접합부는 수분이 있으면 주입하는 납이 폭발하기 때문에 수분을 제거한 후 납을 주입한다.
㉱ 납이 굳은 후 코킹 작업을 한다.

② 기계적 접합(Mechanical Joint)

150mm 이하의 수도관용으로 소켓 접합과 플랜지 접합의 장점을 따서 만든 접합이며, 벤딩이 풍부하고 다소의 굴곡에서는 누수하지 않는다. 또한 작업이 간단하여 수중에서도 접합이 가능하다. 다만 접합작업 시에 스피고트에 주철제 푸시 풀리(Push Pulley)와 고무링을 삽입하여야 한다.

③ 플랜지 접합(Flanged Joint)

플랜지가 달린 주철관을 서로 맞추고 볼트로 죄어서 접합한다. 특히 고압의 배관이나 펌프 등의 기계 주위에 이용된다. 그리고 플랜지 접촉면에는 고무, 석면, 마, 아스베스트 등의 패킹재가 사용되고 패킹 양면에 그리스를 발라두면 관을 해체할 때 편리하다.

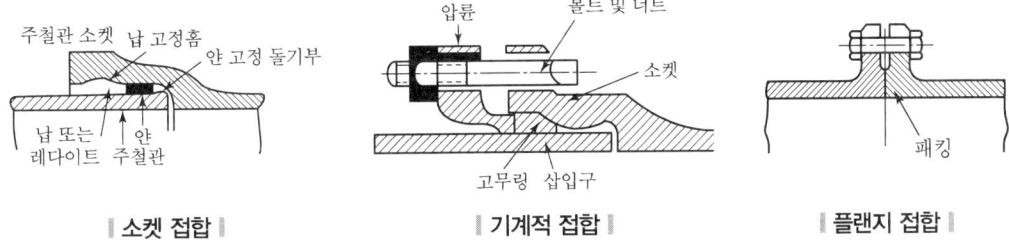

| 소켓 접합 | | 기계적 접합 | | 플랜지 접합 |

④ 빅토리 접합(Victoric Joint)

주철관을 사용한 가스배관에 사용되며, 빅토리형 주철관을 고무링과 컬러(누름판)를 사용하여 접합한다. 압력이 증가할수록 고무링이 더욱 관벽에 밀착되어 누수가 방지된다. 가단 주철제 컬러로 관경 350mm 이하이면 2분하여 볼트로 조이고, 400mm 이상이면 4분하여 볼트로 죈다.

⑤ 타이톤 접합(Tyton Joint)

원형의 고무링 하나만으로 접합이 가능한 방법이다.

(3) 동관의 접합
  ① 용접접합
    용접접합은 모세관현상을 이용한 겹침 용접으로 건축배관용 동관접합의 대부분에 이용되고 있는 접합이다.
    ㉮ 납땜접합(연납용접) : 수파이프의 선단을 사이징 툴로 둥글게 히고 암파이프는 익스팬더(Expander)로 파이프를 넓힌다. 그리고 접합부의 길이는 파이프 지름의 약 1.5배로 한다. 접합면을 잘 닦아 용제인 페이스트(Paste)나 크림 플라스틴(Cream Plastann)을 발라 파이프 안에 삽입하여 가볍게 접합한다. 토치 램프로 접합부 주변을 균일하게 가열하여 납땜이나 와이어 플라스틴(Wire Plastann)을 사용하여 접합한다.
      ㉠ 용접온도는 200~300℃이다.
      ㉡ 가열방법은 토치 램프, 프로판, LP가스 토치, 전기가열기 등이 사용된다.
      ㉢ 용도는 사용압력이 낮은 곳에 또는 소구경관의 용접 시에 사용한다.
      ㉣ 용접재는 연납이다.
    ㉯ 경납용접(Brazing) : 인동납이나 은납 등을 가지고 접합부의 강도를 필요로 하는 곳(온수관 접합 및 진동이 심한 곳)에 사용된다. 동관과 동관을 산소, 수소 또는 산소, 아세틸렌으로 용접접합한다.
      ㉠ 용접온도는 700~850℃이다.
      ㉡ 강도가 강하다.
      ㉢ 용접 시 과열을 피한다.
      ㉣ 용도는 고온 및 사용압력이 높은 곳이나 특수한 곳에 사용된다.
  ② 플레어 접합(Flare Joint) : 압축접합이라고 하며 일반적으로 구경이 20mm 이하의 파이프에 삽입하여 기계의 점검이나 보수 또는 동관을 분해할 경우에 접합하는 방법이다.
  ③ 플랜지 접합(Flanged Joint)
    ㉮ 동관용 플랜지의 종류는 끼워맞춤형, 홈형, 유압 플랜지형이 있다.
    ㉯ 동관용 플랜지는 황동제, 포금제, 주철제 등의 재료가 있다.
    ㉰ 플랜지 접합은 강관의 플랜지 접합과 동일하나 유압 플랜지를 쓸 때에는 플랜지를 미리 관에 꽂아 놓고 관 끝을 뒤집기도 한다. 특히, 유압 플랜지는 플랜지 맞춤을 할 필요가 없으며 상당한 고압에도 잘 견딘다.
  ④ 분기관 접합(Branch Pipe Joint) : 메인 파이프의 중간에서 이음을 사용하지 않고 지관을 접합하는 것으로서 이 방법은 상용압력 20kg/cm^2 정도의 배관에 사용된다.

(4) 연관의 접합
  연관은 수도관의 분기점, 기구 배수관, 가스배관, 화학공업용 배관 등에 사용된다.
  ① 플라스턴 접합(Plastann Joint) : 플라스틴이란 납(Pb)이 60%, 주석(Sn)이 40%인 합금으로서 용융점이 232℃이다. 이 용융점이 낮은 플라스틴을 녹여서 연관을 접합하며, 이음의 형식에 따라 5가지가 있다.
    ㉮ 수전소켓의 접합   ㉯ 맨더린 접합(Mandarin Duck Joint)
    ㉰ 지관접합(Branch Joint)   ㉱ 직선접합
    ㉲ 맞대기 접합

② **살붙임 납땜접합**(Over Castsolder Joint) : 라운드 접합(Round Joint) 또는 위프드 접합(Wiped Joint)이라고 하며 양질의 땜납을 260° 내외로 녹여서 사용한다. 이 방식은 땜납을 토치 램프로 녹여서 붙이는 방법과 녹은 땜납을 접합부에 부어서 접합하는 방법이 있다.

③ **이종관의 결합** : 재질이 서로 다른 관끼리 접합하는 방법으로 연관과 강관을 또 연관과 동관을 접합하는 접합법이다.

(5) 염화비닐관의 접합

① 냉간 접합
② 열간 삽입 접합
③ 플랜지 접합
④ 테이퍼 코어 접합(Taper Core Joint)
⑤ 테이퍼 조인트 접합
⑥ 나사접합
⑦ **용접법** : 용접에는 핫제트건(Hot Jet Gun)을 사용하며 이 용접기는 $0.25 \sim 0.4 \mathrm{kg/cm^2}$ 정도의 더운 압축공기를 노즐에서 분사시킨다.

(6) 폴리에틸렌관의 접합

① 용착 슬리브 접합
② 테이퍼 접합
③ 인서트 접합

3. 관의 굽힘

(1) 강관의 굽힘

① 굽힘방법

㉮ 수동굽힘
  ㉠ 냉간 굽힘 : 수동 롤러 또는 냉간 벤더기를 사용한다.
  ㉡ 열간 굽힘 : 800~900℃까지 가열하여 굽힌다.

㉯ 기계굽힘
  ㉠ 로터리식 벤더에 의한 굽힘
  ㉡ 램식 벤더에 의한 굽힘 : 레버식과 동력식이 있다.

② 굽힘작업의 장점

㉮ 연결용 이음쇠가 불필요하다.
㉯ 재료비가 절약된다.
㉰ 작업공정이 줄어든다.
㉱ 접합작업이 불필요하다.
㉲ 관 내의 마찰저항손실이 적다.

③ 굽힘 가공 시 주의사항

㉮ 관을 굽힐 때 굽힘 반지름(R)은 관경의 6~8배 정도로 한다.

㉯ 기계 벤딩 시에 기계 구조상 재굽힘이 되지 않으므로 너무 무리하게 굽히지 않는다.

> **Reference** 벤딩 길이의 산출방법
>
> | 벤딩 각도 | 벤딩 곡선길이 |
> |---|---|
> | 90° | $L = 1.5R + \dfrac{1.5R}{20}$ |
> | 180° | $L = 1.5D + \dfrac{1.5D}{20}$ |
> | x | $L = \dfrac{1.5R + \dfrac{1.5R}{20}}{90} \times x$ |
>
>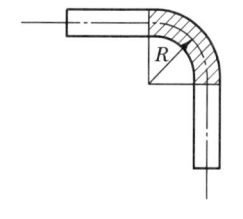
>
> 여기서, D : 지름
> R : 반지름

(2) 동관의 굽힘(Copper Tube Bending)

① 동관의 굽힘

㉮ 냉간법 : 벤더기 사용

㉯ 열간법 : 토치 램프 사용

② 사용상의 주의사항

㉮ 냉간법의 굽힘 시에 곡률반경은 굽힘반경의 4~5배 정도로 하여야 한다.

㉯ 열간법에서는 600~700℃의 온도로 가열하여 굽힌다.

(3) 연관의 굽힘

① 연관의 굽힘 시에는 모래를 채우거나 심봉을 관 속에 넣어 토치 램프로 가열해가며 구부린다.

② 연관 굽힘 시 가열온도는 100℃ 전후이다.

③ 굽힘 가공 시 배에 좌굴이 생기면 벤드벤으로 교정하고 급격한 가열은 피한다.

④ 관을 굽히는 데는 원도(原圖)를 그려 형판(型板)을 만들고 굽히는 부분을 색연필로 표시를 하고 토치 램프를 가열하면서 적당한 온도에 이르면 지렛대를 굽히는 위치까지 꽂아서 서서히 굽힌다.

(4) 폴리에틸렌관의 굽힘

폴리에틸렌관의 굽힘 시 관 외경의 8배 이상의 굽힘반경으로 굽힐 때에는 상온가공이 되지만 굽힘반경이 그보다 작을 때는 가열하여 굽힌다. 가열 시에는 가열기나 100℃ 정도의 비등수를 사용한다.

(5) 염화비닐관

호칭경 200mm 이하의 관에는 모래를 채우지 않고 25~30mm의 관은 관 내부에 모래를 채우고 굽힌다. 굽힘반경은 관경의 3~6배로 하고 가열온도는 130℃ 전후로 한다.

4. 강관의 나사내기와 나사부 길이 산출법

(1) 강관 나사내기

① 관경 15~20A 강관은 나사를 1회에 낸다.

② 관경 25A 이상은 2~3회에 걸쳐 나사를 낸다.

③ 관의 지름에 따른 나사부의 길이는 다음 표에 따른다.

관지름	15	20	25	32	40	50	65	80	100	125	150
나사부 길이(mm)	15	17	19	22	23	26	28	30	32	32	37
나사가 물리는 길이(mm)	11	13	15	17	19	20	23	25	28	30	33

(2) 직선길이 산출

$$L = l + 2(A-a)$$
$$l = L - 2(A-a)$$
$$l' = L - (A-a)$$

여기서, L : 이음부의 중심선 길이
l, l' : 관의 실제 절단 길이

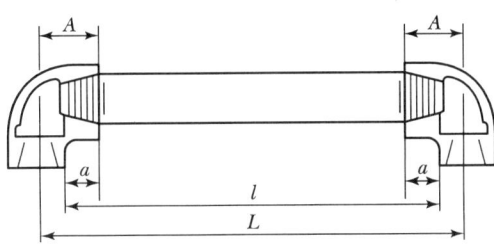

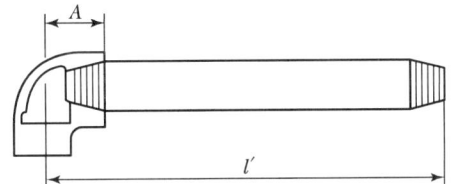

(3) 빗변길이 산출

l_1, l_2를 알고 빗변길이 l을 미지수라 하면 피타고라스의 정리를 응용하여,

$$l^2 = l_1^2 + l_2^2, \quad l = \sqrt{l_1^2 + l_2^2}$$

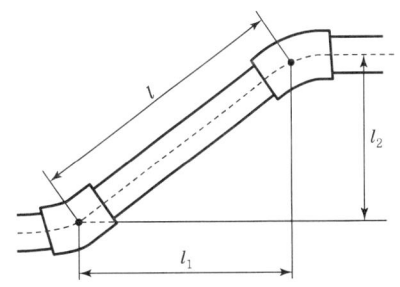

SECTION 03 배관도시법

1. 배관도의 종류

(1) 평면배관도

배관장치를 위에서 아래로 내려다보며 그린 그림이다.

(2) 입면배관도(측면도)

배관장치를 측면에서 본 그림이다.

(3) 입체배관도

입체적인 형상을 평면에 나타낸 그림이다.

(4) 부분조립도

배관조립도에 포함되어 있는 배관의 일부분을 작도한 그림, 즉 배관 일부분을 인출하여 그린 그림이다.

2. 치수기입법

(1) 치수표시

치수는 mm를 단위로 하여 표시하되 치수선에는 숫자만 기입한다. 각도는 일반적으로 도(°)로 표시하며 필요에 따라 도, 분, 초로 나타내기도 한다.

(2) 높이 표시

배관도면을 작성할 때 사용하는 높이의 표시는 기준선을 설정하여 이 기준선으로부터의 높이를 표시한다.

① EL 표시 : 배관의 높이를 관의 중심을 기준으로 표시한 것이다.

② BOP 표시 : 지름이 서로 다른 관의 높이를 표시할 때 관의 중심까지의 높이를 기준으로 표시하면 측정과 치수기입이 복잡하므로 배관 제도에서는 관 바깥지름의 아래 면까지의 높이를 기준으로 표시한다.

③ TOP 표시 : BOP와 같은 방법으로 표시하며, 관의 바깥지름의 윗면을 기준하여 표시한다.

④ GL 표시 : 포장된 지표면을 기준으로 하여 배관장치의 높이를 표시할 때 적용된다.

⑤ EL 표시(Elevation Line)

㉮ EL+4,500 : 관의 중심이 기준면보다 4,500mm 높은 장소에 있다.

㉯ EL−600BOP : 관의 밑면이 기준면보다 600mm 낮은 장소에 있다.

㉰ EL−350TOP : 관의 윗면이 기준면보다 350mm 낮은 장소에 있다.

3. 배관도의 표시법

(1) 관의 표시법

관은 한 개의 실선으로 표시하며 같은 도면에서 다른 번호를 표시할 때는 같은 굵기의 선으로 표시하는 것이 원칙이다.

① 유체의 표시

관 내를 흐르는 유체의 종류, 상태, 목적을 표시할 때에는 인출선을 긋고 그 위에 문자 기호로 도시하는 것을 원칙으로 한다.

㉮ 유체의 종류를 표시하는 문자기호는 필요에 따라 관을 표시하는 선을 끊고 표시할 수도 있다.

㉯ 유체의 방향을 표시할 때는 관을 표시하는 선 옆에 화살표로 표시한다.

② 관의 굵기와 재질의 표시

관의 굵기와 재질을 표시할 때는 관의 굵기를 숫자로 표시한 다음, 그 위에 관의 종류와 재질을 문자기호로 표시한다.

㉮ 복잡한 도면에서는 착오를 방지하기 위해 인출선을 그어서 도시한다.

㉯ 특별한 경우에는 관 내를 흐르는 유체의 종류, 상태, 목적 또는 관의 굵기, 종류를 선의 종류나 굵기를 달리하여 표시하기도 한다.

③ 관의 접속상태

㉮ 접속하지 않을 때

㉯ 접속해 있을 때

㉰ 갈라져 있을 때

④ 관의 접속상태 및 입체적 표시법

굽은 상태	실제 모양	도시기호
파이프 A가 앞쪽 수직으로 구부러질 때		A ─⊙
파이프 B가 뒤쪽 수직으로 구부러질 때		B ─○
파이프 C가 뒤쪽으로 구부러져서 D에 접속될 때		C ─○─ D

⑤ 관의 이음방법

나사이음	플랜지 이음	턱걸이 이음	용접이음	땜이음(납땜이음)
─┼─	─╫─	─⊂	─●─	─○─

(2) 밸브의 계기 표시

밸브나 콕, 계기를 표시하는 경우는 다음과 같다. 특히 계기의 종류를 표시할 때에는 ○ 속에 압력계는 P, 온도계는 T 등으로 표시한다.

> **Reference** 계기의 종류 표시

- (TW) : 열원
- (T1) : 온도지시계
- (TRC) : 온도기록조절기
- (⊗) : 트랜스미터
- (PR) : 압력기록기
- (PIC) : 압력지시조절기
- (PRC) : 압력기록조절기
- (PSV) : 압력안전밸브
- (F1) : 유량지시계
- (FR) : 유량기록계
- (TA) : 온도경보기
- (TR) : 온도기록기
- (PC) : 압력조절기
- (FRC) : 유량기록조절기
- (LC) : 수위조절기
- (LG) : 수고계
- (HCV) : 수동조절밸브

4. 배관의 도시기호(KS 발췌)

(1) 관의 접속상태

접속상태	실제 모양	도시기호
접속하고 있을 때	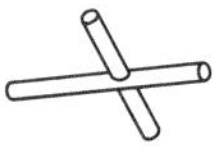	
분기하고 있을 때	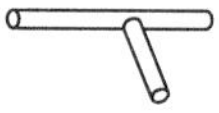	
접속하지 않을 때	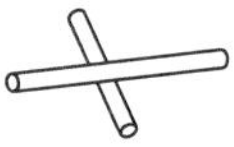	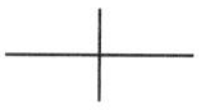 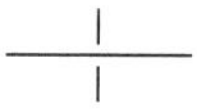

(2) 투영에 의한 배관 등의 표시방법

1방향에서 본 투영도로 배관계의 상태를 표시하는 방법은 다음과 같다.

① 화면에 직각방향으로 배관되어 있는 경우

	정투상도		각도
관 A가 화면에 직각으로 바로 앞쪽으로 올라가 있는 경우	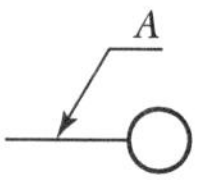 (A→○)	또는 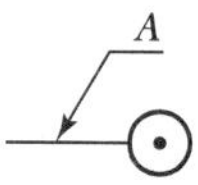 (A→⊙)	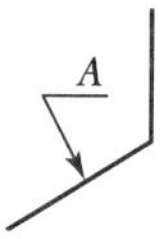 (A)
관 A가 화면에 직각으로 반대쪽으로 내려가 있는 경우	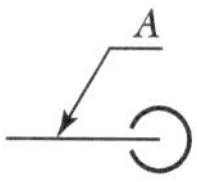 (A→○)	또는 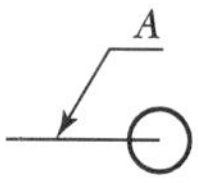 (A→○)	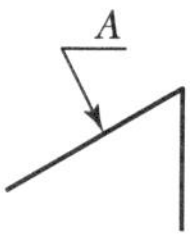 (A)

정투상도		각도
관 A가 화면에 직각으로 바로 앞쪽으로 올라가 있고 관 B와 접속하고 있는 경우	또는	
관 A로부터 분기된 관 B가 화면에 직각으로 바로 앞쪽으로 올라가 있으며 구부러져 있는 경우	또는	
관 A로부터 분기된 관 B가 화면에 직각으로 반대쪽으로 내려가 있고, 구부러져 있는 경우	또는	

② 화면에 직각 이외의 각도로 배관되어 있는 경우

정투영도		등각도
관 A가 위쪽으로 비스듬히 일어서 있는 경우		
관 A가 아래쪽으로 비스듬히 내려가 있는 경우		
관 A가 수평방향에서 바로 앞쪽으로 비스듬히 구부러져 있는 경우		
관 A가 수평방향으로 화면에 비스듬히 반대쪽 윗방향으로 일어서 있는 경우		
관 A가 수평방향으로 화면에 비스듬히 바로 앞쪽 윗방향으로 일어서 있는 경우		

SECTION 04 단열재, 보온재 및 내화물

1. 단열재

단열재란 열전도율이 작은 재료로서 고열공업 등 공업요로에서 방산되는 열량을 적게 하기 위하여 사용되는 재료, 즉 열손실 차단재이다.

(1) 단열재의 구비조건

① 열전도율이 작을 것
② 세포조직인 다공질층일 것
③ 기공의 크기가 균일할 것

(2) 단열재의 사용효과

① 축열용량이 작아진다.
② 열전도가 작아진다.
③ 노 내 온도가 균일해진다.
④ 노 내외의 온도구배가 완만하여 스폴링이 방지된다.
⑤ 내화물의 수명이 길어진다.

(3) 내화물, 단열재, 보온재의 구분

구분		내용
내화재		SK 26(1,580℃) 이상 SK 42까지(2,000℃)의 물질
내화단열재		SK 10(1,300℃) 이상의 물질
단열재		800~1,200℃에 사용
보온재	유기질	100~500℃에 사용
	무기질	500~800℃에 사용
보냉재		100℃ 이하에 사용

(4) 단열재의 원료

① 규조토 ② 석면 ③ 질석
④ 팽창혈암 ⑤ 펄라이트

(5) 다공질 방법

① 톱밥이나 코크스와 같은 가연성 물질을 혼합한다.
② 팽창질석이나 펄라이트 이외의 경량립을 이용한다.

(6) 단열재의 사용처

① **단열벽돌** : 노 벽의 배면용으로 사용
② **내화 단열벽돌** : 노의 고온면용으로 사용

(7) 단열재의 종류

① **규조토질 단열벽돌** : 천연에 퇴적한 규조토과로부터 형상을 잘라내어 분말로 만든 다음 소량의 가소성 점토 및 톱밥 등을 가해서 혼련 성형하여 800~850℃로 소성한 벽돌이다.

㉮ 안전사용온도 : 800~1,200℃

㉯ 특징
  ㉠ 압축강도 및 내마모성이 작다.
  ㉡ 재가열 시 수축이 크다.
  ㉢ 스폴링 저항에 약하다.
  ㉣ 열전도율이 0.12~0.2kcal/m h ℃이다.
  ㉤ 압축강도가 5~30kg/cm^{2}이다.
  ㉥ 기공률이 70~80%이다.
  ㉦ 비중이 0.45~0.7 정도이다.

② **적벽돌(보통벽돌)** : 점토에 흙이나 강가에 모래 등을 배합하고 5% 정도의 산화철을 첨가하여 기계로 혼련 성형하며 900~1,000℃ 정도로 건조소성하여 만든다.

㉮ 안전사용온도 : 800~1,200℃

㉯ 특징
  ㉠ 노벽 외측에 사용된다.
  ㉡ 압축강도가 100~300kg/cm^{2}이다.
  ㉢ 겉보기 비중이 1.60~1.87이다.
  ㉣ 흡수율이 4~23%이다.

③ **점토질 단열벽돌** : 점토질이나 고알루미나질에 톱밥이나 발포제를 넣어서 고온소성(1,200~1,500℃)하여 만든다.

㉮ 안전사용온도 : 1,200~1,500℃

㉯ 특성
  ㉠ 벽돌이 가벼워서 중량이 가볍다.
  ㉡ 고온용에 적합하다.
  ㉢ 스폴링 저항이 크다.
  ㉣ 노벽의 내·외면에 모두 사용된다.
  ㉤ 열전도율이 0.15~0.45kcal/m h ℃이다.
  ㉥ 벽돌이 가벼워서 벽돌의 열용량이 가볍다.
  ㉦ 물체의 가열시간이 25~30% 정도 단축된다.

2. 보온재

보온재란 열전도율이 0.1kcal/m h ℃ 이하의 작은 재료로서 보일러나 요로, 난방배관에서 유체의 방열손실을 방지하여 유체의 온도를 보호한다. 보온재의 열전도율을 작게 하려면 재질 내부가 독립기포로 된 다공질층이어야 한다.

(1) 보온재의 구비조건

　　① 열전도율이 작고 보온능력이 클 것
　　② 장시간 사용하여도 사용온도에 충분히 견딜 것
　　③ 장시간 사용하여도 변질되지 않을 것
　　④ 어느 정도의 기계적 강도를 가질 것
　　⑤ 가볍고 비중이 작을 것
　　⑥ 흡습성이나 흡수성이 적을 것
　　⑦ 시공이 용이할 것
　　⑧ 가격이 저렴할 것
　　⑨ 열전도율이 0.07kcal/m h ℃ 이하일 것

(2) 열전도율에 영향을 미치는 요소

　　① 재질 자체의 기공의 크기가 작을수록 열전도율은 작아진다.
　　② 재료의 두께가 두꺼울수록 열전도율은 작아진다.
　　③ 유체의 온도가 높을수록 열전도율은 증가한다.
　　④ 재질 내의 흡수성이 클수록 열전도율은 증가한다.
　　⑤ 재질 자체의 밀도가 작으면 열전도율은 작아진다.
　　⑥ 재질 내의 기공이 균일하면 열전도율은 작아진다.

(3) 안전사용온도에 따른 보온재의 구분

　　① 저온용 보온재　　　　② 중온용 보온재　　　　③ 고온용 보온재

(4) 경제적인 보온방법

　　① 보온재의 두께가 두꺼우면 보온효율이 좋다.
　　② 보온재가 80mm 정도 두께일 때 경제적이다.
　　③ 보온재 두께가 증가하면 열손실 감소비율이 작아져서 경제적이지 못하다.

(5) 보온효율 계산

$$\frac{Q_0 - Q}{Q_0} \times 100\%$$

　　여기서, Q_0 : 배관에서 보온하지 않은 면에서 손실되는 열량(kcal/h)
　　　　　　Q : 보온면에서 손실되는 열량(kcal/h)

(6) 보온재의 종류

　　① 유기질 보온재　　　　② 무기질 보온재　　　　③ 금속질 보온재

CHAPTER 04 공조냉동 설치·운영(전기)

SECTION 01 직류회로 및 정현파 교류

1. 직류회로

(1) 직류회로 용어의 정리

① 전류(I) : 단위시간에 도선을 통과한 전기량

$$I = \frac{Q}{t}[\text{C/sec}] = \frac{Q}{1} = Q[\text{A}]$$

② 전압(V) : 단위전하가 이동하여 할 수 있는 일

$$V = \frac{W}{Q}[\text{J/C}] = \frac{W}{1} = W[\text{V}]$$

③ 저항(R) ↔ 컨덕턴스($G = \frac{1}{R}$) : 전기의 흐름(전류의 흐름)을 방해하는 소자

$$R[\Omega] = \rho \frac{l}{S}$$

여기서, ρ : 고유저항($\Omega \cdot \text{m}$)
l : 길이(m)
S : 전선의 단면적(굵기)(m^2)

(2) 옴의 법칙

① $V = IR[\text{V}] = \frac{I}{G}[\text{V}]$ ② $I = \frac{V}{R} = G \cdot V[\text{V}]$

③ $R = \frac{V}{I}[\Omega]$ ④ $G = \frac{I}{V}[\Omega]$

(3) 저항의 연결

① **직렬 연결** : 전류가 일정하고 전압이 분배된다.

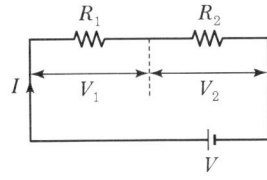

$V_1 = \dfrac{R_1}{R_1 + R_2} \cdot V$

$V_2 = \dfrac{R_2}{R_1 + R_2} \cdot V$

합성저항 $R_0 = R_1 + R_2 + \cdots$

② 병렬 연결 : 전압이 일정하고 전류가 분배된다.

합성저항 $R = \dfrac{1}{\dfrac{1}{R_1} + \dfrac{1}{R_2}} = \dfrac{R_1 R_2}{R_1 + R_2}$

$I_1 = \dfrac{R_2}{R_1 + R_2} \cdot I$ [A]

$I_2 = \dfrac{R_1}{R_1 + R_2} \cdot I$ [A]

(4) 전력(P) : 단위시간에 전기가 한 일(에너지)

$$P = \dfrac{W}{t} = \dfrac{QV}{t} = IV = I^2 R = \dfrac{V^2}{R} \text{[W]}$$

(5) 전력량(W) : 일정시간 동안 전기가 하는 일

$$W = Pt = I^2 Rt = \dfrac{V^2}{R} t \text{[J]}$$

2. 정현파 교류

(1) 교류의 표현

① 순싯값(교류 전원의 모양)

$i(t)$는 시간에 따라 변한다.(시변회로)

$$i(t) = I_m \sin(\omega t \pm \theta)$$

여기서, $i(t)$: 전류의 순싯값
I_m : 전류의 최댓값
ω : 각속도
$\omega = \dfrac{\theta}{t} = \dfrac{2\pi}{T} = 2\pi f$ (T : 주기, f : 주파수)
θ : 위상(전류의 시작위치)

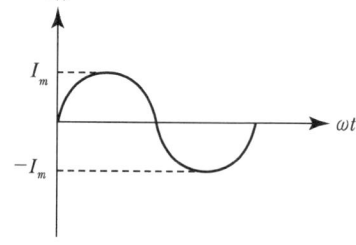

② 실횻값(교류의 크기)

파형의 면적을 구하면 실횻값과 같다.

$$I = \dfrac{I_m}{\sqrt{2}} = \sqrt{1\text{주기 동안 } i^2 \text{의 평균}} = \sqrt{\dfrac{1}{T} \int_0^T i^2 \, dt}$$

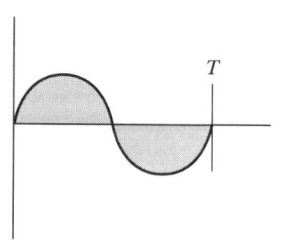

③ 평균값(교류의 평균값 = 직류분)

1주기 평균값은 0이므로 반주기 평균을 구한다.

$$I_a = \frac{1}{\frac{T}{2}} \int_0^{\frac{T}{2}} i \, dt = \frac{2}{T} \int_0^{\frac{T}{2}} i \, dt = \frac{2I_m}{\pi}$$

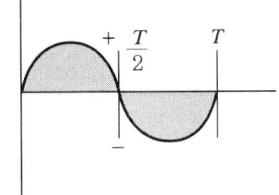

$$평균 = \frac{면적}{주기}$$

④ 파고율, 파형률

㉮ 파고율 $= \dfrac{최댓값}{실횻값}$

㉯ 파형률 $= \dfrac{실횻값(교류크기)}{평균값(직류크기)}$

⑤ 정현파의 복소수 표시

$$i(t) = I_m \sin(\omega t + \theta)$$

㉮ 극좌표법 : $\dfrac{I_m}{\sqrt{2}} \angle \theta$

㉯ 삼각함수형식 : $\dfrac{I_m}{\sqrt{2}}(\cos\theta + j\sin\theta)$

㉰ 지수함수형식 : $\dfrac{I_m}{\sqrt{2}} e^{j\theta}$

SECTION 02 기본교류회로(RLC 회로)

1. R만의 회로

(1) 순시전류 $i = \dfrac{v}{R} = \dfrac{V_m}{R} \sin\omega t = I_m \sin\omega t \, [\text{A}]$

(2) 임피던스 $Z = \dfrac{V}{I} = \dfrac{V_m/\sqrt{2} \angle 0}{I_m/\sqrt{2} \angle 0} = R \angle 0$ 실수만 존재

(3) 동위상 관계

2. L만의 회로

(1) 역기전력 $e = -L\dfrac{di}{dt} \, [\text{V}]$

(2) 단자전압 $v = L\dfrac{di}{dt} \, [\text{V}] \quad \therefore \ v = \omega L I_m \sin(\omega t + 90°) \, [\text{V}]$

(3) 임피던스 $Z = \dfrac{V}{I} = \dfrac{\omega L I_m / \sqrt{2} \angle 90}{I_m / \sqrt{2} \angle 0} = \omega L \angle 90° = j\omega L = j2\pi f L\, [\Omega]$

(4) 지상전류(유도성)

(5) 저장되는 에너지 $\omega = \dfrac{1}{2} L I^2\, [\text{J}]$

3. C만의 회로

(1) 순시전류 $i = \dfrac{dq}{dt} = C\dfrac{dv}{dt} = \omega c V_m \sin(\omega t + 90°)\, [\text{A}]$

(2) 임피던스 $Z = \dfrac{V}{I} = \dfrac{V_m / \sqrt{2} \angle 0}{\omega c V_m / \sqrt{2} \angle 90°} = \dfrac{1}{\omega C} \angle -90° = -j\dfrac{1}{\omega C} = -jX_C = \dfrac{1}{j\omega C} = \dfrac{1}{j2\pi f L}\, [\Omega]$

(3) 진상전류(용량성)

(4) 저장되는 에너지 $\omega = \dfrac{1}{2} C V^2\, [\text{J}]$

4. RLC 직렬회로

(1) 크기 $|Z| = \sqrt{R^2 + (X_L - X_C)^2}$

(2) 위상 $\theta = \tan^{-1}\dfrac{X_L - X_C}{R}$

(3) 전압 $|V| = \sqrt{V_R^2 + (V_L - V_C)^2}\, [\text{V}]$

(4) 역률 $\cos\theta = \dfrac{R}{Z} = \dfrac{V_R}{V} = \dfrac{R}{\sqrt{R^2 + X^2}}$ (전압과 전류의 위상차의 여현)

(5) 무효율 $\sin\theta = \dfrac{X}{Z} = \dfrac{V_X}{V} = \dfrac{X}{\sqrt{R^2 + X^2}}$

5. RLC 병렬회로

(1) 어드미턴스 $Y = \dfrac{1}{R} + j\left(\dfrac{1}{X_C} - \dfrac{1}{X_L}\right)\, [\mho]$

크기 $|Y| = \sqrt{\left(\dfrac{1}{R}\right)^2 + \left(\dfrac{1}{X_C} - \dfrac{1}{X_L}\right)^2} = \sqrt{G^2 + (B_C - B_L)^2}\, [\mho]$

(2) 위상 $\theta = \tan^{-1}\dfrac{\dfrac{1}{X_C} - \dfrac{1}{X_L}}{\dfrac{1}{R}} = \tan^{-1}\dfrac{B_C - B_L}{G}$

(3) 전류 $I = I_R + j(I_C - I_L) = \sqrt{I_R^2 + (I_C - I_L)^2}$

(4) 역률 $\cos\theta = \dfrac{G}{Y} = \dfrac{I_R}{I}$

(5) 무효율 $\sin\theta = \dfrac{B}{Y} = \dfrac{I_X}{I}$

6. RLC 직렬/(병렬) 공진회로

(1) 공진조건 $\omega^2 LC = 1$

(2) 공진 시 주파수 $f = \dfrac{1}{2\pi\sqrt{LC}}$ [Hz]

(3) 공진의 의미

① 허수부가 0인 상태
② 전압과 전류가 동상(합성역률이 1인 상태)
③ 합성 Z 최소(직렬) / 합성 Y 최소(병렬)
④ 합성전류 최대(직렬) / 합성전류 최소(병렬)

> **Reference**
> • 직렬 공진은 리액턴스 성분이 0이 되므로 공진 시 V와 I는 동상이 되고, 전류는 최대로 된다.
> • 병렬 공진 시에는 어드미턴스가 최소가 되고, 임피던스가 최대가 되며, 전류는 최소로 된다.

(4) 공진도 ≒ 선택도 ≒ 첨예도 ≒ 전압확대비

① 직렬 : $Q = \dfrac{V_L}{V} = \dfrac{V_C}{V} = \dfrac{IX_L}{IR} = \dfrac{X_L}{R} = \dfrac{1}{R}\sqrt{\dfrac{L}{C}}$

② 병렬 : $Q = \dfrac{I_L}{I} = \dfrac{I_C}{I} = \dfrac{\frac{V}{X_L}}{\frac{V}{R}} = \dfrac{R}{X_L} = R\sqrt{\dfrac{C}{L}}$

7. RLC 일반공진회로

(1) $Y = \dfrac{R}{R^2+(\omega L)^2} + j(\omega C - \dfrac{\omega L}{R^2+(\omega L)^2})$ [℧]

(2) 공진조건 $R^2+(\omega L)^2 = \dfrac{L}{C}$

(3) 공진 시 주파수 $f = \dfrac{1}{2\pi\sqrt{LC}}\sqrt{1-\dfrac{CR^2}{L}}$ [Hz]

(4) 공진 시 어드미턴스 $Y = \dfrac{RC}{L}$ [℧]

SECTION 03 라플라스 변환

1. 라플라스 변환의 정의

$$\mathcal{L}[f(t)] = \int_0^\infty f(t) \cdot e^{-st} dt = F(s)$$

2. 함수별 라플라스 변환

(1) 단위계단함수(인디셜함수) $f(t) = u(t) = 1$, $\mathcal{L}[f(t)] = \mathcal{L}[u(t)] = \dfrac{1}{s}$

(2) 단위경사함수(단위램프함수) $f(t) = t$, $F(s) = \dfrac{1}{s^2}$

(3) n차램프함수(시간함수) $\mathcal{L}[t^n] = \dfrac{n!}{s^{n+1}}$

(4) 단위임펄스함수(델타, 하중, 중량, 충격함수) $f(t) = \delta(t)$, $F(s) = 1$

(5) 상수함수 $f(t) = K(\text{상수}) \Rightarrow F(s) = \dfrac{K}{S}$

(6) 지수함수

① 지수감쇠함수 $f(t) = e^{-at}$일 때 $F(s) = \dfrac{1}{s+a}$

② 지수증가함수 $f(t) = e^{at}$일 때 $F(s) = \dfrac{1}{s-a}$

(7) 삼각함수

① $f(t) = \sin \omega t$일 때 $F(s) = \dfrac{\omega}{s^2 + \omega^2}$

② $f(t) = \cos \omega t$일 때 $F(s) = \dfrac{s}{s^2 + \omega^2}$

③ $f(t) = \sinh \omega t$일 때 $F(s) = \dfrac{\omega}{s^2 - \omega^2}$

④ $f(t) = \cosh \omega t$일 때 $F(s) = \dfrac{s}{s^2 - \omega^2}$

3. 라플라스 함수의 정리

(1) 초깃값 정리 $\lim\limits_{t \to 0} f(t) = \lim\limits_{s \to \infty} s \cdot F(s)$

(2) 최종값 정리 $\lim\limits_{t \to \infty} f(t) = \lim\limits_{s \to 0} s \cdot F(s)$

(3) 선형 정리 : 두 개 이상의 시간함수가 합이나 차로 연결 시

  예 $f(t) = \delta(t) - \cos \omega t$일 때

  $$F(s) = 1 - \frac{s}{s^2 + \omega^2} = \frac{s^2 + \omega^2 - s}{s^2 + \omega^2}$$

(4) 복소추이 정리 : 시간함수와 지수함수가 곱셈으로 연결 시

  예 $f(t) = t^2 e^{-at}$일 때

  $$F(s) = \frac{2}{(s+a)^3} \rightarrow \frac{2}{s^3} \cdot \frac{1}{s+a} = \frac{2}{(s+a)^3}$$

(5) 복소미분 정리 : 시간함수와 n차 램프함수가 곱셈인 경우

  예 $f(t) = t \sin \omega t$일 때

  $$\mathcal{L}\left[t^n f(t)\right] = (-1)^n \frac{d^n}{ds^n} F(s)$$

  $$\therefore F(s) = (-1) \frac{d}{ds} \frac{\omega}{s^2 + \omega^2} = -\frac{\omega'(s^2 + \omega^2) - \omega(s^2 + \omega^2)'}{(s^2 + \omega^2)^2} = \frac{2\omega s}{(s^2 + \omega^2)^2}$$

(6) 실미분 정리 : 시간함수 t에 대해 미분된 경우

  예 $\mathcal{L}\left[\frac{d}{dt} \cos \omega t\right] = -\omega \sin \omega t = -\omega \frac{\omega}{s^2 + \omega^2} = \frac{-\omega^2}{s^2 + \omega^2}$

4. 역라플라스 변환

라플라스 역변환은 인수분해가 되면 부분분수법을, 인수분해가 불가하면 완전제곱식을 이용하고 기본적인 요령을 익혀두어야 한다.

SECTION 04 과도현상

1. RL 직렬회로

(1) 전압방정식 $E = V_R + V_L = Ri(t) + L \frac{di(t)}{dt}$

(2) 전류식 $i(t) = \frac{E}{R}\left(1 - e^{-\frac{R}{L}t}\right)$ [A]

(3) 특성근 $\alpha = -\frac{R}{L}$

(4) 시정수(시상수) $\tau = \frac{L}{R}$

(5) 초기전류($t = 0$) $i(0) = 0$ ($\because e^0 = 1$)

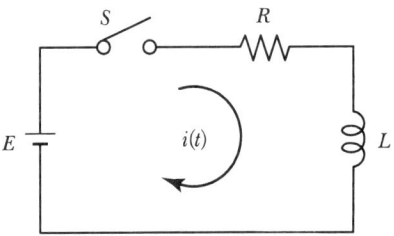

(6) 최종전류($t=\infty$) $i(\infty) = \dfrac{E}{R}$ ($\because e^{\infty} = 0$)

(7) 시정수에 의한 전류 $i(\dfrac{L}{R}) = \dfrac{E}{R}(1 - e^{-\frac{R}{L} \cdot \frac{L}{R}}) = 0.632 \dfrac{E}{R}$

(8) R에 걸리는 전압 $V_R = R \cdot i(t) = E(1 - e^{-\frac{R}{L}t})$

(9) L에 걸리는 전압 $V_L = L \cdot \dfrac{di(t)}{dt} = Ee^{-\frac{R}{L}t}$

(10) 스위치 개방 시 $i(t) = \dfrac{E}{R} e^{-\frac{R}{L}t}$

2. RC 직렬회로

(1) 전압방정식 $E = V_R + V_C = Ri(t) + \dfrac{1}{C}\int i(t)\,dt$

(2) 전류식 $i(t) = \dfrac{E}{R} e^{-\frac{1}{RC}t}$ [A]

(3) 특성근 $\alpha = -\dfrac{1}{RC}$

(4) 시정수 $\tau = RC$

(5) 초기전류 $i(0) = \dfrac{E}{R}$ ($\because e^0 = 1$)

(6) 최종전류 $i(\infty) = 0$ ($\because e^{\infty} = 0$)

(7) 시정수에 의한 전류 $i(RC) = \dfrac{E}{R}(e^{-\frac{1}{RC} \cdot RC}) = 0.368 \dfrac{E}{R}$

(8) C에 충전되는 전하 $q = \displaystyle\int_0^t i(t)\,dt = CE(1 - e^{-\frac{1}{RC}t})$

(9) R에 걸리는 전압 $V_R = R \cdot i(t) = E \cdot e^{-\frac{1}{RC}t}$

(10) C에 걸리는 전압 $V_C = E(1 - e^{-\frac{1}{RC}t})$

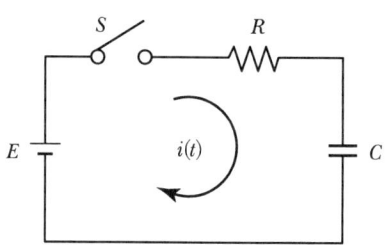

3. RLC 직렬회로

(1) $R^2 > 4\dfrac{L}{C}$: 비진동   (2) $R^2 = 4\dfrac{L}{C}$: 임계진동   (3) $R^2 < 4\dfrac{L}{C}$: 진동

4. LC 직렬회로

(1) 전압방정식 $E = V_L + V_C = L\dfrac{di(t)}{dt} + \dfrac{1}{C}\int i(t)\,dt$

(2) L에 걸리는 전압 $V_L = L \cdot \dfrac{di}{dt} = E \cdot \cos \dfrac{1}{\sqrt{LC}} t$

(3) C에 걸리는 전압 $V_C = \dfrac{1}{C}\displaystyle\int_0^t i(t)\,dt = E(1-\cos\dfrac{1}{\sqrt{LC}}t)$

① $i(t) = E \cdot \sqrt{\dfrac{C}{L}}\sin\dfrac{1}{\sqrt{LC}}t = \dfrac{E}{\sqrt{\dfrac{L}{C}}}\sin\dfrac{1}{\sqrt{LC}}t\,[\mathrm{A}]$

② $V_{L\max} = E$

③ $V_{C\max} = 2E$

SECTION 05 자동제어계의 요소 및 구성

1. 자동제어계의 구성

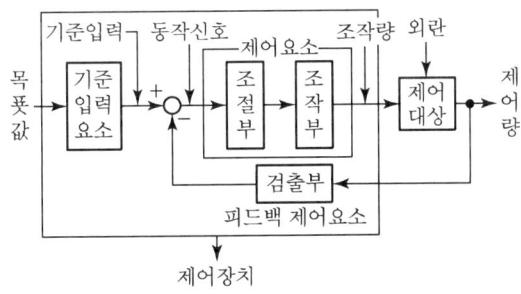

‖ 폐루프 제어계의 구성도 ‖

(1) 제어계 구성요소의 정의

① **목푯값** : 제어계에 설정되는 값으로서 제어계에 주어지는 입력을 의미한다.
② **기준입력요소** : 목푯값에 비례하는 신호인 기준입력신호를 발생시키는 장치로서 제어계의 설정부를 의미한다.
③ **동작신호** : 목푯값과 제어량 사이에서 나타나는 편차값으로서 제어요소의 입력신호이다.
④ **제어요소** : 조절부와 조작부로 구성되어 있으며 동작신호를 조작량으로 변환하는 장치이다.
⑤ **조작량** : 제어장치 또는 제어요소의 출력이면서 제어대상의 입력인 신호이다.
⑥ **제어대상** : 제어계에서 제어장치를 제외한 나머지 부분을 의미한다.
⑦ **제어량** : 제어계의 출력으로서 제어대상에서 만들어지는 값이다.
⑧ **검출부** : 제어량을 검출하는 부분으로서 입력과 출력을 비교할 수 있는 비교부에 출력신호를 공급하는 장치이다.
⑨ **외란** : 제어대상에 가해지는 정상적인 입력 이외의 좋지 않은 외부입력으로서, 편차를 유도하여 제어량의 값을 목푯값에서 멀어지게 하는 입력을 의미한다.

⑩ **제어장치** : 기준입력요소, 제어요소, 검출부, 비교부 등과 같은 제어동작이 이루어지는 제어계 구성부분을 의미하며 제어대상은 제외된다.
⑪ **다변수 시스템** : 둘 이상의 입력과 둘 이상의 출력을 가진 시스템을 말한다.

2. 자동제어계의 분류

(1) 목푯값에 의한 분류(입력기준)

① **정치제어** : 목푯값이 시간에 관계없이 항상 일정한 제어(프로세스제어, 자동조정제어)
② **추치제어** : 목푯값의 크기나 위치가 시간에 따라 변하는 것을 제어

> **Reference** 추치제어의 종류
>
> - 추종제어 : 제어량에 의한 분류 중 서보 기구에 해당하는 값을 제어한다.
>   **예** 비행기 추적레이더, 유도미사일
> - 프로그램 제어 : 미리 정해진 시간 변화에 따라 정해진 순서대로 제어한다.
>   **예** 무인 엘리베이터, 무인 자판기, 무인 열차
> - 비율제어 : 다른 것과 일정 비율 관계를 가지고 목푯값이 변화하는 경우의 추종제어법

(2) 제어량에 의한 분류(출력기준)

① **서보기구 제어** : 기계적인 변위를 제어량으로 해서 목푯값의 임의의 변화에 추종하도록 구성한 제어계
  예 물체의 위치, 방향, 자세, 각도, 거리
② **프로세스 제어** : 플랜트나 생산공정의 상태를 제어량으로 하는 제어
  예 온도, 압력, 유량, 액위, 밀도, 농도
③ **자동조정 제어** : 전기적·기계적 양을 주로 제어하는 것으로서 응답속도가 대단히 빨라야 한다.
  예 전압, 주파수, 장력, 속도

(3) 조절부 동작에 의한 분류

① 연속동작에 의한 분류
  ㉮ 비례제어(P 제어) : 잔류편차(오프셋)와 정상오차가 발생하며, 속응성(응답속도)이 나쁘다.
  ㉯ 미분제어(D 제어) : 진동을 억제하여 속응성(응답속도)을 개선한다. [진상보상]
  ㉰ 적분제어(I 제어) : 응답특성을 개선하여 잔류편차(오프셋), 정상편차, 정상오차를 제어한다. [지상보상]
  ㉱ 비례미분적분제어(PID 제어) : 최상의 최적 제어로서 오프셋(off-set)을 제거하며 속응성 또한 정상특성을 개선하여 안정한 제어가 되도록 한다. 응답의 오버슈트와 정정시간을 줄이는 효과가 있다.
  ㉲ 연속동작
    ㉠ 비례동작(P 동작) : $x_0 = K_p x_i$ (단, K_p : 비례이득(비례감도))
    ㉡ 적분동작(I 동작) : $x_0 = \dfrac{1}{T_I} \int x_i dt$ (단, T_I : 적분시간)
    ㉢ 미분동작(D 동작) : $x_0 = T_D \dfrac{dx_i}{dt}$ (단, T_D : 미분시간)

ㄹ) 비례적분동작(PI 동작) : $x_0 = K_p\left(x_i + \dfrac{1}{T_I}\int x_i dt\right)$

ㅁ) 비례미분동작(PD 동작) : $x_0 = K_p\left(x_i + T_D\dfrac{dx_i}{dt}\right)$

ㅂ) 비례적분미분동작(PID 동작) : $x_0 = K_p\left(x_i + \dfrac{1}{T_I}\int x_i dt + T_D\dfrac{dx_i}{dt}\right)$

② 불연속 동작에 의한 분류(사이클링 발생)
  ㉮ ON-OFF 제어 : 2위치 제어(가정용 냉장고의 온도조절)
  ㉯ 샘플링 제어 : 간헐제어(다위치 제어)

▼ 연속동작에 대한 핵심정리

종류		특징
P	비례동작	• 정상오차 수반 • 잔류편차 발생
I	적분동작	• 잔류편차 제거
D	미분동작	• 오차가 커지는 것을 미리 방지
PI	비례적분동작	• 잔류편차 제거 • 제어결과가 진동적으로 될 수 있음
PD	비례미분동작	• 응답 속응성 개선
PID	비례적분미분동작	• 잔류편차 제거 • 응답의 오버슈트 감소 • 응답 속응성 개선

3. 검출기기

온도, 압력, 유량 등의 물리량을 증폭 및 전송이 용이한 양으로 변환하는 기기

▼ 변환요소의 종류

변환량	변환요소
압력 → 변위	벨로스, 다이어프램, 스프링
변위 → 압력	노즐 플래퍼, 유압 분사관, 스프링
변위 → 임피던스	가변 저항기, 용량형 변압기, 가변 저항 스프링
변위 → 전압	포텐셔미터, 차동변압기, 전위차계
전압 → 변위	전자석, 전자 코일
광 → 임피던스	광전관, 광전도 셀, 광전 트랜지스터
광 → 전압	광전지, 광전 다이오드
방사선 → 임피던스	GM관, 전리함
온도 → 임피던스	측온 저항(열선, 서미스터, 백금, 니켈)
온도 → 전압	열전대(백금-백금 로듐, 철-콘스탄탄, 구리-콘스탄탄, 크로멜-알루멜)

SECTION 06 라플라스 변환

1. 정의

정의식 : $\mathcal{L}[f(t)] = F(s) = \int_0^\infty f(t)e^{-st}dt$

(1) 단위임펄스함수(단위충격함수)

$f(t) = \delta(t)$ $F(s) = 1$

(2) 단위계단함수(인디셜함수)

$f(t) = u(t) = 1$ $F(s) = \dfrac{1}{s}$

(3) 단위경사함수(단위램프함수)

$f(t)$	$F(s)$
t	$\dfrac{1}{s^2}$
t^2	$\dfrac{2}{s^3}$
t^3	$\dfrac{6}{s^4}$

(4) 삼각함수

$f(t)$	$F(s)$	$f(t)$	$F(s)$
$\sin t$	$\dfrac{1}{s^2+1}$	$t\cos\omega t$	$\dfrac{s^2-\omega^2}{(s^2+\omega^2)^2}$
$\sin t \cos t$	$\dfrac{1}{s^2+4}$	$\sin(\omega t+\theta)$	$\dfrac{\omega\cos\theta + s\sin\theta}{s^2+\omega^2}$
$\sin t + 2\cos t$	$\dfrac{2s+1}{s^2+1}$	$\sinh \omega t$	$\dfrac{\omega}{s^2-\omega^2}$
$t\sin\omega t$	$\dfrac{2\omega s}{(s^2+\omega^2)^2}$	$\cosh \omega t$	$\dfrac{s}{s^2-\omega^2}$

(5) 지수함수

① $f(t) = e^{-at}$ $F(s) = \mathcal{L}[f(t)] = \dfrac{1}{s+a}$

② $f(t) = e^{at}$ $F(s) = \mathcal{L}[f(t)] = \dfrac{1}{s-a}$

2. 라플라스 변환의 기본정리

(1) 시간추이 정리

$\mathcal{L}[f(t \pm T)] = F(s)e^{\pm Ts}$

$f(t)$	$F(s)$	$f(t)$	$F(s)$
$u(t-a)$	$\dfrac{1}{s}e^{-as}$	$(t-T)u(t-T)$	$\dfrac{1}{s^2}e^{-Ts}$
$u(t-b)$	$\dfrac{1}{s}e^{-bs}$	$\sin\omega\left(t-\dfrac{T}{2}\right)$	$\dfrac{\omega}{s^2+\omega^2}e^{-\frac{T}{2}s}$

(2) 복소추이 정리

$\mathcal{L}[f(t)e^{-at}] = F(s+a)$

$f(t)$	$F(s)$	$f(t)$	$F(s)$
te^{at}	$\dfrac{1}{(s-a)^2}$	$e^{at}\cos\omega t$	$\dfrac{s-a}{(s-a)^2+\omega^2}$
te^{-at}	$\dfrac{1}{(s+a)^2}$	$e^{-at}\cos\omega t$	$\dfrac{s+a}{(s+a)^2+\omega^2}$
t^2e^{+at}	$\dfrac{2}{(s-a)^3}$	$e^{at}\sin\omega t$	$\dfrac{\omega}{(s-a)^2+\omega^2}$
t^2e^{-at}	$\dfrac{2}{(s+a)^3}$	$e^{-at}\sin\omega t$	$\dfrac{\omega}{(s+a)^2+\omega^2}$

(3) 초깃값 정리와 최종값 정리

① 초깃값 정리

$$\lim_{t \to 0_+} f(t) = \lim_{s \to \infty} sF(s)$$

② 최종값 정리

$$\lim_{t \to \infty} f(t) = \lim_{s \to 0} sF(s)$$

(4) 실미분 정리와 실적분 정리

① 실미분 정리

$\mathcal{L}\left[\dfrac{d^2 f(t)}{dt^2}\right] = s^n F(s) - s^{n-1}f(0_+) - s^{n-s}f'(0_+) - \cdots - f^{n-1}(0_+)$

② 실적분 정리

$\mathcal{L}\left[\int\int\cdots\int f(t)\,dt^n\right] = \dfrac{1}{s^n}F(s) + \dfrac{1}{s^n}f^{(-1)}(0_+) + \cdots + \dfrac{1}{s}f^{(-n)}(0_+)$

(5) 복소미분 정리

$$\mathcal{L}[t^n f(t)] = (-1)^n \frac{d^n}{ds^n} F(s)$$

(6) 상사 정리

$$\mathcal{L}\left[f\left(\frac{t}{a}\right)\right] = aF(as)$$

SECTION 07 전달함수

1. 전달함수

(1) 정의

① 입력신호와 출력신호의 관계를 수식적으로 표기한 것이다.
② 출력신호와 입력신호에 대한 라플라스 변환값의 비를 말한다.[단, 초깃값은 0 상태(제어계에 입력이 가해지기 전 제어계가 휴지상태)]

입력 $r(t)$ / $R(s)$ → $G(s)$ → 출력 $c(t)$ / $C(s)$

$$G(s) = \frac{C(s)}{R(s)} = \frac{b_m s^m + b_{m-1} s^{m-1} + \cdots + b_1 s + b_0}{a_n s^n + a_{n-1} s^{n-1} + \cdots + a_1 s + a_0}$$

2. 제어계의 출력응답

(1) 임펄스 응답

$$G(s) = \frac{C(s)}{R(s)}, \quad C(s) = G(s) \cdot R(s)$$

$C(t) = \mathcal{L}^{-1}[G(s) \cdot R(s)]$이다.

단위임펄스 $r(t) = \delta(t)$이고 $R(s) = 1$이므로 $C(t) = \mathcal{L}^{-1}[G(s) \cdot R(s)] = \mathcal{L}^{-1}[G(s)]$이다.

(2) 인디셜 응답(단위계단응답)

$C(t) = \mathcal{L}^{-1}[G(s) \cdot R(s)]$이다.

입력신호가 단위계단함수 $r(t) = u(t)$이므로 $R(s) = \frac{1}{s}$이다.

$C(t) = \mathcal{L}^{-1}\left[G(s) \cdot \frac{1}{s}\right]$가 된다.

▼ 전달함수의 요소

요소	전달함수	요소	전달함수
비례요소	$G(s) = K$	1차 지연요소	$G(s) = \dfrac{K}{1+Ts}$
미분요소	$G(s) = Ts$	2차 지연요소	$G(s) = \dfrac{\omega_n^2}{s^2 + 2\zeta\omega_n s + \omega_n^2}$
적분요소	$G(s) = \dfrac{1}{Ts}$	부동작시간요소	$G(s) = Ke^{-Ls} = \dfrac{K}{e^{Ls}}$

3. 전기계 · 기계계의 전달함수

전기계	기계계	
	직선운동계	회전운동계
전압 E	힘 f	토크 τ
전류 I	속도 v	각속도 ω
전하 Q	변위 x	각변위 θ
인덕턴스 L	질량 m	관성모멘트 J
저항 R	제동계수 μ	제동계수 μ
용량 C	스프링정수 K	스프링정수 K

(1) 직선계(병진운동)

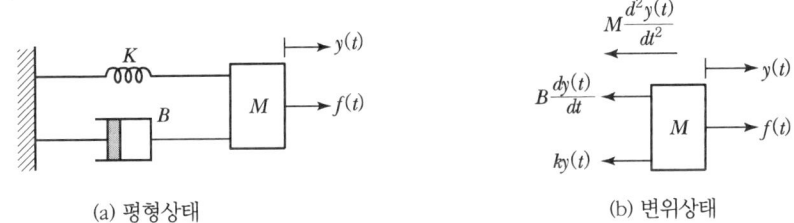

(a) 평형상태   (b) 변위상태

∥ 스프링 – 질량 – 마찰 시스템 ∥

$G(s) = \dfrac{Y(s)}{F(s)} = \dfrac{1}{Ms^2 + Bs + K}$ 이다.

(2) 회전계

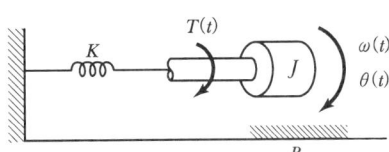

$G(s) = \dfrac{\theta(s)}{T(s)} = \dfrac{1}{Js^2 + Bs + K}$ 이다.

4. 보상기

(1) 진상 보상기

① 위상특성이 빠른 요소(진상요소)를 보상요소로 사용하여 안정도와 속응성을 개선한다.
② 출력위상이 입력위상보다 앞선다.

$$G(s) = \frac{v_0(s)}{v_i(s)} = \frac{Cs + \frac{1}{R_1}}{Cs + \frac{1}{R_1} + \frac{1}{R_2}}$$

$$\left(a = \frac{1}{R_1 C},\ b = \frac{1}{R_1 C} + \frac{1}{R_2 C}\right)$$

$$G(s) = \frac{s+a}{s+b} \quad (b > a\text{이므로 진상 보상기})$$

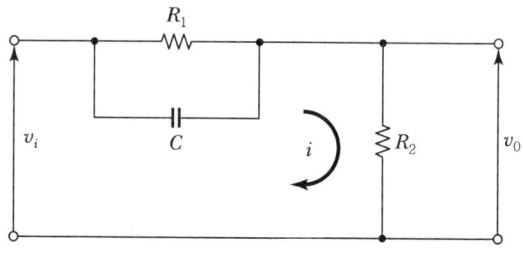

(2) 지상 보상기

① 위상 특성이 느린 요소(지상요소)를 보상요소로 사용하여 이득을 재조정하고 정상편차를 개선한다.
② 출력위상이 입력위상보다 뒤진다.

SECTION 08 블록선도와 신호흐름선도

1. 블록선도 표시법

(1) 제어에 관계되는 신호가 어떠한 모양으로 변하여 어떻게 전달되는가를 표시
(2) 선형·비선형 시스템에 적용
(3) 전달요소, 화살표 표시, 가합점, 인출점으로 구성

2. 블록선도의 변환

(1) 직렬접속

$$\frac{C(s)}{R(s)} = G_1(s) \cdot G_2(s)$$

(2) 병렬접속

$$\frac{C(s)}{R(s)} = G_1(s) \pm G_2(s)$$

(3) 피드백 접속(부궤환 제어가 기본 블록)

$$G(s) = \frac{C(s)}{R(s)} = \frac{G(s)}{1+G(s)H(s)}$$

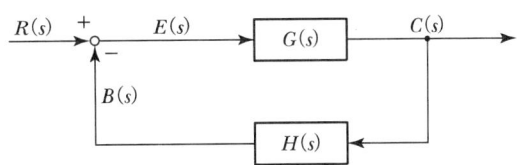

> **Reference** 전달함수의 기본식
>
> $$G(s) = \frac{\text{전향경로}}{1-\text{피드백}}$$

3. 신호흐름선도

(1) 성질

① 선형 시스템에 적용된다.
② 결과와 원인의 함수로 표현되는 형태이다.
③ **마디** : 변수를 나타내고, 원인과 결과의 순서를 왼쪽부터 차례로 배열한다.
④ **신호** : 가지의 화살표 방향으로만 전송된다.
⑤ 입력마디에서 출력마디까지 연결된 가지 : 입력의 변수가 출력에 종속됨을 나타낸다.

(2) 용어의 해석

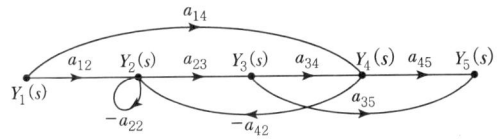

① **입력마디** : $Y_1(s)$
② **출력마디** : $Y_5(s)$
③ **경로(Path)** : 동일한 진행방향을 갖는 연결된 가지의 집합을 말한다.
④ **전향경로** : 입력마디에서 시작하여 두 번 이상 거치지 않고 출력마디까지 도달하는 경로
⑤ **경로이득** : 경로를 형성하고 있는 가지들의 이득의 곱을 말한다.
⑥ **전향경로이득(Forward Path Gain)** : 전향경로의 경로이득을 말한다.
⑦ **루프(Loop)** : 한 마디에서 시작하여 다시 그 마디로 돌아오는 경로를 말하며, 모든 마디는 두 번 이상 지날 수 없다.

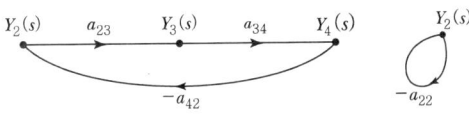

∥ 신호흐름선도의 루프 ∥

⑧ **루프 이득(Loop Gain)** : 루프의 경로이득을 말한다.

㉮ 루프 이득 : $-a_{23}\, a_{34}\, a_{42}$

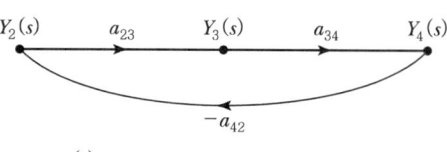

㉯ 루프 이득 : $-a_{22}$

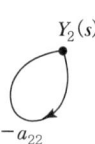

4. 이득

메이슨(Mason)의 정리

$$G = \frac{\sum G_k \Delta_k}{\Delta}$$

여기서, Δ : 1−(서로 다른 루프 이득의 합)+(서로 접촉하지 않은 두 개의 루프 이득의 곱)
G_k : (입력마디~출력마디) K번째의 전방경로이득
Δ_k : K번째의 전방경로이득과 서로 접촉하지 않는 신호흐름 선도에 대한 Δ의 값

5. 연산 증폭기(OP amp)

(1) 이상적인 연산 증폭기의 특성

① 입력저항 : $R_i = \infty$
② 출력저항 : $R_o = 0$
③ 전압이득 : $V = \infty$
④ 대역폭 $= \infty$

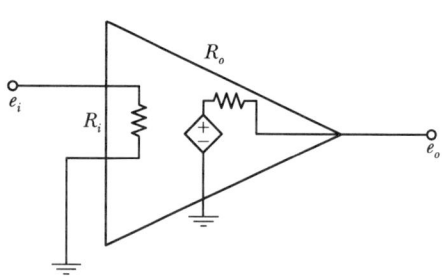

📖 **Reference** 연산 증폭기의 특징

- 입력 임피던스가 크다.
- 전압 및 전력 이득이 크다.
- 정·부(+, −) 2개의 전원을 필요로 한다.
- 출력 임피던스가 작다.
- 대역폭(증폭도)이 크다.

(2) 연산 증폭기의 종류

① 증폭회로(부호 변압기)

$$e_o = -\frac{R_2}{R_1} e_i$$

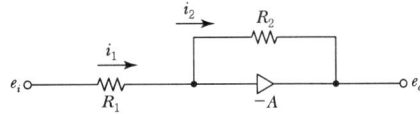

② 적분기

$$e_o = -\frac{1}{RC}\int e_i dt$$

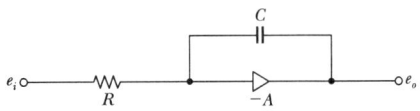

③ 미분기

$$e_o = -RC\frac{de_i}{dt}$$

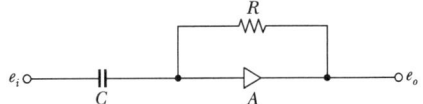

SECTION 09 과도응답

- **응답** : 어떤 요소 또는 계에 입력신호를 가했을 때 출력신호가 어떻게 변화되는지를 나타내는 것이다.
- **과도응답** : 모든 물리계에서 관성과 저항 등의 작용에 의해 정상상태에 도달하기 전에 목푯값이 전혀 따르지 않는 기간 사이의 응답을 말한다.

1. 과도응답에 사용하는 기준입력

(1) 계단 입력

기준입력이 정상상태에서 갑자기 변한 후, 변환된 상태를 일정하게 유지하는 입력이다.

$$r(t) = Ru(t)\begin{bmatrix} = R\,(t \geq 0) \\ = 0\,(t < 0) \end{bmatrix}$$

여기서, R : 상수

(2) 등속도 입력(램프 함수)

입력 신호값 또는 위치가 시간에 따라 일정한 비율로 변환된 상태를 말한다.

$$r(t) = Rtu(t)\begin{bmatrix} = Rt\,(t \geq 0) \\ = 0\,(t < 0) \end{bmatrix}$$

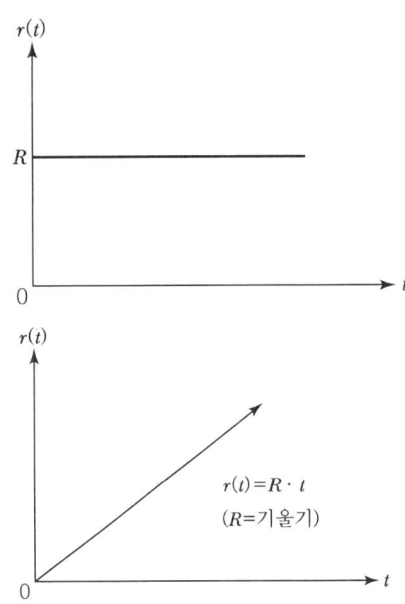

$r(t) = R \cdot t$
(R=기울기)

(3) 등가속도 입력(포물선함수)

입력 신호량이 시간의 제곱에 비례하는 입력이다.

$$r(t) = Rt^2 u(t) \begin{bmatrix} = Rt^2 & (t \geq 0) \\ = 0 & (t < 0) \end{bmatrix}$$

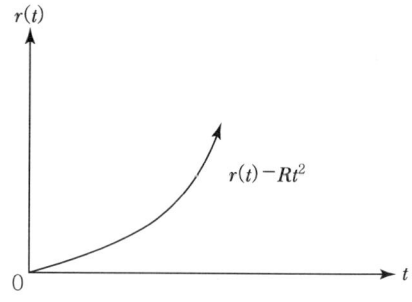

2. 시간응답 특성

(1) 정상응답

① 정상응답의 오차는 자동제어계의 정확도를 표시하는 지표이다.
② 시간입력에 대한 정상오차의 값을 측정한다.

(2) 과도응답

과도응답 특성의 평가는 속응성과 안정성에 대하여 행한다.
- 속응성 : 제어시스템이 어느 정도 빨리 목표치에 도달하는가를 나타내는 것
- 안정성 : 제어량이 정상치에 도달할 때까지의 감쇠특성을 나타내는 것

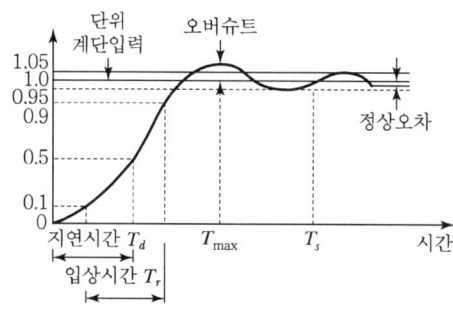

① 오버슈트(Overshoot)
   ㉮ 과도응답 중에 생기는 입력과 출력 사이의 최대 편차량
   ㉯ 자동제어계 안정도의 척도
   ㉰ 상대 오버슈트를 사용하는 것이 응답을 비교하는 데 편리하다.
      ㉠ 상대 오버슈트 $= \dfrac{\text{최대 오버슈트}}{\text{최종 희망값}} \times 100\%$

      ㉡ 백분율 오버슈트 $= \dfrac{\text{최대 오버슈트}}{\text{최종 목푯값}} \times 100\%$
   ㉱ 최대 오버슈트 발생시간
      $t_P = \dfrac{\pi}{\omega_n \sqrt{1-\delta^2}}$ (ω_n : 고유주파수, δ : 제동비)

      $\omega_0 = \omega_n \sqrt{1-\delta^2}$ (ω_0 : 공진주파수)

② 지연시간(Delay Time)

　지연시간 T_d는 응답이 최초로 목푯값의 50%가 되는 데 필요한 시간

③ 감쇠비(Decay Ratio)

　㉮ 과도응답의 소멸되는 속도를 나타내는 양

　㉯ 감쇠비 $= \dfrac{제2\ 오버슈트}{최대\ 오버슈트}$

④ 상승시간(Rise Time)

　㉮ 응답이 처음으로 목푯값에 도달하는 데 필요한 시간 T_r로 정의한다.

　㉯ 응답이 목푯값의 10%에서 90%까지 도달하는 데 필요한 시간이다.

⑤ 정정시간(Setting Time) 또는 응답시간(Response Time)

　㉮ 응답시간 T_s는 응답이 요구되는 오차 이내로 정착되는 데 필요한 시간이다.

　㉯ 응답이 목푯값의 ±5% 이내에 도달하는 데 필요한 시간이다.

⑥ 기타 과도응답 특성을 표시하는 양은 제동비, 제동계수, 고유진동수, 주기 등이 있다.

3. 과도응답

(1) 특성방정식

① 폐회로의 전달함수 : $\dfrac{C(s)}{R(s)} = \dfrac{G(s)}{1+G(s)H(s)}$

② 특성방정식 : $1+G(s)H(s)=0$

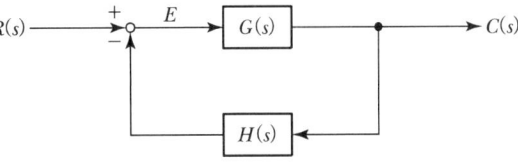

(2) 특성방정식의 근 위치와 응답

① 특성방정식의 근이 s평면 우반부에 존재하면 진동이 점점 커진다. (불안정)

② 특성방정식의 근이 s평면 좌반부에 존재하면 진동이 점점 작아진다. (안정)

③ 근은 s평면 좌반부에 존재하고 허수(j)축에서 멀리 떨어져 있을수록 정상값에 빨리 도달한다. (안정)

▼ s평면에서의 근의 위치와 응답

계단 응답	s평면상의 근의 위치	계단 응답	s평면상의 근의 위치
$\varepsilon^{\delta_3 t}$, $\varepsilon^{-\delta_1 t}$, $\varepsilon^{-\delta_2 t}$	$-\delta_2$, $-\delta_1$, δ_3	$\varepsilon^{+\alpha t}\sin\omega t$	$\alpha+j\omega$, $\alpha-j\omega$
$\varepsilon^{-\alpha t}\sin\omega t$ $(a=0)$	$j\omega\ (a=0)$, $-j\omega$	$\varepsilon^{-\alpha t}\sin\omega t$	$-\alpha+j\omega$, $-\alpha-j\omega$

(3) 2차계의 과도응답

$$\frac{C(s)}{R(s)} = \frac{\dfrac{\omega_n^2}{s(s+2\delta\omega_n)}}{1+\dfrac{\omega_n^2}{s(s+2\delta\omega_n)}} = \frac{\omega_n^2}{s^2+2\delta\omega_n s+\omega_n^2}$$

특성방정식 : $s^2+2\delta\omega_n s+\omega_n^2 = 0$

여기서 s의 근을 구하면

$s_1,\ s_2 = -\delta\omega_n \pm j\omega_n\sqrt{1-\delta^2} = -\sigma \pm j\omega$

여기서, $\sigma = \delta\omega_n$: 제동계수 또는 실제 제동

σ : 제동비 또는 감쇠계수

ω_n : 고유주파수(자연주파수)

$\tau = \dfrac{1}{\sigma} = \dfrac{1}{\delta\omega_n}$: 시정 수

$\omega = \omega_n\sqrt{1-\delta^2}$: 감쇠진동 주파수 또는 실제 주파수

> **Reference** 특성방정식의 근의 위치와 실제 제동

- $\delta < 1$인 경우 : 부족제동
  $s_1,\ s_2 = -\delta\omega_n \pm j\omega\sqrt{1-\delta^2}$ (공액 복소수를 가지므로 감쇠진동을 한다.)
- $\delta = 1$인 경우 : 임계제동
  $s_1,\ s_2 = -\omega_n$ (중근을 가지므로 진동에서 비진동으로 옮겨가는 임계상태이다.)
- $\delta > 1$인 경우 : 과제동
  $s_1,\ s_2 = -\delta\omega_n \pm \omega_n\sqrt{\delta^2-1}$ (서로 다른 2개의 실근을 가지므로 비진동이다.)
- $\delta = 0$인 경우 : 무제동
  $s_1,\ s_2 = \pm j\omega_n$ (순공액 허수를 가지므로 일정한 진폭으로 무한히 진동한다.)

▼ 특성근, 제동비 및 시간응답 특성

특성근의 종류	s-평면상의 위치	제동비	시간응답 특성	안정도
서로 다른 실근 $s = -\alpha, -\beta$	부의 실수축	과제동 $\delta > 1$	지수적 감쇠	안정
중복근 $s = -\alpha$	부의 실수축	임계제동 $\delta = 1$	지수적 감쇠	안정
공액복소근 $s = -\alpha \pm j\beta$	2, 3 상한	부족제동 $\delta < 1$	감쇠 진동	안정

SECTION 10 시퀀스 제어

시퀀스 제어란 "미리 정해 놓은 순서 또는 일정한 논리에 의하여 정해진 순서에 따라 제어의 각 단체를 순서적으로 진행하는 제어"를 말한다. 활용하는 예로서는 전기세탁기, 자동판매기, 엘리베이터, 교통신호기, 무인발전소가 있다.

1. 논리 시퀀스 회로

(1) AND Gate (논리적인 회로)

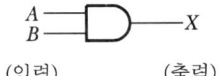

(a) 논리기호 (입력) (출력)

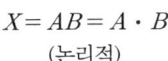

(b) 논리식

$X = AB = A \cdot B$ (논리적)

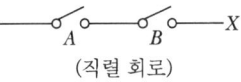

(c) 스위치 회로 (직렬 회로)

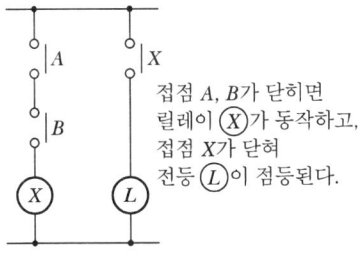

접점 A, B가 닫히면 릴레이 Ⓧ가 동작하고, 접점 X가 닫혀 전등 Ⓛ이 점등된다.

(d) 릴레이 시퀀스

입력		출력
A	B	X
0	0	0
1	0	0
0	1	0
1	1	1

(e) 진리표

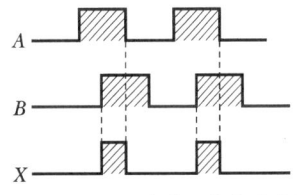

입력 A, B가 동시에 주어질 때에만 출력 X가 나타난다.

(f) 동작 시간표

(2) NAND Gate (AND 논리적인 부정회로)

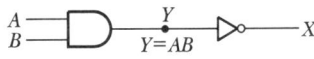

(a) 논리기호

(b) 논리식

$Y = AB,\ X = \overline{Y}$
$X = \overline{AB}$

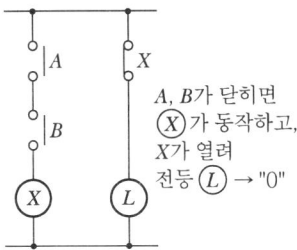

A, B가 닫히면 Ⓧ가 동작하고, X가 열려 전등 Ⓛ → "0"

(c) 릴레이 시퀀스

입력		출력
A	B	X
0	0	1
0	1	1
1	0	1
1	1	0

(d) 진리표

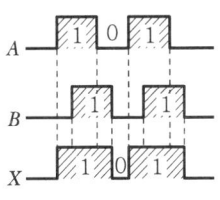

(e) 동작 시간표

(3) OR Gate (논리화 회로)

(a) 논리기호

$Y = A + B$(논리합)

(b) 논리식

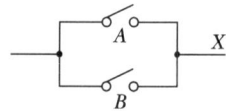

(c) 스위치 회로

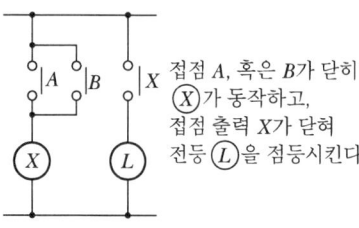

접점 A, 혹은 B가 닫히면 X가 동작하고, 접점 출력 X가 닫혀 전등 L을 점등시킨다.

(d) 릴레이 시퀀스

입력		출력
A	B	X
0	0	0
0	1	1
1	0	1
1	1	1

(e) 진리표

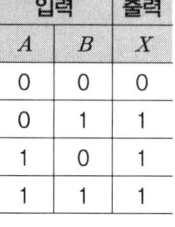

(f) 동작 시간표

(4) NOR Gate (OR 논리화 부정회로)

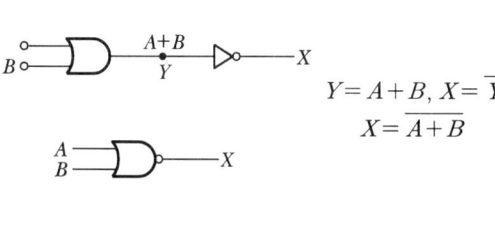

$Y = A + B,\ X = \overline{Y}$
$X = \overline{A + B}$

(b) 논리식

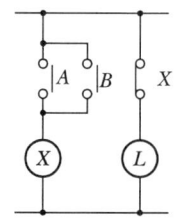

A 혹은 B가 닫히면 X가 동작, 접점 X가 열리고 전등 L은 소등

(c) 릴레이 시퀀스

입력		출력
A	B	X
0	0	1
0	1	0
1	0	0
1	1	0

(d) 진리표

(a) 논리기호

(5) NOT (부정회로)

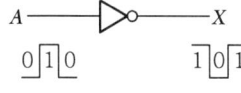

(a) 논리기호

$X = \overline{A}$

(b) 논리식

(c) 스위치 회로

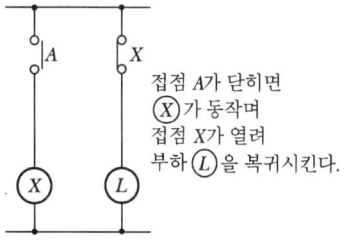

접점 A가 닫히면 X가 동작며 접점 X가 열려 부하 L을 복귀시킨다.

(d) 릴레이 시퀀스

A	X
1	0
0	1

(e) 진리표

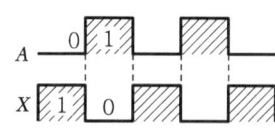

(f) 동작 시간표

(6) Exclusive OR Gate (배타적 논리합 회로)

입력 A, B가 서로 같지 않을 때만 출력이 "1"이 되는 회로로 A, B가 모두 "1"이어서는 안 된다.

논리식은 $X = \overline{A}B + A\overline{B}$로 표시된다.

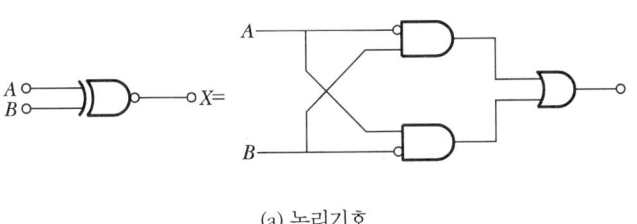

A	B	X
0	0	0
0	1	1
1	0	1
1	1	0

(a) 논리기호   (b) 진리표

(7) 한시회로

입력신호의 변화시간보다 정해진 시간만큼 뒤져서 출력신호가 변화하는 회로를 한시회로라 한다.

① 한시동작회로 : 입력신호가 0에서 1로 변화할 때에만 출력신호의 변화가 뒤지는 회로

② 한시복귀회로 : 입력신호가 1에서 0으로 변화할 때 출력신호의 변화가 뒤지는 회로

③ 뒤진 회로 : 어느 때나 출력신호가 뒤지는 회로

2. 논리대수 및 드모르간 정리

(1) 논리대수

논리변수는 2진법의 "0"과 "1"만으로 나타낸다. 논리회로의 해석, 설계 및 응용 등에 이용되고 있다.

① 분배의 법칙

   ㉮ $A \cdot (B+C) = A \cdot B + A \cdot C$ ㉯ $A + (B \cdot C) = (A+B)(A+C)$

② 흡수의 법칙

   ㉮ $A + A \cdot B = A$ ㉯ $A \cdot (A+B) = A$

③ 불대수의 정리

   ㉮ $0 + A = A$ ㉯ $1 \cdot A = A$

   ㉰ $1 + A = 1$ ㉱ $0 \cdot A = 0$

   ㉲ $A + A = A$ ㉳ $A + \overline{A} = 1$

   ㉴ $A + 1 = 1$ ㉵ $A \cdot A = A$

(2) 드모르간(De Morgan) 정리

쌍대회로의 변환방법에 의해 직렬은 병렬로, 병렬은 직렬로 바꾸고 a접점은 b접점으로, b접점은 a접점으로 바꾸면 된다.

$$\overline{(X_1 + X_2 + X_3 \cdots X_n)} = \overline{X_1} \cdot \overline{X_2} \cdot \overline{X_3} \cdot \overline{X_4} \cdots \overline{X_n}$$

$$\overline{(X_1 \cdot X_2 \cdot X_3 \cdots X_n)} = \overline{X_1} + \overline{X_2} + \overline{X_3} \cdots \overline{X_n}$$

3. 시퀀스 제어회로의 종류

(1) 조합회로

논리연산을 하는 회로요소 또는 시간지연이 없을 때 또는 무시할 수 있을 때 그 출력신호가 현재 입력신호의 값만으로 결정되는 논리회로를 말한다. 특징은 기억을 포함하지 않는 것이다.

(2) 순서회로

시간지연을 갖고 그 지연이 적극적인 역할을 하는 논리회로를 순서회로라고 한다. 특징은 기억을 가지고 있으며, 이 기억의 능력이 시퀀스 제어회로에서 대단히 유용하다.

4. 시퀀스 제어계의 특징

(1) 입력신호에서 출력신호까지 정해진 순서에 따라 일방적으로 제어명령이 전해진다.
(2) 어떠한 조건을 만족하여도 제어신호가 전달된다.
(3) 제어결과에 따라 조작이 자동적으로 이행된다.

5. 접점 기호

명칭	그림기호		적요
	a접점	b접점	
접점(일반) 또는 수동조작	(a), (b)	(a), (b)	• a접점 : 평시에 열려 있는 접점(NO) • b접점 : 평시에 닫혀 있는 접점(NC) • c접점 : 전환 접점
수동조작 자동복귀 접점	(a), (b)	(a), (b)	손을 떼면 복귀하는 접점이며, 누름형, 당김형, 비틈형으로 공통이고, 버튼 스위치, 조작 스위치 등의 접점에 사용된다.
기계적 접점	(a), (b)	(a), (b)	리밋 스위치 같이 접점의 개폐가 전기적 이외의 원인에 의하여 이루어지는 것에 사용된다.
조작 스위치 잔류 접점	(a), (b)	(a), (b)	
전기 접점 또는 보조 스위치 접점	(a), (b)	(a), (b)	

명칭	그림기호		적요
	a접점	b접점	
한시동작 접점	(a) (b)	(a) (b)	특히 한시 접점이라는 것을 표시할 필요가 있는 경우에 사용한다.
한시복귀 접점	(a) (b)	(a) (b)	
수동복귀 접점	(a) (b)	(a) (b)	인위적으로 복귀시키는 것인데, 전자식으로 복귀시키는 것도 포함한다. 예를 들면, 수동복귀의 열전계전기 접점, 전자복귀식 벨계전기 접점 등이 있다.
전자접촉기 접점	(a) (b)	(a) (b)	잘못이 생길 염려가 없을 때는 계전 접점 또는 보조 스위치 접점과 똑같은 그림기호를 사용해도 된다.
제어기 접점 (드럼형 또는 캡형)			그림은 하나의 접점을 가리킨다.

공조냉동기계산업기사 필기 과년도 문제풀이 10개년
INDUSTRIAL ENGINEER AIR-CONDITIONING REFRIGERATING MACHINERY

출제기준

2022년 이전	2022년 이후
• 1과목 : 공기조화(20문항) • 2과목 : 냉동공학(20문항) • 3과목 : 배관일반(20문항) • 4과목 : 전기제어공학(20문항)	• 공기조화 설비(20문항) • 냉동냉장 설비(20문항) • 공조냉동 설치·운영(20문항) 배관일반(10문항), 전기일반(8문항), 관련법(2문항)
총 80문항	총 60문항

※ 총 60문항 중 계산문제는 15문항가량 출제되며, 전기일반에서 블록선도, 주파수응답, 시간응답, 제어의 응용 등 어려운 문제는 출제되지 않아 비교적 용이해졌다.

PART

02

과년도 기출문제

01 | 2011년도 기출문제
02 | 2012년도 기출문제
03 | 2013년도 기출문제
04 | 2014년도 기출문제
05 | 2015년도 기출문제
06 | 2016년도 기출문제
07 | 2017년도 기출문제
08 | 2018년도 기출문제
09 | 2019년도 기출문제
10 | 2020년도 기출문제

2011년 1회 공조냉동기계산업기사

SECTION 01 공기조화

01 외기온도 −11℃, 실내온도 18℃, 실내습도 70%(노점온도 12.5℃)일 때 외벽의 내면에 이슬이 생기지 않도록 하려면 외벽의 열통과율을 얼마로 해야 하는가? (단, 내면의 열전달률은 10kcal/m² · h · ℃이다.)

① 1.95kcal/m² · h · ℃ 이하
② 1.95kcal/m² · h · ℃ 이상
③ 1.89kcal/m² · h · ℃ 이하
④ 1.89kcal/m² · h · ℃ 이상

해설
$$t_r'' = t_r - \frac{k}{a_1}(t_r - t_o)$$
$$= 12.5 = 18 - \frac{k}{10}[18 - (-11)]$$
열관류율 $(k) = 1.89\,\text{kcal/m}^2 \cdot h \cdot ℃$ 이하

02 축랭식(빙축열) 설비를 흡수식 설비와 비교했을 때 장점으로 틀린 것은?

① 심야 전력을 사용하므로 운전비를 대폭 절감할 수 있다.
② 수전설비 규모를 일반 전기식의 0~60% 수준으로 줄일 수 있다.
③ 고장 시 축열조나 냉동기의 분리운전으로 신뢰성이 확보된다.
④ 진동 및 소음이 적고 타 방식에 비해 설치면적이 적게 소요된다.

해설 축랭식은 축열조 때문에 설치면적을 크게 하여야 한다.(얼음의 융해열을 이용한 냉방)

03 시간당 5,000m³의 공기가 지름 70cm의 원형 덕트 내를 흐를 때 풍속은 약 얼마인가?

① 1.4m/s
② 2.6m/s
③ 3.6m/s
④ 7.1m/s

해설 풍량 $Q = A \cdot V$에서

풍속 $V = \dfrac{Q}{A} = \dfrac{Q}{\left(\dfrac{\pi}{4} \cdot D^2\right)}$

$= \dfrac{5,000}{\dfrac{\pi}{4} \times (70 \times 10^{-2})^2} \times \dfrac{1}{3,600}$

$= 3.61 ≒ 3.6\,\text{m/s}$

※ 1h = 3,600sec

04 다음 사항 중 공조방식의 분류가 맞게 연결된 것은?

① 단일덕트방식 − 전공기 방식
② 2중 덕트방식 − 수 방식
③ 유인 유닛방식 − 개별제어 방식
④ 팬코일 유닛방식 − 수 · 공기 방식

해설
㉠ 2중 덕트 : 전공기 방식
㉡ 유인 유닛방식 : 공기 · 수 방식
㉢ 팬코일 유닛방식 : 전수 방식

05 냉방부하 계산 시 상당외기온도차를 이용하는 경우는?

① 유리창의 취득열량
② 외벽의 취득열량
③ 내벽의 취득열량
④ 침입외기 취득열량

해설
㉠ 상당외기온도 − 실내온도 = 상당외기온도차
㉡ 상당외기온도 = $\dfrac{벽체표면의\ 일사흡수율}{표면열전달률} \times$ 벽체 표면이 받는 전일사량 + 외기온도

06 상당외기온도차를 구하기 위한 요소로서 해당되지 않는 것은?

① 흡수율
② 표면 열전달률(kcal/m² · h · ℃)
③ 직달 일사량(kcal/m² · h)
④ 외기온도(℃)

해설 5번 문제 해설 참고

07 열관류율을 계산하는 데 필요하지 않은 것은?

① 벽체의 두께
② 벽체의 열전도율
③ 벽체표면의 열전달률
④ 벽체의 함수율

해설 열관류율$(k) = \dfrac{1}{\dfrac{1}{벽체표면열전달률} + \dfrac{벽체두께}{벽체열전도율}}$

08 증기-물 또는 물-물 열교환기의 종류에 해당되지 않는 것은?

① 원통다관형 열교환기
② 전열 교환기
③ 판형 열교환기
④ 스파이럴 열교환기

해설 전열 교환기
공기 대 공기의 열교환기로서 회전식, 고정식이 있다.

09 열원방식 중에서 토털에너지방식(Total Energy System)에 해당되지 않는 것은?

① 가스터빈 방식   ② 연료전지 방식
③ 엔진 열펌프 방식   ④ 빙축열 방식

해설 토털에너지방식
지역이나 건물 단위로 발전을 하여 자가소비와 동시에 발전기를 구동하는 열기관에서 발생하는 소용없게 된 열을 회수하여 냉난방, 급탕에 이용하는 방식

10 다음 설명 중에서 틀리게 표현된 것은?

① 벽이나 유리창을 통해 들어오는 전도열은 감열뿐이다.
② 여름철 실내에서 인체로부터 발생하는 열은 잠열뿐이다.
③ 실내의 기구로부터 발생열은 잠열과 감열이다.
④ 건축물의 틈새로부터 침입하는 공기가 갖고 들어오는 열은 잠열과 감열이다.

해설 인체발생열
㉠ 현열
㉡ 잠열

11 난방기기에 사용되는 방열기 중 강제대류형 방열기에 해당하는 것은?

① 컨벡터
② 베이스보드 방열기
③ 유닛히터
④ 길드 방열기

해설 유닛히터
증기나 온수코일이 송풍기와 일체화된 난방장치로서 공장의 난방에 주로 사용

12 공기를 감습하기 위한 장치의 종류에 해당하지 않는 것은?

① 냉각 감습장치
② 압축 감습장치
③ 흡수식 감습장치
④ 전열교환 감습장치

해설 감습장치
㉠ 냉각 감습장치
㉡ 압축 감습장치
㉢ 흡수식 감습장치
㉣ 흡착식 감습장치

13 도서관의 체적이 630m³이고, 공기가 1시간에 29회 비율로 틈새바람에 의해 자연 환기될 때 풍량(m³/min)은 약 얼마인가?

① 295   ② 304
③ 444   ④ 572

해설 풍량 $q = \dfrac{체적 \times 횟수}{시간} = \dfrac{630\text{m}^3 \times 29}{60\text{min}}$
$= 304.5 \text{m}^3/\text{min}$

ANSWER | 7. ④ 8. ② 9. ④ 10. ② 11. ③ 12. ④ 13. ②

14 다음 중에서 공기조화기 부하를 바르게 나타낸 것은?

① 실내부하+외기부하+덕트통과열부하+송풍기부하
② 실내부하+외기부하+덕트통과열부하+배관통과열부하
③ 실내부하+외기부하+송풍기부하+펌프부하
④ 실내부하+외기부하+재열부하+냉동기부하

해설 냉방부하=실내부하+기기취득부하+재열부하+외기부하
※ 덕트부하+송풍기부하=기기로부터의 취득열량

15 다음 중에서 전공기방식이라고 볼 수 없는 것은?

① 정풍량 단일덕트 방식
② 변풍량 단일덕트 방식
③ 이중덕트 방식
④ 팬코일 유닛 방식

해설 팬코일 유닛 방식
전수방식이며 냉수 또는 온수, 증기 배관을 통해 FCU에 공급하여 실내공기와 열교환

16 다음 그림은 송풍기의 특성 곡선이다. 점선으로 표시된 곡선 B는 무엇을 나타내는가?

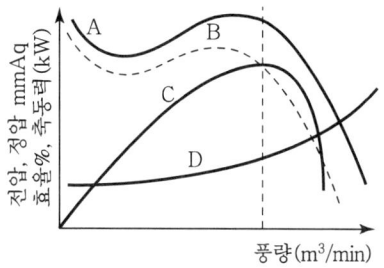

① 축동력   ② 효율
③ 전압   ④ 정압

해설 ㉠ A : 전압   ㉡ B : 정압
㉢ C : 축동력   ㉣ D : 효율

17 중앙식 공기조화기의 구성요소라고 할 수 없는 것은?

① 재열기   ② 가습기
③ 에어필터   ④ 오일필터

해설 오일필터
보일러에서 오일 사용 시 불순물로 걸러내는 여과기

18 실내의 현열부하를 q_S, 잠열부하를 q_L이라고 할 때 실내의 현열비 계산식으로 올바른 것은?

① $\dfrac{q_L}{q_S+q_L}$ ② $\dfrac{q_S}{q_S+q_L}$

③ $\dfrac{q_S+q_L}{q_S}$ ④ $\dfrac{q_S+q_L}{q_L}$

해설 현열비(SHF)$=\dfrac{현열}{전열}=\dfrac{현열}{현열+잠열}$
$=\dfrac{q_S}{q_S+q_L}$

19 온수난방의 특징으로 옳지 않은 것은?

① 증기난방보다 상하온도 차가 적고 쾌감도가 크다.
② 온도조절이 용이하고 취급이 간단하다.
③ 예열시간이 짧다.
④ 보일러 정지 후에도 여열에 의해 실내난방이 어느 정도 지속된다.

해설 물은 비열이 커서 예열시간이 길고 증기난방에서 증기는 비열이 낮아 예열시간이 짧다.

20 다음 중 일반적인 취출구의 종류가 아닌 것은?

① 라이트-트로퍼형
② 아네모스탯형
③ 머쉬룸형
④ 웨이형

해설 머쉬룸(Mushroom)형은 바닥형 흡입구이다.

14.① 15.④ 16.④ 17.④ 18.② 19.③ 20.③ | **ANSWER**

SECTION 02 냉동공학

21 다음 중 암모니아 냉매의 특성이 아닌 것은?
① 수분을 함유한 암모니아는 구리와 그 합금을 부식시킨다.
② 대규모 냉동장치에 널리 사용되고 있다.
③ 초저온을 요하는 냉동에 사용된다.
④ 독성이 강하고 강한 자극성을 가지고 있다.

해설 저온 측 냉매 : R-22, R-13

22 유량 100L/min의 물을 15℃에서 9℃로 냉각하는 수 냉각기가 있다. 이 냉동장치의 냉동효과가 40kcal/kg 일 때 필요냉매 순환량은 몇 kg/h인가?
① 700kg/h   ② 800kg/h
③ 900kg/h   ④ 1,000kg/h

해설 부하열량 $Q = G \cdot C \cdot \Delta t = (100 \times 60) \times 1 \times (15-9)$
$= 36,000 kcal/h$
이때, $Q = G \times q$에서
냉매순환량 $G = \dfrac{Q}{q} = \dfrac{36,000}{40} = 900 kg/h$

23 다음 중 냉동 관련 용어 설명 중 잘못된 것은?
① 제빙톤 : 25℃의 원수 1톤을 24시간 동안에 -9℃의 얼음으로 만드는 데 제거할 열량을 냉동능력으로 표시한다.
② 호칭냉동능력 : 고압가스안전관리법에 규정된 냉동 능력으로 환산한 능력이 100RT 이상은 허가 후 제조, 설치, 가동을 해야 한다.
③ 냉동톤 : 0℃의 물 1톤을 24시간 동안에 0℃의 얼음으로 만드는 데 필요한 냉동능력으로 1RT = 3,320kcal/h이다.
④ 결빙시간 : 얼음을 얼리는 데 소요되는 시간은 얼음 두께의 제곱에 비례하고, 브라인의 온도에는 반비례한다.

해설 1일 냉동능력 20RT(20톤) 이상(단, 가연성이나 독성 냉매가 아니면 50톤 이상)이면 허가가 필요하다.

24 어떤 왕복동 압축기의 실린더가 내경 300mm, 행정 200mm, 실린더수 2, 회전수 300rpm이라면 이 압축기의 이론적인 피스톤 배출량은 약 얼마인가?
① 348m³/h   ② 479m³/h
③ 509m³/h   ④ 623m³/h

해설 피스톤 배출량
$V_a = A \times L \times N \times R \times 60$
$= \left(\dfrac{\pi \cdot D^2}{4}\right) \times L \times N \times R \times 60$
$= \dfrac{\pi \times (300 \times 10^{-3})^2}{4} \times (200 \times 10^{-3}) \times 2 \times 300 \times 60$
$= 508.94 ≒ 509 m^3/h$

25 왕복동 압축기의 토출밸브에 누설이 있을 경우에 대한 설명이다. 맞는 것은?

┌─────────────────────┐
│ ㉠ 체적효율이 증가한다. │
│ ㉡ 냉동능력이 감소한다. │
│ ㉢ 소요동력이 증가한다. │
│ ㉣ 압축효율이 증가한다. │
└─────────────────────┘

① ㉠, ㉢   ② ㉡, ㉢
③ ㉢, ㉣   ④ ㉡, ㉣

해설 압축기에서 냉매가 누설되면 냉동능력 및 압축효율이 감소하고 소요동력이 증가한다.

26 공랭식 응축기의 특징으로 틀린 것은?
① 수랭식에 비하여 전열작용이 나쁘다.
② 응축온도가 낮아진다.
③ 겨울에 사용할 때는 응축온도를 조절해야 한다.
④ 냉각수 배관설비가 필요 없다.

해설 공랭식 응축기에는 자연대류식, 강제대류식이 있으며 응축온도가 높아서 암모니아 냉동기는 공랭식이 어렵다.

27 어느 기체의 압력이 0.5MPa, 온도 150℃, 비체적 0.4m³/kg일 때 가스상수(J/kg·K)를 구하면 약 얼마인가?
① 11.3   ② 47.28
③ 113   ④ 472.8

ANSWER | 21. ③ 22. ③ 23. ② 24. ③ 25. ② 26. ② 27. ④

[해설] 이상기체 상태방정식 $PV = mRT$에서

가스상수 $R = \dfrac{PV}{m \cdot T} = \dfrac{(0.5 \times 10^3) \times 0.4}{1 \times (273 + 150)}$

$= 0.4728 \text{kJ/kg} \cdot \text{K}$

$= 472.8 \text{J/kg} \cdot \text{K}$

※ $0.5 \text{MPa} = 500 \text{kPa}$

28 냉매에 대한 설명으로 부적당한 것은?
① 응고점이 낮을 것
② 증발열과 열전도율이 클 것
③ R-21은 화학식으로 $CHCl_2F$이고, $CClF_2 - CClF_2$는 R-113이다.
④ R-500는 R-12와 R-152를 합한 공비 혼합냉매라 한다.

[해설] R-21 : $CHCl_2F$
R-113 : $C_2Cl_3F_3$

29 시퀀스제어에 사용되는 제어기기는 전기식과 전자식으로 구분되는데, 이 중 전자식에 관한 설명이 틀린 것은?
① 다이오드, 트랜지스터, 레지스터 등으로 구성된다.
② 소형이며 신뢰성이 높다.
③ 응답시간이 빠르며 열에 강하다.
④ 약한 전류에도 회로의 접속점에서 장해를 일으키기 쉽다.

[해설] 전자식은 열에 약하다.

30 카르노 사이클의 기관에서 20℃와 300℃ 사이에서 작용하는 열기관의 열효율은 약 얼마인가?
① 42%
② 48%
③ 52%
④ 58%

[해설] 카르노 사이클 열효율 $\eta = \dfrac{T_1 - T_2}{T_1}$

$= \dfrac{(300 + 273) - (20 + 273)}{(300 + 273)}$

$\fallingdotseq 0.489 (49\%)$

31 축열장치의 장점이 아닌 것은?
① 수처리가 필요 없고 단열공사비 축소
② 냉동장치의 용량감소 효과
③ 수전설비 축소로 기본전력비 감소
④ 부하 변동 시도 안정적 열 공급

[해설] 축열장치는 수처리가 필요하고 단열공사비가 증가한다.(축열장치란 집열장치로부터 얻은 열량을 저장 혹은 직접 사용하고 남은 열을 저장한 후 필요시 이 열을 공급하는 장치)

32 어떤 변화가 가역인지 비가역인지 알려면 열역학 몇 법칙을 적용하면 되는가?
① 제0법칙
② 제1법칙
③ 제2법칙
④ 제3법칙

[해설] 열역학 제2법칙
① 에너지 변환의 방향성
② 비가역성임을 명시

33 냉동장치 내에 공기가 침입하였을 때의 현상은?
① 토출압력 저하
② 체적효율 증가
③ 토출온도 저하
④ 냉동능력 감소

[해설] 냉동장치 내에 공기가 침입하면 냉동능력이 감소한다.

34 브라인의 부식방지를 위한 pH값으로 가장 적당한 것은?
① 5.5~6.5
② 7.5~8.2
③ 9.5~11.0
④ 11.5~15.5

[해설] 무기질 브라인의 pH는 약알칼리성인 7.5~8.2이다.

35 횡형 수냉응축기의 열통과율이 $750 \text{kcal/m}^2 \cdot \text{h} \cdot ℃$, 냉각수량 450L/min, 냉각수 입구온도 28℃, 냉각수 출구온도 33℃ 응축온도와 냉각수 온도와의 평균온도차가 5℃일 때, 이 응축기의 전열면적은 얼마인가?
① 46m^2
② 40m^2
③ 36m^2
④ 30m^2

해설 열량 $Q = K \cdot F \cdot dT = G \cdot C \cdot \Delta h$에서

전열면적 $F = \dfrac{G \cdot C \cdot \Delta h}{K \cdot dT}$

$= \dfrac{(450 \times 60) \times 1 \times (33-28)}{750 \times 5}$

$= 36\text{m}^2$

36 암모니아 냉동기에서 암모니아가 새고 있는 장소에 적색리트머스 시험지를 대면 어떤 색으로 변하는가?

① 황색 ② 다갈색
③ 청색 ④ 홍색

해설 암모니아 냉매가 누설되는 곳에 적색의 리트머스 시험지를 물에 적셔 대면 냉매 누설 시 청색으로 변화한다.

37 냉장 쇼케이스는 수용품을 적정 온도와 습도로 유지하면서 최종 수요자에게 직접 판매하기 위한 장치로, 이 쇼케이스가 만족해야 할 조건이라 할 수 없는 것은?

① 수용물의 품질을 가장 효과적으로 유지할 수 있는 것이 좋다.
② 소비자가 구매의욕을 느낄 수 있는 구조인 것이 좋다.
③ 점포의 구조 및 판매양식에 적절한 것이 좋다.
④ 최적의 온도를 유지할 수 있도록 하기 위하여 운전조작은 복잡한 것이 좋다.

해설 냉장 쇼케이스는 운전조작이 간편하여야 한다.

38 냉각탑의 능력산정 중 쿨링 레인지의 설명으로 맞는 것은?

① 냉각수 입구수온×냉각수 출구수온
② 냉각수 입구수온－냉각수 출구수온
③ 냉각수 출구온도×입구 공기 습구온도
④ 냉각수 출구온도－입구 공기 습구온도

해설 Cooling Range=냉각수 입구수온－냉각수 출구수온
④ 공식은 쿨링어프로치 계산식이다.

39 증기압축식 냉동장치에서 건조기의 설치위치로 올바른 것은?

① 증발기전 ② 응축기전
③ 압축기전 ④ 팽창밸브전

해설 냉매건조기(제습기)는 팽창밸브와 수액기 사이 액관에 설치한다.

40 냉동장치의 내압시험에 사용하는 것으로 가장 적합한 것은?

① 물 ② 질소
③ 아르곤 ④ 산소

해설 냉동장치의 내압시험용 유체 : 물

SECTION 03 배관일반

41 방열기의 종류에서 구조 및 형태에 따라 분류하였다. 라디에이터류에 속하지 않는 것은?

① 패널형 ② 컨벡터형
③ 핀 튜브형 ④ 목책형

해설 Convector
컨벡터형 대류방열기(노출형과 은폐형이 있다.)이며 높이가 낮으면 베이스보드 히터라고 한다.

42 다음 습공기 선도($i-x$ 선도)에서 1→7의 변화를 맞게 설명한 것은?

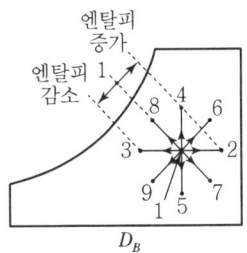

① 감온감습 ② 감온가습
③ 가열감습 ④ 가열가습

ANSWER | 36.③ 37.④ 38.② 39.④ 40.① 41.② 42.③

해설 ① 1→9 : 감온감습
② 1→8 : 감온가습
③ 1→7 : 가열감습
④ 1→6 : 가열가습

43 다음 중 증기에 사용하는 벨로스식 방열기 트랩(최고 사용압력 100kPa)의 성능에서 밸브가 열리기 시작하는 작동온도로 맞는 것은?
① 98℃ 이상
② 100℃ 이상
③ 102℃ 이상
④ 105℃ 이상

해설 벨로스식 방열기
온도차에 의한 트랩이며 열동식 트랩이라 하고 102℃ 이상에서 밸브가 열린다.

44 다음 중 스트레이너에 관한 설명으로 틀린 것은?
① 관내 유체 속의 토사 또는 칩 등의 불순물을 제거한다.
② 종류로는 Y형, U형, V형이 있다.
③ 스트레이너는 중요한 기기의 뒤쪽에 장착한다.
④ 스트레이너는 유체흐름의 방향에 따라 장착해야 한다.

해설 스트레이너는 중요한 기기의 앞쪽에 설치한다.

45 흡수식 냉동기의 단점으로 맞는 것은?
① 기기 내부가 진공상태로서 파열의 위험이 있다.
② 설치면적 및 중량이 크다.
③ 냉온수기 한 대로는 냉난방을 겸용할 수 없다.
④ 소음 및 진동이 크다.

해설 흡수식 냉동기는 내부가 진공이며 설치면적 및 중량이 크다.

46 다음 중 폭발한계 하한이 10% 이하인 것과 폭발한계의 상한과 하한의 차가 20% 이상인 고압가스는?
① 가연성 가스
② 조연성 가스
③ 불연성 가스
④ 비독성 가스

해설 가연성 가스
가스의 폭발하한계가 10% 이하인 것과 폭발한계의 상한과 하한의 차가 20% 이상인 가스이다.

47 공기조화설비에서 덕트 주요 요소인 가이드 베인에 대한 설명으로 적합한 것은?
① 소형 덕트의 풍량 조절용이다.
② 대형 덕트의 풍량 조절용이다.
③ 덕트 분기 부분의 풍량조절을 한다.
④ 덕트 밴드부에서 기류를 안정시킨다.

해설 가이드 베인 : 덕트 밴드부에서 기류를 안정시킨다.

48 증기난방 배관에서 증기트랩을 사용하는 주목적은?
① 관 내의 온도를 조절하기 위하여
② 관 내의 압력을 조절하기 위하여
③ 관 내의 증기와 응축수를 분리하기 위하여
④ 배관의 신축을 흡수하기 위하여

해설 증기트랩의 설치목적은 관 내의 증기와 응축수를 분리하기 위함이다.(수격작용 방지)

49 트랩의 봉수가 파괴되는 원인은 여러 가지가 있는데 위생기구에서 배수가 만수상태로 트랩을 통과할 때 봉수가 빨려나가 파괴되는 원인은 무엇인가?
① 감압에 의한 흡입 작용
② 자기 사이펀 작용
③ 증발 작용
④ 모세관 현상

해설 배수용 트랩에서 트랩의 봉수가 파괴되는 원인은 자기 사이펀(Self-Siphon) 작용 때문이다. 특히 S트랩에서 심하다.

50 빔(Beam)에 턴버클을 연결하여 파이프 아랫부분을 받쳐 달아 올리는 것으로 수직 방향의 변위가 없는 곳에 사용하는 것은?
① 리스트레인트
② 리지드 행거
③ 스프링 행거
④ 콘스탄트 행거

해설 리지드 행거
배관지지 장치이며 빔에 턴버클을 연결하여 지지한다.

51 강관에서 직관을 이용하여 중심각 135°의 6편 마이터를 제작하려고 한다. 절단 각으로 맞는 것은?
① 11.25° ② 13.5°
③ 22.5° ④ 27.0°

해설 절단각(a) = $\dfrac{\theta}{2(n-1)}$ = $\dfrac{135}{2\times(6-1)}$ = 13.5°

52 도시가스 배관의 손실을 방지하기 위하여 도시가스 배관 주위에서 다른 매설물을 설치할 때의 이격거리로 맞는 것은?
① 20cm ② 30cm
③ 40cm ④ 50cm

해설 도시가스 배관 ←30cm 이상→ 타 매설물

53 고온·고압용 배관에 가장 적합한 신축이음쇠는?
① 루프형
② 스위블형
③ 벨로스형
④ 슬리브형

해설 루프형 신축이음쇠
고온 고압 옥외 배관용 신축이음쇠이며 응력이 발생하고 옥외 대형 배관용이다.

54 다음 중 밸브를 완전히 열었을 때 유체의 저항손실이 가장 큰 밸브는?
① 슬루스 밸브
② 글로브 밸브
③ 버터플라이 밸브
④ 볼 밸브

해설 글로브 밸브
유량조절밸브이며 유체의 저항손실이 크다.

55 압력탱크식 급수방법에서 압력탱크를 설계할 때 직접 필요한 요소로 틀린 것은?
① 최고층 수전에 해당하는 압력
② 기구별 소요압력
③ 관내 손실 수두압
④ 급수펌프의 토출압력

해설 펌프는 전양정에서 축동력이 필요하다.

56 다음 중 연관이나 황동관을 가장 잘 부식시키는 것은?
① 극연수 ② 연수
③ 적수 ④ 경수

해설 연관 : 초산, 농염산, 농초산에 침식한다.

57 급수배관을 시공할 때 일반적인 사항을 설명한 것 중 잘못된 것은?
① 급수관에서 상향 급수는 선단 상향구배로 한다.
② 급수관에서 하향 급수는 선단 하향구배로 하며, 부득이한 경우에는 수평으로 유지한다.
③ 급수관 최하부에 배수 밸브를 장치하면 공기빼기 밸브를 장치할 필요가 없다.
④ 수격작용 방지를 위해 수전 부근에 공기실을 설치한다.

해설 배수밸브와 공기빼기 밸브는 별개의 문제이다.

58 각 기구의 트랩마다 통기관을 설치하여 통기방식 중 안정도가 높고 자기 사이펀 작용에도 효과가 있으며 배수를 완전하게 할 수 있는 이상적인 통기방식은?
① 각개 통기
② 루프 통기
③ 신정 통기
④ 회로 통기

해설 각개 통기
기구 트랩에서 각각의 통기관을 빼내는 통기방식

ANSWER | 51. ② 52. ② 53. ① 54. ② 55. ④ 56. ① 57. ③ 58. ①

59 그림과 같이 호칭지름이 표시될 때 강관이음쇠의 규격을 바르게 표시한 것은?(단, 그림의 부속은 티(Tee)이다.)

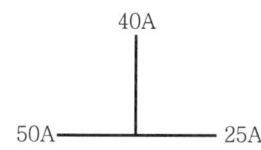

① 50×40×25 ② 40×50×25
③ 50×25×40 ④ 25×40×50

해설 수평 → 수직 = 50×25×40

60 급탕배관의 신축이음과 관계없는 것은?
① 신축곡관 이음 ② 슬리브형 이음
③ 벨로스형 이음 ④ 플랜지형 이음

해설 플랜지형 이음 : 배관이음 방식

SECTION 04 전기제어공학

61 다음 내용의 ( ) 안에 차례로 들어갈 알맞은 내용은?

"소금물 등 이온화되는 전해질은 농도가 ( )든가, 온도가 ( )지면 저항값이 작아지는 ( )온도계수를 갖는 특성이 있다."

① 진하, 낮아, + ② 진하, 높아, −
③ 연하, 낮아, − ④ 연하, 높아, +

해설 전해질 : (진하)(높아)(−)

62 유도전동기의 속도제어에 사용할 수 없는 전력 변환기는?
① 인버터 ② 사이클로 컨버터
③ 위상제어기 ④ 정류기

해설 정류기
교류를 직류로 변환하는 장치(실리콘 정류기 사용)

63 제백 효과(Seeback Effect)를 이용한 센서에 해당하는 것은?
① 저항 변화용 ② 인덕턴스 변화용
③ 용량 변화용 ④ 전압 변화용

해설 전압 변화용 : 제백 효과를 이용한 센서에 해당

64 주파수 60Hz의 정현파 교류에서 위상차 $\frac{\pi}{6}$ rad은 약 몇 초의 시간차인가?
① 2.4×10^{-3} ② 2×10^{-3}
③ 1.4×10^{-3} ④ 1×10^{-3}

해설 $30° = \frac{\pi}{6}$ rad

시간차$(t) = \frac{\theta}{\omega} = \frac{\frac{\pi}{6}}{2\pi f} = \frac{\frac{\pi}{6}}{2 \times 3.14 \times 60} ≒ 1.4 \times 10^{-3}$

65 전기로의 온도를 1,000℃로 일정하게 유지시키기 위하여 열전온도계의 지시값을 보면서 전압조정기로 전기로에 대한 인가전압을 조절하는 장치가 있다. 이 경우 열전온도계는 다음 중 어느 것에 해당되는가?
① 조작부 ② 검출부
③ 제어량 ④ 조작량

해설 열전온도계 등 계측기기 : 검출부

66 다음 블록선도 중 안정한 계는?

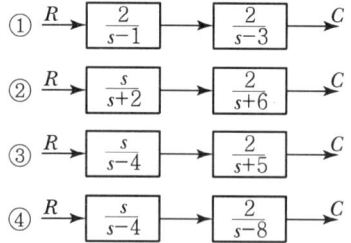

해설 블록선도
신호의 가감, 승제, 분기를 그림으로 기호화한 것으로 자동제어계에서는 전달함수와 신호의 관계를 나타낸다.

67 220V, 3상 4극 60Hz인 3상 유도전동기가 정격전압, 정격 주파수에서 최대 회전력을 내는 슬립은 16%이다. 200V, 50Hz로 사용할 때 최대 회전력 발생 슬립은 약 몇 %가 되는가?

① 15.6
② 17.6
③ 19.4
④ 21.4

해설 최대 회전력 발생 슬립 S'
$$S' = S \times \left(\frac{V_1}{V_2}\right)^2 = (0.16) \times \left(\frac{220}{200}\right)^2$$
$$= 0.1936 ≒ 0.194(19.4\%)$$

68 다음 중 유도전동기의 회전력에 관한 설명으로 옳은 것은?

① 단자전압과는 무관하다.
② 단자전압에 비례한다.
③ 단자전압의 2승에 비례한다.
④ 단자전압의 3승에 비례한다.

해설 ㉠ 유도전동기의 회전력은 단자전압의 2승에 비례
㉡ 단자전압 : 전원의 출력단자 전압

69 그림과 같은 회로의 합성저항은 몇 Ω인가?

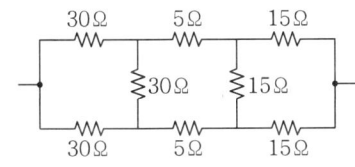

① 25
② 30
③ 35
④ 50

해설 $R_Y = \frac{1}{3}R_\triangle$ (Y → △ 변환)
∴ 합성저항
$= 10 + \frac{(10+5+5) \times (10+5+5)}{(10+5+5) + (10+5+5)} + 5 = 25\Omega$

70 전류계와 전압계가 측정범위를 확장하기 위하여 저항을 사용하는데, 다음 중 저항의 연결방법으로 알맞은 것은?

① 전류계에는 저항을 병렬연결하고, 전압계에는 저항을 직렬연결해야 한다.
② 전류계 및 전압계에 저항을 병렬연결해야 한다.
③ 전류계에는 저항을 직렬연결하고 전압계에는 저항을 병렬연결해야 한다.
④ 전류계 및 전압계에 저항을 직렬연결해야 한다.

해설 저항의 연결방법
전류계에는 저항을 병렬연결하고 전압계에는 저항을 직렬연결해야 한다.

71 전기기기의 보호와 운전자의 안전을 위해 사용되는 그림의 회로를 무엇이라고 하는가?(단, A와 B는 스위치, X_1과 X_2는 릴레이다.)

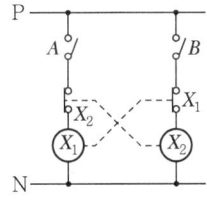

① 자기유지회로
② 일치회로
③ 변환회로
④ 인터록회로

해설 인터록
어떤 제어장치가 동작하고 있을 때 다른 일정한 제어장치가 동작해서는 안 되는 경우, 이 양자 간에 안정을 위해 주어지는 보호회로

72 다음 중 서보기구에 속하는 제어량은?

① 회전속도
② 전압
③ 위치
④ 압력

해설 서보기구 직접 제어량 : 위치, 각도, 방위

73 피드백제어로서 서보기구에 해당하는 것은?

① 석유화학공장
② 발전기 정전압장치
③ 전철표 자동판매기
④ 선박의 자동조타

해설 서보기구
비행기, 선박의 방향제어계, 미사일 발사 때의 자동위치제어계, 추적용 레이더, 자동평형기록계 등

74 어떤 코일에 흐르는 전류가 0.01초 사이에 일정하게 50A에서 10A로 변할 때 20V의 기전력이 발생한다고 하면 자기인덕턴스는 몇 mH인가?

① 5
② 40
③ 50
④ 200

해설 기전력$(e) = L\dfrac{di}{dt}$, $L = e\dfrac{dt}{di}$

자기인덕턴스 $= 20 \times \dfrac{0.01}{50-10}$
$= 0.005\text{H} = (5 \times 10^{-3})\text{H}$
$= 5\text{mH}$

75 제어계에서 동작 신호(편차)에 비례하는 조작량을 만드는 제어 동작을 무엇이라 하는가?

① 비례동작(P 동작)
② 비례적분 동작(PI 동작)
③ 비례미분 동작(PD 동작)
④ 비례적분 미분 동작(PID 동작)

해설 비례동작 : 편차에 비례하는 동작(잔류 편차 발생)

76 내부장치 또는 공간을 물질로 포위시켜 외부 자계의 영향을 차폐시키는 방식을 자기차폐라 한다. 다음 중 자기차폐에 가장 좋은 물질은?

① 강자성체 중에서 비투자율이 큰 물질
② 강자성체 중에서 비투자율이 작은 물질
③ 비투자율이 1보다 작은 역자성체
④ 비투자율과 관계없이 두께에만 관계되므로 되도록 두꺼운 물질

해설 자기차폐가 좋은 물질 : 강자성체 중에서 비투자율이 큰 물질

77 목표치가 미리 정해진 시간적 변화를 하는 경우 제어량을 변화시키는 제어를 무엇이라고 하는가?

① 정치제어
② 프로그래밍 제어
③ 추종제어
④ 비율제어

해설 프로그래밍 제어
목표치가 미리 정해진 시간적 변화를 하는 경우의 제어

78 다음 블록선도에서 틀린 식은?

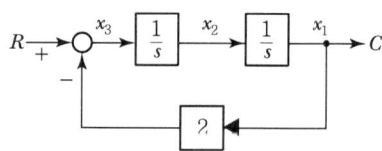

① $x_3(t) = r(t) - 2c(t)$
② $\dfrac{dx_3(t)}{dt} = x_2(t)$
③ $x_2(t) = \displaystyle\int (r(t) - 2x_1(t))dt$
④ $x_1(t) = c(t)$

해설 ㉠ $x_3(t) = r(t) - 2c(t)$
㉡ $x_2(t) = \displaystyle\int [(r(t) - 2x_1(t)]dt$
㉢ $x_1(t) = c(t)$

79 그림과 같은 계전기 접점회로의 논리식은?

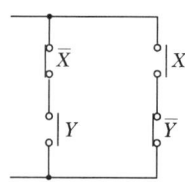

① XY
② $\overline{X}Y + X\overline{Y}$
③ $(\overline{X} + \overline{Y})(X + Y)$
④ $(\overline{X} + Y)(X + \overline{Y})$

해설 접점의 직렬은 논리곱, 병렬은 논리합이므로
∴ 논리식 : $\overline{X}Y + X\overline{Y}$

80 유도전동기와 기동방법 중 용량이 5kW 이하인 소용량 전동기에는 주로 어떤 기동법이 사용되는가?

① 전전압 기동법
② $Y - \Delta$ 기동법
③ 기동보상기법
④ 리액터 기동법

해설 유도전동기 중 용량이 5kW 이하인 소용량 전동기에는 전전압 기동법(전원 전압을 그대로 전동기에 가해서 하는 시동)을 사용한다.

2011년 2회 공조냉동기계산업기사

SECTION 01 공기조화

01 증기압축식 냉동기 중 대규모 건축물의 공조용으로 사용되는 대용량 냉동기 형식으로 맞는 것은?
① 원심식 ② 왕복동식
③ 스크루식 ④ 흡수식

해설 원심식(터보형 냉동기) : 대용량 냉동기

02 다음 용어의 설명이 잘못된 것은?
① 다이아몬드 브레이크(Diamond Break) : 덕트 굴곡부 기류 안내
② 벨마우스(Bell Mouth) : 송풍기 흡입덕트 와류방지 입구
③ 이즈먼트(Easement) : 덕트 내 유동저항 완화 커버
④ 스머징(Smudging) : 취출구 주위 천장면이 더러워짐

해설 덕트의 굴곡부에는 베인(가이드베인)을 설치하여 굴곡부의 국부손실을 감소시킨다.

03 공기조화 부하의 종류 중 실내부하와 장치부하에 해당되지 않는 것은?
① 사무기기나 인체를 통해 실내에서 발생하는 열
② 외부의 고온기류가 실내로 들어오는 열
③ 덕트에서의 손실열 또는 취득열
④ 펌프동력에서의 취득열

해설 펌프동력에서 발생하는 취득열은 실내부하 및 장치부하에서 사용하지 않는 열이다.

04 인체에 작용하는 실내 온열환경 4대 요소가 아닌 것은?
① 청정도 ② 평균복사온도
③ 기류속도 ④ 공기온도

해설 공기조화 4대 조건 : 청정도, 기류속도, 습도, 온도(청정도는 인체 실내 온열환경과는 관련성이 없다.)

05 공기조화를 하고 있는 건축물의 출입구로부터 들어오는 틈새바람을 줄이기 위한 가장 효과적인 방법은?
① 출입구에 자동 개폐되는 문을 사용한다.
② 출입구에 회전문을 사용한다.
③ 출입구에 플로어 힌지를 부착한 자재문을 사용한다.
④ 출입구에 수동문을 사용한다.

해설 출입구 회전문 : 건축물의 틈새바람을 줄인다.

06 공기조화설비에 전열교환기와 같은 열회수장치를 설치할 경우 감소시킬 수 있는 부하는?
① 실내부하 ② 외기부하
③ 조명부하 ④ 송풍기부하

해설 전열교환기
외기부하를 감소시킬 수 있다.(외기와 배기의 전열교환용으로 사용되나 보일러에 공급되는 외기를 예열하여 사용한다.)

07 실내의 냉방부하 중에서 현열부하는 2,326kcal/h, 잠열부하는 407kcal/h일 때 현열비는 약 얼마인가?
① 0.15 ② 0.74
③ 0.85 ④ 6.71

해설 현열비(SHF) = $\dfrac{현열}{전열}$ = $\dfrac{현열}{현열+잠열}$
= $\dfrac{q_S}{q_S+q_L}$ = $\dfrac{2,326}{2,326+407}$ = 0.85

08 온도 30℃, 압력 4kgf/cm²(abs)인 공기의 비체적은 약 얼마인가?
① 0.4m³/kgf ② 4.0m³/kgf
③ 2.2m³/kgf ④ 0.22m³/kgf

ANSWER | 1.① 2.① 3.④ 4.① 5.② 6.② 7.③ 8.④

해설 이상기체 상태방정식 $PV = mRT$에서

공기의 비체적 $V = \dfrac{mRT}{P} = \dfrac{1 \times 29 \times (273 + 30)}{(4 \times 10^4)}$

$\quad\quad\quad\quad\quad\quad\quad = 0.22 \, \text{m}^3/\text{kgf}$

여기서, 공기의 기체상수 $R = 29 \, \text{kg} \cdot \text{m/kg} \cdot \text{K}$

09 수열원 히트펌프의 열원으로 이용할 수 없는 것은?
① 지하수(地下水) ② 하수(河水)
③ 공기(空氣) ④ 해수(海水)

해설 수열원 히트펌프(물 사용 히트펌프)에서 공기열원 히트펌프는 사용되지 않는다.

10 보일러의 종류 중 수관식 보일러의 분류에 해당되지 않는 것은?
① 관류보일러 ② 연관보일러
③ 자연순환식 보일러 ④ 강제순환식 보일러

해설 원통형 보일러
연관보일러, 노통보일러, 노통연관보일러, 입형보일러

11 소규모 변전실, 보일러실, 창고 등의 환기방식으로 적합한 것은?
① 압입 흡출 병용 환기 ② 압입식 환기
③ 흡출식 환기 ④ 풍력 환기

해설 압입식 환기방식 용도
소규모 변전실, 보일러실, 창고에서 환기

12 공기 중의 유해가스나 냄새 등을 제거하기 위해 널리 사용되는 공기정화장치는?
① 활성탄 필터
② 세정 가능한 유닛형 에어 필터
③ 여과재 교환형 패널 에어 필터
④ 초고성능 에어 필터

해설 활성탄 여과작용 필터
유해가스나 냄새제거용(필터 모양은 패널형, 지그재그형, 바이패스형 등이 있다.)

13 용량 10kW의 전동기에 의해 작동되는 기계가 있다. 전동기는 실외, 기계는 실내에 있는 경우 장치로부터 취득되는 열량은 얼마인가?(단, 전동기의 부하율은 0.85, 전동기의 가동률은 0.7, 전동기의 효율은 0.8 이다.)
① 1,279kcal/h ② 5,117kcal/h
③ 6,396kcal/h ④ 8,600kcal/h

해설 전동기 장치 취득열량(Q) = $10 \times 860 \times 0.85 \times 0.7$
$\quad\quad\quad\quad\quad\quad\quad\quad = 5,117 \, \text{kcal/h}$

※ 1kWh = 860kcal

14 수증기 분압 p_w(mmHg)와 절대습도 x(kg/kg′)와의 관계식으로 맞는 것은?(단, p : 습공기의 전압(mmHg)이다.)

① $x = 0.622 \dfrac{p_w}{p - p_w}$ ② $x = 0.622 \dfrac{p}{p_w}$

③ $x = 0.622 \dfrac{p - p_w}{p_w}$ ④ $x = 0.622 \dfrac{p_w}{p}$

해설 절대습도(x) = $0.622 \times \dfrac{\text{수증기분압}}{\text{습공기전압} - \text{수증기분압}}$

$\quad\quad\quad\quad = 0.622 \dfrac{p_w}{p - p_w} \, (\text{kg/kg}')$

15 난방방식의 분류가 잘못된 것은?
① 복사난방 – 온돌난방 ② 직접난방 – 증기난방
③ 간접난방 – 온수난방 ④ 지역난방 – 고온수난방

해설 간접난방 : 공기조화난방

16 난방설계조건에서 실내온도 결정 시 고려해야 할 사항이 아닌 것은?
① 건물의 구조
② 건물의 용도
③ 재실자의 연령, 체질, 활동상태 등의 특성
④ 관련 법정기준(에너지 절약 설계기준 등)

해설 난방에서 실내온도 결정 시 고려사항은 ②, ③, ④항이다.

9. ③ 10. ② 11. ② 12. ① 13. ② 14. ① 15. ③ 16. ① | ANSWER

17 공기세정기(Air Washer)에는 "입구공기의 흐름을 균일하게 하는 (㉠)를, 출구 측에는 물방울이 공기에 혼입되지 않도록 (㉡)을 설치한다."에서 각 번호의 기기명칭으로 맞는 것은?

① ㉠ 스탠드파이프, ㉡ 플러딩 노즐
② ㉠ 플러딩 노즐, ㉡ 루버
③ ㉠ 루버, ㉡ 엘리미네이터
④ ㉠ 엘리미네이터, ㉡ 스탠드파이프

해설 ㉠ 루버, ㉡ 엘리미네이터

18 다음 방열기 기호에서 중간단에 표시된 내용(5-950)으로 맞는 것은?

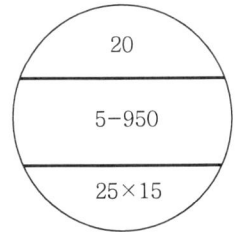

① 유입관의 크기
② 유출관의 크기
③ 절(Section) 수
④ 방열기의 종류와 높이

해설
• 20 : 절수
• 5-950 : 방열기 5세주 높이 950mm
• 25×15 : 유입관, 유출관의 크기

19 온수난방에 대한 설명으로 옳지 않은 것은?

① 증기난방에 비해 비교적 높은 쾌감도를 얻을 수 있다.
② 온수난방의 주 이용열은 잠열이다.
③ 열용량이 커서 예열시간이 길다.
④ 온수의 온도에 따라 저온수식과 고온수식으로 분류한다.

해설
• 온수난방은 물의 현열을 이용
• 증기난방은 물의 잠열을 이용

20 냉각탑이나 환기용 등 풍량이 많고 압력이 낮은 경우에 사용되는 것은?

① 다익 송풍기
② 터보 송풍기
③ 축류 송풍기
④ 관류 송풍기

해설 축류 송풍기
낮은 풍압, 다량의 풍량을 공급한다.(환기팬, 소형냉각탑, 유닛히터에는 프로펠러형을 많이 사용한다.)

SECTION 02 냉동공학

21 스팀 이젝터(Steam Ejector)와 관계있는 냉동기는?

① 증기압축 냉동기
② 회전 냉동기
③ 증기분사 냉동기
④ 흡수 냉동기

해설 증기분사 냉동기
스팀 이젝터 사용 냉동기

22 냉동장치에서 안전밸브의 설치 위치로 적당하지 않은 곳은?

① 압축기 토출관
② 수액기
③ 증발기 출구
④ 응축기 출구

해설 증발기는 저압부이므로 안전밸브가 필요 없다.

23 냉동장치에서 액관의 어떤 부분에 플래시가스가 나타났을 때 그 원인에 해당되는 것은?

① 액관이 냉매액 온도보다 낮은 장소를 통과하기 때문이다.
② 액가스 열교환기를 설치하여 냉매액을 과냉각시켰기 때문이다.
③ 냉매의 저항을 적게 하기 위하여 액관을 과도하게 굵게 했기 때문이다.
④ 액관 중의 스트레이너가 오물로 막혔기 때문이다.

해설 액관 여과기에 오물이 쌓이면 냉매 흐름 방해로 플래시 가스가 발생된다.

ANSWER | 17. ③ 18. ④ 19. ② 20. ③ 21. ③ 22. ③ 23. ④

24 다음은 R-22 냉동장치의 냉동사이클을 $P-h$ 선도에 나타낸 것이다. 설명 중 옳지 않은 것은?

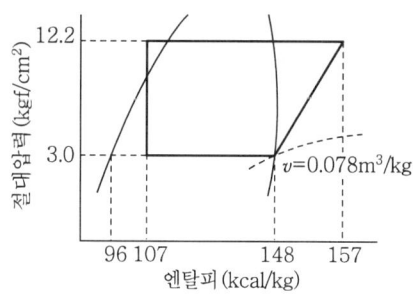

① 1냉동톤(3,320kcal/h)당 소요냉매순환량은 약 81kg/h이다.
② 압축기의 체적효율을 0.75라 하면 1냉동톤당 소요 피스톤 토출량은 약 8.42m³/h이다.
③ 성적계수는 약 5.56이다.
④ 팽창밸브 출구에 있어서 냉매의 건조도는 약 0.21이다.

해설
㉠ 냉매순환량 = $\dfrac{3,320}{148-107}$ = 81kg/h
㉡ 피스톤 배출량 = $\dfrac{81 \times 0.078}{0.75}$ = 8.42m³/h
㉢ 성적계수 = $\dfrac{148-107}{157-148} = \dfrac{41}{9}$ = 4.56
㉣ 건조도(x) = $\dfrac{107-96}{148-96} = \dfrac{11}{52}$ = 0.21

25 이중 효용 흡수식 냉동기에 대한 설명 중 옳지 않은 것은?
① 일중 효용 흡수식 냉동기에 비해 효율이 높다.
② 2개의 재생기를 갖고 있다.
③ 2개의 증발기를 갖고 있다.
④ 2개의 열교환기를 갖고 있다.

해설 흡수식 냉동기에는 증발기는 1개이다.

26 냉장수송장치에서 수송온도에 따라 분류한 것 중 올바르지 못한 것은?
① 냉동수송 : -18℃
② 저온수송 : -5~-8℃
③ 냉장수송 : 0℃
④ 상온수송 : 10~20℃

해설 냉장수송 : 냉동수송, 냉장수송, 상온수송

27 온도 10℃의 공기(C_v = 0.17kcal/kg · K) 3kg을 내압용기에 넣고 일정체적하에서 가열하였더니 엔트로피가 0.25kcal/K 증가하였다. 이때 내부에너지의 증가량은 약 얼마인가?
① 80.5kcal   ② 91.4kcal
③ 98.6kcal   ④ 100.2kcal

해설 엔트로피 증가량 ΔS
$\Delta S = G \cdot C_v \cdot \ln \dfrac{T_2}{T_1}$ 에서
가열 후 온도 $T_2 = T_1 \times e^{\dfrac{\Delta S}{G \cdot C}}$
$= (273+10) \times e^{\left(\dfrac{0.25}{3 \times 0.17}\right)}$
$= 462.03$
이때, 내부에너지 증가량 u
$u = G \cdot C_v \cdot \Delta t$
$= 3 \times 0.17 \times (462.03-(273+10))$
$\fallingdotseq 91.4$kcal

28 소형 냉동기(프레온계)에 사용되면서 냉각수용 배관 및 배수설비가 필요하지 않은 응축기는?
① 횡형 원통다관식 응축기
② 대기식 응축기
③ 증발식 응축기
④ 공랭식 응축기

해설 공랭식 응축기는 공기의 현열을 이용하는 응축기이다.

29 암모니아(NH_3)를 냉매로 사용하는 흡수식 냉동기의 흡수제는 어느 것인가?
① 질소   ② 프레온
③ 염화나트륨 ④ 물

해설
• 암모니아 냉매 흡수제 : 물
• H_2O의 냉매 흡수제 : 리튬브로마이드

30 주로 대용량의 공조용 냉동기에 사용되는 터보식 냉동기의 냉동부하 변화에 따른 용량제어 방식이 아닌 것은?

① 압축기 회전수 가감법
② 흡입 가이드 베인 조절법
③ 클리어런스 증대법
④ 흡입 댐퍼 조절법

해설 클리어런스 증대법 용량제어방식은 왕복동식 압축기 제어 방식이다.

31 항공기 재료의 내한(耐寒)성능을 시험하기 위한 냉동장치를 설치하려고 한다. 가장 적합한 냉동기는?

① 왕복동식 냉동기　② 원심식 냉동기
③ 전자식 냉동기　　④ 흡수식 냉동기

해설 왕복동식 냉동기
항공기 재료의 내한성능 시험용으로 이상적이다.

32 전자밸브를 설치할 때 주의사항으로 틀린 것은?

① 전압과 용량에 맞추어 설치되었는지 확인한다.
② 코일부분이 하부로 오도록 수평하게 설치되었는지 확인한다.
③ 본체의 유체 방향에 맞추어 설치되었는지 확인한다.
④ 밸브 입구에 여과기가 설치되었는지 확인한다.

해설 전자밸브 코일부분은 상부로 오도록 수평 설치를 한다.(전자밸브 내에는 전자기 코일이 설치되어 있다.)

33 수축열방식에서 축열재의 구비조건으로 잘못된 것은?

① 단위체적당 축열량이 많을 것
② 취급이 용이하고 가격이 낮을 것
③ 화학적으로 안정되고 열 출입이 용이할 것
④ 축열조에서 열손실 및 반송동력(펌프)이 클 것

해설 ㉠ 수축열방식에서 축열재는 축열조에서 열손실 및 반송동력이 적어야 한다.
㉡ 축열조 : 냉난방에 있어서 열을 일시적으로 저장하는 장치이다.

34 열과 일 사이의 에너지 보존의 원리를 표현한 것은?

① 열역학 제1법칙
② 열역학 제2법칙
③ 보일 – 샤를의 법칙
④ 열역학 제0법칙

해설 열역학 제1법칙 : 열과 일 사이의 에너지 보존의 법칙

㉠ 일의 열당량 : $\frac{1}{427}$ kcal/kg · m
㉡ 열의 일당량 : 427kg · m/kcal

35 저온의 냉장실에서 운전 중 냉각기에 적상(성애)이 생길 경우 이것을 살수로 제상(Defrost)하고자 할 때 주의할 사항으로 옳지 않은 것은?

① 냉각기용 송풍기는 정지 후 살수 제상을 행한다.
② 제상수의 온도는 30~40℃ 정도의 물을 사용한다.
③ 살수하기 전에 냉각(증발)기로 유입되는 냉매액을 차단한다.
④ 분사 노즐은 항상 깨끗이 청소한다.

해설 제상수의 온도는 10~25℃의 온도가 적당하며 1m²당 140L/min 정도 수량이 필요하다.

36 어떤 냉동장치의 냉동능력이 3RT이고 이때의 압축기 소요동력이 3.7kW이었다면 응축기에서 제거하여야 할 열량은 약 몇 kcal/h인가?

① 25,500kcal/h
② 9,860kcal/h
③ 18,250kcal/h
④ 13,140kcal/h

해설 응축기 제거 열량 = 냉동장치 냉동능력 + 압축기 소요동력
= (3×3,320) + (860×3.7)
= 13,142kcal/h
※ 1RT = 3,320kcal/h
1kWh = 860kcal

37 다음과 같이 냉동사이클을 행하는 냉동장치에서 냉매순환량이 450kg/h, 전동기 출력 3.0kW일 경우 실제 성적계수는 얼마인가?

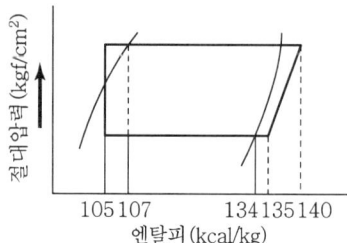

① 5.24　　② 4.83
③ 4.14　　④ 3.75

해설 성적계수(COP) $= \dfrac{Q}{Aw} = \dfrac{q \times G}{Aw} = \dfrac{(135-105) \times 450}{3 \times 860}$
$= 5.24 \text{COP}$

38 냉동장치의 증발압력이 너무 낮은 원인으로 적당하지 않은 것은?

① 수액기 및 응축기 내에 냉매가 충만해 있다.
② 팽창밸브가 너무 조여 있다.
③ 여과기가 막혀 있다.
④ 증발기의 풍량이 부족하다.

해설 냉매충전량이 부족하면 증발압력이 저하한다.

39 15,000kg·m의 일은 약 몇 kcal의 열량이 될 수 있는가?

① 27.45kcal　　② 32.62kcal
③ 35.13kcal　　④ 41.57kcal

해설 $\dfrac{1}{427}$ kcal/kg·m(일의 열당량)
∴ 열량 $= \dfrac{15,000}{427} = 35.13$ kcal

40 냉동기유에 대한 냉매의 용해성이 가장 큰 것은?

① R-113　　② R-22
③ R-115　　④ R-717

해설 R-11, R-12, R-21, R-113의 냉매는 윤활유와 잘 용해한다.

SECTION 03 배관일반

41 급수배관설비에서 옥상탱크의 양수관 관경이 25A일 때 오버플로(Overflow)관의 가장 적합한 것은?

① 25A　　② 40A
③ 50A　　④ 65A

해설 오버플로관(넘치는 물을 빼내는 관)은 일수관이라 하며 양수관의 2배 크기
∴ 25A × 2배 = 50A

42 2단 압축기의 중간냉각기 종류에 속하지 않는 것은?

① 액냉각형 중간냉각기
② 흡수형 중간냉각기
③ 플래시형 중간냉각기
④ 직접 팽창형 중간냉각기

해설 2단 압축기 중간냉각기
㉠ 액냉각형 중간냉각기
㉡ 플래시형 중간냉각기
㉢ 직접 팽창형 중간냉각기

43 냉매용 밸브 중에서 냉동부하와 증발온도에 따라 증발기에 들어가는 냉매량을 조절하는 밸브로 맞는 것은?

① 팩드 밸브
② 팩리스 밸브
③ 전자 밸브
④ 팽창 밸브

해설 팽창 밸브
증발기에 들어가는 냉매량 조절밸브

44 공기조화설비에서 증기코일에 관한 설명으로 틀린 것은?

① 코일의 통과풍속은 3~5m/s로 한다.
② 온수코일에 비하여 열수를 작게 할 수 있다.
③ 응축수 배출을 위해 약 1/50~1/100 정도의 순구배로 한다.
④ 일반적인 증기의 압력은 2~3kgf/cm² 정도로 한다.

해설 일반적인 증기압력은 0.35kg/cm² 정도이다.

45 증기난방에 비해 온수난방의 특징을 설명한 것으로 잘못된 것은?

① 예열하는 데 많은 시간이 걸린다.
② 부하변동에 대응한 온도조절이 어렵다.
③ 방열면의 온도가 비교적 높지 않아 쾌감도가 좋다.
④ 설비비가 다소 고가이나 취급이 쉽고 비교적 안전하다.

해설 온수난방은 외기온도변화나 부하변동에 온도조절이 가능하다.

46 중앙관리방식의 공기조화설비에서 건물의 환경 위생 유지에 필요한 실내 환경기준 중 온도, 실내습도, 기류를 옳게 나열한 것은?

① 실내온도 17~28℃, 상대습도 40~70%, 기류 0.5m/s 이하
② 실내온도 20~30℃, 상대습도 50~70%, 기류 0.8m/s 이하
③ 실내온도 22~35℃, 상대습도 60~80%, 기류 1.0m/s 이하
④ 실내온도 24~40℃, 상대습도 70~90%, 기류 1.2m/s 이하

해설 ㉠ 실내온도 : 17~28℃
㉡ 상대습도 : 40~70%
㉢ 기류(풍속) : 0.5m/s 이하

47 부식은 주위환경과의 사이에 발생되는 전기화학적 반응으로 강관을 부식하게 된다. 이를 방지하는 전기방식법의 종류가 아닌 것은?

① 희생양극법
② 선택배류법
③ 강제배류법
④ 내부전원법

해설 전기방식에 외부전원법은 있어도 내부전원법은 없다.

48 배수용 트랩에 대한 설명으로 틀린 것은?

① U트랩은 수평주관에 설치하여 건물 배수주관에서 유해가스의 침입을 방지한다.
② S트랩은 세면기, 소변기 등에 설치하며 수평배수관에 연결할 때 사용된다.
③ P트랩은 세면기, 소변기 등에 설치하며 수직배수관에 연결할 때 사용된다.
④ 배수트랩을 작용하는 면에서 구별하면 사이펀식과 비사이펀식이 있다.

해설 U트랩
가옥트랩(메인트랩)으로서 건물 내의 배수 수평주관 끝에 설치하여 공공하수관에서 유독가스가 건물 안으로 침입하는 것을 방지한다.

49 급탕설비에서 팽창관의 역할과 거리가 먼 것은?

① 온도에 따른 관의 길이팽창을 흡수한다.
② 보일러, 저탕조 등 밀폐가열장치 내의 상승압력을 도피시킨다.
③ 물의 체적팽창을 흡수한다.
④ 안전밸브의 역할을 한다.

해설 온도에 따른 관의 길이팽창을 흡수하는 것은 신축조인트이다.

50 배수관 설치기준에 대한 내용 중 틀린 것은?

① 배수관의 최소 관경은 20mm 이상으로 한다.
② 지중에 매설하는 배수관의 관경은 50mm 이상이 좋다.
③ 배수관은 배수의 유하방향(流下方向)으로 관경을 축소해서는 안 된다.
④ 기구배수관의 관경은 이것에 접속하는 위생기구의 트랩구경 이상으로 한다.

ANSWER | 44.④ 45.② 46.① 47.④ 48.① 49.① 50.①

해설 배수관의 최소관경은 32mm 이상이어야 한다.

51 가스관으로 많이 사용하는 일반적인 관의 종류는?
① 주철관 ② 주석관
③ 연관   ④ 강관

해설 가스관은 일반적으로 강관을 많이 사용한다.

52 중수도에서 처리한 물의 용도로 적당하지 않은 것은?
① 청소용수 ② 소방용수
③ 조경용수 ④ 음용수

해설 음용수
상수도를 사용한다.(식음용수는 깨끗한 물을 사용)

53 배관계의 도중에 설치하여 유체 속에 혼입된 토사나 이물질 등을 제거하는 배관부품은?
① 트랩(Trap)
② 밸브(Valve)
③ 스트레이너(Strainer)
④ 저수조(貯水槽)

해설 스트레이너
여과기(이물질 제거용)

54 급수배관에서 플러시밸브나 급속 개폐식 수전을 사용할 때 발생될 수 있는 현상과 거리가 먼 것은?
① 수격작용이 발생   ② 소음이 발생
③ 진동이 발생   ④ 수온의 저하가 발생

해설 급수배관에서 플러시밸브, 급속 개폐식 수전 사용 시 수격작용 발생, 소음 발생, 진동 발생 등이 나타날 수 있다.

55 유체의 흐름을 단속하는 대표적인 밸브로서 슬루스밸브 또는 사절변이라고도 하는 밸브는?
① 게이트밸브 ② 글로브밸브
③ 체크밸브   ④ 플랩밸브

해설 게이트밸브 : 슬루스밸브(사절변)

56 강판제 케이싱 속에 열전도성이 우수한 핀(Fin)을 붙여 대류작용 만으로 열을 이동시켜 난방하는 방열기로 대류 방열기라고도 하는 것은?
① 콘벡터   ② 길드 방열기
③ 주형 방열기 ④ 벽걸이 방열기

해설 콘벡터 방열기
강판제 케이싱 속에 핀을 붙여 대류작용을 이용한 라디에이터

57 도시가스배관을 지하에 매설하는 중압 이상인 배관과 지상에 설치하는 배관의 표면 색상으로 맞는 것은?
① 적색, 회색 ② 백색, 적색
③ 적색, 황색 ④ 백색, 황색

해설 도시가스 배관
㉠ 지하매설 중압 이상 배관 : 적색
㉡ 지상에 설치한 배관 : 황색

58 도시가스 배관에서 중압이라 함은 얼마를 뜻하는가?
① 0.1~1MPa 미만   ② 1~3MPa 미만
③ 3~10MPa 미만   ④ 10~100MPa 미만

해설 도시가스 배관
㉠ 저압 : 0.1MPa 미만
㉡ 중압 : 0.1MPa 이상~1MPa 미만
㉢ 고압 : 1MPa 이상

59 주거용 건물에서 물의 사용량이 가장 많은 시각을 피크타임(Peak Time)이라 하고 그 시각의 사용수량을 피크로드(Peak Load)라 부르는데 피크로드는 1일 사용수량의 약 얼마인가?
① 3~8% 정도   ② 10~15% 정도
③ 20~35% 정도 ④ 30~35 정도

해설 피크타임 피크로드 : 1일 사용수량의 10~15% 사용량

60 급탕배관 내의 압력이 0.7kgf/cm²이면 수주로 몇 m와 같은가?

① 0.7m   ② 1.7m
③ 7m   ④ 70m

해설
- 1kgf/cm² : 10mH₂O
- 0.7kgf/cm² : 7mH₂O

SECTION 04 전기제어공학

61 다음 중 제어기기에서 서보전동기는 어디에 속하는가?

① 검출기기   ② 변환기기
③ 증폭기기   ④ 조작기기

해설 서보전동기, 전자밸브, 2상 서보모터, 직류서보모터, 펄스모터 등은 조작기기이다.

62 그림과 같은 논리회로에서 출력 Y는?

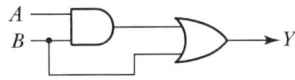

① $Y = AB + A$ ② $Y = AB + B$
③ $Y = AB$ ④ $Y = A + B$

해설
A ─┐
B ─┘─○ Y, $X = AB$ (AND 회로)

A ─┐
B ─┘─○ Y, $X = A + B$ (OR 회로)

∴ $Y = AB + B$

63 1C의 전기량에 포함되어 있는 전자의 수는 몇 개인가?

① 1.602×10^{-19} ② 1.602×10^{19}
③ 6.24×10^{18} ④ 6.24×10^{-18}

해설 1C(쿨롱)의 전기량에 포함된 전자수는 6.24×10^{18}개이다.

64 다음 중 인덕터의 특징을 요약한 것을 옳지 않은 것은?

① 인덕터는 직류에 대하여 단락회로로 작용한다.
② 일정한 전류가 흐를 때 전압은 무한대이지만 일정량의 에너지가 축적된다.
③ 인덕터의 전류가 불연속적으로 급격히 변화하면 전압이 무한대가 되어야 하므로 인덕터 전류가 불연속적으로 변할 수 없다.
④ 인덕터는 에너지를 축적하지만 소모하지는 않는다.

해설 Inductor
인덕턴스를 이용할 목적으로 만든 장치이다. 보통은 권선으로 만들어지며 자심을 갖는 것과 갖지 않는 것이 있다.

65 출력 3kW, 1,500rpm인 전동기의 토크는 몇 kg·m인가?

① 0.49   ② 1.95
③ 20.5   ④ 37.5

해설 전동기의 토크 $T = 0.975 \times \dfrac{P}{N}$

$= 0.975 \times \dfrac{(3 \times 10^3)}{1,500}$

$= 1.95 \text{kg} \cdot \text{m}$

66 전지에는 1차 및 2차 전지가 있다. 1차 전지에 속하는 것은?

① 납축전지   ② 니켈-카드뮴전지
③ 수은전지   ④ 리튬-이온전지

해설 수은전지 : 1차 전지

67 제어계의 응답 속응성을 개선하기 위한 제어동작은?

① D 동작   ② I 동작
③ PD 동작   ④ PI 동작

해설 PD 동작(비례, 미분동작)은 제어계의 응답 속응성을 개선시킨다.

68 특성방정식 $s^2 + 2\delta\omega_n + \omega_\eta{}^3 = 0$에서 δ를 제동비라고 할 때 $\delta < 1$인 경우는?

① 임계제동 ② 무제동
③ 과제동 ④ 부족제동

해설 제동비(δ)가 1보다 작으면 부족제동이다.

69 변압기는 어떤 원리를 이용한 것인가?

① 정전유도작용 ② 전자유도작용
③ 전류의 발열작용 ④ 전극의 화학작용

해설 변압기 원리
변압기는 전자유도작용을 이용한다.

70 블록선도의 등가변환이 잘못된 것은?

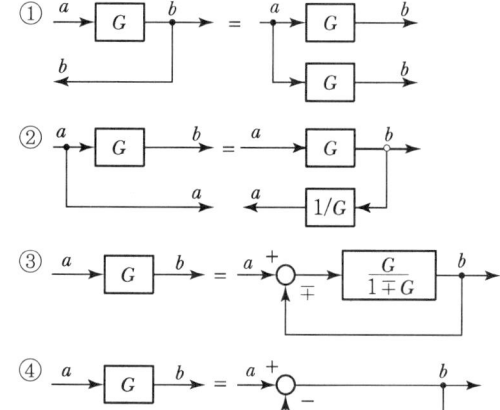

해설 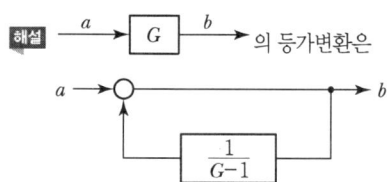의 등가변환은

71 폐루프 제어계의 장점이 아닌 것은?

① 생산품질이 좋아지고, 균일한 제품을 얻을 수 있다.
② 수동제어에 비해 인건비를 줄일 수 있다.
③ 제어장치의 운전, 수리에 편리하다.
④ 생산속도를 높일 수 있다.

해설 폐루프(피드백) 제어계는 제어장치의 운전, 수리가 불편하다.

72 PI 동작의 전달함수는?

① K ② $K_s T$
③ $K(1+sT)$ ④ $K\left(1+\dfrac{1}{sT}\right)$

해설 PI(비례+적분동작) 전달함수
$K\left(1+\dfrac{1}{sT}\right)$

73 인버터를 이용하여 전동기를 제어하는 경우 다음 중 어떤 것을 선택하는가?

① UPS ② VVVF
③ CVCF ④ PWM

해설 VVVF 인버터
가변전압 가변 주파수 인버터로서 파워 일렉트로닉스 분야에서 사용되는 가변전압, 가변주파수 전원을 말한다.(주로 교류전동기 제어에 쓰이는 Variable Voltage Variable Frequency Inverter)

74 논리식 $\overline{x} + \overline{y}$와 같은 식은?

① $\overline{x} \cdot \overline{y}$ ② $x + \overline{y}$
③ $\overline{x \cdot y}$ ④ $\overline{x} + y$

해설 드모르간의 정리
㉠ $\overline{A+B} = \overline{A} \cdot \overline{B}$
㉡ $\overline{AB} = \overline{A} + \overline{B}$
∴ 드모르간의 정리에 의해 논리식 $\overline{x} + \overline{y} = \overline{x \cdot y}$

75 단상 정류회로에서 3상 정류회로로 변환했을 경우 옳은 것은?

① 맥동률은 감소하고 직류 평균전압은 증가한다.
② 맥동률은 증가하고 직류 평균전압은 감소한다.
③ 맥동률과 맥동주파수가 증가한다.
④ 맥동률은 증가하고 맥동주파수는 감소한다.

해설 단상 정류회로에서 3상 정류회로로 변환하면 맥동률은 감소하고 직류 평균전압은 증가한다.

76 PI 제어동작은 프로세스 제어계의 정상특성을 개선하는 데 흔히 사용되는데, 이것에 대응하는 보상요소는?

① 안정도 보상요소   ② 이득 보상요소
③ 지상 보상요소   ④ 진상 보상요소

해설 PI 제어동작
공정제어에서 정상특성을 개선하는 지상 보상요소이다.

77 5Ω의 저항 5개를 직렬로 연결하면 병렬로 연결했을 때의 몇 배가 되는가?

① 10   ② 25
③ 50   ④ 75

해설 • 직렬 연결 시
$5+5+5+5+5 = 5 \times 5 = 25\Omega$
• 병렬 연결 시
$$\frac{1}{\frac{1}{5}+\frac{1}{5}+\frac{1}{5}+\frac{1}{5}+\frac{1}{5}} = \frac{1}{\frac{1}{5} \times 5} = 1\Omega$$
∴ 25배

78 자동제어장치의 종류에서 연속식 압연기의 자동제어는?

① 추종제어   ② 프로그래밍제어
③ 비례제어   ④ 정치제어

해설 연속식 압연기의 자동제어
연속식은 정치제어를 사용해야 한다.

79 커피포트를 이용하여 물을 끓였을 때 얻은 열량은 7,200cal였다. 이 커피포트에 200V, 1A의 전기를 5분 동안 입력하였다면 역률은 얼마인가?

① 0.1   ② 0.25
③ 0.5   ④ 0.7

해설 • 열량 $H = Pt = VI \cdot t$
$= 200 \times 1 \times (5 \times 60)$
$= 60,000$J
이때, 1J = 0.24cal이므로
∴ $H = 60,000$J
$= 60,000 \times 0.24$cal
$= 14,400$cal
• 역률 $= \frac{7,200\text{cal}}{14,400\text{cal}} = 0.5$

80 피드백 제어계에서 반드시 있어야 할 장치는?

① 전동기 시한 제어장치
② 응답속도를 느리게 하는 장치
③ 발진기로서의 동작장치
④ 입력과 출력을 비교하는 장치

해설 피드백 제어계는 폐루프 제어로서 반드시 입력과 출력을 비교하여 수정동작을 실시한다.

2011년 3회 공조냉동기계산업기사

SECTION 01 공기조화

01 다음과 같은 공기선도상의 상태에서 CF(Contact Factor)를 나타내고 있는 것은?

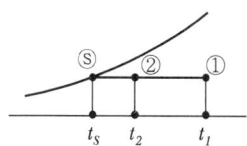

① $\dfrac{t_1 - t_2}{t_1 - t_s}$ ② $\dfrac{t_1 - t_2}{t_2 - t_s}$

③ $\dfrac{t_2 - t_s}{t_1 - t_s}$ ④ $\dfrac{t_2 - t_s}{t_1 - t_2}$

해설 콘택트 팩터(CF) : 전체 공기에 비해 코일과 직접 접촉한 공기의 비율이다.
CF=1−BF(바이패스 팩터) ∴ CF= $\dfrac{t_1 - t_2}{t_1 - t_s}$
③은 BF이다.

02 건구온도 32℃, 절대습도 0.02kg/kg의 공기 5,000 CMH와 건구온도 25℃, 절대습도 0.002kg/kg의 공기 10,000CMH가 혼합되었을 때 건구온도는 약 몇 ℃인가?

① 25.6℃ ② 27.3℃
③ 28.3℃ ④ 29.6℃

해설 혼합건구온도 $t_m = \dfrac{G_1 \cdot t_1 + G_2 \cdot t_2}{G_1 + G_2}$
$= \dfrac{(5,000 \times 32) + (10,000 \times 25)}{5,000 + 10,000} ≒ 27.3℃$

03 냉방부하 종류 중 실내부하에 해당되지 않는 것은?
① 배관에서의 손실열
② 유리를 통과하는 전도열
③ 지붕을 통과하는 복사열
④ 인체에서의 발생열

해설 배관의 손실열 : 난방부하

04 결로를 방지하기 위한 방법으로 옳지 않은 것은?
① 벽면을 가열시킨다.
② 벽면을 단열시킨다.
③ 바닥온도를 낮게 해 준다.
④ 강제로 온풍을 해 준다.

해설 바닥온도가 낮으면 결로발생이 증가한다.(노점온도가 낮아지면 결로발생 증가)

05 공기조화방식 중 복사냉난방식의 설명으로 옳지 않은 것은?
① 다른 방식에 비하여 실내쾌감도가 높다.
② 잠열부하가 많은 곳에 적당하다.
③ 중간기에 냉동기의 운전이 필요하다.
④ 덕트 스페이스 및 열운반 동력을 줄일 수 있다.

해설 잠열부하 : 증기난방

06 증기난방방식의 분류로 적당하지 않은 것은?
① 고압식, 저압식
② 단관식, 복관식
③ 건식환수식, 습식환수식
④ 개방식, 밀폐식

해설 온수난방 팽창탱크
온수난방에서 개방식(저온수난방용) 밀폐식(고온수난방용)

07 축열조 내에 코일을 설치하고 그 주위에 물이 채워져 있어서 제빙 시 코일 내부에 저온의 브라인을 순환시켜 코일 주위에 물이 얼게 되며, 해빙 시에는 코일 외부로 물이 흐르게 되어 얼음을 녹게 하는 원리를 이용하는 빙축열 시스템의 제빙방식은?
① 관외 착빙형 ② 캡슐형
③ 빙박리형   ④ 관내 착빙형

1.① 2.② 3.① 4.③ 5.② 6.④ 7.① | ANSWER

해설 축열조는 냉·난방 시 열을 일시적으로 저장하는 장치이다. 관외 착빙형은 빙축열 시스템 제빙방식이다.

08 40W짜리 형광등 10개를 조명용으로 사용하는 사무실이 있다. 이때 조명기구로부터의 취득 열량은 약 얼마인가?(단, 안정기의 부하는 20%로 한다.)

① 68kcal/h ② 210kcal/h
③ 413kcal/h ④ 625kcal/h

해설 1Wh = 0.86kcal/h
∴ 조명기구 취득열량(Q) = 40 × 0.86 × 10 × (1+0.2)
= 412.8kcal/h

09 5,000W의 열을 발산하는 기계실의 온도를 26℃로 유지하기 위한 환기량은 약 얼마인가?(단, 외기온도 12℃, 공기 정압비열 1.01kJ/kg·℃, 밀도 1.2kg/m³이다.)

① 294.67m³/h ② 353.6m³/h
③ 1,060.82m³/h ④ 1,272.98m³/h

해설 열량 $Q = G \cdot C \cdot \Delta t$
$= (q \times 1.2) \times C_p \times \Delta t$

환기량 $q = \dfrac{Q}{1.2 \times C_p \times \Delta t}$

$= \dfrac{(5,000 \times 10^{-3}) \times 3,600}{1.2 \times 1.01 \times (26-12)}$

$= 1,060.82$

10 증기 또는 전기가열기로 가열한 온수 수면에서 발생하는 증기로 가습하는 방법으로 소형 공조기에 사용되는 것은?

① 초음파형 ② 원심형
③ 노즐형 ④ 가습팬형

해설 가습팬형
증기 또는 전기가열기로 가열하여 온수 수면에서 발생하는 증기로 가습하는 소형공조기용이다.

11 흡착제습기의 특징으로 맞지 않는 것은?

① -50℃ 정도의 공기도 얻을 수가 있으며 취급도 간단하다.
② 저온저습의 실험실이나 건조실 등 소풍량을 사용하는 데 적용된다.
③ 일정시간 사용 후 재생 시 소량의 열(1kg의 수분을 제거하는데 약 100kcal 정도)로서도 가능하다.
④ 장치 내에 먼지가 차면 흡습능력을 심하게 해친다.

해설 흡착식 제습기(고체 제습장치) : 실리카겔, 활성 알루미나, 아드소울과 같은 고체 흡수제 사용

12 스파이럴형 열교환기의 구조에 대한 설명으로 맞는 것은?

① 스테인리스 강판을 스파이럴상으로 감아서 용접함으로써 수밀하고 가스켓을 사용한다.
② 수-수 형식에 사용되며 증기-수 형식에는 사용하지 않는다.
③ 형상, 중량이 플레이트식보다 크다.
④ 내압 10atg, 내온 200℃까지 가능하다.

해설 스파이럴형 열교환기는 형상이 플레이트식(판형)보다 크다.

13 공기조화방식 분류 중 전공기방식이 아닌 것은?

① 멀티존 유닛방식 ② 변풍량 재열식
③ 유인유닛방식 ④ 정풍량식

해설 유인유닛방식 : 공기-수방식

14 실내 온습도 조건이 26℃, 50%인 어떤 방의 냉방부하를 계산한 결과 현열부하 q_s = 3,000kcal/h, 잠열부하 q_L = 1,000kcal/h였다면 이때 현열비는 얼마인가?

① 0.65 ② 0.70
③ 0.75 ④ 0.80

해설 현열비(SHF) = $\dfrac{현열}{전열} = \dfrac{현열}{현열 + 잠열}$

$= \dfrac{q_S}{q_S + q_L} = \dfrac{3,000}{1,000 + 3,000} = 0.75$

ANSWER | 8. ③ 9. ③ 10. ④ 11. ③ 12. ③ 13. ③ 14. ③

15 현재의 공기상태가 건구온도 26℃, 상대습도 50%라면, 공기의 건구온도와 습구온도, 노점온도의 값이 큰 것부터 나열한 것은?

① 건구온도 > 습구온도 > 노점온도
② 습구온도 > 건구온도 > 노점온도
③ 노점온도 > 습구온도 > 건구온도
④ 건구온도 > 노점온도 > 습구온도

해설 건구온도, 습구온도, 노점온도 중 건구온도가 가장 높다. (결로는 노점보다 낮을 때 발생)

16 공기조화방식에서 변풍량방식에 사용되는 유닛(VAV Unit) 중 풍량제어방식에 따라 구분할 때 공조기에서 오는 1차 공기의 분출에 의해 실내공기인 2차 공기를 취출하는 방식은?

① 바이패스형　　② 유인형
③ 슬롯형　　　　④ 교축형

해설 유인형
공조기에서 오는 1차 공기의 분출에 의해 실내 2차 공기를 취출한다.

17 덕트의 재료로서 현재 일반적으로 가장 많이 사용되는 것은?

① 알루미늄판　　② 일반탄소강판
③ 동판　　　　　④ 아연도금강판

해설 덕트의 대표적인 재료 : 아연도금강판

18 1기압, 100℃의 포화수 5kg을 100℃의 건포화 증기로 만들기 위해서는 약 몇 kcal의 열량이 필요한가?

① 2,695　　　　② 3,500
③ 4,750　　　　④ 5,860

해설 100℃ 포화수 증발잠열 : 539kcal/kg
∴ 소요열량(Q) = 5kg × 539kcal/kg
　　　　　　　 = 2,695kcal

19 덕트설계 시에는 송풍기에서 필요한 정압을 계산하여야 한다. 송풍기의 정압이란 무엇인가?

① 송풍기의 전압에서 송풍기 토출측 동압을 뺀 값
② 송풍기의 흡입측 전압과 송풍기 토출측 동압을 더한 값
③ 송풍기의 토출측 전압에서 송풍기 흡입측 동압을 뺀 값
④ 송풍기의 전압과 송풍기 흡입측 동압을 더한 값

해설 송풍기 정압 = 전압 - 동압

20 난방부하 계산 시 온도 측정방법에 대한 설명 중 틀린 것은?

① 실내온도 : 바닥 위 2m의 높이에서 외벽으로부터 1m 이상 떨어진 장소의 온도
② 외기온도 : 기상대의 통계에 의한 그 지방의 매일 최저 온도의 평균값보다 다소 높은 온도
③ 지중온도 : 지하실의 난방부하의 계산에서 지표면 10m 아래까지의 온도
④ 천장 높이에 따른 온도 : 천장의 높이가 3m 이상이 되면 직접난방법에 의해서 난방할 때 방의 윗부분과 밑면과의 평균온도

해설 난방부하 적정온도 측정 시 호흡선 높이는 바닥에서 1.5m 높이가 기준이다.

SECTION 02 냉동공학

21 소형 냉동기의 브라인 순환량이 10kg/min이고 출입구 온도차는 10℃이다. 압축기의 실제소요 마력이 3PS일 때 이 냉동기의 실제 성적계수는 약 얼마인가?(단, 브라인의 비열은 0.8kcal/kg · ℃이다.)

① 1.53　　　　② 2.53
③ 3.53　　　　④ 4.53

해설 동력 = 1PS-h = 632kcal/h
632×3 = 1,896kcal/h
현열 = 10kg/min×10℃×0.8kcal/kg·℃×60min/h
= 4,800kcal/h
∴ 성적계수(COP) = $\frac{4,800}{1,896}$ = 2.53

22 팽창기구 중 모세관의 특징에 대한 설명으로 맞는 것은?
① 모세관 저항이 설계치보다 작게 되면 증발기의 열교환 효율이 증가한다.
② 냉동부하에 따른 냉매의 유량조절이 쉽다.
③ 압축기를 가동할 때 기동동력이 적게 소요된다.
④ 냉동부하가 큰 경우 증발기 출구 과열도가 낮게 된다.

해설 모세관 팽창밸브는 압축기 가동 시 기동동력이 적게 소요된다.
①은 감소한다. ②는 유량조절이 어렵다. ④는 높게 된다.

23 그림과 같은 이론냉동사이클에서 열펌프의 성적계수를 나타낸 것으로 올바른 것은?

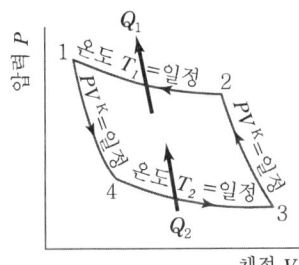

① $\frac{Q_2}{Q_1 - Q_2}$ ② $\frac{Q_1 - Q_2}{Q_2}$
③ $\frac{T_1}{T_1 - T_2}$ ④ $\frac{T_1 - T_2}{T_1}$

해설 히트펌프(열펌프)
냉동사이클 성적계수 = $\frac{T_1}{T_1 - T_2}$
(히트펌프성적계수는 냉동기보다 1이 크다.)

24 NH₃, R-114, R-22의 냉매특성을 비교할 때 증발잠열이 큰 것부터 나열한 순서가 옳은 것은?
① NH₃ > R-114 > R-22
② NH₃ > R-22 > R-114
③ R-114 > NH₃ > R-22
④ R-22 > NH₃ > R-114

해설 잠열(kcal/kg : -15℃)
NH₃(313.5), R-22(52), R-114(34.4)

25 어떤 냉동장치에서 냉동부하는 15,000kcal/h, 냉매증기 압축에 필요한 동력은 4kW, 응축기 입구에서의 냉각수 온도 32℃, 냉각수량 62L/min일 때 응축기 출구에서의 냉각수 온도는 약 몇 도가 되는가?
① 35℃ ② 36℃
③ 37℃ ④ 38.5℃

해설 부하열량 $Q = G·C·\Delta t$
$= G·C·(T_1 - T_2)$
출구에서의 냉각수 온도 $T_1 = T_2 + \frac{Q}{G·C}$이다.
이때, $Q = 15,000 + 860×4 = 18,440$kcal/h
∴ $T_1 = 32 + \frac{18,440}{(62×60)×1} = 36.96 ≒ 37℃$

26 압축냉동 사이클에서 엔트로피가 감소하고 있는 과정은 어느 과정인가?
① 증발과정 ② 압축과정
③ 응축과정 ④ 팽창과정

해설 응축과정은 방열기관이므로 엔트로피가 감소하는 과정이다.

27 이상기체를 정압하에서 가열하면 체적과 온도의 변화는 각각 어떻게 되는가?
① 체적증가, 온도일정
② 체적증가, 온도상승
③ 체적일정, 온도상승
④ 체적일정, 온도일정

해설 이상기체를 가열하면 체적은 증가, 온도는 상승한다.

ANSWER | 22. ③ 23. ③ 24. ② 25. ③ 26. ③ 27. ②

28 다음과 같은 대향류 열교환기의 대수평균온도차는 약 얼마인가?(단, t_1 : 27℃, t_2 : 13℃, t_{w1} : 5℃, t_{w2} : 10℃이다.)

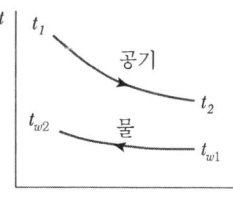

① 9.0℃ ② 11.9℃
③ 13.7℃ ④ 15.5℃

해설 대수평균온도차 $LMTD = \dfrac{T_1 - T_2}{\ln \dfrac{T_1}{T_2}}$

$= \dfrac{(27-10)-(13-5)}{\ln \dfrac{(27-10)}{(13-5)}}$

$≒ 11.9$

29 응축온도가 일정하고 증발온도가 높아짐에 따라 커지는 것은?

① 압축일의 열당량
② 응축기의 방출열량
③ 냉동효과
④ RT당 냉매순환량

해설 응축온도 일정, 증발온도 상승 : 냉동효과 증대

30 저온장치 중 얇은 금속판에 브라인이나 냉매를 통하게 하여 금속판의 외면에 식품을 부착시켜 동결하는 장치는 무엇인가?

① 반송풍 동결장치
② 접촉식 동결장치
③ 송풍 동결장치
④ 터널식 공기동결장치

해설 접촉식 동결장치
저온장치에서 얇은 금속판에 브라인 냉매를 통하게 한 후 금속판 외면에 식품을 부착시켜 동결하는 장치

31 압축기 및 응축기에서 심한 온도상승을 방지하기 위한 대책으로서 맞지 않는 것은?

① 규정된 냉매량보다 적은 냉매를 충진한다.
② 온도 조절기를 사용한다.
③ 충분한 냉각수를 보낸다.
④ 압력차단 스위치를 설치한다.

해설 압축기나 응축기에서 규정된 냉매량보다 적은 냉매를 충진하면 과열되어 온도가 상승한다.

32 냉동장치의 고압측 게이지압력이 12.5kgf/cm²을 가리키고 있다. 이때 절대압력은 얼마인가?(단, 대기압은 1.033kgf/cm²이다.)

① 10.03kgf/cm² ② 11.47kgf/cm²
③ 12.53kgf/cm² ④ 13.53kgf/cm²

해설 절대압력(abs) = atg + atm = 12.5 + 1.033
= 13.53kgf/cm²
※ 1atm = 1.0332kg/cm² = 760mmHg

33 냉동장치에서 펌프다운의 목적이 아닌 것은?

① 냉동장치의 저압 측을 수리할 때
② 기동 시 액해머 방지 및 경부하 기동을 위하여
③ 프레온 냉동장치에서 오일포밍(Oil Foaming)을 방지하기 위하여
④ 저장고 내 급격한 온도저하를 위하여

해설 펌프다운
냉동장치에서 냉매를 응축기 또는 수액기 등의 고압부로 회수하여 저압 측을 수리한다.(반대로, 펌프아웃은 냉매를 증발기 등으로 회수하는 운전이다.)

34 제빙장치에서 브라인의 온도가 -10℃이고, 얼음의 두께가 20cm인 관빙의 결빙 소요시간은 얼마인가? (단, 결빙계수는 0.56이다.)

① 25.4시간 ② 22.4시간
③ 20.4시간 ④ 18.4시간

해설 결빙소요시간$(h) = \dfrac{0.56 \times (t)^2}{-(t_b)} = \dfrac{0.56 \times 20^2}{-(-10)} = 22.4$

28. ② 29. ③ 30. ② 31. ① 32. ④ 33. ④ 34. ② | **ANSWER**

35 증기분사식 냉동장치에서 사용되는 냉매는?
① 프레온 ② 물
③ 암모니아 ④ 염화칼슘

해설 증기분사식 냉동장치 냉매
증기 이젝터 노즐을 사용하며, 냉수 일부가 증발되면서 증발 잠열에 의해 나머지 물이 냉각된다(복수기 내가 진공이 됨).

36 −15℃에서 건조도 0인 암모니아 가스를 교축 팽창시켰을 때 변화가 없는 것은?
① 비체적 ② 압력
③ 엔탈피 ④ 온도

해설 냉매가스 교축 시 엔트로피가 증가하나 엔탈피의 변화는 없다.

37 폴리트로픽(Polytropic) 변화의 일반식 $PV^n = C$(상수)에 대한 설명으로 옳은 것은?
① $n = k$일 때 등온변화
② $n = 1$일 때 정적변화
③ $n = \delta$일 때 단열변화
④ $n = 0$일 때 정압변화

해설 $n = k$: 단열변화, $n = 0$: 정압변화
$n = 1$: 등온변화, $n = \infty$: 정적변화

38 냉동 운송설비 중 냉동자동차를 냉각장치 및 냉각방법에 따라 분류할 때 그 종류에 해당되지 않는 것은?
① 기계식 냉동차 ② 액체질소식 냉동차
③ 헬륨냉동식 냉동차 ④ 축랭식 냉동차

해설 불활성인 헬륨(He)가스는 진공시험에 사용된다.

39 표준 냉동사이클(기준 냉동사이클)에서 응축온도와 팽창 밸브 직전의 과냉각온도는 일반적으로 몇 도로 하는가?
① 3℃ ② 5℃
③ 10℃ ④ 15℃

해설 냉동기 표준사이클에서 과냉각온도는 5℃이다.

40 동결속도에 따라 동결방법을 구분할 때 급속동결과 완만동결로 구분할 수 있는 기준은 무엇인가?
① 동결두께
② 동결온도
③ 최대 빙결정 생성대의 통과시간
④ 동결장치의 구조

해설 급속동결, 완만동결 구분기준 : 최대 빙결정 생성대의 통과시간으로 구분한다.

SECTION 03 배관일반

41 배관용 탄소강 강관의 기호는?
① SPP ② SPA
③ SPPH ④ STBH

해설 ㉠ SPA : 배관용 합금강 강관
㉡ SPPH : 고압배관용 탄소강 강관
㉢ STBH : 보일러 열 교환기용 합금강 강관

42 도시가스 사업법에서 정한 가스의 중압공급 시 공급압력은 얼마인가?
① 0.1MPa 이상 1MPa 미만
② 0.5MPa 이상 1.5MPa 미만
③ 1MPa 이상 10MPa 미만
④ 10MPa 이상 20MPa 미만

해설 ㉠ 0.1MPa 미만 : 저압공급
㉡ 0.1MPa 이상 1MPa 미만 : 중압공급(0.1~1)
㉢ 1MPa 이상 : 고압공급

ANSWER | 35. ② 36. ③ 37. ④ 38. ③ 39. ② 40. ③ 41. ① 42. ①

43 음용수 배관과 음용수 이외의 배관과의 접속 또는 음용수와 일단 배출된 물이 혼합하게 되어 음용수가 오염되는 배관접속은?

① 하트포드 이음(Hartford Connection)
② 리버스리턴 이음(Reverse Return Connection)
③ 크로스 이음(Cross Connection)
④ 역류방지 이음(Vacuum Breaker Connection)

해설 크로스 이음(십자형 이음) : 음용수가 오염된다.

44 배관진동의 원인으로 거리가 먼 것은?

① 펌프 및 압축기 등의 작동 불균형
② 유체의 열팽창
③ 펌프의 서징
④ 수격작용

해설 유체의 열팽창은 배관의 압력상승과 관련이 있다.

45 배수 트랩의 봉수깊이로 적당한 것은?

① 30~50mm ② 50~100mm
③ 100~150mm ④ 150~200mm

해설 배수 트랩의 봉수깊이 : 50~100mm

46 제조소 및 공급소 밖의 도시가스 배관 설비 기준으로 맞는 것은?

① 철도부지에 매설하는 경우에는 배관의 외면으로부터 궤도 중심까지 3m 이상 거리를 유지해야 한다.
② 철도부지에 매설하는 경우 지표면으로부터 배관의 외면까지의 깊이를 1.2m 이상 해야 한다.
③ 하천을 횡단하는 배관의 매설은 하천의 경우 2m 이상 깊게 매설해야 한다.
④ 수로 밑을 횡단하는 배관의 매설은 1.5m 이상, 기타 좁은 수로인 경우 0.8m 이상 깊게 매설해야 한다.

해설 ①은 4m 이상 유지 필요
③은 1.5m 이상 필요
④는 1.5m 이상, 1.2m 이상

47 온수난방에서 상당 방열면적이 $200m^2$이고, 한 시간의 최대 급탕량이 700L/h일 때 보일러 크기(출력)는 몇 kcal/h인가?(단, 배관손실 부하는 총부하의 20%로 하며, 급탕 공급 온도차는 60℃로 한다.)

① 132,000 ② 158,400
③ 180,000 ④ 90,000

해설 난방부하 = EDR×450 = 200×450 = 90,000kcal/h
급탕부하 = 700×1×60 = 42,000kcal/h
∴ 보일러 크기(H) = 난방부하 + 급탕부하 + 배관손실부하
= (90,000+42,000)×(1+0.2)
= 158,400kcal/h
※ 물의 비열 : 1kcal/L · ℃

48 납관의 이음용 공구가 아닌 것은?

① 사이징 툴 ② 드레서
③ 맬릿 ④ 턴핀

해설 사이징 툴 : 동관용 공구(원형 교정용)

49 공기조화설비 중 냉수코일 설계기준으로 틀린 것은?

① 공기와 물의 흐름은 대향류로 한다.
② 가능한 한 대수평균온도차를 작게 한다.
③ 코일을 통과하는 냉수의 유속은 1m/s로 한다.
④ 코일을 통과하는 공기의 유속은 2~3m/s 정도로 한다.

해설 대수평균온도차는 크게 해야 전열교환이 유리하다.

50 액화 천연가스의 지상 저장탱크에 대한 설명 중 잘못된 것은?

① 지상식 저장탱크는 금속 2중벽 탱크이다.
② 내부탱크는 -162℃의 초저온에 견딜 수 있어야 한다.
③ 외부탱크는 연강으로 만들어진다.
④ 증발 가스량이 지하 저장탱크보다 많고 저렴하며 안전하다.

해설 지상 저장탱크는 안전성 관계로 지하 탱크보다는 안전하지 못하다.

51 압력배관용 탄소강관(SPPS)의 최대 사용압력은 얼마인가?

① 45kgf/cm² ② 10kgf/cm²
③ 65kgf/cm² ④ 100kgf/cm²

해설 SPPS 최대 사용압력은 10~100kgf/cm²까지 사용이 가능하다.

52 다음 중 동관의 장점이 아닌 것은?

① 내식성이 좋다.
② 강관보다 가볍고 취급이 쉽다.
③ 동결파손에 강하다.
④ 내충격성이 좋다.

해설 동관은 단점으로서 내충격성이 약하다.

53 건축설비의 급수배관에서 기울기에 대한 설명으로 틀린 것은?

① 급수관의 모든 기울기는 1/250을 표준으로 한다.
② 배관기울기는 관의 수리 및 기타 필요시 관 내의 물을 완전히 퇴수시킬 수 있도록 주어야 한다.
③ 배관기울기는 관 내를 흐르는 유체의 유속과 관련이 없다.
④ 급수관의 수평주관에서 옥상 탱크식은 하향 기울기로 한다.

해설 배관의 기울기가 크면 관 내 유체의 유속(급수)이 빨라진다.

54 통기 입관을 하나로 묶어 대기로 개방시키기 위해 설치하는 관을 무엇이라고 하는가?

① 습통기관   ② 통기수직관
③ 통기헤더   ④ 공용통기관

해설 통기헤더
통기 입관을 하나로 묶어 대기로 개방시키는 관

55 펌프의 설치 및 배관상의 주의를 설명한 것 중 잘못된 것은?

① 펌프는 기초 볼트를 사용하여 기초 콘크리트 위에 설치 고정한다.
② 펌프와 모터의 축 중심을 일직선상에 정확하게 일치시키고 볼트로 죈다.
③ 펌프의 설치 위치를 되도록 높여 흡입양정을 크게 한다.
④ 흡입구는 수면 위에서부터 관경의 2배 이상 물속으로 들어가게 한다.

해설 펌프의 설치 위치를 되도록 낮게 하여 캐비테이션(공동현상)을 방지하여야 한다.(흡입양정은 짧게 한다)

56 고압증기 난방에서 환수관이 트랩 장치보다 높은 곳에 배관되었을 때 버킷 트랩이 응축수를 리프팅 하는 높이는 증기 파이프와 환수관의 압력차 1kgf/cm²에 대하여 얼마로 하는가?

① 2m 이하
② 5m 이하
③ 3m 이하
④ 7m 이하

해설 고압증기 난방에서 환수관이 트랩보다 높으면 버킷 트랩이 응축수를 리프팅 하는 높이는, 증기배관과 환수배관의 경우 압력차 1kg/cm²에 5m 이하로 제한한다.

57 급수관의 내면부식과 직접적인 관계가 없는 것은?

① 물의 경도
② 물의 온도
③ 물의 산도
④ 물의 수질(불순물)

해설 물의 온도가 높으면 슬러지 발생이 증가하고 스케일의 염려가 생긴다.

ANSWER | 51.④ 52.④ 53.③ 54.③ 55.③ 56.② 57.②

58 공기조화방식의 분류 중 유인유닛방식 공조장치에 대한 설명으로 틀린 것은?

① 잠열부하에 따른 조절이 불가능하다.
② 온도, 습도 조절이 엄격한 곳에 적합하다.
③ 감열부하에 대해 2차 유인공기를 가열, 냉각해서 대응한다.
④ 덕트 내의 소음을 줄이기 위해 플리넘 체임버(Plenum Chamber)를 사용한다.

해설 유인유닛방식
공기·수방식이며 잠열부하에 따른 조절이 불가능하여 온도, 습도의 조절이 완벽하지 못하다.

59 급탕배관에서 관의 팽창과 수축을 흡수할 목적으로 설치하는 것은?

① 도피관을 설치한다.
② 팽창관을 설치한다.
③ 스팀사일런서를 설치한다.
④ 신축이음쇠를 설치한다.

해설 신축이음쇠
- 관의 팽창 수축을 흡수한다.
- 루프형, 슬리브형, 벨로스형, 스위블형

60 냉매배관 시공법에 관한 설명으로 틀린 것은?

① 압축기와 응축기가 동일 높이 또는 응축기가 아래에 있는 경우 배출관은 하향 기울기로 한다.
② 증발기가 응축기보다 아래에 있을 때 냉매액이 증발기에 흘러내리는 것을 방지하기 위해 2m 이상 역루프를 만들어 배관한다.
③ 외부 균압관은 감온통이 있는 위치에서 약간 상류에 설치한다.
④ 액관 배관 시 증발기 입구에 전자밸브가 있을 때는 루프이음을 할 필요가 없다.

해설 온도식 자동팽창밸브(TEV)에서 외부균압형은 감온통보다 약간 낮은 곳에 설치하여 압력강하의 영향력을 상쇄시킨다.

SECTION 04 전기제어공학

61 서보기구에 사용되는 서보 전동기는 피드백제어계의 구성요소 중 주로 어느 쪽의 기능을 담당하는가?

① 비교부   ② 조작부
③ 검출부   ④ 제어대상

해설 서보 전동기의 기능 : 조작부 담당기능

62 전원과 부하가 다 같이 △결선된 3상 평형회로에서 전원전압이 600V, 환상 부하 임피던스가 $6+j8\Omega$인 경우 선전류는 몇 A인가?

① $60\sqrt{3}$ ② $\dfrac{60}{\sqrt{3}}$
③ 20   ④ 60

해설 △결선 3상 회로 : $I_l = \sqrt{3}\,I_p$
이때, 임피던스 $Z = 6+j8 = \sqrt{6^2+8^2} = 10\Omega$
상전류 $I_p = \dfrac{V_P}{Z} = \dfrac{600}{10} = 60\text{A}$
∴ $I_l = \sqrt{3}\times 60 = 60\sqrt{3}\,\text{A}$

63 옴의 법칙을 바르게 설명한 것은?

① 전압은 전류에 비례한다.
② 전류는 저항에 비례한다.
③ 전압은 저항의 제곱에 비례한다.
④ 전압은 전류의 제곱에 비례한다.

해설 옴의 법칙 : 전압은 전류에 비례한다.
전류$(I) = \dfrac{\text{전압}(V)}{\text{저항}(R)}$

64 직류회로에 사용되고 자계와 전류 사이에 작용하는 전자력을 이용한 계측기는?

① 정전형   ② 유도형
③ 가동철편형   ④ 가동코일형

해설 가동코일형
영구자석과 가동코일에 흐르는 전류와의 사이에 전자력을 이용하는 계기이다(전류, 전압 측정기).

65 다음 중 피드백 제어계의 장점이 아닌 것은?
① 생산 속도를 상승시키고 생산량을 크게 증대시킬 수 있다.
② 생산품질향상이 현저하며 균일한 제품을 얻을 수 있다.
③ 제어장치의 운전, 수리 및 보관에 고도의 지식과 능숙한 기술이 있어야 한다.
④ 생산 설비의 수명을 연장할 수 있고, 설비의 자동화로 생산원가를 절감할 수 있다.

해설 ③은 피드백 제어계의 단점에 해당한다.

66 전류에 의한 자계의 방향을 결정하는 법칙은?
① 렌츠의 법칙
② 플레밍의 오른손 법칙
③ 플레밍의 왼손 법칙
④ 암페어의 오른나사 법칙

해설 암페어의 오른나사 법칙
전류에 의해서 생기는 자계의 방향을 찾아내기 위한 법칙

67 PI 제어동작은 프로세스 제어계의 정상특성 개선에 흔히 사용된다. 이것에 대응하는 보상요소는?
① 동상 보상요소
② 지상 보상요소
③ 진상 보상요소
④ 지상 및 진상 보상요소

해설 • PI 제어동작 : 지상 보상요소
• PD 제어동작 : 진상 보상요소

68 다음 블록선도의 입력과 출력이 성립하기 위한 A의 값은?

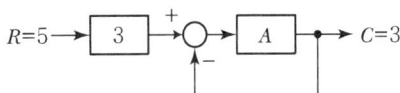

① $\dfrac{1}{4}$
② $\dfrac{1}{3}$
③ 3
④ 4

해설 $G(s) = \dfrac{3A}{1+A}$, $C(s) = G(s)R(s) = \dfrac{3A}{1+A} \cdot 5 = 3$
$3A \times 5 = 15A = 3 + 3A$, $12A = 3$
$\therefore A = \dfrac{1}{4}$

69 임피던스 강하가 4%인 어느 변압기가 운전 중 단락되었다면 그 단락전류는 정격전류의 몇 배가 되는가?
① 10
② 20
③ 25
④ 30

해설 ㉠ 임피던스 : 전기회로에 교류를 흘린 경우 전류의 흐름을 방해하는 정도
㉡ 단락전류 : 전원의 단자를 단락했을 때 흐르는 전류
1차 단락전류$(I_{IS}) = \dfrac{100}{Z} I_{In} = \dfrac{100}{4} \times 1 = 25\%$
1차 정격전류$(I_{In}) = \dfrac{P}{V_1}$
㉢ 정격전류 : 기기장치에 있어서 시방 중에서 사용되는 전륫값

70 자기 평형성이 없는 보일러 드럼의 액위제어에 적합한 제어동작은?
① P 동작
② I 동작
③ PI 동작
④ PD 동작

해설 P 동작(비례동작) : 보일러 드럼의 액위(수위제어)에 사용하는 연속동작

71 60Hz, 6극인 교류 발전기의 회전수는 몇 rpm인가?
① 1,200
② 1,500
③ 1,800
④ 3,600

해설 발전기 회전수$(N_s) = \dfrac{120f}{P} = \dfrac{120 \times 60}{6} = 1,200$

72 다음 블록선도의 특성방정식으로 옳은 것은?

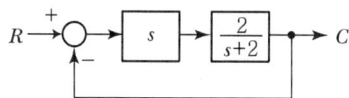

① $3s+2$
② $\dfrac{s}{s+2}$
③ $\dfrac{2s}{3s+2}$
④ $2s$

해설 $2Rs = C(3s+2)$
$\dfrac{C}{R} = \dfrac{2s}{3s+2}$
∴ $3s+2 = 0$

73 다음 중 전기 기계에서 철심을 성층하여 사용하는 이유로 알맞은 것은?

① 와류손을 줄이기 위하여
② 맴돌이 전류를 증가시키기 위하여
③ 동손을 줄이기 위하여
④ 기계적 강도를 크게 하기 위하여

해설 전기 기계에서 철심을 성층하여 사용하는 이유는 와류손을 줄이기 위해서이다.(발전기, 전동기, 변압기 철손방지를 위해 0.35mm 철심을 절연한 강판을 겹쳐서 만든 것이 성층 철심이다.)

74 잔류편차가 존재하는 제어계는?

① 적분제어계
② 비례제어계
③ 비례적분제어계
④ 비례적분 미분제어계

해설 ㉠ 비례제어(P 동작)는 잔류편차 발생
㉡ 적분동작(I 동작)은 잔류편차 제거

75 R-L-C 직렬회로에서 소비전력이 최대가 되는 조건은?

① $\omega L - \dfrac{1}{\omega C} = 1$
② $\omega L + \dfrac{1}{\omega C} = 0$
③ $\omega L + \dfrac{1}{\omega C} = 1$
④ $\omega L - \dfrac{1}{\omega C} = 0$

해설 R : 저항
L : 인덕턴스
C : 정전용량
소비전력 최댓값 : $\omega L - \dfrac{1}{\omega C} = 0$

76 PLC(Programmable Logic Controller)를 설치할 때 옳지 않은 방법은?

① 설치장소의 환경을 충분히 파악하여 온도, 습도, 진동, 충격 등에 주의하여야 한다.
② 배선공사 시 동력선과 신호케이블은 평행시키지 않도록 한다.
③ 접지공사는 제1종 접지공사로 하고 다른 기기와 공용접지가 바람직하다.
④ 잡음(Noise) 대책의 일환으로 제어반의 배선은 실드케이블을 사용한다.

해설 PLC 제어는 다른 기기와 공용접지는 불가하다.

77 저항값이 일정한 저항부하에 인가전압을 3배로 하면 소비전력은 몇 배가 되는가?

① 2
② 3
③ 6
④ 9

해설 소비전력 $P = VI = I^2 R = \dfrac{V^2}{R}(\mathrm{W})$
$P \propto V^2$
∴ 인가전압을 3배로 하면 소비전력은 9배로 증가한다.

78 다음 신호흐름선도와 등가인 블록선도는?

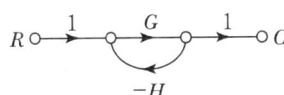

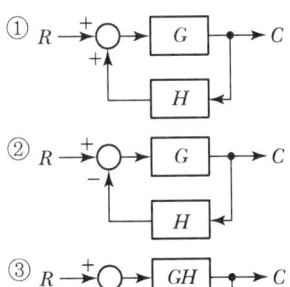

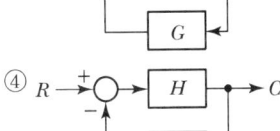

해설 $\Delta = 1 - L_{11} = 1 - G(S) \cdot H(S)$

$\therefore G = \dfrac{C}{R} = \dfrac{G \cdot \Delta_1}{\Delta} = \dfrac{G(S)}{1 - G(S) \cdot H(S)}$

79 그림과 같은 유접점 회로의 논리식은?

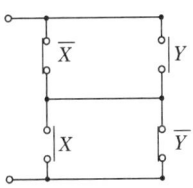

① $x\overline{y} + x\overline{y}$
② $(\overline{x} + \overline{y})(x + y)$
③ $\overline{x}y + \overline{x}\,\overline{y}$
④ $xy + \overline{x}\,\overline{y}$

해설 유접점 논리식
$= (\overline{x} + y)(x + \overline{y})$
$= \overline{x} \cdot x + \overline{x} \cdot \overline{y} + y \cdot x + y \cdot \overline{y}$
$= 0 + \overline{x} \cdot \overline{y} + y \cdot x + 0$
$= \overline{x} \cdot \overline{y} + x \cdot y$
$= x \cdot y + \overline{x} \cdot \overline{y}$

80 그림과 같은 회로에서 해당되는 램프의 식으로 옳은 것은?

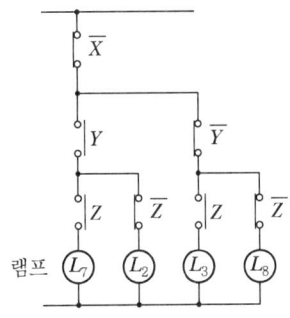

① $L_7 = \overline{X} \cdot Y \cdot Z$
② $L_2 = \overline{X} \cdot Y \cdot Z$
③ $L_3 = \overline{X} \cdot Y \cdot Z$
④ $L_8 = \overline{X} \cdot Y \cdot Z$

해설 램프$(L_7) = \overline{X} \cdot Y \cdot Z$

2012년 1회 공조냉동기계산업기사

SECTION 01 공기조화

01 다음 중 용어와 난방방식의 조합이 틀린 것은?
① 리버스 리턴 : 온수난방
② MRT : 복사난방
③ 온도조절식 트랩 : 증기난방
④ 팽창탱크 : 증기난방

[해설] 팽창탱크
온수난방용 부속장치(온수 팽창 시 압력을 정상화시키며 개방식, 밀폐식이 있다.)

02 냉수 코일 설계에 관한 설명 중 옳은 것은?
① 대수 평균 온도차(MTD)를 크게 하면 코일의 열수가 많아진다.
② 냉수의 속도는 2m/s 이상으로 하는 것이 바람직하다.
③ 코일을 통과하는 풍속은 2~3m/s가 경제적이다.
④ 물의 온도 상승은 일반적으로 15℃ 전후로 한다.

[해설] ㉠ MTD를 크게 하면 코일의 열수가 적어진다.
㉡ 냉수속도는 약 1m/s 전후이다.
㉢ 물의 온도 상승은 5℃ 전후로 한다.

03 덕트의 설계에서 고려해야 할 사항으로 맞는 것은?
① 취출구 또는 흡입구와 송풍기까지는 가능한 길게 설계한다.
② 덕트의 굴곡이나 변형 등 저항 증가 요소를 많게 하여 송풍 동력을 증가시킨다.
③ 극장, 방송국 스튜디오 등에는 반드시 고속덕트로 설계하여 공기조화목적을 달성할 수 있어야 한다.
④ 덕트 내의 압력손실은 덕트공의 기능도, 접합방법 등에 의하여 달라질 수 있기 때문에 주의하여야 하며 각 덕트가 분기되는 지점에 댐퍼를 설치하여 압력의 평형을 유지할 수 있도록 한다.

[해설] ㉠ 송풍기와 취출구 흡입구까지는 가능한 짧게 설계한다.
㉡ 덕트는 굴곡이나 변형이 적어야 저항이 감소한다.
㉢ 극장, 방송국 스튜디오에는 저속덕트로 설계한다.

04 보일러에서 연료를 연소하는 데에는 연소에 필요한 산소량을 알면 공기량을 산출할 수 있지만, 이 공기량만으로는 완전연소가 곤란하다. 따라서 연료를 완전연소시키기 위해서는 더 많은 공기가 필요한데, 실제로 필요한 공기량과 이론적인 공기량의 비를 무엇이라 하는가?
① 실제공기계수　② 연소공기계수
③ 공기과잉계수　④ 필요공기계수

[해설] 공기과잉계수(공기비 : m) = $\dfrac{실제소요공기량}{이론소요공기량}$

05 열원방식의 특징으로 맞는 것은?
① 흡수식 냉동기 : 피크전력부하 경감
② 축열방식 : 심야전력 이용 곤란
③ 지역냉난방방식 : 대기오염 심각
④ 열펌프 : 폐열 발생

[해설] ㉠ 축열방식 : 심야전력 사용 가능
㉡ 지역냉난방방식 : 대기오염 감소
㉢ 열펌프 : 지열, 전기, 공기, 가스 등 사용

06 온도 30℃ 습공기의 절대습도는 0.00104kg/kg이다. 엔탈피(kcal/kg)는 약 얼마인가?
① 10.1　② 9.2
③ 8.6　④ 7.8

[해설] 습공기 엔탈피 = 건공기 엔탈피 + 수증기 엔탈피
$= C_p \cdot t + x(r + C_{vp} \cdot t)$
$= 0.24t + x(597.5 + 0.44t)$
$= (0.24 \times 30) + 0.00104(597.5 + 0.44 \times 30)$
$= 7.835 ≒ 7.8 \text{kcal/kg}$

1.④ 2.③ 3.④ 4.③ 5.① 6.④ | ANSWER

07 열교환기의 열관류율을 달라지게 하는 인자와 거리가 먼 것은?

① 유체의 유속
② 내구성
③ 전열면의 재질
④ 전열면의 오염 정도

해설 열교환기 열관류율을 달라지게 하려면 유체유속, 전열면의 재질, 전열면의 오염 정도 등의 영향을 받는다.

08 송풍기에 관한 설명 중 틀린 것은?

① 압력이 10kPa 이하는 일반적으로 팬(Fan)이라 한다.
② 송풍기의 크기가 일정할 때 압력은 회전속도비의 2제곱에 비례하여 변화한다.
③ 회전속도가 같을 때 동력은 송풍기 임펠러 지름비의 3제곱에 비례하여 변화한다.
④ 일반적으로 원심송풍기에 사용되는 풍량제어 방법에는 회전수제어, 베인제어, 댐퍼제어 등이 있다.

해설 송풍기의 크기
㉠ 풍량은 회전속도에 비례
㉡ 압력은 회전속도비의 2제곱에 비례
㉢ 동력은 회전속도비의 3제곱에 비례

09 다음 중 실내 발열부하가 아닌 것은?

① 펌프부하   ② 조명부하
③ 인체부하   ④ 기구부하

해설 펌프부하 : 기구로부터 발생열량(동력부하)

10 각 실마다 전기스토브나 기름난로 등을 설치하여 난방을 하는 방식은?

① 온돌난방   ② 중앙난방
③ 지역난방   ④ 개별난방

해설 개별난방
각 실마다 전기스토브, 기름난로 등을 설치하여 난방하는 방식

11 냉방부하에 관한 설명이다. 옳은 것은?

① 조명에서 발생하는 열량은 잠열로서 외기부하에 해당된다.
② 상당외기온도차는 방위, 시각 및 벽체 재료 등에 따라 값이 정해진다.
③ 유리창을 통해 들어오는 부하는 태양복사열만 계산한다.
④ 극간풍에 의한 부하는 실내외 온도차에 의한 현열만 계산한다.

해설 ㉠ 조명기구 부하 : 대류+복사부하
㉡ 유리창 = 열관류열량+일사에 의한 취득열량
㉢ 극간풍(틈새바람) 부하 : 현열+잠열

12 구조체의 결로방지에 관한 설명이다. 옳지 않은 것은?

① 표면결로를 방지하기 위해서는 다습한 외기를 도입하지 않는다.
② 내부결로를 방지하기 위해서는 실내 측보다 실외 측에 방습막을 부착하는 것이 바람직하다.
③ 유리창의 경우는 공기층이 밀폐된 2중 유리를 사용한다.
④ 공기와의 접촉면 온도를 노점온도 이상으로 유지한다.

해설 내부결로를 방지하기 위해서는 실외 측이 아닌 실내 측에 방습막을 설치한다.

13 클린룸 설비에 있어 실내기류에 따른 방식에 해당되지 않는 것은?

① 수직층류방식
② 수평층류방식
③ 비층류방식
④ 직교류층류방식

해설 클린룸(Clean Room) 설비의 실내기류에 따른 방식
㉠ 수직층류방식
㉡ 수평층류방식
㉢ 비층류방식

ANSWER | 7. ② 8. ③ 9. ① 10. ④ 11. ② 12. ② 13. ④

14 일반적인 난방부하 계산 시 포함하지 않는 난방부하 경감요인에 해당하는 것은?

① 침입외기 영향   ② 일사 영향
③ 외기도입 영향   ④ 벽체의 관류 영향

해설 일사의 영향 : 냉방부하의 비중이 크다.

15 실내취득열량 중 현열이 25,000kcal/h일 때, 실내온도를 26℃로 유지하기 위해 14℃의 공기를 송풍하고자 한다. 송풍량(m^3/min)은 약 얼마인가?(단, 공기의 비열은 0.24kcal/kg · ℃, 공기의 비중량은 1.2kg/m^3로 한다.)

① 7,233.8   ② 10,416.7
③ 173.6   ④ 120.6

해설 열량 $Q = G \cdot C \cdot dT$
$= (q \times 1.2) \times C \times dT$

풍량 $q = \dfrac{Q}{1.2 \times C \times dT}$

$= \dfrac{25,000}{1.2 \times 0.24 \times (26-14)} = 7,233.8 m^3/h$

$= \dfrac{7,233.8}{60} m^3/min = 120.56 m^3/min$

16 다음 중 용어와 단위가 잘못 연결된 것은?

① 열수분비 : %
② 음의 강도 : Watt/m^2
③ 비열 : kcal/kg · ℃
④ 일사강도 : kcal/m^2 · h

해설 열수분비(μ)

$\mu = \dfrac{엔탈피\ 변화량}{수분의\ 변화량}$ (kcal/kg)

17 변풍량 단일덕트 방식(VAV 방식)에 대한 설명 중 틀린 것은?

① Zone 또는 각 방마다 설치한 변풍량유닛에 의해 실내기류에 따라 송풍량을 조절하는 방식이다.
② 동시 사용률을 고려하여 기기용량을 결정할 수 있으므로 설비용량을 적게 할 수 있다.
③ 칸막이 변경이나 부하 증감에 대하여 적응성이 좋다.
④ 부분부하 시 송풍기 동력을 절감할 수 있다.

해설 변풍량 방식은 존이나 각 방 등 기류가 아닌 실내온도에 따라 취출풍량을 제어한다.

18 에어와셔의 엘리미네이터의 더러워짐을 방지하기 위해 상부에 설치하여 물을 분무하여 청소를 하는 것은?

① 플러딩 노즐   ② 루버
③ 분무 노즐   ④ 스탠드 파이프

해설 플러딩 노즐
에어와셔의 엘리미네이터 더러워짐을 방지하기 위해 상부에서 물을 분무하여 청소한다.

19 지붕 구조체의 열관류율 0.48W/m^2 · ℃, 면적 200m^2, 냉방부하온도차(CLTD) 34℃, 실내온도 26℃일 때 관류에 의한 냉방부하는 얼마인가?

① 768W   ② 2,496W
③ 2,880W ④ 3,264W

해설 열관류열량 $Q = K \cdot F \cdot dT$
$= 0.48 \times 200 \times 34$
$= 3,264W$

여기서, K : 열관류율 = 0.48W/m^2 · ℃
F : 면적 = 200m^2
$CLTD$: 냉방부하온도차 = 34℃

20 온수난방의 배관방식이 아닌 것은?

① 역환수식   ② 진공환수식
③ 단관식   ④ 복관식

해설 증기난방 환수방식
㉠ 중력환수식
㉡ 기계환수식
㉢ 진공환수식

14. ② 15. ④ 16. ① 17. ① 18. ① 19. ④ 20. ② | **ANSWER**

SECTION 02 냉동공학

21 다음 보기의 내용 중 맞는 것으로 짝지어진 것은?

> ㉠ 냉동기유는 NH₃액보다 가볍다.
> ㉡ NH₃는 냉동기유에 용해하기 어렵지만 R-12는 기름에 잘 용해한다.
> ㉢ R-22는 일정한 고온에서는 냉동기유에 잘 용해되며 저온에서는 잘 용해되지 않는다.
> ㉣ 증발기 중에서 냉동기유는 R-12의 액위에 분리하여 뜬다.

① ㉠, ㉡   ② ㉡, ㉢
③ ㉠, ㉣   ④ ㉠, ㉢

해설 ㉠ 냉동기유는 암모니아보다 무겁다.
㉣ 증발기 중에서 냉동기유는 R-12와는 용해되어 분리되지 않는다.

22 핼라이드 토치로 누설을 탐지할 때 누설이 있는 곳에서는 토치의 불꽃색깔이 어떻게 되는가?

① 흑색   ② 파란색
③ 노란색 ④ 녹색

해설 ㉠ 소량 누설 시 : 녹색
㉡ 누설이 없으면 : 청색
㉢ 다량 누설 시 : 불꽃 소멸

23 다음은 증발식 응축기에 관한 설명이다. 잘못된 것은?

① 구조가 간단하고 압력강하가 작다.
② 일반 수랭식에 비하여 전열작용이 나쁘다.
③ 대기의 습구온도 영향을 많이 받는다.
④ 물의 증발잠열을 이용하여 냉각하므로 냉각수가 적게 든다.

해설 증발식은 팬, 노즐, 펌프 등이 있어서 구조가 복잡한 응축기이다.

24 다음 무기질 브라인 중에 동결점이 제일 낮은 것은?

① MgCl₂   ② CaCl₂
③ H₂O   ④ NaCl

해설 공정점
① 염화마그네슘 : $-33.6℃$ ② 염화칼슘 : $-55℃$
③ H₂O : $0℃$ ④ 염화나트륨 : $-21.2℃$

25 팽창밸브 직전 냉매의 온도가 낮아짐에 따라 증발기의 능력은 어떻게 되는가?

① 냉매의 온도가 낮아지면 냉매 조절장치가 동작할 것이므로 증발기의 능력에 변화가 없다.
② 냉매의 온도가 낮아지면 증발기의 능력도 감소한다.
③ 냉매온도가 낮아짐에 따라 증발기의 능력은 증가한다.
④ 증발기의 능력은 크기와 과열도 등에 관계되므로 증발기의 능력에는 변화가 없다.

해설 팽창밸브 직전 냉매의 온도가 낮아지면 플래시가스 발생이 적어서 증발기에서 증발력이 높아져 능력이 증가한다.

26 1RT 냉동기의 수랭식 응축기에 있어서 냉각수 입구 및 출구온도를 10℃, 20℃로 하기 위하여 약 얼마의 냉각수가 필요한가?(단, 공기조화용이며 응축기방열량은 20% 추가할 것)

① 5.5L/min   ② 6.6L/min
③ 332L/min ④ 400L/min

해설 응축기 방열량 $Q = 1RT = 3,320 kcal/h$
$Q = G \cdot C \cdot dT$에서
냉각수량 $G = \dfrac{Q}{C \cdot dT} = \dfrac{(3,320 \times 1.2)}{1 \times (20-10)} = 398.4 kg/h$
(∵ 응축기 방열량은 20% 추가한다.)
이때, $398.4 kg/h = \dfrac{398.4}{60} kg/min = 6.6 L/min$

27 왕복동식 냉동기의 기동부하를 경감시키는 방법이 아닌 것은?

① 바이패스법   ② 클리어런스 증대법
③ 언로더 시스템법 ④ 흡입댐퍼 조절법

해설 흡입댐퍼 조절법 : 원심식(터보형) 용량제어법

ANSWER | 21.② 22.④ 23.① 24.② 25.③ 26.② 27.④

28 일의 열당량(A)을 옳게 표시한 것은?

① $A = 427$ kg·m/kcal
② $A = \dfrac{1}{427}$ kcal/kg·m
③ $A = 102$ kg·m
④ $A = 860$ kg·m/kcal

해설 ㉠ 일의 열당량 : $\dfrac{1}{427}$ kcal/kg·m
㉡ 열의 일당량 : 427 kg·m/kcal

29 카르노 사이클(Carnot Cycle)의 가역과정 순서를 올바르게 나타낸 것은?

① 등온팽창 → 단열팽창 → 등온압축 → 단열압축
② 등온팽창 → 단열압축 → 단열팽창 → 등온압축
③ 등온팽창 → 등온압축 → 단열압축 → 단열팽창
④ 등온팽창 → 단열팽창 → 단열압축 → 등온압축

해설 카르노 사이클
등온팽창 → 단열팽창 → 등온압축 → 단열압축
$AW = Q_1 - Q_2$
$Q_1 = Q_2 + AW$

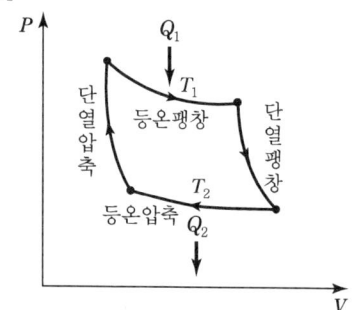

30 냉장고의 방열재의 두께가 200mm인데 냉각효과를 좋게 하기 위해 300mm로 했다. 외기와 외벽면과의 열전달률이 20kcal/m²·h·℃, 고내 공기와 내벽면과의 열전달률이 10kcal/m²·h·℃, 방열재의 열전도율이 0.035kcal/m²·h·℃이다. 이 경우 열손실은 약 몇 % 감소하는가?(단, 방열재 이외의 열전도저항은 무시하는 것으로 한다.)

① 18   ② 33
③ 45   ④ 62

해설 열손실 감소율 $= \dfrac{l_2 - l_1}{l_2} \times 100\%$
$= \dfrac{300 - 200}{300} \times 100\%$
$= 33.33 ≒ 33\%$

여기서, l_1 : 단열 전 방열재 두께 = 200배
l_2 : 단열 후 방열재 두께 = 300배

31 냉동장치의 온도를 일정하게 유지하기 위하여 사용되는 온도제어기(Thermostat)의 방식으로 적당하지 않은 것은?

① 바이메탈식   ② 건습구식
③ 증기 압력식   ④ 전기 저항식

해설 건습구식은 대기온도 측정이나 습도측정에 유리하다.

32 0℃와 100℃ 사이의 물을 열원으로 역카르노 사이클로 작동되는 냉동기(ε_C)와 히트펌프(ε_H)의 성적계수는 각각 얼마인가?

① $\varepsilon_C = 1.00$, $\varepsilon_H = 2.00$
② $\varepsilon_C = 3.54$, $\varepsilon_H = 4.54$
③ $\varepsilon_C = 2.12$, $\varepsilon_H = 3.12$
④ $\varepsilon_C = 2.73$, $\varepsilon_H = 3.73$

해설 • 냉동기 성적계수 $\varepsilon_C = \dfrac{q_C}{Aw} = \dfrac{T_2}{T_1 - T_2}$
$= \dfrac{(0+273)}{(100+273)-(0+273)}$
$= 2.73$

• 히트펌프 성적계수 $\varepsilon_H = \dfrac{q_H}{Aw} = \dfrac{T_1}{T_1 - T_2}$
$= \dfrac{(100+273)}{(100+273)-(0+273)}$
$= 3.73$

33 흡수식 냉온수기에서 기내로 유입된 공기와 기내에서 발생한 불응축가스를 기외로 방출하는 장치는?

① 흡수장치   ② 재생장치
③ 압축장치   ④ 추기장치

해설 ㉠ 추기장치 : 흡수식에서 불응축가스 제거용
㉡ 종류
• 진공펌프(기계식) 방식
• 퍼지식 방식
• 파라디움 셀 방식

34 냉동장치의 안전장치가 아닌 것은?

① 안전밸브
② 가용전, 파열판
③ 고압차단스위치
④ 응축압력 조절밸브

해설 ①, ②, ③은 응축기 등 냉동기기의 안전장치이다.

35 진공압력 200mmHg를 절대압력으로 환산하면 약 얼마인가?(단, 대기압은 1.033kgf/cm²이다.)

① 0.52kgf/cm²
② 0.76kgf/cm²
③ 1.72kgf/cm²
④ 3.52kgf/cm²

해설 절대압력(abs) = 대기압 - 진공압
$= 1.033 - \left(\dfrac{200}{760} \times 1.033\right)$
$= 0.76 \text{kg/cm}^2$
※ $1\text{atm} = 1.0332\text{kg/cm}^2 = 760\text{mmHg}$

36 프레온 냉동장치에 공기가 유입되면 어떠한 현상이 일어나는가?

① 고압이 공기의 분압만큼 낮아진다.
② 고압이 높아지므로 냉매 순환량이 많아지고 냉동 능력도 증가한다.
③ 토출가스의 온도가 상승하므로 응축기의 열통과율이 높아지고 방출열량도 증가한다.
④ 냉동톤당 소요동력이 증가한다.

해설 냉동장치에 공기가 유입되면 응축압력이 증가하고 냉동톤당 소요동력이 증가한다.

37 20℃의 물 1kg을 냉각하여 -9℃의 얼음으로 만들고자 할 때 제빙에 필요한 냉동능력을 구하려고 한다. 이때 필요한 값이 아닌 것은?

① 얼음의 비체적
② 물의 비열
③ 물의 응고잠열
④ 얼음의 비열

해설 비체적 : 단위질량당 체적(m³/kg)

38 냉장고 중 쇼케이스(Show Case)의 종류에 해당되지 않는 것은?

① 리칭(Reach)형 쇼케이스
② 밀폐형 쇼케이스
③ 개방형 쇼케이스
④ 유닛소형 쇼케이스

해설 냉장고 쇼케이스
㉠ 리치형 ㉡ 밀폐형 ㉢ 개방형

39 흡수식 냉동시스템에서 냉매의 순환방향으로 올바른 것은?

① 압축기 → 응축기 → 증발기 → 열교환기 → 압축기
② 증발기 → 흡수기 → 발생기(재생기) → 응축기 → 증발기
③ 압축기 → 응축기 → 팽창장치 → 증발기 → 압축기
④ 증발기 → 열교환기 → 발생기(재생기) → 흡수식 → 증발기

해설 흡수식 사이클(1중효용, 2중효용 등)
증발기 → 흡수기 → 발생기(재생기) → 응축기 → 증발기

40 원통다관식 암모니아 만액식 증발기의 원통(셸) 내의 냉매액은 어느 정도 차도록 하는 것이 적당한가?

① 원통 높이의 1/4~1/2
② 원통 길이의 1/4~1/2
③ 원통 높이의 1/2~3/4
④ 원통 길이의 1/2~3/4

ANSWER | 34.④ 35.② 36.④ 37.① 38.④ 39.② 40.③

해설 암모니아 만액식 증발기 냉매액(원통다관식용)은 원통(셀) 높이의 $\frac{1}{2} \sim \frac{3}{4}$ 정도 고이게 한다.

SECTION 03 배관일반

41 옥내 급수관에서 20A 급수전 4개에 급수하는 주관의 관경을 정하는 방법 중에서 아래의 급수관 균등표를 사용하여 관경을 구한 것으로 맞는 것은?

[기구의 동시 사용률]

기구수	2	3	4	5	10	15	20
동시 사용률(%)	100	80	75	70	53	48	44

[급수관의 균등표]

관지름(A)	15	20	25	32	40	50
15	1					
20	2	1				
25	3.7	1.8	1			
32	7.2	3.6	2	1		
40	11	5.3	2.9	1.5	1	
50	20	10.0	5.5	2.8	1.9	1

① 25A ② 32A
③ 40A ④ 50A

해설 기구수 4개 동시사용률=75%
$\frac{20A}{4개} \times 0.75 = 3.75$
20A에서 3.75와 비슷한 3.6의 좌표 관지름은 32A이다.

42 플랜지 관이음쇠의 시트모양에 따른 용도에서 위험성이 있는 유체의 배관 및 기밀을 요하는 배관에 가장 적합한 것은?

① 홈꼴형 시트 ② 소평면 시트
③ 대평면 시트 ④ 삽입형 시트

해설 홈꼴형 시트(홈시트 : 채널형)
1.6MPa 이상에 사용되며 위험성이 있는 유체 배관, 매우 기밀을 요하는 배관용 플랜지이다.

43 증기난방의 분류에 해당되지 않는 것은?

① 중력 환수식 ② 진공 환수식
③ 정압 환수식 ④ 기계 환수식

해설 ①, ②, ④는 증기난방 환수방법에 해당한다.

44 관내에 분리된 증기나 공기를 배출하고 물의 팽창에 따른 위험을 방지하기 위해 설치하는 것은?

① 순환탱크 ② 팽창탱크
③ 옥상탱크 ④ 압력탱크

해설 팽창탱크
증기나 공기를 배출하고 물의 팽창을 흡수하여 압력을 정상화시킨다.(온수난방용)

45 통기관의 종류가 아닌 것은?

① 각개통기관 ② 루프통기관
③ 신정통기관 ④ 분해통기관

해설 통기관의 종류
㉠ 각개형
㉡ 신정형
㉢ 루프형

46 온수난방에서 역귀환 방식(Reverse Return System)을 채택하는 주된 이유는?

① 순환펌프를 설치하기 위해
② 배관의 길이를 축소하기 위해
③ 열손실과 발생소음을 줄이기 위해
④ 건물 내 각 실의 온도를 균일하게 하기 위해

해설 리버스 리턴 시스템(역귀환 방식)
온수난방에서 건물의 각 실 온도를 균일하게 하기 위해 온수난방에서 채택한다.

47 온수난방 배관의 분류와 합류를 나타낸 것으로 적합하지 않은 것은?

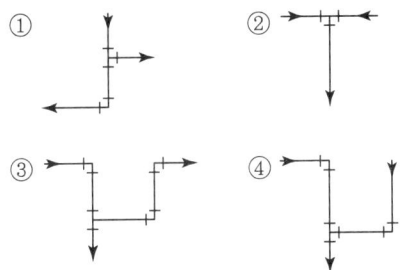

해설 ②의 분류 및 합류는 불가능하다.(방향이 일치하기 때문)

48 개방형 팽창탱크의 특징이 아닌 것은?
① 설치가 어렵고 설치비가 고가이다.
② 산소가 용해되어 배관 부식의 원인이 된다.
③ 설치 위치에 제약이 따른다.
④ 공기배출을 위하여 탱크를 대기에 개방시킨다.

해설 밀폐식 팽창탱크
설치가 어렵고 설치비가 고가이다.

49 중앙식 급탕방법의 장점으로 맞는 것은?
① 배관길이가 짧아 열손실이 적다.
② 탕비장치가 대규모이므로 열효율이 좋다.
③ 건물완성 후에도 급탕개소의 증설이 비교적 쉽다.
④ 설비규모가 적기 때문에 초기 설비비가 적게 든다.

해설 중앙식은 개별식에 비해 배관길이가 길고 열손실이 많으며 설비규모가 커서 초기투자비가 많이 든다.(급탕개소의 증설이 불편하다.)

50 플레어 관이음쇠에 의한 접합은 어느 관에서 사용하는가?
① 강관　　　　　② 동관
③ 염화비닐관　　④ 시멘트관

해설 ㉠ Flare Joint(압축접합) : 동관의 접합방법
㉡ 동관절단 시
　• 20mm 미만 : 동관커터 사용
　• 20mm 이상 : 쇠톱 사용

51 덕트 제작에 이용되는 심의 종류가 아닌 것은?
① 스탠딩 심　　　② 포켓펀치 심
③ 피츠버그 심　　④ 로크 그루브 심

해설 덕트 제작에 이용되는 심의 종류
㉠ 스탠딩 심
㉡ 피츠버그 심
㉢ 로크 그루브 심

52 배수 및 통기설비에서 배수 배관의 청소구 설치를 필요로 하는 곳이다. 틀린 것은?
① 배수 수직관의 제일 밑부분 또는 그 근처
② 배수 수평 주관과 배수 수평 분기관의 분기점
③ 길이가 긴 배수관의 중간지점으로 하되 100A 이상의 배수관은 10m마다 설치
④ 배수관이 45° 이상의 각도로 방향을 전환하는 곳

해설 청소구 설치
① 관경 100A 미만(15m마다)
② 관경 100A 이상(30m마다)

53 주철관의 용도로 적합하지 않은 것은?
① 수도용　　　② 가스용
③ 배수용　　　④ 냉매용

해설 주철관의 용도
㉠ 수도용　㉡ 가스용　㉢ 배수용

54 스케줄 번호에 의해 두께를 나타내는 관이 아닌 것은?
① 수도용 아연도금 강관
② 압력배관용 탄소강관
③ 고압 배관용 탄소강관
④ 배관용 합금강관

ANSWER | 47. ② 48. ① 49. ② 50. ② 51. ② 52. ③ 53. ④ 54. ①

해설 수도용 아연도금(SPPW) 강관
정수두 100m 이하 급수배관용
㉠ SPP(배관용 탄소강관)에 아연도금처리(내구성, 내식성 증가)
㉡ 스케줄 빈호와는 관련성이 없다.

55 급수장치에서 세정밸브를 사용하는 경우 최저 필요수압은 얼마인가?
① 1kgf/cm²
② 0.7kgf/cm²
③ 0.5kgf/cm²
④ 0.3kgf/cm²

해설 세정밸브(Flush Valve)의 급수장치에서 최저 필요수압은 0.7kg/cm²이다.

56 펌프의 베이퍼록 발생요인이 아닌 것은?
① 액 자체 또는 흡입배관 외부의 온도가 상승할 경우
② 펌프 냉각기가 작동하지 않거나 설치되지 않은 경우
③ 흡입관 지름이 크거나 펌프 설치위치가 적당하지 않을 때
④ 흡입 관로의 막힘, 스케일 부착 등에 의한 저항의 증대

해설 흡입관의 지름이 작을 때 펌프의 베이퍼록 현상이 발생된다.(물 또는 액화가스의 기화현상)

57 암모니아 냉동설비의 배관으로 사용하지 못하는 것은?
① 배관용 탄소강 강관
② 이음매 없는 동관
③ 저온 배관용 강관
④ 배관용 스테인리스 강관

해설 동관은 프레온 냉매로 사용이 가능하나 암모니아는 사용이 부적당하다.(암모니아는 아연, 구리, 은, 알루미늄, 코발트와는 착이온을 일으킨다.)

58 정압기 종류에서 구조와 기능이 우수하고 중압을 저압으로 감압하며, 일반 소비기기용이나 지구정압기에 널리 쓰이는 것은?
① 레이놀즈식 정압기
② 피셔식 정압기
③ 엠코 정압기
④ 부종식 정압기

해설 Reynolds식 정압기
㉠ 중압 B → 저압
㉡ 저압 → 저압
㉢ 언로딩형
㉣ 정특성 우수, 안정성 부족
㉤ 형체가 크다.

59 도시가스 입상관에 설치하는 밸브는 바닥으로부터 몇 m 이상에 설치해야 하는가?
① 0.5m 이상 1m 이하
② 1m 이상 1.5m 이하
③ 1.6m 이상 2m 이하
④ 2m 이상 2.5m 이하

해설
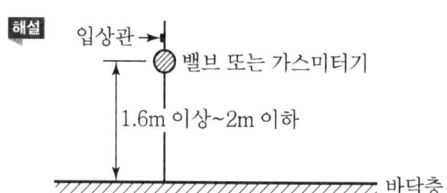

60 급수설비에서 급수펌프 설치 시 캐비테이션(Cavitation) 방지책에 대한 설명으로 틀린 것은?
① 펌프의 회전수를 빠르게 한다.
② 흡입배관은 굽힘부를 적게 한다.
③ 단흡입 펌프를 양흡입 펌프로 바꾼다.
④ 흡입관경은 크게 하고 흡입양정을 짧게 한다.

해설 ㉠ Cavitation(캐비테이션, 공동현상) 방지법은 펌프의 회전수를 낮추어 흡입비교 회전도를 적게 한다.
㉡ 발생원인 : 액체가 관속을 유동할 때 흐르는 유체가 어느 부분의 정압이 그때 그 유체의 온도에 해당하는 증기압 이하로 될 때 부분 증기가 발생하는 현상

SECTION 04 전기제어공학

61 그림 (a)의 직렬로 연결된 저항회로에서 입력전압 V_i와 출력전압 V_o의 관계를 그림 (b)의 블록선도로 나타낼 때 A에 들어갈 전달함수는?

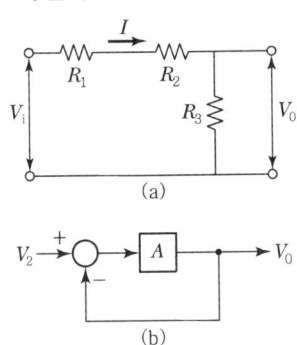

① $\dfrac{R_3}{R_1+R_2}$
② $\dfrac{R_1}{R_2+R_3}$
③ $\dfrac{R_2}{R_1+R_3}$
④ $\dfrac{R_3}{R_1+R_2+R_3}$

해설 전달함수
모든 초기값을 0으로 하였을 때 출력신호의 Laplace 변환과 입력신호의 Laplace 변환과의 비
입력신호 $x(t)$, 출력신호 $y(t)$일 때 전달함수
$G(s) = \dfrac{\mathcal{L}(y(t))}{\mathcal{L}(x(t))} = \dfrac{y(s)}{x(s)}$ 가 된다.
∴ $A = \dfrac{R_3}{R_1+R_2}$

62 그림과 같은 회로도의 논리식은 어떻게 되는가?

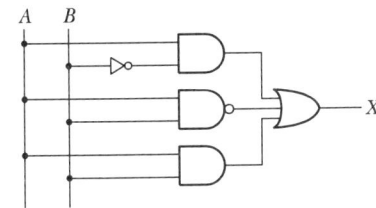

① $\overline{A} \cdot B + \overline{A \cdot B} + A \cdot B = X$
② $\overline{A} \cdot B + \overline{A} \cdot \overline{B} + A \cdot \overline{B} = X$
③ $A \cdot \overline{B} + \overline{A} \cdot \overline{B} + A \cdot B = X$
④ $(A \cdot B + A \cdot \overline{B}) + \cdot \overline{A} \cdot B = X$

해설 ∴ $A \cdot \overline{B} + \overline{A} \cdot \overline{B} + A \cdot B = X$

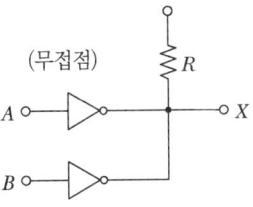

$X = A + B$(OR 회로)

㉠ AND 회로
(논리기호)
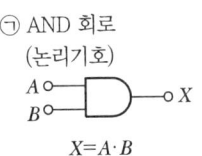
$X = A \cdot B$

㉡ NOT 회로
(논리기호)
$X = \overline{A}$

㉢ OR 회로
(논리기호)
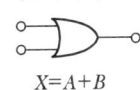
$X = A + B$

㉣ NAND 회로
(논리기호)
$X = \overline{A \cdot B}$

63 170V, 50Hz, 3상 유도전동기의 전부하 슬립이 4%이다. 공급전압이 5% 저하된 경우의 전부하 슬립은 약 몇 %인가?

① 4.4
② 5.1
③ 5.6
④ 7.4

해설 전부하 슬립 $S_2 = S_1 \times \left(\dfrac{V_1}{V_2}\right)^2$
$= 4 \times \left(\dfrac{170}{170 \times (1-0.05)}\right)^2$
$= 4.43$
∴ 4.4%

64 유기 기전력은 어느 것에 관계되는가?

① 시간에 비례한다.
② 쇄교 자속수의 변화에 비례한다.
③ 쇄교 자속수에 반비례한다.
④ 쇄교 자속수의 변화에 반비례한다.

해설 ㉠ 자속 쇄교수 : 코일을 지나는 자속은 코일과 쇄교하고 있으므로 코일의 권수 N과 자속 ϕ와의 곱 $N\phi$(Wb)를 자속 쇄교수라 한다.

ANSWER | 61. ① 62. ③ 63. ① 64. ②

ⓒ 유기 기전력은 그 크기가 코일을 지나는 자속의 매초 변화량과 코일의 권수에 비례한다.

유기기전력 $e(V) = -\dfrac{N\Delta\phi}{\Delta t}(V)$

65 그림과 같은 평형 3상 회로에서 전력계의 지시가 100W일 때 3상 전력은 몇 W인가?(단, 부하의 역률은 100%로 한다.)

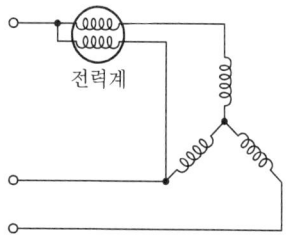

① $100\sqrt{2}$ ② $100\sqrt{3}$
③ 200 ④ 300

해설 그림의 회로에서는 2전력계법을 사용하므로
$P_1 + P_2 = 100 + 100 = 200\text{W}$
※ 1전력계법 : $3P$
  2전력계법 : $P_1 + P_2$
  3전력계법 : $P_1 + P_2 + P_3$

66 그림은 VVVF를 이용한 속도 제어회로의 일부이다. 회로의 설명 중 옳은 것은?

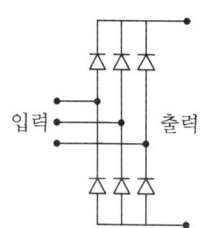

① 교류를 직류로 변환하는 정류회로이다.
② 교류의 PWM 제어회로이다.
③ 교류의 주파수를 변환하는 회로이다.
④ 교류의 전압으로 변환하는 인버터회로이다.

해설 ㉠ VVVF : 가변주파수인버터(가변전압, 가변주파수)
  ㉡ 회로설명 : 교류를 직류로 변환하는 정류회로이다.
  ㉢ 정류기 : 실리콘정류기가 사용된다.

67 3상 농형유도전동기의 특징으로 틀린 것은?
① 슬립링이나 브러시 등을 사용하지 않으므로, 간단한 구조로 고장이 적으며, 유지보수가 간단하다.
② 회전자의 구조가 간단하여 제작이 쉽다.
③ 상용전원을 직접 입력하여 운전 시, 발생토크와 고정자 전류 사이에는 선형관계가 성립하지 않는다.
④ 기동 시에는 회전자장을 만들 수 없어 기동장치를 필요로 한다.

해설 3상 농형유도전동기는 운전조작이 간단하다. 기동토크가 작고 기동 시에 기동전류가 커서 기동전류를 제한한다. 특히 소형 농형유도전동기에는 특별한 기동장치가 필요 없다.

68 공기콘덴서의 극판 사이에 비유전율 ε_s의 유전체를 채운 경우 동일 전위차에 대한 극판 간의 전하량은?
① $\dfrac{1}{\varepsilon}$로 감소 ② ε배로 증가
③ 변하지 않음 ④ $\pi\varepsilon$배로 증가

해설 비유전율(ε_s)은 유전율 ε와 진공의 유전율 ε_o와의 비로서
유전율(ε) $= \varepsilon_o \varepsilon_s$에서 $\varepsilon_s = \dfrac{\varepsilon}{\varepsilon_o}$
∴ 극판 간의 전하량은 ε배로 증가한다.

69 제어명령을 증폭시켜 직접 제어대상을 제어시키는 부분을 무엇이라 하는가?
① 조작부 ② 전송부
③ 검출부 ④ 조절부

해설 ㉠ 조절부 → 조작부
  ㉡ 조작부 : 제어명령을 증폭시켜 직접 제어대상을 제어시키는 부분

70 기계적 추치제어계로 그 제어량이 위치, 각도 등인 것은?
① 자동조정 ② 정치제어
③ 프로그래밍제어 ④ 서보기구

해설 서보기구
기계적 추치제어계로 그 제어량이 위치, 각도 등인 것

71 다음 블록선도로 제어계를 구성하여, 계단함수 $\frac{1}{s}$ 을 입력하였다. 이때 시간이 충분히 지나 제어계가 정상상태가 되었을 때의 출력은?

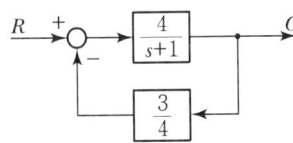

① 0　　② 1
③ 4　　④ 8

해설 전체 전달함수 $T(s) = \dfrac{\frac{4}{s+1}}{1+\frac{4}{s+1}\cdot\frac{3}{4}}$

$= \dfrac{\frac{4}{s+1}}{1+\frac{3}{s+1}} = \dfrac{\frac{4}{s+1}}{\frac{s+4}{s+1}} = \dfrac{4}{s+4}$

계단함수 $\frac{1/s \text{ 입력}}{}$ $\dfrac{4}{s+4}\cdot\dfrac{1}{s} = \dfrac{4}{s(s+4)}$ 에서 역라플라스 변환을 하면 $\dfrac{A}{s} + \dfrac{B}{s+4}$ 이다.

$\therefore A = \dfrac{4}{s+4}\Big|_{s=0}, \dfrac{4}{4} = 1$

$B = \dfrac{4}{s}\Big|_{s=-4}, \dfrac{4}{-4} = -1$

이때, 제어계가 정상상태이므로
$f(t) = \infty$, 즉 $s = 0$일 때의 출력은 $\dfrac{4}{4} = 1$ 이다.

72 계단응답이 입력신호와 파형이 같고 크기만 증가하였다. 이 계의 요소는?

① 미분요소
② 비례요소
③ 1차 뒤진 요소
④ 2차 뒤진 요소

해설 비례요소
제어계에서 출력신호가 입력신호에 비례하는 전달요소

73 저항 20Ω인 전열기에 5A의 전류를 흘렸다면 소비전력은 몇 W인가?

① 200　　② 300
③ 400　　④ 500

해설 $P(전력) = VI = (IR)I = I^2R(W)$
$\therefore 5^2 \times 20 = 500W$
㉠ 전력 : 단위시간당 전기에너지
㉡ 1초 동안에 공급 또는 소비된 전력량
㉢ 1W = 1J/s

74 교류 전기에서 실효치는?

① $\dfrac{최대치}{2}$　　② $\dfrac{최대치}{\sqrt{3}}$
③ $\dfrac{최대치}{\sqrt{2}}$　　④ $\dfrac{최대치}{3}$

해설 실효값$(V) = \dfrac{V_m}{\sqrt{2}} = \dfrac{최댓값}{\sqrt{2}}$
㉠ 최댓값 : 순시값 중에서 가장 큰 값
㉡ 실효값 : 직류의 효과와 같은 효과를 내는 교류의 크기 값

75 절연저항 측정에 관한 설명으로 틀린 것은?

① 절연체에 직류고전압을 가하면 누설전류가 흐르는 것을 이용한 것이다.
② 선로의 사용전압에 관계없이 절연저항 측정 시 선로에 일정한 전압을 인가한다.
③ 절연저항의 측정단위는 MΩ이다.
④ 옥내선로의 절연저항 측정 시에는 모든 부하 쪽의 선로를 개방해야 한다.

해설 절연저항
절연물에 직류전압을 가하면 아주 미소한 전류가 흐른다. 이때의 전압과 전류의 비로 구한 저항값이 절연저항이다. 온도나 습도의 증가에 따라서 감소한다.
㉠ 단위 : MΩ(메가옴)
㉡ 절연저항계 : 메거

ANSWER | 71. ② 72. ② 73. ④ 74. ③ 75. ②

76 그림과 같은 회로에서 R의 값은?

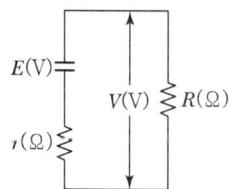

① $\dfrac{E}{E-V}r$ ② $\dfrac{E-V}{E}r$
③ $\dfrac{V}{E-V}r$ ④ $\dfrac{E-V}{V}r$

해설 직류회로

$E-V = I \cdot r,\ I = \dfrac{V}{R}$

$E-V = \dfrac{V \cdot r}{R}$

$\therefore R = \dfrac{V}{E-V} \cdot r$

77 다음의 블록선도와 등가인 블록선도는?

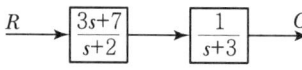

①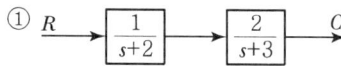

②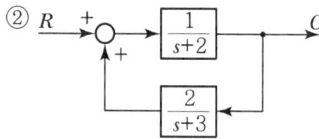

③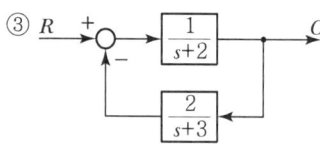

④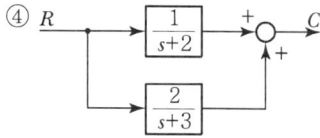

해설 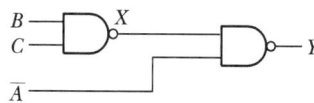 와 등가인 블록선도는

78 그림과 같은 게이트회로에서 출력 Y는?

① $B + A \cdot C$ ② $A + B \cdot C$
③ $\overline{A} + B \cdot C$ ④ $B + \overline{A} \cdot C$

해설 $Y = \overline{(X \cdot \overline{A})} = \overline{(B+C)\overline{A}} = A + B \cdot C$

79 50kVA 단상변압기 4대를 사용하여 부하에 공급할 수 있는 3상 전력은 최대 몇 kVA인가?

① 100 ② 150
③ 173 ④ 200

해설 V결선 2뱅크를 병렬로 연결하면
3상 최대출력용량 $= 2\sqrt{3} \cdot P = 2\sqrt{3} \times 100 = 173$kVA

80 제어요소가 제어대상에 주는 양은?

① 기준입력 ② 동작신호
③ 제어량   ④ 조작량

해설 조작량
제어요소가 제어대상에 주는 양

76. ③ 77. ④ 78. ② 79. ③ 80. ④ | **ANSWER**

2012년 2회 공조냉동기계산업기사

SECTION 01 공기조화

01 극간풍량을 구하는 방법으로 옳지 않은 것은?
① 환기횟수법
② 창문 길이법
③ DOP법
④ 이용 빈도수에 의한 풍량

해설 극간풍량(틈새바람량)을 구하는 방법
㉠ 환기횟수법
㉡ 창문의 틈새길이법
㉢ 창의 면적으로 구하는 법
㉣ 사용빈도수에 의한 출입문의 극간풍

02 실내 냉방 시 냉동기용량 중 냉각코일용량에 속하지 않는 것은?
① 송풍기 부하
② 재열부하
③ 배관부하
④ 외기부하

해설 배관부하는 난방부하에 속한다.

03 일반적으로 상대습도(%)가 가장 낮은 사업장은?
① 렌즈 연마실
② 빵 발효 식품 공장
③ 담배 원료 가공 공장
④ 반도체 공장

해설
• 반도체 공장 : 일반적으로 상대습도가 가장 낮다.
• 상대습도 = $\dfrac{\text{어떤 공기의 수증기 분압}}{\text{포화공기의 수증기 분압}} \times 100(\%)$

04 펌프를 작동원리에 따라 분류할 때 왕복펌프에 해당하지 않는 것은?
① 피스톤 펌프
② 베인 펌프
③ 버킷 펌프
④ 플런저 펌프

해설 기어, 베인펌프 : 회전식 펌프

05 어떤 실내의 현열량이 3,000kcal/h, 실내온도 25℃, 송풍기 출구온도 15℃일 때 실내 송풍량은 약 얼마인가?(단, 공기의 비열 0.24kcal/kg·℃, 공기의 비중량 1.2kg/m³으로 한다.)
① 1,071.43m³/h
② 1,061.67m³/h
③ 1,051.43m³/h
④ 1,041.67m³/h

해설 실내의 현열량 $Q = G \cdot C \cdot dT$
$= (q \times 1.2) \times C \times dT$
실내의 송풍량 $q = \dfrac{Q}{1.2 \times C \times dT} = \dfrac{3,000}{1.2 \times 0.24 \times (25-15)}$
$= 1,041.67 \text{m}^3/\text{h}$

06 보일러의 종류 중 원통보일러의 분류에 해당되지 않는 것은?
① 폐열 보일러
② 입형 보일러
③ 노통 보일러
④ 연관 보일러

해설 폐열 보일러(특수 보일러) 종류
간접가열보일러, 열매체 보일러, 바크 보일러, 바가스 보일러 등

07 전열교환기의 일종으로 흡습성 물질이 도포된 엘리멘트를 적층시켜 원판형태로 만든 로터와 로터를 구동하는 장치 및 케이싱으로 구성되어 있는 전열교환기는?
① 고정형
② 정지형
③ 회전형
④ 원판형

해설
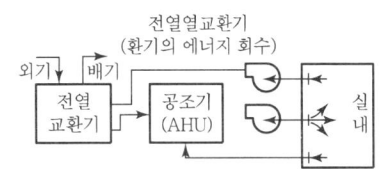

ANSWER | 1.③ 2.③ 3.④ 4.② 5.④ 6.① 7.③

08 하트포드(Hart Ford) 접속법에 대한 설명으로 틀린 것은?
  ① 보일러의 물이 환수관에 역류하여 보일러 속의 수면이 저수위 이하로 내려가지 않도록 한다.
  ② 보일러의 물이 환수관으로 들어가도록 하는 역할을 한다.
  ③ 균형관(밸런스관)은 보일러 사용수위보다 50mm 아래에 연결해야 한다.
  ④ 증기관과 환수관 사이에 균형관(밸런스관)을 설치한다.

해설
- 하트포드 접속법은 저압증기난방에서 환수가 역류하지 않도록 하는 방법이다.
- 저압증기난방 하트포드 접속법의 설치목적은 ①, ③, ④이다.

09 원심식 송풍기에 사용되는 풍량제어 방법이라고 할 수 없는 것은?
  ① 댐퍼제어   ② 베인제어
  ③ 압력제어   ④ 회전수제어

해설 풍량제어
  ㉠ 토출댐퍼에 의한 제어
  ㉡ 흡입댐퍼에 의한 제어
  ㉢ 흡입베인에 의한 제어
  ㉣ 회전수에 의한 제어
  ㉤ 가변피치제어

10 복사난방의 특징을 설명한 것 중 맞지 않는 것은?
  ① 외기온도 변화에 따라 실내의 온도 및 습도조절이 쉽다.
  ② 방열기가 불필요하므로 가구배치가 용이하다.
  ③ 실내의 온도분포가 균등하다.
  ④ 복사열에 의한 난방이므로 쾌감도가 크다.

해설 복사난방
외기온도 변화에 따라 실내의 온도 및 습도조절이 어렵다.

11 냉방 시 유리를 통한 일사 취득열량을 줄이기 위한 방법으로 옳지 않은 것은?
  ① 유리창의 입사각을 적게 한다.
  ② 투과율을 적게 한다.
  ③ 반사율을 크게 한다.
  ④ 차폐계수를 적게 한다.

해설 유리창의 입사각은 조절이 불가하다.

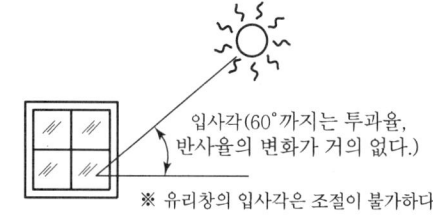

※ 유리창의 입사각은 조절이 불가하다.

12 열수분비에 대한 설명 중 옳은 것은?
  ① 상대습도의 변화량에 대한 전열량의 변화량의 비율
  ② 상대습도의 변화량에 대한 절대습도의 변화량의 비율
  ③ 절대습도의 변화량에 대한 전열량의 변화량의 비율
  ④ 절대습도의 변화량에 대한 상대습도의 변화량의 비율

해설 열수분비(u) : kcal/kg
$$u = \frac{\text{엔탈피 변화량}}{\text{수분의 변화량}} = \frac{h_3 - h_1}{x_3 - x_2}$$
$$= \frac{q_s + L \cdot h_L}{L} = \frac{q_s}{L} + \text{HL}$$

13 공조용 가습장치 중 수분무식에 해당하지 않는 것은?
  ① 원심식   ② 초음파식
  ③ 분무식   ④ 적하식

해설 가습방식
  ㉠ 수분무식 : 초음파식, 원심식, 분무식
  ㉡ 증기발생식 : 가습팬, 전극식, 적외선식
  ㉢ 증기공급식 : 과열증기식, 분무식
  ㉣ 증발식 : 회전식, 모세관식, 적하식
  ㉤ 에어워셔에 의한 가습

14 보일러의 안전수면을 유지시키기 위한 배관접속 방법으로 적당한 것은?
① 하트포드 접속
② 신축 이음 접속
③ 리버스리턴 접속
④ 리턴콕 접속

해설 문제 8번 해설 참고

15 급수온도 48℃에서 증기압력 15kgf/cm², 온도 400℃의 증기를 30kg/h 발생시키는 보일러 마력(HP)은 약 얼마인가?(단, 15kgf/cm², 400℃에서 과열증기 엔탈피는 784.2kcal/kg이다.)
① 1.49
② 1.87
③ 2.34
④ 2.62

해설
- 잠열 $q_L = G \cdot \gamma = 15.65 \times 539$
  $= 8,435.35 \text{kcal/h}$
- 보일러 마력 $B \cdot HP = \dfrac{G(h'' - h')}{8,435} = \dfrac{30 \times (784.2 - 48)}{8,435}$
  $= 2.618 ≒ 2.62\text{HP}$

(∵ 급수온도=급수엔탈피)

16 온수난방을 시설한 건물의 설계 열손실이 100,000 kcal/h이고 도중 배관손실이 10,000kcal/h이다. 보일러 출구 및 환수온도를 각각 85℃, 70℃로 하여 펌프에 의한 강제순환을 할 때 펌프 용량은 약 얼마인가?
① 3.65L/s
② 2.76L/s
③ 2.04L/s
④ 3.05L/s

해설 열량 $Q = G \cdot C \cdot dT$ 에서
펌프용량 $G = \dfrac{Q}{C \cdot dT} = \dfrac{(100,000 + 10,000)}{1 \times (85 - 70)}$
$= 7,333.33 \text{kg/h} = \dfrac{7,333.33}{3,600} \text{kg/s}$
$≒ 2.04\text{L/s}$

※ 물 1L = 1kg

17 공조기(AHU)와 덕트의 접속에서 송풍기의 진동이 덕트로 전달되지 않도록 하기 위한 적합한 이음법은?
① 플렉시블 이음
② 캔버스 이음
③ 스위블 이음
④ 루프 이음

해설
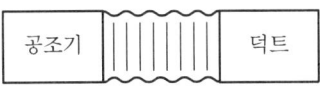
캔버스 이음(송풍기 진동방지)

18 개방식 냉각탑의 설계에 관한 설명으로 맞는 것은?
① 압축식 냉동기 1RT당 냉각열량은 2,800kcal/h로 한다.
② 압축식 냉동기 1RT당 풍량은 역류식은 600m³/h 정도, 직교류식에서는 400m³/h 정도로 한다.
③ 압축식 냉동기 1RT당 수량은 외기습구온도 27℃일 때 8L/min 정도로 한다.
④ 흡수식 냉동기를 사용할 때 열량은 일반적으로 압축식 냉동기의 약 1.7~2.0배 정도로 한다.

해설
㉠ 압축식 냉동기 1RT = 3,324kcal/h
㉡ 냉각탑 1RT = 3,900kcal/h
㉢ 흡수식 냉동기 냉각탑의 크기는 증기 압축식의 1.7~2.0배 정도로 한다.

19 동일 송풍기에서 회전수를 2배로 했을 경우의 성능의 변화량에 대하여 옳은 것은?
① 압력 2배, 풍량 4배, 동력 8배
② 압력 8배, 풍량 4배, 동력 2배
③ 압력 4배, 풍량 8배, 동력 2배
④ 압력 4배, 풍량 2배, 동력 8배

해설
풍량 $(Q_2) = Q_1 \times \left(\dfrac{N_2}{N_1}\right) = 1 \times \left(\dfrac{N_2}{N_1}\right) = 2$배

풍압 $(P_2) = P_1 \times \left(\dfrac{N_2}{N_1}\right)^2 = (2)^2 = 4$배

풍동력 $(L_2) = L_1 \times \left(\dfrac{N_2}{N_1}\right)^3 = (2)^3 = 8$배

20 보일러 연료로 기름을 사용할 때 기름을 저장할 수 있는 탱크가 필요하다. 다음 중 오일탱크의 종류가 아닌 것은?
① 서비스 탱크
② 옥내 저장탱크
③ 지하 저장탱크
④ 익스팬션 탱크

ANSWER | 14.① 15.④ 16.③ 17.② 18.④ 19.④ 20.④

해설 ㉠ 익스팬션 탱크 : 온수팽창 탱크
㉡ 물이 끓어서 포화수가 되면 0℃ 체적에서보다 4.3%의 팽창이 일어난다.

SECTION 02 냉동공학

21 냉동장치의 운전 중 냉각수 펌프 이상으로 인하여 응축기 냉각수량이 부족하였다. 이때 발생할 수 있는 현상이 아닌 것은?
① 응축온도의 상승
② 압축일량 증가
③ 압축기 흡입가스 체적 증가
④ 고압 상승

해설 응축기 냉각수량이 부족하면 응축온도 상승, 압축일량 증가, 고압 상승이 발생하고, 냉동능력이 저하된다.

22 냉동 사이클이 0℃와 100℃ 사이에서 역카르노 사이클로 작동될 때 성적계수는 얼마인가?
① 0.19
② 1.37
③ 2.73
④ 3.73

해설 역카르노 사이클 성적계수 COP
$$COP = \frac{q}{Aw} = \frac{T_2}{T_1 - T_2} = \frac{(0+273)}{(100+273)-(0+273)} = 2.73$$

23 빙축열방식에 대한 설명 중 잘못된 것은?
① 제빙을 위한 냉동기 운전은 냉수 취출을 위한 운전보다 증발온도가 낮기 때문에 성능계수(COP)가 높아 20~30% 정도의 소비동력이 감소한다.
② 냉매를 직접 제빙부에 공급하는 직접팽창식과 냉동기에서 냉각된 브라인을 제빙부에 공급하는 브라인 방식으로 나눈다.
③ 제빙방식은 정적제빙방식과 동적제빙방식으로 나눈다.
④ 주로 심야전력을 이용하는 잠열축열 방식이다.

해설 제빙 시 냉수취출은 증발온도보다 높고, 빙축열 심야전력방식의 특징은 ②, ③, ④항이다.

24 냉동기의 성능을 표시하기 위해 정한 기준(표준) 냉동 사이클의 운전조건으로 잘못된 것은?
① 증발온도 = -15℃
② 응축온도 = 30℃
③ 압축기 흡입가스 상태 = 건조포화증기
④ 팽창밸브 직전 온도 = 45℃(과냉각도 5℃)

해설 표준에서 팽창밸브 직전 온도는 응축온도보다 5℃ 낮게 하여(25℃) 플래시가스의 발생을 방지한다.

25 증발기의 종류와 그 용도가 적당하지 않은 것은?
① 나관코일식 : 공기냉각용
② 헤링본식 : 음료수 냉각용
③ 셀튜브식 : 브라인 냉각용
④ 보델로 : 유류, 우유 등의 냉각용

해설 탱크형 증발기(헤링본식)
암모니아 만액식 증발기로 제빙장치용 증발기이다.

26 저온 측 응축기를 고온 측 냉동기로 냉각하는 것은?
① 흡수식 냉동
② 터보 냉동
③ 로터리 냉동
④ 2원 냉동

해설 2원 냉동
저온 측 응축기를 고온 측 냉동기로 냉각시킨다.(-70℃ 이하 초저온을 얻기 위해 각각 다른 2개의 냉동사이클을 조합한다.)

27 -20℃의 암모니아 포화액의 엔탈피가 75kcal/kg이며, 동일 온도에서 건조포화증기의 엔탈피가 403kcal/kg이다. 이 냉매액이 팽창밸브를 통과하여 증발기에 유입될 때의 냉매의 엔탈피가 128kcal/kg이었다면 중량비로 약 몇 %가 액체 상태인가?
① 16%
② 45%
③ 84%
④ 94%

해설

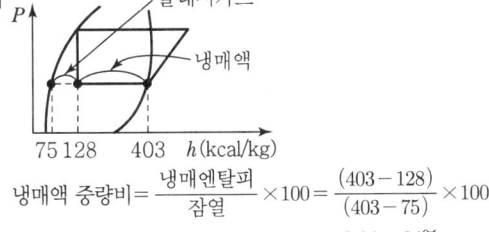

냉매액 중량비 = $\dfrac{냉매엔탈피}{잠열} \times 100 = \dfrac{(403-128)}{(403-75)} \times 100$
= 83.84 ≒ 84%

28 냉매 중에서 지구 성층권의 오존층을 가장 많이 파괴시키는 냉매는 어느 것인가?

① R-22 ② R-152
③ R-125 ④ R-134a

해설
- 염소성분은 오존(O_3)과 반응하여 오존이 파괴된다.
  $Cl + O_3 \rightarrow ClO + O_2$(오존파괴)
- R-22($CHClF_2$)는 오존층을 가장 많이 파괴시키는 냉매이다.

29 열역학 제2법칙을 바르게 설명한 것은?

① 열은 에너지의 하나로서 일을 열로 변환하거나 또는 열을 일로 변환시킬 수 있다.
② 온도계의 원리를 제공한다.
③ 절대 0도에서의 엔트로피 값을 제공한다.
④ 열은 스스로 고온물체로부터 저온물체로 이동되나 그 과정은 비가역이다.

해설 열역학 제2법칙
열은 스스로 고온물체로부터 저온물체로 이동되나 그 과정은 비가역과정(엔트로피 발생)이다.

30 브라인의 동결방지 목적으로 사용하는 기기가 아닌 것은?

① 온도 스위치 ② 단수 릴레이
③ 흡입압력 조절기 ④ 증발압력 조절기

해설 브라인 2차 냉매 동결방지 기기
ⓐ 온도 스위치
ⓑ 단수 릴레이
ⓒ 증발압력 조절기

31 냉매의 압축, 응축, 팽창, 증발과정으로 구성되어 있는 냉동사이클에서 저압축 압력조정밸브가 아닌 것은?

① 응축압력조정밸브
② 증발압력조정밸브
③ 흡입압력조정밸브
④ 정압밸브

해설 응축압력, 압축기압력 : 고압압력

32 초저온동결에 액체질소를 사용할 때의 장점으로 적당하지 않은 것은?

① 산화에 의한 품질변화를 억제할 수 있다.
② 동일능력의 냉동설비에 비해 설비비가 적게 든다.
③ 식품의 온도가 순식간에 낮아진다.
④ 식품에 직접 분사하므로 제품표면에 손상이 없다.

해설 액체질소
비등점이 -196℃, 1기압하에서 646배의 가스로 팽창한다. 1kg당 증발잠열이 47.6kcal를 흡수한다. 제품표면에 다소의 손상이 발생한다.

33 다음 제어기기와 안전장치에 대한 설명으로 옳은 것은?

① 유압보호 스위치는 유압계의 지시가 일정압력보다 내려갔을 때 압축기가 작동하도록 조정한다.
② 압축기에 안전밸브와 고압차단 장치를 설치했을 때 안전밸브의 작동압력은 고압차단 장치의 작동압력보다 높게 조정하는 것이 좋다.
③ 압축기 전동기의 과부하차단장치(오버로드 릴레이)가 있으면 냉매계통의 안전장치는 없어도 된다.
④ 절수밸브는 증발압력을 검지하여 냉각수량을 가감하는 조정밸브이므로 안전장치로 간주한다.

해설
ⓐ 유압보호스위치 : 압축기에서 유압이 60~90초 동안 정압력에 도달하지 못하면 압축기를 정지시킨다.
ⓑ 절수밸브 : 수랭식 응축기의 부하변동에 비례하여 냉각수를 제어한다.
ⓒ 압축기 전동기의 과부하차단장치 외에 안전밸브, 고압차단 스위치가 필요하다.

34 핼라이드 토치는 프레온계 냉매의 누설검지기이다. 누설 시 식별방법은?

① 불꽃의 크기
② 연료의 소비량
③ 불꽃의 온도
④ 불꽃의 색깔

해설 핼라이드 토치 불꽃감지기에 의한 냉매누설 검지
㉠ 청색 : 정상
㉡ 녹색 : 다소 누설
㉢ 자주색 : 다량 누설로 불이 꺼진다.

35 다음 냉매 중 15℃에서의 포화압력(증발압력)이 큰 것부터 순서대로 된 것은?

① R-22 → R-113 → NH₃ → R-500
② R-22 → NH₃ → R-500 → R-113
③ NH₃ → R-500 → R-22 → R-113
④ NH₃ → R-22 → R-500 → R-113

해설 냉매가(-15℃)에서 증발압력(kg/cm²a)
㉠ R-22 : 3.03   ㉡ NH₃ : 2.41
㉢ R-500 : 2.175   ㉣ R-113 : 0.55

36 흡수식 냉동기의 특징에 대한 설명으로 틀린 것은?

① 부분 부하에 대한 대응성이 좋다.
② 용량제어의 범위가 넓어 폭넓은 용량제어가 가능하다.
③ 초기 운전 시 정격 성능을 발휘할 때까지의 도달속도가 느리다.
④ 냉동기의 성능계수(COP)가 높다.

해설 흡수식 냉동기의 성적계수(COP)는 낮은 편이다.
㉠ 1중 효용 : 0.7
㉡ 2중 효용 : 1.3~1.4
㉢ 흡수제 : 리튬브로마이드(LiBr)

37 20℃의 물 1ton이 들어있는 용기에 100℃ 건포화증기(증발잠열 539kcal/kg)를 혼합시켜 60℃의 물을 만들려면 약 몇 kg이 필요한가?(단, 용기의 전열량은 무시한다.)

① 39kg   ② 49kg
③ 59kg   ④ 69kg

해설
- Q_1 : 100℃ 건포화증기 $\xrightarrow{q_L}$ 100℃ 물 $\xrightarrow{q_S}$ 60℃ 물
  $q_L = G \cdot \gamma = G \times 539$
  $q_S = G \cdot C \cdot \Delta t = G \times 1 \times (100-60)$
  ∴ $Q_1 = G \times 539 + G \times 1 \times (100-60)$

- Q_2 : 20℃ 물 $\xrightarrow{q_S}$ 60℃ 물
  $q_S = G \cdot C \cdot \Delta t = 1,000 \times 1 \times (60-20)$
  ∴ $Q_2 = q_s = 40,000 \text{kcal/kg}$

  $Q_1 = Q_2$ 이므로
  $G \times 539 + G \times 1 \times (100-60) = 40,000$
  $G(539 + 1 \times (100-60)) = 40,000$
  ∴ $G = \dfrac{40,000}{539 + 1 \times (100-60)}$
  $= 69.08 ≒ 69\text{kg}$

38 이상적 냉동사이클로 작동되는 냉동기의 성적계수가 6.84일 때 증발온도가 -15℃이다. 응축온도는 약 몇 ℃인가?

① 18   ② 23
③ 27   ④ 32

해설 성적계수 $COP = \dfrac{q}{Aw} = \dfrac{T_2}{T_1 - T_2}$
$6.84 = \dfrac{(273-15)}{T_1 - (273-15)}$
$T_1 = \dfrac{(273-15)}{6.84} + (273-15) = 295.72\text{K}$
∴ $295.72 - 273 = 22.72 ≒ 23℃$

39 제빙장치의 설명으로 틀린 것은?

① 용빙탱크 : 빙관과 얼음의 접촉면을 녹이는 장치
② 주수탱크 : 결빙시간을 단축하기 위한 장치
③ 탈빙기 : 얼음과 빙관을 분리시키는 장치
④ 양빙기 : 결빙된 얼음을 빙관에 든 채로 이동시키는 장치

해설 주수탱크
제빙장치의 급수용 물탱크

34. ④ 35. ② 36. ④ 37. ④ 38. ② 39. ② | ANSWER

40 냉동용 압축기에 사용되는 윤활유를 냉동기유라고 한다. 냉동기유의 역할과 거리가 먼 것은?
① 윤활작용
② 냉각작용
③ 제습작용
④ 밀봉작용

해설 제습기(감습기) : 제습작용

감습장치
㉠ 냉각감습장치(노점제어감습, 냉각코일, 공기세정기)
㉡ 압축감습장치(공기압축 후 급격히 팽창시켜 온도를 낮춘다.)
㉢ 흡착식 감습장치(고체감습장치)
㉣ 흡수식 감습장치(액체제습장치)

SECTION 03 배관일반

41 수도직결식 급수설비에서 수도본관에서 최상층 수전까지 높이가 10m일 때 수도본관의 최저필요수압은 얼마인가?(단, 수전의 최저 필요압력은 $0.3kgf/cm^2$, 관내 마찰손실 수두는 $0.2kgf/cm^2$으로 한다.)
① $1.0kgf/cm^2$
② $1.5kgf/cm^2$
③ $2.0kgf/cm^2$
④ $2.5kgf/cm^2$

해설 (수도본관 최저필요수압) $P \geq P_1 + P_2 + P_3$
$10mAq = 0.1MPa(1kg/cm^2)$
$\therefore P = 1 + 0.3 + 0.2 = 1.5kg/cm^2$

42 다음 그림은 감압밸브 주위의 배관도이다. 명칭이 틀린 것은?

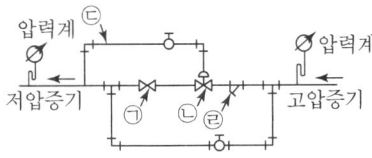

① ㉠ 스톱밸브
② ㉡ 감압밸브
③ ㉢ 파일럿관
④ ㉣ 티

해설 ㉣ : 여과기(스트레이너) 기호

43 공기조화 배관설비 중 냉수코일을 통과하는 일반적인 설계 풍속으로 가장 적당한 것은?
① 2~3m/s
② 4~5m/s
③ 6~7m/s
④ 8~10m/s

해설 공기조화 냉수코일 풍속 : 2~3m/s 정도

44 경질 염화비닐관의 특성으로 옳지 않은 것은?
① 급탕관, 증기관으로 사용하는 것은 적합하지 않다.
② 다른 관에 비해 관내 마찰손실이 커서 불리하다.
③ 온도의 상승에 따라 인장강도는 떨어진다.
④ 충격에 약하며 열팽창률은 철의 약 7~8배가 된다.

해설 경질 염화비닐관(플라스틱 합성수지관)의 장점은 타 관에 비해 마찰손실이 적다.

45 보온피복 재료로 적당하지 않은 것은?
① 우모펠트, 코르크
② 유리섬유, 기포성수지
③ 탄산마그네슘, 규산칼슘
④ 광명단, 에폭시수지

해설 광명단 : 배관 도장재료(연단+아마인유의 혼합)

46 다음 중 보온, 보냉이 필요한 배관은?
① 천장 속의 냉, 온수배관
② 지중 매설된 급수관
③ 방열기 주위 배관
④ 공기빼기 및 물빼기 밸브 이후의 배관

해설 노출된 냉수, 온수배관 : 보냉, 보온이 필요한 배관

47 동관용 공구에 대한 설명 중 틀린 것은?
① 튜브커터 : 동관 절단용
② 익스팬더 : 동관의 압축 접합용
③ 튜브벤더 : 동관 굽힘용
④ 사이징 툴 : 동관의 끝부분을 원형으로 성형

해설 ㉠ 익스팬더 : 동관 끝의 확관용 공구
㉡ 플레어링 툴 셋 : 동관의 끝을 나팔형으로 만들어서 압축이음 시 사용하는 공구

48 수격작용 방지법에 관한 설명 중 부적합한 것은?
① 수전류 가까이에 공기실을 설치한다.
② 관내 유속을 느리게 한다.
③ 관의 지름을 크게 한다.
④ 밸브의 개폐를 신속히 한다.

해설 밸브의 개폐를 신속히 하면 수격작용(워터해머 현상)이 발생할 우려가 있다.

49 강관의 일반적인 접합방법에 해당되지 않는 것은?
① 나사 접합   ② 플랜지 접합
③ 압축 접합   ④ 용접 접합

해설 압축 접합
동관의 20mm 이하용, 압축용 플레어링 툴셋 접합

50 패널난방(Panel Heating)은 열의 전달방법 중 주로 어느 것을 이용한 것인가?
① 전도   ② 대류
③ 복사   ④ 전파

해설 패널난방
벽, 천장, 바닥 속에 온수관을 설치하여 복사열을 이용하는 복사난방

51 공기조화 설비의 구성과 거리가 먼 것은?
① 냉동기 설비
② 보일러 실내기 설비
③ 위생기구 설비
④ 송풍기, 공조기 설비

해설 위생기구 설비는 공조설비가 아닌 배수설비이다.

52 LP가스의 주성분으로 맞는 것은?
① 프로판(C_3H_8)과 부틸렌(C_4H_8)
② 프로판(C_3H_8)과 부탄(C_4H_{10})
③ 프로필렌(C_3H_6)과 부틸렌(C_4H_8)
④ 프로필렌(C_3H_6)과 부탄(C_4H_{10})

해설 액화석유가스(LP) 주성분 : 프로판, 부탄

53 증기보일러에서 환수방법을 진공환수방법으로 할 때 설명으로 맞는 것은?
① 증기주관은 선하향 구배로 한다.
② 환수관은 습식 환수관을 사용한다.
③ 리프트 피팅의 1단 흡상고는 2m로 한다.
④ 리프트 피팅은 펌프 부근에 2개 이상 설치한다.

해설 진공환수식 증기난방
증기주관은 증기의 흐름 방향으로 $\frac{1}{200} \sim \frac{1}{300}$ 정도 앞내림 기울기(선하향 구배)로 하고 도중에서 수직 상향부가 필요하면 트랩을 단다.(리프트 피팅 : 1단 흡상 1.5m마다 1개)

54 통기관의 관경을 정할 때 기본 원칙으로 틀린 것은?
① 결합통기관은 배수수직관과 통기수직관 중 관경이 작은 쪽의 관경 이상으로 한다.
② 신정통기관의 관경은 그것에 접속하는 배수수직관 관경의 1/2 이상으로 한다.
③ 도피통기관의 관경은 그것에 접속하는 배수수평지관 관경의 1/2 이상으로 한다.
④ 각개통기관의 관경은 그것에 접속하는 배수관 관경의 1/2 이상으로 한다.

해설 신정통기관의 관경은 그것에 접속하는 배수관 관경의 $\frac{1}{2}$ 이상으로 한다.

55 배관의 신축이음 중 고압에 잘 견디며 고온고압의 옥외 배관 신축이음쇠로 가장 좋은 것은?
① 루프형 신축이음쇠   ② 슬리브형 신축이음쇠
③ 벨로스형 신축이음쇠 ④ 스위블형 신축이음쇠

48. ④ 49. ③ 50. ③ 51. ③ 52. ② 53. ① 54. ② 55. ① | ANSWER

해설 루프형 곡관형 신축이음
㉠ 옥외대형 배관용
㉡ 신축흡수가 가장 크다.
㉢ 응력이 발생한다.
㉣ 곡관형(만곡형)이다.

56 온수 배관에 관한 설명 중 틀린 것은?
① 배관재료는 내열성을 고려해야 한다.
② 온수보일러의 팽창관에는 슬루스 밸브를 설치한다.
③ 공기가 고일 염려가 있는 곳에는 공기 배출밸브를 설치한다.
④ 배관의 지지는 처짐이 생기지 않도록 한다.

해설 온수보일러 팽창관에는 절대로 밸브를 설치하지 않는다.

57 클린룸(Clean Room)의 실내 기류방식이 아닌 것은?
① 수직수평 정류방식   ② 수직 정류방식
③ 수평 정류방식   ④ 비 정류방식

해설 클린룸의 실내기류방식
㉠ 수직 정류방식
㉡ 수평 정류방식
㉢ 비 정류방식

58 S트랩에서 잘 일어나며 관내에 배수가 가득 차서 흐를 경우 발생하는 봉수 파괴 현상은?
① 자기사이펀작용   ② 분출작용
③ 모세관현상   ④ 증발작용

해설 ㉠ 배수트랩의 봉수깊이 : 50~100mm
㉡ S트랩 : 세면기, 대변기, 소변기 등의 위생기가 바닥에 설치된 배수 수평관용

59 급탕설비 중에서 증기 사이렌서(Steam Silencer)를 필요로 하는 방식은?
① 순간급탕기   ② 저탕식 급탕기
③ 간접가열 급탕기   ④ 기수혼합 급탕기

해설 온수급탕법
㉠ 개별식
• 즉시 탕비기
• 저탕형 탕비기
㉡ 중앙식
• 직접 가열식
• 간접 가열식
• 기수혼합식(탱크 속에 증기분사, S형, F형 사용. 사용증기 압력은 1~4kg/cm²)

60 정압기 설치시공상 주의사항으로 틀린 것은?
① 출구에는 가스차단장치를 설치할 것
② 출구에는 압력이상 상승방지장치를 설치할 것
③ 출구에는 경보장치 및 불순물 제거장치를 설치할 것
④ 출구에는 압력 측정장치를 설치할 것

해설 가버너(정압기) 입구에 불순물 제거장치를 설치한다. 정압기는 3년마다 분해정비가 필요하다.

SECTION 04 전기제어공학

61 자동제어계에서 각 요소를 블록선도로 표시할 때 각 요소는 전달함수로 표시한다. 신호의 전달경로는 무엇으로 표현하는가?
① 접점   ② 점선
③ 화살표   ④ 스위치

해설 전달함수 신호의 전달경로 표현 : 화살표

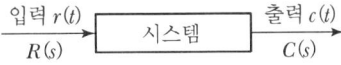

62 400V 이상인 저압전로의 절연저항값은 몇 MΩ 이상이어야 하는가?
① 0.1   ② 0.2
③ 0.3   ④ 0.4

해설 저압전로의 저항값

전압의 구분	절연저항값
대지전압 150V 이하	0.1MΩ
150V를 넘고 300V 이하	0.2MΩ
300V를 넘고 400V 미만	0.3MΩ
400V 이상	0.4MΩ

63 그림과 같은 유접점 회로를 간단히 한 회로는?

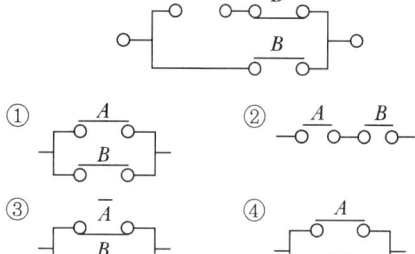

해설 A, B 중 어느 한 개가 ON 되면 그림과 같이 된다.

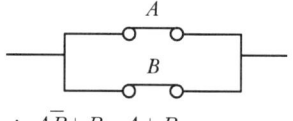

∴ $A\overline{B} + B = A + B$

64 자동제어에서 제어동작의 특징 중 정상편차가 없는 것은?

① 2위치 동작(사이클링이 있음)
② P 동작(사이클링을 방지함)
③ PI 동작(뒤진 회로의 특성과 같음)
④ PD 동작(앞선 회로의 특성과 같음)

해설 • P 동작(비례동작) : 잔류편차 발생
• I 동작(적분동작) : 잔류편차 제거
∴ PI 동작 : 정상편차가 없다.(연속복합동작)

65 그림과 같은 계전기 접점회로의 논리식으로 알맞은 것은?

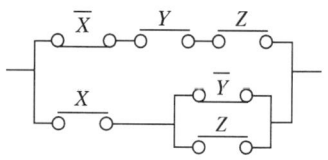

① $(X + \overline{Y} + Z)(\overline{X} + Y + Z)$
② $X(\overline{Y} + Z) + \overline{X}YZ$
③ $(X + \overline{Y}Z)(\overline{X} + Y + Z)$
④ $(X\overline{Y} + Z)\overline{X}YZ$

해설 논리식 : $\overline{X}YZ + X \cdot (\overline{Y} \cdot Z)$

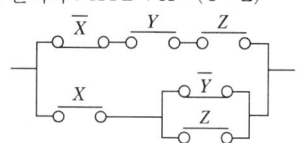

66 교류의 실효치에 관한 설명 중 틀린 것은?

① 교류의 진폭은 실효치의 $\sqrt{2}$ 배이다.
② 전류나 전압의 한 주기의 평균치가 실효치이다.
③ 실효치 100V인 교류와 직류 100V로 같은 전등을 점등하면 그 밝기는 같다.
④ 상용전원이 220V라는 것은 실효치를 의미한다.

해설 ㉠ 교류의 실횻값은 교류의 순시값의 제곱의 1주기의 평균이 평방근이다.
㉡ 실횻값 : 주기파의 열효과의 대소를 나타내는 값으로 표현하며 일정한 시간 동안 교류가 발생하는 열량과 직류가 발생하는 열량을 비교한 값이다.
㉢ 교류의 크기 : $i^2 R_t + (J)$, $I^2 R_t = i^2 R_t$의 평균
여기서, I : $\sqrt{i^2}$의 1주기간의 평균

67 변압기의 무부하 전류에 대한 설명으로 틀린 것은?

① 철심에 자속을 만드는 전류로서 여자전류라고도 한다.
② 1차 단자 간에 전압을 가했을 때 흐르는 전류이다.
③ 전압보다 약 90° 뒤진 위상의 전류이다.
④ 부하에 흐르는 전류가 0이며, 전압이 존재하지 않는 무저항 전류이다.

63. ① 64. ③ 65. ② 66. ② 67. ④ | ANSWER

해설 ㉠ 변압기 : 교류전압을 변화시켜 필요한 전압의 전력을 효율적으로 전달하는 전기기기이다.
㉡ 변압기 무부하에서도 무부하 상태에서 손실이 일어난다.

68 평형 상태인 브리지에서 $L_1 : L_2$ 길이의 비율은 1 : 2이다. $R = 20\Omega$일 때 저항 X의 값은 몇 Ω인가?

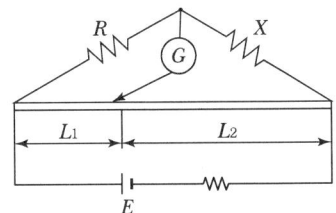

① 5   ② 10
③ 20 ④ 40

해설 휘트스톤 브리지

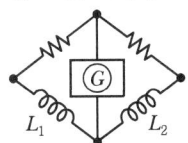

휘트스톤 브리지에서 $RL_2 = XL_1$이다.
$L_1 : L_2 = 1 : 2$이므로
∴ 저항 $X = \dfrac{R \cdot L_2}{L_1} = \dfrac{20 \times 2}{1} = 40\Omega$

69 어떤 제어계의 임펄스 응답이 $\sin\omega t$일 때 계의 전달함수는?

① $\dfrac{\omega}{s+\omega}$ ② $\dfrac{s}{s+\omega^2}$
③ $\dfrac{\omega}{s^2+\omega^2}$ ④ $\dfrac{\omega^2}{s+\omega}$

해설 전달함수
모든 초기값을 0으로 하였을 때 출력신호의 라플라스 변환과 입력신호의 라플라스 변환의 비는
$G(s) = \dfrac{C(s)}{R(s)}$
초기조건이 0이면 출력라플라스 변환은
$C(s) = G(s)R(s)$, $C(t) = \pounds^{-1}[G(s)R(s)]$
∴ $\sin\omega t = \dfrac{\omega}{s^2+\omega^2}$

※ $f(t) = \sin\omega t$, $F(s) = \pounds[f(t)] = \pounds[\sin\omega t]$
∴ $\dfrac{\omega}{s^2+\omega^2}$

70 자동제어에서 미리 정해 놓은 순서에 따라 제어의 각 단계가 순차적으로 진행되는 제어방식은?

① 프로세스 제어
② 시퀀스 제어
③ 서보 제어
④ 되먹임 제어

해설 시퀀스 제어
미리 정해 놓은 순서에 따라 제어의 각 단계가 순차적으로 진행되는 제어방식이다.

71 제어기기 중 조작기기에 대한 설명으로 옳은 것은?
① 전기식은 적응성이 대단히 넓고 특성의 변경은 어렵다.
② 공기식은 PID 동작을 만들기 쉬우나 장거리 전송은 빠르다.
③ 유압식은 관성이 적고 큰 출력을 얻기가 쉽다.
④ 전기식에는 전자밸브, 직류 서보전동기, 클러치 등이 있다.

해설 ㉠ 전기식 : 대단히 넓고 특성의 변경이 쉽다.
㉡ 공기식 : PID 동작을 만들기 쉽다.
㉢ 유압식 : 관성이 적고 큰 출력을 얻기가 쉽다.

72 그림과 같은 회로에서 ab 간에 100V를 가했을 때 cd 사이에 나타나는 전압은 몇 V인가?

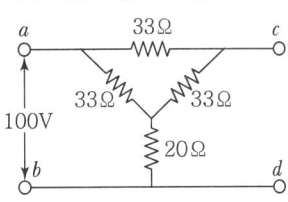

① 43.8   ② 53.8
③ 63.8   ④ 73.8

해설 △결선 → Y결선 변환 ($R_\triangle = 3R_Y$, $R_Y = \frac{1}{3}R_\triangle$)

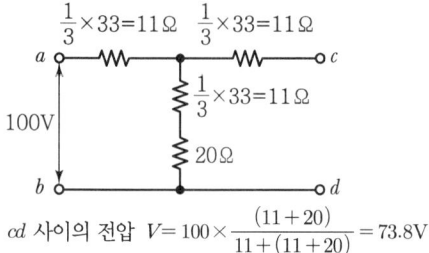

ad 사이의 전압 $V = 100 \times \frac{(11+20)}{11+(11+20)} = 73.8V$

73 변압기의 용도가 아닌 것은?
① 전압의 변환 ② 임피던스의 변환
③ 전류의 변환 ④ 주파수의 변환

해설 변압기의 용도
㉠ 전압의 변환
㉡ 전류의 변환
㉢ 임피던스의 변환

74 그림은 피드백 제어계의 일부이다. 출력 Y는?

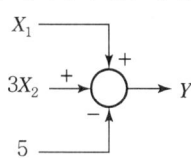

① $X_1 + 3X_2 - 5$
② $X_1 + 3X_2 + 5$
③ $X_1 \cdot 3X_2 \cdot (-5)$
④ $X_1 \cdot 3X_2 \cdot 5$

해설 피드백 제어계 출력$(Y) = X_1 + 3X_2 - 5$
블록선도에서 원은 가감산을 의미한다. 이때 신호에 붙어 있는 부호에 따라 가감산이 결정된다.

75 워드 레오나드방식의 속도제어는 어느 제어에 속하는가?
① 직렬저항제어 ② 계자제어
③ 전압제어 ④ 직병렬제어

해설 워드 레오나드방식 속도제어 : 전압제어

76 전달함수 $G(s) = \frac{10}{3+2s}$ 을 갖는 계에 $\omega = 2\text{rad/sec}$ 인 정현파를 줄 때 이득은 약 몇 dB인가?
① 2 ② 3
③ 4 ④ 6

해설 이득공식
이득 $x = 20\log(A_V)$
$= 20\log\left(\frac{10}{3+2s}\right)$
$= 20\log\frac{10}{3+j(2\times 2)}$
$= 20\log\frac{10}{\sqrt{3^2+4^2}} = 6$

※ $\omega = 2\text{rad/s}$, $s = j\omega$

77 기전력 1V의 정의는?
① 1C의 전기량이 이동할 때 1J의 일을 하는 두 점 간의 전위차
② 1A의 전류가 이동할 때 1J의 일을 하는 두 점 간의 전위차
③ 1C의 전기량이 1초 동안에 이동하는 양
④ 어떤 전기회로에 전압을 가하면 전류가 흐르고 이에 따른 전력이 발생하는 것

해설 기전력 1V의 정의
1C(쿨롱)의 전기량이 이동할 때 1J의 일을 하는 두 점 간의 전위차

78 1W와 크기가 같은 것은?
① 1J ② 1J/sec
③ 1cal ④ 1cal/sec

해설 $W = VIt = I^2Rt = Pt(J)$
$1\text{kWh} = 10^3\text{Wh} = 3.6 \times 10^6\text{W} \cdot \text{sec} = 3,600\text{J}$
∴ $1W = 1J/\text{sec}$

79 전압 $V=125\sin 377t$(V)를 인가하였을 때 전류 $i=50\cos 377t$(A)가 흘렀다면 이것은 어떤 소자에 전류를 흘린 것인가?

① 저항
② 저항과 사이리스터
③ 콘덴서
④ 인덕터

해설 콘덴서
- 정전 용량을 얻기 위해 사용하는 부품(고정 콘덴서, 가변 콘덴서)
- 교류전압이 인덕턴스나 콘덴서에 인가되면 전류의 크기는 임피던스의 크기에 의하여 변화하고 전류와 전압의 위상차가 90° 발생한다.
- sin보다 cos이 90° 앞서므로 콘덴서 회로이다.

80 프로세스 제어에 대한 설명으로 옳은 것은?

① 공업공정의 상태량을 제어량으로 하는 제어를 말한다.
② 생산된 전기를 각 수용가에 배전하는 것도 프로세스 제어의 일종이다.
③ 회전수, 방위, 전압과 같은 제어량이 일정 시간 안에 목푯값에 도달하는 제어이다.
④ 임의로 변화하는 목푯값을 추정하는 제어의 일종이다.

해설 프로세스 제어
공업공정의 상태량을 제어량으로 하는 제어이다.

ANSWER | 79. ③ 80. ①

2012년 3회 공조냉동기계산업기사

SECTION 01 공기조화

01 효과적인 공기조화 설비를 계획하기 위해서는 조닝(Zoning)을 실시한다. 이때 고려해야 할 요소로 가장 거리가 먼 것은?
① 실의 방위
② 실의 사용시간
③ 실의 밝기
④ 실의 형태

해설 조닝 시 고려사항
㉠ 실의 방위
㉡ 실의 사용시간
㉢ 실의 형태

02 증기난방에 비해 온수난방에 대한 특징을 설명한 것으로 틀린 것은?
① 난방부하에 따라 열량조절이 용이하다.
② 예열시간이 길지만 가열 후에 냉각시간도 길다.
③ 수격작용이 심하다.
④ 현열을 이용한 난방으로 쾌감도가 높다.

해설 증기난방 : 응결수에 의해 수격작용(워터해머)이 발생한다.

03 공기조화 방식의 특징 중 공기 – 물 방식(유닛병용식)의 특징에 해당하는 것은?
① 유닛의 소음이 발생하지 않는다.
② 유닛 1대로써 1개의 소규모 존을 구성하므로 조닝이 용이하다.
③ 덕트가 없으므로 덕트 스페이스가 필요하지 않다.
④ 개별식이므로 부분운전 및 시간차 운전에 적합하다.

해설 ㉠ 공기수방식(공기 – 물 방식) : 덕트병용 팬코일 유닛방식, 유인유닛방식, 복사냉난방방식
㉡ 유닛병용식은 대형건축물의 내부존과 외부존을 구분하여 공조시스템에 적용한다.
㉢ 공기 – 수 방식은 유닛 1대로서 1개의 소규모 존을 구성하므로 조닝이 용이하다.

04 공조기를 설치한 바닥 면적은 좁고 층고가 높은 경우에 적합한 공조기(AHU)의 형식은?
① 수직형
② 수평형
③ 복합형
④ 멀티존형

해설 수직형 공조기
설치 바닥면적이 좁고 층고가 높은 경우에 설치가 용이한 공조기이다.

05 압축식 냉동기에 비해 흡수식 냉동기 냉각탑의 열처리용량과 냉각수량은 몇 배 정도로 하는가?
① 처리용량 2배, 냉각수량 1.5배
② 처리용량 4배, 냉각수량 2배
③ 처리용량 1.5배, 냉각수량 4배
④ 처리용량 2배, 냉각수량 4배

해설 흡수식 냉동기
냉각수는 흡수기 및 응축기를 거쳐야 하므로 압축식에 비해 처리용량은 2배, 냉각수량은 1.5배 정도가 소요된다.

06 다음 공식 중 관내 마찰손실 수두를 구하는 식은?(단, d : 관의 안지름, l : 관의 길이, g : 중력가속도, V : 유속, f : 마찰계수, r : 물의 비중량)
① $h = f \dfrac{l}{d} \dfrac{V^2}{2g} r$
② $h = f \dfrac{V^2}{2g} r$
③ $h = \dfrac{V^2}{2g} r$
④ $h = \left(\dfrac{1}{f} - 1\right)^2 \dfrac{V^2}{2g} r$

해설 관내 마찰손실수두(h)
$h = f \dfrac{l}{d} \times \dfrac{V^2}{2g} \cdot r \text{(m)}$

07 공기조화 부하 중 실내 취득 열량이 아닌 것은?
① 인체 발생 열량
② 벽체로부터의 열량
③ 덕트로부터의 열량
④ 기구 발생 열량

해설 덕트로부터 취득 열량 : 기기로부터 취득열량에 해당된다.

08 원통다관식 열교환기에 관한 설명으로 맞지 않는 것은?
① 동체 내에 다수의 관을 설치한 형식으로 되어 있다.
② 전열관 내 유속은 1.8m/s 이하가 되도록 하는 것이 바람직하다.
③ 전열관은 일반적으로 직경 25.4mm의 동관이 많이 사용된다.
④ 동관을 전열관으로 사용할 경우 유체의 온도는 150℃ 이상이 좋다.

해설 ㉠ 동관은 전열이 좋아서 150℃ 이하의 유체의 온도에 이상적이다.
㉡ 원통다관식 열교환기 : 고정관판형, 유동두형, 니자관형, 캐틀형

09 어떤 실내공간의 냉방 설계 온습도 조건이 26℃ DB, 50% RH이고, 냉방부하 중 현열부하 q_s = 3,000 kcal/h, 잠열부하 q_L = 1,000kcal/h였다면 공급해야 할 송풍량은 약 얼마인가?(단, 냉풍의 취출온도는 16℃, 공기의 정압비열 C_p = 0.24kcal/kg℃, 공기의 밀도 γ = 1.2kg/m³이다.)
① 694m³/h
② 1,042m³/h
③ 1,389m³/h
④ 1,426m³/h

해설 현열부하 $Q = G \cdot C \cdot dT$
$= (q \times 1.2) \times C \cdot dT$
송풍량 $q = \dfrac{Q}{1.2 \times 0.24 \times dT} = \dfrac{3,000}{1.2 \times 0.24 \times (26-16)}$
$= 1,041.67 ≒ 1,042\text{m}^3/\text{h}$

10 다음 중 냉수코일의 설계법으로 틀린 것은?
① 공기흐름과 냉수흐름의 방향을 평행류로 하고 대수평균 온도차를 적게 한다.
② 코일의 열수는 일반공기 냉각용에는 4-8열(列)이 많이 사용된다.
③ 냉수 속도는 일반적으로 1m/s 전후로 한다.
④ 코일의 설치는 관이 수평으로 놓이게 한다.

해설 냉수코일 설계 시 공기흐름과 냉수흐름을 향류로 하고 대수평균온도차를 크게 한다.

11 송풍기를 원심, 축류 및 기타로 크게 나눌 때 원심 송풍기의 종류에 속하지 않는 것은?
① 터보 송풍기
② 리밋 로드 송풍기
③ 익형 송풍기
④ 프로펠러 송풍기

해설 축류식 송풍기 : ㉠ 프로펠러형, ㉡ 디스크형

12 증기난방 설비를 설계할 때 필요 방열면적(s)의 산출식으로 옳은 것은?
① $s = \dfrac{\text{손실열량}}{650}$
② $s = \dfrac{650 \times \text{손실열량}}{539}$
③ $s = \dfrac{\text{손실열량}}{539}$
④ $s = \dfrac{\text{손실열량}}{450}$

해설 난방부하 손실열량 Q = 표준방열면적 $EDR \times 650$
$S(EDR) = \dfrac{Q}{650}\text{m}^2$
※ 증기보일러의 표준방열량 : 650kcal/m² · h
온수보일러의 표준방열량 : 450kcal/m² · h

13 전공기 방식의 특징에 속하는 것은?
① 외기냉방이 가능하다.
② 공조기계실이 적어도 된다.
③ 부하가 큰 실에 대해서도 덕트 크기가 작아진다.
④ 공기-수 방식에 비해 반송동력이 적게 된다.

해설 ㉠ 전공기 방식 : 단일덕트 방식, 2중덕트 방식, 각층 유닛 방식, 덕트병용 팬코일 유닛방식
㉡ 전공기 방식 : 송풍량이 많고, 실내 공기의 오염이 적으며, 중간기에 외기냉방이 가능하다.

14 지하주차장 환기설비에서 천장부에 설치되어 있는 고속노즐로부터 취출되는 공기의 유인효과를 이용하여 오염공기를 국부적으로 희석시키는 방식으로 맞는 것은?
① 제트팬 방식
② 고속덕트 방식
③ 무덕트환기 방식
④ 디리벤트 방식

해설 디리벤트 방식
지하주차장 환기설비에서 천장부에 설치되어 있는 고속노즐로부터 취출되는 공기의 유인효과를 이용하여 오염공기를 희석시킨다.

ANSWER | 8. ④ 9. ② 10. ① 11. ④ 12. ① 13. ① 14. ④

15 기계환기 중 송풍기와 배풍기를 이용하여 대규모 보일러실, 변전실 등에 적용하는 환기법은?

① 1종 환기 ② 2종 환기
③ 3종 환기 ④ 4종 환기

해설 ㉠ 기계환기
• 제1종 환기 : (급기 : 송풍기, 배기 : 배풍기)
• 제2종 환기 : 급기팬+자연배기
• 제3종 환기 : 자연급기+배기팬
㉡ 자연환기 : 자연급기+자연배기

16 다음의 공기선도상에서 상태점 A의 노점온도는 몇 ℃인가?

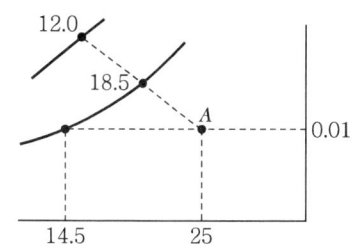

① 12 ② 14.5
③ 18.5 ④ 25

해설 ㉠ 건구온도 : 25℃
㉡ 습구온도 : 18.5℃
㉢ 노점온도 : 14.5℃

17 다음은 냉각 코일에서 공기상태 변화를 나타낸 것이다. 이때 코일의 BF(Bypass Factor)는 어느 것인가?

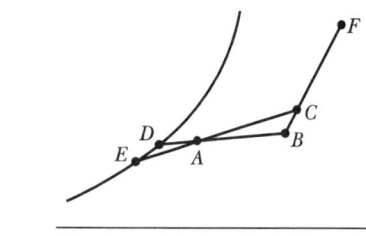

① $\dfrac{BA}{BD}$ ② $\dfrac{AD}{BA}$
③ $\dfrac{AE}{CE}$ ④ $\dfrac{CA}{CE}$

해설 냉각코일의 바이패스 팩터 : $\dfrac{AE}{CE}$

18 상대습도 50%, 냉방의 현열부하가 7,500kcal/h, 잠열부하가 2,500kcal/h일 때 현열비(SHF)는 얼마인가?

① 0.25 ② 0.65
③ 0.75 ④ 0.85

해설 현열비 $SHF = \dfrac{\text{현열부하}}{\text{현열부하}+\text{잠열부하}} = \dfrac{q_S}{q_S+q_C}$
$= \dfrac{7,500}{7,500+2,500} = 0.75$

19 덕트의 치수 결정법에 대한 설명으로 옳은 것은?

① 등속법은 각 구간마다 압력손실이 같다.
② 등마찰 손실법에서 풍량이 10,000m³/h 이상이 되면 정압재취득법으로 하기도 한다.
③ 정압재취득법은 취출구 직전의 정압이 대략 일정한 값으로 된다.
④ 등마찰 손실법에서 각 구간마다 압력손실을 같게 해서는 안 된다.

해설 정압재취득법
고속덕트에 적합하고 송풍기에서 최초의 분기부까지의 정압손실 및 취출구의 저항손실만 계산한다. 등압법에 의해 송풍기 동력이 절약되며 풍량조절이 쉽다. 또한 취출구 직전의 정압이 대략 일정한 값이 된다.

20 물 또는 온수를 직접 공기 중에 분사하는 방식의 수분무식 가습장치의 종류에 해당되지 않은 것은?

① 원심식 ② 초음파식
③ 분무식 ④ 가습팬식

해설 가습방식
㉠ 수분무식
• 원심식
• 초음파식
• 분무식
㉡ 증기발생식
• 가습팬식
• 전극식
• 적외선식
㉢ 증발식
㉣ 에어워셔식

SECTION 02 냉동공학

21 액분리기(Accumulator)의 설명이 잘못된 것은?
① 압축기에 액이 흡입되지 않게 한다.
② 응축기와 압축기 사이에 설치한다.
③ 압축기의 파손을 방지한다.
④ 장치 기동 시 증발기 내에서의 냉매의 교란을 방지한다.

해설 액분리기 설치위치
증발기와 압축기 사이 흡입배관에 설치하여 냉매액을 제거하여 액압축(Liquid Back)을 방지한다.

22 냉매 1kg당 냉동량이 300kcal인 어떤 냉동장치가 냉동능력 18RT를 내기 위하여 냉매 순환량은 약 얼마이어야 하는가?
① 200kg/h
② 250kg/h
③ 300kg/h
④ 350kg/h

해설 냉동능력 $Q = G \times q$에서

냉매순환량 $G = \dfrac{Q}{q} = \dfrac{18 \times 3,320}{300}$
$= 199.2$
$\fallingdotseq 200 \text{kg/h}$

23 냉매의 응축온도 50℃, 응축기 냉각수 입구온도 25℃, 출구온도 35℃일 때 대수평균온도차는 약 얼마인가?
① 22.6℃
② 19.6℃
③ 16.6℃
④ 12.6℃

해설 대수평균온도차 $LMTD = \dfrac{T_1 - T_2}{\ln\left(\dfrac{T_1}{T_2}\right)}$

$= \dfrac{(50-25) - (50-35)}{\ln \dfrac{(50-25)}{(50-35)}}$
$= 19.58$
$\fallingdotseq 19.6℃$

24 스크루(Screw) 압축기의 특징을 설명한 것으로 틀린 것은?
① 부품의 수가 적고 수명이 길다.
② 흡입밸브와 토출밸브가 없어 밸브의 마모, 손실이 없다.
③ 압축이 연속적이며, 진동이 크다.
④ 무단계 용량제어가 가능하며 자동운전에 적합하다.

해설 ㉠ 스크루 압축기(Screw Compressor) : 소형으로 대용량의 가스처리가 가능하다(흡입, 압축, 토출 3행정). 고속회전으로 소음이 크고 오일부족 시 마모가 크다.
㉡ 회전식 압축기 : 연속적 압축이 가능하다.

25 냉동능력 9,960kcal/h인 냉동기에서 냉매를 압축할 때 3.2kW의 동력이 소모되었다. 응축기 방열량은 몇 kcal/h인가?
① 11,982
② 12,012
③ 12,712
④ 13,160

해설 응축기 방열량 Q_C = 응축부하 + 압축기부하
$= 9,960 + (3.2 \times 860)$
$= 12,712 \text{kcal/h}$

26 고속다기통 압축기의 특성 중 틀린 것은?
① 윤활유의 소비가 많다.
② 능력에 비해 소형이며 가볍다.
③ 기통수가 많아 용량제어가 곤란하다.
④ 무부하 기동이 가능하다.

해설 고속다기통 압축기는 기통수가 많아서 용량제어가 용이하다.

27 소량의 냉장화물 수송이나 해상수송이 필요할 때에는 냉동 컨테이너를 이용하는 것이 편리하다. 냉동 컨테이너의 냉각방식의 조합으로 적당하지 않은 것은?
① 얼음 : 융해열
② 드라이아이스 : 승화열
③ 액체질소 : 증발열
④ 기계식 냉동기 : 압축열

ANSWER | 21. ② 22. ① 23. ② 24. ③ 25. ③ 26. ③ 27. ④

[해설] ㉠ 기계식 냉동기 : 냉매의 증발열을 이용하여 냉각시킨다.
(증기압축식 냉동기)
㉡ 응축부하 : 증발열 + 압축열

28 제빙장치에서 깨끗한 얼음을 만들기 위해 빙관 내로 공기를 송입하여 물을 교반시킨다. 이때 어떤 종류의 송풍기가 많이 사용되는가?

① 프로펠러식 송풍기
② 임펠러식 송풍기
③ 로터리식 송풍기
④ 스크루식 송풍기

[해설] 로터리식 송풍기
제빙장치에서 깨끗한 얼음을 만들기 위해 빙관 내로 공기를 송입하여 물을 교반시키는 송풍기

29 핼라이드 토치로 누설검사가 불가능한 냉매는?

① NH_3 ② $R-504$
③ $R-22$ ④ $R-114$

[해설] 암모니아 냉매 누설검사 방법
㉠ 냄새 측정 방법
㉡ 유황초 사용 : 흰 연기가 발생하면 누설
㉢ 물에 적신 페놀프탈레인지 : 누설이 있으면 홍색 변화
㉣ 네슬러 시약 사용 : 소량누설 시 황색, 다량누설 시 자색

30 $P-V$ 선도에서 1에서 2까지 단열압축하였을 때의 압축일량은 다음 중 어느 것으로 표현되는가?

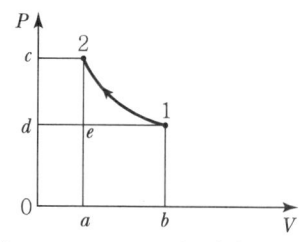

① 면적 $1\,2\,c\,d\,1$ ② 면적 $1\,d\,0\,b\,1$
③ 면적 $1\,2\,a\,b\,1$ ④ 면적 $a\,e\,d\,0\,a$

[해설] $P-V$ 선도에서 1→2까지 단열압축 시 압축일량 표시 크기 순서 : 면적 $1→2→a→b→1$

31 최근 여름철 주간 전력부하를 야간으로 이전하고 에너지를 효율적으로 사용하자는 측면에서 빙축열시스템이 보급되고 있다. 다음 중 빙축열시스템의 분류에 대한 조합으로 적당하지 않은 것은?

① 정적형 : 관내착빙형
② 정적형 : 캡슐형
③ 동적형 : 관외착빙형
④ 동적형 : 과냉각아이스형

[해설] 빙축열시스템 분류
㉠ 관내착빙형 : 정적형
㉡ 캡슐형 : 정적형
㉢ 동적형 : 과냉각아이스형

32 브라인에 대한 설명으로 옳은 것은?

① 브라인은 그 감열을 이용하여 냉각한다.
② 염화칼슘 브라인보다 염화나트륨 브라인 쪽이 온도를 더 내릴 수 있다.
③ 일반적으로 유기질브라인은 무기질브라인에 비해 부식성이 크다.
④ 브라인은 비등점이 낮아도 상관없다.

[해설] 브라인 간접 2차냉매 흡수열 : 감열(현열) 이용

33 응축온도는 일정한데 증발온도가 저하되었을 때 감소되지 않는 것은?

① 압축비 ② 냉동능력
③ 성적계수 ④ 냉동효과

[해설] 응축온도 일정, 증발온도 저하 시 압축비(응축압/증발압)는 오히려 증가한다.

34 두께 30cm인 콘크리트벽이 있는데 이 벽의 내면온도가 26℃, 외면온도가 36℃일 때 이 콘크리트 벽을 통하여 흐르는 단위 면적당 열량(kcal/h)은 약 얼마인가?(단, 콘크리트벽의 열전도율은 0.8kcal/m·h·℃이다.)

① 2.40 ② 3.75
③ 26.67 ④ 41.67

해설 열량 $Q = K \cdot F \cdot dT$
$= \left(\dfrac{\lambda}{l}\right) \cdot F \cdot dT$
$= \dfrac{0.8}{(30 \times 10^{-2})} \times 1 \times (36 - 26)$
$= 26.67 \text{kcal/h}$

35 흡수식 냉동기용 흡수제의 구비조건으로 틀린 것은?
① 재생에 많은 열량을 필요로 하지 않을 것
② 점도가 높지 않을 것
③ 부식성이 없을 것
④ 용액의 증기압이 높을 것

해설 흡수식 냉동기 흡수제(리튬브로마이드 : LiBr)는 용액의 증기압이 낮아서 온도가 낮아야 냉매의 흡수력이 좋아진다.

36 냉매가 암모니아일 경우는 주로 소형, 프레온일 경우에는 대용량까지 광범위하게 사용되는 응축기로 전열이 양호하고, 설치면적이 적어도 되나 냉각관이 부식되기 쉬운 응축기는?
① 2중관식 응축기
② 입형 셸 앤드 튜브식 응축기
③ 횡형 셸 앤드 튜브식 응축기
④ 7통로식 횡형 셸 앤드식 응축기

해설 횡형 셸(Shell) & 튜브식 응축기
㉠ 암모니아 사용 : 소형 응축기
㉡ 프레온 냉매 사용 : 대용량 응축기 가능
㉢ 전열이 양호하고 설치면적이 적어도 되나 냉각관의 부식이 쉽다.

37 왕복동 압축기의 흡입밸브와 토출밸브의 필요조건으로 틀린 것은?
① 가스가 통과할 때 유동저항이 적을 것
② 밸브가 닫혔을 때 누설이 없을 것
③ 밸브의 관성력이 크고 개폐작동이 원활할 것
④ 밸브가 파손되거나 고장이 없을 것

해설 왕복동식 압축기 흡입 및 토출 밸브는 관성력이 작아야 한다.

38 주위와 에너지는 교환할 수 있으나 물질은 교환할 수 없는 계를 열역학에서는 무엇이라 하는가?
① 개방계
② 밀폐계
③ 고립계
④ 상태계

해설 밀폐계
주위와 에너지는 교환이 가능하나 물질교환은 불가능하다.

39 냉매의 구비조건이 아닌 것은?
① 응고점이 낮을 것
② 증기의 비열비가 작을 것
③ 증발열이 클 것
④ 임계온도는 상온보다 낮을 것

해설 냉매의 임계온도는 상온보다 높아야 냉매의 액화가 용이하다.

40 응축기에서 수액기로 액이 떨어지지 않을 때가 있다. 그 대책에 관한 설명 중 옳지 않은 것은?
① 낙하관의 관경을 크게 한다.
② 균압관을 설치한다.
③ 낙하관에 트랩을 설치한다.
④ 낙하관에 체크밸브를 설치한다.

해설 냉매액이 응축기에서 수액기로 떨어지지 않을 때의 대책은 ①, ②, ③항의 조치를 취하고 체크밸브(역류방지용)의 설치는 생략한다.

SECTION 03 배관일반

41 나사용 배관에 사용되는 패킹은?
① 몰드패킹
② 일산화연
③ 고무패킹
④ 아마존패킹

해설 ㉠ 일산화연(나사용 패킹) : 페인트에 소량 타서 사용하며, 냉매 배관용 패킹제이다.
㉡ 고무패킹 : 플랜지패킹
㉢ 몰드, 아마존패킹 : 그랜드패킹

ANSWER | 35.④ 36.③ 37.③ 38.② 39.④ 40.④ 41.②

42 암거 내에 증기난방 배관 시공을 하고자 할 때 나관(Bare Pipe) 상태라면 관 표면에 무엇을 바르는가?

① 시멘트 ② 석면
③ 테프론 테이프 ④ 콜타르

해설 벽, 땅속 암거 내에 증기난방 배관 시공 시 보온을 하지 않은 나관 상태에서는 관 표면에 콜타르를 바른다.

43 냉동배관 중 액관 시공상 주의할 점을 열거한 것이다. 잘못된 것은?

① 매우 긴 입상 배관의 경우 압력이 증가하게 되므로 충분한 과냉각이 필요하다.
② 배관은 가능한 한 짧게 하여 냉매가 증발하는 것을 방지한다.
③ 2대 이상의 증발기를 사용하는 경우 액관에서 발생한 증발가스(Flash Gas)가 균등하게 분배되도록 배관한다.
④ 증발기가 응축기 또는 수액기보다 8m 이상 높은 위치에 설치되는 경우에는 액을 충분히 과냉각시켜 액 냉매가 관내에서 증발하는 것을 방지하도록 한다.

해설 매우 긴 입상배관에서 냉매액이 이송하게 되면 압력이 증가하는 것이 아니라 오히려 감소한다.

44 도시가스 제조 공정에 해당하지 않는 것은?

① 열분해 공정 ② 접촉분해 공정
③ 압축연소 공정 ④ 수소화분해 공정

해설 도시가스 제조 공정
㉠ 열분해 공정
㉡ 접촉분해 공정
㉢ 수소화분해 공정

45 도시가스 공급시설의 기밀시험 및 내압시험압력은 최고사용압력의 몇 배인가?

① 1.5배, 1.1배 ② 1.1배, 2배
③ 2배, 1.1배 ④ 1.1배, 1.5배

해설 도시가스 공급시설
㉠ 기밀시험 : 최고 사용압력의 1.1배
㉡ 내압시험 : 최고 사용압력의 1.5배

46 배관길이 200m, 관경 100mm의 배관 내 20℃의 물을 80℃로 상승시킬 경우 배관의 신축량은?(단, 강관의 선팽창계수는 12.5×10^{-6} mm/m·℃이다.)

① 10cm ② 15cm
③ 20cm ④ 25cm

해설 배관의 신축량 Δl = 선팽창계수 × 관길이 × 온도차
$= \alpha \cdot l \cdot \Delta t$
$= (12.5 \times 10^{-6}) \times (200) \times (80-20)$
$= 0.15m$
$= 15cm$

47 복사난방을 바닥패널로 시공할 경우 적당한 가열면의 온도범위는?

① 30~33℃ ② 40~43℃
③ 50~53℃ ④ 60~63℃

해설 바닥패널 복사난방 가열면의 온도범위 : 30~33℃

48 송풍기의 토출 측과 흡입 측에 설치하여 송풍기의 진동이 덕트나 장치에 전달되는 것을 방지하기 위한 접속법은?

① 크로스 커넥션(Cross Connection)
② 캔버스 커넥션(Canvas Connection)
③ 서브 스테이션(Sub Station)
④ 하트포드(Hartford) 접속법

해설 캔버스 커넥션
송풍기의 토출 측과 흡입 측에 연결하여 송풍기 진동이 덕트나 장치에 전달되는 것을 차단시킨다.

49 배수설비의 통기방식 종류가 아닌 것은?

① 회로통기방식 ② 일체통기방식
③ 각개통기방식 ④ 신정통기방식

42. ④ 43. ① 44. ③ 45. ④ 46. ② 47. ① 48. ② 49. ② | ANSWER

해설 배수설비 통기방식
㉠ 회로통기방식
㉡ 각개통기방식
㉢ 신정통기방식

50 수액기를 나온 냉매액은 팽창밸브를 통해 교축되어 저온·저압의 증발기로 공급된다. 팽창밸브의 종류가 아닌 것은?
① 온도식
② 플로트식
③ 인젝터식
④ 압력자동식

해설 인젝터
보일러에서 전기의 공급이 차단될 때 증기를 이용하여 급수를 하는 급수설비의 일종이다.

51 급탕배관의 시공상 주의사항이다. 틀린 것은?
① 하향식 공급방식에서는 급탕관은 끝올림, 복귀관은 끝내림 구배로 한다.
② 급탕관은 보통 아연도금 강관을 사용한다.
③ 팽창탱크의 설치높이는 탱크의 저면이 급수원보다 5m 이상 높은 곳에 설치한다.
④ 물이 가열되면 공기가 생기므로 공기빼기 밸브를 설치한다.

해설 급탕배관 구배
㉠ 상향 공급식 : 끝올림 구배(복귀관은 끝내림 구배)
㉡ 하향 공급식 : 급탕관, 복귀관 모두 끝내림 구배

52 다음 배관 부속 중 사용 목적이 서로 다른 것과 연결된 것은?
① 플러그-캡
② 유니언-플랜지
③ 니플-소켓
④ 티-리듀서

해설 ㉠ 티 : 방향전환 분기
㉡ 리듀서 : 줄임쇠

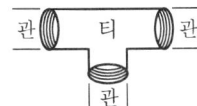 

53 다음 보기에서 설명하는 난방 방식은?

㉠ 설비비가 비교적 적다.
㉡ 예열시간이 짧고 연료비가 적다.
㉢ 실내 상하의 온도차가 크다.
㉣ 소음이 생기기 쉽다.

① 지역 난방
② 온수 난방
③ 온풍 난방
④ 복사 난방

해설 보기의 내용은 온풍 난방의 특징에 해당된다.

54 증기트랩 중 기계식에 해당되지 않는 것은?
① 벨로스트랩
② 버킷트랩
③ 플로트트랩
④ 다량트랩

해설 벨로스트랩, 바이메탈트랩 : 온도차를 이용한 트랩이다.

55 배수관에 트랩을 설치하는 이유는?
① 배수관에서 배수의 역류를 방지한다.
② 배수관의 이물질을 제거한다.
③ 배수의 속도를 조절한다.
④ 배수관에 발생하는 유취와 유해가스의 역류를 방지한다.

해설 배수트랩의 설치 목적
배수관에 발생하는 유취와 유해가스의 역류 방지 목적

56 배수 설비를 옥내 배수와 옥외 배수로 구분할 때 그 기준은?
① 1.5m 담장
② 건물 외벽
③ 건물 외벽에서 밖으로 1m 경계선
④ 가옥 부지 경계선

해설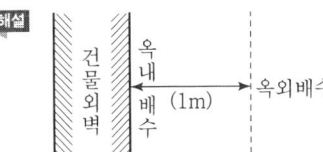

57 연관의 장점이 아닌 것은?
① 가공성이 좋다.
② 신축성이 풍부하다.
③ 중량이 가벼우며 충격에 강하다.
④ 산에는 강하지만 알칼리성에는 약하다.

해설 연관(납(Pb)관)
중량이 무거우며 충격에 약하다.

58 급탕의 사용온도가 가장 높은 것은?
① 접시 헹구기용   ② 음료용
③ 성인 목욕용   ④ 면도용

해설 급탕의 사용온도
급탕온도는 기름기가 부착된 접시 헹구기용이 가장 높아야 한다.

59 증기배관에서 워터해머를 방지하기 위한 방법 중 틀린 것은?
① 보일러에서 프라이밍(Priming)이 없도록 한다.
② 감압밸브를 설치하는 것이 좋다.
③ 역구배를 충분히 크게 하고 관경을 크게 한다.
④ 트랩은 확실하게 작동되고 고장이 없는 것을 사용한다.

해설 증기배관에서 워터해머(수격작용) 방지를 위해서는 순구배를 하는 것이 좋다. 기타 ①, ②, ④항을 적용한다.

60 냉동 설비에서 고온·고압의 냉매 기체가 흐르는 배관은?
① 증발기와 압축기 사이 배관
② 응축기와 수액기 사이 배관
③ 압축기와 응축기 사이 배관
④ 팽창밸브와 증발기 사이 배관

해설
• 압축기 → 응축기 : 고온·고압의 냉매 가스
• 응축기 → 팽창밸브 : 고온·고압의 냉매액

SECTION 04 전기제어공학

61 $v = 200\sin\left(120\pi t + \dfrac{\pi}{3}\right)$ (V)인 전압의 순시값에서 주파수는 몇 Hz인가?
① 50   ② 55
③ 60   ④ 65

해설
• 주파수(f) = $\dfrac{1}{T} = \dfrac{\omega}{2\pi}$ (Hz)
• 순시값 : 교류는 시간에 따라 변하고 있으므로 임의의 순간에서 전압 또는 전류 크기
$\omega = 120\pi$, $\omega = 2\pi f$
$f = \dfrac{\omega}{2\pi} = \dfrac{120\pi}{2\pi} = 60$Hz

62 다음 (   ) 안의 ㉠, ㉡에 알맞은 것은?

근궤적은 $G(s)H(s)$의 (㉠)에서 출발하여 (㉡)에서 종착한다.

① ㉠ 영점, ㉡ 극점
② ㉠ 극점, ㉡ 영점
③ ㉠ 분지점, ㉡ 극점
④ ㉠ 극점, ㉡ 분지점

해설 근궤적
$G(s)H(s)$의 극점에서 출발하여 영점에서 종착한다.(근궤적이란 개루프 전달함수의 이득 정수 K를 0에서 ∞까지 변화시킬 때의 특성 방정식의 근(根), 즉 개루프 전달함수의 극의 이동 궤적(軌跡))

63 직류전동기의 회전수를 일정하게 유지시키기 위하여 전압제어를 하고 있다. 전압의 크기는 어느 것에 해당하는가?
① 목푯값   ② 조작량
③ 제어량   ④ 제어대상

해설 직류전동기 회전수 전압제어에서 전압의 크기 = 조작량에 해당된다.

64 되먹임 제어를 바르게 설명한 것은?
① 입력과 출력을 비교하여 정정동작을 하는 방식
② 프로그램의 순서대로 순차적으로 제어하는 방식
③ 외부에서 명령을 입력하는데 따라 제어되는 방식
④ 미리 정해진 순서에 따라 순차적으로 제어되는 방식

해설 되먹임 제어
피드백제어이며 입력과 출력을 비교하여 정정동작을 하는 방식

65 단위 계단함수 $u(t-a)$를 라플라스 변환하면?

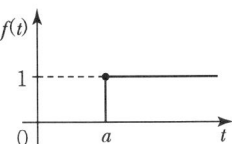

① $\dfrac{e^{as}}{s^2}$ ② $\dfrac{e^{-as}}{s^2}$

③ $\dfrac{e^{-as}}{s}$ ④ $\dfrac{e^{as}}{s}$

해설 단위 계단함수 : $u(t)=1$, $F(s)=\dfrac{1}{s}$

$u(t-a)$의 라플라스 변환 : $\dfrac{e^{-as}}{s}$

※ $\mathcal{L}[f(t-a)] = F(s)e^{-as}$: 부호 불변

$\mathcal{L}[u(t-a)] = \dfrac{1}{s}e^{-as}$

66 그림과 같이 교류의 전압을 직류용 가동코일형 계기를 사용하여 측정하였다. 전압계의 눈금은 몇 V인가?(단, 교류전압의 최댓값은 V_m이고, 전압계의 내부저항 R의 값은 충분히 크다고 한다.)

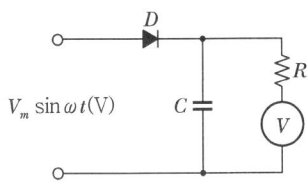

① V_m ② $\dfrac{V_m}{\sqrt{2}}$

③ $\dfrac{V_m}{2}$ ④ $\dfrac{V_m}{2\sqrt{2}}$

해설 사인파 전압의 최댓값(V_m)
$V_m = 2Blu(\text{V})$
여기서, B : Wb/m², l : m, u : m/s

67 그림의 신호 흐름선도에서 $\dfrac{C}{R}$는?

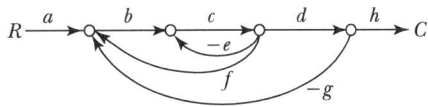

① $\dfrac{abcd}{1-ce+bcf-bcdg}$ ② $\dfrac{abcdh}{1-ce-bcf-bcdg}$

③ $\dfrac{abcdh}{1+ce-bcf+bcdg}$ ④ $\dfrac{bcd}{1-ce-bcf-bcdg}$

해설 메이슨의 이득공식 $G = \dfrac{C}{R} = \dfrac{\sum G_i \cdot \Delta_i}{\Delta}$

$= \dfrac{abcdh}{1-(-ce+bcf-bcdg)}$

$= \dfrac{abcdh}{1+ce-bcf+bcdg}$

여기서, G_i : i번째 전향경로
Δ_i : 1−전향경로와 비접속인 피드백+⋯
Δ : 1−피드백 경로의 합 +2개가 비접속인 피드백의 곱+⋯

68 그림에서 a, b단자에 100V를 인가할 때 저항 2Ω에 흐르는 전류 I_1은 몇 A인가?

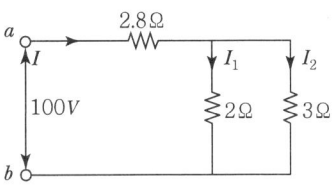

① 10 ② 15
③ 20 ④ 25

해설 합성저항(R) $= 2.8 + \dfrac{2 \times 3}{2+3} = 4\Omega$

전전류(I) $= \dfrac{V}{R} = \dfrac{100}{4} = 25\text{A}$

2Ω에 흐르는 전류 $= \dfrac{R_2}{R_1+R_2} \times I = \dfrac{3}{2+3} \times 25 = 15\text{A}$

ANSWER | 64. ① 65. ③ 66. ① 67. ③ 68. ②

69 3상 유도전동기가 85%의 부하를 가지고 운전하고 있던 중 1선이 개방되면?

① 즉시 정지한다.
② 역방향으로 회전한다.
③ 계속 운진하며 전동기에 큰 지장이 없다.
④ 계속 운전하나 결국엔 소손된다.

해설 3상 유도전동기가 85%의 부하를 가지고 운전하고 있던 중 1선이 개방되면 계속 운전하나 결국엔 소손된다.

70 전자회로에서 온도 보상용으로 많이 사용되고 있는 소자는?

① 저항　　② 코일
③ 콘덴서　④ 서미스터

해설 서미스터
전자회로에서 온도보상용 소자(망간, 니켈, 구리, 코발트, 크롬, 철 등의 산화물)

71 직류전동기의 속도제어방법 중 광범위한 속도제어가 가능하며 운전효율이 좋은 방법은?

① 계자제어
② 직렬저항제어
③ 병렬저항제어
④ 전압제어

해설 전압제어
직류전동기 속도제어방법(속도제어가 광범위하며 운전효율이 좋다.)

72 연료의 유량과 공기의 유량과의 관계 비율을 연소에 적합하게 유지하고자 하는 제어는?

① 프로세스제어　② 비율제어
③ 프로그래밍제어　④ 시퀀스제어

해설 비율제어
연료의 유량과 공기의 유량과의 관계 비율을 연소에 적합하게 유지하는 제어

73 도선에 흐르는 전류에 의하여 발생되는 자계의 크기가 전류의 크기와 거리에 따라 달라지는 법칙은?

① 암페어의 오른나사 법칙
② 플레밍의 왼손 법칙
③ 비오-사바르의 법칙
④ 렌츠의 법칙

해설 비오-사바르의 법칙
도선에 흐르는 전류에 의하여 발생되는 자계의 크기가 전류의 크기와 거리에 달라지는 법칙

74 다음 논리회로에서 출력 Y의 논리식은?

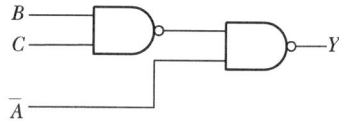

① $Y = \overline{A} + BC$　② $Y = B + \overline{A}C$
③ $Y = A + BC$　④ $Y = B + AC$

해설 출력$(Y) = \overline{(X \cdot \overline{A})} = \overline{(B+C)\overline{A}} = A + B \cdot C$

75 그림은 인덕턴스회로에서 전압 V와 전류 i의 관계를 설명하고 있다. 그 특징에 대한 설명으로 옳은 것은?

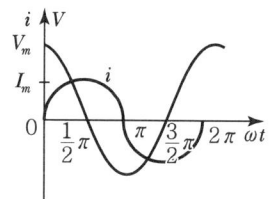

① 전압과 전류는 동일 주파수의 정현파이다.
② 전류가 전압보다 위상이 90° 앞선다.
③ 실효치의 비가 $\frac{1}{\omega L}$이다.
④ 콘덴서회로와 같이 다른 주파수의 정현파이다.

해설 ㉠ 인덕턴스 : 전선이나 코일에는 그 주위나 내부를 통하는 자속의 변화를 방해하는 작용
㉡ 정현파(사인파) : 시간 혹은 공간의 선형함수의 정현함수로 나타내는 파이다.

76 그림과 같은 논리회로는?

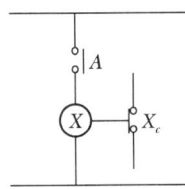

① OR 회로 ② AND 회로
③ NOT 회로 ④ NAND 회로

해설 유접점 NOT(논리부정) 회로
- 논리식 $(f) = \overline{A}$
- 기호 : A ——▷○—— f

77 저항 10Ω과 정전용량 20μF를 직렬로 연결하였을 때, 이 회로의 시정수는 몇 ms인가?

① 0.2 ② 0.8
③ 1.2 ④ 1.6

해설 RC 회로
시정수 $t = R \cdot C = 10 \times (20 \times 10^{-6})$
$= 2 \times 10^{-4}$s
$= 0.2 \times 10^{-3}$s
$= 0.2$ms

78 그림은 전동기 속도제어의 한 방법이다. 전동기가 최대 출력을 낼 때 사이리스터의 점호각은 몇 rad이 되는가?

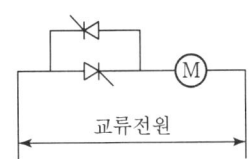

① 0 ② $\dfrac{\pi}{6}$
③ $\dfrac{\pi}{2}$ ④ π

해설 ㉠ 사이리스터 : PNPN 접합의 4층구조 반도체 소자
㉡ 점호각 : 양극전류가 흐르기 시작하는 시점까지의 위상각
㉢ 사이리스터 기호

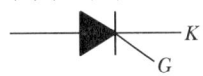

79 유도전동기의 속도를 제어하는 데 필요한 요소가 아닌 것은?

① 슬립 ② 주파수
③ 극수 ④ 리액터

해설 유도전동기 속도 제어 요소
㉠ 슬립
㉡ 주파수
㉢ 극수

80 배리스터(Varistor)란?

① 비직선적인 전압-전류 특성을 갖는 2단자 반도체소자이다.
② 비직선적인 전압-전류 특성을 갖는 3단자 반도체소자이다.
③ 비직선적인 전압-전류 특성을 갖는 4단자 반도체소자이다.
④ 비직선적인 전압-전류 특성을 갖는 리액턴스 소자이다.

해설 배리스터
비직선적인 전압-전류 특성을 갖는 2단자 반도체 소자이다.

ANSWER | 76. ③ 77. ① 78. ① 79. ④ 80. ①

2013년 1회 공조냉동기계산업기사

SECTION 01 공기조화

01 통과풍량이 320m³/min일 때 표준 유닛형 에어필터 (통과 풍속 1.4m/s, 통과면적 0.30m²)의 수는 약 몇 개인가?(단, 유효면적은 80%이다.)

① 13개　② 14개　③ 15개　④ 16개

해설 풍량 $Q = AV \cdot n$
에어필터의 개수 $n = \dfrac{Q}{A \cdot V} = \dfrac{(320/160)}{0.3 \times (1.4 \times 0.8)} = 15.87$
∴ 16개

02 난방방식 중 낮은 실온에서도 균등한 쾌적감을 얻을 수 있는 방식은?

① 복사난방　② 대류난방　③ 증기난방　④ 온풍로난방

해설 복사난방(패널난방)
낮은 실온에서도 균등한 쾌적감을 얻을 수 있는 방식

03 다음과 같은 습공기선도상의 상태에서 외기부하를 나타내고 있는 것은?

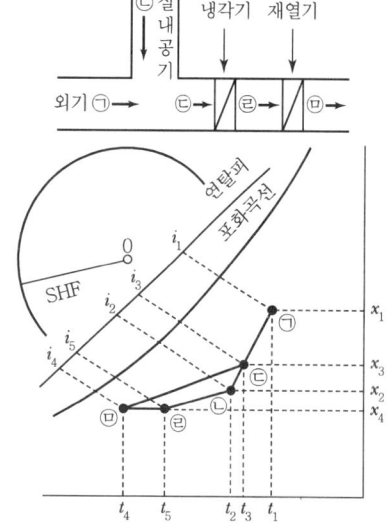

① $G(i_3 - i_4)$　② $G(i_5 - i_4)$
③ $G(i_3 - i_2)$　④ $G(i_2 - i_5)$

해설
- ㉢ 혼합공기(외기+실내공기)
- ㉢→㉠ : 외기부하 $(G(i_3 - i_2))$
- ㉣ 냉각기출구 송풍공기
- ㉤ 재열기

04 냉방부하 종류 중 현열로만 이루어진 부하로 맞는 것은?

① 조명에서의 발생열　② 인체에서의 발생열
③ 문틈에서의 틈새바람　④ 실내기구에서의 발생열

해설 조명에서 발생열
수분이 없으므로 잠열은 배제한 현열만 이용

05 HEPA 필터에 적합한 효율 측정법은?

① Weight법　② NBS법
③ Dust Spot법　④ DOP법

해설 HEPA(고성능 유닛형 필터)
클린룸, 바이오클린룸 등에서 0.3μm인 입자의 먼지제거율이 99.9%(DOP법)의 성능을 가진다.

06 냉방 시 침입외기가 200m³/h일 때 침입외기에 의한 손실부하는 약 얼마인가?(단, 외기는 32℃ DB, 0.018 kg/kg DA, 실내는 27℃ DB, 0.013kg/kg DA이며, 침입외기 밀도 1.2kg/m³, 건공기 정압비열 1.01 kJ/h, 물의 증발잠열 2,501kJ/kg이다.)

① 3,001kJ/h　② 1,215kJ/h
③ 4,213kJ/h　④ 5,655kJ/h

해설
- 건증기 현열량 $q_S = G \cdot C \cdot \Delta t$
  $= (200 \times 1.2) \times 1.01 \times (32 - 27)$
  $= 1,212$kJ/h
- 수증기 잠열량 $q_L = G \cdot \gamma \cdot \Delta x$
  $= (200 \times 1.2) \times 2,501 \times (0.98 - 0.013)$
  $= 3,001.2$kJ/h
∴ 손실부하 $= 1,212 + 3,001.2 = 4,213.2 ≒ 4,213$kJ/h

1.④ 2.① 3.③ 4.① 5.④ 6.③

07 다음 그림의 방열기 도시기호 중 'W-H'가 나타내는 의미는 무엇인가?

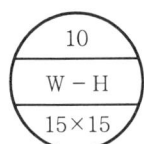

① 방열기 쪽수   ② 방열기 높이
③ 방열기 종류(형식)   ④ 연결배관의 종류

해설 방열기의 도시기호
- W : 벽걸이 방열기
- H : 수평형 방열기
- 10 : 방열기 쪽수
- 15×15 : 방열기 입구×출구 관경

08 열동식 트랩에 대한 설명 중 옳은 것은?
① 방열기에 생긴 응축수를 증기와 분리하여 보일러에 환수시키는 역할을 한다.
② 방열기 내에 머무르는 공기만을 분리하여 제거하는 역할을 한다.
③ 열동식 트랩은 열역학적 트랩의 일종이다.
④ 방열기에서 발생하는 응축수는 분리하여 방열기에 오랫동안 머무르게 하고 증기를 배출하는 역할을 한다.

해설 열동식 증기트랩(벨로스식, 바이메탈식)은 방열기 등에서 생긴 응축수를 증기와 분리하여 보일러 응축수 탱크로 환수시킨다.

09 공기조화를 위한 사무실의 외기온도 -10℃, 실내온도 22℃일 때 면적 20m²을 통하여 손실되는 열량은 얼마인가?(단, 구조체의 열관류율은 2.1kcal/m²·h·℃이다.)
① 41kcal/h   ② 504kcal/h
③ 820kcal/h   ④ 1,344kcal/h

해설 손실열량 $Q = K \cdot F \cdot dT$
$= 2.1 \times 20 \times (22-(-10))$
$= 1,344$ kcal/h

10 공기조화 설비방식의 일반 열원방식 중 2중 효용 흡수식 냉동기와 보일러를 사용하여 구성되는 공조방식의 관련된 장치가 아닌 것은?
① 발생기, 흡수기, 입형 보일러
② 응축기, 증발기, 관류보일러
③ 재생기, 응축기, 노통연관보일러
④ 응축기, 압축기, 수관보일러

해설 2중 효용 흡수식 냉동기의 부속장치에서 압축기는 설치되지 않는다.

11 공기조화방식의 분류 중 전공기방식에 해당되지 않는 것은?
① 유인유닛 방식   ② 정풍량 단일덕트 방식
③ 2중덕트 방식   ④ 변풍량 단일덕트 방식

해설
- 유인유닛 방식 : 공기수방식
- 각층 유닛 방식 : 전공기방식

12 습공기의 상태를 나타내는 요소에 대한 설명 중 맞는 것은?
① 상대습도는 공기 중에 포함된 수분의 양을 계산하는 데 사용한다.
② 수증기 분압에서 습공기가 가진 압력(보통 대기압)은 그 혼합성분인 건공기와 수증기가 가진 분압의 합과 같다.
③ 습구온도는 주위공기가 포화증기에 가까우면 건구온도와의 차는 커진다.
④ 엔탈피는 0℃ 건공기의 값을 593kcal/kg으로 기준하여 사용한다.

해설 대기압 = 건공기 압력 + 수증기가 가진 분압의 합계압력

13 구조체에서의 손실부하 계산 시 내벽이나 중간층 바닥의 손실부하를 구하고자 할 때 적용하는 온도차를 구하는 공식은?(단, t_r : 실내의 온도, t_0 : 실외의 온도)

① $\Delta t = t_r - \dfrac{t_r - t_0}{2}$ ② $\Delta t = t_r + \dfrac{t_r - t_0}{2}$

③ $\Delta t = \dfrac{t_r - t_0}{2}$ ④ $\Delta t = t_r - \dfrac{t_r + t_0}{2}$

ANSWER | 7. ③   8. ①   9. ④   10. ④   11. ①   12. ②   13. ④

해설 구조체 손실부하 계산(내벽이나 중간층 바닥) 시 온도차
$$\Delta t = t_r - \frac{t_r + t_0}{2}$$

14 인텔리전트 빌딩과 같이 냉방부하가 큰 건물이나 백화점과 같이 잠열부하가 큰 건물에서 송풍량과 덕트 크기를 크게 늘리지 않고자 할 때, 공조방식으로 적합한 것은?

① 바닥취출 공조방식   ② 저온공조방식
③ 팬코일 유닛방식   ④ 재열코일방식

해설 냉방부하가 큰 건물이나 백화점과 같이 사람이 많아서 잠열부하가 큰 건물에서 송풍량과 덕트 크기를 크게 늘리지 않고 하는 공조방식은 저온공조방식을 채택한다.

15 열교환기를 구조에 따라 분류하였을 때 판형 열교환기의 종류에 해당하지 않는 것은?

① 플레이트식 열교환기
② 케틀형 열교환기
③ 플레이트핀식 열교환기
④ 스파이럴형 열교환기

해설 열교환기 구조별 분류
㉠ 플레이트식
㉡ 플레이트핀식
㉢ 스파이럴형

16 직교류형 냉각탑과 대향류형 냉각탑을 비교하였다. 직교류형 냉각탑의 특징으로 틀린 것은?

① 물과 공기의 흐름이 직각으로 교차한다.
② 냉각탑 설치 면적은 크고, 높이는 낮다.
③ 대향류형에 비해 효율이 좋다.
④ 냉각탑 중심부로 갈수록 온도가 높아진다.

해설 직교류형은 좁은 장소에 낮게 여러 대 설치가 가능하나 대향류형에 비해 효율이 낮다.

17 기화식(증발식) 가습장치의 종류로 옳은 것은?

① 원심식, 초음파식, 분무식
② 전열식, 전극식, 적외선식
③ 과열증기식, 분무식, 원심식
④ 회전식, 모세관식, 적하식

해설 증발식 가습장치
㉠ 회전식   ㉡ 모세관식   ㉢ 적하식

18 증기난방의 장점으로 틀린 것은?

① 열의 운반능력이 크고, 예열시간이 짧다.
② 한랭지에서 동결의 우려가 적다.
③ 환수관의 내부 부식이 지연되어 강관의 수명이 길다.
④ 온수난방에 비하여 방열기의 방열면적이 작아진다.

해설 증기난방은 배관 내 공기의 장해로 점식 등 부식이 심하고 강관의 수명이 짧다.

19 공기 세정기의 구조에서 앞부분에는 세정실이 있고 물방울의 유출을 방지하기 위해 뒷부분에는 무엇을 설치하는가?

① 배수관   ② 유닛 히트
③ 유량조절밸브   ④ 엘리미네이터

해설 엘리미네이터
공기 세정기의 구조에서 앞부분에는 세정실이 있고 물방울의 유출을 방지하기 위해 뒷부분에 엘리미네이터를 설치한다.

20 A상태에서 B상태로 가는 냉방과정에서 현열비는?

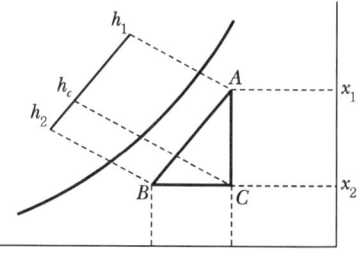

① $\dfrac{h_1 - h_2}{t_1 - t_2}$ ② $\dfrac{h_1 - h_c}{h_1 - h_2}$

③ $\dfrac{x_1 - x_2}{t_1 - t_2}$ ④ $\dfrac{h_c - h_2}{h_1 - h_2}$

해설 냉방과정 현열비 = $\dfrac{h_c - h_2}{h_1 - h_2}$

SECTION 02 냉동공학

21 다음 조건을 갖는 수랭식 응축기의 전열면적은 약 얼마인가?(단, 응축기 입구의 냉매가스 엔탈피는 450kcal/kg, 응축기 출구의 냉매액 엔탈피는 150kcal/kg, 냉매 순환량은 100kg/h, 응축온도 40℃, 냉각수 평균온도는 33℃, 응축기의 열관류율은 800kcal/m²·h·℃이다.)

① 3.86m² ② 4.56m²
③ 5.36m² ④ 6.76m²

해설 열량 $Q = K \cdot F \cdot dT = G \cdot \Delta h$ 에서
전열면적 $F = \dfrac{G \cdot \Delta h}{K \cdot dT} = \dfrac{100 \times (450 - 150)}{800 \times (40 - 33)} = 5.36 m^2$

22 0.02kg의 기체에 100J의 일을 가하여 단열압축하였을 때 기체 내부에너지 변화는 약 얼마인가?

① 1.87kcal/kg ② 1.54kcal/kg
③ 1.39kcal/kg ④ 1.19kcal/kg

해설 단열압축 후 내부에너지 변화
단열압축 시 열량 변화가 없다.
$C_v(T_2 - T_1) = 0$
$100J = 0.1kJ = 0.024kcal (1kcal = 4.186kJ)$
※ 내부에너지 변화 = $\dfrac{1}{0.02} \times \dfrac{100}{10^3} \times \dfrac{1}{4.186} = 1.19 kcal/kg$

23 흡수식냉동기의 구성품 중 왕복동 냉동기의 압축기와 같은 역할을 하는 것은?

① 발생기   ② 증발기
③ 응축기   ④ 순환펌프

해설 흡수식 냉동기에는 압축기가 없으며, 재생기가 압축기와 같은 역할(고온, 고압)을 한다.

24 냉동장치의 액분리기에 대한 설명 중 맞는 것으로만 짝지어진 것은?

㉠ 증발기와 압축기 흡입 측 배관 사이에 설치한다.
㉡ 기동 시 증발기 내의 액이 교란되는 것을 방지한다.
㉢ 냉동부하의 변동이 심한 장치에는 사용하지 않는다.
㉣ 냉매액이 증발기로 유입되는 것을 방지하기 위해 사용한다.

① ㉠, ㉡   ② ㉢, ㉣
③ ㉠, ㉢   ④ ㉡, ㉢

해설 냉동장치 액분리기(냉매와 냉매가스 분리)는 증발기와 압축기 흡입 측 배관 사이에 설치하고 기동 시 증발기 내의 액이 교란되는 것을 방지한다.

25 이상기체를 정압하에서 가열하면 체적과 온도는 어떻게 변화되는가?

① 체적 증가, 온도 상승
② 체적 일정, 온도 일정
③ 체적 증가, 온도 일정
④ 체적 일정, 온도 상승

해설 이상기체를 정압하에서 가열하면 체적 증가, 온도 상승

26 온도식 팽창밸브(Thermostatic Expansion Valve)에 있어서 과열도란 무엇인가?

① 고압 측 압력이 너무 높아져서 액냉매의 온도가 충분히 낮아지지 못할 때 정상 시와 온도차
② 팽창밸브가 너무 오랫동안 작용하면 밸브 시트가 뜨겁게 되어 오작동할 때 정상 시와의 온도차
③ 흡입관 내의 냉매가스 온도와 증발기 내의 포화온도와의 온도차
④ 압축기와 증발기 속의 온도보다 1℃ 정도 높게 설정되어 있는 온도와의 온도차

해설 온도식 팽창밸브 과열도
= 흡입관 내 냉매가스 온도 − 증발기 내 포화온도

ANSWER | 21. ③ 22. ④ 23. ① 24. ① 25. ① 26. ③

27 10kW의 모터를 1시간 동안 작동시켜 어떤 물체를 정지시켰다. 이때 사용된 에너지는 모두 마찰열로 되어 $t = 20°C$의 주위에 전달되었다면 엔트로피의 증가는 약 얼마인가?

① 29.4kcal/kg · K ② 39.4kcal/kg · K
③ 49.4kcal/kg · K ④ 59.4kcal/kg · K

해설 엔트로피 증가 $\Delta S = \dfrac{dQ}{T} = \dfrac{10 \times 860}{(20+273)}$
$= 29.35 ≒ 29.4\text{kcal/kg} \cdot K$

28 암모니아 냉동기에서 유분리기의 설치위치로 가장 적당한 곳은?

① 압축기와 응축기 사이
② 응축기와 팽창변 사이
③ 증발기와 압축기 사이
④ 팽창변과 증발기 사이

해설 암모니아 냉동기 유분리기(오일분리기) 설치 위치
압축기와 응축기 사이

29 압축기의 용량제어 방법 중 왕복동 압축기와 관계가 없는 것은?

① 바이패스법   ② 회전수 가감법
③ 흡입 베인 조절법 ④ 클리어런스 증가법

해설 흡입가이드 베인 조절법
원심식 압축기 용량제어 방법

30 프레온 냉동장치에 수분이 혼입됐을 때 일어나는 현상이라고 볼 수 있는 것은?

① 수분과 반응하는 양이 매우 적어 뚜렷한 영향을 나타내지 않는다.
② 수분이 혼입되면 황산이 생성된다.
③ 고온부의 냉동장치에 동 부착(도금) 현상이 나타난다.
④ 유탁액(Emulsion) 현상을 일으킨다.

해설 프레온 냉동장치에 수분이 혼입되면 저온부인 팽창밸브에 동결을 일으켜 폐쇄시킨다. 즉, HF, HCl 등을 생산하여 장치를 부식시킨다.(고온부 도금 현상도 발생)

31 50RT의 브라인 쿨러에서 입구온도 $-15°C$일 때 브라인의 유량이 $0.5\text{m}^3/\text{min}$이라면 출구의 온도는 약 몇 ℃인가?(단, 브라인의 비중은 1.27, 비열은 0.66 kcal/kg · ℃, 1RT는 3,320kcal/h이다.)

① $-20.3°C$ ② $-21.6°C$
③ $-11°C$ ④ $-18.3°C$

해설 열량 $Q = G \cdot C \cdot \Delta t = G \cdot C \cdot (t_{입구} - t_{출구})$에서
$t_{출구} = t_{입구} - \dfrac{Q}{G \cdot C}$
$= (-15) - \dfrac{50 \times 3,320}{(0.5 \times 1,000 \times 60 \times 1.27) \times 0.66}$
$= -21.6°C$

32 온도식 자동팽창밸브 감온통의 냉매충전 방법이 아닌 것은?

① 액충전   ② 벨로스충전
③ 가스충전   ④ 크로스충전

해설 감온통 자동팽창밸브 내 냉매충전 방법
㉠ 액충전 ㉡ 가스충전 ㉢ 크로스충전

33 액체 냉매를 가열하면 증기가 되고 더 가열하면 과열증기가 된다. 단위열량을 공급할 때 온도 상승이 가장 큰 것은?

① 과냉액체   ② 습증기
③ 과열증기   ④ 포화증기

해설 온도상승 크기
과열증기 > 포화증기 > 과냉액

34 흡수식 냉동기에 관한 설명 중 옳은 것은?

① 초저온용으로 사용된다.
② 비교적 소용량보다는 대용량에 적합하다.
③ 열 교환기를 설치하여도 효율은 변함없다.
④ 물−LiBr식에서는 물이 흡수제가 된다.

해설 흡수식 냉동기의 열원은 고압증기를 많이 사용하며, 비교적 대용량이 사용하기가 편리하고 효과가 크다.

35 자동제어의 목적이 아닌 것은?
① 냉동장치 운전상태의 안정을 도모한다.
② 냉동장치의 안전을 유지한다.
③ 경제적인 운전을 꾀한다.
④ 냉동장치의 냉매 소비를 절감한다.

해설 냉동장치 내 냉매는 냉동기 용량에 따라 주입되기 때문에 냉매량은 일정하고 사용상 부족하면 보충한다.(자동제어와는 연관성이 부족하다.)

36 다음 중 냉매의 구비조건으로 틀린 것은?
① 전기저항이 클 것
② 불활성이고 부식성이 없을 것
③ 응축 압력이 가급적 낮을 것
④ 증기의 비체적이 클 것

해설 냉매는 비체적이 작아야 소요동력이 적게 소비된다.(다만, 터보형 냉동기용 냉매는 냉매가스의 비중이 커야 큰 압력이 생기므로 비중량이 큰 프레온냉매가 필요하다.)

37 프레온 냉동장치에서 압축기 흡입배관과 응축기 출구배관을 접촉시켜 열 교환시킬 때가 있다. 이때 장치에 미치는 영향으로 옳은 것은?
① 압축기 운전 소요동력이 다소 증가한다.
② 냉동효과가 증가한다.
③ 액백(Liquid Back)이 일어난다.
④ 성적계수가 다소 감소한다.

해설
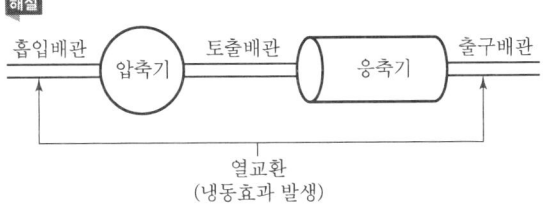

38 염화나트륨 브라인의 공정점은 몇 ℃인가?
① −55℃   ② −42℃
③ −36℃   ④ −21℃

해설 염화나트륨 무기질 브라인
㉠ 공정점 : −21℃
㉡ 비중 : 1.15~1.18
㉢ 가격이 저렴하나 금속부식력은 있고 인체에는 무해하다.

39 주위 압력이 750mmHg인 냉동기의 저압 Gauge가 100mmHgv를 나타내었다. 절대압력은 약 몇 kgf/cm² 인가?
① 0.5   ② 0.73
③ 0.83   ④ 0.96

해설 절대압력 = 대기압 − 진공압
$$= \frac{750\text{mmHg}}{760\text{mmHg}} \times 1.0332\text{kg/cm}^2$$
$$- \frac{100\text{mmHg}}{760\text{mmHg}} \times 1.0332\text{kg/cm}^2$$
$$= 0.884\text{kg/cm}^2\text{a}$$

40 암모니아 냉동기의 증발온도 −20℃, 응축온도 35℃ 일 때 이론 성적계수(㉠)와 실제 성적계수(㉡)는 약 얼마인가?(단, 팽창밸브 직전의 액온도는 32℃, 흡입가스는 건포화증기이고, 체적효율은 0.65, 압축효율은 0.80, 기계효율은 0.9로 한다.)

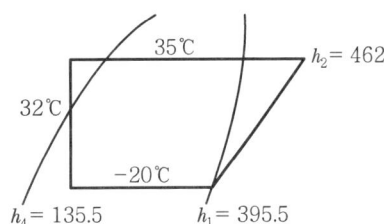

① ㉠ 0.5, ㉡ 3.8   ② ㉠ 3.5, ㉡ 2.5
③ ㉠ 3.9, ㉡ 2.8   ④ ㉠ 4.3, ㉡ 2.8

해설 ㉠ 이론 성적계수$(\varepsilon) = \frac{T_2}{T_1 - T_2} = \frac{Q_2}{Q_1 - Q_2}$
$$\varepsilon = \frac{395.5 - 135.5}{462 - 395.5} = \frac{260}{66.5} = 3.9$$
㉡ 실제 성적계수$(\varepsilon_o) = \varepsilon \times \eta_c \times \eta_m$ (압축×기계)
$$= 3.9 \times 0.80 \times 0.9 = 2.8$$

ANSWER | 35. ④ 36. ④ 37. ② 38. ④ 39. ③ 40. ③

SECTION 03 배관일반

41 급탕 주관의 배관길이가 300m, 환탕 주관의 배관길이가 50m일 때 강제순환식 온수순환 펌프의 전 양정은 얼마인가?

① 5m   ② 3m
③ 2m   ④ 1m

해설 온수순환펌프의 전 양정 길이(H)
$$H = 0.01 \times \left(\frac{L}{2} + l\right) = \text{m}$$
$$\therefore\ 0.01 \times \left(\frac{300}{2} + 50\right) = 2\text{m}$$

42 배관지지 금속 중 리스트레인트(Restraint)에 속하지 않는 것은?

① 행거   ② 앵커
③ 스토퍼   ④ 가이드

해설 ㉠ 리스트레인트의 종류
- 앵커
- 스토퍼
- 가이드

㉡ 관의 지지기구 : 행거, 서포트, 리스트레인지

43 동관의 이음으로 적합하지 않은 것은?

① 납땜 이음   ② 플레어 이음
③ 플랜지 이음 ④ 타이튼 이음

해설 타이튼 이음(주철관 이음)
원형의 고무링으로 주철관을 접합한다.

44 배수관이나 통기관의 배관 후 누설 검사방법으로 적당하지 않은 것은?

① 수압시험   ② 기압시험
③ 연기시험   ④ 통관시험

해설 ㉠ 배수 및 통기 배관 시공법
- 배수관의 시공법
- 통기관의 시공법

㉡ 누설검사법
- 수압시험
- 기압시험
- 연기시험

45 배관 내 마찰저항에 의한 압력손실의 설명으로 옳은 것은?

① 관의 유속에 비례한다.
② 관 내경의 2승에 비례한다.
③ 관 내경의 5승에 비례한다.
④ 관의 길이에 비례한다.

해설 배관 내 마찰저항에 의한 압력손실
관의 길이에 비례하여 압력이 손실된다.

46 고층 건물이나 기구 수가 많은 건물에서 입상관까지의 거리가 긴 경우, 루프통기관의 효과를 높이기 위해 설치된 통기관은?

① 도피 통기관   ② 결합 통기관
③ 공용 통기관   ④ 신정 통기관

해설 도피 통기관
고층 건물이나 기구 수가 많은 건물에서 입상관까지의 거리가 긴 경우 루프통기관의 효과를 높이기 위해 설치된 통기관

47 다음 중 냉 · 온수 헤더에 설치하는 부속품이 아닌 것은?

① 압력계   ② 드레인관
③ 트랩장치   ④ 급수관

해설 트랩의 종류
㉠ 배수트랩
㉡ 증기트랩

48 냉매배관 설계 시 잘못된 것은?

① 2중 입상관(Riser) 사용 시 트랩을 크게 한다.
② 과도한 압력강하를 방지한다.
③ 압축기로 액체 냉매의 유입을 방지한다.
④ 압축기를 떠난 윤활유가 일정 비율로 다시 압축기로 되돌아오게 한다.

41. ③ 42. ① 43. ④ 44. ④ 45. ④ 46. ① 47. ③ 48. ① | ANSWER

해설 냉매배관 설계 시 1중 입상관은 트랩이 커도 되지만 2중 입상관은 트랩을 크게 할 수가 없다.

49 압축공기 배관 시공 시 일반적인 주의사항으로 틀린 것은?

① 공기 공급배관에는 필요한 개소에 드레인용 밸브를 장착한다.
② 주관에서 분기관을 취출할 때에는 관의 하단에 연결하여 이물질 등을 제거한다.
③ 용접개소는 가급적 적게 하고 라인의 중간 중간에 여과기를 장착하여 공기 중에 섞인 먼지 등을 제거한다.
④ 주관 및 분기관의 관 끝에는 과잉의 압력을 제거하기 위한 불어내기(Blow)용 게이트 밸브를 달아준다.

해설
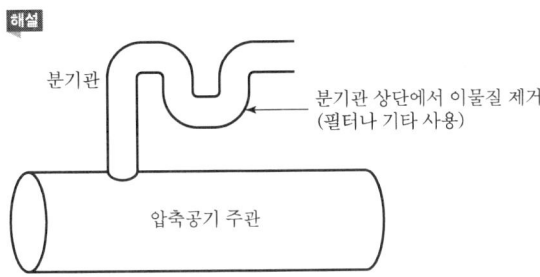

50 도시가스 내 부취제의 액체 주입식 부취설비 방식이 아닌 것은?

① 펌프 주입 방식
② 적하 주입 방식
③ 미터연결 바이패스 방식
④ 워크식 주입방식

해설 ㉠ 부취제 증발식 주입식
• 워크 증발식
• 바이패스 증발식
㉡ 부취제(냄새가 나는 물질)는 가스 누설 시 냄새로 가스 누설이 확인된다.
㉢ 액체 주입식 : ①, ②, ③ 주입방식

51 열을 잘 반사하고 확산하므로 난방용 방열기 표면 등의 도장용으로 사용되는 도료는?

① 광명단 도료
② 산화철 도료
③ 합성수지 도료
④ 알루미늄 도료

해설 알루미늄 도료
열을 잘 반사하고 확산하므로 난방용 방열기 표면 등의 도장용 도료

52 개별식 급탕법에 비해 중앙식 급탕법의 장점으로 적합하지 않은 것은?

① 배관의 길이가 짧아 열손실이 적다.
② 탕비장치가 대규모이므로 열효율이 좋다.
③ 초기 시설비가 비싸지만 경상비가 적어 대규모 급탕에는 경제적이다.
④ 일반적으로 다른 설비기계류와 동일한 장소에 설치되므로 관리상 유효하다.

해설 중앙식 급탕법은 관의 길이가 개별식에 비해 길어서 열손실이 크므로 철저한 보온이 필요하다.

53 방열기의 환수구에 설치하여 증기와 드레인을 분리하여 환수시키고 공기도 배출시키는 트랩은?

① 열동식 트랩
② 플로트 트랩
③ 상향식 버킷트랩
④ 충격식 트랩

해설 온도차 열동식 트랩(벨로스 트랩, 바이탈 트랩)은 방열기 환수구에 설치하여 증기와 드레인을 분리하는 벨로스 트랩을 많이 사용한다.

54 증기 또는 온수난방에서 2개 이상의 엘보를 이용하여 배관의 신축을 흡수하는 신축이음쇠는?

① 스위블형 신축이음쇠
② 벨로스형 신축이음쇠
③ 볼조인트형 신축이음쇠
④ 슬리브형 신축이음쇠

해설 스위블형
㉠ 2개 이상의 엘보 사용
㉡ 저압증기난방이나 온수난방에 사용

ANSWER | 49. ② 50. ④ 51. ④ 52. ① 53. ① 54. ①

55 배수설비에 대한 설명으로 틀린 것은?
① 건물 내에서 나오는 오수와 잡수 등을 배출한다.
② 펌프 유무에 따라 중력식과 기계식으로 분류한다.
③ 정화조에서 정화되어 나오는 것은 처리할 수 없다.
④ 오수, 잡수 등을 모아서 내보내는 합류식이 있다.

해설 배수설비는 정화조에서 정화되어 나오는 것을 처리할 수 있는 설비이다.

56 증기난방의 응축수 환수방법이 아닌 것은?
① 중력 환수식
② 기계 환수식
③ 상향 환수식
④ 진공 환수식

해설 증기난방의 공급방식
㉠ 상향식, ㉡ 하향식

57 고온배관용 탄소강관은 몇 ℃의 고온배관에 사용되는가?
① 230℃ 이하
② 250~270℃
③ 280~310℃
④ 350℃ 이상

해설 고온배관용 탄소강관(SPHT)
350℃ 이상의 고온배관에 사용한다.

58 배관 재료에서 열응력 요인이 아닌 것은?
① 열팽창에 의한 응력
② 열간가공에 의한 응력
③ 용접에 의한 응력
④ 안전밸브의 분출에 의한 응력

해설 보일러 안전밸브 증기 분출
진동과 소음 발생

59 급수설비에서 수격작용 방지를 위하여 설치하는 것은?
① 에어체임버(Air Chamber)
② 앵글밸브(Angle Valve)
③ 서포트(Support)
④ 볼탭(Ball Tap)

해설 에어체임버
급수설비, 증기배관에서 수격작용(워터해머) 방지용 설비

60 보일러를 장기간 사용하지 않을 때 부식 방지를 위하여 내부에 충전하는 가스로 적합한 것은?
① 이산화탄소
② 아황산가스
③ 질소가스
④ 산소가스

해설 보일러 장기간 밀폐건조보존법
질소가스를 내부에 채우고 밀봉시키며 하부에 생석회를 습기제거제로 사용한다. (보일러를 6개월 이상 장기간 사용하지 않을 때 보존하는 장기보존법)

SECTION 04 전기제어공학

61 미리 정해진 프로그램에 따라 제어량을 변화시키는 것을 목적으로 한 제어는?
① 정치제어
② 추종제어
③ 프로그램제어
④ 비례제어

해설 프로그램제어
미리 정해진 프로그램에 따라 제어량을 변화시키는 목푯값에 따른 자동제어 분류인 추치제어이다.

62 전력선, 전기기기 등 보호대상에 발생한 이상상태를 검출하여 기기의 피해를 경감시키거나 그 파급을 저지하기 위하여 사용되는 것은?
① 보호계전기
② 보조계전기
③ 전자접촉기
④ 시한계전기

해설 보호계전기
전력선, 전기기기 등 보호대상에 발생한 이상상태를 검출하여 기기의 피해를 경감시키거나 그 파급을 저지하는 것

63 자동제어를 분류할 때 제어량에 의한 분류가 아닌 것은?

① 정치제어   ② 서보기구
③ 프로세스제어   ④ 자동조정

해설 목푯값에 따른 자동제어 분류
㉠ 정치제어
㉡ 추치제어
- 추종제어
- 프로그램제어
- 비율제어

64 서미스터에 대한 설명으로 옳은 것은?

① 열을 감지하는 감열 저항체 소자이다.
② 온도 상승에 따라 전자유도현상이 크게 발생되는 소자이다.
③ 구성은 규소, 아연, 납 등을 혼합한 것이다.
④ 화학적으로는 수소화물에 해당한다.

해설 서미스터 전기저항계
열을 감지하는 감열저항체 소자이다.(일종의 반도체)

65 다음의 논리식 중 다른 값을 나타내는 논리식은?

① $XY + X\overline{Y}$ ② $X(X+Y)$
③ $X(\overline{X}+Y)$ ④ $X+XY$

해설 ① $XY + X\overline{Y} = X(Y+\overline{Y}) = X \cdot 1 = X$
② $X(X+Y) = XX + XY = X + XY$
$= X(1+Y) = X \cdot 1 = X$
③ $X(\overline{X}+Y) = X\overline{X} + XY = 0 + XY = XY$
④ $X+XY = X(1+Y) = X \cdot 1 = X$

66 직렬공진 시 RLC 직렬회로에 대한 설명으로 잘못된 것은?

① 회로에 흐르는 전류는 최대가 된다.
② 회로에는 유효전력이 발생되지 않는다.
③ 회로의 합성 임피던스가 최소가 된다.
④ R에 걸리는 전압이 공급전압과 같게 된다.

해설 ㉠ 직렬공진 : 코일과 콘덴서가 직렬로 접속되어 공진 주파수에서 합성 임피던스의 허수부가 0으로 되는 현상(단지공진)
㉡ 공진 : 외부로 부터의 강제 진동력의 주파수가 그 진동계의 고유 주파수와 일치했을 때 진동계의 전폭이 최대가 되는 현상
㉢ 유효전력(P) = $EI\cos\phi$ (W)

67 금속 도체의 전기저항은 일반적으로 온도와 어떤 관계가 있는가?

① 온도 상승에 따라 감소한다.
② 온도와는 무관하다.
③ 저온에서 증가하고 고온에서 감소한다.
④ 온도 상승에 따라 증가한다.

해설 금속도체의 전기저항은 온도 상승에 따라서 증가한다.

68 60Hz에서 회전하고 있는 4극 유도전동기의 출력이 10kW일 때 전동기의 토크는 약 몇 N·m인가?

① 48   ② 53
③ 63   ④ 84

해설
- 회전수 $N = \dfrac{120 \cdot f}{P} = \dfrac{120 \times 60}{4} = 1,800 \text{rpm}$
- 토크 $T = \dfrac{P}{\omega} = \dfrac{P}{2\pi f} = \dfrac{P}{2\pi n} = \dfrac{P}{2\pi\left(\dfrac{N}{60}\right)}$

$= \dfrac{(10 \times 10^3)}{2\pi \times \left(\dfrac{1,800}{60}\right)}$

$= 53.05 ≒ 53 \text{N} \cdot \text{m}$

※ 주파수 $f(\text{Hz})$ = 회전수 $n(\text{rps})$

69 조절부로부터 받은 신호를 조작량으로 바꾸어 제어대상에 보내주는 피드백 제어의 구성요소는?

① 궤한신호   ② 조작부
③ 제어량   ④ 신호부

해설 조작부
제어계 조절부로부터 받은 신호를 조작량으로 바꾸어 제어대상에 보내주는 피드백 제어의 구성요소

ANSWER | 63.① 64.① 65.③ 66.② 67.④ 68.② 69.②

70 논리함수 $X=B(A+B)$를 간단히 하면?

① $X=A$ ② $X=B$
③ $X=A\cdot B$ ④ $X=A+B$

해설 논리함수 $X=B(A+B)=B\cdot A+B\cdot B$
$\qquad =BA+B=B(A+1)$
$\qquad =B\cdot 1=B$

71 $\sin\omega t$를 라플라스 변환하면?

① $\dfrac{s}{s^2+\omega^2}$ ② $\dfrac{s}{s^2-\omega^2}$
③ $\dfrac{\omega}{s^2+\omega^2}$ ④ $\dfrac{\omega}{s^2-\omega^2}$

해설 $f(t)=\sin\omega t$ 변환

$\sin\omega t=\dfrac{1}{2j}(e^{j\omega t}-e^{-j\omega t})$

$\therefore F(s)=\mathcal{L}[f(t)]=\mathcal{L}(\sin\omega t)$
$\qquad =\displaystyle\int_0^\infty \dfrac{1}{2j}(e^{j\omega t}-e^{-j\omega t})e^{-st}dt$
$\qquad =\dfrac{1}{2j}\displaystyle\int_o^\infty \{e^{-(e-j\omega)t}-e^{-(s+j\omega)t}\}dt$
$\qquad =\dfrac{1}{2j}\left(\dfrac{1}{s-j\omega t}-\dfrac{1}{s+j\omega}\right)$
$\qquad =\dfrac{\omega}{S^2+\omega^2}$

72 정성적 제어에서 전열기의 제어 명령이 되는 신호는 전열기에 흐르는 전류를 흐르게 한다든가 아니면 차단하면 된다. 이와 같은 신호를 무엇이라 하는가?

① 목푯값   ② 제어신호
③ 2진신호   ④ 3진신호

해설 2진신호
시퀀스 정성적 제어에서 전류의 흐름 또는 차단하는 신호

73 3상 부하가 Y결선되어 각 상의 임피던스가 $Z_a=3\Omega$, $Z_b=3\Omega$, $Z_c=j3\Omega$이다. 이 부하의 영상임피던스는 몇 Ω인가?

① $2+j1$ ② $3+j3$
③ $3+j6$ ④ $6+j3$

해설 영상임피던스
4단자 회로망에서 출력단자에 임피던스 Z_{02}를 접속했을 때 입력 측에서 본 임피던스가 Z_{01}로 되고 다음에 입력단자에 임피던스 Z_{01}을 접속했을 때 출력 측에서 본 임피던스가 Z_{02}로 되는 임피던스 Z_{01}, Z_{02}를 말한다. (임피던스 : 저회로에 교류를 흘렸을 경우 전류의 흐름을 방해하는 정도)

$\therefore 3+3+j3=6+j3=2+j1$

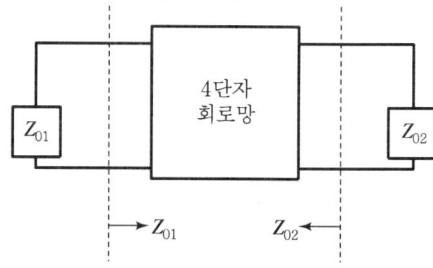

74 전동기의 회전방향과 전자력에 관계가 있는 법칙은?

① 플레밍의 왼손법칙   ② 플레밍의 오른손법칙
③ 페러데이의 법칙   ④ 암페어의 법칙

해설 ㉠ 플레밍의 왼손법칙 : 전동기의 회전방향과 전자력에 관계가 있다.
㉡ 플레밍의 오른손법칙 : 도체의 운동에 의한 전자유도로 생기는 기전력의 방향을 알기 위한 법칙

75 서보기구의 제어량에 속하는 것은?

① 유량   ② 압력
③ 밀도   ④ 위치

해설 서보기구
주로 물체의 위치, 방위, 자세 등의 기계적 변위량으로 하는 제어계. 목표치 임의의 변화에 항상 추종시키는 데 목적이 있다.

76 안정될 필요조건을 갖춘 특정방정식은?

① $s^4+2s^2+5s+5=0$
② $s^3+s^2-3s+10=0$
③ $s^3+3s^2+3s-3=0$
④ $s^3+6s^2+10s+9=0$

70. ② 71. ③ 72. ③ 73. ① 74. ① 75. ④ 76. ④ | ANSWER

해설 계가 안정될 필요조건은 모든 차수의 항이 존재하고 각 계수의 부호가 같아야 한다.
④의 경우

$$\begin{array}{c|ccc} s^3 & 1 & 3 & 5 \\ s^2 & 2 & 4 & 6 \\ & (1) & (2) & (3) \end{array} \quad \leftarrow 2로 나누면$$

제1열의 부호 변화가 없으므로 안정하다.

77 220V의 전압에서 2A의 전류가 흐르는 전열기를 2시간 동안 사용했을 때의 소비전력량은 몇 kWh인가?

① 0.4   ② 0.6
③ 0.8   ④ 1.0

해설 ㉠ 전력량 기호 : W
㉡ 전력량의 단위 : Wh
㉢ 전력량 : 어느 일정시간 동안의 전기에너지가 한 일의 양

$$W = Pt = VIt = I^2Rt = \frac{V^2}{R}t \,(\text{Wh})$$

∴ $VIt = 220V \times 2A \times 2시간 = 800Wh = 0.8kWh$
※ $1kWh = 1,000Wh = 3,600J$

78 2전력계법으로 전력을 측정하였더니 $P_1 = 4W$, $P_2 = 3W$이었다면 부하의 소비전력은 몇 W인가?

① 1   ② 5
③ 7   ④ 12

해설 소비전력$(P) = VI = I^2R = \dfrac{V^2}{R}$ (W)

∴ $P_1 + P_2 = 4 + 3 = 7W$
※ $1W = 1J/sec$

79 그림과 같은 RLC 직렬회로에서 직렬공진회로가 되어 전류와 전압의 위상이 동위상이 되는 조건은?

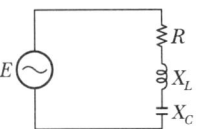

① $X_L > X_C$ ② $X_L < X_C$
③ $X_L - X_C = 0$ ④ $X_L - X_C = R$

해설 ㉠ RLC : R(저항), L(인덕턴스), C(정전용량)
㉡ 직렬공진의 조건 $(Z) = R + j\left(\omega L - \dfrac{1}{\omega C}\right)(\Omega)$
㉢ 위상 : 전기적 또는 기계적인 회전에서 어느 임의의 기점에 대한 상대적인 위치
㉣ 직렬공진 : 코일과 콘덴서가 직렬로 접속되어 공진 주파수에서 합성 임피던스의 허수부가 0으로 되는 현상
∴ $X_L - X_C = 0$

80 맥동 주파수가 가장 많고 맥동률이 가장 적은 정류방식은?

① 단상 반파정류   ② 단상 전파정류
③ 3상 반파정류   ④ 3상 전파정류

해설 ㉠ 정류 : 교류를 직류로 변환하는 것(정류기 : 교류를 직류로 변환하는 장치)
㉡ 전파정류 : 중간탭이 있는 트랜스(변압기)와 정류소자를 조합시켜 정류하며 그 회로방식은 전파정류회로이다.
㉢ 맥동률 : 교류분을 포함한 직류에서 그 평균값에 대한 교류분의 실횻값의 비(실횻값 : 순시값 제곱의 평균값의 평방근)
㉣ 3상 결선 : 3상 교류 회로의 결선방식
• △-△ 결선
• △-Y 결선
• Y-Y 결선

ANSWER | 77. ③ 78. ③ 79. ③ 80. ④

2013년 2회 공조냉동기계산업기사

SECTION 01 공기조화

01 난방부하는 어떤 기기의 용량을 결정하는 데 기초가 되는가?

① 공조장치의 공기냉각기
② 공조장치의 공기가열기
③ 공조장치의 수액기
④ 열원설비의 냉각탑

해설 난방부하(H_l)는 공조장치의 공기가열기 용량을 결정하는 기초이다.

02 가스난방에 있어서 실의 총손실열량이 200,000 kcal/h, 가스의 발열량이 5,000kcal/m³, 가스소요량이 60m³/h일 때 가스스토브의 효율은 약 얼마인가?

① 67% ② 80%
③ 85% ④ 90%

해설 가스스토브(난방기기) 효율 η

$$\eta = \frac{출열}{입열} \times 100 = \frac{난방부하}{연료량 \times 발열량} \times 100$$
$$= \frac{Q}{G_f \times H_l} \times 100 = \frac{200,000}{60 \times 5,000} \times 100$$
$$= 66.67(67\%)$$

03 상당 증발량이 2,500kg/h이고, 급수온도가 30℃, 발생증기 엔탈피가 635.2kcal/kg일 때 실제 증발량은 약 얼마인가?

① 2,226kg/h ② 2,249kg/h
③ 2,149kg/h ④ 2,048kg/h

해설 상당증발량 $G_e = \frac{G(h''-h')}{539}$ 에서

실제 증발량 $G = \frac{G_e \times 539}{(h''-h')} = \frac{2,500 \times 539}{(635.2-30)}$
$= 2,226.54$kg/h

여기서, h' : 급수 엔탈피(kcal/kg)
h'' : 증기 엔탈피(kcal/kg)
100℃ 물의 증발잠열 : 539kcal/kg

04 공기조화방식의 열매체에 의한 분류 중 냉매방식의 특징으로 옳지 않은 것은?

① 유닛에 냉동기를 내장하므로 사용시간에만 냉동기가 작동하여 에너지 절약이 되고, 또 잔업 시의 운전 등 국소적인 운전이 자유롭게 된다.
② 온도조절기를 내장하고 있어 개별제어가 가능하다.
③ 대형의 공조실을 필요로 한다.
④ 취급이 간단하고 대형의 것도 쉽게 운전할 수 있다.

해설 공기조화방식(냉열매)
㉠ 냉수방식 : 냉수를 냉매코일로 수송한다.
㉡ 냉매방식 : 현장설치가 가능하고 냉매의 수송 동력비가 적게 들며 개별적 제어가 쉽다.

05 다음의 습공기 선도에서 현재의 상태를 A라고 할 때 건구온도, 습구온도, 노점온도, 절대습도 그리고 엔탈피를 그림의 각 점과 대응시키면 어느 것인가?

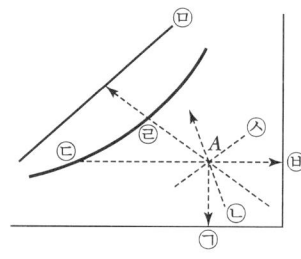

① ㉣, ㉢, ㉠, ㉥, ㉤
② ㉢, ㉠, ㉣, ㉦, ㉡
③ ㉠, ㉣, ㉢, ㉥, ㉤
④ ㉡, ㉢, ㉠, ㉦, ㉤

해설
- $A \to ㉠$: 건구온도
- $A \to ㉣$: 습구온도
- $A \to ㉢$: 노점온도
- $A \to ㉥$: 절대습도
- $A \to ㉤$: 엔탈피

06 다음 중 축류식 취출구에 해당되는 것은?
① 팬형
② 펑커루버형
③ 머쉬룸형
④ 아네모스탯형

해설 취출구 종류
㉠ 축류식 : 노즐형, 펑커루버형
㉡ 천장형 : 팬형, 아네모스탯형
㉢ 머쉬룸형 : 바닥형 흡입구

07 공조시스템에서 실내에서 배기되는 배기와 환기용 외기를 열교환하는 에너지 절약 설비로서 설비비는 증가하나 외기의 최대부하를 감소시키므로 보일러나 냉동기의 용량을 줄일 수 있어 중앙 공조시스템에서의 에너지 회수방식으로 많이 사용되는 열교환기의 형식은?
① 증기-물 열교환기
② 공기-공기 열교환기
③ 히트 파이프
④ 이코노마이저

해설 공기-공기 열교환방식
에너지 절약 설비로서 배기되는 배기와 환기용 외기를 열교환하는 방식으로, 보일러나 냉동기 용량을 줄일 수 있다.

08 냉각탑에 주로 사용하는 축류식 송풍기의 종류로 맞는 것은?
① 리밋로드형 송풍기
② 프로펠러형 송풍기
③ 크로스 플로형 송풍기
④ 다익형 송풍기

해설 프로펠러형, 디스크형 송풍기 : 축류형

09 클린룸(Clean Room)에 대한 등급을 나타내는 방법으로 미연방규격을 준용하여, 1ft³의 체적 내에 들어 있는 불순 미립자의 수를 Class 등급으로 나타내는 방법이 있다. 예를 들어 class 100이라고 함은 입경이 얼마인 불순 미립자의 수를 100으로 제한한다는 의미인가?
① $0.1\mu m$
② $0.2\mu m$
③ $0.3\mu m$
④ $0.5\mu m$

해설 클린룸의 등급
$0.5\mu m$ 미립자의 수를 Class 등급으로 나타낸다.

10 증기트랩에 대한 설명으로 옳지 않은 것은?
① 바이메탈트랩은 내부에 열팽창계수가 다른 두 개의 금속이 접합된 바이메탈로 구성되며, 워터해머에 안전하고, 과열증기에도 사용 가능하다.
② 벨로스트랩은 금속제의 벨로스 속에 휘발성 액체가 봉입되어 있어 주위에 증기가 있으면 팽창되며, 증기가 응축되면 온도에 의해 수축하는 원리를 이용한 트랩이다.
③ 플로트트랩은 응축수의 온도차를 이용하여 플로트가 상하로 움직이며 밸브를 개폐한다.
④ 버킷트랩은 응축수의 부력을 이용하여 밸브를 개폐하며 상향식과 하향식이 있다.

해설 ㉠ 플로트트랩은 응축수의 비중차를 이용한 기계식 트랩이다.
㉡ 벨로스식, 바이메탈식은 온도 차를 이용한 트랩이다.

11 실내의 거의 모든 부분에서 오염가스가 발생되는 경우 실 전체의 기류분포를 계획하여 실내에서 발생하는 오염물질을 완전히 희석하고 확산시킨 다음에 배기를 행하는 환기방식은?
① 자연 환기
② 제3종 환기
③ 국부 환기
④ 전반 환기

해설 전반 환기
실 전체의 기류분포를 계획하여 실내에서 발생하는 오염물질을 완전히 희석하고 확산시킨 다음에 배기하는 환기방식

12 다음 중 축열시스템의 특징으로 맞는 것은?
① 피크 컷(Peak Cut)에 의해 열원장치의 용량이 증가한다.
② 부분부하 운전에 쉽게 대응하기가 곤란하다.
③ 도시의 전력수급상태 개선에 공헌한다.
④ 야간운전에 따른 관리 인건비가 절약된다.

해설 축열시스템은 심야전기를 이용하는 냉수 또는 빙축열로 주간에 냉방을 보급하므로 도시의 전력수급상태 개선에 공헌한다.

13 흡착식 감습장치에 사용하는 고체흡착제는?

① 실리카겔 ② 염화리튬
③ 트리에틸렌글리콜 ④ 드라이아이스

해설 감습장치
㉠ 냉각감습장치
  • 소형 제습장치
  • 대형 제습장치
㉡ 압축감습장치 : 염화리튬, 트리에틸렌글리콜
㉢ 액체제습장치(흡수식)
㉣ 흡착식 감습장치(고체제습) : 실리카겔, 활성알루미나, 아드소울

14 보일러의 용량을 결정하는 정격출력을 나타내는 것으로 적당한 것은?

① 정격출력 = 난방부하 + 급탕부하
② 정격출력 = 난방부하 + 급탕부하 + 배관손실부하
③ 정격출력 = 난방부하 + 급탕부하 + 예열부하
④ 정격출력 = 난방부하 + 급탕부하 + 배관손실부하 + 예열부하

해설
㉠ 정미출력 : 난방부하 + 급탕부하
㉡ 상용출력 : 난방부하 + 급탕부하 + 배관손실부하
㉢ 정격출력 : 난방부하 + 급탕부하 + 배관손실부하 + 예열부하

15 흡수식 냉동기의 특징으로 맞지 않는 것은?

① 기기 내부가 진공에 가까우므로 파열의 위험이 적다.
② 기기의 구성요소 중 회전하는 부분이 많아 소음 및 진동이 많다.
③ 흡수식 냉온수기 한 대로 냉방과 난방을 겸용할 수 있다.
④ 예냉시간이 길어 냉방용 냉수가 나올 때까지 시간이 걸린다.

해설 흡수식 냉동기
열원은 증기이며 냉매는 물이다. 소음이 적고 진동이 적으나 구조가 대형이라 설치장소가 커야한다.

16 다음 그림은 냉각코일의 선도 변화를 나타낸 것이다. ㉠ : 입구공기, ㉡ : 출구공기, ⓢ : 포화공기일 때 노점온도(A)와 바이패스 팩터(B) 구간으로 맞는 것은?

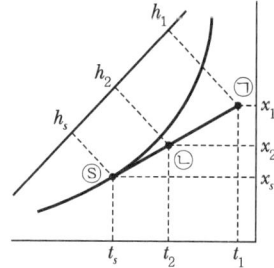

① $A : t_s$, $B : \dfrac{h_2 - h_s}{h_1 - h_s}$

② $A : t_s$, $B : \dfrac{t_1 - t_2}{t_1 - t_s}$

③ $A : t_2$, $B : \dfrac{t_1 - t_2}{t_2 - t_s}$

④ $A : t_2$, $B : \dfrac{h_2 - h_s}{h_1 - h_2}$

해설 노점온도(A)와 바이패스 팩터(B) 구간의 냉각코일의 선도 변화

$A : t_s$, $B : \dfrac{h_2 - h_s}{h_1 - h_s}$

17 다익형 송풍기의 경우 송풍기의 크기(No)에 대한 내용으로 맞는 것은?

① 임펠러의 직경(mm)을 60(mm)으로 나눈 숫자이다.
② 임펠러의 직경(mm)을 100(mm)으로 나눈 숫자이다.
③ 임펠러의 직경(mm)을 120(mm)으로 나눈 숫자이다.
④ 임펠러의 직경(mm)을 150(mm)으로 나눈 숫자이다.

해설 원심식 송풍기의 크기(No.#) = $\dfrac{\text{회전날개 지름(mm)}}{150\text{mm}}$

※ 축류식 송풍기 = 150 대신 100으로 나눈다.

18 건구온도 5℃, 습구온도 3℃의 공기를 덕트 중에 재열기로 건구온도가 20℃로 되기까지 가열하고 싶다. 재열기를 통하는 공기량이 1,000m³/min인 경우, 재열기에 필요한 열량은 약 얼마인가?(단, 공기의 비체적은 0.849m³/kg이다.)

① 254,417kcal/min   ② 15,000kcal/min
③ 8,200kcal/min   ④ 4,240kcal/min

해설 열량 $Q = G \cdot C \cdot \Delta t$
$= (q \times 1.2) \times C \times \Delta t$
$= \left(q \times \dfrac{1}{0.849}\right) \times C \times \Delta t$
$= \left(1,000 \times \dfrac{1}{0.849}\right) \times 0.24 \times (20-5)$
$= 4,240.28 ≒ 4,240\text{kcal/min}$

※ 공기의 비열 $C = 0.24\text{kcal/kg} \cdot ℃$

19 공조방식에 관한 특징으로 옳지 못한 것은?
① 전공기방식은 높은 청정도와 정압을 요구하는 병원수술실, 극장 등에 많이 사용된다.
② 수-공기방식은 부하가 큰 방에서도 덕트의 치수를 적게 할 수 있다.
③ 개별식 유닛을 분산시켜 개별제어와 외기냉방에 효과적이다.
④ 전수방식은 유닛에 물을 공급하여 실내공기를 가열·냉각하는 방식으로 극간풍이 많은 곳에 유리하다.

해설 개별식은 외기량이 부족하여 외기냉방에는 효과가 약하다.

20 공기조화의 분류에서 산업용 공기조화의 적용범위에 해당하지 않는 것은?
① 반도체 공장에서 제품의 품질 향상을 위한 공조
② 실험실의 실험조건을 위한 공조
③ 양조장에서 술의 숙성온도를 위한 공조
④ 호텔에서 근무하는 근로자의 근무환경 개선을 위한 공조

해설 호텔에서는 보건용 공기조화가 필요하다.

SECTION 02 냉동공학

21 냉매로서 구비해야 할 이상적인 성질이 아닌 것은?
① 임계온도가 상온보다 높아야 한다.
② 증발잠열이 커야 한다.
③ 윤활유에 대한 용해도가 클수록 좋다.
④ 전열이 양호하여야 한다.

해설 윤활유와 냉매가 작용하여 냉동작용에 영향을 미치는 일이 없을 것(냉매에 윤활유가 용해하면 증발실의 온도가 상승된다.)

22 염화칼슘 브라인의 공정점(共晶点)은?
① -15℃   ② -21℃
③ -33.6℃   ④ -55℃

해설 염화칼슘 무기질 브라인 냉매
㉠ 공정점 : -55℃
㉡ 비중 : 1.2~1.24
㉢ 특징은 대부분 제빙용 냉매로 사용된다는 것이다.

23 원심 압축기의 용량 조정법에 대한 설명으로 틀린 것은?
① 회전수 변화   ② 안내익의 경사도 변화
③ 냉매의 유량 조절   ④ 흡입구의 댐퍼 조정

해설 원심식 압축기 용량조정법은 ①, ②, ④항이 해당하며, 기타 응축수량 조절법이 있다.(냉각수량 조절법)

24 Brine의 중화제 혼합비율로 가장 적당한 것은?
① 염화칼슘 100L당 중크롬산소다 100g, 가성소다 23g
② 염화칼슘 100L당 중크롬산소다 100g, 가성소다 43g
③ 염화칼슘 100L당 중크롬산소다 160g, 가성소다 23g
④ 염화칼슘 100L당 중크롬산소다 160g, 가성소다 43g

ANSWER | 18.④ 19.③ 20.④ 21.③ 22.④ 23.③ 24.④

해설 염화칼슘($CaCl_2$) 브라인
브라인 1L에 대하여 중크롬산소다($Na_2Cr_2O_7$)를 1.6g씩 첨가(중크롬산소다 100g마다 가성소다(NaOH) 27g씩 첨가)
1 : 1.6 = 100 : 160g,   100 : 27 = 160 : x
∴ $x = 27 \times \dfrac{160}{100} = 43g$

25 깊이 5m인 밀폐 탱크에 물이 5m 차 있다. 수면에는 $3kgf/cm^2$의 증기압이 작용하고 있을 때 탱크 밑면에 작용하는 압력은 얼마인가?
① $35 \times 10^5 kgf/cm^2$ ② $3.5 \times 10^4 kgf/cm^2$
③ $3.5 kgf/cm^2$ ④ $35 kgf/cm^2$

해설 물 깊이 5m의 수압 = $0.5kg/cm^2$
∴ 탱크 밑면 압력 = $3 + 0.5 = 3.5 kgf/cm^2$
※ $1atm = 1kg/cm^2 = 10mAg$

26 다음 설명 중 옳은 것은?
① 냉동능력을 크게 하려면 압축비를 높게 운전하여야 한다.
② 팽창밸브 통과 전후의 냉매 엔탈피는 변하지 않는다.
③ 암모니아 압축기용 냉동유는 암모니아보다 가볍다.
④ 암모니아는 수분이 있어도 아연을 침식시키지 않는다.

해설 • 팽창밸브 통과 전후의 냉매 엔탈피는 불변이다.(팽창밸브는 증발기에 공급되는 냉매량을 조절한다.)
• 압축비는 낮게 하여야 하고, 냉동유는 암모니아보다 무겁다. 암모니아는 수분이 있으면 아연을 침식시킨다.

27 냉동장치에서 펌프다운을 하는 목적으로 틀린 것은?
① 장치의 저압 측을 수리하기 위하여
② 장시간 정지 시 저압 측으로부터 냉매 누설을 방지하기 위하여
③ 응축기나 수액기를 수리하기 위하여
④ 기동 시 액해머 방지 및 경부하 기동을 위하여

해설 펌프아웃
압축기 응축기 등 고압부에 이상이 생겨 고압 측 냉매를 저압 측으로 보내거나 장치 내에서 냉매를 제거시킨다.

28 증기 압축식 이론 냉동사이클에서 엔트로피가 감소하고 있는 과정은 다음 중 어느 과정인가?
① 팽창과정   ② 응축과정
③ 압축과정   ④ 증발과정

해설 응축과정
고온·고압의 냉매가스 잠열을 제거하고 고온·고압의 냉매액으로 만든다.(열량이 제거되므로 엔트로피가 감소한다.)

29 암모니아 냉동장치의 부르동관 압력계 재질은?
① 황동   ② 연강
③ 청동   ④ 아연

해설 암모니아 냉동장치 부르동관 압력계 재질
탄소강 중 탄소함량이 적은 연강을 사용

30 냉동장치 운전 중 주의해야 할 사항으로 옳지 않은 것은?
① 액을 흡입하지 않도록 주의한다.
② 압력계 및 전류계 지시를 점검한다.
③ 이상음 및 진동 유무를 점검한다.
④ 오일의 오염 및 냉각수 통수상태를 점검한다.

해설 냉동장치에서 오일의 오염 및 냉각수 통수상태 점검은 냉동장치 운전 전에 실시한다.

31 제빙공장에서는 어획량이나 계절에 따라 얼음의 수요가 갑자기 증가하기도 하는데, 이런 경우 설비의 확장이나 생산비를 높이지 않고 일정 기간만 얼음을 증산할 수 있는 방법으로 적당하지 않은 것은?
① 빙관에 있는 모든 물이 완전히 얼음으로 될 때까지 동결하는 방법
② 빙관을 일정 두께까지 동결시킨 후 공간을 둔 채 동결을 중지하는 방법
③ 빙관을 일정 두께까지 동결시킨 후 중앙부의 공간에 얼음조각과 물을 넣어서 완전동결하는 방법
④ 빙관을 일정 두께까지 동결시킨 후 중앙부의 공간에 설빙을 넣어서 완전동결하는 방법

해설 제빙공장에서 설비의 확장이나 생산비를 높이지 않고 일정 기간만 얼음을 증산할 수 있는 방법으로는 ②, ③, ④항의 방법을 채택한다.

32 증발기 내의 압력을 일정하게 유지할 목적으로 사용되는 팽창밸브는?

① 온도 작동식 팽창밸브
② 유량 제어 팽창밸브
③ 응축압력 제어 팽창밸브
④ 유압 제어 팽창밸브

해설 온도 작동식 팽창밸브
증발기 내의 압력을 일정하게 유지할 목적으로 사용된다. (벨로스나 다이어프램이 사용되고 작동은 증발 압력이 높아지면 밸브가 차단되고 낮아지면 열려 증발 압력을 일정하게 유지한다.)

33 냉장고를 보냉하고자 한다. 냉장고 온도는 -5℃, 냉장고 외부의 온도가 30℃일 때 냉장고 벽 1m²당 10kcal/h의 열손실을 유지하려면 열 통과율을 약 얼마로 하여야 하는가?

① 0.34kcal/m² · h · ℃
② 0.4kcal/m² · h · ℃
③ 0.286kcal/m² · h · ℃
④ 0.5kcal/m² · h · ℃

해설 열통과에 의한 열손실
열량 $Q = K \cdot F \cdot dT$에서
열통과율 $K = \dfrac{Q}{F \cdot dT} = \dfrac{10}{1 \times (30-(-51))}$
$= 0.286 \text{kcal/m}^2 \cdot \text{h} \cdot \text{℃}$

34 냉동장치를 자동운전하기 위하여 사용되는 자동제어 방법 중 정해진 제어동작의 순서에 따라 진행되는 제어방법은?

① 시퀀스제어 ② 피드백제어
③ 2위치제어 ④ 미분제어

해설 시퀀스제어
정해진 제어동작의 순서에 따라 진행되는 제어

35 아래 그림은 브라인 순환식 빙축열 시스템의 개략도를 나타낸 것이다. (A) 기기의 명칭과 (B) 매체의 명칭으로 맞는 것은?

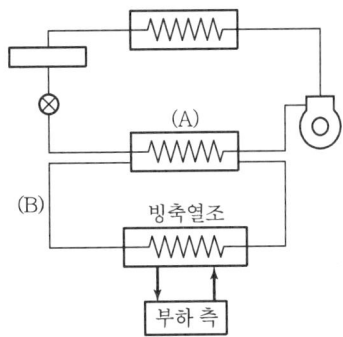

① (A) 증발기, (B) 냉매
② (A) 축냉기, (B) 냉매
③ (A) 증발기, (B) 브라인
④ (A) 증발기, (B) 냉수

36 온도가 500℃인 열용량이 큰 열원으로부터 18,000 kcal/h의 열이 공급된다. 이때 저열원은 대기(20℃)이며, 이 두 열원 간에 가역사이클을 형성하는 열기관이 운전된다면 사이클의 열효율은?

① 0.53 ② 0.62
③ 0.74 ④ 0.81

해설 열기관 사이클 효율
$$\eta = \dfrac{Aw}{Q_H} = \dfrac{Q_H - Q_L}{Q_H} = \dfrac{T_H - T_L}{T_H}$$
$$= \dfrac{(20+273)}{(500+273)-(20+273)} \fallingdotseq 0.62$$

37 5kg의 산소가 체적 2m³로부터 4m³로 변화하였다. 이 변화가 일정 압력하에서 이루어졌다면 엔트로피의 변화는 얼마인가? (단, 산소는 완전가스로 보고, $C_p = 0.221$kcal/kg · K로 한다.)

① 0.33kcal/K ② 0.67kcal/K
③ 0.77kcal/K ④ 1.16kcal/K

해설 등압상태 엔트로피 변화 ΔS
$$\Delta S = G \cdot C_p \cdot \ln \dfrac{V_2}{V_1} = 5 \times 0.221 \times \ln\left(\dfrac{4}{2}\right) = 0.77 \text{kcal/K}$$

ANSWER | 32. ① 33. ③ 34. ① 35. ③ 36. ② 37. ③

38 압축기 과열의 원인이 아닌 것은?

① 증발기의 부하가 감소했을 때
② 윤활유가 부족했을 때
③ 압축비가 증대했을 때
④ 냉매량이 부족했을 때

해설 증발기의 부하가 감소하면 압축기의 과열이 방지된다.(응축압력이 높아지면 압축기 온도가 상승하여 과열된다.)

39 다음 상태변화에 대한 기술 내용으로 옳은 것은?

① 단열변화에서 엔트로피는 증가한다.
② 등적변화에서 가해진 열량은 엔탈피 증가에 사용된다.
③ 등압변화에서 가해진 열량은 엔탈피 증가에 사용된다.
④ 등온변화에서 절대일은 0이다.

해설 ㉠ 단열변화 : 엔트로피는 일정하다.
㉡ 등적변화 : 가해진 열량은 내부온도 증가에 사용된다.
㉢ 등온변화 : 절대일은 변동이 없다.
㉣ 등압변화 : 가해진 열량은 엔탈피 증가에 사용된다.

40 CA(Controlled Atmosphere) 냉장고에서 청과물 저장 시보다 좋은 저장성을 얻기 위하여 냉장고 내의 산소를 몇 % 탄산가스로 치환하는가?

① 3~5%   ② 5~8%
③ 8~10%   ④ 10~12%

해설 CA 냉장고(청과물시장 저장소 사용)
청과물 저장성을 좋게 하기 위해 냉장고 내 산소를 3~5% 정도 CO_2로 치환한다.

SECTION 03 배관일반

41 프레온 냉동장치의 배관에 있어서 증발기와 압축기가 동일 레벨에 설치되는 경우 흡입주관의 입상높이는 증발기 높이보다 몇 mm 이상 높게 하여야 하는가?

① 10   ② 40
③ 70   ④ 150

해설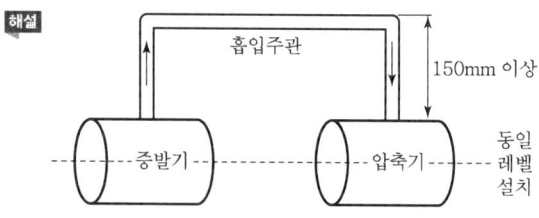

42 다음 중 체크밸브의 종류가 아닌 것은?

① 스윙형 체크밸브
② 해머리스형 체크밸브
③ 리프트형 체크밸브
④ 플랩형 체크밸브

해설 체크밸브(역류 방지 밸브)
㉠ 스윙형 체크밸브
㉡ 해머리스형 체크밸브
㉢ 리프트형 체크밸브

43 흡수식 냉동기의 단점으로 맞는 것은?

① 기기 내부가 진공상태로서 파열의 위험이 있다.
② 설치면적 및 중량이 크다.
③ 냉온수기 한 대로는 냉난방을 겸용할 수 없다.
④ 소음 및 진동이 크다.

해설 • 흡수식 냉동기(냉방목적)는 설치면적 및 중량이 무겁다.
• 흡수식 냉동기는 기기 내부가 진공이라 파열의 위험이 적고 기기 한 대로 냉난방이 가능한 것은 흡수식 냉-온수기이며, 소음이나 진동이 적다.

44 온수난방에 대한 설명 중 옳지 않은 것은?
① 배관을 1/250 정도의 일정구배로 하고 최고점에 배관 중의 기포가 모이게 한다.
② 고장 수리를 위하여 배관 최저점에 배수 밸브를 설치한다.
③ 보일러에서 팽창탱크에 이르는 팽창관에 밸브를 설치한다.
④ 난방배관의 소켓은 편심 소켓을 사용한다.

해설 보일러(온수보일러)에서 팽창탱크 팽창관 사이에는 어떠한 밸브도 설치하지 않는다.

45 가스미터 부착상의 유의점으로 잘못된 것은?
① 온도, 습도가 급변하는 장소는 피한다.
② 부식성의 약품이나 가스가 미터기에 닿지 않도록 한다.
③ 인접 전기설비와는 충분한 거리를 유지한다.
④ 가능하면 미관상 건물의 주요 구조부를 관통한다.

해설 가스미터기는 건물의 구조부를 관통하여 설치하지 않고 눈에 잘 보이는 곳에 부착한다.

46 급수배관 시공 시 바닥 또는 벽의 관통배관에 슬리브를 이용하는 이유로 적합한 것은?
① 관의 신축 및 보수를 위해
② 보온효과의 증대를 위해
③ 도장을 위해
④ 방식을 위해

해설 배관공사 시 벽의 관통배관에 슬리브를 이용하는 이유는 관의 신축 및 보수를 위함이다.

47 지름 20mm 이하의 동관을 이음할 때나 기계의 점검, 보수 등으로 관을 떼어내기 쉽게 하기 위한 동관의 이음방법은?
① 슬리브 이음
② 플레어 이음
③ 사이징 이음
④ 플라스턴 이음

해설 플레어 이음(압축이음)
지름 20mm 이하의 동관을 이음할 때 기계의 점검, 보수 등으로 관을 떼어내기 수월하게 하는 동관이음

48 다이어프램 밸브의 KS 그림기호로 맞는 것은?

① 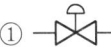   ②
③   ④

해설 ① 다이어프램 밸브
② 글로브 밸브
③ 체크 밸브
④ 앵글 밸브

49 저탕조 내의 온수가열관으로 가장 적합한 것은?
① 강관
② 폴리부틸렌관
③ 주철관
④ 연관

해설 저탕조 내의 온수가열관 재료
강관 또는 동관

50 배수트랩이 하는 역할로 가장 적합한 것은?
① 배수관에서 발생한 유해가스가 건물 내로 유입되는 것을 방지한다.
② 배수관 내의 찌꺼기를 제거하여 물의 흐름을 원활하게 한다.
③ 배수관 내로 공기를 유입하여 배수관 내를 청정하는 역할을 한다.
④ 배수관 내의 공기와 물을 분리하여 공기를 밖으로 빼내는 역할을 한다.

해설 배수트랩
배수관에서 발생한 유해가스가 건물 내로 유입되는 것을 방지하는 트랩

51 열팽창에 의한 관의 신축으로 배관의 이동을 구속 또는 제한하는 장치는?

① 턴버클 ② 브레이스
③ 리스트 레인트 ④ 행거

해설 리스트 레인트
㉠ 열팽창에 의한 관의 신축으로 배관의 이동을 구속 또는 제한하는 장치
㉡ 종류 : 앵커, 스톱, 가이드

52 감압밸브 주위 배관에 사용되는 부속장치이다. 적당하지 않은 것은?

① 압력계 ② 게이트밸브
③ 안전밸브 ④ 콕(Cock)

해설 콕
회전방향 90°까지만 허용(감압밸브 사용에는 부적당하다.)

53 스테인리스 강관의 특성에 대한 설명으로 틀린 것은?

① 위생적이어서 적수, 백수, 청수의 염려가 없다.
② 내식성이 우수하고 계속 사용 시 내경의 축소, 저항 증대 현상이 적다.
③ 저온 충격성이 크고, 한랭지 배관이 가능하며 동결에 대한 저항도 크다.
④ 강관에 비해 기계적 성질이 약하고, 용접식·몰코식 이음법 등 특수시공법으로 인해 시공이 어렵다.

해설 스테인리스 강관
강관에 비해 기계적 성질이 약하나 용접식·몰코식 이음법 등 특수시공법 시공이 용이하다.

54 팬 코일 유닛의 배관방식 중 냉수 및 온수관이 각각 있어서 혼합손실이 없는 배관방식은?

① 1관식 ② 2관식
③ 3관식 ④ 4관식

해설 4관식
팬 코일 유닛의 배관방식 중 냉수 및 온수관이 각각 있어서 혼합손실이 없는 배관방식이다.

55 다음은 한랭지에서의 배관요령이다. 틀린 것은?

① 동결할 위험이 있는 장소에서의 배관은 가능한 피한다.
② 동결이 염려되는 배관에는 물 빼기 장치를 수전 가까이 설치한다.
③ 물 빼기 장치 이후 배관은 상향구배로 하여 물 빼기가 용이하게 한다.
④ 한랭지에서의 배관은 외벽에 매입한다.

해설 한랭지의 배관은 내벽에 매입하고 보온을 철저히 한다.

56 우수 수직관 관경에 따른 허용 최대 지붕 면적(m^2)으로 적당하지 않은 것은?(단, 지붕 면적은 수평으로 투영한 면적이며, 강우량은 100mm/h를 기준으로 산출한 것이다.)

① 50A – 67m^2 ② 65A – 135m^2
③ 75A – 197m^2 ④ 100A – 325m^2

해설 우수배관 관경 계산
㉠ 환산지붕면적 = 실제 지붕수평면적 × $\dfrac{\text{최대강우량}}{100}$
㉡ 환산지붕면적 = $\dfrac{\text{최대강수량}}{100}$ × 수평지붕면적
관경 100A(구배 1 : 96 = 175m^2, 구배 1 : 48 = 246m^2, 구배 1 : 24 = 349m^2)

57 다음 중 주철관의 접합방법이 아닌 것은?

① 플랜지 접합 ② 메커니컬 접합
③ 소켓 접합 ④ 플레어 접합

해설 플레어 접합
20mm 이하의 동관 압축이음

58 강관을 재질상으로 분류한 것이 아닌 것은?

① 탄소 강관 ② 합금 강관
③ 스테인리스 강관 ④ 전기용접 강관

해설 전기용접 강관(-E : 전기저항 용접강관)
강관의 제조방법에 따른 분류에 해당한다.

59 팽창탱크를 설치하지 않은 온수난방장치를 작동하였을 때 일어나는 현상으로 적당한 것은?

① 온수 저장이 곤란하다.
② 온수 순환이 안 된다.
③ 배관의 파열을 일으키게 된다.
④ 온수 순환이 잘 된다.

해설 온수보일러 등에서 팽창탱크를 설치하지 않으면 배관의 파열을 일으키게 된다.

60 급탕설비에서 80℃의 물 300L와 20℃의 물 200L를 혼합시켰을 때 혼합탕의 온도는 얼마인가?

① 42℃ ② 48℃
③ 56℃ ④ 62℃

해설 혼합온도 t_m

$$t_m = \frac{G_1 t_1 + G_2 t_2}{G_1 + G_2} = \frac{(300 \times 80) + (200 \times 20)}{300 + 200} = 56℃$$

SECTION 04 전기제어공학

61 제어대상에 속하는 양으로 제어장치의 출력신호가 되는 것은?

① 제어량 ② 조작량
③ 목푯값 ④ 오차

해설 제어량
제어대상에 속하는 양으로 제어장치의 출력신호가 되는 것

62 시퀀스 회로에서 접점이 조작하기 전에는 열려 있고 조작하면 닫히는 접점은?

① a접점 ② b접점
③ c접점 ④ 공통접점

해설 a접점
시퀀스 회로(정성적회로)에서 접점이 조작하기 전에는 열려 있고 조작하면 닫히는 접점이며 a접점의 반대가 b접점이다.

---

63 다음은 분류기이다. 배율은 어떻게 표현되는가?(단, R_s : 분류기의 저항, R_a : 전류계의 내부저항)

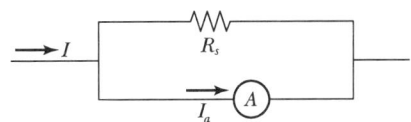

① $\dfrac{R_s}{R_a}$ ② $1 + \dfrac{R_s}{R_a}$

③ $1 + \dfrac{R_a}{R_s}$ ④ $\dfrac{R_a}{R_s}$

해설 ㉠ 분류기 배율 $I = I_a \times \left(1 + \dfrac{R_a}{R_s}\right)$

㉡ 분류기 : 어느 전로의 전류를 측정하려는 경우에 전로의 전류가 전류계의 정격보다 큰 경우에는 전류계와 병렬로 다른 전류를 만들고 전류를 분류하여 측정한다. 이와 같이 전류를 분류하는 전로(저항기)를 분류기라 한다.

64 그림과 같은 블록선도에서 전달함수 $\dfrac{C}{R}$는?

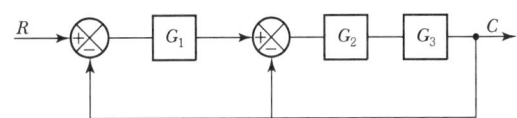

① $\dfrac{G_1 G_2 G_3}{1 + G_1 G_2 + G_1 G_2 G_3}$

② $\dfrac{G_1 G_2 G_3}{1 + G_2 G_3 + G_1 G_2 G_3}$

③ $\dfrac{G_1 G_2 G_3}{1 + G_2 G_3 + G_1 G_3}$

④ $\dfrac{G_1 G_2 G_3}{1 + G_1 G_3 + G_1 G_2 G_3}$

해설 전달함수 $\left(\dfrac{C}{R}\right) = \dfrac{G_1 G_2 G_3}{1 + G_2 G_3 + G_1 G_2 G_3}$

※ $G(C) = \dfrac{G_1 G_2 G_3}{1 - (-G_1 G_2 - G_1 G_2 G_3)}$

$= \dfrac{G_1 G_2 G_3}{1 + G_1 G_2 + G_1 G_2 G_3}$

※ 블록선도 : 신호의 가감, 승제, 분기를 그림 기호화한 것으로 자동제어계에서는 전달함수와 신호의 관계를 나타낸다. ○으로 들어가는 화살표의 ± 가감산에서 •에서 나오는 화살표가 분기된 신호이다.

65 자동제어의 분류에서 제어량의 종류에 의한 분류가 아닌 것은?
① 서보기구   ② 추치제어
③ 프로세스제어   ④ 자동조정

해설 자동제어의 목표량에 따른 자동제어
㉠ 정치제어, ㉡ 추치제어

66 제어기기 중 전기식 조작기기에 대한 설명으로 옳지 않은 것은?
① 장거리 전송이 가능하고 늦음이 적다.
② 감속장치가 필요하고 출력은 작다.
③ PID 동작이 간단히 실현된다.
④ 많은 종류의 제어에 적용되어 용도가 넓다.

해설 공기식 조작기기
PID(비례, 적분, 미분 동작)을 만들기가 수월하다.

67 논리식 $X = \overline{A} \cdot B + \overline{A} \cdot \overline{B}$를 간단히 하면?
① $\overline{A}$ ② A
③ 1   ④ B

해설 $X = \overline{A} \cdot B + \overline{A} \cdot \overline{B} = \overline{A}(B + \overline{B}) = \overline{A} \cdot 1 = \overline{A}$

68 그림과 같은 회로에서 각 저항에 걸리는 전압 V_1과 V_2는 각각 몇 V인가?

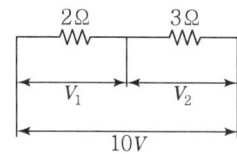

① $V_1 = 10, V_2 = 10$ ② $V_1 = 6, V_2 = 4$
③ $V_1 = 4, V_2 = 6$ ④ $V_1 = 5, V_2 = 5$

해설 옴의 법칙 $V = IR$에서 전압 V와 저항 R은 비례관계이다.
- $V_1 = V \times \dfrac{R_1}{R_1 + R_2} = 10 \times \dfrac{2}{2+3} = 4V$
- $V_2 = V \times \dfrac{R_2}{R_1 + R_2} = 10 \times \dfrac{3}{2+3} = 6V$

69 다음 중 직류 분권전동기의 용도에 적합하지 않은 것은?
① 압연기   ② 제지기
③ 권선기   ④ 기중기

해설 기중기(Crane)
동력을 사용하여 무거운 짐을 매달아 올리고 이것을 수평으로 이동시킬 수 있는 기계

70 1Ω의 저항에 흐르는 전류는 몇 A인가?

① 0.1   ② 1
③ 10   ④ 100

해설 전류$(I) = \dfrac{V}{R} = \dfrac{10}{1} = 10A$

71 콘덴서만의 회로에서 전압과 전류의 위상관계는?
① 전압이 전류보다 180° 앞선다.
② 전압이 전류보다 180° 뒤진다.
③ 전압이 전류보다 90° 앞선다.
④ 전압이 전류보다 90° 뒤진다.

해설 콘덴서(정전용량 C만의 회로)전압과 전류의 위상
㉠ 전류는 전압보다 위상이 $\dfrac{\pi}{2}(= 90°)$ 앞선다.
㉡ 전압은 전류보다 위상이 $\dfrac{\pi}{2}(= 90°)$ 뒤진다.

72 10kVA의 단상변압기 3대가 있다. 이를 3상 배전선에 V결선했을 때의 출력은 몇 kVA인가?
① 11.73   ② 17.32
③ 20   ④ 30

해설 단상변압기 3상 결선방식
㉠ △-△결선   ㉡ Y-Y결선
㉢ △-Y결선   ㉣ Y-△결선
㉤ V-V결선
V결선의 3상 출력$(P_v) = \sqrt{3}P = \sqrt{3 \times 10} = 17.32kVA$

73 대칭 3상 Y부하에서 각 상의 임피던스 $Z = 3 + j4\Omega$ 이고, 부하전류가 20A일 때, 이 부하의 선간전압은 약 몇 V인가?

① 141
② 173
③ 220
④ 282

해설 Y결선에서 $V_l = \sqrt{3}\,V_p$, $I_l = I_p$
임피던스 $Z = 3 + j4 = \sqrt{3^2 + 4^2} = 5\Omega$
상전압 $V_p = I \cdot Z = 20 \times 5 = 100V$
∴ 선간전압 $V_l = \sqrt{3}\,V_p = \sqrt{3} \times 100 ≒ 173V$

74 다음 중 입력장치에 해당되는 것은?
① 검출 스위치
② 솔레노이드 밸브
③ 표시램프
④ 전자개폐기

해설 검출 스위치 : 입력장치

75 컴퓨터 제어의 아날로그 신호를 디지털 신호로 변환하는 과정에서, 아날로그 신호의 최댓값을 M, 변환기의 bit 수를 3이라 하면 양자화 오차의 최댓값은 얼마인가?

① M
② $\dfrac{M}{2}$
③ $\dfrac{M}{7}$
④ $\dfrac{M}{8}$

해설
㉠ 아날로그 신호 : 디지털 신호에 대응하는 것으로 전압, 시간, 저항과 같이 수학적 관계에 따르는 물리적 변수의 신호
㉡ 변환기 : 컴퓨터를 사용한 계측에서는 아날로그와 디지털의 변환을 한다.
㉢ 비트 : 2진 숫자 또는 정보량의 단위로 1개의 2진 숫자가 보유할 수 있는 최대 정보량
㉣ $2^{-1} = \dfrac{1}{2}$, $2^{-2} = \dfrac{1}{8}$, $2^{-3} = \dfrac{1}{16}$

76 정전용량 C(F)의 콘덴서를 Δ결선해서 3상 전압 V(V)를 가했을 때의 충전용량은 몇 VA인가?(단, 전원의 주파수는 f(Hz)이다.)

① $2\pi fCV^2$
② $6\pi fCV^2$
③ $6\pi f^2 CV$
④ $18\pi fCV^2$

해설
• 정전용량$(C) = \dfrac{V}{Q}$(F)
• 콘덴서 축적전하$(Q) = CV$(C)
• 피상전력 단위 : VA(볼트암페어)
• 콘덴서 충전용량 $= 6\pi fCV^2$(VA)

77 일정 토크부하에 알맞은 유도전동기의 주파수 제어에 의한 속도제어 방법을 사용할 때, 공급전압과 주파수의 관계는?
① 공급전압과 주파수는 비례되어야 한다.
② 공급전압과 주파수는 반비례되어야 한다.
③ 공급전압은 항상 일정하고, 주파수는 감소하여야 한다.
④ 공급전압의 제곱에 비례하는 주파수를 공급하여야 한다.

해설 일정 토크부하에 알맞은 유도전동기의 주파수 제어에 의한 속도제어 방법을 사용할 때 공급전압과 주파수는 비례되어야 한다.

78 유도전동기의 원선도 작성에 필요한 기본량이 아닌 것은?
① 무부하 시험
② 저항 측정
③ 회전수 측정
④ 구속 시험

해설 유도전동기의 원선도 작성에 필요한 기본량
㉠ 무부하 시험
㉡ 저항 측정
㉢ 구속 시험

79 그림과 같은 시스템의 등가합성 전달함수는?

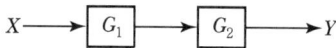

① $G_1 + G_2$ ② $G_1 \cdot G_2$

③ $G_1 - G_2$ ④ $\dfrac{1}{G_1 \cdot G_2}$

해설 ㉠ $Y = G_1 \times G_2 (XG_1 = Y, \ G(s) = \dfrac{Y}{X} = G_1 G_2)$

㉡ 전달함수 : 각기 다른 양이 있고 서로 관계하고 있을 때 최초의 양에서 다음의 양을 변환하기 위한 함수

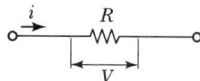

$V = iR(R : 전달함수)$

80 $x_1 + Ax_3 + x_2 = x_3$로 표현된 신호흐름선도는?

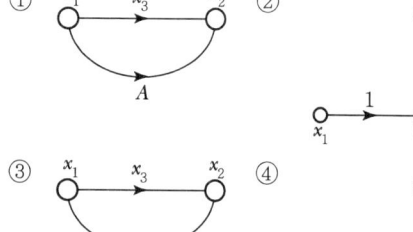

해설 신호흐름

㉠ 종속접속 :

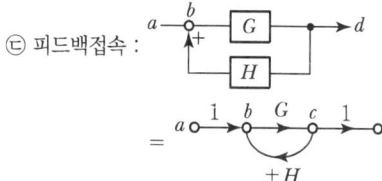

㉡ 병렬접속 :

㉢ 피드백접속 :

2013년 3회 공조냉동기계산업기사

SECTION 01 공기조화

01 복사 냉난방 방식에 대한 설명으로 틀린 것은?
① 비교적 쾌감도가 높다.
② 패널 표면온도가 실내 노점온도보다 높으면 결로하게 된다.
③ 배관매설을 위한 시설비가 많이 들며 보수 및 수리가 어렵다.
④ 방열기가 필요치 않아 바닥면의 이용도가 높다.

해설 복사 냉난방 방식 중 패널 표면온도가 실내 노점온도보다 낮으면 결로가 발생한다.

02 실내에 존재하는 습공기의 전열량에 대한 현열량의 비율을 나타낸 것은?
① 현열비(SHF) ② 잠열비
③ 바이패스비(BF) ④ 열수분비(U)

해설 현열비(SHF) = $\dfrac{\text{현열}}{\text{전열}}$ = $\dfrac{\text{현열}}{\text{현열}+\text{잠열}}$

03 대기의 절대습도가 일정할 때 하루 동안의 상대습도 변화를 설명한 것 중 올바른 것은?
① 절대습도가 일정하므로 상대습도의 변화는 없다.
② 낮에는 상대습도가 높아지고 밤에는 상대습도가 낮아진다.
③ 낮에는 상대습도가 낮아지고 밤에는 상대습도가 높아진다.
④ 낮에는 상대습도가 정해지면 하루 종일 그 상태로 일정하다.

해설 대기의 절대습도가 일정한 가운데 낮에는 상대습도가 낮고 밤에는 상대습도가 높아진다.
상대습도(ϕ) = $\dfrac{\text{어떤 상태공기의 수증기 분압}}{\text{위와 같은 온도의 수증기 포화압력}} \times 100\,(\%)$

04 냉각수는 배관 내를 통하게 하고 배관 외부에 물을 살수하여 살수된 물의 증발에 의해 배관 내 냉각수를 냉각시키는 방식으로 대기오염이 심한 곳 등에서 많이 적용되는 냉각탑 방식은?
① 밀폐식 냉각탑 ② 대기식 냉각탑
③ 자연통풍식 냉각탑 ④ 강제통풍식 냉각탑

해설 밀폐식 냉각탑
냉각수는 배관 내를 통하게 하고 배관 외부에 물을 살수하여 살수된 물의 증발에 의해 배관 내 냉각수를 냉각시킨다(대기오염이 심한 곳에 사용).

05 유인 유닛(IDU) 방식에 대한 설명 중 틀린 것은?
① 각 유닛마다 제어가 가능하므로 개별실 제어가 가능하다.
② 송풍량이 많아서 외기 냉방효과가 크다.
③ 냉각, 가열을 동시에 하는 경우 혼합손실이 발생한다.
④ 유인 유닛에는 동력배선이 필요 없다.

해설 유인 유닛 방식(공기-수방식)은 외기냉방의 효과가 적다.
유닛으로 들어오는 1차 공기(PA), 2차 공기(SA), 1차·2차 공기가 혼합된 합계공기(TA), 유인비 = $\left(\dfrac{\text{TA}}{\text{PA}}\right)$

06 덕트계 부속품의 기능을 설명한 것으로 옳지 않은 것은?
① 댐퍼 : 풍량을 조정하거나 덕트를 폐쇄하기 위해 설치된다.
② 플렉시블 커플링 : 송풍기와 덕트를 접속할 때 사용하며 진동이 전달되는 것을 방지한다.
③ 취출구 : 덕트로부터 공기를 실내로 공급한다.
④ 후드 : 실내로 광범위하게 공기를 공급한다.

해설 후드
실내의 탁한 공기를 외부로 배기시킨다.

ANSWER | 1.② 2.① 3.③ 4.① 5.② 6.④

07 공기 중의 냄새나 아황산가스 등 유해가스의 제거에 가장 적당한 필터는?
① 활성탄 필터   ② HEPA 필터
③ 전기 집진기   ④ 롤 필터

해설 활성탄 필터
공기 중의 냄새나 아황산가스 등 유해가스를 제거한다.

08 다수의 전열판을 겹쳐 놓고 볼트로 연결시킨 것으로 판과 판 사이를 유체가 지그재그로 흐르면서 열교환이 이루어지는 것으로 열교환 능력이 매우 높아 설치면적이 적게 필요하고 전열판의 증감으로 기기 용량의 변동이 용이한 열교환기를 무엇이라 하는가?
① 플레이트형 열교환기
② 스파이럴형 열교환기
③ 원통다관형 열교환기
④ 회전형 전열교환기

해설 플레이트형(판형) 열교환기
다수의 전열판을 겹쳐 놓고 볼트로 연결시켜 판과 판 사이를 유체가 지그재그로 흐르면서 열교환이 이루어진다.

09 아래 그림과 같은 병행류형 냉각코일의 대수평균온도차는 약 얼마인가?

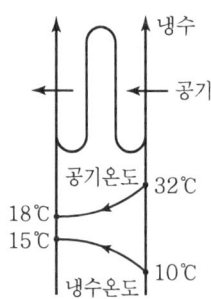

① 8.74℃   ② 9.54℃
③ 12.33℃ ④ 13.10℃

해설 대수평균온도차
$$LMTD = \frac{T_1 - T_2}{\ln\frac{T_1}{T_2}} = \frac{(18-15)-(32-10)}{\ln\frac{(18-15)}{(32-10)}} = 9.54℃$$

10 기류 및 주위 벽면에서의 복사열은 무시하고 온도와 습도만으로 쾌적도를 나타내는 지표를 무엇이라고 부르는가?
① 쾌적 건강지표   ② 불쾌지수
③ 유효온도지수   ④ 청정지표

해설 불쾌지수
기류 및 주위벽면에서의 복사열은 무시하고 온도와 습도만으로 쾌적도를 나타내는 지표이다.

11 온수난방장치와 관계없는 것은?
① 팽창탱크   ② 보일러
③ 버킷 트랩 ④ 공기빼기 밸브

해설 버킷 트랩
㉠ 기계식 증기 트랩(스팀 트랩)
㉡ 종류 : 상향식, 하향식
㉢ 증기와 응축수의 비중차 이용

12 상당방열면적(EDR)에 대한 설명으로 맞는 것은?
① 표준상태 방열기의 전 방열량을 연료 연소에 따른 방열면적으로 나눈 값
② 표준상태 방열기의 전 방열량을 보일러 수관의 방열면적으로 나눈 값
③ 표준상태 방열기의 전 방열량을 표준 방열량으로 나눈 값
④ 표준상태 방열기의 전 방열량을 실내 벽체에서 방열되는 면적으로 나눈 값

해설 상당방열면적(EDR)
$$\mathrm{EDR}(m^2) = \frac{\text{표준상태 방열기의 전 방열량}(\mathrm{kcal/h})}{\text{표준방열량 } 450(\text{증기는 } 650)\,\mathrm{kcal/m^2 \cdot h}}$$

13 냉방부하의 종류 중 현열만 존재하는 것은?
① 외기를 실내 온습도로 냉각, 감습시키는 열량
② 유리를 통과하는 전도열
③ 문틈에서의 틈새바람
④ 인체에서의 발생열

해설 유리를 통과하는 전도열 : 현열만 존재 (잠열은 제외한다.)

14 배관계통에서 유량은 다르더라도 단위길이당 마찰손실이 일정하게 되도록 관경을 정하는 방법은?

① 균등법 ② 균압법
③ 등마찰법 ④ 등속법

해설 등마찰법
배관계통에서 유량은 다르더라도 단위길이당 마찰손실이 일정하게 되도록 관경을 정하는 방법

15 기기 1대로 동시에 냉·난방을 해결할 수 있는 장치로 도시가스를 직접 연소시켜 사용할 수 있고 압축기를 사용하지 않는 열원방식은?

① 흡수식 냉온수기 방식
② GHP 설비방식
③ 방축열 설비방식
④ 전동냉동기+보일러 방식

해설 흡수식 냉온수기 4대 구성요소(냉·난방 가능, 도시가스 사용 가능)
㉠ 증발기
㉡ 흡수기
㉢ 재생기(압축기는 필요 없다.)
㉣ 응축기

16 공조용으로 사용되는 냉동기의 종류가 아닌 것은?

① 원심식 냉동기 ② 자흡식 냉동기
③ 왕복동식 냉동기 ④ 흡수식 냉동기

해설 공조용 냉동기의 종류
㉠ 원심식
㉡ 왕복동식
㉢ 흡수식
㉣ 회전식

17 외기온도 −5℃, 실내온도 20℃, 벽면적 20m²인 실내의 열손실량은 얼마인가?(단, 벽체의 열관류율 8 kcal/m²·h·℃, 벽체두께 20cm, 방위계수는 1.2이다.)

① 4,800 kcal/h ② 4,000 kcal/h
③ 3,200 kcal/h ④ 2,400 kcal/h

해설 열통과에 의한 열손실
열량 $Q = K \cdot F \cdot dT \cdot a$
$= 8 \times 20 \times (20-(-5)) \times 1.2$
$= 4,800 \text{kcal/h}$

18 실내 취득 냉방부하가 아닌 것은?

① 재열부하
② 벽체의 축열부하
③ 극간풍에 의한 부하
④ 유리창의 복사열에 의한 부하

해설 재열부하
재열기의 가열량(취득열량)

19 송풍기의 특성을 나타내는 요소에 해당되지 않는 것은?

① 압력 ② 축동력
③ 재질 ④ 풍량

해설 송풍기의 특성
㉠ 압력
㉡ 축동력
㉢ 풍량

20 공기량(풍량) 400kg/h, 절대습도 $x_1 = 0.007$kg/kg′인 공기를 $x_2 = 0.013$kg/kg′까지 가습하는 경우 가습이 필요한 공급수량은 얼마인가?

① 2.0kg/h ② 2.4kg/h
③ 3.0kg/h ④ 3.5kg/h

해설 공급수량 $L = G \cdot \Delta x$
$= 400 \times (0.013 - 0.007)$
$= 2.4 \text{kg/h}$
여기서, G : 공기량(kg/h)
x : 절대습도(kg/kg′)

ANSWER | 14. ③ 15. ① 16. ② 17. ① 18. ① 19. ③ 20. ②

SECTION 02 냉동공학

21 감압장치에 관한 내용 중 틀린 것은?

① 감압장치에는 교축밸브를 사용하는데 냉동기에서는 이것을 보통 팽창밸브라고 한다.
② 플로트 밸브식 팽창밸브를 일명 정압식 팽창밸브라고 한다. 차동식 팽창밸브는 증발기 내의 압력을 항상 일정하게 유지해준다.
③ 자동식 팽창밸브는 증발기 내의 압력을 항상 일정하게 유지해준다.
④ 온도조절식 팽창밸브는 주로 직접팽창식 증발기에 쓰이는데, 종류는 내부 균압관형과 외부 균압관형이 있다.

해설 감압장치
㉠ 정압식 팽창밸브(AEV)
㉡ 플로트 밸브식 팽창밸브(Float Valve) : 정압식과는 관련성이 없다.
㉢ 온도식 자동팽창밸브(TEV)

22 고온가스에 의한 제상 시 고온가스의 흐름을 제어하는 것으로 적당한 것은?

① 모세관
② 자동팽창밸브
③ 전자밸브
④ 사방밸브(4-way 밸브)

해설 고온가스 제상(핫가스 제상 : Hot Gas Defrost)에서 고온가스의 흐름제어기기 : 전자밸브

23 할로겐 탄화수소계 냉매의 누설을 탐지하는 방법으로 가장 적합한 것은?

① 유황을 묻힌 심지를 이용한다.
② 핼라이드 토치를 이용한다.
③ 네슬러 시약을 이용한다.
④ 페놀프탈레인 시험지를 이용한다.

해설
• 할로겐 탄화수소계 냉매(Freon 냉매) 누설 탐지 : 핼라이드 토치(Halide Torch) 사용
• 토치 내 사용가스 : 아세틸렌, 프로판, 부탄, 알코올

24 왕복동 압축기에서 -30~-70℃ 정도의 저온을 얻기 위해서는 2단 압축방식을 채용한다. 그 이유 중 옳지 않은 것은?

① 토출가스와 온도를 높이기 위하여
② 윤활유의 온도 상승을 피하기 위하여
③ 압축기의 효율 저하를 막기 위하여
④ 성적계수를 높이기 위하여

해설
• 압축비(응축압력/증발압력)가 6 이상이 될 때 2단 압축을 실시한다.
• 2단 압축은 토출가스 온도의 현저한 상승을 방지하여 냉동기를 효율적으로 운전하는 방식이다.

25 냉동장치의 저압차단 스위치(LPS)에 관한 설명으로 맞는 것은?

① 유압이 저하했을 때 압축기를 정지시킨다.
② 토출압력이 저하했을 때 압축기를 정지시킨다.
③ 장치 내 압력이 일정압력 이상이 되면 압력을 저하시켜 장치를 보호한다.
④ 흡입압력이 저하했을 때 압축기를 정지시킨다.

해설 저압차단 스위치
냉동기 저압(증발압력)이 설정압력 이하가 되면 전기적 접점이 떨어져 압축기가 정지된다.(저압=흡입압력)

26 증발압력 조정밸브(EPR)에 대한 설명 중 틀린 것은?

① 냉수 브라인 냉각 시 동결 방지용으로 설치한다.
② 증발기 내의 압력이 일정압력 이하가 되지 않게 한다.
③ 증발기 출구 밸브입구 측의 압력에 의해 작동한다.
④ 한 대의 압축기로 증발온도가 다른 2대 이상의 증발기 사용 시 저온 측 증발기에 설치한다.

해설 증발압력 조정밸브는 한 대의 압축기로 유지온도가 다른 여러 대의 증발실을 운용할 때 가장 온도가 낮은 냉장실의 압력을 기준으로 운전되므로 고온 측의 증발기에 EPR을 설치하여 압력이 한계치 이하가 되지 않도록 한다.

21. ② 22. ③ 23. ② 24. ① 25. ④ 26. ④ | **ANSWER**

27 내부에너지에 대한 설명 중 잘못된 것은?
① 계(系)의 총에너지에서 기계적 에너지를 뺀 나머지를 내부에너지라 한다.
② 내부에너지의 변화가 없다면 가열량은 일로 변환된다.
③ 온도의 변화가 없으면 내부에너지의 변화도 없다.
④ 내부에너지는 물체가 갖고 있는 열에너지이다.

해설 엔탈피 = 내부에너지 + 유동에너지 = $u + APV$
㉠ 내부에너지는 온도만의 함수이다.
㉡ 유동에너지가 변화(열이 외부로 방출)하면 내부에너지도 변화한다.

28 유량 100L/min의 물을 15℃에서 10℃로 냉각하는 수냉각기가 있다. 이 냉동장치의 냉동효과가 125 kJ/kg일 경우에 냉매순환량은 얼마인가?(단, 물의 비열은 4.18kJ/kg · K이다.)
① 16.7kg/h ② 1,000kg/h
③ 450kg/h   ④ 960kg/h

해설 열량(냉동능력) $Q = G \cdot C \cdot dT$
$= (100 \times 60) \times 4.18 \times (15-10)$
$= 125,400 \text{kJ/h}$
이때, 냉동능력(Q) = 냉매순환량(G) × 냉동효과(q)
∴ 냉매순환량 $G = \dfrac{Q}{q} = \dfrac{125,400}{125} ≒ 1,003 \text{kg/h}$

29 30℃의 원수 5ton을 3시간 동안 2℃까지 냉각하는 수냉각장치의 냉동능력은 약 얼마인가?
① 8RT   ② 11RT
③ 14RT ④ 26RT

해설 물의 현열 $q_S = G \cdot C \cdot \Delta t$
$= (5 \times 10^3) \times 1 \times (30-2) = 140,000 \text{kcal}$
∴ $140,000 \times \dfrac{1}{3} \text{kcal/h} = 140,000 \times \dfrac{1}{3} \times \dfrac{1}{3,320} \text{RT}$
$= 14.06 ≒ 14 \text{RT}$
※ 1RT = 3,320kcal/h

30 물 5kg을 0℃에서 80℃까지 가열하면 물의 엔트로피 증가는 약 얼마인가?(단, 물의 비열은 4.18kJ/kg · K이다.)

① 1.17kJ/K   ② 5.37kJ/K
③ 13.75kJ/K ④ 26.31kJ/K

해설 엔트로피 증가 ΔS
$\Delta S = G \cdot C_p \ln \dfrac{T_2}{T_1} = 5 \times 4.18 \times \ln \dfrac{(80+273)}{(0+273)} = 5.37 \text{kJ/K}$

31 흡수식 냉동기에서 냉매와 흡수용액을 분리하는 기기는?
① 발생기 ② 흡수기
③ 증발기 ④ 응축기

해설 발생기
휘용액에서 냉매(H_2O : 물)와 흡수제(LiBr : 리튬브로마이드)를 분리한다(증발기와 같이 붙어 있다).

32 흡수식 냉동기에서 재생기에서의 열량을 Q_G, 응축기에서의 열량을 Q_C, 증발기에서의 열량을 Q_e, 흡수기에서의 열량을 Q_A라고 할 때 전체의 열평형식으로 옳은 것은?
① $Q_G = Q_e + Q_C + Q_A$ ② $Q_G + Q_C = Q_e + Q_A$
③ $Q_G + Q_A = Q_C + Q_e$ ④ $Q_G + Q_e = Q_C + Q_A$

해설 전체 열평형식 : $Q_G + Q_e = Q_C + Q_A$
· 재생기열량 : Q_G · 응축기열량 : Q_C
· 증발기열량 : Q_e · 흡수기열량 : Q_A

33 어떤 변화가 가역인지 비가역인지 알려면 열역학 몇 법칙을 적용하면 되는가?
① 제0법칙 ② 제1법칙
③ 제2법칙 ④ 제3법칙

해설 열역학 제2법칙 : 클라시우스(Clausius) 표현
㉠ 가역사이클 : 엔트로피는 항상 일정
㉡ 비가역사이클 : 엔트로피는 항상 증가

34 부압작용에 의하여 진공을 만들어 냉동작용을 하는 것은?
① 증기분사 냉동기 ② 왕복동 냉동기
③ 스크루 냉동기   ④ 공기압축 냉동기

ANSWER | 27.③ 28.② 29.③ 30.② 31.① 32.④ 33.③ 34.①

해설 증기분사 냉동기(Steam Jet Refrigerator)
증발기 내의 압력저하를 이용한 냉동기(다만, 증기를 이용하므로 0.3~1MPa 정도의 폐증기 생산업체에서 유용)

35 다음 냉동 관련 용어의 설명 중 잘못된 것은?

① 제빙톤 : 25℃의 원수 1톤을 24시간 동안에 -9℃의 얼음으로 만드는 데 제거할 열량을 냉동능력을 표시한다.
② 동결점 : 물질 내에 존재하는 수분이 얼기 시작하는 온도를 말한다.
③ 냉동톤 : 0℃의 물 1톤을 24시간 동안에 -10℃의 얼음으로 만드는 데 필요한 냉동능력으로 1RT=2,520kcal/h이다.
④ 결빙시간 : 얼음을 얼리는 데 소요되는 시간은 얼음 두께의 제곱에 비례하고, 브라인의 온도에는 반비례한다.

해설 1냉동톤(RT) : 0℃의 물 1톤(1,000 kg)을 0℃의 얼음으로 만드는 데 시간당 제거해야 할 열량(얼음의 잠열 79.68 kcal/kg)
1,000×79.68kcal/kg=79,680kcal/24시간
∴ $1RT = \dfrac{79,680}{24} = 3,320 kcal/h$

36 냉매가스를 단열 압축하면 온도가 상승한다. 다음 가스를 같은 조건에서 단열압축할 때 온도 상승률이 가장 큰 것은?

① 공기   ② R-12
③ R-22   ④ NH_3

해설 공기는 단열압축 시 비열이 낮아서 온도 상승률이 매우 크다. (공기비열 : 0.24kcal/kg·K)

37 액 흡입으로 인해 발생하는 압축기 소손을 방지하기 위한 부속장치는?

① 저압차단 스위치   ② 고압차단 스위치
③ 어큐뮬레이터   ④ 유압보호 스위치

해설 어큐뮬레이터
액 흡입으로 인해 발생하는 리퀴드 해머 등에 따른 압축기 소손을 방지하기 위한 부속장치

38 역카르노 사이클로 작동되는 냉동기에서 성능계수(COP)가 가장 큰 응축온도(t_c) 및 증발온도(t_e)는?

① $t_c = 20℃$, $t_e = -10℃$
② $t_c = 30℃$, $t_e = 0℃$
③ $t_c = 30℃$, $t_e = -10℃$
④ $t_c = 20℃$, $t_e = -20℃$

해설 역카르노 사이클의 성능계수
$$COP = \dfrac{Q_2}{Aw} = \dfrac{Q_2}{Q_1 - Q_2} = \dfrac{T_2}{T_1 - T_2}$$
① $COP = \dfrac{(273-10)}{(273+20)-(273-10)} = 8.77$
② $COP = \dfrac{(273+0)}{(273+30)-(273+0)} = 9.1$
③ $COP = \dfrac{(273-10)}{(273+30)-(273-10)} = 6.58$
④ $COP = \dfrac{(273-20)}{(273+20)-(273-20)} = 6.33$

39 냉동장치에서 일반적으로 가스퍼저(Gas Purger)를 설치할 경우 설치위치로 적당한 곳은?

① 수액기와 팽창밸브의 액관
② 응축기와 수액기의 액관
③ 응축기와 수액기의 균압관
④ 응축기 직전의 토출관

해설 불응축 가스퍼저(가스배출) 설치위치 : 응축기와 수액기의 균압관

40 냉동식품의 생산공장에 많이 설치되는 동결장치로 설치면적이 작고 출입구의 레이아웃을 비교적 자유롭게 하여 생산공정의 연속화·라인화에 쉽게 연결할 수 있는 방식은?

① 스파이럴식 동결장치   ② 송풍 동결장치
③ 공기 동결장치   ④ 액체질소 동결장치

해설 스파이럴식 동결장치 : 냉동식품 생산공장용
㉠ 면적이 작다.
㉡ 출입구의 레이아웃을 비교적 자유롭게 한다.
㉢ 생산공정의 연속화·라인화에 연결 가능하다.

SECTION 03 배관일반

41 배관된 관의 수리, 교체에 편리한 이음방법은?
① 용접이음 ② 신축이음
③ 플랜지이음 ④ 스위블이음

[해설] 배관된 관의 수리, 교체에 편리한 이음방법 플랜지이음, 유니온이음

42 급탕배관에 관한 설명 중 틀린 것은?
① 건물의 벽 관통부분 배관에는 슬리브(Sleeve)를 끼운다.
② 공기빼기 밸브를 설치한다.
③ 배관기울기는 중력순환식인 경우 보통 $\frac{1}{150}$로 한다.
④ 직선배관 시에는 강관인 경우 보통 60m마다 1개의 신축이음쇠를 설치한다.

[해설] 강관의 경우 직선배관에서 보통 30m마다 1개의 신축이음쇠가 필요하다.

43 배관의 지름은 유속에 따라 결정된다. 저압증기관에서의 권장유속으로 적당한 것은?
① 10~15m/s ② 20~30m/s
③ 35~45m/s ④ 50m/s 이상

[해설] • 저압증기관의 증기유속 : 20~30m/s
• 고압증기관의 증기유속 : 35~45m/s

44 증기난방에서 고압식인 경우 증기압력은?
① 0.15~0.35kgf/cm² 미만
② 0.35~0.72kgf/cm² 미만
③ 0.72~1kgf/cm² 미만
④ 1kgf/cm² 이상

[해설] 증기난방 시 증기압력
㉠ 저압식 : 0.15~0.35
㉡ 고압식 : 1kgf/cm² 이상

45 아래 그림과 같이 호칭직경 20A인 강관을 2개의 45° 엘보를 사용하여 그림과 같이 연결하였다면 강관의 실제 소요길이는 얼마인가?(단, 엘보에 삽입되는 나사부의 길이는 10mm이고, 엘보의 중심에서 끝 단면까지의 길이는 25mm이다.)

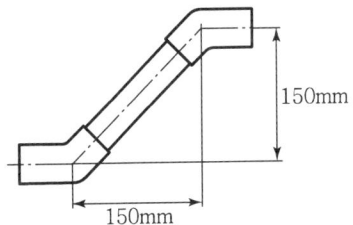

① 212.1 mm ② 200.3 mm
③ 170.3 mm ④ 182.1 mm

[해설] 전체 길이(L) = 치수 × $\sqrt{2}$ = 150 × $\sqrt{2}$ = 212.13mm
공간길이 = 25 - 10 = 15
∴ 실제 소요길이(l) = 212.13 - 2 × 15 = 182.13 ≒ 182.1mm

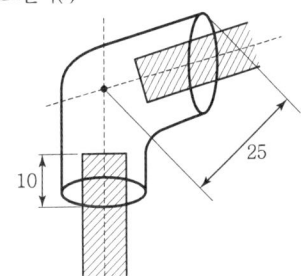

46 주철관의 소켓이음 시 코킹작업을 주목적으로 가장 적합한 것은?
① 누수 방지 ② 경도 증가
③ 인장강도 증가 ④ 내진성 증가

[해설] 주철관의 소켓이음 시 코킹작업의 주목적은 누수 방지에 있다.

47 증기난방에 비해 온수난방의 특징으로 틀린 것은?
① 예열시간이 길지만 가열 후에 냉각시간도 길다.
② 공기 중의 미진이 늘어 생기는 나쁜 냄새가 적어 실내의 쾌적도가 높다.
③ 보일러의 취급이 비교적 쉽고 안전하여 주택 등에 적합하다.
④ 난방부하 변동에 따른 온도조절이 어렵다.

ANSWER | 41. ③ 42. ④ 43. ② 44. ④ 45. ④ 46. ① 47. ④

해설 온수난방
증기난방에 비해 부하변동 시 온도조절이 용이하다.

48 배수관 설치기준에 대한 내용 중 틀린 것은?
① 배수관의 최소 관경은 20mm 이상으로 한다.
② 지중에 매설하는 배수관의 관경은 50mm 이상이 좋다.
③ 배수관의 배수의 유하방향(流下方向)으로 관경을 축소해서는 안 된다.
④ 기구배수관의 관경은 이것에 접속하는 위생기구의 트랩구경 이상으로 한다.

해설 배수관에서 최소 관경은 25A 이상으로 한다.

49 열을 잘 반사하고 내열성이 있어 난방용 방열기 등의 외면에 도장하는 도료로 맞는 것은?
① 산화철 도료
② 광명단 도료
③ 알루미늄 도료
④ 합성수지 도료

해설 알루미늄 도료
열을 잘 반사하고 내열성이 있어서 난방용 방열기 등 외면에 도장한다.

50 배수 트랩 중 관 트랩의 종류가 아닌 것은?
① P트랩
② V트랩
③ S트랩
④ U트랩

해설 배수 트랩
㉠ 관 트랩 : P형, S형, U형
㉡ 박스 트랩
 • 드럼 트랩(요리장의 개숫물)
 • 벨 트랩(바닥면 배수)
 • 가솔린 트랩(배수용)
 • 그리스 트랩(호텔용)

51 2원 냉동장치의 구성기기 중 수액기의 설치 위치는?
① 증발기와 압축기 사이
② 압축기와 응축기 사이
③ 응축기와 팽창밸브 사이
④ 팽창밸브와 증발기 사이

해설 2원 냉동장치 : -70℃의 초저온을 얻기 위한 냉동방법으로, 냉동사이클이 2개로 분류된다.
㉠ 고온 측 냉매 : R-12, R-22 (비등점이 높은 냉매)
㉡ 저온 측 냉매 : R-13, R-14, R-503, 에틸렌, 메탄, 에탄
㉢ 수액기 설치위치 : 응축기와 팽창밸브 사이

52 체크밸브에 대한 설명으로 옳은 것은?
① 스윙형, 리프트형, 풋형 등이 있다.
② 리프트형은 배관의 수직부에 한하여 사용한다.
③ 스윙형은 수평배관에만 사용한다.
④ 유량조절용으로 적합하다.

해설 체크밸브(역류 방지 밸브)
㉠ 스윙형(수직·수평형)
㉡ 리프트형(수평형)
㉢ 풋형(수직형)

53 급탕설비에 있어서 팽창관의 역할을 설명한 것으로 적당하지 않은 것은?
① 보일러 내면에 생기기 쉬운 스케일 부착을 방지한다.
② 물의 온도 상승에 따른 용적 팽창을 흡수한다.
③ 배관 내의 공기나 증기의 배출을 돕는다.
④ 안전밸브의 역할을 한다.

해설 보일러 내면 스케일 부착 방지법 : 청관제로 급수처리를 하여야 한다.

54 급수배관에서 수격작용 발생개소와 거리가 먼 것은?
① 관 내 유속이 빠른 곳
② 구배가 완만한 곳
③ 급격히 개폐되는 밸브
④ 굴곡개소가 있는 곳

해설 급수배관의 구배(기울기 배관)가 급경사인 곳에서 수격작용이 발생되기 쉽다.

55 다음 그림 기호가 나타내는 밸브는?

① 증발압력 조정밸브 ② 유압 조정밸브
③ 용량 조정밸브   ④ 흡입압력 조정밸브

해설 ㉠ O : 오일 ┐
     ㉡ P : 압력 ┘ 유압
     ㉢ R : 조정압
     ∴ OPR : 유압 조정밸브

56 스테인리스강관에 대한 설명으로 적당하지 않은 것은?

① 위생적이어서 적수의 염려가 적다.
② 내식성이 우수하다.
③ 몰코 이음법 등 특수 시공법으로 대체로 배관시공이 간단하다.
④ 저온에서 내충격성이 작다.

해설 스테인리스강관은 저온에서 내충격성이 크다.

57 온수난방용 개방식 팽창탱크에 대한 설명 중 맞지 않는 것은?

① 탱크용량은 전체 팽창량과 같은 체적이어야 한다.
② 저온수난방에 흔히 사용된다.
③ 배관계통상 최고 수위보다 1m 이상 높게 설치한다.
④ 탱크의 상부에 통기관을 설치한다.

해설 개방식 팽창탱크 용량
전체 팽창량의 1.5~2배 정도 크기로 만든다.

58 급수펌프의 설치 시 주의사항으로 틀린 것은?

① 펌프는 기초볼트를 사용하여 기초 콘크리트 위에 설치·고정한다.
② 풋 밸브는 동수위면보다 흡입관경의 2배 이상 물속에 들어가게 한다.
③ 토출 측 수평관은 상향구배로 배관한다.
④ 흡입양정은 되도록 길게 한다.

해설 급수펌프 설치 시 흡입양정은 되도록 짧게 하여 서징현상을 방지한다.(서징현상이란 압력이 저하하여 급수가 증발하는 현상을 말한다.)

59 배관지지장치에서 수직방향 변위가 없는 곳에 사용되는 행거는 어느 것인가?

① 리지드 행거   ② 콘스턴트 행거
③ 가이드 행거   ④ 스프링 행거

해설 리지드 행거
수직방향 변위가 없는 곳에 사용되는 행거(지지점의 주위의 상황에 따라 이동이 다양한 곳에 사용된다.)

60 사이펀 작용이나 부압으로부터 트랩의 봉수를 보호하기 위하여 설치하는 것은?

① 통기관   ② 볼밸브
③ 공기실   ④ 오리피스

해설 통기관
사이펀 작용이나 부압(진공압)으로부터 배수트랩의 봉수를 보호하기 위해 설치한다.

SECTION 04 전기제어공학

61 부하 증대에 따라 속도가 오히려 증대되는 특성을 갖는 직류전동기의 종류는?

① 타여자전동기   ② 분권전동기
③ 가동복권전동기 ④ 차동복권전동기

해설 ㉠ 직류전동기
• 타여자전동기
• 분권전동기
• 직권전동기
• 복권전동기(가동·차동전동기)
㉡ 차동복권전동기 : 부하 증대에 따라 속도가 오히려 증대한다.

62 농형 유도전동기의 기동법이 아닌 것은?
① 전전압기동법 ② 기동보상기법
③ Y-Δ 기동법 ④ 2차 저항법

해설 ㉠ 농형유도전동기 기동법
- 전전압기동 (6kW 이하용)
- Y-Δ 기동법 (10~15kW용)
- 기동보상기법 (15kW 이상용)
㉡ 권선형 유도전동기

63 자동 제어계의 출력신호를 무엇이라 하는가?
① 동작신호 ② 조작량
③ 제어량 ④ 제어편차

해설 자동제어계 출력신호는 조작량이 아닌 제어량이다.

64 센서를 변위센서, 속도센서, 열센서, 광센서로 분류하였다. 분류방법으로 알맞은 것은?
① 계측의 대상 ② 계측의 형태
③ 소자의 재료 ④ 변환의 원리

해설 계측대상 센서
㉠ 변위센서 ㉡ 속도센서
㉢ 열센서 ㉣ 광센서

65 정상편차를 없애고, 응답속도를 빠르게 한 동작은?
① 비례동작 ② 비례적분동작
③ 비례미분동작 ④ 비례적분미분동작

해설 PID (비례·적분·미분동작)
정상편차를 없애고 응답속도를 빠르게 하는 자동제어 연속 복합동작

66 컴퓨터실의 온도를 항상 18℃로 유지하기 위하여 자동 냉난방기를 설치하였다. 이 자동 냉난방기의 제어는?
① 정치제어 ② 추종제어
③ 비율제어 ④ 서보제어

해설 목표치가 일정한 자동제어는 정치제어이다.

67 전기로의 온도를 1,000℃로 일정하게 유지시키기 위하여 열전온도계의 지시값을 보면서 전압조정기로 전기로에 대한 인가전압을 조절하는 장치가 있다. 이 경우 열전온도계는 다음 중 어느 것에 해당되는가?
① 조작부 ② 검출부
③ 제어량 ④ 조작량

해설 열전온도계는 검출부에 속한다.

68 $i(t) = 141.4\sin\omega t$ (A)의 실횻값은 몇 A인가?
① 81.6 ② 100
③ 173.2 ④ 200

해설 실횻값(순시값의 제곱평균의 제곱근값)
$V = \sqrt{v^2 \text{의 평균}}$
$I = \sqrt{\dfrac{1}{T}\displaystyle\int_o^T i^2 dt} = \dfrac{1}{\sqrt{2}} I_m ≒ 0.7071A$
∴ 실횻값 = 141.4 × 0.7071 = 100A

69 3상 평형부하의 전압이 100V이고, 전류가 10A이다. 역률이 0.8이면 이때의 소비전력은 약 몇 W인가?
① 1,386 ② 1,732
③ 2,100 ④ 2,430

해설 3상 평형부하의 소비전력 P
$P = \sqrt{3}\,VI\cos\theta$
$= \sqrt{3} \times 100 \times 10 \times 0.8$
$= 1,385.64$
$≒ 1,386W$

70 시퀀스 제어에 관한 설명 중 옳지 않은 것은?
① 미리 정해진 순서에 의해 제어된다.
② 일정한 논리에 의해 정해진 순서로 제어된다.
③ 조합논리회로로 사용된다.
④ 입력과 출력을 비교하는 장치가 필수적이다.

해설 입력과 출력을 비교하는 장치는 피드백 제어이다.

62. ④ 63. ③ 64. ① 65. ④ 66. ① 67. ② 68. ② 69. ① 70. ④ | ANSWER

71 전동기의 절연 및 절연내력 시험에 대한 설명으로 틀린 것은?

① 보통 온도상승시험 직후에 실시한다.
② 500V 메거 또는 1,000V 메거로 절연저항을 측정한다.
③ 절연내력시험은 보통 전동기를 운전하지 않은 상태에서 실시한다.
④ 계기가 일정한 지시를 가리키는 데 시간이 걸릴 수도 있다.

해설 전동기 절연 및 절연내력시험 : 전동기를 운전하면서 시험한다.

72 회로에서 세트입력(S), 리셋입력(R), 출력(Q)의 진리표에 대한 설명 중 옳지 않은 것은? (단, L은 Low, H는 High이다.)

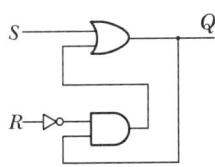

① S는 L, R은 H일 때 Q는 L로 된다.
② S는 H, R은 L일 때 Q는 H로 된다.
③ S는 L, R은 L일 때 Q는 L로 된다.
④ S는 H, R은 H일 때 Q는 L로 된다.

해설 진리표에서 S는 H, R은 H일 때 Q는 H가 된다.

73 그림과 같이 저항 R을 전류계와 내부저항 20Ω인 전압계로 측정하니 15A와 30V이었다. 저항 R은 몇 Ω인가?

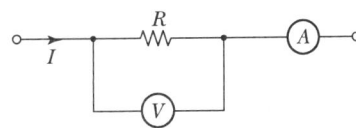

① 1.54 ② 1.86
③ 2.22 ④ 2.78

해설 옴의 법칙에 의해 $I_V = \dfrac{V}{R} = \dfrac{30}{20} = 1.5A$

이때, $I_R = I - I_V = 15 - 1.5 = 13.5A$

$\therefore R = \dfrac{V}{I_R} = \dfrac{30}{13.5} = 2.22Ω$

74 그림과 같은 계전기 접점회로의 논리식은?

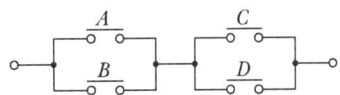

① $(\overline{A}+B) \cdot (C+\overline{D})$ ② $(\overline{A}+\overline{B}) \cdot (C+D)$
③ $(A+B) \cdot (C+D)$ ④ $(A+B) \cdot (\overline{C}+\overline{D})$

해설 분배의 법칙(유접점 회로)
계전기 접점회로 논리식
$(A+B) \cdot (C+D)$

75 그림과 같은 신호 흐름 선도에서 $\dfrac{X_2}{X_1}$를 구하면?

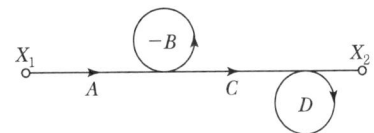

① $\dfrac{AC}{(1+B)(1-C)}$ ② $\dfrac{AC}{(1-B)(1+D)}$
③ $\dfrac{AC}{(1-B)(1-D)}$ ④ $\dfrac{AC}{(1+B)(1-D)}$

해설 메이슨 이득공식

이득 $G = \dfrac{\sum G_i \cdot \Delta_i}{\Delta}$

이때, Δ : 1−피드백 경로의 합+2개가 서로 비접촉인 피드백 경로의 곱+⋯

G_i : 전향경로

$\therefore G = \dfrac{AC}{1-(-B+D)+(-B \cdot D)}$
$= \dfrac{AC}{1+B-D-BD} = \dfrac{AC}{(1+B)(1-D)}$

76 다음 중 기동 토크가 가장 큰 단상 유도전동기는?

① 분상기동형 ② 반발기동형
③ 반발유도형 ④ 콘덴서기동형

해설 ㉠ 단상 반발기동형 유도전동기 : 토크 (회전력)에서 기동토크가 가장 크다.

㉡ 토크(T) = $\dfrac{60}{2\pi} \cdot \dfrac{90}{N}$(N·m) = $\dfrac{1}{9.8} \cdot \dfrac{60}{2\pi} \cdot \dfrac{P_o}{N}$(kg·m)

㉢ 단상 유도전동기 : 분상기동형, 콘덴서기동형, 영구콘덴서형, 세이딩 코일형, 반발기동형

ANSWER | 71. ③ 72. ④ 73. ③ 74. ③ 75. ④ 76. ②

77 플레밍(Fleming)의 오른손 법칙에 따라 기전력이 발생하는 원리를 이용한 기기는?

① 교류발전기
② 교류전동기
③ 교류정류기
④ 교류용접기

해설 교류발전기
플레밍의 오른손 법칙에 따라 기전력이 발생한다.

78 PLC 제어의 특징이 아닌 것은?

① 제어시스템의 확장이 용이하다.
② 유지보수가 용이하다.
③ 소형화가 가능하다.
④ 부품 간의 배선에 의해 로직이 결정된다.

해설 PLC (Programmable Logic Controller) 제어의 특징
㉠ 제어시스템의 확장이 용이하다.
㉡ 유지보수가 용이하다.
㉢ 소형화가 가능하다.

79 어떤 도체의 단면을 1시간에 7,200C의 전기량이 이동했다고 하면 전류는 몇 A인가?

① 1
② 2
③ 3
④ 4

해설 전기량 $Q = It$에서
전류 $I = \dfrac{Q}{t} = \dfrac{7,200}{3,600} = 2\text{A}$

80 물체의 위치, 방위, 자세 등의 기계적 변위를 제어량으로 해서 목푯값의 임의의 변화에 추종하도록 구성된 제어계는?

① 공성 제어
② 정치 제어
③ 프로그램 제어
④ 추종 제어

해설 ㉠ 추종 제어 : 물체의 위치, 방향, 자세 등의 기계적 변위를 제어량으로 해서 목푯값의 임의의 변화에 추종하도록 구성된 제어계
㉡ 제어량의 종류에 따른 자동제어 분류
• 서보기구
• 프로세스 제어
• 자동조정
㉢ 제어량의 성질에 따른 분류
• 정치 제어
• 추치 제어(프로그램 제어, 추종 제어, 비율 제어)
㉣ 제어요소 : 조절부, 조작부

2014년 1회 공조냉동기계산업기사

SECTION 01 공기조화

01 우리나라에서 오전 중에 냉방 부하가 최대가 되는 존(Zone)은 어느 방향인가?
① 동쪽 방향 ② 서쪽 방향
③ 남쪽 방향 ④ 북쪽 방향

해설 오전 중 냉방 최대부하 방위 : 동쪽 방향

02 환기방식 중 송풍기를 이용하여 실내에 공기를 공급하고, 배기구나 건축물의 틈새를 통하여 자연적으로 배기하는 방법은?
① 제1종 환기 ② 제2종 환기
③ 제3종 환기 ④ 제4종 환기

해설 제2종 환기

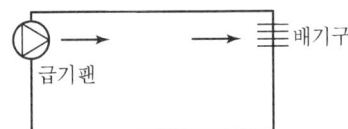

03 냉수코일의 설계에 있어서 코일 출구온도 10℃, 코일 입구온도 5℃, 전열부하 83,740kJ/h일 때, 코일 내 순환수량(L/min)은 약 얼마인가?(단, 물의 비열은 4.2kJ/kg·K이다.)
① 55.5L/min ② 66.5L/min
③ 78.5L/min ④ 98.7L/min

해설 전열부하 $Q = G \cdot C \cdot \Delta t$에서
순환수량 $G = \dfrac{Q}{C \cdot \Delta t}$
$= \dfrac{83,740}{4.2 \times (10-5)} \times \dfrac{1}{60}$
$= 66.46$
$\fallingdotseq 66.5 \text{L/min}$

04 공기조화 부하계산을 할 때 고려하지 않아도 되는 것은?
① 열원방식
② 실내 온·습도의 설정조건
③ 지붕재료 및 치수
④ 실내 발열기구의 사용시간 및 발열량

해설 열원장치
온수, 증기, 냉동기 등

05 냉수 또는 온수코일의 용량제어를 2방 밸브로 하는 경우 물배관계통의 특성 중 옳은 것은?
① 코일 내의 수량은 변하나 배관 내의 유량은 부하변동에 관계없이 정유량(定流量)이다.
② 부하변동에 따라 펌프의 대수제어가 가능하다.
③ 차압제어밸브가 필요 없으므로 펌프의 양정을 낮게 할 수 있다.
④ 코일 내의 수량이 변하지 않으므로 전열효과가 크다.

해설 냉·온수코일에서 용량제어를 2방 밸브로 하면 부하변동에 따라 펌프의 대수제어가 가능하다.

06 바이패스 팩터(By-pass Factor)에 관한 설명으로 옳지 않은 것은?
① 바이패스 팩터는 공기조화기를 공기가 통과할 경우 공기의 일부가 변화를 받지 않고 원상태로 지나쳐갈 때 이 공기량과 전체 통과 공기량에 대한 비율을 나타낸 것이다.
② 공기조화기를 통과하는 풍속이 감소하면 바이패스 팩터는 감소한다.
③ 공기조화기의 코일열수 및 코일 표면적이 적을 때 바이패스 팩터는 증가한다.
④ 공기조화기의 이용 가능한 전열 표면적이 감소하면 바이패스 팩터는 감소한다.

ANSWER | 1.① 2.② 3.② 4.① 5.② 6.④

해설 바이패스 팩터
㉠ 공기가 코일을 통과해도 코일과 접촉하지 못하고 지나가는 공기의 비율
  ※ 그 반대를 콘텍트 팩터(Contact Factor)라 한다.
㉡ 공기조화기의 이용가능한 전열 표면적이 증가하면 바이패스 팩터는 감소한다.

07 인체에 작용하는 실내 온열환경 4대요소가 아닌 것은?
① 청정도 ② 습도
③ 기류속도 ④ 공기온도

해설 인체에 작용하는 실내 온열환경 4대요소 : 습도, 기류속도, 공기온도, 불쾌지수 등

08 공기 세정기에 관한 설명으로 옳지 않은 것은?
① 공기 세정기의 통과풍속은 일반적으로 2~3m/s이다.
② 공기 세정기의 가습기는 노즐에서 물을 분무하여 공기에 충분히 접촉시켜 세정과 가습을 하는 것이다.
③ 공기 세정기의 구조는 루버, 분무노즐, 플러딩노즐, 엘리미네이터 등이 케이싱 속에 내장되어 있다.
④ 공기 세정기의 분무 수압은 노즐 성능상 20~50kPa이다.

해설 공기 세정기(에어워셔)의 분무 수압 : 150~200kPa

09 염화리튬, 트리에틸렌글리콜 등의 액체를 사용하여 감습하는 장치는?
① 냉각감습장치 ② 압축감습장치
③ 흡수식 감습장치 ④ 세정식 감습장치

해설 액체흡수식 감습장치 : 흡수제(염화리튬, 트리에틸렌글리콜)를 이용

10 증기난방에 관한 설명으로 옳지 않은 것은?
① 열매온도가 높아 방열면적이 작아진다.
② 예열시간이 짧다.
③ 부하변동에 따른 방열량의 제어가 곤란하다.
④ 증기의 증발현열을 이용한다.

해설 ㉠ 증기난방 : 증기는 응축잠열을 이용한다.
㉡ 온수난방 : 온수는 현열을 이용한다.

11 공기조화 방식의 분류 중 공기-물 방식이 아닌 것은?
① 유인 유닛방식
② 덕트병용 팬코일 유닛방식
③ 복사 냉난방 방식(패널에어 방식)
④ 멀티존 유닛방식

해설 전공기 방식
㉠ 단일덕트방식(정풍량 등)
㉡ 2중 덕트방식(멀티존 유닛방식 등)

12 도서관의 체적이 630m³이고 공기가 1시간에 29회 비율로 틈새바람에 의해 자연 환기될 때 풍량(m³/min)은 약 얼마인가?
① 295 ② 304
③ 444 ④ 572

해설 풍량 $q = \dfrac{체적 \times 횟수}{시간}$
$= \dfrac{630\text{m}^3 \times 29}{60\text{min}}$
$= 304.5\text{m}^3/\text{min}$

13 다음 그림은 송풍기의 특성 곡선이다. 점선으로 표시된 곡선 B는 무엇을 나타내는가?

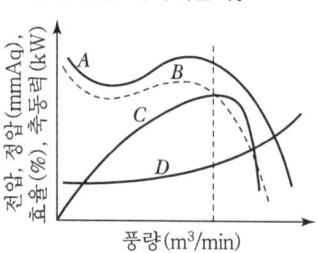

① 축동력 ② 효율
③ 전압 ④ 정압

해설 송풍기의 특성 곡선
A : 전압, B : 정압, C : 효율, D : 축동력

14 덕트 설계 시 고려하지 않아도 되는 사항은?

① 덕트로부터의 소음
② 덕트로부터의 열손실
③ 공기의 흐름에 따른 마찰 저항
④ 덕트 내를 흐르는 공기의 엔탈피

해설 덕트 설계 시 고려사항 : ①, ②, ③항 외 덕트 내 공기의 유속(m/s)

15 실내의 기류분포에 관한 설명으로 옳은 것은?

① 소비되는 열량이 많아져서 추위를 느끼게 되는 현상 또는 인체에 불쾌한 냉감을 느끼게 되는 것을 유효 드래프트라고 한다.
② 실내의 각 점에 대한 EDT를 구하고, 전체 점수에 대한 쾌적한 점수의 비율을 T/L비라고 한다.
③ 일반사무실 취출구의 허용풍속은 1.5~2.5m/s 이다.
④ 1차 공기와 전 공기의 비를 유인비라 한다.

해설 ① 콜드드래프트에 대한 설명이다.
② EDT : 유효드래프트온도, T/L : 도달거리 T와 실의 대표길이 L의 비
③ 허용풍속 : 5.0~6.25m/s 정도
④ 유인비 = $\left(\dfrac{T_A(혼합공기)}{P_A(1차\ 공기)}\right)$: 3~4 정도

16 증기-물 또는 물-물 열교환기의 종류에 해당되지 않는 것은?

① 원통다관형 열교환기 ② 전열 교환기
③ 판형 열교환기   ④ 스파이럴형 열교환기

해설 전열 교환기
공기 대 공기의 열교환기로서 현열은 물론 잠열까지도 교환된다.(엔탈피 교환장치이다.)

17 공기 중의 수증기 분압을 포화압력으로 하는 온도를 무엇이라 하는가?

① 건구온도   ② 습구온도
③ 노점온도   ④ 글로브(Globe) 온도

해설 노점온도
공기 중의 수증기 분압을 포화압력으로 하는 온도

18 보일러의 출력표시에서 난방부하와 급탕부하를 합한 용량으로 표시되는 것은?

① 과부하출력   ② 정격출력
③ 정미출력   ④ 상용출력

해설 ㉠ 정미출력=난방부하+급탕부하
㉡ 상용출력=정미출력+배관부하
㉢ 정격출력=상용출력+예열부하

19 온수배관 시공 시 주의할 사항으로 옳은 것은?

① 각 방열기에는 필요시에만 공기배출기를 부착한다.
② 배관 최저부에는 배수밸브를 설치하며, 하향구배로 설치한다.
③ 팽창관에는 안전을 위해 반드시 밸브를 설치한다.
④ 배관 도중에 관지름을 바꿀 때에는 편심이음쇠를 사용하지 않는다.

해설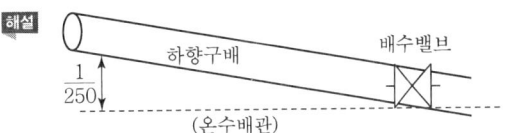

20 습공기선도상에 나타나 있는 것이 아닌 것은?

① 상대습도   ② 건구온도
③ 절대습도   ④ 포화도

해설 습공기선도는 상대습도, 건구온도, 절대습도 등이 나타난다. 다만 포화도는 다음의 계산식에 의한다.
포화도(ϕ_s)
$= \dfrac{어떤\ 공기의\ 절대습도}{같은\ 온도에서\ 포화공기의\ 절대습도} \times 100(\%)$

SECTION 02 냉동공학

21 냉동장치의 안전장치 중 압축기로의 흡입압력이 소정의 압력 이상이 되었을 경우 과부하에 의한 압축기용 전동기의 위험을 방지하기 위하여 설치되는 기기는?

① 증발압력 조정밸브(EPR)
② 흡입압력 조정밸브(SPR)
③ 고압 스위치
④ 저압 스위치

해설 흡입압력 조정밸브
압축기로 공급되는 냉매흡입 압력이 소정의 압력 이상이 되면 과부하로 압축기 전동기 위험을 방지하기 위해 압력을 조정하는 밸브이다.

22 열원에 따른 열펌프의 종류가 아닌 것은?

① 물-공기 열펌프
② 태양열 이용 열펌프
③ 현열 이용 열펌프
④ 지중열 이용 열펌프

해설 열원에 의한 열펌프(히트펌프)의 종류
㉠ 물-공기 이용
㉡ 태양열 이용
㉢ 지중열 이용
㉣ 공기열 이용

23 팽창밸브 입구에서 410kcal/kg의 엔탈피를 갖고 있는 냉매가 팽창밸브를 통과하여 압력이 내려가고 포화액과 포화증기의 혼합물, 즉 습증기가 되었다. 습증기 중 포화액의 유량이 7kg/min일 때 전 유출 냉매의 유량은 약 얼마인가?(단, 팽창밸브를 지난 후의 포화액의 엔탈피는 54kcal/kg, 건포화증기의 엔탈피는 500kcal/kg이다.)

① 30.3kg/min
② 32.4kg/min
③ 34.7kg/min
④ 36.5kg/min

해설 $P-h$ 선도

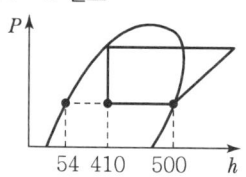

그래프에서 건조도 $x = \dfrac{410-54}{500-54} = 0.7982$

건조도 $x = \dfrac{포화증기량}{전냉매량}$
$= \dfrac{포화증기량}{포화액+포화증기량} = \dfrac{G_s}{7+G_s} = 0.7982$

포화증기량 $G_s = \dfrac{7 \times 0.7982}{1-0.7982} = 27.69 \text{kg/min}$

∴ 전 유출 냉매유량 $= 27.69 + 7 = 34.69 \text{kg/min}$

24 매분 염화칼슘 용액 350L/min를 -5℃에서 -10℃까지 냉각시키는 데 필요한 냉동능력은 얼마인가?(단, 염화칼슘 용액의 비중은 1.2, 비열은 0.6kcal/kgf·℃이다.)

① 78,300(kcal/h)
② 75,600(kcal/h)
③ 72,500(kcal/h)
④ 71,900(kcal/h)

해설 열량 $Q = G \cdot C \cdot \Delta t$
$= (350 \times 1.2 \times 60) \times 0.6 \times (-5-(-10))$
$= 75,600 \text{kcal/h}$

25 CA 냉장고(Controlled Atmosphere Storage Room)의 용도로 가장 적당한 것은?

① 가정용 냉장고로 쓰인다.
② 제빙용으로 주로 쓰인다.
③ 청과물 저장에 쓰인다.
④ 공조용으로 철도, 항공에 주로 쓰인다.

해설 CA 냉장고(Controlled Atmosphere Storage Room)
청과물 저장 시보다 좋은 저장성을 얻기 위하여 냉장고 내 산소를 3~5% 감소시키고 탄산가스를 3~5% 증대시키는 치환법

26 압축기 직경이 100mm, 행정이 850mm, 회전수 2,000rpm, 기통 수 4일 때 피스톤 배출량은?

① 3,204m³/h
② 3,316m³/h
③ 3,458m³/h
④ 3,567m³/h

해설 피스톤 토출량 V
$V = \dfrac{\pi \cdot d^2}{4} \cdot L \cdot N \cdot R \cdot 60$
$= \left(\dfrac{\pi \times 0.1^2}{4}\right) \times (850 \times 10^{-3}) \times 4 \times 2,000 \times 60$
$= 3,204.42 ≒ 3,204 \text{m}^3/\text{h}$

21. ② 22. ③ 23. ③ 24. ② 25. ③ 26. ① | ANSWER

27 냉매와 화학분자식이 옳게 짝지어진 것은?

① R-500 : $CCl_2F_4 + CH_2CHF_2$
② R-502 : $CHClF_2 + CClF_2CF_3$
③ R-22 : CCl_2F_2
④ R-717 : NH_4

해설
① R-500 : $CCl_2F_2 + CH_3CHF_2$
③ R-22 : $CHClF_2$
④ R-717 : NH_3(암모니아)

28 2원 냉동장치의 저온측 냉매로 적합하지 않은 것은?

① R-22 ② R-14
③ R-13 ④ 에틸렌

해설 2원 냉동장치
㉠ 고온 측 냉매 : R-12, R-22
㉡ 저온 측 냉매 : R-22, R-13, R-14
(단, -70℃~-100℃ 저온용 2원 냉동장치에서 R-22는 오히려 고온 측에 사용된다.)

29 냉매가 구비해야 할 이상적인 물리적 성질로 틀린 것은?

① 임계온도가 높고 응고온도가 낮을 것
② 같은 냉동능력에 대하여 소요동력이 적을 것
③ 전기절연성이 낮을 것
④ 저온에서도 대기압 이상의 압력으로 증발하고 상온에서 비교적 저압으로 액화할 것

해설 냉매는 전기의 절연성이 커야 한다.

30 2단 압축 2단 팽창 냉동장치에서 중간냉각기가 하는 역할이 아닌 것은?

① 저단 압축기의 토출가스 과열도를 낮춘다.
② 고압 냉매액을 과랭시켜 냉동효과를 증대시킨다.
③ 저단 토출가스를 재압축하여 압축비를 증대시킨다.
④ 흡입가스 중의 액을 분리하여 리키드 백을 방지한다.

해설 중간냉각기(Intercooler)
저단 압축기의 출구에 부착하여 저단 측 압축기 토출가스의 과열을 제거하여 고단 압축기가 과열되는 것을 방지한다. 보조압축기는 부스터 압축기(중간압력까지 압축)를 채택한다.

31 다음 냉매 중 아황산가스에 접했을 때 흰 연기를 내는 가스는?

① 프레온 12 ② 크로메틸
③ R-410A ④ 암모니아

해설 NH_3(암모니아) 냉매 누설 시 유황초나 유황걸레에 불을 붙이면 누설개소에서는 흰 연기가 발생된다.
$S(황) + O_2 \rightarrow SO_2$(아황산가스)

32 교축작용과 관계가 적은 것은?

① 등엔탈피 변화 ② 팽창밸브에서의 변화
③ 엔트로피의 증가 ④ 등적변화

해설 교축작용 : 압력강하, 온도강하, 체적변화

33 10℃와 85℃ 사이의 물을 열원으로 역카르노 사이클로 작동되는 냉동기(ε_C)와 히트펌프(ε_H)의 성적계수는 각각 얼마인가?

① $\varepsilon_C = 1.00$ $\varepsilon_H = 2.00$
② $\varepsilon_C = 2.12$ $\varepsilon_H = 3.12$
③ $\varepsilon_C = 2.93$ $\varepsilon_H = 3.93$
④ $\varepsilon_C = 3.78$ $\varepsilon_H = 4.78$

해설
- $\varepsilon_C = \dfrac{T_2}{T_1 - T_2} = \dfrac{(10+273)}{(85+273)-(10+273)} \fallingdotseq 3.78$
- $\varepsilon_H = \dfrac{T_1}{T_1 - T_2} = \dfrac{(85+273)}{(85+273)-(10+273)} \fallingdotseq 4.78$

34 팽창밸브가 과도하게 닫혔을 때 생기는 현상이 아닌 것은?

① 증발기의 성능 저하
② 흡입가스의 과열
③ 냉동능력 증가
④ 토출가스의 온도상승

해설 팽창밸브가 과도하게 닫히면 냉매량이 부족하여 냉동능력이 감소한다.

ANSWER | 27.② 28.① 29.③ 30.③ 31.④ 32.④ 33.④ 34.③

35 공랭식 응축기에 있어서 냉매가 응축하는 온도는 어떻게 결정하는가?

① 대기의 온도보다 30℃(54°F) 높게 잡는다.
② 대기의 온도보다 19℃(35°F) 높게 잡는다.
③ 대기의 온도보다 10℃(18°F) 높게 잡는다.
④ 증발기 속의 냉매 증기를 과열도에 따라 높인 온도로 잡는다.

해설 공랭식 응축기
㉠ 냉매 응축온도 : 대기의 온도보다 19℃ 높게 잡는다.(자연대류식, 강제대류식)
㉡ 소형 프레온에 많이 사용한다.
㉢ NH_3 장치는 공랭식으로 처리하기가 어렵다.

36 흡수식 냉동기에 대한 설명 중 옳은 것은?

① $H_2O + LiBr$계에서는 응축 측에서 비체적이 커지므로 대용량은 공랭식화가 곤란하다.
② 압축기는 없으나, 발생기 등에서 사용되는 전력량은 압축식 냉동기보다 많다.
③ $H_2O + LiBr$계나 $H_2O + NH_3$계에서는 흡수제가 H_2O이다.
④ 공기조화용으로 많이 사용되나, $H_2O + LiBr$계는 0℃ 이하의 저온을 얻을 수 있다.

해설 흡수식 냉동기
㉠ 냉매 : H_2O
㉡ 흡수제 : LiBr(리튬브로마이드)
 • $H_2O + LiBr$은 응축 측에서 비체적(m^3/kg)이 커지므로 대용량은 공랭식화가 곤란하다.
 • 전기소비량이 적게 든다.
 • 0℃ 이하는 만들기 곤란하다.

37 온도식 팽창밸브에서 흐르는 냉매의 유량에 영향을 미치는 요인이 아닌 것은?

① 오리피스 구경의 크기
② 고·저압 측 간의 압력차
③ 고압 측 액상 냉매의 냉매온도
④ 감온통의 크기

해설 감온통보다는 냉매분배기가 냉매유량에 영향을 미친다.

38 할로겐 원소에 해당되지 않는 것은?

① 불소(F)   ② 수소(H)
③ 염소(Cl) ④ 브롬(Br)

해설 수소 : 가연성 가스(폭발범위 : 4~74%)

39 암모니아 냉동장치에 대한 설명 중 옳은 것은?

① 압축비가 증가하면 체적 효율도 증가한다.
② 표준 냉동 사이클로 운전할 경우 R-12에 비해 토출가스의 온도가 낮다.
③ 기밀시험에 산소가스를 이용하는 것은 폭발의 가능성이 없기 때문이다.
④ 증발압력 조정밸브를 설치하는 것은 냉매의 증발압력을 일정 이상으로 유지하기 위해서다.

해설 암모니아 냉동장치
㉠ 압축비 증가 : 체적효율 감소
㉡ 기밀시험 : 가연성 가스나 산소는 제외한다.
㉢ 표준냉동 토출가스온도는 R-12보다 온도가 높다.

40 다음 열역학적 설명으로 옳지 않은 것은?

① 물체의 순간(현재)상태만에 관계하는 양을 상태량이라 하며 열량과 일 등은 상태량이다.
② 평형을 유지하면서 조용히 상태변화가 일어나는 과정은 준 정적변화이며 가역변화라고 할 수 있다.
③ 내부에너지는 그 물질의 분자가 임의 온도하에서 갖는 역학적 에너지의 총합이라고 할 수 있다.
④ 온도는 내부에너지에 비례하여 증가한다.

해설 상태량
㉠ 강도성 : 온도, 압력, 비체적
㉡ 종량성 : 체적, 내부에너지, 엔탈피, 엔트로피

SECTION 03 배관일반

41 흄(Hume)관이라고도 하는 관은?
① 주철관
② 경질염화비닐관
③ 폴리에틸렌관
④ 원심력 철근콘크리트관

해설 흄관 : 원심력 철근콘크리트관(상하수도, 배수로용)
㉠ 보통압관
㉡ 압력관

42 가스배관의 기밀시험 방법에 관한 설명으로 옳은 것은?
① 질소 등의 불활성 가스를 사용하여 시험한다.
② 수압(水壓)시험을 한다.
③ 매설 후 산소를 사용하여 시험한다.
④ 배관의 부식에 의하여 시험한다.

해설 가스배관 기밀시험용 가스
㉠ 질소
㉡ 불활성 가스

43 열팽창에 의한 배관의 신축이 방열기에 영향을 주지 않도록 방열기 주위 배관에 일반적으로 설치하는 신축이음쇠는?
① 신축곡관
② 스위블 조인트
③ 슬리브형 신축이음
④ 벨로스형 신축이음

해설 스위블 조인트
열팽창에 의한 배관의 신축이 방열기에 영향을 주지 않도록 방열기 주위 배관에 일반적으로 설치하는 신축이음쇠

44 관의 결합방식 표시방법 중 용접식 기호로 옳은 것은?

① 　②
③ 　④

해설 ① 플랜지　② 턱걸이
③ 용접　④ 나사용

45 급탕배관에 대한 설명으로 옳지 않은 것은?
① 공기빼기 밸브를 설치한다.
② 벽 관통 시 슬리브를 넣어서 신축을 자유롭게 한다.
③ 관의 부식을 고려하여 노출배관하는 것이 좋다.
④ 배관의 신축은 고려하지 않아도 좋다.

해설 급탕(온수) 배관에는 반드시 신축을 고려하여 배관을 설치한다.

46 냉각탑을 사용하는 경우의 일반적인 냉각수 온도 조절방법이 아닌 것은?
① 전동 2way Valve를 사용하는 방법
② 전동 혼합 3way Valve를 사용하는 방법
③ 전동 분류 4way Valve를 사용하는 방법
④ 냉각탑 송풍기를 On-Off 제어하는 방법

해설 냉각탑(쿨링 타워)의 냉각수 온도조절 방법은 ①, ②, ④항에 따른다.

47 3세주형 주철제방열기 3-600을 설치할 때 사용증기의 온도가 120℃이고, 실내공기의 온도가 20℃, 난방부하 10,000kcal/h를 필요로 하면 설치할 방열기의 소요 쪽수는 얼마인가?(단, 방열계수는 7.9 kcal/m²·h·℃이고, 1쪽당 방열면적은 0.13m²이다.)
① 88쪽　② 98쪽
③ 108쪽　④ 118쪽

해설 난방부하 열량 $Q = K \cdot F \cdot dT \cdot n$에서
쪽수 $n = \dfrac{Q}{K \cdot F \cdot dT}$
$= \dfrac{10,000}{7.9 \times 0.13 \times (120-20)} = 97.37 \to 98$쪽
여기서, K : 방열계수 = 7.9
F : 1쪽당 방열면적 = 0.13m²
dT : 온도차 = (120-20)℃

48 트랩의 봉수 유실 원인이 아닌 것은?
① 증발작용   ② 모세관작용
③ 사이펀 작용   ④ 배수작용

해설 베수트랩의 봉수 유실 원인은 ①, ②, ③항에 기인한다.

49 컴퓨터실의 공조방식 중 바닥 아래 송풍방식(프리액세스 취출방식)의 특징이 아닌 것은?
① 컴퓨터에 일정 온도의 공기 공급이 용이하다.
② 급기의 청정도가 천장 취출방식보다 높다.
③ 바닥온도가 낮게 되고 불쾌감을 느끼는 경우가 있다.
④ 온·습도 조건이 국소적으로 불만족한 경우가 있다.

해설 컴퓨터실의 공조방식에서 프리액세스 취출방식은 온·습도 조건이 국소적으로 만족스럽다.

50 연단에 아마인유를 배합한 것으로 녹스는 것을 방지하기 위하여 사용되며 도료의 막이 굳어서 풍화에 대해 강하고 다른 착색도료의 밑칠용으로 널리 사용되는 것은?
① 알루미늄 도료   ② 광명단 도료
③ 합성수지 도료   ④ 산화철 도료

해설 광명단 도료(밑칠도료)
㉠ 녹 방지용
㉡ 연단+아마인유 배합
㉢ 풍화에 강함
㉣ 착색용 도료

51 도시가스를 공급하는 배관의 종류가 아닌 것은?
① 본관   ② 공급관
③ 내관   ④ 주관

해설 도시가스 공급관
㉠ 본관
㉡ 공급관
㉢ 내관

52 냉매배관 중 토출 측 배관 시공에 관한 설명으로 틀린 것은?
① 응축기가 압축기보다 높은 곳에 있을 때 2.5m보다 높으면 트랩 장치를 한다.
② 수식관이 너무 높으면 2m마다 트랩을 1개씩 설치한다.
③ 토출관의 합류는 Y이음으로 한다.
④ 수평관은 모두 끝 내림 구배로 배관한다.

해설 냉매배관에서 수직관이 너무 높으면 10m마다 트랩을 1개씩 설치한다.

53 하나의 장치에서 4방 밸브를 조작하여 냉·난방 어느 쪽도 사용할 수 있는 공기조화용 펌프는?
① 열펌프   ② 냉각펌프
③ 원심펌프   ④ 왕복펌프

해설 열펌프(히트펌프)
4방 밸브를 조작하여 냉·난방용 공기조화가 가능하다.

54 나사용 패킹으로 냉매배관에 많이 사용되며 빨리 굳는 성질을 가진 것은?
① 일산화연   ② 페인트
③ 석면각형 패킹   ④ 아마존 패킹

해설 일산화연
나사용 패킹이며 냉매배관에서 빨리 굳는 성질이 있다.(페인트에 소량을 섞어서 사용한다.)

55 증기난방 설비의 수평배관에서 관경을 바꿀 때 사용하는 이음쇠로 가장 적합한 것은?
① 편심 리듀서   ② 동심 리듀서
③ 유니언   ④ 소켓

해설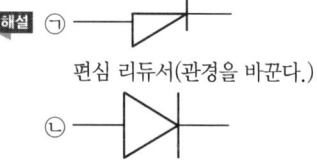
㉠ 편심 리듀서(관경을 바꾼다.)
㉡ 동심 리듀서(관경을 바꾼다.)

48.④ 49.④ 50.② 51.④ 52.② 53.① 54.① 55.① | ANSWER

56 공기 여과기의 분진포집 원리에 의해 분류한 집진형식에 해당되지 않는 것은?
① 정전식   ② 여과식
③ 가스식   ④ 충돌점착식

해설 공기 여과기의 분진포집 형식
㉠ 여과식 ㉡ 정전식 ㉢ 충돌점착식

57 도시가스 배관의 나사이음부와 전기계량기 및 전기개폐기의 거리로 옳은 것은?
① 10cm 이상   ② 30cm 이상
③ 60cm 이상   ④ 80cm 이상

해설 도시가스 나사이음부 — 60cm 이상 — 전기계량기

58 배수계통에 설치된 통기관의 역할과 거리가 먼 것은?
① 사이펀 작용에 의한 트랩의 봉수 유실을 방지한다.
② 배수관 내를 대기압과 같게 하여 배수흐름을 원활히 한다.
③ 배수관 내로 신선한 공기를 유통시켜 관 내를 청결히 한다.
④ 하수관이나 배수관으로부터 유해가스의 옥내 유입을 방지한다.

해설 통기관은 트랩의 봉수보호(통기관을 옥상까지 수직으로 뽑아 옥외로 연결한다.)를 하며 그 특징이나 역할에 해당하는 것은 ①, ②, ③항이다.

59 배수배관의 시공상 주의사항으로 틀린 것은?
① 배수를 가능한 한 빨리 옥외 하수관으로 유출할 수 있을 것
② 옥외 하수관에서 유해가스가 건물 안으로 침입하는 것을 방지할 수 있을 것
③ 배수관 및 통기관은 내구성이 풍부하고 물이 새지 않도록 접합을 완벽히 할 것
④ 한랭지일 경우 동결 방지를 위해 배수관은 반드시 피복을 하며 통기관은 그대로 둘 것

해설 배수관에는 피복이 불필요하다.

60 호칭지름 25A인 강관을 R150으로 90° 구부림할 경우 곡선부의 길이는 약 몇 mm인가?(단, π는 3.14이다.)
① 118mm   ② 236mm
③ 354mm   ④ 547mm

해설 곡선부의 길이(l)
$$l = 2\pi R \times \frac{\theta}{360}$$
$$= 2 \times 3.14 \times 150 \times \frac{90°}{360°}$$
$$= 236mm$$

SECTION 04 전기제어공학

61 그림과 같은 논리회로의 출력 Y는?

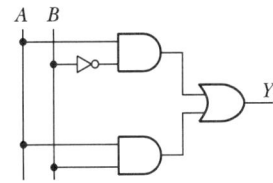

① $Y = AB + A\overline{B}$ ② $Y = \overline{A}B + AB$
③ $Y = \overline{A}B + A\overline{B}$ ④ $Y = \overline{A}\,\overline{B} + A\overline{B}$

해설 $Y = A\overline{B} + AB$
$= AB + A\overline{B}$

62 PC에 의한 계측에 있어, 센서에서 측정한 데이터를 PC에 전달하기 위해 필요한 필수적인 요소는?
① A/D 변환기   ② D/A 변환기
③ RAM   ④ ROM

해설 A/D 변환기(아날로그, 디지털 변환기)의 용도
㉠ PCM 전송
㉡ 컴퓨터 제어장치 응용

63 그림과 같이 실린더의 한쪽으로 단위시간에 유입하는 유체의 유량을 $x(t)$라 하고 피스톤의 움직임을 $y(t)$로 한다. t 시간이 경과한 후의 전달함수를 구해보면 어떤 요소가 되는가?

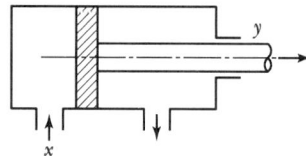

① 비례요소　　② 미분요소
③ 적분요소　　④ 미적분요소

해설 전달함수
각기 다른 두 양이 있고 서로 관계하고 있을 때 최초의 양에서 다음의 다른 양으로 변환하기 위한 함수

64 그림과 같은 회로는 어떤 논리회로인가?

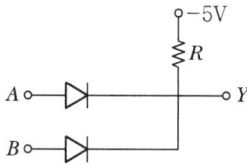

① AND 회로　　② OR 회로
③ NOT 회로　　④ NOR 회로

해설 ㉠ OR 회로(논리합 회로) : 입력 A 또는 B의 한쪽의 양자가 1일 때 출력이 1이 되는 회로($X=A+B$)로, 문제의 그림은 무접점기호 OR 회로이다.
㉡ 논리기호

65 전달함수를 정의할 때의 조건으로 옳은 것은?

① 모든 초기값을 고려한다.
② 모든 초기값을 0으로 한다.
③ 입력신호만을 고려한다.
④ 주파수 특성만을 고려한다.

해설 전달함수는 모든 초기값을 0으로 하였을 때 출력신호의 라플라스 변환과 입력신호의 라플라스 변환의 비이다.

$$G(s) = \frac{C(s)}{R(s)}$$

입력 $r(t)$ / $R(s)$ → 시스템 $G(s)$ → 출력 $C(t)$ / $C(s)$

초기 조건을 0이라 가정하면 출력의 라플라스 변환은
$C(s) = G(s)R(s)$
$C(t) = \mathcal{L}^{-1}[G(s)R(s)]$

66 다음 중 동기화 제어변압기로 사용되는 것은?

① 싱크로 변압기　　② 앰플리다인
③ 차동변압기　　　④ 리졸버

해설 ㉠ 싱크로 변압기 : 동기화 제어변압기
㉡ 싱크로(검출기기 기구용) : 변각을 검출

67 120Ω의 저항 4개를 접속하여 가장 작은 저항값을 얻기 위한 회로 접속법은 어느 것인가?

① 직렬 접속　　② 병렬 접속
③ 직병렬 접속　④ 병직렬 접속

해설 • 직렬 연결 시
$120+120+120+120 = 120 \times 4 = 480\Omega$
• 병렬 연결 시
$$\frac{1}{\frac{1}{120}+\frac{1}{120}+\frac{1}{120}+\frac{1}{120}} = 1 \div \frac{4}{120}$$
$$= 1 \times \frac{120}{4} = 30\Omega$$

※ 직·병렬(병·직렬) 접속 회로 → 회로도가 주어지지 않았으므로 구할 수가 없다.

68 $F(S) = \dfrac{3s+10}{s^3+2s^2+5s}$ 일 때 $f(t)$의 최종치는?

① 0　　② 1
③ 2　　④ 8

해설 $f(t) = \lim\limits_{s \to 0} s \times \dfrac{3s+10}{s^3+2s^2+5s}$
$= \lim\limits_{s \to 0} \dfrac{3s+10}{s^2+2s+5}$
$= \dfrac{3 \times 0 + 10}{0^2 + 2 \times 0 + 5} = \dfrac{10}{5} = 2$

63. ③　64. ②　65. ②　66. ①　67. ②　68. ③ | **ANSWER**

69 역률 80%인 부하의 유효전력이 80kW이면 무효전력은 몇 kVar인가?

① 40   ② 60
③ 80   ④ 100

해설
- 피상전력 $P_a = V \cdot I$(VA)
- 유효전력 $P = VI\cos\theta$(W)
- 무효전력 $P_r = VI\sin\theta$(Var)

이때, 유효전력 $P = V \cdot I \cdot \cos\theta$ 에서
$VI = \dfrac{P}{\cos\theta} = \dfrac{80}{0.8} = 100$kVA
∴ 무효전력 $P_r = 100 \times \sqrt{1-0.8^2} = 60$kVar

70 변압기를 스코트(Scott) 결선할 때 이용률은 몇 %인가?

① 57.7   ② 86.6
③ 100   ④ 173

해설 변압기 상수변환(3상 교류를 2상 교류로 변환)
㉠ 스코트(Scott) 결선 : T결선(이용률은 86.6%)
㉡ 우드브리지 결선
㉢ 메이어(Meyer) 결선

71 자동제어계의 구성 중 기준입력과 궤환신호의 차를 계산해서 제어계가 보다 안정된 동작을 하도록 필요한 신호를 만들어내는 부분은?

① 목표설정부   ② 조절부
③ 조작부   ④ 검출부

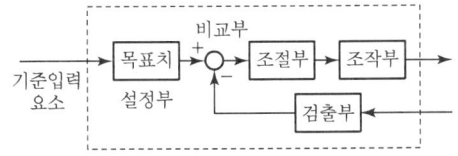

72 유도전동기의 고정손에 해당하지 않는 것은?

① 1차 권선의 저항손
② 철손
③ 베어링 마찰손
④ 풍손

해설 ㉠ 단상 유도전동기 : 분상기동형, 콘덴서 기동형, 영구콘덴서형, 세이딩 코일형, 반발기동형
㉡ 유도전동기 : 농형, 권선형, 특수농형
㉢ 유도전동기 고정손 : 철손, 베어링마찰손, 풍손
㉣ 고정손 : 철손, 기계손 등 부하전류의 증감과는 관계가 없는 전력손실

73 다음 블록선도의 입력 R에 5를 대입하면 C의 값은 얼마인가?

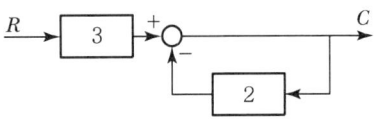

① 2   ② 3
③ 4   ④ 5

해설 출력 $C = +3R - 2C$
$C + 2C = 3R$
$3C = 3R$
∴ $C = R = 5$

74 교류에서 실횻값과 최댓값의 관계는?

① 실횻값 $= \dfrac{\text{최댓값}}{\sqrt{2}}$

② 실횻값 $= \dfrac{\text{최댓값}}{\sqrt{3}}$

③ 실횻값 $= \dfrac{\text{최댓값}}{2}$

④ 실횻값 $= \dfrac{\text{최댓값}}{3}$

해설 ㉠ 최댓값 : 교류파형의 순시값 중에서 가장 큰 순시값
㉡ 순시값 : 교류파의 전류파형 또는 전압파형에서 어떤 임의의 순간에서 전류 또는 전압의 크기를 나타내는 것
㉢ 실횻값 : 일정한 시간 동안 교류가 발생하는 열량과 직류가 발생하는 열량을 비교한 교류의 크기
∴ 실횻값 $= \dfrac{\text{최댓값}}{\sqrt{2}}$

ANSWER | 69. ② 70. ② 71. ② 72. ① 73. ④ 74. ①

75 $V=100\angle 60°$V, $I=20\angle 30°$A일 때 유효전력은 약 몇 W인가?

① 1,000
② 1,414
③ 1,732
④ 2,000

해설 유효전력 $P = V \cdot I\cos\theta$
$= 100 \times 20 \times \cos(60-30)$
$= 1,732.05$
$\fallingdotseq 1,732$W

76 축전지의 용량을 나타내는 단위는?

① Ah
② VA
③ W
④ V

해설 축전지(Storage Battery)
2차 전지이며 그 단위는 Ah(암페어아워)

77 그림과 같은 회로의 전달함수 $\dfrac{C}{R}$는?

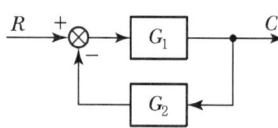

① $\dfrac{G_1}{1+G_1G_2}$
② $\dfrac{G_2}{1+G_1G_2}$
③ $\dfrac{G_1}{1-G_1G_2}$
④ $\dfrac{G_2}{1-G_1G_2}$

해설 그림의 회로에서
$\dfrac{G_1}{1-(-G_1G_2)} = \dfrac{C}{R}$
∴ 전달함수 $\dfrac{C}{R} = \dfrac{G_1}{1+G_1G_2}$

78 전류에 의해 생기는 자속은 반드시 폐회로를 이루며, 자속이 전류와 쇄교하는 수를 자속 쇄교수라 한다. 자속 쇄교수의 단위에 해당되는 것은?

① Wb
② AT
③ WbT
④ H

해설 자속 쇄교수
코일을 구성하고 있는 각 권선과 링크(쇄교)하는 자속의 총합으로 단위는 WbT이다.

79 유도전동기의 1차 전압 변화에 의한 속도제어 시 SCR을 사용하여 변화시키는 것은?

① 주파수
② 토크
③ 위상각
④ 전류

해설 유도전동기의 1차 전압 변화에 의한 속도제어 시 SCR(실리콘 제어 정류기)을 사용하여 변화시키는 것은 위상각이며, 단위는 rad(도)이다.

80 제어기기의 대표적인 것으로는 검출기, 변환기, 증폭기, 조작기기를 들 수 있는데 서보모터는 어디에 속하는가?

① 검출기
② 변환기
③ 증폭기
④ 조작기기

해설 ㉠ 제어기기 : 검출기, 변환기, 증폭기 등
㉡ 조작기기 : 전자밸브, 전동밸브, 2상 서보모터, 직류 서보모터, 펄스모터

2014년 2회 공조냉동기계산업기사

SECTION 01 공기조화

01 겨울철 침입외기(틈새바람)에 의한 잠열 부하(kcal/h)는?(단, Q는 극간풍량(m³/h)이며, t_0, t_r은 각각 외기, 실내온도(℃), x_0, x_r은 각각 실외, 실내의 절대습도(kg/kg')이다.)

① $q_L = 0.24 \cdot Q \cdot (t_0 - t_r)$
② $q_L = 0.29 \cdot Q \cdot (t_0 - t_r)$
③ $q_L = 539 \cdot Q \cdot (x_0 - x_r)$
④ $q_L = 717 \cdot Q \cdot (x_0 - x_r)$

해설 잠열(q_L)
㉠ $r \cdot G_1 (x_0 - x_r)$
㉡ $717 Q_1 \cdot (x_0 - x_r)$
※ 0℃에서 공기 중 물의 증발잠열(597.5kcal/kg = 717 kcal/m³)

02 다음 부하 중 냉각코일의 용량을 산정하는 데 포함되지 않는 것은?
① 실내 취득 열량
② 도입 외기 부하
③ 송풍기 축동력에 의한 열부하
④ 펌프 및 배관으로부터의 부하

해설 냉각코일 용량 산정 시 포함되는 요소
㉠ 실내 취득 열량
㉡ 도입 외기 부하
㉢ 송풍기 축동력에 의한 열부하

03 온수난방의 특징으로 옳지 않은 것은?
① 증기난방보다 상하온도 차가 적고 쾌감도가 크다.
② 온도조절이 용이하고 취급이 간단하다.
③ 예열시간이 짧다.
④ 보일러 정지 후에도 여열에 의한 실내난방이 어느 정도 지속된다.

해설 온수는 비열이 높아서 예열 시 시간이 길어진다.

04 급수온도 10℃이고 증기압력 14kg/cm², 온도 240℃인 과열증기(비엔탈피 693.8kcal/kg)를 1시간에 10,000kg을 발생시키는 증기보일러가 있다. 이 보일러의 상당증발량은 얼마인가?(단, 급수의 비엔탈피는 10kcal/kg이다.)
① 10,479kg/h
② 11,580kg/h
③ 12,691kg/h
④ 13,702kg/h

해설 보일러 상당증발량 $G_e = \dfrac{G \times (h'' - h')}{539}$
$= \dfrac{10,000 \times (693.8 - 10)}{539}$
$= 12,686.456 ≒ 12,691 \text{kg/h}$
여기서, G : 급수량 = 10,000kg
h'' : 증기엔탈피 = 693.8kcal/kg
h' : 비엔탈피 = 10kcal/kg

05 다음은 단일덕트 방식에 대한 것이다. 틀린 것은?
① 단일덕트 정풍량방식은 개별제어에 적합하다.
② 중앙기계실에 설치한 공기조화기에서 조화한 공기를 주 덕트를 통해 각 실내로 분배한다.
③ 단일덕트 정풍량방식에서는 재열을 필요로 할 때도 있다.
④ 단일덕트 방식에서는 큰 덕트 스페이스를 필요로 한다.

해설 2중덕트, 단일덕트 방식은 중앙식 공조기에 사용된다.

06 다음 난방에 이용되는 주형 방열기의 종류가 아닌 것은?
① 2주형
② 2세주형
③ 3주형
④ 3세주형

해설 주형 방열기
㉠ 2주형(Ⅱ)
㉡ 3주형(Ⅲ)
㉢ 3세주형
㉣ 5세주형

ANSWER | 1.④ 2.④ 3.③ 4.③ 5.① 6.②

227

07 가습기의 종류에서 증기취출식에 대한 특징이 아닌 것은?

① 공기를 오염시키지 않는다.
② 응답성에 나빠 정밀한 습도제어가 불가능하다.
③ 공기온도를 저하시키지 않는다.
④ 가습량 제어를 용이하게 할 수 있다.

해설 증기취출식 가습기는 응답성이 좋아 습도제어가 용이하다.

08 지하철에 적용할 기계환기방식의 기능으로 틀린 것은?

① 피스톤효과로 유발된 열차풍으로 환기효과를 높인다.
② 터널 내의 고온의 공기를 외부로 배출한다.
③ 터널 내의 잔류 열을 배출하고 신선외기를 도입하여 토양의 발열효과를 상승시킨다.
④ 화재 시 배연기능을 달성한다.

해설 기계환기식은 토양의 발열효과를 감소시킨다.

09 직접난방부하 계산에서 고려하지 않은 부하는 어느 것인가?

① 외기도입에 의한 열손실
② 벽체를 통한 열손실
③ 유리창을 통한 열손실
④ 틈새바람에 의한 열손실

해설 ㉠ 외기도입 : 냉방부하
㉡ 환기 : 난방부하

10 밀봉된 용기와 위크(Wick) 구조체 및 증기공간에 의하여 구성되며, 길이방향으로는 증발부, 응축부, 단열부로 구분되는데 한쪽을 가열하면 작동유체는 증발하면서 잠열을 흡수하고 증발된 증기는 저온으로 이동하여 응축되면서 열교환하는 기기의 명칭은?

① 전열 교환기
② 플레이트형 열교환기
③ 히트파이프
④ 히트펌프

해설 히트파이프
길이 방향으로 증발부, 응축부, 단열부로 구분하고 증발잠열을 흡수하여 열교환하고 난방에 이용된다.

11 중앙집중식 공조방식과 비교하여 덕트 병용 패키지 공조방식의 특징이 아닌 것은?

① 기계실 공간이 적다.
② 고장이 적고, 수명이 길다.
③ 설비비가 저렴하다.
④ 운전의 전문기술자가 필요 없다.

해설 덕트 병용 패키지 공조방식
각 층에 있는 패키지 공조기(PAC)로 냉·온풍을 만들어 덕트를 통해 각 실로 송풍한다. 각 층의 패키지형 공조기가 분산되어 고장이 자주 있고, 수명이 짧은 온·오프제어라서 편차가 크고 습도제어가 불충분하다.

12 송풍기의 특성에 풍량이 증가하면 정압(靜壓)은 어떻게 되는가?

① 증가한다.
② 감소한다.
③ 변함없이 일정하다.
④ 감소하다가 일정하다.

해설 풍량이 증가하면 동압은 증가하고 정압은 감소한다.
(전압=정압+동압)

13 덕트 설계방법 중 공기분배계통의 에어 밸런싱(Air Balancing)을 유지하는 데 가장 적합한 방법은?

① 등속법
② 정압법
③ 개량정압법
④ 정압재취득법

해설 정압재취득법
덕트 설계에서 공기분배계통의 에어 밸런싱을 유지하는 데 가장 적합하다. 취출 후에 풍속(동압)을 감소시켜 정압을 올린다.(고속 덕트에 적합하고 등압법에 비해 송풍기 동력이 절약되며 풍량 조절이 용이하다.)

14 겨울철 중간기에 건물 내의 난방을 필요로 하는 부분이 생길 때 발열을 효과적으로 회수해서 난방용으로 이용하는 방법을 열회수방식이라고 한다. 다음 중 열회수의 방법이 아닌 것은?

① 고온공기를 직접 난방부분으로 송풍하는 방식
② 런 어라운드(Run Around) 방식
③ 열펌프 방식
④ 축열조 방식

해설 축열조 : 심야전기 이용 또는 태양열을 이용하여 저장하는 온수탱크 등을 의미한다.

15 다음 중 공기조화기 부하를 바르게 나타낸 것은?

① 실내 부하+외기 부하+덕트통과열 부하+송풍기 부하
② 실내 부하+외기 부하+덕트통과열 부하+배관통과열 부하
③ 실내 부하+외기 부하+송풍기 부하+펌프 부하
④ 실내 부하+외기 부하+재열 부하+냉동기 부하

해설 ㉠ 공기조화기 부하=실내 부하+외기 부하+덕트통과열 부하+송풍기 부하
㉡ 냉방 부하=실내 취득열량+기기로부터의 취득열량+재열 부하+외기 부하

16 에어필터 입구의 분진농도가 $0.35mg/m^3$, 출구의 분진농도가 $0.14mg/m^3$일 때 에어필터의 여과효율은?

① 33%   ② 40%
③ 60%   ④ 66%

해설 걸러낸 먼지의 양=입구의 분진농도−출구의 분진농도
$=0.35-0.14=0.21mg$

∴ 여과효율 = $\dfrac{처리\ 분진농도}{입구\ 분진농도} \times 100$

$= \dfrac{입구\ 분진농도-출구\ 분진농도}{입구\ 분진농도} \times 100$

$= \dfrac{0.21}{0.35} \times 100$

$= 60\%$

17 흡수식 냉동기에서 흡수기의 설치 위치는 어디인가?

① 발생기의 팽창밸브 사이
② 응축기와 증발기 사이
③ 팽창밸브와 증발기 사이
④ 증발기와 발생기 사이

해설 흡수식 냉동기 사이클

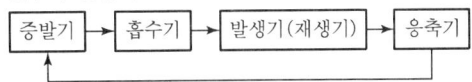

18 습공기의 성질에 관한 설명 중 틀린 것은?

① 단열가습하면 절대습도와 습구온도가 높아진다.
② 건구온도가 높을수록 포화 수증기량이 많아진다.
③ 동일한 상대습도에서 건구온도가 증가할수록 절대습도 또한 증가한다.
④ 동일한 건구온도에서 절대습도가 증가할수록 상대습도 또한 증가한다.

해설 단열가습
㉠ 습구온도 저하
㉡ 절대습도 증가
㉢ 건구온도 감소

19 난방부하 계산 시 온도 측정방법에 대한 설명 중 틀린 것은?

① 외기온도 : 기상대의 통계에 의한 그 지방의 매일 최저온도의 평균값보다 다소 높은 온도
② 실내온도 : 바닥 위 1m의 높이에서 외벽으로부터 1m 이내 지점의 온도
③ 지중온도 : 지하실의 난방부하의 계산에서 지표면 10m 아래까지의 온도
④ 천장 높이에 따른 온도 : 천장의 높이가 3m 이상이 되면 직접난방법에 의해서 난방할 때 방의 윗부분과 밑면과의 평균온도

해설 난방부하 시 실내온도는 바닥 위 1.5m 높이 또는 1.2m 높이에서 측정한다.

20 시간당 5,000m³의 공기가 지름 70cm의 원형 덕트 내를 흐를 때 풍속은 약 얼마인가?

① 1.4m/s
② 2.6m/s
③ 3.6m/s
④ 7.1m/s

해설 풍량 $Q = A \cdot V$에서

풍속 $V = \dfrac{Q}{A} = \dfrac{Q}{\left(\dfrac{\pi}{4} \cdot d^2\right)}$

$= \dfrac{5,000}{\dfrac{\pi}{4} \times (70 \cdot 10^{-2})^2} \times \dfrac{1}{3,600}$

$= 3.61 \text{m/s}$

※ 1h = 3,600s

SECTION 02 냉동공학

21 압력 18kg/cm², 온도 300℃인 증기를 마찰이 없는 이상적인 단열 유통으로 압력 2kg/cm²까지 팽창시킬 때 증기의 최종속도는 약 얼마인가?(단, 최초 속도는 매우 작으므로 무시한다. 또한 단열 열낙차는 105.3kcal/kg로 한다.)

① 912.1m/sec
② 938.8m/sec
③ 946.4m/sec
④ 963.3m/sec

해설 증기최종속도$(V_2) = 91.48\sqrt{(h_1 - h_2)}$

$= \sqrt{\dfrac{2g}{A}(h_1 - h_2)}$

$= 91.48\sqrt{105.3} = 938.8 \text{m/s}$

22 작동물질로 $H_2O - LiBr$을 사용하는 흡수식 냉동사이클에 관한 설명 중 틀린 것은?

① 열교환기는 흡수기와 발생기 사이에 설치
② 발생기에서는 냉매 LiBr이 증발
③ 흡수기의 압력은 저압이며 발생기는 고압임
④ 응축기 내에서는 수증기가 응축됨

해설 ㉠ 증발기 또는 발생기에서 냉매(H_2O)액이 냉매증기로 증발한다.
㉡ 흡수기 상부 트레이에서 흡수기 내로 흡수제인 LiBr(리튬브로마이드)이 분산된다.

23 단면 확대 노즐 내를 건포화증기가 단열적으로 흐르는 동안 엔탈피가 118kcal/kg만큼 감소하였다. 이때의 노즐 출구의 속도는 약 얼마인가?(단, 입구의 속도는 무시한다.)

① 828m/s
② 886m/s
③ 924m/s
④ 994m/s

해설 $V_2 = 91.48\sqrt{(h_1 - h_2)} = 91.48\sqrt{118} = 994 \text{m/s}$

24 다음 설명 중 옳은 것은?

① 암모니아 냉동장치에서는 토출가스 온도가 높기 때문에 윤활유의 변질이 일어나기 쉽다.
② 프레온 냉동장치에서 사이트글라스는 응축기 전에 설치한다.
③ 액순환식 냉동장치에서 액펌프는 저압수액기 액면보다 높게 설치해야 한다.
④ 액관 중에 프레시가스가 발생하면 냉매의 증발 온도가 낮아지고 압축기 흡입 증기 과열도는 작아진다.

해설 ㉠ 사이트글라스(투시경) : 고압 액관상에 설치한다.(응축기나 수액기 가까운 곳에 설치)
㉡ 액순환식 증발기에서 액펌프는 저압수액기보다 낮게 설치한다.
㉢ 액관 중에 프레시가스가 발생하면 증발온도가 높아지고 과열도가 커진다.

25 지열을 이용하는 열펌프의 종류에 해당되지 않은 것은?

① 지하수 이용 열펌프
② 폐수 이용 열펌프
③ 지표수 이용 열펌프
④ 지중열 이용 열펌프

해설 목욕탕 등의 폐수는 폐열을 이용하여 열효율을 높이지만 지열과는 관련성이 없다.

20. ③ 21. ② 22. ② 23. ④ 24. ① 25. ② | ANSWER

26 다음 응축기에 대한 설명 중 옳은 것은?
① 증발식 응축기는 주로 물의 증발에 의하여 냉각되는 것이다.
② 횡형 응축기의 관내 유속은 5m/sec가 표준이다.
③ 공랭식 응축기는 공기의 잠열로 냉각된다.
④ 입형 암모니아 응축기는 운전 중에 냉각관의 소제를 할 수 없으므로 불편하다.

해설 ㉠ 공랭식은 공기의 대류작용으로 냉각된다.
㉡ 입형 암모니아 응축기는 운전 중에 냉각관 소제가 가능하다.
㉢ 횡형 응축기의 냉각수 관내 유속은 0.6~2.0m/s 사이이다.(관의 재료에 따라 다소 달라진다.)
㉣ 증발식 응축기는 주로 물의 증발에 의해 냉각된다.

27 몰리에르 선도상에서 압력이 증대함에 따라 포화액선과 건포화증기선이 만나는 일치점을 무엇이라 하는가?
① 한계점 ② 임계점
③ 상사점 ④ 비등점

해설 몰리에르 선도($P-h$ 선도)에서 포화액선과 건포화증기선이 만나는 일치점이 임계점이다.

28 다음 냉매 중 구리 도금 현상이 일어나지 않는 것은?
① CO_2 ② CCl_3F
③ R-12 ④ R-22

해설 이산화탄소(CO_2)냉매 : R-744(Carbon)는 무취, 무독, 부식성이 없는 냉매이나 R-12가 만들어지면서 CO_2 냉매 사용이 감소되었다.

29 다음 엔트로피에 관한 설명 중 틀린 것은?
① 엔트로피는 자연현상의 비가역성을 나타내는 척도가 된다.
② 엔트로피를 구할 때 적분경로는 반드시 가역변화이어야 한다.
③ 열기관이 가역사이클이면 엔트로피는 일정하다.
④ 열기관이 비가역사이클이면 엔트로피는 감소한다.

해설 엔트로피 = $\dfrac{열량}{절대온도}$
열기관이 비가역사이클이면 엔트로피는 항상 증가한다.

30 감열(Sensible Heat)에 대해 설명한 것으로 옳은 것은?
① 물질이 상태 변화 없이 온도가 변화할 때 필요한 열
② 물질이 상태, 압력, 온도 모두 변화할 때 필요한 열
③ 물질이 압력은 변화하고 상태가 변하지 않을 때 필요한 열
④ 물질이 온도만 변하고 압력이 변화하지 않을 때 필요한 열

해설 ㉠ 감열 : 물질이 상태 변화 없이 온도가 변화할 때 필요한 현열(온도변화)
㉡ 잠열 : 온도는 변화가 없고 상태만 변화(물 → 증기, 얼음 → 얼음물 등)

31 압축기 및 응축기에서 과도한 온도상승을 방지하기 위한 대책으로 부적당한 것은?
① 압력 차단 스위치를 설치한다.
② 온도 조절기를 사용한다.
③ 규정된 냉매량보다 적은 냉매를 충진한다.
④ 많은 냉각수를 보낸다.

해설 냉매량은 냉동기 용량에 맞추어 충전하여야 한다.

32 증발기에 서리가 생기면 나타나는 현상은?
① 압축비 감소
② 소요동력 감소
③ 증발압력 감소
④ 냉장고 내부온도 감소

해설 증발기에 서리(상)가 생기면 전열이 불량하여 증발압력이 감소한다.

33 일반적으로 초저온냉동장치(Super Chilling Unit)로 적당하지 않은 냉동장치는 어느 것인가?
① 다단압축식(Multi-Stage)
② 다원압축식(Multi-Stage Cascade)
③ 2원압축식(Cascade System)
④ 단단압축식(Single-Stage)

ANSWER | 26.① 27.② 28.① 29.④ 30.① 31.③ 32.③ 33.④

해설 단단압축식은 저온을 얻으려면 증발압력을 낮추어야 하며, 이러면 압축비가 증가하므로 단단식에서는 초저온을 얻기가 어렵다.

34 다음 냉매 중 독성이 큰 것부터 나열된 것은?

> ㉠ 아황산(SO_2) ㉡ 탄산가스(CO_2)
> ㉢ R-12(CCl_2F_2) ㉣ 암모니아(NH_3)

① ㉣-㉡-㉠-㉢
② ㉣-㉠-㉡-㉢
③ ㉠-㉣-㉡-㉢
④ ㉠-㉡-㉣-㉢

해설 냉매의 독성이 큰 순서
아황산 > 암모니아 > 탄산가스 > R-12 냉매

35 프레온냉동기의 냉동능력이 18,900kcal/h이고, 성적계수가 4, 압축일량이 45kcal/kg일 때 냉매순환량은 얼마인가?

① 96kg/h ② 105kg/h
③ 108kg/h ④ 116kg/h

해설 성적계수 $COP = \dfrac{Q}{Aw} = \dfrac{Q}{G \times dh}$ 에서

냉매순환량 $G = \dfrac{Q}{COP \times dh}$
$= \dfrac{18,900}{4 \times 45} = 105 \text{kg/h}$

36 냉동장치의 증발기 냉각능력이 4,500kcal/h, 증발관의 열통과율이 700kcal/m²h℃, 유체의 입·출구 평균온도와 냉매의 증발온도와의 차가 6℃인 증발기의 전열 면적은 약 얼마인가?

① 1.07m² ② 3.07m²
③ 5.18m² ④ 7.18m²

해설 증발기 냉각능력 $Q = K \cdot F \cdot dT$에서
면적 $F = \dfrac{Q}{K \cdot dT} = \dfrac{4,500}{700 \times 6} = 1.07 \text{m}^2$

37 1냉동톤을 바르게 설명한 것은?

① 1시간에 0℃의 물 1톤을 냉동하여 0℃의 얼음으로 만들 때의 열량
② 1일에 4℃의 물 1톤을 냉동하여 0℃의 얼음으로 만들 때의 열량
③ 1시간에 4℃의 물 1톤을 냉동하여 0℃의 얼음으로 만들 때의 열량
④ 1일에 0℃의 물 1톤을 냉동하여 0℃의 얼음으로 만들 때의 열량

해설 1냉동톤 : 1일(24시간)에 0℃의 물 1톤(1,000kg)을 0℃의 얼음으로 만드는 열량
$1RT = (1,000 \times 79.68 \text{kcal/kg}) \div 24 = 3,320 \text{kcal/h}$
$1USRT = 2,000 \times 144 = 288,000 \text{BTU}$
$= 12,000 \text{BTU/h} = \dfrac{12,000}{3.968} = 3,024 \text{kcal/h}$

※ 얼음의 융해열 79.68, 1kcal = 3.968BTU

38 냉매에 관한 설명 중 틀린 것은?

① 초저온 냉매로는 프레온 13과 프레온 14가 적합하다.
② 암모니아액은 R-12보다 무겁다.
③ R-12의 분자식은 CCl_2F_2이다.
④ 흡수식 냉동기의 냉매로는 물이 적합하다.

해설 ㉠ CCl_2F_2(R-12) : 분자량이 크다.(암모니아 액보다 무겁다.)
㉡ NH_3(암모니아 분자량 17)

39 감온 팽창밸브에 대한 설명 중 옳은 것은?

① 팽창밸브의 감온부는 냉각되는 물체의 온도를 감지한다.
② 강관에 감온통을 사용할 때는 부식 및 열전도율의 불량을 막기 위해 알루미늄 칠을 한다.
③ 암모니아 냉동장치에 수분이 있으면 냉매에서 수분이 분리되어 팽창밸브를 폐쇄시킨다.
④ R-12를 사용하는 냉동장치에 R-22용의 팽창밸브를 사용할 수 있다.

[해설] ㉠ 감온부는 가열되는 물체의 온도를 감지한다.
㉡ 프레온에 수분이 있으면 냉매에서 수분이 분리되어 팽창밸브를 폐쇄시킨다.
㉢ R-12에는 R-12에 해당되는 별도의 팽창밸브가 필요하다.

40 압축기의 흡입밸브 및 송출밸브에서 가스누출이 있을 경우 일어나는 현상은?
① 압축일의 감소
② 체적효율이 감소
③ 가스의 압력이 상승
④ 가스의 온도가 하강

[해설] 압축기의 흡입밸브 및 송출밸브에서 냉매가스 누출이 있으면 냉매가스 손실량에 의해 체적효율이 감소한다.

SECTION 03 배관일반

41 내식성 및 내마모성이 우수하여 지하매설용 수도관으로 적당한 것은?
① 주철관
② 알루미늄관
③ 황동관
④ 강관

[해설] 주철관
㉠ 내식성이 크다.
㉡ 내마모성이 우수하다.
㉢ 지하매설용 수도관으로 사용한다.

42 강관의 이음방법이 아닌 것은?
① 나사이음
② 용접이음
③ 플랜지이음
④ 코터이음

[해설] 강관이음
㉠ 나사이음 ㉡ 플랜지이음 ㉢ 용접이음

43 개방형 팽창탱크에 설치되는 부속기기가 아닌 것은?
① 안전밸브
② 배기관
③ 팽창관
④ 안전관

[해설] ㉠ 밀폐식 팽창탱크 부속기구(고온수보일러용)
• 안전밸브(방출밸브)
• 수위계
• 압력계
㉡ 안전밸브 : 증기보일러용

44 350℃ 이하의 온도에서 사용되는 관으로 압력 10~100kgf/cm² 범위에 있는 보일러 증기관, 수압관, 유압관 등의 압력배관에 사용되는 관은?
① 배관용 탄소 강관
② 압력배관용 탄소 강관
③ 고압배관용 탄소 강관
④ 고온배관용 탄소 강관

[해설] 압력배관용 탄소 강관(SPPS)
㉠ 350℃ 이하 온도 배관용
㉡ 10~100kgf/cm²까지 사용
㉢ 증기관, 수압관, 유압관용

45 급탕배관 시공 시 현장 사정상 그림과 같이 배관을 시공하게 되었다. 이때 그림의 Ⓐ부에 부착해야 할 밸브는?

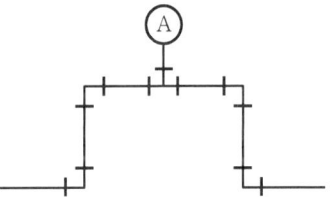

① 앵글밸브
② 안전밸브
③ 공기빼기 밸브
④ 체크밸브

[해설] 급탕에서 공기는 상부(관의 상부)로 이동하므로 Ⓐ부분에는 공기빼기 밸브 설치가 이상적이다.

46 급수 본관 내에서 적절한 유속은 몇 m/s 이내인가?
① 0.5
② 2
③ 4
④ 6

[해설] 급수본관 내 급수유속 : 약 2m/s 이내가 이상적이다.

47 2단압축기의 중간냉각기 종류에 속하지 않는 것은?
① 액냉각형 중간 냉각기
② 흡수형 중간 냉각기
③ 플래시형 중간 냉각기
④ 직접 팽창형 중산 냉각기

해설 2단압축기의 중간 냉각기(압축비가 6 이상이면 2단압축기 사용)
 ㉠ 액냉각형
 ㉡ 플래시형
 ㉢ 직접 팽창형

48 각종 배수관에 사용되는 재료로 적합하지 않은 것은?
① 오수 옥내배관 : 경질염화비닐관
② 잡배수 옥외배관 : 경질염화비닐관
③ 우수배수 옥외배관 : 원심력 철근콘크리트관
④ 통기 옥내배관 : 원심력 철근콘크리트관

해설 ㉠ 통기 옥내배관에서 원심력 철근콘크리트관(흄관) 사용은 조화롭지 못하다.
 ㉡ 통기관 : 경질염화비닐관, 아연도금백관 등

49 급수설비에서 물이 오염되기 쉬운 배관은?
① 상향식 배관
② 하향식 배관
③ 크로스커넥션(Cross Connection) 배관
④ 조닝(Zoning) 배관

해설 급수설비에서 물이 오염되기 쉬운 배관은 크로스커넥션 배관(관의 연결 전후)이다.

50 폴리부틸렌관 이음(Polybutylene Pipe Joint)에 대한 설명으로 틀린 것은?
① 강한 충격, 강도 등에 대한 저항성이 크다.
② 온돌난방, 급수위생, 농업원예배관 등에 사용된다.
③ 가볍고 화학작용에 대한 우수한 내식성을 가지고 있다.
④ 에이콘 파이프의 사용가능 온도는 10~70℃로 내한성과 내열성이 약하다.

해설 폴리부틸렌관 에이콘 파이프 : 내한성, 내열성에 강하다.

51 가스관으로 많이 사용하는 일반적인 관의 종류는?
① 주철관 ② 주석관
③ 연관 ④ 강관

해설 가스배관용 배관은 주로 일반배관용 강관을 사용한다.

52 압력탱크식 급수법에 대한 설명으로 틀린 것은?
① 압력탱크의 제작비가 비싸다.
② 고양정의 펌프를 필요로 하므로 설비비가 많이 든다.
③ 대규모의 경우에도 공기압축을 설치할 필요가 없다.
④ 취급이 비교적 어려우며 고장이 많다.

해설 압력탱크식 급수법
 ㉠ 지상에 압력탱크를 설치한다.
 ㉡ 소규모를 제외하고는 때때로 공기를 압축기로 공급해야 한다.
 ㉢ 저수량이 적어서 정전 시 주의한다.

53 트랩 중에서 응축수를 밀어올릴 수 있어 환수관을 트랩보다도 위쪽에 배관할 수 있는 것은?
① 버킷 트랩 ② 열동식 트랩
③ 충동증기 트랩 ④ 플로트 트랩

해설 상향버킷 증기트랩
응축수를 배출하는 스팀트랩으로서 환수관을 트랩보다도 위쪽에 배관이 가능하다.

54 급탕 사용량이 4,000L/h인 급탕설비 배관에서 급탕 주관의 관경으로 적합한 것은?(단, 유속은 0.9m/s이고 순환탕량은 약 2.5배이다.)
① 40A ② 50A
③ 65A ④ 80A

해설 풍량 $Q = A \cdot V = \left(\dfrac{\pi \cdot d^2}{4}\right) \cdot V$ 에서

관경 $d = \sqrt{\dfrac{4Q}{\pi V}}$

$= \sqrt{\dfrac{4 \times \left(\dfrac{4,000 \times 2.5}{1,000 \times 3,600}\right)}{\pi \times 0.9}}$

$= 0.062\text{m} = 62\text{mm} \rightarrow 65\text{A}$

47. ② 48. ④ 49. ③ 50. ④ 51. ④ 52. ③ 53. ① 54. ③ | ANSWER

55 스테인리스 관의 특성이 아닌 것은?

① 내식성이 좋다.
② 저온 충격성이 크다.
③ 용접식, 몰코식 등 특수시공법으로 시공이 간단하다.
④ 강관에 비해 기계적 성질이 나쁘다.

해설 스테인리스 관(STS×TP)은 강관에 비해 기계적 성질이 우수하고 6~500A까지 있으며, 두께는 스케줄 번호로 표시한다.

56 관경이 다른 강관을 직선으로 연결할 때 사용되는 배관 부속품은?

① 티이   ② 리듀서
③ 소켓   ④ 니플

해설 리듀서(줄임쇠)

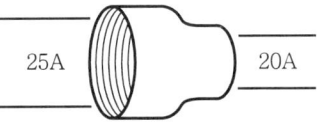

57 관경 50A 동관(L – type)의 관 지지간격에서 수평주관인 경우 행거 지름(mm)과 지지간격(m)으로 적당한 것은?

① 지름 : 9mm, 간격 : 1.0m 이내
② 지름 : 9mm, 간격 : 1.5m 이내
③ 지름 : 9mm, 간격 : 2.0m 이내
④ 지름 : 13mm, 간격 : 2.5m 이내

해설 50mm 동관

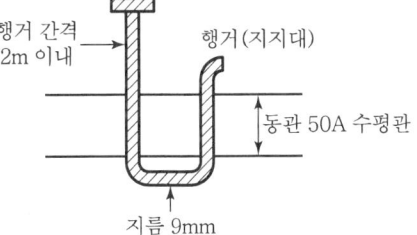

58 압축기의 진동이 배관에 전해지는 것을 방지하기 위해 압축기 근처에 설치하는 것은?

① 팽창밸브   ② 리듀싱
③ 플렉시블 조인트   ④ 엘보

해설 플렉시블 조인트(가요관이음)
펌프나 압축기 진동이 배관에서 전해지는 것을 방지하기 위한 이음새이다.

59 보온재의 구비 조건 중 틀린 것은?

① 열전도율이 클 것
② 불연성일 것
③ 내식성 및 내열성이 있을 것
④ 비중이 적고 흡습성이 적을 것

해설 보온재 단열재는 열전도율(kcal/m · h · ℃)이 작아야 효과가 좋다.

60 하수관 또는 오수탱크로부터 유해가스나 옥내로 침입하는 것을 방지하는 장치는?

① 통기관   ② 볼탭
③ 체크밸브   ④ 트랩

해설 배수트랩
하수관 또는 오수탱크로부터 유해가스가 옥내로 침입하는 것을 방지한다.

ANSWER | 55. ④ 56. ② 57. ③ 58. ③ 59. ① 60. ④

SECTION 04 전기제어공학

61 정현파 전압 $v = 50\sin\left(628t - \dfrac{\pi}{6}\right)(\mathrm{V})$ 인 파형의 주파수는 얼마인가?

① 30　　② 50
③ 60　　④ 100

해설 정현파전압$(v) = E_n \sin(\omega t - \theta) = 50\sin\left(628\pi t - \dfrac{\pi}{6}\right)(\mathrm{V})$

$\omega = 628\pi$, $\omega = 2\pi f$, $f = \dfrac{\omega}{2\pi}(\mathrm{Hz})$

주파수$(f) = \dfrac{\omega}{2\pi} = \dfrac{628}{2 \times 3.14} = 100\mathrm{Hz}$

62 옴의 법칙에서 전류의 세기는 어느 것에 비례하는가?

① 저항　　② 동선의 길이
③ 동선의 고유저항　　④ 전압

해설 ㉠ 옴의 법칙에서 전류의 세기는 전압에 비례한다.
㉡ 전기저항 : 옴(R, ohm), 기호(Ω)
㉢ 1Ω : 1V의 전압을 가했을 때 1A에 전류가 흐르는 저항
㉣ 저항의 역수 : 컨덕턴스$(G) = \dfrac{1}{R}(\mho)$

63 그림의 계전기 접점회로를 논리회로로 변환시킬 때 점선 안(C, D, E)에 사용되지 않는 소자는?

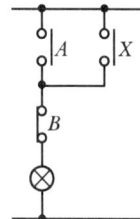 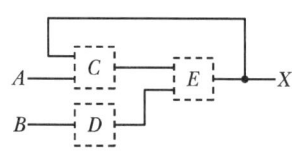

① AND　　② OR
③ NOT　　④ NOR

해설 NOR 회로 : OR 회로에 NOT 회로를 접속한 OR-NOT 회로
㉠ 논리식 : $X = \overline{A+B} = C$가 된다.
㉡ NOR 논리기호

㉢ NOR 회로기호

A	B	X
0	0	1
0	1	0
1	0	0
1	1	0

※ 논리회로
　• AND 회로 : 논리곱회로(A와 B)
　• OR 회로 : 논리합회로(A와 X)
　• NOT 회로 : 논리부정회로(B)
　• 계전기 : relay
※ C, D, E에 사용 불가

64 정자계와 정전계의 대응 관계를 표시하였다. 잘못 연관된 것은?

① 자속－전속
② 자계－전계
③ 자기력선－전기력선
④ 투자율－도전율

해설 ㉠ 투자율 : 자성체의 자속밀도 B와 H의 비
투자율$(\mu) = \dfrac{B}{H}$
㉡ 비투자율 : 투자율에서 투자율의 상수$(\mu_0) = 4\pi \times 10^{-7}$ H・m로 나눈 몫
㉢ 도전율 : 저항률의 역수, 기호는 σ(시그마)

65 다음 그림은 무엇을 나타낸 논리연산회로인가?

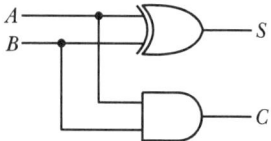

① HALF-ADDER 회로
② FULL-ADDER 회로
③ NAND 회로
④ EXCLUSIVE OR 회로

해설 HALF-ADDER 회로
ㄱ. S=AB이다.
ㄴ. C=A⊕B이다.
ㄷ. C=합의 값을 나타낸다.
ㄹ. S=올림수를 나타낸다.

66 변압기는 어떤 작용을 이용한 전기기기인가?

① 정전유도작용 ② 전자유도작용
③ 전류의 발열작용 ④ 전류의 화학작용

해설 변압기 : 전자유도작용 전기기기로 하나의 회로에서 교류전력을 받아서 전자유도작용에 의해 다른 회로에 전력을 공급하는 정지기기(전압을 변환하는 정지기기)

권수비 $(a) = \dfrac{N_1}{N_2} = \dfrac{V_1}{V_2} = \dfrac{I_2}{I_1}$

67 그림과 같이 1차 측에 직류 10V를 가했을 때 변압기 2차 측에 걸리는 전압 V_2는 몇 V인가?(단, 변압기는 이상적이며, n_1 = 100회, n_2 = 500회이다.)

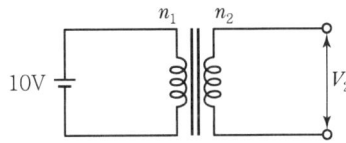

① 0 ② 2
③ 10 ④ 50

해설 변압기 권수비 $(a) = \sqrt{\dfrac{R_1}{R_2}} = \dfrac{N_1}{N_2} = \dfrac{V_1}{V_2} = \dfrac{I_2}{I_1}$

$V_2 = V_1 \times \dfrac{n_2}{n_1} = \dfrac{500}{100} \times 10 = 50V$

직류에서는 교번자장이 생기지 않아서 패러데이 법칙에 따른 유효전력이 없으므로 0V이다. 단, 교류라면 50V이다.

68 피드백 제어에서 반드시 필요한 장치는?

① 안정도를 향상시키는 장치
② 응답속도를 개선시키는 장치
③ 구동장치
④ 입력과 출력을 비교하는 장치

해설 피드백 제어는 입력과 출력을 비교하여 편차 시 수정동작을 하는 제어이다.

69 다음의 논리식 중 다른 값을 나타내는 논리식은?

① $\overline{X}Y + XY$ ② $(Y + X + \overline{X})Y$
③ $X(\overline{Y} + X + Y)$ ④ $XY + Y$

해설 ① $\overline{X}Y + XY = (\overline{X} + X) \cdot Y$
$= 1 \cdot Y = Y$
② $(Y + X + \overline{X})Y = (Y + 1) \cdot Y$
$= 1 \cdot Y = Y$
③ $X(\overline{Y} + X + Y) = X(\overline{Y} + Y + X)$
$= X(1 + X)$
$= X \cdot 1 = X$
④ $XY + Y = (X + 1)Y$
$= 1 \cdot Y = Y$

70 회전자가 슬립 S로 회전하고 있을 때 고정자 및 회전자의 실효 권수비를 α라 하면, 고정자 기전력 E_1과 회전자 기전력 E_2와의 비는 어떻게 표현되는가?

① $\dfrac{\alpha}{S}$ ② $S\alpha$
③ $(1-S)\alpha$ ④ $\dfrac{\alpha}{1-S}$

해설 고정자 기전력 E_1과 회전자 기전력 E_2와의 비
$= \dfrac{회전자 실효 권수비}{회전자 슬립} = \dfrac{\alpha}{S}$

71 스트레인 게이지(Strain Gauge)의 센서는 무엇의 변화량을 측정하는 것인가?

① 마이크로파 ② 정전용량
③ 인덕턴스 ④ 저항

해설 스트레인 게이지는 금속 등 재질의 신축량을 전기저항 등으로 변환하도록 한 미소 변위 검출센서이다.

72 다음 중 제어계에 가장 많이 이용되는 전자요소는?
① 증폭기 ② 변조기
③ 주파수 변환기 ④ 가산기

해설 증폭기는 제어계의 진자요소로서 입력신호를 증대시켜 출력신호로서 꺼내는 장치이다.

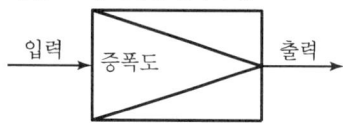

73 역률 80%인 부하에 전압과 전류의 실횻값이 각각 100V, 5A라고 할 때 무효전력(Var)은?
① 100 ② 200
③ 300 ④ 400

해설
- 피상전력 $P_a = V \cdot I$ (VA)
- 유효전력 $P = V \cdot I \cdot \cos\theta$ (W)
- 무효전력 $P_r = V \cdot I \cdot \sin\theta$ (Var)

$P_r = V \cdot I \cdot \sin\theta$
$= 100 \times 5 \times \sqrt{1 - 0.8^2}$
$= 300 \text{Var}$

74 그림과 같은 블록선도의 전달함수는?

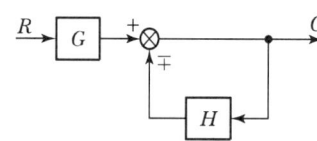

① $\dfrac{1}{1 \pm GH}$ ② $\dfrac{G}{1 \pm GH}$
③ $\dfrac{G}{1 \pm H}$ ④ $\dfrac{1}{1 \pm H}$

해설 전달함수 $G(s) = \dfrac{C}{R}$
$= \dfrac{\text{전향경로}}{1 - \text{피드백 경로}}$
$= \dfrac{G}{1 \pm H}$

75 발전기의 유기기전력의 방향과 관계가 있는 법칙은?
① 플레밍의 왼손법칙
② 플레밍의 오른손법칙
③ 패러데이의 법칙
④ 암페어의 법칙

해설 플레밍의 오른손법칙은 발전기의 유기기전력의 방향과 관계가 있다.

유기기전력 $(E) = P\phi \dfrac{N}{60} \dfrac{Z}{a}$ (V)

76 PLC(Programmable Logic Controller)를 설치할 때 옳지 않은 방법은?
① 설치장소의 환경을 충분히 파악하여 온도, 습도, 진동, 충격 등에 주의하여야 한다.
② 배선공사시 동력선과 신호케이블은 평행시키지 않도록 한다.
③ 접지공사는 제1종 접지공사로 하고 다른 기기와 공용 접지가 바람직하다.
④ 잡음(Noise)대책의 일환으로 제어반의 배선은 실드케이블을 사용한다.

해설 ㉠ PLC 접지는 공용접지가 아닌 단독 접지가 올바른 방법이다.
㉡ 제1종 접지공사 : 피뢰기(LA), 피뢰침, 정전방지기, 방전등 등 접지

77 그림에서 V_s는 몇 V인가?

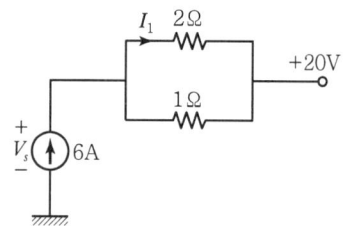

① 8 ② 16
③ 24 ④ 32

해설 전류 $(I_1) = 6 \times \dfrac{1}{2+1} = 2\text{A}$
전압 $(V) = 2 \times 2 = 4\text{V}$
$V_s = 4 + 20 = 24\text{V}$

78 3상 4선식 불평형 부하의 경우, 단상전력계로 전력을 측정하고자 할 때 몇 대의 단상전력계가 필요한가?

① 2 ② 3
③ 4 ④ 5

해설 3상 전력측정
㉠ 단상전력계 2대 접속 2전력계법
㉡ 단상전력계 3대 접속 3전력계법
※ 3상 4선식 불평형 부하 : 단상전력계 3전력계법이 필요하다.

79 시퀀스 제어를 명령 처리기능에 따라 분류할 때 속하지 않는 것은?

① 순서제어 ② 시한제어
③ 병렬제어 ④ 조건제어

해설 ㉠ 시퀀스 제어 명령처리기능 분류
• 순서제어
• 시한제어
• 조건제어
㉡ 시퀀스 제어 사용기기
전기밥솥, 전기세탁기, 수력발전소 시동, 열차의 운전, 전화교환기, 자동선반 조작
㉢ 시퀀스 제어 제어요소
수동스위치, 검출스위치(리밋스위치), 전자계전기, 유지형계전기, 무접점계전기(트랜지스터, 다이오드, IC 회로, 자기증폭기)

80 AC 서보전동기의 전달함수는 어떻게 취급하면 되는가?

① 미분요소와 1차 요소의 직렬결합으로 취급한다.
② 적분요소와 2차 요소의 직렬결합으로 취급한다.
③ 미분요소와 2차 요소의 피드백접속으로 취급한다.
④ 적분요소와 1차 요소의 피드백접속으로 취급한다.

해설 AC 서보전동기
큰 회전력이 요구되지 않는 제어계에 사용되는 전동기이다. 전달함수는 적분요소와 2차 요소의 직렬결합으로 취급된다.(조작부의 기능)

ANSWER | 78. ② 79. ③ 80. ②

2014년 3회 공조냉동기계산업기사

SECTION 01 공기조화

01 다음은 난방부하에 대한 설명이다. ( )에 들어갈 적당한 용어로서 옳은 것은?

> 겨울철 실내는 일정한 온도 및 습도를 유지하여야 한다. 이때 실내에서 손실된 (㉠)이나 (㉡)를(을) 보충하여야 하며, 이때의 난방부하는 냉방부하 계산보다 (㉢)하게 된다.

① ㉠ 수분, ㉡ 공기, ㉢ 간단
② ㉠ 열량, ㉡ 공기, ㉢ 복잡
③ ㉠ 수분, ㉡ 열량, ㉢ 복잡
④ ㉠ 열량, ㉡ 수분, ㉢ 간단

해설 ㉠ 열량
㉡ 수분
㉢ 간단

02 냉방부하의 경감방법으로 틀린 것은?
① 건물의 단열강화로 열전도에 의한 열의 침입을 방지한다.
② 건물의 외피면적에 대한 창면적비를 적게 하여 일사 등, 창을 통한 열의 침입을 최소화한다.
③ 실내조명을 되도록 밝게 하여 시원한 감을 느끼게 한다.
④ 건물은 되도록 기밀을 유지하고 사람 출입이 많은 주 출입구는 회전문을 채용한다.

해설 실내조명(냉방부하)
실내취득열량(기기로부터의 취득열량)은 냉방부하를 증가시킨다.
㉠ 백열등
　　0.86×조명기구의 총 전력×조명점등률(kcal/h)
㉡ 형광등
　　0.86×조명기구의 총 전력×조명점등률×1.2(kcal/h)

03 에어 핸들링 유닛(Air Handling Unit)의 구성요소가 아닌 것은?
① 공기 여과기　② 송풍기
③ 공기 세정기　④ 압축기

해설 에어 핸들링 유닛
공기냉각기, 가습기, 가열기, 냉풍기 등의 공기조화방식에 의한 공기조화기의 장치

04 건공기 중에 포함되어 있는 수증기의 중량으로 습도를 표시한 것은?
① 비교습도　② 포화도
③ 상대습도　④ 절대습도

해설 절대습도 : 건조공기 중에 포함되어 있는 수증기의 중량으로 습도를 표시한 것

05 공기여과기의 성능을 표시하는 용어 중 가장 거리가 먼 것은?
① 제거효율　② 압력손실
③ 집진용량　④ 소재의 종류

해설 공기여과기의 성능 표시
㉠ 제거효율, ㉡ 압력손실, ㉢ 집진용량

06 온도 t℃의 다량의 물(또는 얼음)과 어떤 상태의 습윤공기가 단열된 용기 속에 있다. 습윤공기 속에 물이 증발하면서 소요되는 열량과 공기로부터 물에 부여되는 열량이 같아지면서 열적 평형을 이루게 되는 이때의 온도를 무엇이라 하는가?
① 열역학적 온도　② 단열포화온도
③ 건구온도　④ 유효온도

해설 단열포화온도
용기 내(단열용기) 습윤공기 속에 물이 증발하면서 소요되는 열량과 공기로부터 물에 부여되는 열량이 같아지면서 열적 평형을 이루게 되는 온도

1. ④ 2. ③ 3. ④ 4. ④ 5. ④ 6. ② | **ANSWER**

07 패널복사난방에 관한 설명 중 옳은 것은?
① 천장고가 낮고 외기 침입이 없을 때 난방효과를 얻을 수 있다.
② 실내온도 분포가 균등하고 쾌감도가 높다.
③ 증발잠열(기화열)을 이용하므로 열의 운반능력이 크다.
④ 대류난방에 비해 방열면적이 작다.

해설 패널복사난방
㉠ 천장고가 높은 곳에 유리하다.
㉡ 현열 및 패널난방이다.
㉢ 대류난방에 비해 방열면적이 크다.
㉣ 실내온도 분포가 균등하고 쾌감도가 높다.

08 외기의 온도가 -10℃이고 실내온도가 20℃이며 벽면적이 25m²일 때, 실내의 열손실량은?(단, 벽체의 열관류율 10W/m²·K, 방위계수는 북향으로 1.2이다.)
① 7kW ② 8kW
③ 9kW ④ 10kW

해설 손실열량 $Q = K \cdot F \cdot dT \cdot \alpha$
$= 10 \times 25 \times (20-(-10)) \times 1.2$
$= 9,000W = 9kW$
여기서, K : 벽체의 열관류율 = 10W/m²·K
F : 벽면적 = 25m²
dT : 온도 차이 = 20 - (-10) = 30℃
α : 방위계수 = 1.2

09 온수난방과 비교한 증기난방 방식의 장점으로 가장 거리가 먼 것은?
① 방열면적이 작다.
② 설비비가 저렴하다.
③ 방열량 조절이 용이하다.
④ 예열시간이 짧다.

해설 온수난방 방식은 방열량 조절이 용이하다.

10 화력발전설비에서 생산된 전력을 이용함과 동시에 전력을 생산하는 과정에서 발생되는 배기열을 냉난방 및 급탕 등에 이용하는 방식이며, 전력과 열을 함께 공급하는 에너지 절약형 발전방식으로 에너지 종합효율이 높고 수요지 부근에 설치할 수 있는 열원 방식은?
① 흡수식 냉온수 방식
② 지역 냉난방 방식
③ 열회수 방식
④ 열병합발전(Cogeneration) 방식

해설 열병합발전
㉠ 전력을 생산한다.
㉡ 난방, 급탕에 이용한다.
㉢ 에너지 종합효율이 높다.

11 다음 복사난방에 관한 설명 중 옳은 것은?
① 고온식 복사난방은 강판제 패널 표면의 온도를 100℃ 이상으로 유지하는 방법이다.
② 파이프 코일의 매설 깊이는 균등한 온도분포를 위해 코일 외경의 3배 정도로 한다.
③ 온수의 공급 및 환수 온도차는 가열면의 균일한 온도분포를 위해 10℃ 이상으로 한다.
④ 방이 개방상태에서도 난방효과가 있으나 동일 방열량에 대해 손실량이 비교적 크다.

해설 강판제 패널 고온식 복사난방 : 표면온도를 100℃ 이상 유지하는 방법(저온식 : 100℃ 미만)

12 에너지 손실이 가장 큰 공조방식은?
① 2중 덕트 방식 ② 각층 유닛 방식
③ 팬코일 유닛 방식 ④ 유인 유닛 방식

해설 2중 덕트 방식 : 냉풍과 온풍이 혼합하는 방식의 공기조화 방식이므로 에너지 손실이 크다.

13 26℃인 공기 200kg과 32℃인 공기 300kg을 혼합하면 최종온도는?
① 28.0℃ ② 28.4℃
③ 29.0℃ ④ 29.6℃

해설 $t_m = \dfrac{G_1 t_1 + G_2 t_2}{G_1 + G_2} = \dfrac{(200 \times 26) + (300 \times 32)}{200 + 300} = 29.6℃$

ANSWER | 7. ② 8. ③ 9. ③ 10. ④ 11. ① 12. ① 13. ④

14 지역난방에 관한 설명으로 틀린 것은?
① 열매체로 온수 사용 시 일반적으로 100℃ 이상의 고온수를 사용한다.
② 어떤 일정지역 내 한 장소에 보일러실을 설치하여 증기 또는 온수를 공급하여 난방하는 방식이다.
③ 열매체로 온수 사용 시 지형의 고저가 있어도 순환 펌프에 의하여 순환이 된다.
④ 열매체로 증기 사용 시 게이지 압력으로 15~30 MPa의 증기를 사용한다.

해설 지역난방 증기압력 : 0.1~1.5MPa 압력을 일반적으로 사용한다.

15 냉방 시 공조기의 송풍량을 산출하는 데 가장 밀접한 부하는?
① 재열부하　　② 외기부하
③ 펌프·배관부하　　④ 실내취득열량

해설 냉방부하 : 기기로부터 취득하는 열량(송풍기, 덕트)
$q_B = 860 \times kW$
※ 송풍량 산출은 실내 취득 열량으로 계산

16 송풍기에 대한 설명 중 틀린 것은?
① 원심팬 송풍기는 다익팬, 리밋로드팬, 후향팬, 익형팬으로 분류된다.
② 블로어 송풍기는 원심블로어, 사류블로어, 축류블로어로 분류된다.
③ 후향팬은 날개의 출구각도를 회전과 역방향으로 향하게 한 것으로 다익팬보다 높은 압력상승과 효율을 필요로 하는 경우에 사용한다.
④ 축류 송풍기는 저압에서 작은 풍량을 얻고자 할 때 사용하며, 원심식에 비해 풍량이 작고 소음도 작다.

해설 축류형 송풍기(디스크식, 프로펠러식)는 고압에서 대용량 풍량을 얻으며 원심식에 비해 풍량과 소음이 크다.

17 스테인리스 강판(두께 1.8~4.0mm)을 와류형으로 감아 그 끝단을 용접으로 밀봉하고 파이프 플랜지 이외에는 가스켓을 사용하지 않으며 주로 물-물에 주로 사용되는 열교환기는?

① 스파이럴형　　② 원통 다관식
③ 플레이트형　　④ 관형

해설 스파이럴형 열교환기 : 와류형 열교환기(주로 물-물과의 열교환기이다.)

18 8,000W의 열을 발산하는 기계실의 온도를 외기 냉방하여 26℃로 유지하기 위한 외기도입량은?(단, 밀도 1.2kg/m³, 공기 정압비열 1.01kJ/kg·℃, 외기온도 11℃이다.)
① 약 600.06m³/h　　② 약 1,584.16m³/h
③ 약 1,851.85m³/h　　④ 약 2,160.22m³/h

해설 열량 $Q = G \cdot C \cdot \Delta t = (q \times 1.2) \times C_p \times \Delta t$에서
외기도입량 $q = \dfrac{Q}{1.2 \times C_p \times \Delta t}$
$= \dfrac{(8,000 \times 10^{-3}) \times 3,600}{1.2 \times 1.01 \times (26-11)}$
$= 1,584.16 \text{m}^3/\text{h}$

19 공기를 가열하는 데 사용하는 공기가열코일의 종류로 가장 거리가 먼 것은?
① 증기(蒸氣)코일　　② 온수(溫水)코일
③ 전열(電熱)코일　　④ 증발(蒸發)코일

해설 공기가열코일
㉠ 증기코일
㉡ 온수코일
㉢ 전열코일

20 보일러의 종류에 따른 특성을 설명한 것 중 틀린 것은?
① 주철제 보일러는 분해, 조립이 용이하다.
② 노통연관 보일러는 수질관리가 용이하다.
③ 수관 보일러는 예열시간이 짧고 효율이 좋다.
④ 관류 보일러는 보유수량이 많고 설치면적이 크다.

해설 관류보일러(벤슨보일러, 슐처보일러)는 수관으로만 존재하고 증기드럼이 없어서 보유수량이 적고 설치면적이 작다. 다만, 효율이 높고 증기생성이 빠르나 급수처리가 심각하다.

SECTION 02 냉동공학

21 다음과 같은 대향류열 교환기의 대수평균온도차는?
(단, $t_1 = 40℃$, $t_2 = 10℃$, $t_{w1} = 4℃$, $t_{w2} = 8℃$ 이다.)

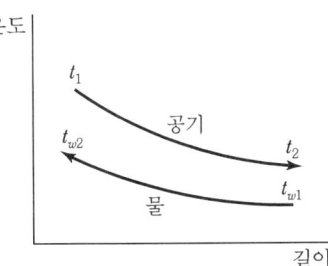

① 약 11.3℃ ② 약 13.5℃
③ 약 15.5℃ ④ 약 19.5℃

해설 대수평균온도차 $LMTD = \dfrac{T_1 - T_2}{\ln \dfrac{T_1}{T_2}}$

이때, $T_1 = 40 - 8 = 32℃$
$T_2 = 10 - 4 = 6℃$

∴ $LMTD = \dfrac{32 - 6}{\ln \dfrac{32}{6}} = 15.53 ≒ 15.5℃$

22 다음과 같은 냉동기의 이론적인 성적계수는?

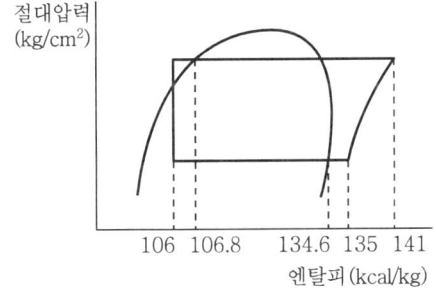

① 4.8 ② 5.8
③ 6.5 ④ 8.9

해설 냉동기 성적계수
$COP = \dfrac{냉동효과}{압축일량} = \dfrac{q}{Aw}$
$= \dfrac{135 - 106}{141 - 135}$
$= 4.83 ≒ 4.8$

23 나선모양의 관으로 냉매증기를 통과시키고 이 나선관을 원형 또는 구형의 수조에 넣어 냉매를 응축시키는 방법을 이용한 응축기는?
① 대기식 응축기(Atmospheric Condenser)
② 지수식 응축기(Submerged Coil Condenser)
③ 증발식 응축기(Evaporative Condenser)
④ 공랭식 응축기(Air Cooled Condenser)

해설 지수식 응축기 : 나선모양의 관으로 냉매증기를 통과시키고 이 나선관을 원형 또는 구형의 수조에 넣어 냉매를 응축시킨다.

24 브라인의 금속에 대한 특징으로 틀린 것은?
① 암모니아가 브라인 중에 누설하면 알칼리성이 대단히 강해져 국부적인 부식이 발생한다.
② 유기질 브라인은 일반적으로 부식성이 강하나 무기질 브라인은 부식성이 적다.
③ 브라인 중에 산소량이 증가하면 부식량이 증가하므로 가능한 공기와 접촉하지 않도록 한다.
④ 방청제를 사용하며, 방청제로는 중크롬산소다를 사용한다.

해설 ㉠ 유기질 브라인(에틸알코올, 에틸렌글리콜, 프로필렌글리콜)은 부식성이 무기질에 비하여 적다.
㉡ 무기질 브라인(염화칼슘수용액, 식염수, 염화나트륨수용액)

25 냉동기에 사용하는 윤활유의 구비조건으로 틀린 것은?
① 불순물이 함유되어 있지 않을 것
② 전기 절연내력이 클 것
③ 응고점이 낮을 것
④ 인화점이 낮을 것

해설 냉동기에 사용하는 윤활유는 사용상 인화점이 높아야 한다. (인화점이 낮으면 화재 위험)

26 다음 중 무기질 브라인이 아닌 것은?
① 식염수 ② 염화마그네슘
③ 염화칼슘 ④ 에틸렌글리콜

해설 ㉠ 무기질 브라인은 부식성이 있다.
㉡ 에틸렌글리콜($C_2H_3O_2$)은 유기질 브라인이다.

27 흡수식 냉동기에 사용하는 흡수제의 요구조건으로 가장 거리가 먼 것은?

① 용액의 증발압력이 높을 것
② 농도의 변화에 의한 증기압의 변화가 적을 것
③ 재생에 많은 열량을 필요로 하지 않을 것
④ 점도가 낮을 것

해설 흡수식 냉동기는 흡수용액(LiBr)의 경우 증발압력이 낮아야 냉매가 증발하여도 진공상태를 유지할 수 있다.(압력이 낮으면 진공이나 흡수력이 강해진다.)

28 이상적 냉동사이클에서 어떤 응축온도로 작동 시 성능계수가 가장 높은가?(단, 증발온도는 일정하다.)

① 20℃　　② 25℃
③ 30℃　　④ 35℃

해설 냉매의 증발온도가 일정하면 응축온도가 낮을수록 성능계수(COP)가 높아진다.

29 왕복동식 압축기와 비교하여 터보 압축기의 특징으로 가장 거리가 먼 것은?

① 고압의 냉매를 사용하므로 취급이 다소 어렵다.
② 회전운동을 하므로 동적 균형을 잡기 좋다.
③ 흡입 밸브, 토출 밸브 등의 마찰 부분이 없으므로 고장이 적다.
④ 마모에 의한 손상이 적어 성능 저하가 없고 구조가 간단하다.

해설 터보형 압축기는 주로 압력보다는 비중이 큰 냉매를 사용하여야 속도를 압력으로 바꿀 수가 있다.(1단만으로는 압축비를 크게 할 수 없다.)

30 냉동기 속 두 냉매가 아래 표의 조건으로 작동될 때, A냉매를 이용한 압축기의 냉동능력을 R_A, B냉매를 이용한 압축기의 냉동능력을 R_B라 할 경우, R_A/R_B의 비는?(단, 두 압축기의 피스톤 압출량은 동일하며, 체적효율도 75%로 동일하다.)

구분	A	B
냉동효과(kcal/kg)	269.03	40.34
비체적(m³/kg)	0.509	0.077

① 1.5　　② 1.0
③ 0.8　　④ 0.5

해설 냉동능력(Q)=냉매순환량(G)×냉동효과(q)
이때, $G=\dfrac{V}{v}\times\eta_V$ 이므로

∴ 냉동능력 $Q=\dfrac{V}{v}\times\eta_V\times q$

$R_A=\dfrac{1}{0.509}\times0.75\times269.03=396.41\text{kcal/h}$

$R_B=\dfrac{1}{0.077}\times0.75\times40.34=392.92\text{kcal/h}$

∴ $\dfrac{R_A}{R_B}=\dfrac{396.41}{392.92}=1$

31 축열장치의 장점으로 거리가 먼 것은?

① 수처리가 필요 없고 단열공사비 감소
② 용량 감소 등으로 부속설비를 축소 가능
③ 수전설비 축소로 기본 전력비 감소
④ 부하 변동이 큰 경우에도 안정적인 열 공급 가능

해설 ㉠ 축열장치(Heat Storage System) : 냉·난방 등에서 집열장치로부터 얻은 열량을 저장 혹은 직접 사용하고 남은 열을 저장한 후, 필요시 이 열을 공급하는 장치로서 단열공사비가 많이 든다.
㉡ 축열 : 열을 축열조에 모아 저장하는 것으로서 실온의 변동에 따라 발생하는 구조체의 축열, 일사 등 복사열의 바닥판에 의한 축열 등이 있다.

32 냉동장치의 운전 중 압축기의 토출압력이 높아지는 원인으로 가장 거리가 먼 것은?

① 장치 내에 냉매를 과잉 충전하였다.
② 응축기의 냉각수가 과다하다.
③ 공기 등의 불응축 가스가 응축기에 고여 있다.
④ 냉각관이 유막이나 물때 등으로 오염되어 있다.

해설 응축기의 냉각수가 적으면 냉매의 응축이 어려워서 압축기의 토출압력이 높아진다.

33 유량 100L/min의 물을 15℃에서 9℃로 냉각하는 수냉각기가 있다. 이 냉동장치의 냉동효과가 40 kcal/kg일 경우 냉매순환량은?(단, 물의 비열은 1 kcal/kg·K로 한다.)

① 700kg/h ② 800kg/h
③ 900kg/h ④ 1,000kg/h

해설 부하열량 $Q = G \cdot C \cdot \Delta t$
$= (100 \times 60) \times 1 \times (15-9)$
$= 36,000 \text{kcal/h}$

이때, $Q = G \times q$에서

냉매순환량 $G = \dfrac{Q}{q} = \dfrac{36,000}{40} = 900 \text{kg/h}$

34 핀 튜브관을 사용한 공랭식 응축관의 자연대류식 수평·수직 및 강제대류식 전열계수를 비교했을 때 옳은 것은?

① 자연대류 수평형 > 자연대류 수직형 > 강제대류식
② 자연대류 수직형 > 자연대류 수평형 > 강제대류식
③ 강제대류식 > 자연대류 수평형 > 자연대류 수직형
④ 자연대류 수평형 > 강제대류식 > 자연대류 수직형

해설 공랭식 핀 튜브관 전열계수(응축기 내 응축관) 비교
강제대류식 > 자연대류 수평형 > 자연대류 수직형

35 증발온도와 압축기 흡입가스의 온도차를 적정값으로 유지하는 것은?

① 온도조절식 팽창밸브
② 수동식 팽창밸브
③ 플로트 타입 팽창밸브
④ 정압식 자동 팽창밸브

해설 온도조절식 팽창밸브(TEV) : 증발온도와 압축기 흡입가스의 온도차를 적정값으로 유지한다.
㉠ 내부균압형(감온통 부착형)
㉡ 외부 균압형(감온통 부착형)

36 온도식 팽창밸브(TEV)의 작동과 관계없는 압력은?

① 증발기 압력 ② 스프링의 압력
③ 감온통의 압력 ④ 응축압력

해설 온도식 팽창밸브 작동과 관계되는 압력
㉠ 증발기 압력
㉡ 스프링의 압력
㉢ 감온통의 압력

37 냉동부하가 50냉동톤인 냉동기의 압축기 출구 엔탈피가 457kcal/kg, 증발기 출구 엔탈피가 369kcal/kg, 증발기 입구 엔탈피가 128kcal/kg일 때, 냉매 순환량은?(단, 1냉동톤 = 3,320kcal/h이다.)

① 약 688kg/h
② 약 504kg/h
③ 약 325kg/h
④ 약 178kg/h

해설 부하열량 $Q = G \times q$에서

냉매순환량 $G = \dfrac{Q}{q}$
$= \dfrac{50 \times 3,320}{369 - 128}$
$= 688.8 ≒ 688 \text{kg/h}$

38 다음 그림은 어떤 사이클인가?(단, P = 압력, h = 엔탈피, T = 온도, S = 엔트로피이다.)

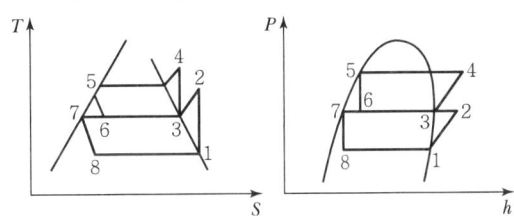

① 2단 압축 1단 팽창 사이클
② 2단 압축 2단 팽창 사이클
③ 1단 압축 1단 팽창 사이클
④ 1단 압축 2단 팽창 사이클

해설 2단 압축 2단 팽창 사이클
1대의 압축기로 증발온도를 낮출 경우 압축비가 6 이상 증대하여 체적효율, 성적계수, 냉동능력이 감소하여 압축방식을 2단으로 한다.

39 냉동장치의 액관 중 발생하는 플래시 가스의 발생 원인으로 가장 거리가 먼 것은?

① 액관의 입상높이가 매우 작을 때
② 냉매 순환량에 비하여 액관의 관경이 너무 작을 때
③ 배관에 설치된 스트레이너, 필터 등이 막혀 있을 때
④ 액관이 직사광선에 노출될 때

해설 ㉠ 냉매 액관의 입상 높이가 매우 높으면 플래시 가스의 발생이 일어난다.
㉡ 플래시 가스 : 팽창밸브 내 냉매액이 증발기에 도달하기 전 사전에 냉매가 기화 발생하여 사용이 불가능한 냉매가스

40 암모니아 냉동기에서 냉매가 누설되고 있는 장소에 적색 리트머스 시험지를 대면 어떤 색으로 변하는가?

① 황색
② 다갈색
③ 청색
④ 홍색

해설 ㉠ NH_3 냉매가 누설한 경우 리트머스 시험지가 청색으로 변화한다.
㉡ 유황초, 유황걸레에 불을 붙여 흰 연기가 발생하면 NH_3가 누설된 것이다.
㉢ 페놀프탈레인 시험지를 물에 적셔 암모니아 누설 개소에 대면 홍색으로 변화한다.
㉣ 암모니아가 브라인에 누설되면 소량 누설 시 황색으로 변화한다.

SECTION 03 배관일반

41 밸브의 종류 중 콕(Cock)에 관한 설명으로 틀린 것은?

① 콕의 종류에는 대표적으로 글랜드 콕과 메인 콕이 있다.
② 0~90° 회전시켜 유량조절이 가능하다.
③ 유체저항이 크며, 개폐 시 힘이 드는 단점이 있다.
④ 콕은 흐르는 방향을 2방향, 3방향, 4방향으로 바꿀 수 있는 분배 밸브로 적합하다.

해설 콕은 유체의 저항이 적고, 개폐 시 힘이 적게 든다.

42 바이패스 관의 설치장소로 적절하지 않은 곳은?

① 증기배관
② 감압밸브
③ 온도조절밸브
④ 인젝터

해설 인젝터(소형 급수설비) : 급수관, 증기관, 토출관이 필요하다.

43 온수난방에서 역귀환방식을 채택하는 주된 이유는?

① 순환펌프를 설치하기 위해
② 배관의 길이를 축소하기 위해
③ 열손실과 발생소음을 줄이기 위해
④ 건물 내 각 실의 온도를 균일하게 하기 위해

해설 온수난방 역귀환방식(리버스 리턴방식)의 채택 이유는 건물 내 각 실의 온도를 균일하게 하기 위함이다. 따라서 배관의 길이를 일정하게 하는 등의 장점이 있다.

44 냉매 배관 시 주의사항으로 틀린 것은?

① 배관의 굽힘 반지름은 크게 한다.
② 불응축 가스의 침입이 잘 되어야 한다.
③ 냉매에 의한 관의 부식이 없어야 한다.
④ 냉매 압력에 충분히 견디는 강도를 가져야 한다.

해설 냉매배관에는 응축압력을 저하시키기 위해 불응축 가스(공기 등)의 침입이 없어야 한다.

45 옥상탱크식 급수방식의 배관계통의 순서로 옳은 것은?

① 저수탱크 → 양수펌프 → 옥상탱크 → 양수관 → 급수관 → 수도꼭지
② 저수탱크 → 양수관 → 양수펌프 → 급수관 → 옥상탱크 → 수도꼭지
③ 저수탱크 → 양수관 → 급수관 → 양수펌프 → 옥상탱크 → 수도꼭지
④ 저수탱크 → 양수펌프 → 양수관 → 옥상탱크 → 급수관 → 수도꼭지

해설 옥상탱크 급수방식 배관계통 순서
저수탱크 → 양수펌프 → 양수관 → 옥상탱크 → 급수관 → 가정집 수도꼭지

46 대·소변기를 제외한 세면기, 싱크대, 욕조 등에서 나오는 배수는?
① 오수 ② 우수
③ 잡배수 ④ 특수배수

해설 잡배수 : 대변기, 소변기를 제외한 세면기, 싱크대, 욕조 등에서 나오는 배수이다.

47 다음과 같이 압축기와 응축기가 동일한 높이에 있을 때, 배관방법으로 가장 적합한 것은?

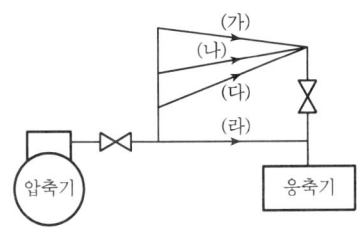

① (가) ② (나)
③ (다) ④ (라)

해설 압축기, 응축기가 동일한 높이라면 압축기에서 응축기로 가는 가스관은 입상관을 거쳐 하향구배(가)로 한다.

48 경질염화비닐관의 특징 중 틀린 것은?
① 내열성이 좋다. ② 전기절연성이 크다.
③ 가공이 용이하다. ④ 열팽창률이 크다.

해설 경질염화비닐관(PVC관)은 일반용, 수도용, 배수용이 있으며 저온이나 고온에서 강도가 약하며, 충격강도가 작다.

49 공기조화설비에서 증기코일에 관한 설명으로 틀린 것은?
① 코일의 전면풍속은 3~5m/s로 선정한다.
② 같은 능력의 온수코일에 비하여 열수를 작게 할 수 있다.
③ 응축수의 배제를 위하여 배관에 약 $\frac{1}{150} \sim \frac{1}{200}$ 정도의 순구배를 붙인다.
④ 일반적인 증기의 압력은 0.1~2kgf/cm² 정도로 한다.

해설 ㉠ 증기의 배관 순구배 : $\frac{1}{100} \sim \frac{1}{200}$ 정도
㉡ 증기의 배관 역구배 : $\frac{1}{50} \sim \frac{1}{100}$ 정도

50 관 트랩의 종류와 가장 거리가 먼 것은?
① S트랩 ② P트랩
③ U트랩 ④ V트랩

해설 배수트랩
하수관이나 건물의 배수관에서 발생한 해로운 가스를 실내로 침입하는 것을 방지하기 위한 수봉식 기구이다.
㉠ 관트랩 : S, P, U 트랩
㉡ 박스트랩 : 드럼형, 벨형, 가솔린형, 그리스형

51 급탕배관 시공 시 고려사항으로 틀린 것은?
① 자동 공기 빼기 밸브는 계통의 가장 낮은 위치에 설치한다.
② 복귀탕의 역류 방지를 위해 설치하는 체크밸브는 탕의 저항을 적게 하기 위해 2개 이상 설치하지 않는다.
③ 배관의 구배는 중력 순환식의 경우 $\frac{1}{150}$ 정도로 해준다.
④ 하향공급식은 급탕관, 복귀관 모두 선하향 배관 구배로 한다.

해설 급탕배관에서 자동 공기 빼기 밸브는 계통에서 가장 높은 곳에 설치한다.

52 중앙식 급탕방식의 장점으로 가장 거리가 먼 것은?
① 기구의 동시 이용률을 고려하여 가열장치의 총용량을 적게 할 수 있다.
② 기계실 등에 다른 설비 기계와 함께 가열장치 등이 설치되기 때문에 관리가 용이하다.
③ 배관에 의해 필요 개소에 어디든지 급탕할 수 있다.
④ 설비 규모가 작기 때문에 초기 설비비가 적게 든다.

해설 중앙식 급탕법(직접식, 간접식, 기수혼합식)은 탕비기가 필요하여 급탕설비가 대규모이므로 열효율이 좋다 하여 최초의 시설비는 개별식에 비해 비싸나 관리비는 적게 든다.

ANSWER | 46. ③ 47. ① 48. ① 49. ③ 50. ④ 51. ① 52. ④

53 급수방식 중 수도직결방식의 특징으로 틀린 것은?
① 위생적이고 유지관리 측면에서 가장 바람직하다.
② 저수조가 있으므로 단수 시에도 급수할 수 있다.
③ 수도본관의 영향을 그대로 받아 수압 변화가 심하다.
④ 고층으로의 급수가 어렵다.

해설 수도직결식 급수방식
1, 2층 정도의 낮은 건물 등에서 수도 본관으로부터 급수관을 설치하여 급수한다. 물 저장탱크인 저수조가 필요 없는 급수방식이다.

54 증기난방방식 중 대규모 난방에 많이 사용하고 방열기의 설치 위치에 제한을 받지 않으며 응축수 환수가 가장 빠른 방식은?
① 진공환수식   ② 기계환수식
③ 중력환수식   ④ 자연환수식

해설 진공환수식 증기난방
진공도 100~250mmHg이며 응축수 환수가 빨라서 대규모 증기난방에 사용하여 방열기 설치위치에 제한을 받지 않는다.

55 급탕배관 계통에서 배관 중 총 손실열량이 15,000 kcal/h이고, 급탕온도가 70℃, 환수온도가 60℃일 때, 순환수량은?
① 약 1,000kg/min   ② 약 50kg/min
③ 약 100kg/min   ④ 약 25kg/min

해설 부하열량 $Q = G \cdot C \cdot \Delta t$에서
순환수량 $G = \dfrac{Q}{C \cdot \Delta t} = \dfrac{15,000}{1 \times (70-60)} \times \dfrac{1}{60} = 25\text{kg/min}$

56 지역난방방식 중 온수난방의 특징으로 가장 거리가 먼 것은?
① 보일러 취급은 간단하며, 어느 정도 큰 보일러라도 취급 주임자가 필요 없다.
② 관 부식은 증기난방보다 적고 수명이 길다.
③ 장치의 열용량이 작으므로 예열시간이 짧다.
④ 온수 때문에 보일러의 연소를 정지해도 예열이 있어 실온이 급변되지 않는다.

해설 온수난방은 장치의 열용량이 커서 예열시간이 증기에 비하여 길다.

57 펌프의 설치 및 배관상의 주의를 설명한 것 중 틀린 것은?
① 펌프는 기초 볼트를 사용하여 기초 콘크리트 위에 설치 고정한다.
② 펌프와 모터의 축 중심을 일직선상에 정확하게 일치시키고 볼트로 죈다.
③ 펌프의 설치 위치를 되도록 높여 흡입양정을 크게 한다.
④ 흡입구는 수면 위에서부터 관경의 2배 이상 물속으로 들어가게 한다.

해설 펌프의 설치높이가 크면 흡입양정이 커서 캐비테이션(공동현상) 등 부작용이 발생한다.

58 대구경 강관의 보수 및 점검을 위해 분해 · 결합을 쉽게 할 수 있도록 사용되는 연결방법은?
① 나사 접합   ② 플랜지 접합
③ 용접 접합   ④ 슬리브 접합

해설 플랜지 접합
대구경 강관의 보수나 점검을 위해 분해, 결합을 쉽게 할 수 있도록 연결하는 이음이다.(소구경은 유니언 접합)

59 배관 신축이음의 종류로 가장 거리가 먼 것은?
① 빅토릭 조인트 신축이음
② 슬리브 신축이음
③ 스위블 신축이음
④ 루프형 밴드 신축이음

해설 빅토릭 접합(Victoric Joint) : 주철관의 접합이며 고무링과 칼라(누름판)가 필요하다.

60 펌프의 캐비테이션(Cavitation) 발생 원인으로 가장 거리가 먼 것은?

① 흡입양정이 클 경우
② 날개차의 원주속도가 클 경우
③ 액체의 온도가 낮을 경우
④ 날개차의 모양이 적당하지 않을 경우

해설 ㉠ 유체인 액의 온도가 높으면 펌프에서 캐비테이션(공동현상)의 발생 가능성이 매우 높다.
㉡ 캐비테이션 : 온도가 높거나 압력이 진공이 되면 유체가 액으로 존재하지 못하고, 액에서 증기로 기화하는 현상(펌프작동 불량)

SECTION 04 전기제어공학

61 다음 중 개루프제어계(Open-loop Control System)에 속하는 것은?

① 전등점멸시스템   ② 배의 조타장치
③ 추적시스템   ④ 에어컨디션시스템

해설 전등회로
주택, 사무실, 공장 등에서 전등이나 소형 전기기기에 사용하기 위한 회로(전등점멸시스템 : 개루프제어계)

62 유도전동기의 1차 접속을 △에서 Y로 바꾸면 기동 시의 1차 전류는 어떻게 변화하는가?

① $\frac{1}{3}$로 감소   ② $\frac{1}{\sqrt{3}}$로 감소
③ $\sqrt{3}$배로 증가   ④ 3배로 증가

해설 Y-△ 기동법
고정자 권선을 Y로 하여 상전압을 줄여 기동전류를 줄이고, 나중에 △로 하여 운전하는 방식이다. 기동전류는 정격전류의 $\frac{1}{3}$로 감소하며, 기동토크도 $\frac{1}{3}$로 감소한다.

63 제어방식에서 기억과 판단기구 및 검출기를 가진 제어방식은?

① 순서프로그램 제어   ② 피드백 제어
③ 조건 제어   ④ 시한 제어

해설 피드백 제어 : 제어방식에서 기억과 판단기구 및 검출기를 가진 제어방식(폐루프 제어)

64 플레밍의 왼손법칙에서 둘째 손가락(검지)이 가리키는 것은?

① 힘의 방향   ② 자계 방향
③ 전류 방향   ④ 전압 방향

해설 ㉠ 기전력의 방향을 알기 위한 법칙

(오른손)

㉡ 전자력의 방향을 알기 위한 법칙

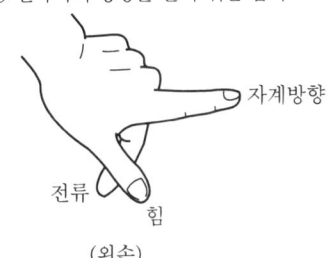
(왼손)

65 특성방정식 $s^2+2s+2=0$을 갖는 2차계에서의 감쇠율(δ, Damping Ratio)은?

① $\sqrt{2}$ ② $\frac{1}{\sqrt{2}}$
③ $\frac{1}{2}$ ④ 2

해설 ㉠ 감쇠율 : 전송 선로 또는 회로망에서 입력전류와 출력 전류와의 비(Attenuation Factor)
㉡ 2차 요소의 특성 방정식 $s^2+2s+2=0$에 의해서
$2\delta\omega_m=1$, $\omega_m^2=2$이므로, $\omega_m=\sqrt{2}$
∴ 감쇠율(제동비) $\delta=\frac{1}{\sqrt{2}}$

ANSWER | 60.③ 61.① 62.① 63.② 64.② 65.②

66 다음 중 3상 유도전동기의 회전방향을 바꾸려고 할 때 옳은 방법은?

① 전원 3선 중 2선의 접속을 바꾼다.
② 기동보상기를 사용한다.
③ 전원 주파수를 변환한다.
④ 전동기의 극수를 변환한다.

해설 ㉠ 유도전동기 : 분상 기동형, 콘덴서 기동형, 영구 콘덴서형, 세이딩 코일형, 반발 기동형
㉡ 3상 유도 전동기는 공작기계, 양수펌프 등과 같은 큰 기계장치에 사용된다.
㉢ 3상 유도 전동기의 회전방향을 바꾸려면 전원 3선 중 2선의 접속을 바꾼다.

67 그림과 같은 블록선도가 의미하는 요소는?

$$R(s) \to \boxed{\frac{K}{1+sT}} \to C(s)$$

① 1차 지연 요소 ② 2차 지연 요소
③ 비례 요소 ④ 미분 요소

해설 $\frac{C(s)}{R(s)} = \frac{K_c}{T_s + K_c + 1} = \frac{K_c}{\Im_s + 1}$ (1차계의 과도응답)

※ $\Im_s = \frac{T}{K_c + 1}$

∴ 블록선도 요소=1차 지연요소 블록선도(전달함수의 분모가 연산자 s에 대하여 1차식이 되는 형의 전달함수를 1차 지연요소(1차 뒤진요소) 전달함수라 한다.)

68 그림은 일반적인 반파정류회로이다. 변압기 2차 전압의 실효값을 E(V)라 할 때 직류전류의 평균값은? (단, 변류기의 전압강하는 무시한다.)

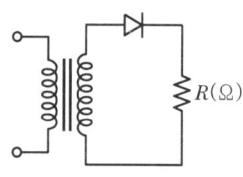

① $\dfrac{E}{R}$ ② $\dfrac{E}{2R}$
③ $\dfrac{2E}{\pi R}$ ④ $\dfrac{\sqrt{2}\,E}{\pi R}$

해설 $E_{d0} = \dfrac{1}{2\pi}\int_0^R \sqrt{2}\,E\sin\theta \cdot d\theta = \dfrac{\sqrt{2}}{\pi}E = 0.45E$
(실효값은 (순시값)^{2}의 평균값의 평방근)
∴ 직류전류 평균값(I_d)
$= \dfrac{\sqrt{2}\cdot E}{\pi R} = \dfrac{E_d}{R} = \dfrac{E_{do}}{R} = \dfrac{\frac{\sqrt{2}}{\pi}E}{R}$ (A)

※ 반파정류회로 : 다이오드 등의 정류소자를 사용하여 교류의 + 또는 -의 반사이클만 전류를 흘려서 부하에 직류가 흐르도록 한 회로(경부하의 정류기에만 사용)

69 PLC(Programable Logic Controller)를 사용하더라도 대용량 전동기의 구동을 위해서 필수적으로 사용하여야 하는 기기는?

① 타이머 ② 릴레이
③ 카운터 ④ 전자개폐기

해설 PLC 제어라도 대용량 전동기의 구동을 위해서 필수적으로 전자개폐기가 필요하다.

70 직류발전기의 철심을 규소강판으로 성층하여 사용하는 이유로 가장 알맞은 것은?

① 브러시에서의 불꽃 방지 및 정류 개선
② 와류손과 히스테리시스손의 감소
③ 전기자 반작용의 감소
④ 기계적으로 튼튼함

해설 직류발전기의 철심을 규소강판으로 사용하는 이유
㉠ 히스테리시스손 감소
㉡ 성층은 와류손 감소
㉢ 철손은 히스테리시스손과 와류손의 합 감소
※ 히스테리시스손 : 철심을 사용한 코일에 교류전류를 흘리면 철심의 히스테리시스 루프 면적에 비례하는 양의 에너지가 손실된다.

71 다음 중 파형률을 바르게 나타낸 것은?

① $\dfrac{실효값}{평균값}$ ② $\dfrac{최댓값}{평균값}$
③ $\dfrac{최댓값}{실효값}$ ④ $\dfrac{실효값}{최댓값}$

해설 ㉠ 파형률 = 실횻값/평균값 = $\frac{\pi}{2\sqrt{2}}$ = 1.111

㉡ 파고율 = 최댓값/실횻값 = $\sqrt{2}$ = 1.414

72 다음 중 지시계측기의 구성요소가 아닌 것은?
① 구동장치 ② 제어장치
③ 제동장치 ④ 유도장치

해설 지시계측기 구성요소
㉠ 구동장치
㉡ 제어장치
㉢ 제동장치

73 5Ω의 저항 5개를 직렬로 연결하면 병렬로 연결했을 때보다 몇 배가 되는가?
① 10 ② 25
③ 50 ④ 75

해설 • 직렬 연결 시
$5+5+5+5+5 = 5 \times 5 = 25\Omega$
• 병렬 연결 시
$\frac{1}{\frac{1}{5}+\frac{1}{5}+\frac{1}{5}+\frac{1}{5}+\frac{1}{5}} = \frac{1}{\frac{1}{5}\times 5} = 1\Omega$
∴ 25배

74 프로세스 제어(Process Control)에 속하지 않는 것은?
① 온도 ② 압력
③ 유량 ④ 자세

해설 프로세스 제어 : 온도, 압력, 유량을 제어한다.

75 서보전동기에 대한 설명으로 틀린 것은?
① 정·역운전이 가능하다.
② 직류용은 없고 교류용만 있다.
③ 급가속 및 급감속이 용이하다.
④ 속응성이 대단히 높다.

해설 ㉠ 서보기구 : 제어량이 기계적 위치에 있도록 하는 자동제어계. 즉, 물체의 위치, 방어, 자세 등 목표 값의 임의 변화에 추종하도록 구성된 피드백 제어계(기계를 명령대로 움직이는 장치)
㉡ 서보전동기(Servo Motor) : 서보기구에 사용되는 모터 전동기(직류, 교류 전동기가 있다.)로서 정전, 역전이 가능하고 저속에서의 운전이 원활하며 급가속, 급감속을 할 수 있다.
㉢ 속응성(Response) : 응답. 즉, 과도시간

76 제어부의 제어동작 중 연속동작이 아닌 것은?
① P 동작 ② ON-OFF 동작
③ PI 동작 ④ PID 동작

해설 불연속동작
ON-OFF 동작(2위치 동작), 간헐동작, 다위치동작

77 다음 블록선도의 출력이 4가 되기 위해서는 입력은 얼마이어야 하는가?

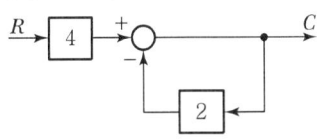

① 2 ② 3
③ 4 ④ 5

해설 $4R - 2C = C$
$4R = 3C$
∴ $R = \frac{3}{4}C$
이때, 출력 $C = 4$이므로
입력 $R = \frac{3}{4} \times 4 = 3$

78 AD 컨버터의 변환방식이 아닌 것은?
① 병렬형 ② 순차 비교형
③ 델타 시그마형 ④ 바이너리형

해설 AD 컨버터(AD 변환기) : 전압의 크기나 저항의 값과 같이 연속적인 아날로그양(A)으로 나타낸 정보를 부호의 조합으로 나타내는 디지털양(D)으로 변환하기 위한 장치로서 변환방식은 ①, ②, ③이다.

79 그림과 같은 유접점 회로의 논리식은?

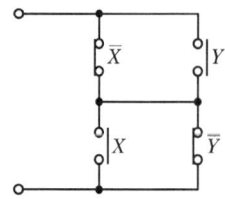

① $X\overline{Y}+X\overline{Y}$
② $(\overline{X}+\overline{Y})(X+Y)$
③ $\overline{X}Y+\overline{X}\,\overline{Y}$
④ $XY+\overline{X}\,\overline{Y}$

해설 유접점 회로의 논리식
$(\overline{X}+Y)\cdot(X+\overline{Y})=\overline{X}\cdot X+\overline{X}\cdot\overline{Y}+Y\cdot X+Y\cdot\overline{Y}$
$=0+\overline{X}\cdot\overline{Y}+XY+0$
$=X\cdot Y+\overline{X}\cdot\overline{Y}$

80 그림과 같은 회로에서 저항 R_2에 흐르는 전류 I_2(A)는?

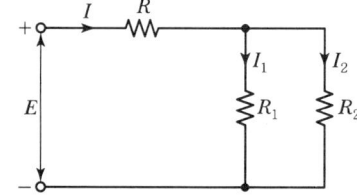

① $\dfrac{I\cdot(R_1+R_2)}{R_1}$
② $\dfrac{I\cdot(R_1+R_2)}{R_2}$
③ $\dfrac{I\cdot R_2}{R_1+R_2}$
④ $\dfrac{I\cdot R_1}{R_1+R_2}$

해설 저항 R_2에 흐르는 전류 $(I_2)=\dfrac{I\cdot R_1}{R_1+R_2}$(A)

㉠ 회로(Circuit) : 전원, 코일, 저항, 콘덴서, 도체 등의 회로소자와 그들을 잇는 도선으로 이루어지는 전류의 통로
㉡ 회로소자(Circuit Element) : 회로의 구성요소를 말하며 저항, 콘덴서, 코일, 트랜스, 반도체 기타를 총칭
㉢ 전류의 기호(I) : 단위(A), 전압의 기호(V) : 단위(V), 기전력의 기호(E) : 단위(V), 저항의 기호(R) : 단위(Ω)

2015년 1회 공조냉동기계산업기사

SECTION 01 공기조화

01 축류 취출구로서 노즐을 분기덕트에 접속하여 급기를 취출하는 방식으로 구조가 간단하며 도달거리가 긴 것은?

① 펑커루버 ② 아네모스탯형
③ 노즐형   ④ 팬형

해설 노즐형(축류형 취출구)
㉠ 도달거리가 길고 실내공간이 넓은 경우에 벽면에 부착하여 횡방향으로 취출하는 예가 많다(노즐을 분기덕트에 접속시켜 취출시킨다).
㉡ 냉풍이나 온풍을 실내로 보내는 구멍이 취출구이다.

02 공조기 내에 흐르는 냉·온수 코일의 유량이 많아서 코일 내의 유속이 너무 클 때 적절한 코일은?

① 풀서킷 코일(Full Circuit Coil)
② 더블서킷 코일(Double Circuit Coil)
③ 하프서킷 코일(Half Circuit Coil)
④ 슬로서킷 코일(Slow Circuit Coil)

해설 공조기용 코일수로 형식에 따라 풀서킷, 더블서킷, 하프서킷이 있으며 더블서킷 코일은 유량이 많아서 코일 내에 수(水)의 유속이 너무 클 때 사용한다.

03 지하상가의 공조방식 결정 시 고려해야 할 내용으로 틀린 것은?

① 취기를 발하는 점포는 확산되지 않도록 한다.
② 각 점포마다 어느 정도의 온도 조절을 할 수 있게 한다.
③ 음식점에서는 배기가 필요하므로 풍량 밸런스를 고려하여 채용한다.
④ 공공지하보도 부분과 점포 부분은 동일 계통으로 한다.

해설 공조방식은 공공지하보도 부분과 점포 부분을 각기 다른 계통으로 하여야 한다.

04 온수보일러의 상당방열면적이 110m²일 때, 환산증발량은?

① 약 91.8kg/h   ② 약 112.2kg/h
③ 약 132.6kg/h ④ 약 153.0kg/h

해설 환산증발량 G_e

$$G_e = \frac{G(h''-h')}{539} = \frac{Q}{539}$$

이때, 정격출력 $Q = EDR \times q = 110 \times 450$

$$\therefore G_e = \frac{(110 \times 450)}{539} = 91.84 ≒ 91.8 \text{kg/h}$$

05 제습장치에 대한 설명으로 틀린 것은?

① 냉각식 제습장치는 처리공기를 노점 온도 이하로 냉각시켜 수증기를 응축시킨다.
② 일반 공조에서는 공조기에 냉각코일을 채용하므로 별도의 제습장치가 없다.
③ 제습방법은 냉각식, 압축식, 흡수식, 흡착식이 있으나 대부분 냉각식을 사용한다.
④ 에어와셔방식은 냉각식으로 소형이고 수처리가 편리하여 많이 채용된다.

해설 에어와셔(가습장치)
냉각식이 아니고 공기에 분무수를 접촉시킴으로써 물과 공기의 열교환과 동시에 수분의 교환에 의해 공기의 습도를 조절한다(가습 및 감습이 가능하다).

06 가스난방에 있어서 실의 총 손실열량이 300,000 kcal/h, 가스의 방열량이 6,000kcal/m³, 가스소요량이 70m³/h일 때 가스 스토브의 효율은?

① 약 71%   ② 약 80%
③ 약 85%   ④ 약 90%

해설 효율 $\eta = \dfrac{G \times (h''-h')}{G_f \times H} = \dfrac{Q}{G_f \times H}$

$= \dfrac{300,000}{70 \times 6,000} \times 100 = 71.4\%$

ANSWER | 1.③ 2.② 3.④ 4.① 5.④ 6.①

07 난방부하 계산 시 침입외기에 의한 열손실로 가장 거리가 먼 것은?

① 현열에 의한 열손실
② 잠열에 의한 열손실
③ 크롤 공간(Crawl Space)의 열손실
④ 굴뚝효과에 의한 열손실

해설 ㉠ 난방 시 외기부하
- 환기부하
- 극간풍부하

㉡ 난방부하 침입외기 열손실 : ①, ②, ④항

08 엔탈피 13.1kcal/kg인 300m³/h의 공기를 엔탈피 9kcal/kg의 공기로 냉각시킬 때 제거 열량은?(단, 공기의 밀도는 1.2kg/m³이다.)

① 1,476kcal/h
② 1,538kcal/h
③ 1,879kcal/h
④ 1,984kcal/h

해설 열량 $Q = G \cdot dh$
$= (q \times 1.2) \times dh$
$= (300 \times 1.2) \times (13.1 - 9)$
$= 1,476 \text{kcal/h}$

09 통과 풍량이 350m³/min일 때 표준 유닛형 에어필터의 수는 약 몇 개인가?(단, 통과 풍속은 1.5m/s, 통과 면적은 0.5m²이며, 유효면적은 85%이다.)

① 4개
② 6개
③ 8개
④ 10개

해설 유량(Q) = 면적(A) × 유속(V) × 개수(n)

개수 $n = \dfrac{Q}{A \cdot V} = \dfrac{350/60}{(0.5 \times 0.85) \times 1.5} = 9.15$

∴ 10개

10 전공기 방식의 특징에 관한 설명으로 틀린 것은?

① 송풍량이 충분하므로 실내공기의 오염이 적다.
② 리턴 팬을 설치하면 외기냉방이 가능하다.
③ 중앙집중식이므로 운전, 보수 관리를 집중화할 수 있다.
④ 큰 부하의 실에 대해서도 덕트가 작게 되어 설치 공간이 작다.

해설 중앙식 전공기 방식(단일덕트방식, 2중 덕트방식, 덕트병용 패키지 방식, 각층유닛방식)은 큰 부하의 실에서 덕트가 크게 되어 설치공간이 커야 한다. 팬의 소요 동력이 크고 넓은 공조실이 필요하다.

11 중앙에 냉동기를 설치하는 방식과 비교하여 덕트병용 패키지 공조방식에 대한 설명으로 틀린 것은?

① 기계실 공간이 작게 필요하다.
② 운전에 필요한 전문 기술자가 필요 없다.
③ 설치비가 중앙식에 비해 적게 든다.
④ 실내 설치 시 급기를 위한 덕트 샤프트가 필요하다.

해설 덕트병용 패키지 방식(PAC 방식)
㉠ 각 층에 패키지 공조기로 냉·온풍을 만들어 덕트를 통해 각 실로 송풍한다.
㉡ 패키지 내에는 냉매가 직접 팽창하는 직접팽창코일(증발기)이 있다.
㉢ 급기를 위한 덕트 샤프트가 필요 없다.
㉣ 각 층에서 독립운전이 가능하여 에너지 절감 효과가 크다.

12 가습방식에 따른 분류 중 수분무식에 해당하는 것은?

① 회전식
② 원심식
③ 모세관식
④ 적하식

해설 ㉠ 수분무식 가습방식 : 원심식, 초음파식, 분무식
㉡ 증발식 가습방식 : 회전식, 모세관식, 적하식

13 공조장치의 공기 여과기에서 에어필터 효율의 측정법이 아닌 것은?

① 중량법
② 변색도법(비색법)
③ 집진법
④ DOP법

해설 에어필터 효율측정법
㉠ 중량법
㉡ 변색도법(NBS법)
㉢ 계수법(DOP법)

14 풍량 600m³/min, 정압 60mmAq, 회전수 500rpm의 특성을 갖는 송풍기의 회전수를 600rpm으로 증가시켰을 때 동력은?(단, 정압효율은 50%이다.)

① 약 12.1kW ② 약 18.2kW
③ 약 20.3kW ④ 약 24.5kW

해설 동력 $L_s = \dfrac{Q \times h}{102 \times \eta} = \dfrac{\left(\dfrac{600}{60}\right) \times 60}{102 \times 0.5} = 11.76\text{kW}$

∴ $L_2 = \left(\dfrac{N_2}{N_1}\right)^3 \cdot L_1 = \left(\dfrac{600}{500}\right)^3 \times 11.76 = 20.32\text{kW}$

15 공기조화 부하의 종류 중 실내부하와 장치부하에 해당되지 않는 것은?

① 사무기기나 인체를 통해 실내에서 발생하는 열
② 외부의 고온 기류 중 실내로 들어오는 열
③ 덕트에서의 손실열
④ 펌프동력에서의 취득열

해설 · 실내부하, 장치부하 : ①, ②, ③의 취득열
· 조명기구, 모터 전동기는 기기로부터의 취득열

16 에어와셔에서 분무하는 냉수의 온도가 공기의 노점 온도보다 높을 경우 공기의 온도와 절대습도의 변화는?

① 온도는 올라가고, 절대습도는 증가한다.
② 온도는 올라가고, 절대습도는 감소한다.
③ 온도는 내려가고, 절대습도는 증가한다.
④ 온도는 내려가고, 절대습도는 감소한다.

해설 에어와셔의 분무(가습, 감습)
분무(냉수 사용)의 온도가 공기의 노점보다 높으면 온도가 내려가고 절대습도(kg/kg′)가 증가한다.

17 보일러의 종류 중 원통보일러의 분류에 해당되지 않는 것은?

① 폐열 보일러 ② 입형 보일러
③ 노통 보일러 ④ 연관 보일러

해설 ㉠ 폐열 보일러
· 하이네 보일러
· 리보일러
㉡ 본체원통형 보일러
· 입형(수직) 보일러
· 노통보일러
· 노통연관 보일러
· 연관식 보일러
· 기관차 보일러

18 각 실마다 전기스토브나 기름난로 등을 설치하여 난방을 하는 방식은?

① 온돌난방 ② 중앙난방
③ 지역난방 ④ 개별난방

해설 개별난방(소규모 난방)
각 실마다 전기스토브, 기름난로 등을 설치하는 난방

19 여과기를 여과작용에 의해 분류할 때 해당되지 않는 것은?

① 충돌 점착식 ② 자동 재생식
③ 건성 여과식 ④ 활성탄 흡착식

해설 여과기 여과작용에 의한 분류
㉠ 충돌 점착식
㉡ 건성 여과식
㉢ 전기식
㉣ 활성탄 흡착식

20 다음 중 수증기의 분압 표시로 옳은 것은?(단, P_w : 습공기 중의 수증기 분압, P_s : 동일 온도 포화수증기의 분압, ϕ : 상대습도)

① $P_w = \phi - P_s$ ② $P_w = \phi P_s$
③ $P_w = \dfrac{\phi}{P_s}$ ④ $P_w = \phi + P_s$

해설 수증기 분압(P_w) = ϕ(상대습도) × P_s(동일 온도 포화수증기의 분압)

ANSWER | 14. ③ 15. ④ 16. ③ 17. ① 18. ④ 19. ② 20. ②

SECTION 02 냉동공학

21 열전도도가 0.02kcal/m·h·℃이고, 두께가 10cm인 방열벽의 열통과율은?(단, 외벽, 내벽에서의 열전달률은 각각 20kcal/m²·h·℃, 8kcal/m²·h·℃)

① 약 0.493kcal/m²·h·℃
② 약 0.393kcal/m²·h·℃
③ 약 0.293kcal/m²·h·℃
④ 약 0.193kcal/m²·h·℃

해설 열통과율(열관류율) K

$$K = \cfrac{1}{\cfrac{1}{\alpha_1} + \cfrac{l}{\lambda} + \cfrac{1}{\alpha_2}} = \cfrac{1}{\cfrac{1}{8} + \cfrac{0.1}{0.02} + \cfrac{1}{20}}$$

$$= 0.193 \text{kcal/m}^2 \cdot h \cdot ℃$$

22 팽창밸브를 너무 닫았을 때 일어나는 현상이 아닌 것은?

① 증발압력이 높아지고 증발기 온도가 상승한다.
② 압축기의 흡입가스가 과열된다.
③ 능력당 소요 동력이 증가한다.
④ 압축기의 토출가스 온도가 높아진다.

해설 팽창밸브를 너무 닫으면 냉매가 부족하여 증발압력과 증발 온도가 감소한다.

23 냉동기의 성적계수가 6.84일 때 증발온도가 -13℃이다. 응축온도는?

① 약 15℃   ② 약 20℃
③ 약 25℃   ④ 약 30℃

해설 성적계수 $COP = \cfrac{T_2}{T_1 - T_2}$ 에서

$$6.84 = \cfrac{(-13+273)}{T_1 - (-13+273)}$$

$$T_1 - (-13+273) = \cfrac{(-13+273)}{6.84}$$

$$\therefore T_1 = \cfrac{(-13+273)}{6.84} + (-13+273) = 298K$$

$$= 298 - 273 = 25℃$$

24 표준냉동사이클이 적용된 냉동기에 관한 설명으로 옳은 것은?

① 압축기 입구의 냉매 엔탈피와 출구의 냉매 엔탈피는 같다.
② 압축비가 커지면 압축기 출구의 냉매가스 토출 온도는 상승한다.
③ 압축비가 커지면 체적 효율은 증가한다.
④ 팽창 밸브 입구에서 냉매의 과냉각도가 증가하면 냉동능력은 감소한다.

해설 ① 압축기 출구의 냉매엔탈피는 입구보다 크다.
③ 압축비가 커지면 체적 효율이 감소한다.
④ 냉매의 과냉각도가 증가하면 팽창밸브에서 플래시 가스 발생량이 감소하여 냉동능력이 증가한다.

25 물 10kg을 0℃로부터 100℃까지 가열하면 엔트로피의 증가는 얼마인가?(단, 물의 비열은 1kcal/kg·℃이다.)

① 2.18kcal/kg·K   ② 3.12kcal/kg·K
③ 4.32kcal/kg·K   ④ 5.18kcal/kg·K

해설 엔트로피 증가(ΔS)

$$\Delta S = \cfrac{d\theta}{T} = mC\ln\cfrac{T_2}{T_1} = 10 \times 1 \times \ln\left(\cfrac{100+273}{0+273}\right)$$

$$= 3.12 \text{kcal/kg} \cdot K$$

26 어느 냉동기가 2HP의 동력을 소모하여 시간당 5,050 kcal의 열을 저열원에서 제거한다면 이 냉동기의 성적계수는 약 얼마인가?

① 4   ② 5
③ 6   ④ 7

해설 성적계수 $COP = \cfrac{Q}{Aw} = \cfrac{5,050}{2 \times 641} = 3.94 ≒ 4$

※ 1HP = 641kcal/h

27 다음 증발기의 종류 중 전열효과가 가장 좋은 것은? (단, 동일 용량의 증발기로 가정한다.)

① 플레이트형 증발기   ② 팬코일식 증발기
③ 나관 코일식 증발기   ④ 셸튜브식 증발기

21. ④ 22. ① 23. ③ 24. ② 25. ② 26. ① 27. ④ **ANSWER**

해설 셸튜브식 증발기의 전열효과(동일용량)가 가장 우수하다.

28 냉동사이클에서 등엔탈피 과정이 이루어지는 곳은?
① 압축기
② 증발기
③ 수액기
④ 팽창밸브

해설 냉동기 부속품 중 팽창밸브(교축과정)하에서는 등엔탈피 과정(엔트로피는 증가)이 이루어진다.

29 프레온 냉동기의 제어장치 중 가용전(Fusible Pluge)은 주로 어디에 설치하는가?
① 열교환기
② 증발기
③ 수액기
④ 팽창밸브

해설 가용전(안전장치) 합금
㉠ 용융온도 : 68~75℃ 이하
㉡ 재료 : 비스무스, 카드뮴, 납, 주석
㉢ 설치장소 : 응축기, 수액기

30 냉동장치 내의 불응축 가스에 관한 설명으로 옳은 것은?
① 불응축 가스가 많아지면 응축압력이 높아지고 냉동능력은 감소한다.
② 불응축 가스는 응축기에 잔류하므로 압축기의 토출가스 온도에는 영향이 없다.
③ 장치에 윤활유를 보충할 때에 공기가 흡입되어도 윤활유에 용해되므로 불응축 가스는 생기지 않는다.
④ 불응축 가스가 장치 내에 침입해도 냉매와 혼합되므로 응축압력은 불변한다.

해설 냉동장치에서 불응축 가스(공기, 수소 등의 저비점가스)가 발생하면 응축압력이 높아지고 냉동능력은 감소한다.

31 압축기의 체적효율에 대한 설명으로 틀린 것은?
① 압축기의 압축비가 클수록 커진다.
② 틈새가 작을수록 커진다.
③ 실제로 압축기에 흡입되는 냉매증기의 체적과 피스톤이 배출한 체적과의 비를 나타낸다.
④ 비열비 값이 적을수록 적게 된다.

해설 냉매가스 압축기의 압축비(응축압력/증발압력)가 커지면 체적효율이 감소한다.

32 브라인에 대한 설명으로 옳은 것은?
① 브라인 중에 용해하고 있는 산소량이 증가하면 부식이 심해진다.
② 구비조건으로 응고점은 높아야 한다.
③ 유기질 브라인은 무기질에 비해 부식성이 크다.
④ 염화칼슘용액, 식염수, 프로필렌글리콜은 무기질 브라인이다.

해설 2차 냉매 중 무기질 브라인($NaCl$, $MgCl_2$, $CaCl_2$)은 부식성이 크고 산성이나 알칼리가 증가하면 부식되며 공기나 산소와 접하면 부식력이 증대한다.

33 감온식 팽창밸브의 작동에 영향을 미치는 것으로만 짝지어진 것은?
① 증발기의 압력, 스프링 압력, 흡입관의 압력
② 증발기의 압력, 응축기의 압력, 감온통의 압력
③ 스프링 압력, 흡입관의 압력, 압축기 토출 압력
④ 증발기의 압력, 스프링 압력, 감온통의 압력

해설 냉동기의 온도식(감온식) 팽창밸브 작동에 영향을 미치는 것
㉠ 증발기 압력
㉡ 스프링 압력
㉢ 감온통의 압력

34 응축온도는 일정한데 증발온도가 저하되었을 때 감소되지 않는 것은?
① 압축비
② 냉동능력
③ 성적계수
④ 냉동효과

해설 응축온도 일정, 증발온도 저하 시 압축비가 증가한다.
압축비 = $\dfrac{응축압력(고압)}{증발압력(저압)}$

ANSWER | 28. ④ 29. ③ 30. ① 31. ① 32. ① 33. ④ 34. ①

35 원심식 압축기의 특징이 아닌 것은?

① 체적식 압축기이다.
② 저압의 냉매를 사용하고 취급이 쉽다.
③ 대용량에 적합하다.
④ 서징 현상이 발생할 수 있다.

해설 원심식 압축기(Centrifugal Compressor)는 임펠러(Impeller)의 고속회전에 의한 원심력으로 냉매가스를 압축하는 방식(냉매 R-11용)의 저압냉매 압축기로서 터보형(Turbo) 비용적식 압축기이다.

36 열펌프(Heat Pump)의 성적계수를 높이기 위한 방법으로 적당하지 못한 것은?

① 응축온도를 높인다.
② 증발온도를 높인다.
③ 응축온도와 증발온도의 차를 줄인다.
④ 압축기 소요동력을 감소시킨다.

해설 히트펌프 냉매가스의 응축온도가 높아지면 압축비가 증가하여 성적계수가 작아진다.

37 전자식 팽창밸브에 관한 설명으로 틀린 것은?

① 응축압력의 변화에 따른 영향을 직접적으로 받지 않는다.
② 온도식 팽창밸브에 비해 초기투자비용이 비싸고 내구성이 떨어진다.
③ 일반적으로 슈퍼마켓 쇼케이스 등과 같이 운전시간이 길고 부하변동이 비교적 큰 경우 사용하기 적합하다.
④ 전자식 팽창밸브는 응축기의 냉매유량을 전자제어장치에 의해 조절하는 밸브이다.

해설 전자식 팽창밸브는 전자밸브의 작동에 의해 냉매유량을 조절한다(건식용이며 여과기가 필요하다).

38 밀폐형 압축기에 대한 설명으로 옳은 것은?

① 회전수 변경이 불가능하다.
② 외부와 관통으로 누설이 발생한다.
③ 전동기 이외의 구동원으로 작동이 가능하다.
④ 구동방법에 따라 직결구동과 벨트구동 방법으로 구분한다.

해설 밀폐형 압축기(Hermetic Type)는 전동기와 압축기가 한 하우징(Housing) 속에 밀폐되어 있고 회전수 변경이 불가능하다.(소형압축기로 사용된다.)

39 흡수식 냉동기의 특징에 대한 설명으로 틀린 것은?

① 부분 부하에 대한 대응성이 좋다.
② 용량제어의 범위가 넓어 폭넓은 용량제어가 가능하다.
③ 초기 운전 시 정격 성능을 발휘할 때까지의 도달속도가 느리다.
④ 압축식 냉동기에 비해 소음과 진동이 크다.

해설 흡수식 냉동기는 공기조화용으로서 압축기가 불필요하여 소음과 진동이 매우 적다(압축기 대신 재생기가 부착된다).

40 축열장치에서 축열재가 갖추어야 할 조건으로 가장 거리가 먼 것은?

① 열의 저장은 쉬워야 하나 열의 방출은 어려워야 한다.
② 취급하기 쉽고 가격이 저렴해야 한다.
③ 화학적으로 안정해야 한다.
④ 단위체적당 축열량이 많아야 한다.

해설 ㉠ 축열재는 열의 저장이 수월하고 또한 열의 방출이 용이하여야 냉·난방에 유리하게 사용된다.
㉡ 축열조 : 냉난방에 있어서 열을 일시적으로 저장하는 장치로서 축열재는 일반적으로 물을 사용한다.

SECTION 03 배관일반

41 특수 통기방식 중 배수 수직관에 선회력을 주어 공기 코어를 형성하여 통기관 역할을 하는 것은?

① 소벤트 방식(Sovent System)
② 섹스티어 방식(Sextia System)
③ 스택 벤트 방식(Stack Vent System)
④ 에어 체임버 방식(Air Chamber System)

해설 섹스티어 통기 방식
배수 수직관에 선회력을 주어 공기 코어를 형성한 통기관이다. 층수에 관계없이 고층·저층 사용이 모두 가능하며 신정통기관만을 사용하므로 통기 및 배수계통이 간단하고 배수관경이 적어도 되며 소음이 적다.

42 배관 회로의 환수방식에 있어 역환수방식이 직접 환수방식보다 우수한 점은?

① 순환펌프의 동력을 줄일 수 있다.
② 배관의 설치 공간을 줄일 수 있다.
③ 유량을 균등하게 배분시킬 수 있다.
④ 재료를 절약할 수 있다.

해설 역환수방식(리버스 리턴 방식) 배관은 유량 분배를 균등하게 하는 난방배관이다.

43 진공 환수식 증기난방법에서 탱크 내 진공도가 필요 이상으로 높아지면 밸브를 열어 탱크 내에 공기를 넣는 안전밸브의 역할을 담당하는 기기는?

① 버큠 브레이커(Vacuum Breaker)
② 스팀 사일런서(Steam Silencer)
③ 리프트 피팅(Lift Fitting)
④ 냉각 레그(Cooling Leg)

해설 버큠 브레이커
진공 환수식 증기난방에서 탱크 내 진공도가 필요 이상으로 높아지면 밸브를 열어 탱크 내에 공기를 넣는 기기

44 중앙식 급탕방법의 장점으로 옳은 것은?

① 배관길이가 짧아 열손실이 적다.
② 탕비장치가 대규모이므로 열효율이 좋다.
③ 건물 완성 후에도 급탕개소의 증설이 비교적 쉽다.
④ 설비규모가 작기 때문에 초기 설비비가 적게 든다.

해설 중앙식은 개별식, 급탕식 배관보다 탕비장치가 대규모라서 열효율이 좋다(단, 배관의 길이가 길고 설비규모가 크며 초기 설비비가 많이 든다).

45 급탕 배관 시공 시 배관 구배로 가장 적당한 것은?

① 강제순환식 : $\dfrac{1}{100}$, 중력순환식 : $\dfrac{1}{50}$
② 강제순환식 : $\dfrac{1}{50}$, 중력순환식 : $\dfrac{1}{100}$
③ 강제순환식 : $\dfrac{1}{100}$, 중력순환식 : $\dfrac{1}{100}$
④ 강제순환식 : $\dfrac{1}{200}$, 중력순환식 : $\dfrac{1}{150}$

해설 급탕 배관 시공 시 배관 기울기(구배)
㉠ 강제순환식 : $\dfrac{1}{200}$
㉡ 중력순환식 : $\dfrac{1}{150}$

46 비중이 약 2.7로서 열 및 전기 전도율이 좋으며, 가볍고, 전연성이 풍부하여 가공성이 좋으며 순도가 높은 것은 내식성이 우수하여 건축재료 등에 주로 사용되는 것은?

① 주석관
② 강관
③ 비닐관
④ 알루미늄관

해설 알루미늄관
㉠ 비중이 2.7이다.
㉡ 전성 및 연성이 풍부하다.
㉢ 전기 전도율이 좋다.
㉣ 내식성이 우수하고 순도가 높다.

ANSWER | 41. ② 42. ③ 43. ① 44. ② 45. ④ 46. ④

47 급수설비에서 급수펌프 설치 시 캐비테이션(Cavitation) 방지책에 대한 설명으로 틀린 것은?

① 펌프의 회전수를 빠르게 한다.
② 흡입배관은 굽힘부를 적게 한다.
③ 단흡입 펌프를 양흡입 펌프로 바꾼다.
④ 흡입 관경은 크게 하고 흡입 양정은 짧게 한다.

해설 펌프에서 캐비테이션(공동현상)을 방지하려면 펌프의 회전수를 감소시킨다(Cavitation 현상 : 관 내의 물이 일부분 증기로 변하는 현상).

48 수도 직결식 급수설비에서 수도본관에서 최상층 수전까지 높이가 10m일 때 수도본관의 최저필요수압은?(단, 수전의 최저 필요압력은 0.3kgf/cm^2, 관내 마찰손실 수두는 0.2kgf/cm^2으로 한다.)

① 1.0kgf/cm^2 ② 1.5kgf/cm^2
③ 2.0kgf/cm^2 ④ 2.5kgf/cm^2

해설 급수설비 필요 최저압력(PL)
$PL = P_1 + P_2 + P_3 = 1 + 0.3 + 0.2 = 1.5\text{kgf/cm}^2$
※ $10\text{mH}_2\text{O} = 1\text{kgf/cm}^2$

49 주철관의 이음방법이 아닌 것은?

① 소켓 이음(Socket Joint)
② 플레어 이음(Flare Joint)
③ 플랜지 이음(Flange Joint)
④ 노허브 이음(No-hub Joint)

해설 플레어 이음
20mm 이하의 구리 동관의 분해나 조립이 용이한 이음

50 배관에서 보온재 선택 시 고려할 사항으로 가장 거리가 먼 것은?

① 안전 사용 온도 범위
② 열전도율
③ 내용연수
④ 운반비용

해설 운반비용은 보온재 선택 시 고려사항과는 별개의 문제이다.

51 공기조화설비에서 덕트 주요 요소인 가이드 베인에 대한 설명으로 옳은 것은?

① 소형 덕트의 풍량 조절용이다.
② 대형 덕트의 풍량 조질용이다.
③ 덕트 분기 부분의 풍량 조절을 한다.
④ 덕트 밴드부에서 기류를 안정시킨다.

해설 덕트의 가이드 베인은 덕트 밴드부에서 기류를 안정시킨다.
※ 가이드 베인 : 덕트주관을 구부리거나 확대·축소하는 부분의 급격한 기류 변화를 줄이고 저항을 낮추는 역할

52 배관이나 밸브 등의 보온 시공한 부분의 서포트부에 설치되며 관의 자중 또는 열팽창에 의한 보온재의 파손을 방지하기 위해 사용하는 것은?

① 가이드(Guide)
② 파이프슈(Pipe Shoe)
③ 브레이스(Brace)
④ 앵커(Anchor)

해설 파이프슈
배관 지지구의 서포트의 일종이며 관의 자중, 열팽창에 의한 보온재의 파손 방지용

53 다음 중 각 장치의 설치 및 특징에 대한 설명으로 틀린 것은?

① 슬루스 밸브는 유량조절용보다는 개폐용(ON-OFF용)에 주로 사용된다.
② 슬루스 밸브는 일명 게이트 밸브라고도 한다.
③ 스트레이너는 배관 속 먼지, 흙, 모래 등을 제거하기 위한 부속품이다.
④ 스트레이너는 밸브 뒤에 설치한다.

해설 스트레이너(여과기) : 밸브나 기기의 앞에 설치한다.

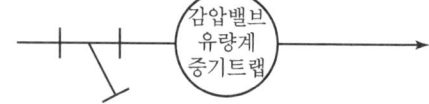

54 배수관에 설치하는 트랩에 관한 내용으로 틀린 것은?
① 트랩의 유효수심은 관 내 압력 변동에 따라 다르나 일반적으로 최저 50mm가 필요하다.
② 트랩은 배수 시 자기세정이 가능해야 한다.
③ 트랩의 봉수파괴 원인은 사이펀 작용, 흡출작용, 봉수의 증발 등이 있다.
④ 트랩의 봉수깊이는 가능한 한 깊게 하여 봉수가 유실되는 것을 방지한다.

해설 배수트랩의 봉수 깊이
50~100mm 정도(봉수를 너무 깊게 하면 유수의 저항이 증가하여 통수능력이 감소된다.)

55 슬리브형 신축 이음쇠의 특징이 아닌 것은?
① 신축 흡수량이 크며, 신축으로 인한 응력이 생기지 않는다.
② 설치 공간이 루프형에 비해 크다.
③ 곡선배관 부분이 있는 경우 비틀림이 생겨 파손의 원인이 된다.
④ 장시간 사용 시 패킹의 마모로 인해 누설될 우려가 있다.

해설 배관 신축이음쇠(Expansion Joint)의 크기 비교
루프형 > 슬리브형 > 벨로스형 > 스위블형

56 배관 부속기기인 여과기(Strainer)에 대한 설명으로 틀린 것은?
① 여과기의 종류에는 형상에 따라 Y형, U형, V형 등이 있다.
② 여과기의 설치 목적은 관 내 유체의 이물질을 제거하여 수량계, 펌프 등을 보호하는 데 있다.
③ U형 여과기는 유체의 흐름이 수평이므로 저항이 작아 주로 급수배관용에 사용한다.
④ V형 여과기는 유체가 스트레이너 속을 직선적으로 흐르므로 Y형이나 U형에 비해 유속에 대한 저항이 적다.

해설 U자형 여과기
주철제 본체 안에 원통형 여과기를 수직으로 넣어서 유체가 망의 안쪽에서 바깥쪽으로 흐른다. 구조상 유체가 직각으로 흐르며 Y형에 비해 저항이 크나 보수나 점검이 편리하다.

57 가스설비 배관 시 관의 지름은 폴(Pole)식을 사용하여 구한다. 이때 고려할 사항이 아닌 것은?
① 가스의 유량 ② 관의 길이
③ 가스의 비중 ④ 가스의 온도

해설 폴식의 관지름 결정 계산식
관지름$(D) = \sqrt{\dfrac{Q^2 \cdot S \cdot L}{K^2(P_1^2 - P_2^2)}}$ cm
여기서, Q : 가스유량, L : 관의 길이, P : 가스압, S : 가스비중, K : 유량계수

58 강판제 케이싱 속에 열전도성이 우수한 핀(Fin)을 붙여 대류작용만으로 열을 이동시켜 난방하는 방열기는?
① 콘백터 ② 길드 방열기
③ 주형 방열기 ④ 벽걸이 방열기

해설 콘백터 방열기
강판제 케이싱 속에 열전도성이 우수한 핀을 붙여 대류작용을 이용한 방열기 라디에이터

59 이음쇠 중 방진, 방음의 역할을 하는 것은?
① 플렉시블형 이음쇠 ② 슬리브형 이음쇠
③ 스위블형 이음쇠 ④ 루프형 이음쇠

해설 플렉시블형 이음쇠
펌프나 압축기의 방진, 방음의 역할을 한다.

60 냉동배관 재료로서 갖추어야 할 조건으로 틀린 것은?
① 저온에서 강도가 커야 한다.
② 내식성이 커야 한다.
③ 관 내 마찰저항이 커야 한다.
④ 가공 및 시공성이 좋아야 한다.

해설 냉동배관 재료는 관 내 냉매 흐름 시 마찰저항이 적어야 한다.

ANSWER | 54.④ 55.② 56.③ 57.④ 58.① 59.① 60.③

SECTION 04 전기제어공학

61 다음 블록선도 중 비례적분제어기를 나타낸 블록선도는?

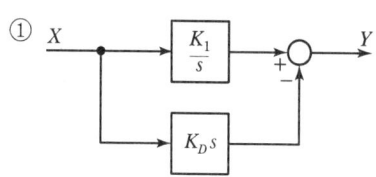

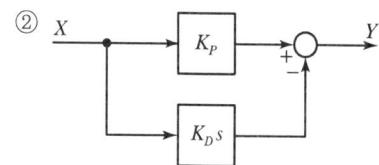

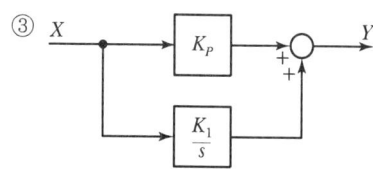

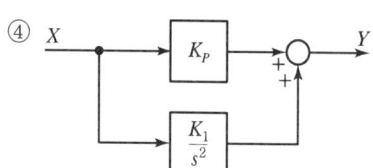

해설 ② 비례미분회로 ③ 비례적분회로

비례적분제어(PI 동작)
$y(t) = K_p \left[z(t) + \dfrac{1}{T_1} \int z(t)dt \right]$, T_1 : 적분시간

62 전압계에 대한 설명으로 틀린 것은?
① 동작원리는 전류계와 같다.
② 회로에 직렬로 접속한다.
③ 내부저항이 있다.
④ 가동코일형은 직류 측정에 사용된다.

해설 전압계(Voltmeter)
㉠ 전압의 크기를 재기 위한 계기
㉡ 종류 : 가반형, 패널용
㉢ 동작원리상 구분 : 가동코일형, 가동철편형, 열전형, 정류형
※ 교류형 전압계는 단자에 극성이 없다.

63 다음의 신호흐름선도의 입력이 5일 때 출력이 3이 되기 위한 A의 값은?

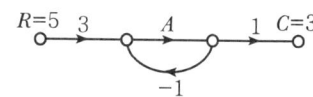

① $\dfrac{1}{2}$ ② $\dfrac{1}{3}$
③ $\dfrac{1}{4}$ ④ $\dfrac{1}{5}$

해설 전달함수 $G(s) = \dfrac{C}{R} = \dfrac{\text{전향경로}}{1-\text{피드백 경로}}$
$= \dfrac{3A}{1+A} = \dfrac{3}{5}$
$3A \times 5 = 3 \times (1+A)$
$15A = 3+3A$
$12A = 3$
$\therefore A = \dfrac{1}{4}$

64 목푯값이 시간에 따라 변화하지 않는 제어로 정전압 장치나 일정 속도제어 등에 해당하는 제어는?
① 프로그램 제어   ② 추종제어
③ 정치제어   ④ 비율제어

해설 정치제어
목푯값이 시간에 따라 변화하지 않은 제어로 정전압장치나 일정 속도제어 등에 해당하는 제어

65 동작신호를 조작량으로 변환하는 요소로서 조절부와 조작부로 이루어진 요소는?
① 기준압력 요소   ② 동작신호 요소
③ 제어 요소   ④ 피드백 요소

해설 제어요소
동작신호를 조작량으로 변환하는 요소로서 조절부와 조작부로 이루어진 요소

66 배리스터의 주된 용도는?

① 서지전압에 대한 회로 보호용
② 온도 측정용
③ 출력전류 조절용
④ 전압 증폭용

해설 배리스터(Varistor)
㉠ 전압, 전류 특성이 비직선적인 저항 소자의 총칭(전압에 따라 현저하게 저항 값이 변화하는 성질이 있다.)
㉡ 대칭, 비대칭으로 나누며 좁은 뜻으로는 전자를 배리스터라 하고 SiC 배리스터가 있다(피뢰기, 변압기, 코일 등의 과전압 보호).

67 그림은 제어회로의 일부이다. 회로에 대한 설명이 틀린 것은?

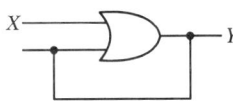

① 자기유지회로이다.
② 논리식은 $Y = X + Y$이다.
③ X가 "1"이면, 항상 Y는 "1"이다.
④ Y가 "1"인 상태에서 X가 0이면, Y는 0이 되는 회로이다.

해설 • OR(논리합회로)게이트에서 X가 1이면 항상 Y는 1이 되어야 한다(Y가 1이면 X는 언제나 1이 되어야 한다).
• 자기유지 : 계전기의 작동상태가 스스로 유지되는 것

68 100V, 10A, 전기자저항 1Ω, 회전수 1,800rpm인 직류 전동기의 역기전력은 몇 V인가?

① 80 ② 90
③ 100 ④ 110

해설 직류전동기 전압 $V = IR + E$에서
역기전력 $E = V - IR$
$= 100 - (10 \times 1)$
$= 100 - 10$
$= 90V$

69 R-L-C 직렬회로에서 전류가 최대로 되는 조건은?

① $\omega L = \omega C$ ② $\dfrac{\omega^2 L}{R} = \dfrac{1}{\omega CR}$
③ $\omega LC = 1$ ④ $\omega L = \dfrac{1}{\omega C}$

해설 R-L-C 직렬회로의 전류 최대조건
$\omega L = \dfrac{1}{\omega C}$일 때 주파수 f_0(Hz)가 존재하므로
전류(I_0) $= \dfrac{V}{Z} = \dfrac{V}{R}$(A)에서 $Z = R$(최소), 전류 I는 최대

70 직류전동기는 속도제어를 비교적 간단하게 할 수 있고 기동 토크가 크므로 엘리베이터나 전차 등에 많이 사용되고 있다. 직류전동기에 가해지는 전압을 제어하여 속도제어로 많이 사용하는 방법은?

① 전압제어방식 ② 계자저항제어방식
③ 1단 속도제어방식 ④ 워드-레오너드방식

해설 워드-레오너드 속도제어
㉠ 직류전동기에 가해지는 전압을 제어하여 속도제어로 많이 사용한다.
㉡ 비교적 간단하게 할 수 있다.
㉢ 기동 토크가 크므로 엘리베이터나 전차 등에 많이 사용된다.

71 직류회로에서 일정 전압에 저항을 접속하고 전류를 흘릴 때 25%의 전륫값을 증가시키고자 한다. 이때 저항을 몇 배로 하면 되는가?

① 0.25 ② 0.8
③ 1.6   ④ 2.5

해설 처음 저항을 R, 전륫값 증가 후 저항을 R'라 하면
$V = IR = 1.25IR'$
∴ $R' = \dfrac{IR}{1.25I} = \dfrac{1}{1.25}R = 0.8R$(0.8배)

72 1차 지연요소의 전달함수는?

① $\dfrac{s}{K}$ ② Ks
③ $\dfrac{1}{K}$ ④ $\dfrac{K}{1 + Ts}$

ANSWER | 66. ① 67. ④ 68. ② 69. ④ 70. ④ 71. ② 72. ④

해설 전달함수는 모든 초기값을 0으로 하였을 때 출력신호의 라플라스 변환과 입력신호의 라플라스 변환의 비이다.

1차 지연요소 $G(s) = \dfrac{Y(s)}{X(s)} = \dfrac{a_0}{b_1 s + b_0}$

$= \dfrac{\dfrac{a_0}{b_0}}{\left(\dfrac{b_1}{b_0}\right)s + 1} = \dfrac{K}{T_s + 1}$

※ 전달함수 : 시스템 임펄스 응답의 라플라스 변환 또는 푸리에 변환으로 되어 있는 함수

73 파형률이 가장 큰 것은?
① 구형파　　　② 삼각파
③ 정현파　　　④ 포물선파

해설 파형률
교류 파형의 실횻값을 평균값으로 나눈 값이다(비정현파의 파형 평활도를 나타낸다).
㉠ 정현파 : 1.11
㉡ 반파정류파형 : 1.57
㉢ 양파정류파형 : 1.11
㉣ 3각파 : 1.15
㉤ 구형파 : 1.00

74 전기력선의 성질로 틀린 것은?
① 양전하에서 나와 음전하로 끝나는 연속곡선이다.
② 전기력선상의 접선은 그 점에 있어서의 전계의 방향이다.
③ 전기력선은 서로 교차한다.
④ 단위 전계강도 1V/m인 점에 있어서 전기력선 밀도를 1개/m²라 한다.

해설 전기력선은 양전하에서 나와 음전하에 이른다. 전계의 상태를 생각하기 쉽게 하여 가상으로 그리면 다음과 같다.

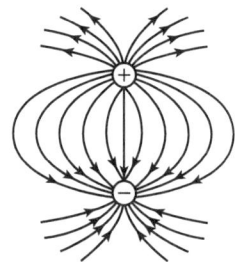

75 물건을 오르내리는 소형 호이스트의 로직회로의 일부이다. L_{sh}는 어떤 기능인가?

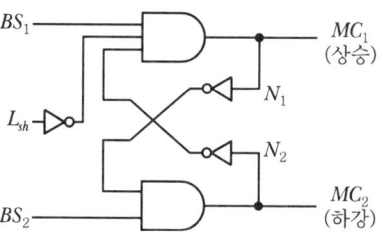

① 인터록　　　② 상승정지(상부에서)
③ 기동입력　　④ 하강정지(하부에서)

해설 ㉠ 로직회로(Logic Circuit)
㉡ 호이스트 : 와이어로프와 체인 2종류의 형식으로 구분하고 권상 또는 횡행에 필요한 장치가 일체형으로 된 것(일종의 크레인)
㉢ L_{sh} : 호이스트의 상부에서 상승 정지

76 제백 효과(Seebeck Effect)를 이용한 센서에 해당하는 것은?
① 저항 변화용　　② 인덕턴스 변화용
③ 용량 변화용　　④ 전압 변화용

해설 ㉠ 제백 효과 : 서로 다른 금속을 접합하여 전기회로를 구성하고 양쪽 접속점에 온도차가 있으면 회로에 열기전력이 발생하는 현상
㉡ 전압 변화용 센서 : 제백 효과 이용

77 다음 중 프로세스 제어에 속하는 것은?
① 장력　　　② 압력
③ 전압　　　④ 저항

해설 프로세스 제어(Process Control)
장치를 사용하여 온도나 압력 등의 상태량을 처리하는 과정(화학공업용)

78 변압기의 정격용량은 2차 출력단자에서 얻어지는 어떤 전력으로 표시하는가?
① 피상전력　　② 유효전력
③ 무효전력　　④ 최대전력

[해설] 피상전력(Apparent Power)
교류의 부하 또는 전원의 용량을 나타내는 데 사용하는 값이다.(변압기의 정격용량은 2차 출력단자에서 얻어지는 전력으로 표시)
㉠ 단상 : 교류의 피상전력$(S) = VI$
㉡ 3상 교류의 피상전력$(S) = \sqrt{3}\,VI$

79 100V의 기전력으로 100J의 일을 할 때 전기량은 몇 C인가?

① 0.1　② 1
③ 10　④ 100

[해설] 전기량 $Q = I \times t$에서
시간 $t = \dfrac{Q}{I}$이고, 전력 $P = V \cdot I$이다.
전력량 $W = Pt = (V \cdot I) \times \left(\dfrac{Q}{I}\right) = V \cdot Q$
∴ 전기량 $Q = \dfrac{W}{V} = \dfrac{100\text{J}}{100\text{V}} = 1\text{C}$

80 다음 진리표의 논리식과 같지 않은 것은?

입력		출력
A	B	X
0	0	0
0	1	1
1	0	1
1	1	1

① $X = B + A \cdot \overline{B}$　② $X = A + B$
③ $X = A \cdot B + \overline{A} \cdot B$　④ $X = A + \overline{A} \cdot B$

[해설] 진리표(OR 회로 : 논리합회로)
㉠ 논리기호

㉡ 논리식
$X = A + B$
㉢ 회로

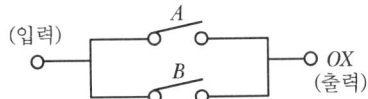

㉣ 입력 중에 하나라도 1이 있으면 출력은 1이 되는 것으로 논리합회로이다.

ANSWER | 79. ② 80. ③

2015년 2회 공조냉동기계산업기사

SECTION 01 공기조화

01 극간풍의 풍량을 계산하는 방법으로 틀린 것은?
① 환기 횟수에 의한 방법
② 극간 길이에 의한 방법
③ 창 면적에 의한 방법
④ 재실 인원수에 의한 방법

해설 극간풍(틈새바람, 환기바람)의 풍량 계산방법은 ①, ②, ③항 등이다.

02 환기와 배연에 관한 설명으로 틀린 것은?
① 환기란 실내의 공기를 차거나 따뜻하게 만들기 위한 것이다.
② 환기는 급기 또는 배기를 통하여 이루어진다.
③ 환기는 자연적인 방법, 기계적인 방법이 있다.
④ 배연설비란 화재 초기에 발생하는 연기를 제거하기 위한 설비이다.

해설 환기(Ventilation)
일정 공간에 있는 공기의 오염을 막기 위하여 실외로부터 청정한 공기를 공급하여 실내의 오염된 공기를 실외로 배출하고 실내의 오염공기를 교환 또는 희석시키는 것

03 공기조화방식 분류 중 전공기방식이 아닌 것은?
① 멀티존 유닛방식
② 변풍량 재열식
③ 유인유닛방식
④ 정풍량식

해설 공기-수방식(유닛 병용방식)
㉠ 유인 유닛 방식
㉡ 덕트 병용 패키지 방식
㉢ 복사 냉난방 방식

04 다음 분류 중 천장 취출방식이 아닌 것은?
① 아네모스탯형
② 브리즈 라인형
③ 팬형
④ 유니버설형

해설 천장 취출구
㉠ 아네모스탯형
㉡ 브리즈 라인형
㉢ 팬형

05 다음 중 엔탈피의 단위는?
① $kcal/kg \cdot ℃$
② $kcal/kg$
③ $kcal/m^2 \cdot h \cdot ℃$
④ $kcal/m \cdot h \cdot ℃$

해설 ① 비열의 단위
② 엔탈피의 단위
③ 열관류율의 단위
④ 열전도율의 단위

06 다음의 표시된 벽체의 열관류율은?(단, 내표면의 열전달률 $a_i = 8 kcal/m^2 \cdot h \cdot ℃$, 외표면의 열전달률 $a_0 = 20 kcal/m^2 \cdot h \cdot ℃$, 벽돌의 열전도율 $\lambda_a = 0.5$ $kcal/m \cdot h \cdot ℃$, 단열재의 열전도율 $\lambda_b = 0.03$ $kcal/m \cdot h \cdot ℃$, 모르타르의 열전도율 $\lambda_c = 0.62$ $kcal/m \cdot h \cdot ℃$이다.)

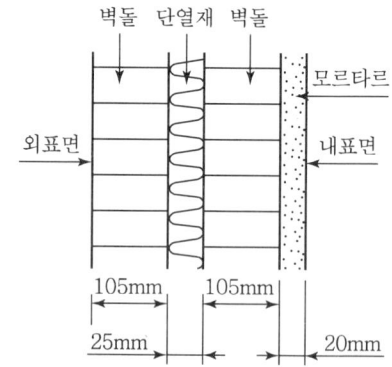

① $0.685 kcal/m^2 \cdot h \cdot ℃$
② $0.778 kcal/m^2 \cdot h \cdot ℃$
③ $0.813 kcal/m^2 \cdot h \cdot ℃$
④ $1.460 kcal/m^2 \cdot h \cdot ℃$

해설 열관류율(k) = $\dfrac{1}{\dfrac{1}{a_1}+\dfrac{b_1}{\lambda_1}+\dfrac{b_2}{\lambda_2}+\dfrac{b_3}{\lambda_3}+\dfrac{1}{a_2}}$

= $\dfrac{1}{\dfrac{1}{8}+\dfrac{0.105}{0.5}+\dfrac{0.025}{0.03}+\dfrac{0.105}{0.5}+\dfrac{0.02}{0.62}+\dfrac{1}{20}}$

= 0.685kcal/m² · h · ℃

07 다음 중 현열부하에만 영향을 주는 것은?
① 건구온도 ② 절대습도
③ 비체적   ④ 상대습도

해설 현열
유체의 상태변화는 없이 온도변화에 이용되는 열(건구온도)

08 전열량의 변화와 절대습도 변화의 비율을 무엇이라고 하는가?
① 현열비   ② 포화비
③ 열수분비 ④ 절대비

해설 열수분비(μ) = $\dfrac{\text{전열량의 변화}}{\text{절대습도}}$

09 유인 유닛 공조방식에 대한 설명으로 옳은 것은?
① 실내환경 변화에 대응이 어렵다.
② 덕트 공간이 비교적 크다.
③ 각 실의 제어가 어렵다.
④ 회전부분이 없어 동력(전기) 배선이 필요 없다.

해설 IDU(유인 유닛) 방식 : 공기 – 수방식
㉠ 각 유닛마다 개별제어가 가능하다.
㉡ 고속덕트 사용으로 덕트스페이스를 작게 할 수 있다.
㉢ 중앙공조기는 1차 공기만 처리하므로 규모를 작게 할 수 있다.
㉣ 부하변동에 따른 적응성이 좋다.
㉤ 유인비(k) = $\dfrac{\text{합계 공기}(T_A)}{\text{1차 공기}(P_A)}$

10 습공기 선도상에서 확인할 수 있는 사항이 아닌 것은?
① 노점온도 ② 습공기의 엔탈피
③ 효과온도 ④ 수증기 분압

해설 습공기 상태변화
㉠ 건구온도   ㉡ 습구온도
㉢ 노점온도   ㉣ 절대습도
㉤ 상대습도   ㉥ 엔탈피
㉦ 비체적

11 공기조화기의 냉수코일을 설계하고자 할 때의 설명으로 틀린 것은?
① 코일을 통과하는 물의 속도는 1m/s 정도가 되도록 한다.
② 코일 출입구의 수온 차는 대개 5~10℃ 정도가 되도록 한다.
③ 공기와 물의 흐름은 병류(평행류)로 하는 것이 대수평균온도차가 크게 된다.
④ 코일의 모양은 효율을 고려하여 가능한 한 정방형으로 한다.

해설 역류방식이 대수평균온도차(MTD)가 크다.

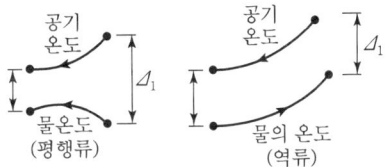

12 전공기식 공기조화에 관한 설명으로 틀린 것은?
① 덕트가 소형으로 되므로 스페이스가 작게 된다.
② 송풍량이 충분하므로 실내공기의 오염이 적다.
③ 중앙집중식이므로 운전, 보수관리를 집중화할 수 있다.
④ 병원의 수술실과 같이 높은 공기의 청정도를 요구하는 곳에 적합하다.

해설 전공기 방식(단일덕트, 2중 덕트, 덕트병용 패키지, 각층 유닛방식)
대형 덕트로 인해 덕트스페이스가 필요하고 냉 · 온풍의 운반에 필요한 팬의 소요동력이 냉 · 온수를 운반하는 펌프의 동력보다 많이 소요된다.

13 펌프를 작동원리에 따라 분류할 때 왕복펌프에 해당하지 않는 것은?

① 피스톤 펌프   ② 베인 펌프
③ 다이어프램 펌프   ④ 플런저 펌프

해설 회전펌프
기어 펌프, 나사 펌프, 베인(편심) 펌프

14 다음과 같은 사무실에서 방열기의 설치위치로 가장 적당한 곳은?

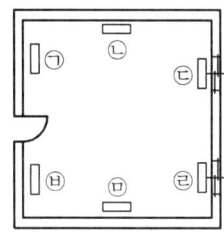

① ㉠, ㉡   ② ㉡, ㉢
③ ㉢, ㉣   ④ ㉣, ㉥

해설 방열기는 창문가에 설치하는 것이 이상적이므로 ㉢, ㉣의 창문 하부가 적당하다.

15 덕트의 설계법을 순서대로 나열한 것 중 가장 바르게 연결한 것은?

① 송풍량 결정 – 덕트경로 결정 – 덕트치수 결정 – 취출구 및 흡입구 위치 결정 – 송풍기 선정 – 설계도 작성
② 송풍량 결정 – 취출구 및 흡입구 위치 결정 – 덕트경로 설정 – 덕트치수 결정 – 송풍기 선정 – 설계도 작성
③ 덕트치수 결정 – 송풍량 결정 – 덕트경로 결정 – 취출구 및 흡입구 위치 결정 – 송풍기 선정 – 설계도 작성
④ 덕트치수 결정 – 덕트경로 결정 – 취출구 및 흡입구 위치 결정 – 송풍량 결정 – 송풍기 선정 – 설계도 작성

해설 냉난방 시 필요한 온풍, 냉풍 이송통로인 덕트의 이상적인 설계순서법은 ②항에 따른다.

16 다음의 습공기 선도 상에서 $E-F$는 무엇을 나타내는 것인가?

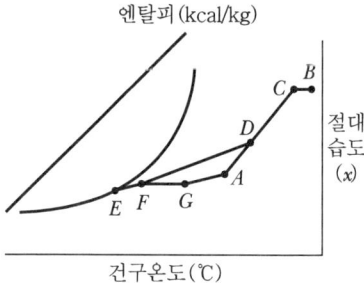

① 가습
② 재열
③ CF(Contact Factor)
④ BF(By-pass Factor)

해설
• BF : 바이패스 팩터이며 공기가 코일을 통과하여도 코일과 접촉하지 못하고 지나가는 비율
 ($E-F$ 구간)
• CF : 전공기에 비해 코일과 접촉한 비율로 콘텍트 비율이라고 함

17 공조용 가습장치 중 수분무식에 해당하지 않는 것은?

① 원심식   ② 초음파식
③ 분무식   ④ 적하식

해설 증발식 가습장치
㉠ 회전식
㉡ 모세관식
㉢ 적하식

18 덕트의 직관부를 통해 공기가 흐를 때 발생하는 마찰저항에 대한 설명 중 틀린 것은?

① 관의 마찰저항계수에 비례한다.
② 덕트의 지름에 반비례한다.
③ 공기의 평균 속도의 제곱에 비례한다.
④ 중력 가속도의 2배에 비례한다.

해설 ㉠ 직관부의 마찰저항 $(\Delta P) = \lambda \cdot \dfrac{l}{d} \cdot \dfrac{V^2}{2g} \cdot r$
㉡ 마찰저항은 직관부에서는 평균 속도, 비중량에 따라 증가하고 덕트 지름에 반비례한다.

13. ② 14. ③ 15. ② 16. ④ 17. ④ 18. ④ | ANSWER

19 다음 장치도 및 $t-x$ 선도와 같이 공기를 혼합하여 냉각, 재열 후 실내로 보낸다. 여기서, 외기부하를 나타내는 식은?(단, 혼합공기량은 $G(\text{kg/h})$이다.)

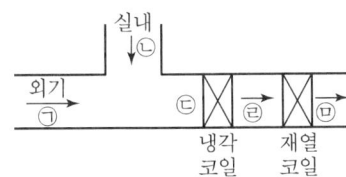

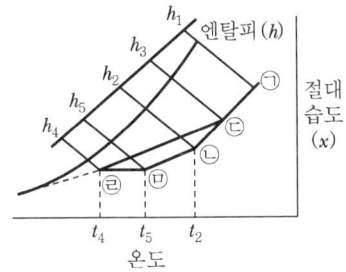

① $q = G(h_3 - h_4)$ ② $q = G(h_1 - h_3)$
③ $q = G(h_5 - h_4)$ ④ $q = G(h_3 - h_2)$

해설 공기의 혼합, 냉각, 재열 시 외기부하(q)
$q = G(h_3 - h_2)$

20 습공기를 냉각하게 되면 공기의 상태가 변화한다. 이때 증가하는 상태값은?
① 건구온도 ② 습구온도
③ 상대습도 ④ 엔탈피

해설 습공기 냉각 시 공기 중의 H_2O가 응축하여 상대습도가 증가한다.(나머지 상태는 전부 하강, 즉 감소한다.)

SECTION 02 냉동공학

21 이상기체를 체적이 일정한 상태에서 가열하면 온도와 압력은 어떻게 변하는가?
① 온도가 상승하고 압력도 높아진다.
② 온도는 상승하고 압력은 낮아진다.
③ 온도는 저하하고 압력이 높아진다.
④ 온도가 저하하고 압력도 낮아진다.

해설 이상기체를 체적이 일정한 상태에서 가열하면 온도와 압력이 높아진다.

22 그림과 같은 이론 냉동 사이클이 적용된 냉동장치의 성적계수는?(단, 압축기의 압축효율 80%, 기계효율 85%로 한다.)

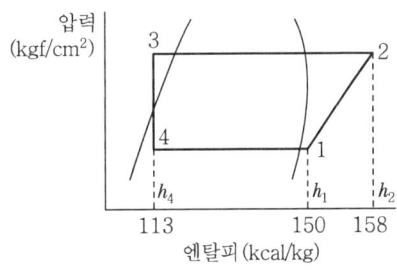

① 2.4 ② 3.1
③ 4.4 ④ 5.1

해설
• 이론 성적계수 $COP = \dfrac{Q}{Aw} = \dfrac{h_1 - h_4}{h_2 - h_1}$
$= \dfrac{150 - 113}{158 - 150} = 4.63$

• 실제 성적계수 $COP = \varepsilon_o(\text{이론성적계수}) \times \eta_c \times \eta_m$
$= 4.63 \times 0.8 \times 0.85$
$= 3.1$

23 단열재의 선택요건에 해당되지 않는 것은?
① 열전도도가 크고 방습성이 클 것
② 수축변형이 적을 것
③ 흡수성이 없을 것
④ 내압강도가 클 것

ANSWER 19. ④ 20. ③ 21. ① 22. ② 23. ①

해설 단열 보온재는 열전도도(kcal/m · h · ℃)가 낮고 방습성이 클 것

24 팽창밸브로 모세관을 사용하는 냉동장치에 관한 설명 중 틀린 것은?

① 교축 정도가 일정하므로 증발부하 변동에 따라 유량 조절이 불가능하다.
② 밀폐형으로 제작되는 소형 냉동장치에 적합하다.
③ 내경이 크거나 길이가 짧을수록 유체저항의 감소로 냉동능력은 증가한다.
④ 감압 정도가 크면 냉매 순환량이 적어 냉동능력을 감소시킨다.

해설 모세관 팽창밸브는 내경이 작고 길이가 길수록 온도와 압력이 하강하여 증발기에서 냉동능력이 증가한다.(유량조절밸브가 없어 냉매 충전량이 정확해야 한다.)

25 4마력(PS) 기관이 1분간에 하는 일의 열당량은?

① 약 0.042kcal   ② 약 0.42kcal
③ 약 4.2kcal   ④ 약 42.1kcal

해설 일의 열당량 $= 4 \times 632 \times \dfrac{1}{60} = 42.13 ≒ 42.1$kcal
※ 1PS = 632kcal/h

26 수랭식 응축기에 대한 설명 중 옳은 것은?

① 냉각수량이 일정한 경우 냉각수 입구온도가 높을수록 응축기 내의 냉매는 액화하기 쉽다.
② 종류에는 입형 셸 튜브식, 7통로식, 지수식 응축기 등이 있다.
③ 이중관식 응축기는 냉매증기와 냉각수를 평행류로 함으로써 냉각수량이 많이 필요하다.
④ 냉각수의 증발잠열을 이용해 냉매가스를 냉각한다.

해설 ① 응축기에서 냉각수 입구온도가 낮을수록 냉매 액화가 수월하다.
③ 2중관식 응축기는 냉매증기와 냉각수가 역류되므로 냉각수량이 적게 든다.
④ 증발식 응축기는 냉각수의 증발에 의해 냉매가 응축된다.

27 프레온 냉동장치에서 유분리기를 설치하는 경우가 아닌 것은?

① 만액식 증발기를 사용하는 장치의 경우
② 증발온도가 높은 냉동장치인 경우
③ 토출가스 배관이 긴 경우
④ 토출가스에 다량의 오일이 섞여 나가는 경우

해설 유분리기
㉠ 유분리기는 증발온도가 낮은 냉동장치에 사용한다.
㉡ 유분리기 설치장소

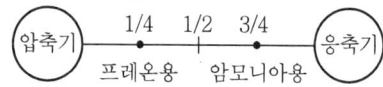

㉢ 만액식 증발기나 토출가스 배관이 길면 유분리기를 설치한다.

28 2원 냉동 사이클에서 중간열교환기인 캐스케이드 열교환기의 구성은 무엇으로 이루어져 있는가?

① 저온 측 냉동기의 응축기와 고온 측 냉동기의 증발기
② 저온 측 냉동기의 증발기와 고온 측 냉동기의 응축기
③ 저온 측 냉동기의 응축기와 고온 측 냉동기의 응축기
④ 저온 측 냉동기의 증발기와 고온 측 냉동기의 증발기

해설 ㉠ 2원 냉동 캐스케이드 콘덴서의 구성 : 저온 측 냉동기의 응축기와 고온 측 냉동기의 증발기를 조합한 것(저온 측 응축기의 열을 효과적으로 제거하여 냉매액으로 응축액화시킨다.)
㉡ −70℃ 이하의 초저온용 : 2원 냉동기 사용

29 프레온계 냉동장치의 배관재료로 가장 적당한 것은?

① 철   ② 강
③ 동   ④ 마그네슘

해설 ㉠ 암모니아(NH_3) 냉매는 동이나 동합금을 부식시킨다.
㉡ 프레온 냉매는 마그네슘이나 2% 이상의 알루미늄 합금을 부식시킨다.

30 카르노 사이클의 기관에서 20℃와 300℃ 사이에서 작동하는 열기관의 열효율은?

① 약 42% ② 약 48%
③ 약 52% ④ 약 58%

해설 카르노 사이클 열효율 η

$$\eta = \frac{Aw}{Q} = \frac{T_1 - T_2}{T_1}$$
$$= \frac{(300+273)-(20+273)}{(300+273)}$$
$$= 0.4887$$

∴ 약 48%

31 열에 대한 설명으로 옳은 것은?

① 온도는 변화하지 않고 물질의 상태를 변화시키는 열은 잠열이다.
② 냉동에서 주로 이용되는 것은 현열이다.
③ 잠열은 온도계로 측정할 수 있다.
④ 고체를 기체로 직접 변화시키는 데 필요한 승화열은 감열이다.

해설 ② 냉동에서는 냉매의 잠열을 이용한다.
③ 현열은 온도계로 측정이 가능하다.
④ 승화열, 융해열, 증발열, 기화열 등은 잠열이다.

32 몰리에르 선도에 대한 설명 중 틀린 것은?

① 과열구역에서 등엔탈피선은 등온선과 거의 직교한다.
② 습증기구역에서 등온선과 등압선은 평행하다.
③ 습증기구역에서만 등건조도선이 존재한다.
④ 등비체적선은 과열증기구역에서도 존재한다.

해설 몰리에르 선도

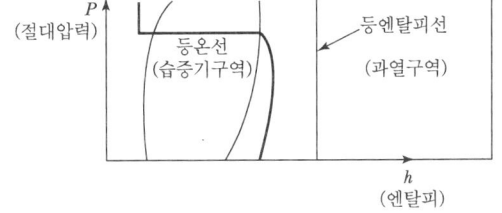

33 만액식 증발기의 특징으로 가장 거리가 먼 것은?

① 전열작용이 건식보다 나쁘다.
② 증발기 내에 액을 가득 채우기 위해 액면제어장치가 필요하다.
③ 액과 증기를 분리시키기 위해 액분리기를 설치한다.
④ 증발기 내에 오일이 고일 염려가 있으므로 프레온의 경우 유회수장치가 필요하다.

해설 만액식(셸 내부의 냉매 튜브에는 브라인) 증발기는 증발기의 내부에 냉매액이 75%, 냉매가스가 25%로서 전열이 매우 양호하다.(냉매량이 많이 소요된다.)

34 건식 증발기의 종류에 해당되지 않는 것은?

① 셸 코일식 냉각기 ② 핀 코일식 냉각기
③ 보델로 냉각기   ④ 플레이트 냉각기

해설 보델로 증발기
냉각관 상부에 피냉각 액체가 흐르고 냉매는 냉각관 내를 순환하는 구조이다(대기식 응축기와 비슷하다). 암모니아용은 보통 만액식으로 제작되며 서지드럼과 저압 플로트밸브를 사용한 중력공급방식을 많이 채택하는 구조이다.

35 제빙능력이 50ton/day, 제빙원수 온도가 5℃, 제빙된 얼음의 평균온도가 -6℃일 때, 제빙조에 설치된 증발기의 냉동부하는?(단, 물의 비열은 1 kcal/kg · ℃, 얼음의 비열은 0.5kcal/kg · ℃, 물의 응고잠열은 80kcal/kg이다.)

① 약 162,400kcal/h ② 약 183,333kcal/h
③ 약 185,220kcal/h ④ 약 193,515kcal/h

해설
• 5℃ 물 → 0℃ 물의 현열 Q_1
$$Q_1 = G \cdot C \cdot \Delta t = 50,000 \times 1 \times (5-0)$$
$$= 250,000$$

• 0℃ 물 → 0℃ 얼음의 잠열 Q_2
$$Q_2 = G \times \gamma = 50,000 \times 80$$
$$= 4,000,000$$

• 0℃ 얼음 → -6℃ 얼음의 비열 Q_3
$$Q_3 = G \cdot C \cdot \Delta t = 50,000 \times 0.5 \times (0-(-6))$$
$$= 150,000$$

∴ $\frac{250,000+4,000,000+150,000}{24} = 183,333 \text{kcal/h}$

ANSWER | 30. ② 31. ① 32. ① 33. ① 34. ③ 35. ②

36 12kW 펌프의 회전수가 800rpm, 토출량이 1.5 m³/min인 경우 펌프의 토출량을 1.8m³/min으로 하기 위하여 회전수를 얼마로 변화하면 되는가?

① 850rpm ② 960rpm
③ 1,025rpm ④ 1,365rpm

해설 $Q_2 = \left(\dfrac{N_2}{N_1}\right) \times Q_1$

$1.8 = \left(\dfrac{N_2}{800}\right) \times 1.5$

$\therefore N_2 = \dfrac{1.8 \times 800}{1.5} = 960\text{rpm}$

37 액체나 기체가 갖는 모든 에너지를 열량의 단위로 나타낸 것을 무엇이라고 하는가?

① 엔탈피 ② 외부에너지
③ 엔트로피 ④ 내부에너지

해설 엔탈피(kcal/kg)
액체나 기체의 단위질량당 가지는 열량

38 밀폐계에서 실린더 내에 0.2kg의 가스가 들어 있다. 이것을 압축하기 위하여 1,200kg·m의 일을 소비할 때, 1kcal의 열을 주위에 방출한다면 가스 1kg당 내부에너지의 증가는?(단, 위치 및 운동에너지는 무시한다.)

① 약 5.41kcal/kg ② 약 7.65kcal/kg
③ 약 9.05kcal/kg ④ 약 11.43kcal/kg

해설 열량 $Q = u + APV$
여기서, $Q = -1\text{kcal}$(∵ 열을 주위에 방출)

$APV = \dfrac{1,200\text{kg} \cdot \text{m}}{427\text{kg} \cdot \text{m}} = 2.81\text{kcal}$

$-1 = u - 2.81$
내부에너지 $u = -1 + 2.81 = 1.81\text{kcal/kg}$

$\therefore \dfrac{1.81}{0.2} = 9.05\text{kcal/kg}$

39 간접 냉각 냉동장치에 사용하는 2차 냉매인 브라인이 갖추어야 할 성질로 틀린 것은?

① 열전달 특성이 좋아야 한다.
② 부식성이 없어야 한다.
③ 비등점이 높고 응고점이 낮아야 한다.
④ 점성이 커야 한다.

해설 브라인 냉매는 현열을 이용하는 간접 2차 냉매이므로 점성이 작고 응고점이 낮아야 한다.(유기질, 무기질 브라인이 있다.)

40 암모니아 냉매의 특성이 아닌 것은?

① 수분을 함유한 암모니아는 구리와 그 합금을 부식시킨다.
② 대규모 냉동장치에 널리 사용되고 있다.
③ 물과 윤활유에 잘 용해된다.
④ 독성이 강하고, 강한 자극성을 가지고 있다.

해설 암모니아(NH_3) 냉매는 물에는 잘 용해하지만 윤활유에는 잘 녹지 않는다.(증발기, 응축기, 수액기 하부에 유(油)층을 만들기 때문에 정기적으로 오일을 뽑아내어 압축기로 보내야 한다.)

SECTION 03 배관일반

41 다음의 경질염화 비닐관에 대한 설명 중 틀린 것은?

① 전기 절연성이 좋으므로 전기부식 작용이 없다.
② 금속관에 비해 차음효과가 크다.
③ 열전도율이 동관보다 크다.
④ 극저온 및 고온배관에 부적당하다.

해설 ㉠ 동관의 열전도율 : 332kcal/m·h·℃
㉡ 경질염화 비닐관의 열전도도 : 철의 $\dfrac{1}{350}$
㉢ 철의 열전도율 : 42kcal/m·h·℃

36. ② 37. ① 38. ③ 39. ④ 40. ③ 41. ③ | ANSWER

42 건축설비의 급수배관에서 기울기에 대한 설명으로 틀린 것은?

① 급수관의 모든 기울기는 1/250을 표준으로 한다.
② 배관 기울기는 관의 수리 및 기타 필요시 관 내의 물을 완전히 퇴수시킬 수 있도록 시공하여야 한다.
③ 배관 기울기는 관 내를 흐르는 유체의 유속과 관련이 없다.
④ 옥상 탱크식의 수평 주관은 내림 기울기를 한다.

해설 배관의 기울기는 관 내를 흐르는 유체의 유속과 밀접한 관계가 발생한다.

43 급탕배관에서 안전을 위해 설치하는 팽창관의 위치는 어느 곳인가?

① 급탕관과 반탕관 사이
② 순환펌프와 가열장치 사이
③ 반탕관과 순환펌프 사이
④ 가열장치와 고가탱크 사이

해설 ㉠ 급탕배관에서 팽창관(보충수관)의 위치는 가열장치와 고가탱크 사이에 설치한다.
㉡ 팽창탱크에는 개방식, 밀폐식이 있다.

44 일반적으로 루프형 신축이음의 굽힘 반경은 사용관경의 몇 배 이상으로 하는가?

① 1배   ② 3배
③ 4배   ④ 6배

해설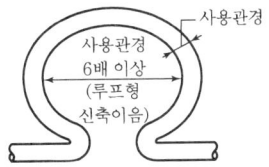

45 고압증기 난방에서 환수관이 트랩 장치보다 높은 곳에 배관되었을 때 버킷 트랩이 응축수를 리프팅하는 높이는 증기 파이프와 환수관의 압력차 1kg/cm²에 대하여 얼마로 하는가?

① 2m 이하   ② 5m 이하
③ 8m 이하   ④ 11m 이하

해설 트랩보다 환수관이 높은 경우

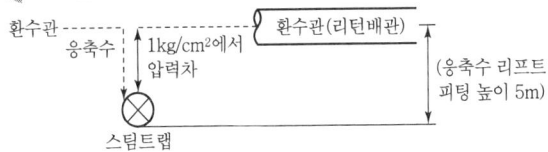

46 기수 혼합식 급탕기를 사용하여 물을 가열할 때 열효율은?

① 100%   ② 90%
③ 80%   ④ 70%

해설 급탕방식
㉠ 개별식 : 소규모 주택용
㉡ 중앙식 : 지하 탕비기 설치
㉢ 기수 혼합식 : 증기가 물에 주는 100% 효율. 다만, 소음이 나서 사이렌서를 설치한다.

47 밸브의 일반적인 기능으로 가장 거리가 먼 것은?

① 관내 유량 조절 기능
② 관내 유체의 유동 방향 전환 기능
③ 관내 유체의 온도 조절 기능
④ 관내 유체 유동의 개폐 기능

해설 온도조절밸브
관내 유체의 온도 조절 기능

48 고가 탱크식 급수설비에서 급수경로를 바르게 나타낸 것은?

① 수도본관 → 저수조 → 옥상탱크 → 양수관 → 급수관
② 수도본관 → 저수조 → 양수관 → 옥상탱크 → 급수관
③ 저수조 → 옥상탱크 → 수도본관 → 양수관 → 급수관
④ 저수조 → 옥상탱크 → 양수관 → 수도본관 → 급수관

해설
- 급수설비의 종류에는 직결식, 옥상탱크식(고가 탱크식), 압력탱크식이 있다.
- 고가 탱크방식 급수설비의 급수경로는 ②항으로, 옥상에서 하향 공급하는 방식이다.

49 온수난방과 비교하여 증기난방 방식의 특징이 아닌 것은?

① 예열시간이 짧다.
② 배관부식 우려가 적다.
③ 용량제어가 어렵다.
④ 동파 우려가 크다.

해설 증기난방은 용존산소가 분출하여 점식 등의 부식 우려가 매우 크다.

50 탄성이 크고 엷은 산이나 알칼리에는 침해되지 않으나 열이나 기름에 약하며 급수, 배수, 공기 등의 배관에 쓰이는 패킹은?

① 고무 패킹 ② 금속 패킹
③ 글랜드 패킹 ④ 액상 합성수지

해설
① 천연고무 패킹(플랜지 패킹) : 100℃ 이상의 고온배관에는 사용이 부적당하다. 다만, 흡수성이 없어서 급수나 배수 등에 좋고 공기의 밀폐용에 이상적이다.
② 금속 패킹 : 플랜지 패킹
③ 글랜드 패킹 : 석면각형, 석면얀, 아마존, 몰드 등의 패킹이 있다.
④ 액상 합성수지 : 나사용 패킹

51 고온수 난방의 배관에 관한 설명으로 옳은 것은?

① 온수 순환력이 작아 순환펌프가 필요하다.
② 고온수 난방에서는 개방식 팽창탱크를 사용한다.
③ 관내압력이 높기 때문에 관 내면의 부식문제가 증기난방에 비해 심하다.
④ 특수고압기기가 필요하고 취급·관리가 복잡, 곤란하다.

해설 고온수 난방(100℃ 이상) 배관에는 특수고압기기가 필요하고 압력이 높아 순환력이 크며 증기난방에 비하여는 부식이 적지만 취급·관리가 복잡하다.

52 관의 용접 이음에 대한 설명으로 가장 거리가 먼 것은?

① 돌기부가 없어서 보온시공이 용이하다.
② 나사이음보다 이음부의 강도가 크고 누수의 우려가 적다.
③ 누설의 염려가 없고 시설유지비가 절감된다.
④ 관 두께의 불균일한 부분으로 인해 유체의 압력 손실이 크다.

해설 관의 용접이음은 관 두께가 균일하고 관 내면의 직경의 감소가 없어서 유체의 압력 손실이 적다.

53 배관이 바닥 또는 벽을 관통할 때 슬리브(Sleeve)를 사용하는데 그 이유로 가장 적당한 것은?

① 방진을 위하여
② 신축흡수 및 수리를 용이하게 하기 위하여
③ 방식을 위하여
④ 수격작용을 방지하기 위하여

해설 배관 설치 시 바닥이나 벽을 관통할 때 슬리브를 사용하는 이유는 신축흡수 및 수리를 용이하게 하기 위함이다.

54 난방, 급탕, 급수배관의 높은 곳에 설치되어 공기를 제거하여 유체의 흐름을 원활하게 하는 것은?

① 안전밸브 ② 에어벤트밸브
③ 팽창밸브 ④ 스톱밸브

해설 에어벤트밸브
난방, 급탕, 급수배관의 높은 곳에 설치한 후 유체 중 발생되는 공기를 제거하여 유체의 흐름을 원활하게 한다.

55 냉매 배관 시 주의사항으로 틀린 것은?

① 배관은 가능한 한 간단하게 한다.
② 굽힘 반지름은 작게 한다.
③ 관통 개소 외에는 바닥에 매설하지 않아야 한다.
④ 배관에 응력이 생길 우려가 있을 경우에는 신축이음으로 배관한다.

해설 냉매 배관에서 굽힘 반지름을 크게 하여야 관경을 확보할 수 있어서 냉매 흐름을 원활하게 할 수 있다.

56 오수만을 정화조에서 단독으로 정화처리한 후 공공하수도에 방류하는 반면에 잡배수 및 우수는 그대로 공공하수도로 방류되는 방식은?

① 합류식　　② 분류식
③ 단독식　　④ 일체식

해설 분류식
정화조에서 오수만을 단독 처리 후 정화 처리한 경우 공공하수도에 방류하고 반면에 잡배수 및 우수는 그대로 공공하수도로 방류하는 방식

57 급수배관에 관한 설명으로 틀린 것은?

① 배관 시공은 마찰로 인한 손실을 줄이기 위해 최단거리로 배관한다.
② 주 배관에는 적당한 위치에 플랜지 이음을 하여 보수·점검을 용이하게 한다.
③ 불가피하게 산형 배관이 되어 공기가 체류할 우려가 있는 곳에는 공기실(Air Chamber)을 설치한다.
④ 수질오염을 방지하기 위하여 수도꼭지를 설치할 때는 토수구 공간을 충분히 확보한다.

해설 ㉠ 공기빼기 밸브는 관이 ⊓형 배관이 되어 공기가 괼 염려가 있을 때 설치한다.
㉡ Air Chamber(에어 체임버) : 수격작용(워터해머) 방지

58 도시가스 배관을 매설할 경우 기준으로 틀린 것은?

① 배관의 외면으로부터 도로의 경계까지 1m 이상 수평거리를 유지할 것
② 배관을 철도부지에 매설하는 경우에는 배관의 외면으로부터 궤도 중심까지 4m 이상 거리를 유지할 것
③ 시가지 외의 도로노면 밑에 매설하는 경우에는 노면으로부터 배관의 외면까지 깊이를 2m 이상으로 할 것
④ 인도 등 노면 외의 도로 밑에 매설하는 경우에는 지표면으로부터 배관의 외면까지 깊이를 1.2m 이상으로 할 것

해설 시가지 외의 도로노면 / 1.2m 이상 / 가스배관

59 냉매배관의 시공 시 유의사항으로 틀린 것은?

① 배관 재료는 각각의 용도, 냉매종류, 온도 등에 의해 선택한다.
② 온도변화에 의한 배관의 신축을 고려한다.
③ 배관 중에 불필요하게 오일이 체류하지 않도록 한다.
④ 관경은 가급적 작게 하여 플래시 가스의 발생을 줄인다.

해설 냉매배관은 관경이 가급적 커야 플래시 가스(냉매액이 증발기를 거치지 않은 상태에서 기화된 가스)의 발생을 줄일 수 있다.

60 유체의 저항은 크나 개폐가 쉽고 유량 조절이 용이하며, 직선 배관 중간에 설치하는 밸브는?

① 슬루스 밸브　　② 글로브 밸브
③ 체크 밸브　　④ 전동 밸브

해설 글로브 밸브(옥형 밸브)
유체의 저항이 크나 개폐시간이 짧고 유량 조절이 간편하며 직선배관 중간에 설치하는 밸브이다.

SECTION 04 전기제어공학

61 전력량 1kWh는 몇 kcal의 열량을 낼 수 있는가?

① 4.3　　② 8.6
③ 430　　④ 860

해설 1kW = 102kg·m/s, 일의 열당량 : $\frac{1}{427}$ kcal/kg·m

1kWh = 102kg·m/s × 1h × 3,600sec/h

∴ $102 \times 1 \times 3,600 \times \frac{1}{427} = 860$ kcal(3,600kJ)

ANSWER | 56. ② 57. ③ 58. ③ 59. ④ 60. ② 61. ④

62 절연저항을 측정하는 데 사용되는 것은?
① 후크온 메타 ② 회로시험기
③ 메거 ④ 휘이트스톤 브리지

해설 메거(Megger)
절연저항을 측정하는 계기(수동식의 정전압 직류발전기와 가동 코일형의 비율계로 구성)

63 출력이 입력에 전혀 영향을 주지 못하는 제어는?
① 프로그램 제어 ② 피드백 제어
③ 시퀀스 제어 ④ 폐회로 제어

해설 시퀀스 제어(정성적 제어)
출력이 입력에 전혀 영향을 주지 못하는 제어(그 반대는 피드백 제어, 프로그램 제어, 폐회로 제어이다.)

64 제어계의 특성방정식이 $s^2+as+b=0$일 때 안정조건은?
① $a>0,\ b>0$ ② $a=0,\ b<0$
③ $a<0,\ b<0$ ④ $a>0,\ b<0$

해설 계의 안정조건은 모든 차수의 항이 존재하고 각 계수의 부호가 모두 같아야 한다.
$s^2+as+b=0$에서 안정조건은 $a>0,\ b>0$

65 그림과 같은 회로에서 해당되는 램프의 식으로 옳은 것은?

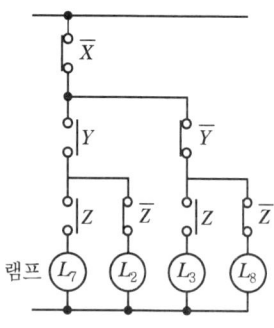

① $L_7=\overline{X}\cdot Y\cdot Z$ ② $L_2=\overline{X}\cdot Y\cdot Z$
③ $L_3=\overline{X}\cdot Y\cdot Z$ ④ $L_8=\overline{X}\cdot Y\cdot Z$

해설 ① $L_7=\overline{X}\cdot Y\cdot Z$(램프) ② $L_2=\overline{X}\cdot Y\cdot \overline{Z}$
③ $L_3=\overline{X}\cdot \overline{Y}\cdot Z$ ④ $L_8=\overline{X}\cdot \overline{Y}\cdot \overline{Z}$

66 PI 제어동작은 프로세스 제어계의 정상특성 개선에 흔히 사용된다. 이것에 대응하는 보상요소는?
① 동상 보상요소
② 지상 보상요소
③ 진상 보상요소
④ 지상 및 진상 보상요소

해설 PI 제어동작(비례+적분)은 프로세스 제어계의 정상특성에서 개선용으로 흔히 사용된다. 이것에 대응하는 보상요소는 지상 보상요소이다.(지상 보상 : 주어진 안정도에 대하여 속도편차 상수(K_v)가 증가한다.)

67 출력의 변동을 조정하는 동시에 목푯값에 정확히 추종하도록 설계한 제어계는?
① 추치제어 ② 프로세스 제어
③ 자동조정 ④ 정치제어

해설 추치제어
출력의 변동을 조정하는 동시에 목푯값에 정확히 추종하도록 설계한 제어

68 100V, 60Hz의 교류전압을 어느 콘덴서에 가하니 2A의 전류가 흘렀다. 이 콘덴서의 정전용량은 약 몇 μF인가?
① 26.5 ② 36
③ 53 ④ 63.6

해설 교류회로에서의 전류 $I=\dfrac{V}{Z}=\dfrac{V}{\dfrac{1}{\omega C}}=\omega CV=2\pi fCV$

정전용량 $C=\dfrac{I}{2\pi fV}$
$=\dfrac{2}{(2\pi\cdot 60)\cdot 100}=5.3\times 10^{-5}$
$=5.3\times 10^{-5}\times 1,000,000=53.05\mu F$

69 유도전동기에서 동기속도는 3,600rpm이고, 회전수는 3,420rpm이다. 이때의 슬립은 몇 %인가?

① 2   ② 3
③ 4   ④ 5

해설 유도전동기의 슬립(S)
$$S = \frac{N_s - N}{N_s} \times 100 = \left(\frac{3,600 - 3,420}{3,600}\right) \times 100 = 5\%$$

70 피드백 제어의 전달함수가 $\frac{3}{s+2}$ 일 때 $\lim_{t \to 0} f(t) =$ $\lim_{s \to \infty} s \frac{3}{s+2}$의 값을 구하면?

① 0   ② 3
③ $\frac{3}{2}$ ④ ∞

해설
- 초기값 정리 : $\lim_{t \to 0} f(t) = \lim_{s \to \infty} F(s) = 3$
- 최종값 정리 : $\lim_{t \to \infty} f(t) = \lim_{s \to 0} sF(s) = \frac{3}{2}$

71 다음 중 상용의 3상 교류에 대한 설명으로 틀린 것은?

① 각 전압이나 전류를 합하면 0이 된다.
② 전압이나 전류는 각각 $\frac{2\pi}{3}$의 위상차를 갖고 있다.
③ 단상 교류보다 3상의 교류가 회전자장을 얻기가 쉽다.
④ 기기에 Y결선을 하면 △결선보다 높은 전압을 얻을 수 있다.

해설 ㉠ Y결선 시 △결선하면 저항은 3배 증가
㉡ △결선을 Y결선으로 변환하면 소비전력은 $\frac{1}{3}$ 감소

72 그림과 같은 R-L-C 직렬회로에서 단자전압과 전류가 동상이 되는 조건은?

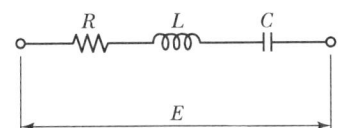

① $\omega = LC$ ② $\omega LC = 1$
③ $\omega^2 LC = 1$ ④ $\omega L^2 C^2 = 1$

해설 $R(\Omega)$: 저항, $L(H)$: 인덕턴스, $C(F)$: 커패시턴스
전압, 전류가 동상이 되기 위해서는 직렬공진, 즉 $X_L = X_C$ 이다. 그러므로 $\omega L = \frac{1}{\omega C}$ 에서 $\omega^2 LC = 1$ 이다.

73 종류가 다른 금속으로 폐회로를 만들어 두 접속점에 온도를 다르게 하면 전류가 흐르게 되는 것은?

① 펠티에 효과   ② 평형현상
③ 제백 효과   ④ 자화현상

해설 제백 효과
종류가 다른 금속으로 폐회로를 만들어 두 접속점의 온도를 다르게 하면 전류가 흐르게 되는 효과이다.

74 계전기 접점의 아크를 소거할 목적으로 사용되는 소자는?

① 배리스터(Varistor)   ② 버랙터다이오드
③ 터널다이오드   ④ 서미스터

해설 배리스터
전압, 전류의 특성이 비직선적인 저항소자의 총칭으로(계전기 접점의 아크를 소거한다) 피뢰기, 변압기, 코일 등의 과전압을 보호하기도 한다.

75 그림과 같은 신호 흐름 선도에서 $\frac{C}{R}$ 를 구하면?

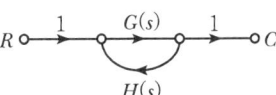

① $\frac{G(s)}{1+G(s)H(s)}$ ② $\frac{G(s)H(s)}{1-G(s)H(s)}$
③ $\frac{G(s)H(s)}{1+G(s)H(s)}$ ④ $\frac{G(s)}{1-G(s)H(s)}$

해설 $G_1 = G(s)$, $\Delta_1 = 1$, $L_{11} = G(s)H(s)$
$\Delta = 1 - L_{11} = 1 - G(s)H(s)$
$\therefore G = \frac{C}{R} = \frac{G_1 \Delta_1}{\Delta} = \frac{G(s)}{1 - G(s)H(s)}$

ANSWER | 69. ④ 70. ② 71. ④ 72. ③ 73. ③ 74. ① 75. ④

76 단상 변압기 3대를 3상 병렬 운전하는 경우에 불가능한 운전 상태의 결선방법은?

① △-△와 Y-Y
② △-Y와 Y-△
③ △-△와 △-Y
④ △-Y와 △-Y

해설 ㉠ 단상 변압기 결선
- △-△ 결선
- Y-Y 결선
- △-Y 결선
- Y-△ 결선
- V-V 결선

㉡ 3상 변압기의 병렬운전이 불가능한 결선
- △-△와 △-Y
- △-Y와 Y-Y

77 사이리스터를 이용한 정류회로에서 직류전압의 맥동률이 가장 작은 정류회로는?

① 단상 반파
② 단상 전파
③ 3상 반파
④ 3상 전파

해설 사이리스터(Thyristor)
PNPN 접합의 4층 구조의 반도체 소자의 총칭(일명 SCR이라고 불리는 역저지 3단자 사이리스터이다.)이며 실리콘 제어 정류소자이다. 직류전압의 맥동률이 가장 작은 정류회로에서 사이리스터를 사용한다.

※ 맥동률 = $\dfrac{\text{출력전압에 의해 포함된 맥동률}}{\text{출력전압의 직류분}} \times 100$

78 서보 전동기는 다음 중 어디에 속하는가?

① 조작기기
② 검출기
③ 증폭기
④ 변환기

해설 조작기기
㉠ 전기계 : 서보전동기, 전자밸브, 펄스전동기
㉡ 기계계 : 클러치, 다이어프램밸브, 밸브 포지셔너, 유압식 조작기기

79 단위계단함수 $u(t-a)$를 라플라스 변환하면?

① $\dfrac{e^{as}}{s^2}$
② $\dfrac{e^{-as}}{s^2}$
③ $\dfrac{e^{-as}}{s}$
④ $\dfrac{e^{as}}{s}$

해설 단위계단함수
$u(t-a)$의 라플라스 변환은 $\dfrac{e^{-as}}{S}$이다. $u(t-a)$는 $u(t)$를 t축으로 a만큼 평행 이동한 것으로 $0 \leq t \leq 0$에서는 0이며 $a \leq t \leq \infty$에서는 1이 된다.

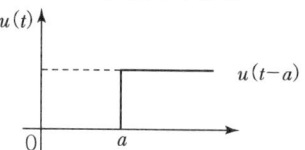

80 3상 유도전동기의 제어방법에 대한 설명 중에서 틀린 것은?

① Y-△ 기동방식으로 기동 토크를 줄일 수 있다.
② 역상 제동기법으로 전동기를 급속정지 또는 감속시킬 수 있다.
③ 속도제어 시에는 전압, 주파수 일정 제어기법이 유리하다.
④ 단자전압이 정격전압보다 낮을 경우에는 슬립이 감소한다.

해설 슬립(Slip)
회전자가 토크를 발생시키기 위한 회전자기장의 동기속도와 회전자속도의 차이이다. 즉, 동기속도(N_s)와 회전자속도(N)의 차에 대한 비이다. (회전속도가 증가하면 슬립이 작아진다.)

2015년 3회 공조냉동기계산업기사

SECTION 01 공기조화

01 기화식(증발식) 가습장치의 종류로 옳은 것은?
① 원심식, 초음파식, 분무식
② 전열식, 전극식, 적외선식
③ 과열증기식, 분무식, 원심식
④ 회전식, 모세관식, 적하식

해설 ① 수분무식
② 증기발생식
③ 증기공급식
④ 증발식

02 덕트 병용 팬 코일 유닛(Fan Coil Unit)방식의 특징이 아닌 것은?
① 열부하가 큰 실에 대해서도 열부하의 대부분을 수배관으로 처리할 수 있으므로 덕트 치수가 적게 된다.
② 각 실 부하 변동을 용이하게 처리할 수 있다.
③ 각 유닛의 수동제어가 가능하다.
④ 청정구역에 많이 사용된다.

해설 덕트 병용 팬 코일 유닛방식은 중·소규모 건물이나 호텔 등에 이용되고 있다.(패키지 공조기로 냉·온풍을 만들어서 덕트를 통해 각 실로 송풍한다.)

03 중앙식(전공기) 공기조화방식의 특징에 관한 설명으로 틀린 것은?
① 중앙집중식이므로 운전, 보수관리를 집중화할 수 있다.
② 대형 건물에 적합하며 외기냉방이 가능하다.
③ 덕트가 대형이고 개별식에 비해 설치 공간이 크다.
④ 송풍 동력이 적고 겨울철 가습하기가 어렵다.

해설 전공기 방식은 열매체인 냉·온풍의 운반에 필요한 팬의 소요동력이 냉·온수를 운반하는 펌프동력보다 많이 들고 넓은 공조실이 필요하다.

04 온수난방에 대한 설명으로 옳지 않은 것은?
① 온수난방의 주 이용 열은 잠열이다.
② 열용량이 커서 예열시간이 길다.
③ 증기난방에 비해 비교적 높은 쾌감도를 얻을 수 있다.
④ 온수의 온도에 따라 저온수식과 고온수식으로 분류한다.

해설 ㉠ 온수난방 : 현열 이용
㉡ 증기난방 : 증기응축잠열 이용

05 급수온도 35℃에서 증기압력 15kg/cm², 온도 400℃의 증기를 40kg/h 발생시키는 보일러의 마력(HP)은?(단, 15kg/cm², 400℃에서 과열증기 엔탈피는 784.2kcal/kg이다.)
① 2.43
② 2.62
③ 3.55
④ 3.72

해설 상당증발력 $G_e = \dfrac{G \times (h'' - h')}{539}$
$= \dfrac{40 \times (784.2 - 35)}{539} = 55.6 \text{kg/h}$
($\because h' = t_2 = 35℃$)
이때, $1B - HP = 8,435 \text{kcal/h} = 15.65 \text{kg/h}$
$\therefore \dfrac{55.6}{15.65} = 3.55 HP$

06 가열코일을 흐르는 증기의 증기를 t_s, 가열코일 입구 공기온도를 t_1, 출구 공기온도를 t_2라고 할 때 산술평균온도식으로 옳은 것은?
① $t_s - \dfrac{t_1 + t_2}{2}$
② $t_2 - t_1$
③ $t_1 + t_2$
④ $\dfrac{(t_s - t_1) + (t_s - t_2)}{\ln[(t_s - t_1)/(t_s - t_2)]}$

ANSWER | 1.④ 2.④ 3.④ 4.① 5.③ 6.①

해설 가열코일 산술평균온도

$$= 증기온도 - \frac{\left(\begin{array}{c}가열코일\ 입구\ 공기온도\\ +가열코일\ 출구\ 공기온도\end{array}\right)}{2}$$

07 송풍기 특성곡선에서 송풍기의 운전점에 대한 설명으로 옳은 것은?
① 압력곡선과 저항곡선의 교차점
② 효율곡선과 압력곡선의 교차점
③ 축동력곡선과 효율곡선의 교차점
④ 저항곡선과 축동력곡선의 교차점

해설 송풍기 운전점
압력곡선과 저항곡선의 교차점

08 콜드 드래프트(Cold Draft) 현상이 가중되는 원인으로 가장 거리가 먼 것은?
① 인체 주위의 공기온도가 너무 낮을 때
② 인체 주위의 기류속도가 작을 때
③ 주위 공기의 습도가 낮을 때
④ 주위 벽면의 온도가 낮을 때

해설 인체 주위의 기류속도가 크면 콜드 드래프트가 일어난다. 그 외 겨울에 창문 틈새를 통해 극간풍이 많이 들어올 때 발생된다.

09 냉방부하 종류 중 현열로만 이루어진 부하는?
① 조명에서의 발생열
② 인체에서의 발생열
③ 문틈에서의 틈새 바람
④ 실내기구에서의 발생열

해설 조명기구(백열등, 형광등)는 온도에 의한 현열만 발생된다. (냉방부하)

10 다음 중 필터의 모양에는 패널형, 지그재그형, 바이패스형 등이 있으며, 유해가스나 냄새를 제거할 수 있는 것은?
① 건식 여과기   ② 점성식 여과기
③ 전자식 여과기   ④ 활성탄 여과기

해설 활성탄 여과기
유해가스나 냄새를 제거할 수 있는 필터이다.

11 덕트의 분기점에서 풍량을 조절하기 위하여 설치하는 댐퍼는 어느 것인가?
① 방화 댐퍼   ② 스플릿 댐퍼
③ 볼륨 댐퍼   ④ 터닝 베인

해설 ㉠ 스플릿 댐퍼(Split Damper) : 풍량조절 댐퍼
㉡ 방화 댐퍼 : 루버형, 피봇형, 슬라이드형
㉢ 풍량 조절 댐퍼 : 버터플라이형, 루버형, 스플릿형

12 다음 중 천장형으로서 취출기류의 확산성이 가장 큰 취출구는?
① 펑커루버   ② 아네모스탯
③ 에어커튼   ④ 고정날개 그릴

해설 아네모스탯
천장 취출구로 확산형이다. 몇 개의 콘(Cone)이 있어서 1차 공기에 의한 2차 공기의 유입성능이 좋다. (원형, 각형이 있다.)

13 실내 냉난방 부하 계산에 관한 내용으로 설명이 부적당한 것은?
① 열부하 구성 요소 중 실내 부하는 유리면 부하, 구조체 부하, 틈새바람 부하, 내부 칸막이 부하 및 실내 발열부하로 구성된다.
② 열부하 계산의 목적은 실내 부하의 상태, 덕트나 배관의 크기 등을 구하기 위한 기초가 된다.
③ 최대난방부하란 실내에서 발생되는 부하가 1일 중 가장 크게 되는 시각의 부하로서 저녁에 발생한다.
④ 냉방 부하란 쾌적한 실내 환경을 유지하기 위하여 여름철 실내 공기를 냉각, 감습시켜 제거하여야 할 열량을 의미한다.

해설 최대난방부하(kcal/h)는 1일 중 가장 크게 되는 시간은 낮에 발생한다.

14 지하철 터널환기의 열부하에 대한 종류로 가장 거리가 먼 것은?
① 열차주행에 의한 발열
② 열차 제동 발생 열량
③ 보조기기에 의한 발열
④ 열차 냉방기에 의한 발열

해설 지하철 터널환기의 열부하 종류로 ①, ③, ④항이 있다.

15 실내온도가 25℃이고, 실내 절대습도가 0.0165 kg/kg의 조건에서 틈새바람에 의한 침입 외기량이 200L/s일 때 현열부하와 잠열부하는?(단, 실외온도 35℃, 실외 절대습도 0.0321kg/kg, 공기의 비열 1.01kJ/kg · K, 물의 증발잠열 2,501kJ/kg이다.)
① 현열부하 2.424kW, 잠열부하 7.803kW
② 현열부하 2.424kW, 잠열부하 9.364kW
③ 현열부하 2.828kW, 잠열부하 10.144kW
④ 현열부하 2.828kW, 잠열부하 10.924kW

해설
- 현열부하 $q_S = G \cdot C \cdot \Delta t$
$$= \left(\frac{200}{1,000} \times 1.2\right) \times 1.01 \times (35-25)$$
$$= 2.424 \text{kW}$$
- 잠열부하 $q_L = G \cdot \gamma \cdot \Delta t$
$$= \left(\frac{200}{1,000} \times 1.2\right) \times 2,501 \times (0.0321-0.0165)$$
$$= 9.364 \text{kW}$$

16 다음 그림의 방열기 도시기호 중 'W-H'가 나타내는 의미는 무엇인가?

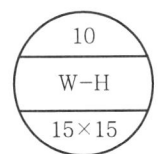

① 방열기 쪽수
② 방열기 높이
③ 방열기 종류(형식)
④ 연결배관의 종류

해설 방열기 도시기호
㉠ 10 : 쪽수=절수
㉡ W : 벽걸이, H : 수평용
㉢ 15×15 : 입구 출구관경

17 가변풍량(VAV) 방식에 관한 설명으로 틀린 것은?
① 각 방의 온도를 개별적으로 제어할 수 있다.
② 연간 송풍 동력이 정풍량 방식보다 적다.
③ 부하의 증가에 대해서 유연성이 있다.
④ 동시 부하율을 고려하여 용량을 결정하기 때문에 설비 용량이 크다.

해설 가변풍량(변풍량) 방식의 특징은 ①, ②, ③항 내용과 같다. ④항은 정풍량방식이다.

18 덕트의 치수 결정법에 대한 설명으로 옳은 것은?
① 등속법은 각 구간마다 압력손실이 같다.
② 등마찰 손실법에서 풍량이 10,000m³/h 이상이 되면 정압재취득법으로 하기도 한다.
③ 정압재취득법은 취출구 직전의 정압이 대략 일정한 값으로 된다.
④ 등마찰 손실법에서 각 구간마다 압력손실을 같게 해서는 안 된다.

해설 덕트치수에서 정압재취득법은 취출구 직전의 정압이 대략 일정한 값으로 된다.
정압재취득량(ΔP_s)
$$= 정압재취득계수 \left(\frac{\left(\frac{상류}{취출구풍속}\right)^2}{2 \times 9.8} - \frac{\left(\frac{하류}{취출구풍속}\right)^2}{2 \times 9.8}\right)$$

19 다음 중 라인형 취출구의 종류가 아닌 것은?
① 캄라인형
② 다공판형
③ 펑커루버형
④ 슬롯형

해설
- 라인형 취출구 : ①, ②, ④ 외 브리즈라인형, T-라인형 등
- 축류형 취출구 : 노즐형, 펑커루버형

20 실내의 현열부하가 7,500kcal/h, 실내와 말단장치(Diffuser)의 온도가 각각 27℃, 17℃일 때 송풍량은?
① 3,125kg/h
② 2,586kg/h
③ 2,325kg/h
④ 2,186kg/h

해설 현열부하 $Q = G \cdot C \cdot \Delta t$에서

송풍량 $G = \dfrac{Q}{C \cdot \Delta t} = \dfrac{7,500}{0.24 \times (27-17)}$
$= 3,125 \text{kg/h}$

SECTION 02 냉동공학

21 냉동장치 내의 불응축 가스가 혼입되었을 때 냉동장치의 운전에 미치는 영향으로 가장 거리가 먼 것은?

① 열교환 작용을 방해하므로 응축압력이 낮게 된다.
② 냉동능력이 감소한다.
③ 소비전력이 증가한다.
④ 실린더가 과열되고 윤활유가 열화 및 탄화된다.

해설 냉동장치에 불응축(공기, 수소 등) 가스가 혼입되면 응축압력이 높아진다.

22 플래시 가스(Flash Gas)는 무엇을 말하는가?

① 냉매 조절 오리피스를 통과할 때 즉시 증발하여 기화하는 냉매이다.
② 압축기로부터 응축기에 새로 들어오는 냉매이다.
③ 증발기에서 증발하여 기화하는 새로운 냉매이다.
④ 압축기에서 응축기에 들어오자 마자 응축하는 냉매이다.

해설 플래시 가스
팽창밸브나 냉매 조절 오리피스를 통과할 때 냉매액이 증발기로 가기 전 사전에 즉시 증발·기화하여 사용이 불가한 냉매이다.

23 몰리에르 선도상에서 건조도(X)에 관한 설명으로 옳은 것은?

① 몰리에르 선도의 포화액선상 건조도는 1이다.
② 액체 70%, 증기 30%인 냉매의 건조도는 0.7이다.
③ 건조도는 습포화증기 구역 내에서만 존재한다.
④ 건조도라 함은 과열증기 중 증기에 대한 포화액체의 양을 말한다.

해설 건포화 증기는 건조도(X)가 1, 포화액은 건조도가 0이다. 증기 30%는 건조도가 0.3, 건조도는 습증기 내 건조증기의 값이다.

24 액분리기(Accumulator)에서 분리된 냉매의 처리방법이 아닌 것은?

① 가열시켜 액을 증발 후 응축기로 순환시키는 방법
② 증발기로 재순환시키는 방법
③ 가열시켜 액을 증발 후 압축기로 순환시키는 방법
④ 고압 측 수액기로 회수하는 방법

해설 증발되지 못한 일부의 냉매액 분리기는 분리된 냉매액의 처리방법으로 ②, ③, ④항을 채택한다.

25 팽창밸브 개도가 냉동 부하에 비하여 너무 작을 때 일어나는 현상으로 가장 거리가 먼 것은?

① 토출가스 온도상승   ② 압축기 소비동력 감소
③ 냉매순환량 감소   ④ 압축기 실린더 과열

해설 팽창밸브 개도가 냉동부하에 비하여 너무 작을 때 나타나는 현상으로 ①, ③, ④항이 발생한다.

26 압축기 기동 시 윤활유가 심한 기포현상을 보일 때 주된 원인은?

① 냉동능력이 부족하다.
② 수분이 다량 침투했다.
③ 응축기의 냉각수가 부족하다.
④ 냉매가 윤활유에 다량 녹아 있다.

해설 압축기 기동 시 윤활유가 심한 기포현상을 보이는 것은 냉매가 윤활유에 다량 녹아 있는 경우이다.

27 응축기의 냉각방법에 따른 분류로서 가장 거리가 먼 것은?

① 공랭식   ② 노랭식
③ 증발식   ④ 수랭식

해설 응축기 냉매의 냉각방법은 ①, ③, ④항의 방법에 따른다.

28 어떤 냉동장치에서 응축기용의 냉각수 유량이 7,000 kg/h이고 응축기 입구 및 출구 온도가 각각 15℃와 28℃이었다. 압축기로 공급한 동력이 5.4×10^4 kJ/h 이라면 이 냉동기의 냉동능력은?(단, 냉각수의 비열은 4.1855kJ/kg·K이다.)

① 2.27×10^5 kJ/h ② 3.27×10^5 kJ/h
③ 4.67×10^4 kJ/h ④ 5.67×10^4 kJ/h

해설
- 응축능력 $Q_c = G \cdot C \cdot \Delta t$
  $= 7,000 \times 4.1855 \times (28-15)$
  $= 380,880.5$ kJ/h
- 냉동능력 $Q_e = Q_c - Aw$
  $= 380,880.5 - 5.4 \times 10^4$
  $= 326,880.5$
  $≒ 3.27 \times 10^5$ kJ/h

29 다음과 같은 성질을 갖는 냉매는 어느 것인가?

- 증기의 밀도가 크기 때문에 증발기관의 길이는 짧아야 한다.
- 물을 함유하면 Al 및 Mg 합금을 침식하고, 전기저항이 크다.
- 천연고무는 침식되지만 합성고무는 침식되지 않는다.
- 응고점(약 −158℃)이 극히 낮다.

① NH_3 ② R−12
③ R−21 ④ H_2O

해설 프레온 냉매 R−12(CCl_2F_2) : 응고점 −158.2℃

30 어떤 냉동기로 1시간당 얼음 1ton을 제조하는 데 50PS의 동력을 필요로 한다. 이때 사용하는 물의 온도는 10℃이며 얼음은 −10℃이었다. 이 냉동기의 성적계수는?(단, 융해열은 335kJ/kg이고, 물의 비열은 4.2kJ/kg·K, 얼음의 비열은 2.09kJ/kg·K이다.)

① 2.0 ② 3.0
③ 4.0 ④ 5.0

해설
- 10℃ 물 → 0℃ 물의 현열 Q_1
  $Q_1 = G \cdot C \cdot \Delta t = 1,000 \times 4.2 \times (10-0)$
  $= 42,000$ kJ/h
- 0℃ 물 → 0℃ 얼음의 잠열 Q_2
  $Q_2 = G \times \gamma = 1,000 \times 335$
  $= 335,000$ kJ/h
- 0℃ 얼음 → −10℃ 얼음의 비열 Q_3
  $Q_3 = G \cdot C \cdot \Delta t = 1,000 \times 2.09 \times (0-(-10))$
  $= 20,900$ kJ/h
∴ $q = 42,000 + 335,000 + 20,900$
   $= 397,900$ kJ/h
∴ 성적계수 $COP = \dfrac{q}{Aw} = \dfrac{397,900}{50 \times 632 \times 4.2}$
   $= 2.99 ≒ 3$

31 왕복동식과 비교하여 스크롤 압축기의 특징으로 틀린 것은?

① 흡입밸브나 토출밸브가 있어 압축효율이 낮다.
② 토크 변동이 적다.
③ 압축실 사이의 작동가스의 누설이 적다.
④ 부품수가 적고 고효율, 저소음, 저진동, 고신뢰성을 기대할 수 있다.

해설 스크롤은 일종의 로터리 압축기 형상으로 용적형이며, 기존의 압축기 성능에서 10% 이상이 향상된 것으로, 구조상 밸브가 없다.

32 이상기체를 정압하에서 가열하면 체적과 온도의 변화는 어떻게 되는가?

① 체적 증가, 온도 상승
② 체적 일정, 온도 일정
③ 체적 증가, 온도 일정
④ 체적 일정, 온도 상승

해설 이상기체를 정압하에서 가열 시
㉠ 체적 증가
㉡ 온도 상승

33 다음의 몰리에르 선도는 어떤 냉동장치를 나타낸 것인가?

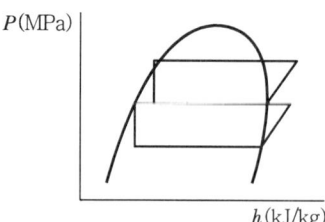

① 1단 압축 1단 팽창 냉동시스템
② 1단 압축 2단 팽창 냉동시스템
③ 2단 압축 1단 팽창 냉동시스템
④ 2단 압축 2단 팽창 냉동시스템

해설 2단 압축은 2단계로 나누어 증발압력에서 중간압력까지 저단압축기에서 압축시킨 후 다음 온도가 높아진 가스를 물이나 냉매에 의해 냉각시킨 후 다음 고단압축기로 응축압력까지 높여서 2단으로 나누어 압축한다. 압축비가 6 이상이면 토출가스의 현저한 온도 상승을 피하기 위해 선택한다.

34 냉동사이클에서 응축온도를 일정하게 하고 증발온도를 상승시키면 어떤 결과가 나타나는가?
① 냉동효과 증가
② 압축비 증가
③ 압축일량 증가
④ 토출가스 온도 증가

해설 응축온도 일정 → 증발온도 상승=압축비 감소(냉동효과 증가)

35 30℃의 공기가 체적 $1m^3$의 용기에 게이지 압력 $5kg/cm^2$의 상태로 들어 있다. 용기 내에 있는 공기의 무게는?
① 약 2.6kg
② 약 6.8kg
③ 약 69kg
④ 약 293kg

해설 이상기체 상태방정식
$PV = nRT = \left(\dfrac{W}{M}\right)RT$에서

공기의 무게 $W = \dfrac{PVM}{RT} = \dfrac{(5+1) \times 10^4 \times 1 \times 29}{848 \times (30+273)}$
$= 6.77 \fallingdotseq 6.8$

여기서, $R = 848 kg \cdot m/kg \cdot K$
$M = 29$

36 몰리에르 선도상에서 압력이 증대함에 따라 포화액선과 건조포화증기선이 만나는 일치점을 무엇이라고 하는가?
① 한계점
② 임계점
③ 싱사짐
④ 비등점

해설 임계점
몰리에르 선도상에서 압력이 증대함에 따라 포화액선과 건조포화증기선이 만나는 일치점이다.

37 증발식 응축기에 관한 설명으로 틀린 것은?
① 수랭식 응축기와 공랭식 응축의 작용을 혼합한 형이다.
② 외형과 설치면적이 작으며 값이 비싸다.
③ 겨울철에는 공랭식으로 사용할 수 있으며 연간운전에 특히 우수하다.
④ 냉매가 흐르는 관에 노즐로부터 물을 분무시키고 송풍기로 공기를 보낸다.

해설 증발식 응축기(NH_3용)는 구조가 복잡하고 설치비가 비싸다.

38 브라인의 구비조건으로 틀린 것은?
① 상 변화가 잘 일어나서는 안 된다.
② 응고점이 낮아야 한다.
③ 비열이 적어야 한다.
④ 열전도율이 커야 한다.

해설 간접냉매 브라인의 구비조건
열용량이 크고 전열이 좋을 것(단, 공정점은 낮을 것)

39 다음의 압력 – 엔탈피 선도를 이용한 압축냉동 사이클의 성적계수는?

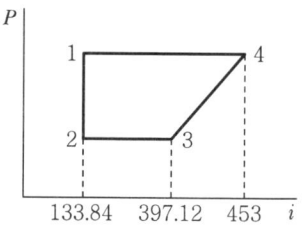

33. ④ 34. ① 35. ② 36. ② 37. ② 38. ③ 39. ② | ANSWER

① 2.36 ② 4.71
③ 9.42 ④ 18.84

해설 $P-h$ 선도에서의 성적계수 COP
$$COP = \frac{q}{Aw} = \frac{h_3 - h_2}{h_4 - h_3}$$
$$= \frac{397.12 - 133.84}{453 - 397.12}$$
$$= 4.71$$

40 증발기에서 나오는 냉매가스의 과열도를 일정하게 유지하기 위해 설치하는 밸브는?
① 모세관
② 플로트형 밸브
③ 정압식 팽창 밸브
④ 온도식 자동팽창 밸브

해설 증발기에서 나오는 냉매가스의 과열도를 일정하게 유지하기 위해 설치하는 밸브는 온도식 자동 팽창밸브(TEV)이다.

SECTION 03 배관일반

41 열팽창에 의한 배관의 신축이 방열기에 미치지 않도록 하기 위하여 방열기 주위의 배관은 다음 중 어느 방법으로 하는 것이 좋은가?
① 슬리브형 신축 이음
② 신축 곡관 이음
③ 스위블 이음
④ 벨로스형 신축 이음

해설
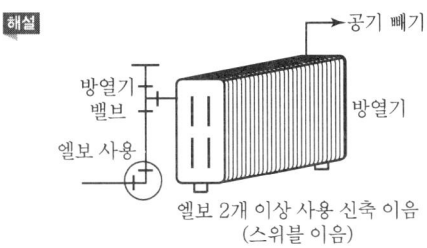

42 급수 배관을 시공할 때 일반적인 사항을 설명한 것 중 틀린 것은?
① 급수관에서 상향 급수는 선단 상향구배로 한다.
② 급수관에서 하향 급수는 선단 하향구배로 하며, 부득이한 경우에는 수평으로 유지한다.
③ 급수관 최하부에 배수 밸브를 장치하면 공기빼기를 장치할 필요가 없다.
④ 수격작용 방지를 위해 수전 부근에 공기실을 설치한다.

해설 공기빼기는 에어핀 등을 이용하여 상부에 설치하여 공기를 배제한다.

43 100A 강관을 B호칭으로 표시하면 얼마인가?
① 4B ② 10B
③ 16B ④ 20B

해설 1인치(1B) = 25.4A(25.4mm)
∴ $\frac{100A}{25.4A} = 4B$

44 주철관의 특징에 대한 설명으로 틀린 것은?
① 충격에 강하고 내구성이 크다.
② 내식성, 내열성이 있다.
③ 다른 배관재에 비하여 열팽창계수가 크다.
④ 소음을 흡수하는 성질이 있으므로 옥내배수용으로 적합하다.

해설 주철관
㉠ 주철관은 내구력이 크나 외압이나 충격에는 약하다.
㉡ 열팽창계수가 적다.(압축강도는 크다.)
㉢ 인장강도에 약하다.
㉣ 급수관, 배수관, 통기관에 사용된다.

ANSWER | 40. ④ 41. ③ 42. ③ 43. ① 44. ①, ③

45 유속 2.4m/s, 유량 15,000L/h일 때 관경을 구하면 몇 mm인가?

① 42 ② 47
③ 51 ④ 53

해설 유량(Q)=면적(A)×속도(V)=$\left(\dfrac{\pi \cdot d^2}{4}\right) \times V$에서

$d^2 = \dfrac{Q \cdot 4}{\pi \cdot V}$

∴ 직경 $d = \sqrt{\dfrac{Q \cdot 4}{\pi \cdot V}} = \sqrt{\dfrac{\left(\dfrac{15,000}{1,000}\right) \times 4}{\pi \times 2.4 \times 3,600}}$

$= 0.047m = 47mm$

※ $15,000L = 15m^3$, $1h = 3,600s$

46 진공환수식 증기난방법에 관한 설명으로 옳은 것은?

① 다른 방식에 비해 관 지름이 커진다.
② 주로 중·소규모 난방에 많이 사용된다.
③ 환수관 내 유속의 감소로 응축수 배출이 느리다.
④ 환수관의 진공도는 100~250mmHg 정도로 한다.

해설 진공환수식 증기난방
㉠ 관 지름이 작아도 된다.
㉡ 주로 중·대규모 난방에 사용된다.
㉢ 관 내가 진공이라 환수관 내 유속증가로 응축수 배출이 빠르다.

47 다음 중 개방식 팽창탱크 주위의 관으로 해당되지 않는 것은?

① 압축공기 공급관 ② 배기관
③ 오버플로관   ④ 안전관

해설 압축공기(질소가스 등) 공급관은 100℃ 이상의 고온수난방에 사용되는 밀폐식 팽창탱크에 사용된다.

48 송풍기의 토출 측과 흡입 측에 설치하여 송풍기의 진동이 덕트나 장치에 전달되는 것을 방지하기 위한 접속법은?

① 크로스 커넥션(Cross Connection)
② 캔버스 커넥션(Canvas Connection)
③ 서브 스테이션(Sub Station)
④ 하트포드(Hartford) 접속법

해설 캔버스 커넥션
송풍기의 토출 측과 흡입 측에 설치하여 송풍기의 진동이 덕트나 장치에 전달되는 것을 방지하기 위한 접속법이다.

49 수직관 가까이에 기구가 설치되어 있을 때 수직관 위로부터 일시에 다량의 물이 흐르게 되면 그 수직관과 수평관의 연결관에 순간적으로 진공이 생기면서 봉수가 파괴되는 현상은?

① 자기 사이펀작용   ② 모세관작용
③ 분출작용   ④ 흡출작용

해설 흡출작용
순간적 진공작용에 의해 봉수가 파괴되는 현상이다.

50 배관재료 선정 시 고려해야 할 사항으로 가장 거리가 먼 것은?

① 관 속을 흐르는 유체의 화학적 성질
② 관 속을 흐르는 유체의 온도
③ 관의 이음방법
④ 관의 압축성

해설 배관재료 선정 시 고려사항은 ①, ②, ③ 외 관의 신축성이다.

51 일반적으로 관의 지름이 크고 가끔 분해할 경우 사용되는 파이프 이음은?

① 플랜지 이음   ② 신축 이음
③ 용접 이음   ④ 턱걸이 이음

해설 플랜지 이음 : 관경 50mm 이상의 분해 시나 체결 시에 사용한다.(소구경은 유니언 이음)

45. ② 46. ④ 47. ① 48. ② 49. ④ 50. ④ 51. ① | ANSWER

52 다음 보기에서 설명하는 난방 방식은?

- 공기의 대류를 이용한 방식이다.
- 설비비가 비교적 작다.
- 예열시간이 짧고 연료비가 작다.
- 실내 상하의 온도차가 크다.
- 소음이 생기기 쉽다.

① 지역 난방   ② 온수 난방
③ 온풍 난방   ④ 복사 난방

해설 온풍 난방
공기의 대류난방을 이용한 방식이다. 공기는 비열이 작아서 (0.24kcal/kg · ℃) 예열시간이 짧고 연료비가 작으나 냉각시간도 짧다.

53 배관은 길이가 길어지면 관 자체의 하중, 열에 의한 신축, 유체의 흐름에서 발생하는 진동이 배관에 작용한다. 이것을 방지하기 위한 관지지 장치의 종류가 아닌 것은?

① 서포트(Support)
② 레스트레인트(Restraint)
③ 익스팬더(Expander)
④ 브레이스(Brace)

해설 확관용 기구 : 익스팬더에 의해 확관한다.

54 다음 중 배관의 부식방지 방법이 아닌 것은?

① 전기절연을 시킨다.
② 도금을 한다.
③ 습기와의 접촉을 피한다.
④ 열처리를 한다.

해설 열처리
금속의 경도를 증가시킨다.(불림, 풀림, 뜨임, 담금질 등)

55 가스배관에 있어서 가스가 누설될 경우 중독 및 폭발사고를 미연에 방지하기 위하여 조금만 누설되어도 냄새로 충분히 감지할 수 있도록 설치하는 장치는?

① 부스터설비
② 정압기
③ 부취설비
④ 가스홀더

해설 부취설비(메르캅탄류)
양파 썩는 냄새, 마늘냄새, 석탄가스 냄새 등 냄새가 나는 부취제를 가스 생산량의 $\frac{1}{1,000}$ 정도 혼입한다.

56 배수관에서 발생한 해로운 하수가스의 실내 침입을 방지하기 위해 배수트랩을 설치한다. 배수트랩의 종류가 아닌 것은?

① 가솔린트랩
② 디스크트랩
③ 하우스트랩
④ 벨트랩

해설 디스크트랩(임펄스 증기트랩)
열역학, 유체역학적 스팀트랩(응축수 배출)

57 건식 진공 환수배관의 증기주관의 적절한 구배는?

① $\frac{1}{100} \sim \frac{1}{150}$ 의 선하(先下) 구배
② $\frac{1}{200} \sim \frac{1}{300}$ 의 선하(先下) 구배
③ $\frac{1}{350} \sim \frac{1}{400}$ 의 선하(先下) 구배
④ $\frac{1}{450} \sim \frac{1}{500}$ 의 선하(先下) 구배

해설 건식 진공 환수식 증기난방 배관 기울기는 $\left(\frac{1}{200}\right) \sim \left(\frac{1}{300}\right)$ 의 끝내림 구배를 준다.

ANSWER | 52. ③ 53. ③ 54. ④ 55. ③ 56. ② 57. ②

58 증기 트랩장치에서 벨로스 트랩을 안전하게 작동시키기 위해 트랩 입구 쪽에 최저 약 몇 m 이상을 냉각관으로 해야 하는가?

① 0.1　　② 0.4
③ 0.8　　④ 1.2

해설

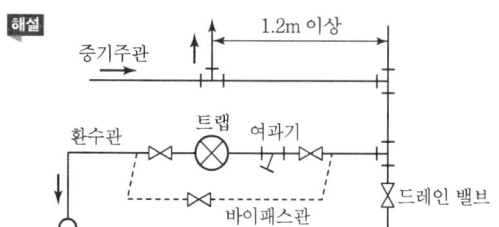

59 배관 부속 중 분기관을 낼 때 사용하는 것은?

① 벤드　　② 엘보
③ 티　　　④ 유니온

해설 티(정티=동경티, 이경티)

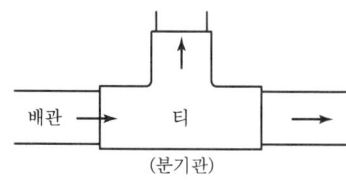

60 도시가스 배관의 손상을 방지하기 위하여 도시가스 배관 주위에서 다른 매설물을 설치할 때 적절한 이격거리는?

① 20cm 이상　　② 30cm 이상
③ 40cm 이상　　④ 50cm 이상

해설

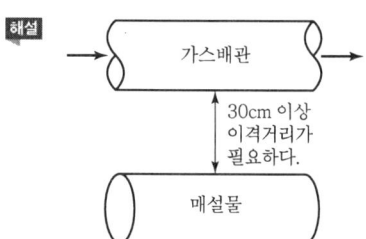

SECTION 04 전기제어공학

61 서보기구에서의 제어량은?

① 유량　　② 위치
③ 주파수　④ 전압

해설 서보 메커니즘(Servo Mechanism)
물체의 위치, 방위, 자세 등의 기계적 변위를 제어량으로 해서 목푯값의 임의 변화에 추종하도록 구성된 제어계

62 유도전동기에서 인가전압은 일정하고 주파수가 수 % 감소할 때 발생되는 현상으로 틀린 것은?

① 동기속도가 감소한다.
② 철손이 약간 증가한다.
③ 누설리액턴스가 증가한다.
④ 역률이 나빠진다.

해설 리액턴스
교류 전류는 방향 및 양이 시시각각으로 변화하기 때문에 저항 이외의 전류를 방해하는 저항성분이다.(주파수 : 1초 동안에 생기는 주파의 수)

63 부하 1상의 임피던스가 60+j80Ω인 △결선의 3상 회로에 100V의 전압을 가할 때 선전류는 몇 A인가?

① 1　　② $\sqrt{3}$
③ 3　　④ $\dfrac{1}{\sqrt{3}}$

해설 △결선 시 선전류 $I_\triangle = \dfrac{\sqrt{3}\,V_P}{Z}$

$= \dfrac{\sqrt{3}\,V_L}{Z}$

$= \dfrac{\sqrt{3}\times 100}{100} = \sqrt{3}\,A$

여기서, 임피던스 $Z = 60+j80$
$= \sqrt{60^2+80^2} = 100\,\Omega$

64 다음 중 압력을 변위로 변환시키는 장치로 알맞은 것은?

① 노즐플래퍼 ② 다이어프램
③ 전자석   ④ 차동변압기

해설 ㉠ 벨로스, 스프링, 다이어프램(격막) : 압력 → 변위
㉡ 노즐플래퍼 : 변위 → 압력
㉢ 전자석 : 전압 → 변위
㉣ 차동변압기 : 변위 → 전압

65 다음 중 온도보상용으로 사용되는 것은?

① 다이오드   ② 다이액
③ 서미스터   ④ SCR

해설 서미스터 : 저항온도계이며 기타 구리, 니켈, 백금측온 저항온도계가 있다.

66 그림과 같은 회로의 출력단 X의 진리값으로 옳은 것은?(단, L은 Low, H는 High이다.)

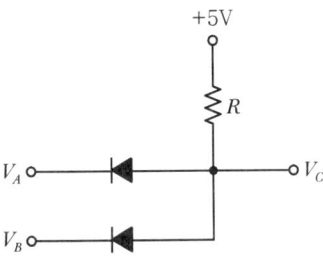

① L, L, L, H   ② L, H, H, H
③ L, L, H, H   ④ H, L, L, H

해설 출력단(X)의 진리값(AND 회로)
L, L, L, H

67 궤환제어계에서 제어요소란?

① 조작부와 검출부
② 조절부와 검출부
③ 목푯값에 비례하는 신호 발생
④ 동작신호를 조작량으로 변환

해설 궤환제어계(궤환 : Feedback) 제어요소
동작신호를 조작량으로 변환한다.

68 피드백 제어계의 특징으로 옳은 것은?

① 정확성이 떨어진다.
② 감대폭이 감소한다.
③ 계의 특성 변화에 대한 입력 대 출력비의 감도가 감소한다.
④ 발진이 전혀 없고 항상 안정한 상태로 되어 가는 경향이 있다.

해설 피드백 특징
㉠ 정확성 증가
㉡ 감대폭 증가
㉢ 발진(불규칙)을 일으키고 불안정한 상태로 되어 가는 경향성

69 어떤 대상물의 현재 상태를 사람이 원하는 상태로 조절하는 것을 무엇이라 하는가?

① 제어량   ② 제어대상
③ 제어   ④ 물질량

해설 제어(컨트롤)
어떤 대상물의 현재 상태를 사람이 원하는 상태로 조절하는 것

70 권수 50회이고 자기인덕턴스가 0.5mH인 코일이 있을 때 여기에 전류 50A를 흘리면 자속은 몇 Wb인가?

① 5×10^{-3} ② 5×10^{-4}
③ 2.5×10^{-2} ④ 2.5×10^{-3}

해설 유기기전력 $e = N \cdot \dfrac{\phi}{t} = L \cdot \dfrac{I}{t}$에서

$N\phi = LI$

∴ 자속 $\phi = \dfrac{L \cdot I}{N}$

$= \dfrac{(0.5 \times 10^{-3}) \times 50}{50}$

$= 0.5 \times 10^{-3}$

$= 5 \times 10^{-4} \text{Wb}$

ANSWER | 64.② 65.③ 66.① 67.④ 68.③ 69.③ 70.②

71 그림과 같은 피드백 블록선도의 전달함수는?

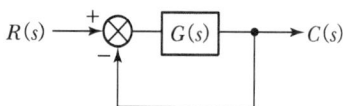

① $\dfrac{G(s)}{1+G(s)}$ ② $\dfrac{G(s)}{1+G(s)C(s)}$

③ $\dfrac{G(s)}{1+R(s)}$ ④ $\dfrac{C(s)}{1+R(s)}$

해설 전달함수
모든 초기값을 0으로 하였을 때 출력신호의 라플라스 변환과 입력 신호의 라플라스 변환의 비이다.
$G(s) = \dfrac{C(s)}{R(s)}$
$(R-C)G = C$
$RG - CG = C$
$RG = C(1+G)$
$\therefore G = \dfrac{C}{R} = \dfrac{G(s)}{1+G(s)}$

72 직류기에서 불꽃 없이 정류를 얻는 데 가장 유효한 방법은?

① 탄소브러시와 보상권선
② 자기포화와 브러시 이동
③ 보극과 탄소브러시
④ 보극과 보상권선

해설 직류기에서 불꽃 없이 정류를 얻는 가장 유효한 방법은 보극과 탄소브러시이다.
㉠ 보극 : 정류기계의 주자속 중간 위치에 둔 보조자극
㉡ 탄소브러시 : 비결정질의 탄소, 흑연 이들의 혼합물

73 분상기동형 단상유도전동기를 역회전시키는 방법은?

① 주권선과 보조권선 모두를 전원에 대하여 반대로 접속한다.
② 콘덴서를 주권선에 삽입하여 위상차를 갖게 한다.
③ 콘덴서를 보조권선에 삽입한다.
④ 주권선과 보조권선 중 하나를 전원에 대하여 반대로 접속한다.

해설 분상기동형 단상유도전동기
기동권선은 운전권선보다 가는 코일을 사용하며 권수를 적게 감아서 권선저항을 크게 만들어 주권선과의 전류 위상차를 생기게 하는 전동기이다.
④항은 역회전시키는 방법이다.

74 R-L-C 직렬회로에서 소비전력이 최대가 되는 조건은?

① $\omega L - \dfrac{1}{\omega C} = 1$ ② $\omega L + \dfrac{1}{\omega C} = 0$

③ $\omega L + \dfrac{1}{\omega C} = 1$ ④ $\omega L - \dfrac{1}{\omega C} = 0$

해설 R-L-C 직렬회로에서 소비전력 최대 조건
$\omega L - \dfrac{1}{\omega C} = 0$

75 폐루프 제어계에서 전동기의 회전속도는 궤환요소로서 전동기 축에 커플링을 통해서 결합되는 타코제너레이터(TG)와 같은 다음의 어떤 요소로서 측정이 되는가?

① 포텐쇼 미터 ② 응력 게이지
③ 로드 셀   ④ 서보 센서

해설 서보 센서 : 폐루프 제어계에서 전동기의 회전속도는 궤환(피드백) 요소로서 전동기(모터) 축에 커플링을 통해서 결합되는 TG와 같은 요소로 측정된다.

76 안정될 필요조건을 갖춘 특성 방정식은?

① $s^4 + 2s^2 + 5s + 5 = 0$
② $s^3 + s^2 - 3s + 10 = 0$
③ $s^3 + 3s^2 + 3s - 3 = 0$
④ $s^3 + 6s^2 + 10s + 9 = 0$

해설 ㉠ 계의 안정은 그 조건이 모든 차수의 항이 존재하고 각 계수의 부호가 모두 같아야 한다.
㉡ 제1열의 모든 요소가 같은 부호이어야 하며 특성 방정식의 근들은 모두 부(-)의 실수만을 가지므로 제어계는 안정해진다.

71. ① 72. ③ 73. ④ 74. ④ 75. ④ 76. ④ **ANSWER**

77 15C의 전기가 3초간 흐르면 전류(A)의 값은?

① 2 ② 3
③ 4 ④ 5

해설 전류$(I) = \dfrac{Q}{t}$ (C/sec = A)

∴ $\dfrac{15}{3} = 5A$

78 어떤 계기에 장시간 전류를 통전한 후 전원을 OFF시켜도 지침이 0으로 되지 않았다. 그 원인에 해당되는 것은?

① 정전계 영향 ② 스프링의 피로도
③ 외부자계 영향 ④ 자기가열 영향

해설 스프링의 피로도가 크면 OFF시켜도 계기의 지침이 0으로 되지 않는 원인이 된다.

79 변압기의 특성 중 규약 효율이란?

① $\dfrac{출력}{출력 - 손실}$ ② $\dfrac{출력}{출력 + 손실}$
③ $\dfrac{입력}{입력 - 손실}$ ④ $\dfrac{입력}{입력 + 손실}$

해설 변압기 규약 효율 = $\dfrac{출력}{출력 + 손실}$

80 자동제어계에서 각 요소를 블록선도로 표시할 때 각 요소는 전달함수로 표시한다. 신호의 전달경로는 무엇으로 표현하는가?

① 접점 ② 점선
③ 화살표 ④ 스위치

해설 블록선도 표시 신호의 전달경로는 화살표로 표현한다.

ANSWER | 77. ④ 78. ② 79. ② 80. ③

2016년 1회 공조냉동기계산업기사

SECTION 01 공기조화

01 난방설비에 관한 설명으로 옳은 것은?
① 온수난방은 증기난방에 비해 예열시간이 길어서 충분한 난방감을 느끼는 데 시간이 걸린다.
② 증기난방은 실내 상하 온도차가 적어 유리하다.
③ 복사난방은 급격한 외기 온도의 변화에 대해 방열량 조절이 우수하다.
④ 온수난방의 주 이용열은 온수의 증발잠열이다.

해설
- 증기난방은 실내 상하 온도차가 커서 난방에 불리하다.
- 복사난방은 매립난방이라서 외기 온도의 변화에 대응이 느리다.
- 온수난방은 현열(감열), 증기난방은 증발잠열이다.

02 일반적인 취출구의 종류로 가장 거리가 먼 것은?
① 라이트-트로퍼(Light-Troffer)형
② 아네모스탯(Annemostat)형
③ 머쉬룸(Mushroom)형
④ 웨이(Way)형

해설 머쉬룸형
취출구가 아닌 흡입구로 사용하며 바닥에 설치한다. 버섯모양으로 바닥면의 공기를 흡입한다. 필터와 냉각코일을 심하게 더럽히므로 먼지 침전용인 세들링 체임버(Settling Chamber)를 갖추어야 한다.

03 취급이 간단하고 각 층을 독립적으로 운전할 수 있어 에너지 절감효과가 크며 공사기간 및 공사 비용이 적게 드는 방식은?
① 패키지 유닛 방식   ② 복사 냉난방 방식
③ 인덕션 유닛 방식   ④ 2중 덕트 방식

해설 패키지 유닛 방식
취급이 간단하고, 각 층의 독립적 운전이 가능하여 에너지 절감효과가 크며, 공사기간이 짧은 개별방식 공조기이다.

04 공조방식 중 각층 유닛방식에 관한 설명으로 틀린 것은?
① 송풍 덕트의 길이가 짧게 되고 설치가 용이하다.
② 사무실과 병원 등의 각층에 대하여 시간차 운전에 유리하다.
③ 각층 슬래브의 관통덕트가 없게 되므로 방재상 유리하다.
④ 각 층에 수배관을 설치하지 않으므로 누수의 염려가 없다.

해설 각 층 유닛방식은 전공기방식으로 각 층마다 2차 독립된 공조기를 설치하고 이 공조기에 냉각코일 및 가열코일에는 중앙기계실로부터 냉수 및 온수 또는 증기를 공급받는다(온수, 냉수 등이 필요하다).

05 전열량에 대한 현열량의 변화의 비율로 나타내는 것은?
① 현열비   ② 열수분비
③ 상대습도 ④ 비교습도

해설 현열비
$$SHF = \frac{현열량}{전열량} \times 100(\%)$$
$$= \frac{현열량}{현열량 + 잠열량} \times 100(\%)$$
$$= \frac{q_S}{q_S + q_L} \times 100(\%)$$

06 현열 및 잠열에 관한 설명으로 옳은 것은?
① 여름철 인체로부터 발생하는 열은 현열뿐이다.
② 공기조화 덕트의 열손실은 현열과 잠열로 구성되어 있다.
③ 여름철 유리창을 통해 실내로 들어오는 열은 현열뿐이다.
④ 조명이나 실내기구에서 발생하는 열은 현열뿐이다.

해설 여름철의 유리창(실내취득열량) : 현열 이용
- 직달일사 취득열량
- 전도 대류 취득열량

1.① 2.③ 3.① 4.④ 5.① 6.③ | ANSWER

07 수분량 변화가 없는 경우의 열수분비는?
① 0 ② 1
③ -1 ④ ∞

해설 열수분비(μ) = $\dfrac{\Delta h}{\Delta x}$ = $\dfrac{\text{엔탈피(엔탈피 변화량)}}{\text{절대습도(수분의 변화량)}}$

08 다음 가습방법 중 가습효율이 가장 높은 것은?
① 증발 가습
② 온수 분무 가습
③ 증기 분무 가습
④ 고압수 분무 가습

해설 가습효율(η_s)
= $\dfrac{\text{에어워셔의 입구·출구 건구온도차}}{\text{에어워셔의 입구 건구온도와 습구온도차}}$
(증기 분무 가습효율은 100%이다.)

09 원심식 송풍기의 종류로 가장 거리가 먼 것은?
① 리버스형 송풍기 ② 프로펠러형 송풍기
③ 관류형 송풍기   ④ 다익형 송풍기

해설 축류식 송풍기의 종류
• 프로펠러형
• 디스크형

10 송풍기에 관한 설명 중 틀린 것은?
① 송풍기 특성곡선에서 팬 전압은 토출구와 흡입구에서의 전압 차를 말한다.
② 송풍기 특성곡선에서 송풍량을 증가시키면 전압과 정압은 산형(山形)을 이루면서 강하한다.
③ 다익형 송풍기는 풍량을 증가시키면 축 동력은 감소한다.
④ 팬 동압은 팬 출구를 통하여 나가는 평균속도에 해당되는 속도압이다.

해설 다익형(Siroco Fan)
송풍량이 적고 특히 팬코일 유닛(FCU)에 적합하다. 일명 전곡형이며 회전수가 상당히 적다.(풍량이 증가하면 축동력도 증가)

11 공기의 감습방식으로 가장 거리가 먼 것은?
① 냉각방식   ② 흡수방식
③ 흡착방식   ④ 순환수 분무방식

해설 공기의 감습방식
• 냉각방식   • 흡수방식
• 흡착방식   • 압축식

12 다음 공조방식 중에 전공기 방식에 속하는 것은?
① 패키지 유닛방식   ② 복사 냉난방 방식
③ 팬코일 유닛방식   ④ 2중 덕트 방식

해설 전공기 방식
• 단일덕트방식
• 2중 덕트 방식
• 단일덕트 병용 패키지 방식
• 각층 유닛방식

13 열원방식의 분류 중 특수 열원방식으로 분류되지 않는 것은?
① 열회수 방식(전열교환방식)
② 흡수식 냉온수기 방식
③ 지역 냉난방 방식
④ 태양열 이용 방식

해설 흡수식 냉온수기
공기조화기기이다(냉방-난방 가능). 즉 냉열원기기이다.

14 다음 그림과 같은 덕트에서 점 ①의 정압 P_1 = 15 mmAq, 속도 V_1 = 10m/s일 때, 점 ②에서의 전압은?(단, ①-② 구간의 전압손실은 2mmAq, 공기의 밀도는 1kg/m³로 한다.)

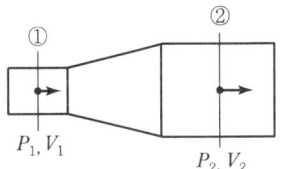

① 15.1mmAq   ② 17.1mmAq
③ 18.1mmAq   ④ 19.1mmAq

ANSWER | 7.④ 8.③ 9.② 10.③ 11.④ 12.④ 13.② 14.③

해설 정압 $P_S = 15\text{mmAq}$

동압 $P_V = \dfrac{v^2}{2g} \cdot \gamma = \dfrac{10^2}{2 \times 9.8} \times 1 = 5.1\text{mmAq}$

전압 $P_T = 15 + \dfrac{10^2}{2 \times 9.8} \times 1 = 20.1\text{mmAq}$

∴ $P_2 = P_1 - \Delta P = 20.1 - 2 = 18.1\text{mmAq}$

15 31℃의 외기와 25℃의 환기를 1 : 2의 비율로 혼합하고 바이패스 팩터가 0.16인 코일로 냉각 제습할 때의 코일 출구온도는?(단, 코일의 표면온도는 14℃이다.)

① 약 14℃ ② 약 16℃
③ 약 27℃ ④ 약 29℃

해설

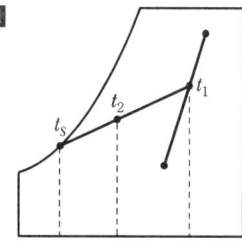

- 공기출구온도$(t_2) = t_s + (t_1 - t_s)BF$
  $= 14 + (27 - 14) \times 0.16 = 16.08℃$

  t_1 (혼합공기온도) $= \dfrac{31 \times 1 + 25 \times 2}{1 + 2} = 27℃$

- 바이패스팩터$(BF) = \dfrac{t_2 - t_c}{t_1 - t_c}$, $0.16 = \dfrac{t_2 - 14}{27 - 14}$

  $t_2 ≒ 16.08℃$

16 난방기기에 사용되는 방열기 중 강제대류형 방열기에 해당하는 것은?

① 유닛히터 ② 길드 방열기
③ 주철제 방열기 ④ 베이스보드 방열기

해설 유닛히터
방열기 중 강제대류형 라디에이터다.

17 다음의 송풍기에 관한 설명 중 ( ) 안에 알맞은 내용은?

동일 송풍기에서 정압은 회전수 비의 (㉠)하고, 소요동력은 회전수 비의 (㉡) 한다.

① ㉠ 2승에 비례, ㉡ 3승에 비례
② ㉠ 2승에 반비례, ㉡ 3승에 반비례
③ ㉠ 3승에 비례, ㉡ 2승에 비례
④ ㉠ 3승에 반비례, ㉡ 2승에 반비례

해설 송풍기 회전수 법칙
㉠ 정압 : 회전수비의 2승에 비례한다.
㉡ 소요동력 : 회전수비의 3승에 비례한다.
㉢ 풍량 : 회전수비에 정비례한다.

18 건물의 11층에 위치한 북측 외벽을 통한 손실열량은?(단, 벽체면적 40m², 열관류율 0.43W/m²·℃, 실내온도 26℃, 외기온도 -5℃, 북측 방위계수 1.2, 복사에 의한 외기온도 보정 3℃이다.)

① 약 495.36W ② 약 525.38W
③ 약 577.92W ④ 약 639.84W

해설 손실열량 $Q = K \cdot F \cdot dT \cdot k$
= 열관류율 × 면적 × 온도차 × 방위계수
$= 0.43 \times 40 \times [\{26 - (-5)\} - 3] \times 1.2$
$= 577.92\text{W}$

19 증기난방 설비에서 일반적으로 사용 증기압이 어느 정도부터 고압식이라고 하는가?

① 0.01kgf/cm² 이상 ② 0.35kgf/cm² 이상
③ 1kgf/cm² 이상 ④ 10kgf/cm² 이상

해설 증기난방 설비에서 고압은 1kgf/cm²g 이상의 압력을 말한다.(저압은 0.1~0.35kgf/cm²g)

20 바이패스 팩터에 관한 설명으로 옳은 것은?

① 흡입공기 중 온난 공기의 비율이다.
② 송풍기 중 습공기의 비율이다.
③ 신선한 공기와 순환공기의 밀도 비율이다.
④ 전 공기에 대해 냉·온수코일을 그대로 통과하는 공기의 비율이다.

해설 바이패스 팩터(BF ; By-pass Factor)
전 공기에 대해 냉·온수코일을 그대로 통과하는 공기의 비율이다. 그 반대는 콘택트 팩터(CF)이다.
코일의 열수가 증가하면 BF가 감소한다.

15. ② 16. ① 17. ① 18. ③ 19. ③ 20. ④ | ANSWER

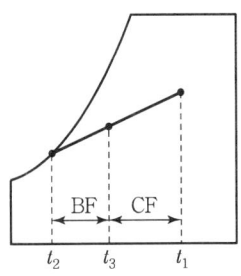

SECTION 02 냉동공학

21 냉동장치의 압축기 피스톤 압출량이 120m³/h, 압축기 소요동력이 1.1kW, 압축기 흡입가스의 비체적이 0.65m³/kg, 체적효율이 0.81일 때, 냉매순환량은?

① 100kg/h   ② 150kg/h
③ 200kg/h   ④ 250kg/h

해설 냉매순환량 $G = \dfrac{V}{v} \times \eta = \dfrac{120}{0.65} \times 0.81$
$= 149.54 ≒ 150\text{kg/h}$

22 응축기에서 고온 냉매가스의 열이 제거되는 과정으로 가장 적합한 것은?

① 복사와 전도   ② 승화와 증발
③ 복사와 기화   ④ 대류와 전도

해설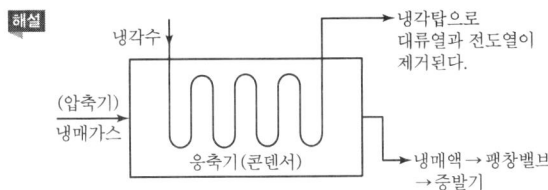

23 냉동사이클 중 $P-h$ 선도(압력 – 엔탈피 선도)로 계산할 수 없는 것은?

① 냉동능력   ② 성적계수
③ 냉매순환량 ④ 마찰계수

해설 $P-h$ 선도

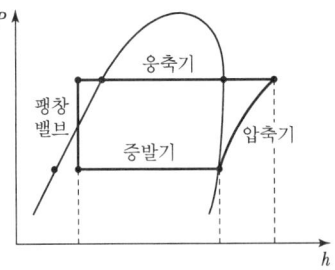

24 다음 중 증발식 응축기의 구성요소로서 가장 거리가 먼 것은?

① 송풍기
② 응축용 핀 – 코일
③ 물분무 펌프 및 분배장치
④ 엘리미네이터, 수공급장치

해설 증발식 응축기(NH₃ 냉동장치, 중형의 프레온장치용)
• 냉각수의 증발에 의해 냉매가스가 응축된다.
• 외기의 습구온도 영향을 받는다(습도가 높으면 응력 저하).
• 핀 – 코일은 설치하지 않는다.

25 증발온도(압력) 하강의 경우 장치에 발생되는 현상으로 가장 거리가 먼 것은?

① 성적계수(COP) 감소
② 토출가스 온도 상승
③ 냉매순환량 증가
④ 냉동효과 감소

해설 증발기의 증발압력이 낮으면 ①, ②, ④항의 단점이 발생하며 냉매의 순환량이 감소하고 소요동력이 증대한다.

26 냉동장치의 증발압력이 너무 낮은 원인으로 가장 거리가 먼 것은?

① 수액기 및 응축기 내에 냉매가 충만해 있다.
② 팽창밸브가 너무 조여 있다.
③ 증발기의 풍량이 부족하다.
④ 여과기가 막혀 있다.

해설 수액기 및 응축기 내에 냉매가 부족하면 증발압력이 저하한다.

27 냉동사이클이 다음과 같은 $T-S$ 선도로 표시되었다. $T-S$ 선도 4-5-1의 선에 관한 설명으로 옳은 것은?

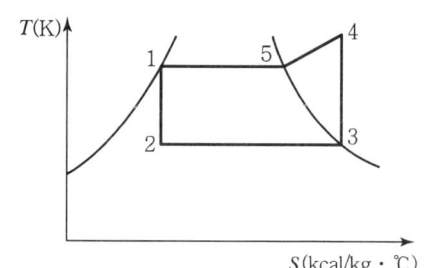

① 4-5-1은 등압선이고 응축과정이다.
② 4-5는 압축기 토출구에서 압력이 떨어지고 5-1은 교축과정이다.
③ 4-5는 불응축 가스가 존재할 때 나타나며, 5-1만이 응축과정이다.
④ 4에서 5로 온도가 떨어진 것은 압축기에서 흡입 가스의 영향을 받아서 열을 방출했기 때문이다.

해설 냉매사이클 과정
- 3 → 4 : 압축
- 4 → 5 → 1 : 응축과정(등압선)
- 1 → 2 : 팽창
- 2 → 3 : 증발

28 표준냉동사이클에 대한 설명으로 옳은 것은?
① 응축기에서 버리는 열량은 증발기에서 취하는 열량과 같다.
② 증기를 압축기에서 단열압축하면 압력과 온도가 높아진다.
③ 팽창밸브에서 팽창하는 냉매는 압력이 감소함과 동시에 열을 방출한다.
④ 증발기 내에서의 냉매증발온도는 그 압력에 대한 포화온도보다 낮다.

해설
- 응축기 버리는 열(증발열량+압축기 일의 열상당량)
- 응축기에서는 열을 방출한다.(증발열량+압축기 열량)
- 냉매증발온도가 포화온도이다.(팽창밸브에서 열의 방출은 없다. 온도가 감소한다.)

29 압축기의 체적효율에 대한 설명으로 옳은 것은?
① 이론적 피스톤 압출량을 압축기 흡입 직전의 상태로 환산한 흡입가스량으로 나눈 값이다.
② 체적 효율은 압축비가 증가하면 감소한다.
③ 동일 냉매 이용 시 체적효율은 항상 동일하다.
④ 피스톤 격간이 클수록 체적효율은 증가한다.

해설
- 체적효율 : 실제적인 피스톤 냉매 압출량/이론적인 피스톤 냉매 압출량
- 피스톤 간격(격간)이 클수록 체적효율 감소(압축비가 증가하면 체적 효율 감소)
- 이론적 피스톤 압출량 : 단면적×행정×기통수×분당 압축기 회전수×60m³/h

30 냉동장치에서 윤활의 목적으로 가장 거리가 먼 것은?
① 마모방지   ② 기밀작용
③ 열의 축적   ④ 마찰동력 손실방지

해설 냉동기의 압축기 윤활유 사용 목적은 ①, ②, ④항이다.

31 10냉동톤의 능력을 갖는 역카르노 사이클이 적용된 냉동기관의 고온부 온도가 25℃, 저온부 온도가 -20℃일 때, 이 냉동기를 운전하는 데 필요한 동력은?
① 1.8kW   ② 3.1kW
③ 6.9kW   ④ 9.4kW

해설 성적계수 $COP = \dfrac{(-20+273)}{(25+273)-(-20+273)} = 5.62$

이때, 성적계수 $COP = \dfrac{냉동능력}{압축일량} = \dfrac{Q_2}{Aw} = 5.62$에서

압축일량 $Aw = \dfrac{Q_2}{COP} = \dfrac{10 \times 3,320}{5.62} = 5,907.47 \text{kcal/h}$

∴ 동력 $= \dfrac{5,907.47}{860} = 6.87 \text{kW}$

32 표준 냉동장치에서 단열팽창과정의 온도와 엔탈피 변화로 옳은 것은?
① 온도 상승, 엔탈피 변화 없음
② 온도 상승, 엔탈피 높아짐
③ 온도 하강, 엔탈피 변화 없음
④ 온도 하강, 엔탈피 낮아짐

27. ① 28. ② 29. ② 30. ③ 31. ③ 32. ③ | ANSWER

해설 냉매의 단열팽창과정
온도 하강, 엔탈피 변화는 없다.

33 물 10kg을 0℃에서 70℃까지 가열하면 물의 엔트로피 증가는?(단, 물의 비열은 4.18kJ/kg·K이다.)

① 4.14kJ/K ② 9.54kJ/K
③ 12.74kJ/K ④ 52.52kJ/K

해설 엔트로피 증가$(\Delta S) = \dfrac{\delta Q}{T} = G \cdot C \cdot \ln\dfrac{T_2}{T_1}$
$= 10 \times 4.18 \times \ln\left(\dfrac{273+70}{273+0}\right)$
$\fallingdotseq 9.54\text{kJ/K}$

34 터보 압축기의 특징으로 틀린 것은?
① 부하가 감소하면 서징 현상이 일어난다.
② 압축되는 냉매증기 속에 기름방울이 함유되지 않는다.
③ 회전운동을 하므로 동적 균형을 잡기 좋다.
④ 모든 냉매에서 냉매회수장치가 필요 없다.

해설 • 압축기에는 냉매회수장치(냉매액 분리기)가 반드시 필요하다(암모니아 압축기에는 필히 설치한다). 설치장소는 증발기와 압축기 사이이다.
• 터보식은 냉매회수장치가 필요하나 R−12 냉매 사용 시는 불필요하다.

35 냉매에 대한 설명으로 틀린 것은?
① 응고점이 낮을 것
② 증발열과 열전도율이 클 것
③ R−500은 R−12와 R−152를 합한 공비 혼합냉매라 한다.
④ R−21은 화학식으로 $CHCl_2F$이고, $CClF_2-CClF_2$는 R−113이다.

해설 • R−21 : $CHCl_2F$
• R−113 : $C_2Cl_3F_3$

36 왕복동 압축기의 유압이 운전 중 저하되었을 경우에 대한 원인을 분류한 것으로 옳은 것을 모두 고른 것은?

㉠ 오일 스트레이너가 막혀 있다.
㉡ 유온이 너무 낮다.
㉢ 냉동유가 과충전되었다.
㉣ 크랭크실 내의 냉동유에 냉매가 너무 많이 섞여 있다.

① ㉠, ㉡   ② ㉢, ㉣
③ ㉠, ㉣   ④ ㉡, ㉢

해설 왕복동 압축기의 유압 저하 원인은 ㉠, ㉣이다. 기타 유온이 너무 높거나 유압조정 밸브의 개도가 과대할 때 발생한다.

37 2단 압축 냉동장치에서 게이지 압력계의 지시계가 고압 15kgf/cm²g, 저압 100mmHg을 가리킬 때, 저단압축기와 고단압축기의 압축비는?(단, 저·고단의 압축비는 동일하다.)

① 3.6   ② 3.8
③ 4.0   ④ 4.2

해설 • 고압 P_H
절대압력 = 대기압 + 게이지 압력
$= 1.0332 + 15 = 16.0332\text{kgf/cm}^2\text{a}$
• 저압 P_L
$P_L = \dfrac{100}{760} \times 1.0332 = 0.1359$
절대압력 = 대기압 − 진공압력
$= 1.0332 - 0.1359 = 0.8973\text{kgf/cm}^2\text{a}$
• 저·고압이 동일할 때의 압축비
$\dfrac{P_H}{P_M} = \dfrac{P_M}{P_L} \rightarrow P_H P_L = P_M^2$
$P_M = \sqrt{P_H \cdot P_L} = \sqrt{16.0332 \times 0.8973} = 3.79\text{kgf/cm}^2$
$\therefore \dfrac{P_H}{P_M} = \dfrac{16.0332}{3.79} = 4.2$

38 냉동장치에서 흡입배관이 너무 작아서 발생되는 현상으로 가장 거리가 먼 것은?
① 냉동능력 감소
② 흡입가스의 비체적 증가
③ 소비동력 증가
④ 토출가스온도 강하

해설

증발기 → 흡입관 → 압축기

흡입배관이 너무 작으면 압축기의 토출가스의 온도가 상승한다.

39 1단 압축 1단 팽창 냉동장치에서 흡입증기가 어느 상태일 때 성적계수가 제일 큰가?

① 습증기   ② 과열증기
③ 과냉각액 ④ 건포화증기

해설
• 성적계수(COP) = $\dfrac{냉동효과(kcal/kg)}{압축일의\ 열당량(kcal/kg)}$
• 과냉각액 < 습증기 < 건포화증기 < 과열증기

40 흡수식 냉동기에 사용되는 냉매와 흡수제의 연결이 잘못된 것은?

① 물(냉매) – 황산(흡수제)
② 암모니아(냉매) – 물(흡수제)
③ 물(냉매) – 가성소다(흡수제)
④ 염화에틸(냉매) – 취화리튬(흡수제)

해설
• 물(냉매) → 흡수제(취화리튬 : LiBr)
• 염화메틸(냉매) → 흡수제(사염화에탄)

SECTION 03 배관일반

41 펌프의 흡입 배관 설치에 관한 설명으로 틀린 것은?

① 흡입관은 가급적 길이를 짧게 한다.
② 흡입관의 하중이 펌프에 직접 걸리지 않도록 한다.
③ 흡입관에는 펌프의 진동이나 관의 열팽창이 전달되지 않도록 신축이음을 한다.
④ 흡입 수평관의 관경을 확대시키는 경우 동심 리듀서를 사용한다.

해설

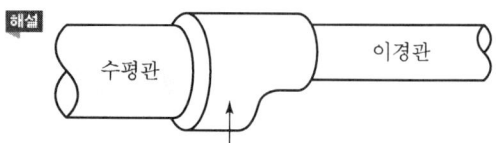

편심리듀서(줄임쇠) 사용
(이경관을 상부로 맞추면 공기 빼기가 양호해짐)

42 배관작업 시 동관용 공구와 스테인리스 강관용 공구로 병용해서 사용할 수 있는 공구는?

① 익스팬더   ② 튜브커터
③ 사이징 툴 ④ 플레어링 툴 세트

해설 튜브커터
동관, 스테인리스 절단에 사용이 가능하다.

43 도시가스 내 부취제의 액체 주입식 부취설비방식이 아닌 것은?

① 펌프 주입 방식
② 적하 주입 방식
③ 위크식 주입 방식
④ 미터연결 바이패스 방식

해설 부취제 주입설비(증발식 부취설비 : 기체 주입 방식)
• 위크 증발식
• 바이패스 증발식

44 관 이음 중 고체나 유체를 수송하는 배관, 밸브류, 펌프, 열교환기 등 각종 기기의 접속 및 관을 자주 해체 또는 교환할 필요가 있는 곳에 사용되는 것은?

① 용접접합   ② 플랜지접합
③ 나사접합   ④ 플레어접합

해설

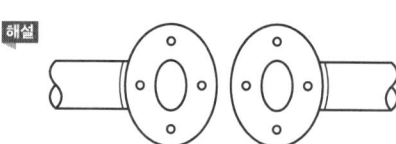

플랜지접합(50A 이상 배관용)은 배관 등의 해체, 교환이 가능하다.

45 덕트 제작에 이용되는 심의 종류가 아닌 것은?

① 버튼펀치스냅 심   ② 포켓펀치 심
③ 피츠버그 심   ④ 그루브 심

해설 덕트 제작용 심의 종류
- 버튼펀치스냅형
- 피츠버그형
- 그루브형

46 펌프에서 물을 압송하고 있을 때 발생하는 수격작용을 방지하기 위한 방법으로 틀린 것은?

① 급격한 밸브 폐쇄는 피한다.
② 관 내 유속을 빠르게 한다.
③ 기구류 부근에 공기실을 설치한다.
④ 펌프에 플라이 휠(Fly Wheel)을 설치한다.

해설 수격작용(관 내 물에 의한 워터해머 작용) 방지를 위해서 배관 내 유속을 가급적 적당하게 한다(2m/s 전후).

47 다음 중 열역학적 트랩의 종류가 아닌 것은?

① 디스크형 트랩   ② 오리피스형 트랩
③ 열동식 트랩   ④ 바이패스형 트랩

해설 온도차 이용 트랩
- 열동식 트랩(벨로스형)
- 바이메탈식 트랩

48 가스식 순간 탕비기의 자동연소장치 원리에 관한 설명으로 옳은 것은?

① 온도차에 의해서 타이머가 작동하여 가스를 내보낸다.
② 온도차에 의해서 다이어프램이 작동하여 가스를 내보낸다.
③ 수압차에 의해서 다이어프램이 작동하여 가스를 내보낸다.
④ 수압차에 의해서 타이머가 작동하여 가스를 내보낸다.

해설 가스 탕비기
- 순간식(소규모) : 수압차 다이어프램 원리 이용
- 저탕식(대규모)

49 동일 송풍기에서 임펠러의 지름을 2배로 했을 경우 특성 변화의 법칙에 대해 옳은 것은?

① 풍량은 송풍기 크기비의 2제곱에 비례한다.
② 압력은 송풍기 크기비의 3제곱에 비례한다.
③ 동력은 송풍기 크기비의 5제곱에 비례한다.
④ 회전수 변화에만 특성 변화가 있다.

해설
- 풍량 : 회전속도에 비례(크기비의 3제곱)
- 압력 : 회전속도비의 2제곱(크기비의 2제곱)
- 동력 : 회전속도비의 3제곱(크기비의 5제곱)

50 증기난방 배관에서 고정지지물의 고정방법에 관한 설명으로 틀린 것은?

① 신축이음이 있을 때에는 배관의 양끝을 고정한다.
② 신축이음이 없을 때에는 배관의 중앙부를 고정한다.
③ 주관의 분기관이 접속되었을 때에는 그 분기점을 고정한다.
④ 고정 지지물의 설치 위치는 시공상 큰 문제가 되지 않는다.

해설 증기난방 고정지지물 고정방법은 ①, ②, ③항에 따른다.

51 배수 펌프의 용량은 일정한 배수량이 유입하는 경우 시간 평균 유입량의 몇 배로 하는 것이 적당한가?

① 1.2~1.5배   ② 3.2~3.5배
③ 4.2~4.5배   ④ 5.2~5.5배

해설 배수 펌프의 용량
일정한 배수 유입량은 평균유입량의 1.2~1.5배 크기이다.

52 배수관 트랩의 봉수 파괴 원인이 아닌 것은?

① 자기 사이펀 작용   ② 모세관 작용
③ 봉수의 증발작용   ④ 통기관 작용

ANSWER 45.② 46.② 47.③ 48.③ 49.③ 50.④ 51.① 52.④

해설 배수관 트랩의 봉수 파괴 원인은 ①, ②, ③항이다.

53 다음 신축이음방법 중 고압증기의 옥외배관에 적당한 것은?
① 슬리브 이음   ② 벨로스 이음
③ 루프형 이음   ④ 스위블 이음

해설
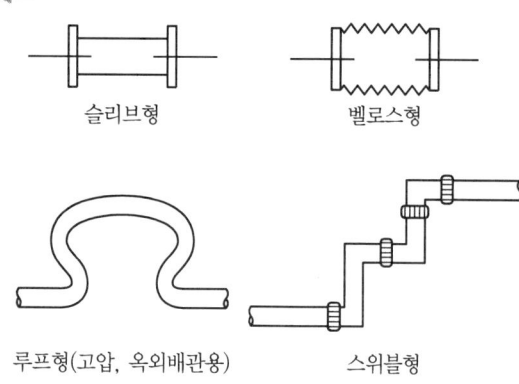
슬리브형   벨로스형
루프형(고압, 옥외배관용)   스위블형

54 주 증기관의 관경 결정에 직접적인 관계가 없는 것은?
① 팽창탱크 체적   ② 증기의 속도
③ 압력손실   ④ 관의 길이

해설 • 주 증기관의 관경 결정은 ②, ③, ④항에 의한다.
• 팽창탱크 체적은 온수난방과 관계된다.

55 통기관 및 통기구에 관한 설명으로 틀린 것은?
① 외벽 면을 관통하여 개구하는 통기관은 빗물막이를 충분히 한다.
② 건물의 돌출부 아래에 통기관의 말단을 개구해서는 안 된다.
③ 통기구는 원칙적으로 하향이 되도록 한다.
④ 지붕이나 옥상을 관통하는 통기관은 지붕면보다 50mm 이상 올려서 대기 중에 개구한다.

해설 ④항에서는 50mm가 아닌 150mm 이상을 요한다.

56 관의 보냉 시공의 주된 목적은?
① 물의 동결 방지   ② 방열 방지
③ 결로 방지   ④ 인화 방지

해설 관의 보냉 시공의 주된 목적
결로(이슬) 방지(보냉제 : 100℃ 이하 보온)

57 증기보일러에서 환수방법을 진공환수방법으로 할 때 설명이 옳은 것은?
① 증기주관은 선하향 구배로 설치한다.
② 환수관은 습식 환수관을 사용한다.
③ 리프트 피팅의 1단 흡상고는 3m로 설치한다.
④ 리프트 피팅은 펌프 부근에 2개 이상 설치한다.

해설 환수관(진공환수식 증기난방)
증기주관은 $\frac{1}{200} \sim \frac{1}{300}$ 끝내림구배(선하향구배)로 한다. 또한 건식 환수관을 이용하고 리프트피팅(Lift Fitting)은 흡상고가 1.5m 이내이다. 리프트피팅은 급수펌프 가까이에 1개소만 설치한다.

58 통기설비의 통기방식에 해당하지 않는 것은?
① 루프 통기방식   ② 각개 통기방식
③ 신정 통기방식   ④ 사이펀 통기방식

해설 통기방식
• 루프식
• 신정식
• 각개식

59 10세대가 거주하는 아파트에서 필요한 하루의 급수량은?(단, 1세대 거주인원은 4명, 1일 1인당 사용 수량은 100L로 한다.)
① 3,000L   ② 4,000L
③ 5,000L   ④ 6,000L

해설 1일 급수량(L)
= 10세대×거주인원(4명/세대)×급수사용량(1인당)
= 4,000L/day

60 가스 배관의 크기를 결정하는 요소로 가장 거리가 먼 것은?

① 관의 길이 ② 가스의 비중
③ 가스의 압력 ④ 가스 기구의 종류

[해설] 가스 배관의 관경 크기 결정 요소
㉠ 관의 길이
㉡ 가스 비중
㉢ 가스 압력

- 관의 가스양(Q) $= K\sqrt{\dfrac{D^5 H}{S \cdot L}}$
- 관의 지름(D^5) $= \dfrac{Q^2 \cdot S \cdot L}{K^2 \cdot H}$, $D = \sqrt[5]{D^5}$ 값

SECTION 04 전기제어공학

61 기준권선과 제어권선의 두 고정자권선이 있으며, 90도 위상차가 있는 2상 전압을 인가하여 회전자계를 만들어서 회전자를 회전시키는 전동기는?

① 동기전동기 ② 직류전동기
③ 스탭 전동기 ④ AC 서보전동기

[해설] AC 전동기
기준권선, 제어권선 두 고정자권선이 있으며 90° 위상차가 있는 2상 전압을 인가하여 회전자계를 만들어서 회전시키는 전동기이다.

62 그림과 같이 콘덴서 3F와 2F가 직렬로 접속된 회로에 전압 20V를 가하였을 때 3F 콘덴서 단자의 전압 V_1은 몇 V인가?

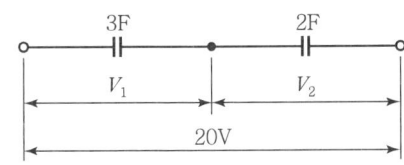

① 5 ② 6
③ 7 ④ 8

[해설] 콘덴서(Condenser)
두 도체 사이에 유전체를 넣어 절연하여 전하를 축적할 수 있게 한 장치

단자전압(V_1) $= \dfrac{C}{C_1}(V) = \dfrac{C_1}{C_1 + C_2} = \dfrac{2}{3+2} \times 20 = 8V$

63 그림과 같은 브리지 정류기는 어느 점에 교류입력을 연결해야 하는가?

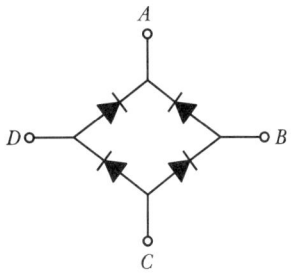

① $B-D$점 ② $B-C$점
③ $A-C$점 ④ $A-B$점

[해설]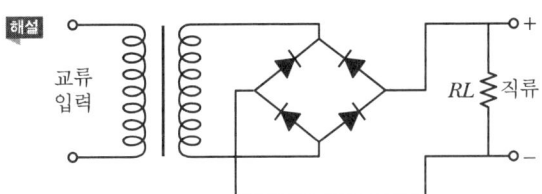

- A : 직류+출력
- C : 직류−출력
- 브리지 정류회로 : 양파 정류회로의 일종이며 다이오드를 4개 브리지 모양으로 접속하여 정류하는 회로(중간 탭이 있는 트랜스를 사용하지 않아도 된다.)

64 R, L, C 직렬회로에서 인가전압을 입력으로, 흐르는 전류를 출력으로 할 때 전달함수를 구하면?

① $R + LS + CS$ ② $\dfrac{1}{R + LS + CS}$

③ $R + LS + \dfrac{1}{CS}$ ④ $\dfrac{1}{R + LS + \dfrac{1}{CS}}$

[해설]
- R : 저항만의 회로
- L : 인덕턴스만의 회로
- C : 커패시턴스만의 회로

R, L, C 직렬회로 인가전압을 입력으로 흐르는 전류를 출력으로 할 때

전달함수 = $\dfrac{출력}{입력} = \dfrac{Y(S)}{X(S)} = \dfrac{1}{R+LS+\dfrac{1}{CS}}$

※ 전달함수는 모든 초기값을 0으로 할 때 $G(S) = \dfrac{C(S)}{R(S)}$
출력신호의 라플라스 변환과 입력신호 라플라스 변환과의 비이다.

65 전기로의 온도를 1,000℃로 일정하게 유지시키기 위하여 열전온도계의 지시값을 보면서 전압조정기로 전기로에 대한 인가전압을 조절하는 장치가 있다. 이 경우 열전온도계는 다음 중 어느 것에 해당되는가?

① 조작부 ② 검출부
③ 제어량 ④ 조작량

해설 온도계, 압력계, 유량계는 검출부에 속한다.

66 교류전류의 흐름을 방해하는 소자는 저항 이외에도 유도코일, 콘덴서 등이 있다. 유도코일과 콘덴서 등에 대한 교류전류의 흐름을 방해하는 저항력을 갖는 것을 무엇이라고 하는가?

① 리액턴스 ② 임피던스
③ 컨덕턴스 ④ 어드미턴스

해설 리액턴스(Reactance)
전기회로에서 직류전류를 방해하는 저항력을 갖는다.(단, 교류회로에서는 저항 이외 전류를 방해하는 저항성분이 있다.)

67 220V, 1kW의 전열기에서 전열선의 길이를 2배로 늘리면 소비전력은 늘리기 전의 전력에 비해 몇 배로 변화하는가?

① 0.25 ② 0.5
③ 1.25 ④ 1.5

해설 전열선 길이를 2배로 하면 $1kW \times \dfrac{1}{2} = 0.5kW(0.5배)$

68 PLC 제어의 특징으로 틀린 것은?

① 소형화가 가능하다.
② 유지보수가 용이하다.
③ 제어시스템의 확장이 용이하다.
④ 부품 간의 배선에 의해 로직이 결정된다.

해설 PLC(Programable Logic Controller)
시퀀스 도면을 프로그램화시킨 것(PLC 프로그램은 수정이 가능하여 배선을 잘못하여 선을 뜯는 불상사도 미연에 방지하여 준다.)으로 로직이란 프로그래밍에서 논리이다. PLC는 부품 간의 배선작업이 불필요하다.

69 $T_1 > T_2 > 0$일 때, $G(S) = \dfrac{1+T_2S}{1+T_1S}$의 벡터 궤적은?

①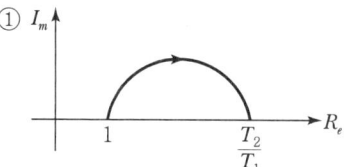

②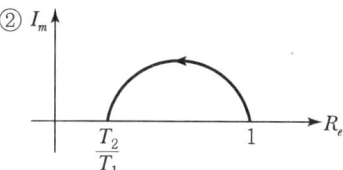

③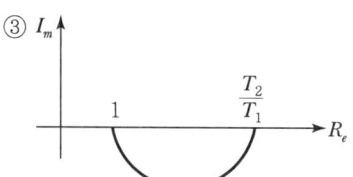

④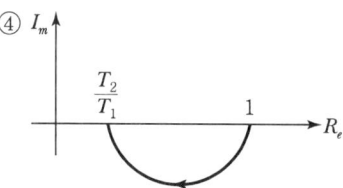

해설 벡터 궤적
ω가 0에서 ∞까지 변화할 때 $G(j\omega)$의 크기와 위상각의 변화를 극좌표에 그린 궤적을 벡터 궤적이라 한다.

65. ② 66. ① 67. ② 68. ④ 69. ④ | ANSWER

70 다음 특성 방정식 중 계가 안정될 필요조건을 갖춘 것은?

① $s^3 + 9s^2 + 17s + 14 = 0$
② $s^3 - 8s^2 + 13s - 12 = 0$
③ $s^4 + 3s^2 + 12s + 8 = 0$
④ $s^3 + 2s^2 + 4s - 1 = 0$

해설 계가 안정하기 위한 필요조건은 모든 차수의 항이 존재하고 각 계수의 부호가 모두 같아야 한다.
①에서 $a_0 = 1$, $a_1 = 9$, $a_2 = 17$, $a_3 = 14$
$D_1 = a_1 = 14$, $D_2 = \begin{pmatrix} 9 & 14 \\ 1 & 9 \end{pmatrix}$

71 3,300/200V, 10kVA인 단상변압기의 2차를 단락하여 1차 측에 300V를 가하니 2차에 120A가 흘렀다. 1차 정격전류(A) 및 이 변압기의 임피던스 전압(V)은 약 얼마인가?

① 1.5A, 200V
② 2.0A, 150V
③ 2.5A, 330V
④ 3.0A, 125V

해설
• 1차 정격전류 $I_1 = \dfrac{P}{V_1} = \dfrac{10 \times 1,000}{3,300} = 3.03\text{A}$
• 1차 측 단락전류 $I_{1s} = \dfrac{V_2}{V_1} \times I_2$
  $= \dfrac{200}{3,300} \times 120 = 7.27\text{A}$
• 임피던스 $Z = \dfrac{V_s}{I_{1s}} = \dfrac{300}{7.27} = 41.27\Omega$
∴ 전압 $V = I_1 \cdot Z = 3.03 \times 41.27 = 125\text{V}$

72 지시 전기계기의 정확성에 의한 분류가 아닌 것은?

① 0.2급
② 0.5급
③ 2.5급
④ 5급

해설 지시 전기계기의 정확성에 의한 분류
0.2급, 0.5급, 2.5급

73 목푯값이 시간적으로 임의로 변하는 경우의 제어로서 서보기구가 속하는 것은?

① 정치제어
② 추종제어
③ 마이컴 제어
④ 프로그램 제어

해설 추종제어
목푯값이 시간적으로 임의로 변하는 경우의 제어로서 서보기구에 속한다.
※ 자동제어 목표치
  • 정치 제어
  • 추치 제어(추종제어, 프로그램 제어, 비율제어)

74 자체 판단능력이 없는 제어계는?

① 서보기구
② 추치 제어계
③ 개회로 제어계
④ 폐회로 제어계

해설 개회로 제어(개루프 제어계)
가장 간단한 장치의 자동제어동작이 출력과 관계없이 신호의 통로가 열려 있는 제어계통이다.

75 $I_m \sin(\omega t + \theta)$의 전류와 $E_m \cos(\omega t - \phi)$인 전압 사이의 위상차는?

① $\theta - \phi$
② $\theta + \phi$
③ $\dfrac{\pi}{2} - (\phi + \theta)$
④ $\dfrac{\pi}{2} + (\phi + \theta)$

해설 정현파 교류(순시값)
$e = E_m \sin(\omega t + \phi) V$
$i = I_m \sin(\omega t + \theta + \phi) A$
역률 : $\cos\theta = \dfrac{R}{Z}$

• 전류와 전압 사이의 위상차 : $\dfrac{\pi}{2} - (\phi + \theta)$
• 저항회로 : 전압과 전류의 위상차가 동상이다.
• 인덕턴스만의 회로 : 전류가 전압보다 $\dfrac{\pi}{2}$만큼 뒤진다.
• 커패시턴스만의 회로 : 전류가 전압보다 위상이 $\dfrac{\pi}{2}$만큼 앞선다.

ANSWER | 70. ① 71. ④ 72. ④ 73. ② 74. ③ 75. ③

76 그림과 같은 파형의 평균값은 얼마인가?

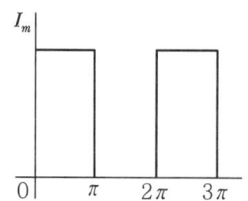

① $2I_m$ ② I_m
③ $\dfrac{I_m}{2}$ ④ $\dfrac{I_m}{4}$

해설

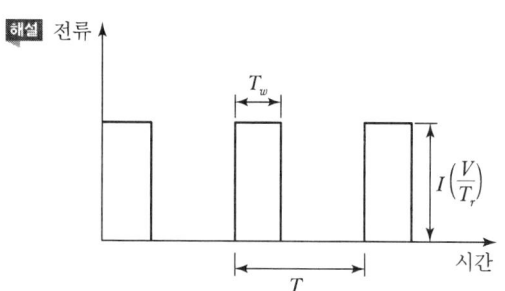

I : 펄스의 높이 T_w : 펄스폭
T_r : 펄스반복주기 $f_r = \dfrac{1}{T_r}$: 반복주파수

77 제어요소는 무엇으로 구성되어 있는가?
① 비교부   ② 검출부
③ 조절부와 조작부   ④ 비교부와 검출부

해설 궤환제어의 기본구성

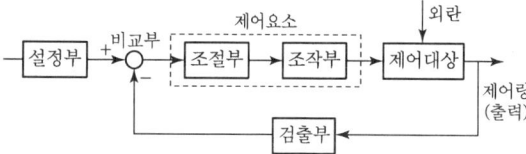

78 주상변압기의 고압 측에 몇 개의 탭을 두는 이유는?
① 선로의 전압을 조정하기 위하여
② 선로의 역률을 조정하기 위하여
③ 선로의 잔류전하를 방전시키기 위하여
④ 단자에 고장이 발생하였을 때를 대비하기 위하여

해설 주상변압기 고압 측에 몇 개의 탭을 두는 이유
전원 전압의 변동이나 부하에 의해서 변압기의 2차에 생긴 전압변동을 보상하여 전압을 일정한 값으로 유지하고 변압기의 변압비를 바꾸기 위함이다.

79 제어기기에서 서보전동기는 어디에 속하는가?
① 검출기기   ② 조작기기
③ 변환기기   ④ 증폭기기

해설 서보전동기
방위, 자세, 위치, 면적 등의 기계적 변위를 제어량으로 하는 제어계

80 피드백 제어계에서 반드시 있어야 할 장치는?
① 전동기 시한 제어장치
② 발진기로서의 동작장치
③ 응답속도를 느리게 하는 장치
④ 목푯값과 출력을 비교하는 장치

해설 피드백 제어계(밀폐식 회로)는 반드시 목푯값과 출력을 비교하여 편차를 수정하여야 한다.

2016년 2회 공조냉동기계산업기사

SECTION 01 공기조화

01 건구온도 10℃, 습구온도 3℃의 공기를 덕트 중 재열기로 건구온도 25℃까지 가열하고자 한다. 재열기를 통하는 공기량이 1,500m³/min인 경우, 재열기에 필요한 열량은?(단, 공기의 비체적은 0.849m³/kg이다.)

① 191,025kcal/min
② 28,017kcal/min
③ 8,200kcal/min
④ 6,360kcal/min

해설 • 공기의 비중량이 주어진 경우
$Q = G \cdot C \cdot dT$
$= q \times 1.2 \times 0.24 \times dT$
• 공기의 비체적이 주어진 경우
$Q = G \cdot C \cdot dT$
$= q \times \dfrac{1}{0.849} \times 0.24 \times dT$
$= 1,500 \times \dfrac{1}{0.849} \times 0.24 \times (25-10)$
$= 6,360.42 \text{kcal/min}$

02 공기조화설비에 사용되는 냉각탑에 관한 설명으로 옳은 것은?

① 냉각탑의 어프로치는 냉각탑의 입구 수온과 그때의 외기 건구온도와의 차이다.
② 강제통풍식 냉각탑의 어프로치는 일반적으로 약 5℃이다.
③ 냉각탑을 통과하는 공기량(kg/h)을 냉각탑의 냉각수량(kg/h)으로 나눈 값을 수공기비라 한다.
④ 냉각탑의 레인지는 냉각탑의 출구 공기온도와 입구 공기온도의 차이다.

해설 ㉠ 쿨링 : 냉각수 입구수온 − 냉각수 출구수온
㉡ 쿨링 어프로치 : 냉각수 출구온도 − 입구 공기 습구온도, 일반적으로 5℃ 차가 난다.(냉각탑의 출구온도가 대기의 습구온도보다 낮아지는 일은 없다.)

• 냉각탑 입구수온 : 37℃
• 냉각탑 출구수온 : 32℃
• 냉각탑 입구 공기 습구온도 : 27℃

03 다음 그림은 공기조화기 내부에서의 공기의 변화를 나타낸 것이다. 이 중에서 냉각코일에서 나타나는 상태변화는 공기선도상 어느 점을 나타내는가?

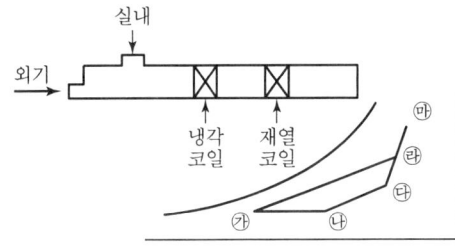

① ㉮−㉯   ② ㉯−㉰
③ ㉱−㉮   ④ ㉱−㉲

해설 외기와 실내온도(혼합공기) 공기가 냉각코일을 거치면 온도가 하강한다.(㉲ : 외기, ㉰ : 실내공기, ㉱ : 혼합공기, ㉮ : 냉각코일 이후 공기, ㉯ : 재열기를 거친 공기)

04 외기온도 13℃(포화수증기압 12.83mmHg)이며, 절대습도 0.008kg/kg일 때의 상대습도 RH는?(단, 대기압은 760mmHg이다.)

① 37%   ② 46%
③ 75%   ④ 82%

해설 상대습도$(\phi = RH) = \dfrac{P_w}{P_s} \times 100$
(P_w : 수증기분압, P_s : 포화증기의 수증기분압, P : 대기압)
절대습도$(x) = 0.622 \times \dfrac{P_w}{P - P_w}$
$\phi = RH = \dfrac{x \cdot P}{(0.622 + x)P_s}$
$= \dfrac{0.008 \times 760}{(0.622 + 0.008) \times 12.83}$
$= 0.755(75\%)$

ANSWER | 1.④ 2.② 3.③ 4.③

05 공기 세정기에 관한 설명으로 틀린 것은?
① 공기 세정기의 통과풍속은 일반적으로 약 2~3m/s이다.
② 공기 세정기의 가습기는 노즐에서 물을 분무하여 공기에 충분히 접촉시켜 세정과 가습을 하는 것이다.
③ 공기 세정기의 구조는 루버, 분무노즐, 플러딩노즐, 엘리미네이터 등이 케이싱 속에 내장되어 있다.
④ 공기 세정기의 분무 수압은 노즐 성능상 약 20~50kPa이다.

해설 ㉠ 가습분무순환 : 가습의 분무순환수량(kg/h)과 공기와의 비율은 물, 공기비(W/G)는 보통 1뱅크에서 0.2~0.6, 2뱅크에서 0.4~1.2가 사용된다.
㉡ 풍속은 2~3m/s, 분무 시 수압은 노즐 성능상 1.5~2.0kg/cm^2(150~200kPa) 정도이다.

06 다음 그림에 대한 설명으로 틀린 것은?

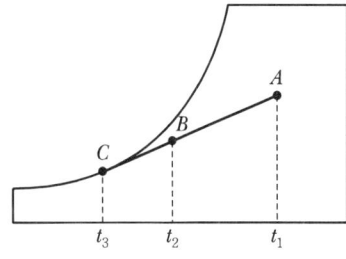

① $A \to B$는 냉각감습 과정이다.
② 바이패스 팩터(BF)는 $\dfrac{t_2 - t_3}{t_1 - t_3}$이다.
③ 코일의 열수가 증가하면 BF는 증가한다.
④ BF가 작으면 공기의 통과저항이 커져 송풍기 동력이 증대될 수 있다.

해설 • 코일의 열수가 증가하면 바이패스 팩터(BF)는 감소한다.
• BF : 공기가 코일을 통과해도 코일과 접촉하지 못하고 지나가는 공기의 비율(그 반대는 CF(콘택트 팩터)이다.)

07 다음 중 중앙식 공조방식이 아닌 것은?
① 정풍량 단일덕트방식
② 2관식 유인유닛방식
③ 각층유닛방식
④ 패키지 유닛방식

해설 개별방식
㉠ 패키지 방식
㉡ 룸 쿨러 방식
㉢ 멀티유닛방식

08 냉방 시 유리를 통한 일사 취득열량을 줄이기 위한 방법으로 틀린 것은?
① 유리창의 입사각을 적게 한다.
② 투과율을 적게 한다.
③ 반사율을 크게 한다.
④ 차폐계수를 적게 한다.

해설 유리창의 입사각
60° 이상에서는 크게 하면 투과율이 급격히 감소하고 반사율은 급격히 상승한다.

09 상당외기온도차를 구하기 위한 요소로 가장 거리가 먼 것은?
① 흡수율
② 표면 열전달률(kcal/m^2 · h · ℃)
③ 직달 일사량(kcal/m^2 · h)
④ 외기온도(℃)

해설 상당외기온도(t_e) = $\dfrac{벽체\ 표면의\ 일사흡수율}{표면\ 열전달률}$ × 벽체 표면이 받는 전일사량 + 외기온도

10 냉방부하 계산 시 상당외기온도차를 이용하는 경우는?
① 유리창의 취득열량
② 내벽의 취득열량
③ 침입외기 취득열량
④ 외벽의 취득열량

해설 상당외기온도차 = 상당외기온도 - 실내온도
(상당외기온도는 외벽의 취득열량에 의한다.)

11 600rpm으로 운전되는 송풍기의 풍량이 400m³/min, 전압이 40mmAq, 소요동력 4kW의 성능을 나타낸다. 이때 회전수를 700rpm으로 변화시키면 몇 kW의 소요동력이 필요한가?

① 5.44kW ② 6.35kW
③ 7.27kW ④ 8.47kW

해설 송풍기의 상사법칙에서

소요동력 $L_2 = \left(\dfrac{N_2}{N_1}\right)^3 \times \left(\dfrac{D_2}{D_1}\right)^5 \times L_1$

$= \left(\dfrac{700}{600}\right)^3 \times 4$

$= 6.35\text{kW}$

12 노즐형 취출구로서 취출구의 방향을 좌우상하로 바꿀 수 있는 취출구는?

① 유니버설형 ② 펑커루버형
③ 팬(Pan)형 ④ T라인(T-line)형

해설
- 축류형 취출구 : 노즐형, 펑커루버형
- 펑커루버형 : 천장이나 벽쪽의 덕트에 접속시키며 기류의 방향도 자유자재로 변경이 가능한 일종의 노즐형 취출구이다.(제한된 활동영역만 대상으로 한다.)

13 유효온도(ET, Effective Temperature)의 요소에 해당하지 않는 것은?

① 온도 ② 기류
③ 청정도 ④ 습도

해설 유효온도(ET)
공조되고 있는 실내 환경을 평가하는 척도이다.(동일한 실내온도에서 습도 및 기류에 따라 온도, 습도, 기류를 하나로 조합한 상태의 온도 감각)

14 다음 중 건축물의 출입문으로부터 극간풍 영향을 방지하는 방법으로 가장 거리가 먼 것은?

① 회전문을 설치한다.
② 이중문을 충분한 간격으로 설치한다.
③ 출입문에 블라인드를 설치한다.
④ 에어커튼을 설치한다.

해설 블라인드는 일사량 취득과 관계된다.(극간풍과는 관계가 없다.)

15 공기조화의 분류에서 산업용 공기조화의 적용범위에 해당하지 않는 것은?

① 실험실의 실험조건을 위한 공조
② 양조장에서 술의 숙성온도를 위한 공조
③ 반도체 공장에서 제품의 품질 향상을 위한 공조
④ 호텔에서 근무하는 근로자의 근무환경 개선을 위한 공조

해설 호텔, 건물 등은 근로자의 보건용 공기조화를 채택한다.

16 대사량을 나타내는 단위로 쾌적상태에서의 안정 시 대사량을 기준으로 하는 단위는?

① RMR ② clo
③ met ④ ET

해설 met
대사량 단위(열적으로 쾌적상태의 안정 시 대사를 기준하고 1met=50kcal/m² · h이다.)

17 난방부하를 줄일 수 있는 요인이 아닌 것은?

① 극간풍에 의한 잠열 ② 태양열에 의한 복사열
③ 인체의 발생열 ④ 기계의 발생열

해설
㉠ 환기, 극간풍(틈새바람) : 난방부하
㉡ 극간풍 손실열량 : 현열 + 잠열(잠열은 부하가 증가한다.)

18 물 또는 온수를 직접 공기 중에 분사하는 방식의 수분무식 가습장치의 종류에 해당되지 않는 것은?

① 원심식 ② 초음파식
③ 분무식 ④ 가습팬식

해설 가습방식
㉠ 수분무식 : 원심식, 분무식, 초음파식
㉡ 증기식 : 증기발생식, 증기공급식
㉢ 증발식

ANSWER | 11. ② 12. ② 13. ③ 14. ③ 15. ④ 16. ③ 17. ① 18. ④

19 고속덕트의 특징에 관한 설명으로 틀린 것은?
   ① 소음이 적다.
   ② 운전비가 증대한다.
   ③ 마찰에 의한 압력손실이 크다.
   ④ 장방형 대신에 스파이럴관이나 원형 덕트를 사용하는 경우가 많다.

   해설 고속덕트
   기류속도가 15m/s 이상이며 소음이 크다.

20 공기조화의 단일덕트 정풍량 방식의 특징에 관한 설명으로 틀린 것은?
   ① 각 실이나 존의 부하변동에 즉시 대응할 수 있다.
   ② 보수관리가 용이하다.
   ③ 외기냉방이 가능하고 전열교환기 설치도 가능하다.
   ④ 고성능 필터 사용이 가능하다.

   해설 단일덕트 정풍량 방식은 각 실의 존의 부하변동에 즉시 대응할 수 없다.(변풍량방식은 부하변동 대응이 가능하다.)

SECTION 02 냉동공학

21 냉동효과에 대한 설명으로 옳은 것은?
   ① 증발기에서 단위중량의 냉매가 흡수하는 열량
   ② 응축기에서 단위 중량의 냉매가 방출하는 열량
   ③ 압축 일을 열량의 단위로 환산한 것
   ④ 압축기 출·입구 냉매의 엔탈피 차

   해설 냉동효과
   증발기에서 단위중량의 냉매가 흡수하는 열량(kcal/kg)

22 아래와 같이 운전되고 있는 냉동사이클의 성적계수는?

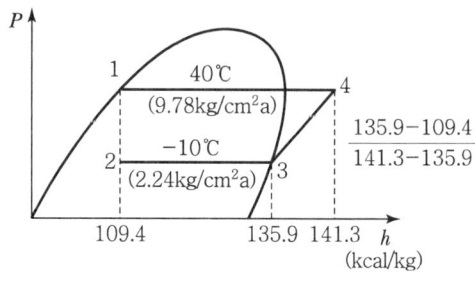

   ① 2.1   ② 3.3
   ③ 4.9   ④ 5.9

   해설 냉동사이클 성적계수 $COP = \dfrac{증발능력}{소요동력} = \dfrac{q}{Aw}$
   $= \dfrac{(135.9 - 109.4)}{(141.3 - 135.9)}$
   $= 4.9$

23 핼라이드 토치는 프레온계 냉매의 누설검지이다. 누설 시 식별방법은?
   ① 불꽃의 크기   ② 연료의 소비량
   ③ 불꽃의 온도   ④ 불꽃의 색깔

   해설 핼라이드 토치의 냉매누설 식별(프레온 냉매의 경우)
   ㉠ 누설이 없다 : 청색
   ㉡ 누설이 매우 많다 : 불이 꺼진다.
   ㉢ 누설이 많다 : 자주색
   ㉣ 누설이 소량 : 녹색

24 냉동장치에서 사용되는 각종 제어동작에 대한 설명으로 틀린 것은?
   ① 2위치 동작은 스위치의 온·오프 신호에 의한 동작이다.
   ② 3위치 동작은 상·중·하 신호에 따른 동작이다.
   ③ 비례동작은 입력신호의 양에 대응하여 제어량을 구하는 것이다.
   ④ 다위치 동작은 여러 대의 피제어기기를 단계적으로 운전 또는 정지시키기 위한 것이다.

   해설 3위치 동작은 없고 다위치 동작의 자동제어가 사용된다.

25 다음 열 및 열펌프에 관한 설명으로 옳은 것은?

① 일의 열당량은 $\frac{1\text{kcal}}{427\text{kg}\cdot\text{m}}$ 이다. 이것은 $427\text{kg}\cdot\text{m}$의 일이 열로 변할 때, 1kcal의 열량이 되는 것이다.
② 응축온도가 일정하고 증발온도가 내려가면 일반적으로 토출가스온도가 높아지기 때문에 열펌프의 능력이 상승된다.
③ 비열 0.5kcal/kg·℃, 비중량 1.2kg/L의 액체 2L를 온도 1℃ 상승시키기 위해서는 2kcal의 열량을 필요로 한다.
④ 냉매에 대해서 열의 출입이 없는 과정을 등온 압축이라 한다.

해설 ②의 경우 열펌프 능력이 감소한다.
③의 경우 $(2\times1.2)\times0.5\times(1-0)=1.2$kcal이다.
④의 경우는 단열과정이다.

26 냉동기유에 대한 냉매의 용해성이 가장 큰 것은?(단, 동일한 조건으로 가정한다.)

① R-113   ② R-22
③ R-115   ④ R-717

해설 오일과 잘 용해하는 냉매
R-11, R-12, R-21, R-113

27 냉동용 스크루 압축기에 대한 설명으로 틀린 것은?

① 왕복동식에 비해 체적효율과 단열효율이 높다.
② 스크루 압축기의 로터와 축은 일체식으로 되어 있고, 구동은 숫로터에 의해 이루어진다.
③ 스크루 압축기의 로터 구성은 다양하나 일반적으로 사용되고 있는 것은 숫로터 4개, 암로터 4개인 것이다.
④ 흡입, 압축, 토출과정인 3행정으로 이루어진다.

해설 스크루 압축기
암(Female), 수(Male)의 치형을 갖는 두 개의 로터(Rotor)가 있다.

28 LNG(액화천연가스) 냉열 이용방법 중 직접이용방식에 속하지 않는 것은?

① 공기액화 분리
② 염소액화장치
③ 냉열발전
④ 액체탄산가스 제조

해설 LNG 냉열 이용방법 중 직접이용방식으로는 ①, ③, ④의 방식이 있다.

29 증발기의 분류 중 액체 냉각용 증발기로 가장 거리가 먼 것은?

① 탱크형 증발기
② 보데로형 증발기
③ 나관코일식 증발기
④ 만액식 셸 앤드 튜브식 증발기

해설 액체 냉각용 증발기 중 나관코일식은 부착되지 않는다.

30 핼라이드 토치를 이용한 누설검사로 적절하지 않은 냉매는?

① R-717   ② R-123
③ R-22   ④ R-114

해설 핼라이드 토치는 프레온 냉매 누설 검사용으로 R-717(NH_3 냉매 : 분자량 17)에는 적절하지 않다.

31 냉동능력 20RT, 축동력 12.6kW인 냉동장치에 사용되는 수랭식 응축기의 열통과율 675kcal/$m^2\cdot h\cdot$℃, 전열량의 외표면적 15m^2, 냉각수량 270L/min, 냉각수 입구온도 30℃일 때, 응축온도는?(단, 냉매와 물의 온도차는 산술평균온도차를 사용한다.)

① 35℃   ② 40℃
③ 45℃   ④ 50℃

해설 냉동능력 $Q_e = 20 \times 3,320 = 66,400$ kcal/h
압축일량 $Aw = 12.6 \times 860 = 10,836$ kcal/h
∴ 응축열량 $Q_c = Q_e + Aw$
$= 66,400 + 10,836$
$= 77,236$ kcal/h

• 냉각수 출구온도 t_2
$Q_c = G \cdot C \cdot \Delta T$
$77,236 = (270 \times 60) \times 1 \times (t_2 - 30)$
$t_2 = \dfrac{77,236}{270 \times 60 \times 1} + 30 = 34.77℃$

• 응축온도 t_c
$Q_c = K \cdot F \cdot \Delta t$
$77,236 = 675 \times 15 \times \left(t_c - \dfrac{34.77 + 30}{2}\right)$
$t_c = \dfrac{77,236}{675 \times 15} + \dfrac{34.77 + 30}{2} = 40.01℃$

32 기계적인 냉동방법 중 물을 냉매로 쓸 수 있는 냉동방식이 아닌 것은?

① 증기분사식 ② 공기압축식
③ 흡수식   ④ 진공식

해설 물을 냉매로 사용하는 기계적 냉동방법
㉠ 증기분사식 ㉡ 흡수식 ㉢ 진공식

33 저온유체 중에서 1기압에서 가장 낮은 비등점을 갖는 유체는 어느 것인가?

① 아르곤 ② 질소
③ 헬륨   ④ 네온

해설 가스의 비등점
㉠ 아르곤 : $-186℃$ ㉡ 질소 : $-196℃$
㉢ 헬륨 : $-268.9℃$ ㉣ 네온 : $-245.9℃$

34 $-10℃$의 얼음 10kg을 $100℃$의 증기로 변화하는 데 필요한 전열량은?(단, 얼음의 비열은 0.5kcal/kg · ℃이고 융해잠열은 80kcal/kg, 물의 증발잠열은 539 kcal/kg이다.)

① 1,850kcal ② 3,660kcal
③ 7,240kcal ④ 9,120kcal

해설 • $-10℃$ 얼음 → $0℃$ 얼음
$Q_1 = G \cdot C \cdot \Delta T = 10 \times 0.5 \times (0 - (-10)) = 50$ kcal
• $0℃$ 얼음 → $0℃$ 물
$Q_2 = C \cdot \gamma = 10 \times 80 = 800$ kcal
• $0℃$ 물 → $100℃$ 물
$Q_3 = G \cdot C \cdot \Delta T = 10 \times 1 \times (100 - 0) = 1,000$ kcal
• $100℃$ 물 → $100℃$ 증기
$Q_4 = G \cdot \gamma = 10 \times 539 = 5,390$ kcal
∴ 전열량 $Q_t = 50 + 800 + 1,000 + 5,390 = 7,240$ kcal

35 1HP는 약 몇 BTU/h인가?

① 172Btu/h   ② 252Btu/h
③ 1,053Btu/h   ④ 2,547.6Btu/h

해설 1PS=632kcal/h, 1HP=641kcal/h
1kcal=3.968BTU
∴ $641 \times 3.968 = 2,547.6$ kcal/h

36 팽창밸브를 통하여 증발기에 유입되는 냉매액의 엔탈피를 F, 증발기 출구 엔탈피를 A, 포화액의 엔탈피를 G라 할 때, 팽창밸브를 통과한 곳에서 증기로 된 냉매의 양의 계산식으로 옳은 것은?(단, P : 압력, h : 엔탈피를 나타낸다.)

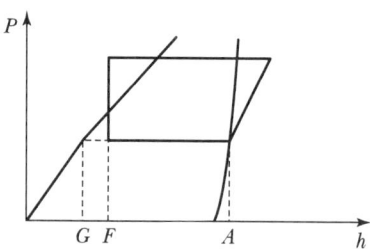

① $\dfrac{A-F}{A-G}$ ② $\dfrac{A-F}{F-G}$

③ $\dfrac{F-G}{A-G}$ ④ $\dfrac{F-G}{A-F}$

해설 팽창밸브 내 증기(플래시가스) 계산식
$\dfrac{F-G}{A-G}$
※ $A-F$=증발기 냉동효과

37 냉동장치에서 고압 측에 설치하는 장치가 아닌 것은?
① 수액기   ② 팽창밸브
③ 드라이어   ④ 액분리기

해설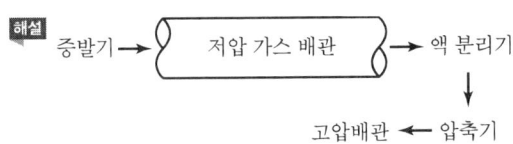

38 -20℃의 암모니아 포화액의 엔탈피가 75kcal/kg이며, 동일 온도에서 건조포화증기의 엔탈피가 403kcal/kg이다. 이 냉매액이 팽창밸브를 통과하여 증발기에 유입될 때의 냉매의 엔탈피가 160kcal/kg이었다면 중량비로 약 몇 %가 액체 상태인가?
① 16%   ② 26%
③ 74%   ④ 84%

해설 액체의 중량비 $x = \dfrac{403-160}{403-75} \times 100 = 74.09\%$

39 암모니아를 냉매로 사용하는 냉동장치에서 응축압력의 상승원인으로 가장 거리가 먼 것은?
① 냉매가 과냉각되었을 때
② 불응축가스가 혼입되었을 때
③ 냉매가 과충전되었을 때
④ 응축기 냉각관에 물때 및 유막이 형성되었을 때

해설 ①항에서는 냉매순환량이 감소하여야 냉매 응축압력이 상승된다.

40 표준냉동사이클에서 팽창밸브를 냉매가 통과하는 동안 변화되지 않는 것은?
① 냉매의 온도   ② 냉매의 압력
③ 냉매의 엔탈피   ④ 냉매의 엔트로피

해설 냉매 엔탈피
냉매 1kg이 가지고 있는 열량이다.(팽창밸브 : 냉매를 증발기에서 증발하기 쉽도록 압력과 온도를 낮추어지는 냉매흐름양 조절장치)

SECTION 03 배관일반

41 급탕배관이 벽이나 바닥을 관통할 때 슬리브(Sleeve)를 설치하는 이유로 가장 적절한 것은?
① 배관의 진동이 건물 구조물에 전달되지 않도록 하기 위하여
② 배관의 중량을 건물 구조물에 지지하기 위하여
③ 관의 신축이 자유롭고 배관의 교체나 수리를 편리하게 하기 위하여
④ 배관의 마찰저항을 감소시켜 온수의 순환을 균일하게 하기 위하여

해설 슬리브는 배관의 진동을 건물 구조물에 전달하지 않는 것보다는 관의 신축이 자유롭고 배관의 교체나 수리가 편리하기 때문에 슬리브가 설치된다.

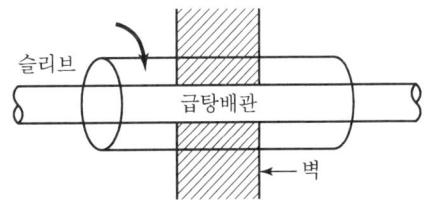

42 냉동 설비에서 고온·고압의 냉매 기체가 흐르는 배관은?
① 증발기와 압축기 사이 배관
② 응축기와 수액기 사이 배관
③ 압축기와 응축기 사이 배관
④ 팽창밸브와 증발기 사이 배관

해설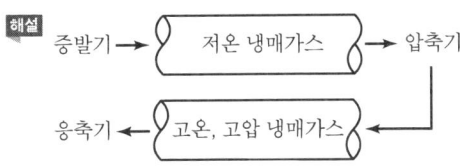

43 냉매 배관 시공 시 주의사항으로 틀린 것은?
① 온도변화에 의한 신축을 충분히 고려해야 한다.
② 배관 재료는 냉매종류, 온도, 용도에 따라 선택한다.
③ 배관이 고온의 장소를 통과할 때에는 단열 조치한다.
④ 수평 배관은 냉매가 흐르는 방향으로 상향구배한다.

해설 냉매 수평배관의 경우 냉매의 흐르는 방향으로 $\frac{1}{250}$ mm 정도의 하향구배를 둔다.

44 급수방식 중 펌프 직송방식의 펌프운전을 위한 검지 방식이 아닌 것은?
① 압력검지식 ② 유량검지식
③ 수위검지식 ④ 저항검지식

해설 급수펌프 직송방식 검지방식
㉠ 압력검지식
㉡ 유량검지식
㉢ 수위검지식

45 증기 관말 트랩 바이패스 설치 시 필요 없는 부속은?
① 엘보 ② 유니온
③ 글로브 밸브 ④ 안전 밸브

해설 안전밸브
바이패스(우회배관)가 불필요하다.

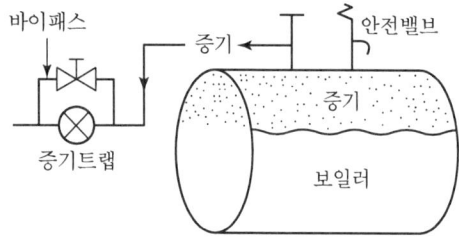

46 수격작용을 방지 또는 경감하는 방법이 아닌 것은?
① 유속을 낮춘다.
② 격막식 에어 체임버를 설치한다.
③ 토출밸브의 개폐시간을 짧게 한다.
④ 플라이 휠을 달아 펌프속도 변화를 완만하게 한다.

해설 토출밸브의 개폐 시 천천히 시간을 주어야 수격작용(워터해머)이 방지된다.

47 액화 천연가스의 지상 저장탱크에 대한 설명으로 틀린 것은?
① 지상 저장탱크는 금속 2중벽 탱크가 대표적이다.
② 내부탱크는 약 -162℃ 정도의 초저온에 견딜 수 있어야 한다.
③ 외부탱크는 일반적으로 연강으로 만들어진다.
④ 증발 가스량이 지하저장탱크보다 많고 저렴하며 안전하다.

해설 액화천연가스(LNG)의 저장탱크는 지상용이 지하용에 비해 위험하다.

48 디스크 증기 트랩이라고도 하며 고압, 중압, 저압 등 어느 곳에나 사용 가능한 증기 트랩은?
① 실폰 트랩 ② 그리스 트랩
③ 충격식 트랩 ④ 버킷 트랩

해설 충격식 증기 트랩(디스크식)
유체역학용이며 고압, 중압, 저압에 사용이 가능한 스팀트랩(응축수 배출)이다.

49 급탕 주관의 배관길이가 300m, 환탕 주관의 배관길이가 50m일 때 강제순환식 온수순환 펌프의 전양정은?
① 5m ② 3m
③ 2m ④ 1m

해설 강제순환식 온수순환 펌프의 전양정
$H = 0.01\left(\frac{L}{2} + l\right)$
$= 0.01 \times \left(\frac{300}{2} + 50\right) = 2m$

50 간접배수관의 관경이 25A일 때 배수구 공간으로 최소 몇 mm가 적당한가?
① 50 ② 100
③ 150 ④ 200

해설 배수구 공간=간접배수관 관경의 2배
∴ 25×2=50A

51 급탕설비에 대한 설명으로 틀린 것은?

① 순환방식에는 중력식과 강제식이 있다.
② 배관의 구배는 중력순환식의 경우 1/150, 강제순환식의 경우 1/200 정도이다.
③ 신축이음쇠의 설치는 강관은 20m, 동관은 30m 마다 1개씩 설치한다.
④ 급탕량은 사용 인원이나 사용 기구 수에 의해 구한다.

해설 신축이음쇠 설치 간격

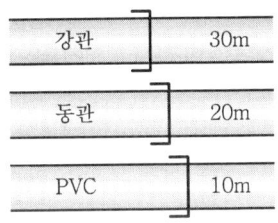

52 관의 종류에 따른 접합방법으로 틀린 것은?

① 강관 – 나사 접합
② 주철관 – 소켓 접합
③ 연관 – 플라스턴 접합
④ 콘크리트관 – 용접 접합

해설 콘크리트관
콤포이음(Compo Joint)이나 모르타르 접합을 한다.

53 패널 난방(Panel Beating)은 열의 전달방법 중 주로 어느 것을 이용한 것인가?

① 전도   ② 대류
③ 복사   ④ 전파

해설 패널난방(복사난방)

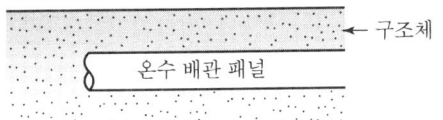

54 스케줄 번호(Schedule No.)를 바르게 나타낸 것은?(단, S : 허용응력, P : 사용압력)

① $10 \times \dfrac{P}{S}$ ② $10 \times \dfrac{S}{P}$
③ $10 \times \dfrac{S}{P^2}$ ④ $10 \times \dfrac{P}{S^2}$

해설 관의 스케줄 번호
$$SCH = 10 \times \dfrac{\text{사용압력}(\text{kg}/\text{cm}^2)}{\text{허용응력}(\text{kg}/\text{mm}^2)}$$
수치가 크면 관의 두께가 두껍다.

55 기수 혼합 급탕기에서 증기를 물에 직접 분사시켜 가열하면 압력차로 인해 발생하는 소음을 줄이기 위해 사용하는 설비는?

① 안전밸브   ② 스팀 사일런서
③ 응축수 트랩   ④ 가열코일

해설

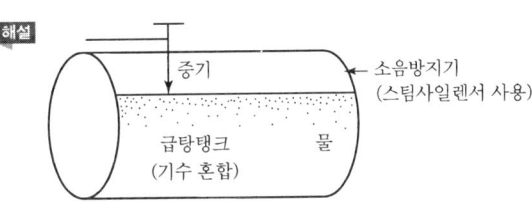

56 펌프의 베이퍼 록 현상에 대한 발생 요인이 아닌 것은?

① 흡입관 지름이 큰 경우
② 액 자체 또는 흡입배관 외부의 온도가 상승할 경우
③ 펌프 냉각기가 작동하지 않거나 설치되지 않은 경우
④ 흡입 관로의 막힘, 스케일 부착 등에 의한 저항이 증가한 경우

해설 흡입배관의 관경이 적으면 마찰저항 증가로 인하여 베이퍼 록(액 → 증기로 변화)이 발생한다.

57 배관의 신축이음 중 허용길이가 커서 설치장소가 많이 필요하지만 고온, 고압배관의 신축 흡수용으로 적합한 형식은?

① 루프(Loop)형   ② 슬리브(Sleeve)형
③ 벨로스(Bellows)형   ④ 스위블(Swivel)형

해설
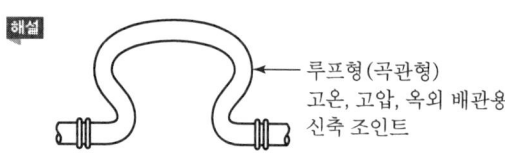

58 고온수 난방의 가압방법이 아닌 것은?
① 브리드 인 가압방식
② 정수두 가압방식
③ 증기 가압방식
④ 펌프 가압방식

해설 고온수 난방의 가압방법
㉠ 정수두식 ㉡ 증기식 ㉢ 펌프식

59 냉각탑 주위 배관 시 유의사항으로 틀린 것은?
① 2대 이상의 개방형 냉각탑을 병렬로 연결할 때 냉각탑의 수위를 동일하게 한다.
② 배수 및 오버플로관은 직접배수로 한다.
③ 냉각탑을 동절기에 운전할 때는 동결방지를 고려한다.
④ 냉각수 출입구 측 배관은 방진이음을 설치하여 냉각탑의 진동이 배관에 전달되지 않도록 한다.

해설 냉각탑(쿨링타워)에서 배수나 오버플로관(일수관)은 간접배수로 한다.

60 배수 수평관의 관경이 65mm일 때 최소구배는?
① 1/10
② 1/20
③ 1/50
④ 1/100

해설 배수관 최소구배
• 배수관 안지름 100mm 이하 : $\frac{1}{50}$
• 배수관 안지름 125mm 이하 : $\frac{1}{60}$
• 배수관 안지름 200mm 이하 : $\frac{1}{83}$

SECTION 04 전기제어공학

61 서보기구와 관계가 가장 깊은 것은?
① 정전압 장치
② A/D 변환기
③ 추적용 레이더
④ 가정용 보일러

해설 서어보기구
비행기, 선박방향제어계, 추적용 레이더, 자동평형기록계의 제어계

62 다음 블록선도의 전달함수의 극점과 영점은?

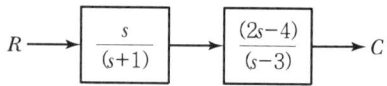

① 영점 0, 2, 극점 −1, 3
② 영점 1, −3, 극점 0, −2
③ 영점 0, −1, 극점 2, 3
④ 영점 0, −3, 극점 −1, 2

해설 ㉠ 블록선도 직렬결합

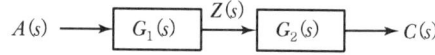

㉡ 전달함수는 모든 초기값을 0으로 하였을 때 출력신호의 라플라스 변환과 입력신호의 라플라스 변환의 비이다.

63 제어기기의 대표적인 것으로는 검출기, 변환기, 증폭기, 조작기기를 들 수 있는데 서보모터는 어디에 속하는가?
① 검출기
② 변환기
③ 증폭기
④ 조작기기

해설 서보모터 제어기기 : 조작기기

64 프로세스 제어계의 제어량이 아닌 것은?
① 방위
② 유량
③ 압력
④ 밀도

해설 ㉠ 프로세스 제어(온도, 유량, 압력, 밀도, 액위, 농도)는 공업프로세서의 상태량을 제어량으로 하는 제어계이다.
㉡ 방위, 자세, 위치 : 서보 기구

58.① 59.② 60.③ 61.③ 62.① 63.④ 64.① | ANSWER

65 시퀀스 제어에 관한 사항으로 옳은 것은?
① 조절기용이다.
② 입력과 출력의 비교장치가 필요하다.
③ 한시동작에 의해서만 제어되는 것이다.
④ 제어결과에 따라 조작이 자동적으로 이행된다.

해설 시퀀스 제어
정성적 제어로서 제어결과에 따라 조작이 자동적으로 온-오프 이행된다.

66 그림과 같은 회로망에서 전류를 계산하는 데 옳은 식은?

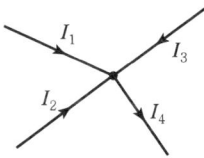

① $I_1 + I_2 = I_3 + I_4$ ② $I_1 + I_3 = I_2 + I_4$
③ $I_1 + I_2 + I_3 + I_4 = 0$ ④ $I_1 + I_2 + I_3 - I_4 = 0$

해설 전류회로망 $= I_1 + I_2 + I_3 - I_4 = 0$

67 제어요소가 제어대상에 주는 양은?
① 조작량   ② 제어량
③ 기준입력   ④ 동작신호

해설 조작량
자동제어에서 제어요소가 제어대상에 주는 양이다.

68 직류 분권전동기의 용도에 적합하지 않은 것은?
① 압연기   ② 제지기
③ 송풍기   ④ 기중기

해설
• 직류 분권전동기 : 계자저항기로 일정범위 내에서 회전속도를 조정할 수 있으므로 공작기계, 압연기, 권상기, 전동차의 부하에 적합하다.
• 기중기 : 무거운 물건을 들어올리는 크레인 동력 이용(복권전동기 이용)

69 $16\mu F$의 콘덴서 4개를 접속하여 얻을 수 있는 가장 작은 정전용량은 몇 μF인가?
① 2   ② 4
③ 8   ④ 16

해설
• 병렬연결 시 콘덴서 합성용량
$C_p = C_1 + C_2 + C_3 + C_4$
$= 16 + 16 + 16 + 16$
$= 16 \times 4 = 64\mu F$
• 직렬연결 시 콘덴서 합성용량
$\frac{1}{C_s} = \frac{1}{C_1} + \frac{1}{C_2} + \frac{1}{C_3} + \frac{1}{C_4}$
$= \frac{1}{16} + \frac{1}{16} + \frac{1}{16} + \frac{1}{16}$
$= \frac{1}{16} \times 4 = \frac{1}{4}$
$C_s = 4\mu F$
∴ 가장 작은 정전용량 : $4\mu F$

70 100Ω의 전열선에 2A의 전류를 흘렸다면 소모되는 전력은 몇 W인가?
① 100   ② 200
③ 300   ④ 400

해설 $P = VI = I^2 R = \frac{V^2}{R} = 2^2 \times 100 = 400W$

71 60Hz, 6극인 교류 발전기의 회전수는 몇 rpm인가?
① 1,200   ② 1,500
③ 1,800   ④ 3,600

해설 회전수$(N_s) = \frac{120f}{P} = \frac{120 \times 60}{6} = 1,200$rpm

72 평형 3상 Y결선의 상전압 V_P와 선간전압 V_L의 관계는?
① $V_L = 3V_P$ ② $V_L = \sqrt{3} V_P$
③ $V_L = \frac{1}{3} V_P$ ④ $V_L = \frac{1}{\sqrt{3}} V_P$

해설 평형 3상 회로 Y결선
$I_I = I_P$, $V_L = \sqrt{3} V_p$

73 그림과 같은 시퀀스제어회로가 나타내는 것은?(단, A와 B는 푸시버튼 스위치, R은 전자접촉기, L은 램프이다.)

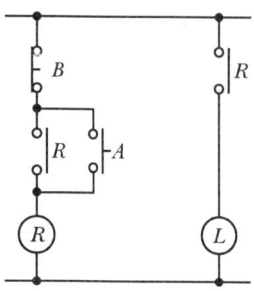

① 인터록 ② 자기유지
③ 지연논리 ④ NAND 논리

해설 자기유지회로
단일 펄스 입력에 의해서 온 상태로 되고 그 이후 온 상태를 유지하는 일종의 기억성을 가진 회로이다.

74 최대 눈금 1,000V, 내부저항 10kΩ인 전압계를 가지고 그림과 같이 전압을 측정하였다. 전압계의 지시가 200V일 때 전압 E는 몇 V인가?

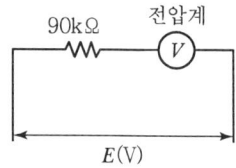

① 800 ② 1,000
③ 1,800 ④ 2,000

해설 $I_1 = \dfrac{V}{R_1} = \dfrac{200}{10 \times 10^3} = 0.02\text{A}$

$V_2 = I_1 \times R_2$
$= 0.2 \times 90 \times 10^3$
$= 1,800\text{V}$

∴ 전전압 $E = V_1 + V_2$
$= 1,800 + 200$
$= 2,000\text{V}$

75 그림과 같은 회로는?

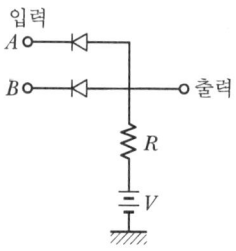

① OR 회로 ② AND 회로
③ NOR 회로 ④ NAND 회로

해설 AND 회로

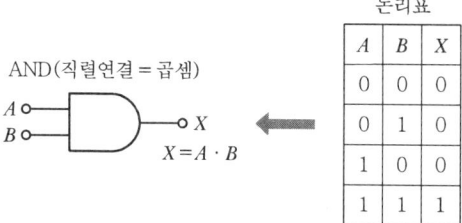

76 그림의 신호흐름선도에서 $\dfrac{C}{R}$의 값은?

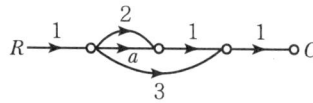

① $a+2$ ② $a+3$
③ $a+5$ ④ $a+6$

해설 $G(s) = \dfrac{C}{R} = \dfrac{\text{전향경로}}{1 - \text{피드백 경로}}$
$= \dfrac{1 \times a \times 1 \times 1 + 1 \times 2 \times 1 \times 1 + 1 \times 3 \times 1}{1 - 0}$
$= a + 2 + 3 = a + 5$

77 교류의 실횻값에 관한 설명 중 틀린 것은?
① 교류의 최댓값은 실횻값의 $\sqrt{2}$ 배이다.
② 전류나 전압의 한 주기의 평균치가 실횻값이다.
③ 상용전원이 220V라는 것은 실횻값을 의미한다.
④ 실횻값 100V인 교류와 직류 100V로 같은 전등을 점등하면 그 밝기는 같다.

해설 **실횻값**
교류의 크기를 직류와 동일한 일을 하는 교류의 크기로 바꿔 나타냈을 때의 값
(실횻값 $V=\sqrt{v^2의\ 평균}$)

78 변압기의 병렬운전에서 필요하지 않은 조건은?

① 극성이 같을 것
② 출력이 같을 것
③ 권수비가 같을 것
④ 1차, 2차 정격전압이 같을 것

해설 변압기의 병렬운전에서 조건은 ①, ③, ④ 외에도 각 변압기의 % 임피던스 강하가 같아야 한다(즉 각 변압기의 임피던스가 정격용량에 반비례할 것).

79 $\dfrac{dm(t)}{dt}=K_i e(t)$는 어떤 조절기의 출력(조작신호) $m(t)$과 동작신호 $e(t)$ 사이의 관계를 나타낸 것이다. 이 조절기의 제어동작은?(단, K_i는 상수이다.)

① D 동작
② I 동작
③ P-I 동작
④ P-D 동작

해설 D 동작(미분동작)
오차가 커지는 것을 미리 방지한다.

80 2진수 $0010111101011001_{(2)}$을 16진수로 변환하면?

① 3F59
② 2G6A
③ 2F59
④ 3G6A

해설 **2진수 → 16진수 변환방법**
2진수와 16진수 사이 변환은 2진수 네 자리를 16진수 한 자리로 변환한다.

- 2진수는 0과 1로만 표현하는 진법이다.
- 10진수는 0에서 9까지 10개의 숫자로 수를 표현하고 있지만 16진수는 9 다음에 A, B, C, D, E, F까지 6개의 문자를 추가한다(16진수는 16개의 기호만 사용).
- 우리가 평상시 사용하는 자연수는 모두 10진수이다.

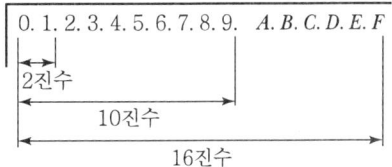

[2진수, 10진수, 16진수 비교표]

2진수	10진수	16진수
0	0	0
1	1	1
10	2	2
11	3	3
100	4	4
101	5	5
110	6	6
111	7	7
1000	8	8
1001	9	9
1010	10	A
1011	11	B
1100	12	C
1101	13	D
1110	14	E
1111	15	F
1000	16	10

ANSWER | 78. ② 79. ① 80. ③

2016년 3회 공조냉동기계산업기사

SECTION 01 공기조화

01 재열기를 통과한 공기의 상태량 중 변화되지 않는 것은?
① 절대습도 ② 건구온도
③ 상대습도 ④ 엔탈피

해설 재열기로 가열하여도 노점온도나 절대습도는 변화하지 않고 상대습도는 하강, 건구온도는 상승, 엔탈피는 증가한다.

02 다음 중 실내로 침입하는 극간풍량을 구하는 방법이 아닌 것은?
① 환기횟수에 의한 방법
② 창문의 틈새길이법
③ 창 면적으로 구하는 법
④ 실내외 온도차에 의한 방법

해설 실내외 온도차는 극간풍량이 아닌, 난방부하 또는 현열부하 계산에 이용된다.

03 난방부하 계산 시 측정 온도에 대한 설명으로 틀린 것은?
① 외기온도 : 기상대의 통계에 의한 그 지방의 매일 최저온도의 평균값보다 다소 높은 온도
② 실내온도 : 바닥 위 1m의 높이에서 외벽으로부터 1m 이내 지점의 온도
③ 지중온도 : 지하실의 난방부하의 계산에서 지표면 10m 아래까지의 온도
④ 천장 높이에 따른 온도 : 천장의 높이가 3m 이상이 되면 직접난방법에 의해서 난방할 때 방의 윗부분과 밑면과의 평균온도

해설 실내온도 평균
바닥 위 1.5m 지점의 온도 측정

04 온수배관의 시공 시 주의사항으로 옳은 것은?
① 각 방열기에는 필요시에만 공기배출기를 부착한다.
② 배관 최저부에는 배수밸브를 설치하며, 하향구배로 설치한다.
③ 팽창관에는 안전을 위해 반드시 밸브를 설치한다.
④ 배관 도중에 관 지름을 바꿀 때에는 편심이음쇠를 사용하지 않는다.

해설 ㉠ 방열기 : 개개별로 공기배출기를 설치한다.
㉡ 팽창관 : 어떠한 밸브도 설치하지 않는다.
㉢ 관지름 변경 : 편심이음쇠를 사용한다.

05 주철제 방열기의 표준 방열량에 대한 증기 응축수량은?(단, 증기의 증발잠열은 538kcal/kg이다.)
① 0.8kg/m² · h   ② 1.0kg/m² · h
③ 1.2kg/m² · h   ④ 1.4kg/m² · h

해설 표준주철제 증기방열기 방열량 = 650kcal/m² · h
∴ 응축수량 = $\frac{650}{538}$ = 1.2kg/m² · h

06 밀봉된 용기와 위크(Wick) 구조체 및 증기공간에 의하여 구성되며, 길이 방향으로는 증발부, 응축부, 단열부로 구분되는데 한쪽을 가열하면 작동유체는 증발하면서 잠열을 흡수하고 증발된 증기는 저온으로 이동하여 응축되면서 열교환하는 기기의 명칭은?
① 전열 교환기
② 플레이트형 열교환기
③ 히트 파이프
④ 히트 펌프

해설
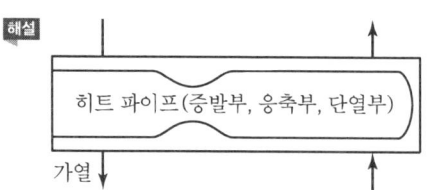

07 냉방부하 중 현열만 발생하는 것은?

① 외기부하 ② 조명부하
③ 인체발생부하 ④ 틈새바람부하

해설 조명(전등)에는 H_2O나 수분이 없어서 잠열부하는 없고 현열부하만 발생한다.

08 다음은 공기조화에서 사용되는 용어에 대한 단위, 정의를 나타낸 것으로 틀린 것은?

	단위	kg/kg(DA)
절대습도	정의	건조한 공기 1kg 속에 포함되어 있는 습한 공기 중의 수증기량
수증기 분압	단위	Pa
	정의	습공기 중의 수증기 분압
상대습도	단위	%
	정의	절대습도(x)와 동일 온도에서 포화공기의 절대습도(x_s)와의 비
노점온도	단위	℃
	정의	습한 공기를 냉각시켜 포화상태로 될 때의 온도

① 절대습도 ② 수증기 분압
③ 상대습도 ④ 노점온도

해설 상대습도(ϕ)
$= \dfrac{\text{어떤 상태의 수증기 분압(ata)}}{\text{위와 같은 온도의 포화공기의 수증기 분압(ata)}}$

09 멀티 존 유닛 공조방식에 대한 설명으로 옳은 것은?

① 이중 덕트 방식의 덕트 공간을 천장 속에 확보할 수 없는 경우 적합하다.
② 멀티 존 방식은 비교적 존 수가 대규모인 건물에 적합하다.
③ 각 실의 부하변동이 심해도 각 실에 대한 송풍량의 균형을 쉽게 맞춘다.
④ 냉풍과 온풍의 혼합 시 댐퍼의 조정은 실내압력에 의해 제어한다.

해설 멀티 존 유닛 공조방식은 2중 덕트 방식의 덕트 공간을 천장 속에 확보할 수 없는 경우 적합하다.

10 온수 순환량이 560kg/h인 난방설비에서 방열기의 입구온도가 80℃, 출구온도가 72℃라고 하면 이때 실내에 발산하는 현열량은?

① 4,520kcal/h ② 4,250kcal/h
③ 4,480kcal/h ④ 4,840kcal/h

해설 실내발산현열(Q)
$Q = G \times C_p \times \Delta t = 560 \times 1 \times (80 - 72) = 4,480 \text{kcal/h}$

11 아래 조건과 같은 병행류형 냉각코일의 대수평균온도차는?

	입구	32℃
공기온도	출구	18℃
냉수코일온도	입구	10℃
	출구	15℃

① 8.74℃ ② 9.54℃
③ 12.33℃ ④ 13.10℃

해설 대수평균온도차
$LMTD = \dfrac{\Delta T_1 - \Delta T_2}{\ln \dfrac{\Delta T_1}{\Delta T_2}} = \dfrac{22 - 3}{\ln \dfrac{22}{3}} = 9.54℃$

12 팬코일 유닛방식의 배관 방법에 따른 특징에 관한 설명으로 틀린 것은?

① 3관식에서는 손실열량이 타 방식에 비하여 거의 없다.
② 2관식에서는 냉·난방의 동시 운전이 불가능하다.
③ 4관식은 혼합손실은 없으나 배관의 양이 증가하여 공사비 등이 증가한다.
④ 4관식은 동시에 냉·난방운전이 가능하다.

해설 팬코일 유닛방식(전수방식)

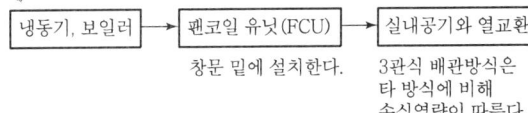

3관식 배관방식은 타 방식에 비해 손실열량이 따른다.

ANSWER | 7. ② 8. ③ 9. ① 10. ③ 11. ② 12. ①

13 난방 설비에 관한 설명으로 옳은 것은?
① 온수난방은 온수의 현열과 잠열을 이용한 것이다.
② 온풍난방은 온풍의 현열과 잠열을 이용한 것이다.
③ 증기난방은 증기의 현열을 이용한 대류 난방이다.
④ 복사난방은 열원에서 나오는 복사에너지를 이용한 것이다.

해설 ㉠ 온수난방 : 현열 이용
㉡ 온풍난방 : 온풍의 현열 이용
㉢ 증기난방 : 증기의 잠열 이용
㉣ 복사난방 : 구조체에서 나오는 복사에너지 이용

14 콜드 드래프트(Cold Draft) 원인으로 틀린 것은?
① 인체 주위의 공기온도가 너무 낮을 때
② 인체 주위의 기류속도가 작을 때
③ 주위 벽면의 온도가 낮을 때
④ 주위 공기의 습도가 낮을 때

해설 콜드 드래프트(겨울철 환기)는 인체 주위의 기류속도가 크면 발생한다.

15 기계환기 중 송풍기와 배풍기를 이용하며 대규모 보일러실, 변전실 등에 적용하는 환기법은?
① 1종 환기
② 2종 환기
③ 3종 환기
④ 4종 환기

해설 제1종 환기법

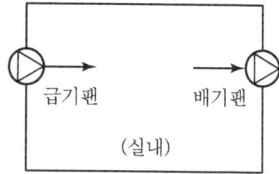

16 유인 유닛(IDU)방식에 대한 설명으로 틀린 것은?
① 각 유닛마다 제어가 가능하므로 개별실 제어가 가능하다.
② 송풍량이 많아서 외기 냉방효과가 크다.
③ 냉각, 가열을 동시에 하는 경우 혼합손실이 발생한다.
④ 유인 유닛에는 동력배선이 필요 없다.

해설 유인 유닛방식(Induction Unit System)은 송풍량이 적어서 외기 냉방효과가 작다.

17 매시간마다 50ton의 석탄을 연소시켜 압력 80kgf/cm², 온도 500℃의 증기 320ton을 발생시키는 보일러의 효율은?(단, 급수 엔탈피는 120.25kcal/kg, 발생증기 엔탈피는 812.6kcal/kg, 석탄의 저위발열량은 5,500kcal/kg이다.)
① 78%
② 81%
③ 88%
④ 92%

해설 보일러 효율 $\eta = \dfrac{G \times (h'' - h')}{G_f \times H_l} \times 100\%$
$= \dfrac{(320 \times 1,000) \times (812.6 - 120.25)}{(50 \times 1,000) \times 5,500} \times 100$
$= 80.56\%$
여기서, n : 보일러 효율(%)
h'' : 발생증기 엔탈피(kcal/kg)
h' : 급수 엔탈피(kcal/kg)
G_f : 사용 연료량(kg/h)
H_l : 연료의 저위발열량(kcal/kg)

18 습공기 선도에서 상태점 A의 노점온도를 읽는 방법으로 옳은 것은?

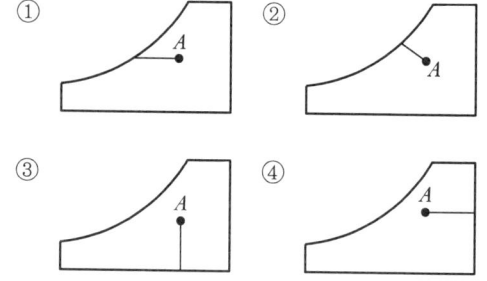

해설 ① 노점온도
② 상대습도
③ 건구온도
④ 절대온도

19 온풍난방의 특징으로 틀린 것은?

① 실내온도분포가 좋지 않아 쾌적성이 떨어진다.
② 보수, 취급이 간단하고, 취급에 자격자를 필요로 하지 않는다.
③ 설치 면적이 적어서 설치장소에 제한이 없다.
④ 열용량이 크므로 착화 즉시 난방이 어렵다.

해설 온풍난방에서 공기는 비열이 적어서 열용량이 적고 화실 내 착화 즉시 난방이 용이하다.

20 실내에 존재하는 습공기의 전열량에 대한 현열량의 비율을 나타낸 것은?

① 바이패스 팩터
② 열수분비
③ 현열비
④ 잠열비

해설 현열비 = $\dfrac{\text{현열}}{\text{현열}+\text{잠열}}$

SECTION 02 냉동공학

21 압축기에서 축마력은 400kW이고, 도시마력은 350 kW일 때 기계효율은?

① 75.5%
② 79.5%
③ 83.5%
④ 87.5%

해설 기계효율 = $\dfrac{\text{도시마력}}{\text{축마력}} = \dfrac{350}{400} \times 100 = 87.5\%$

22 절대압력 20bar의 가스 10L가 일정한 온도 10℃에서 절대압력 1bar까지 팽창할 때의 출입한 열량은? (단, 가스는 이상기체로 간주한다.)

① 55kJ
② 60kJ
③ 65kJ
④ 70kJ

해설 출입 열량 $Q = P_1 V_1 \ln\dfrac{P_1}{P_2}$

$= (20\text{bar} \times 10\text{L}) \times \ln\left(\dfrac{20\text{bar}}{1\text{bar}}\right)$

$= (2,000\text{kPa} \times 0.01\text{m}^3) \times \ln\left(\dfrac{2,000\text{kPa}}{100\text{kPa}}\right)$

$= 59.91 ≒ 60\text{kJ}$

23 역카르노 사이클에서 고열원을 T_H, 저열원을 T_L이라 할 때 성능계수를 나타내는 식으로 옳은 것은?

① $\dfrac{T_H}{T_H - T_L}$
② $\dfrac{T_L}{T_H - T_L}$
③ $\dfrac{T_H - T_L}{T_H}$
④ $\dfrac{T_H - T_L}{T_L}$

해설 냉동기(역카르노) 사이클의 성능계수(COP)

$COP = \dfrac{T_L}{T_H - T_L}$

(성적계수가 커야 한다.)

24 냉매가 암모니아일 경우에는 주로 소형, 프레온일 경우에는 대용량까지 광범위하게 사용되는 응축기로 전열에 양호하고, 설치면적이 적어도 되나 냉각관이 부식되기 쉬운 응축기는?

① 이중관식 응축기
② 입형 셸 앤드 튜브식 응축기
③ 횡형 셸 앤드 튜브식 응축기
④ 7통로식 횡형 셸 앤드식 응축기

해설 횡형 셸 앤드 튜브식 응축기
- 소형에서 대형까지 암모니아, 프레온 각종 냉매의 냉동기용 응축기(전열성능이 양호하고 소형 경량화가 양호하나 냉각관의 청소는 운전 중 불가)
- 열통과율이 600~900kcal/m² · h · ℃, 0.5~500RT용

ANSWER | 19. ④ 20. ③ 21. ④ 22. ② 23. ② 24. ③

25 냉매액이 팽창밸브를 지날 때 냉매의 온도, 압력, 엔탈피의 상태변화를 순서대로 올바르게 나타낸 것은?

① 일정, 감소, 일정
② 일정, 감소, 감소
③ 감소, 일정, 일정
④ 감소, 감소, 일정

해설

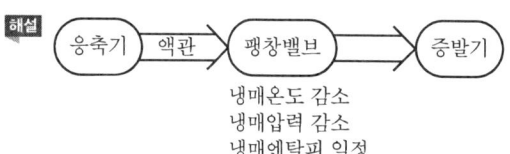

냉매온도 감소
냉매압력 감소
냉매엔탈피 일정

26 자연계에 어떠한 변화도 남기지 않고 일정온도의 열을 계속해서 일로 변환시킬 수 있는 기관은 존재하지 않는다를 의미하는 열역학 법칙은?

① 열역학 제0법칙
② 열역학 제1법칙
③ 열역학 제2법칙
④ 열역학 제3법칙

해설 열역학 제2법칙
자연계에 어떠한 변화도 남기지 않고 일정온도의 열을 계속해서 일로 변환시킬 수 있는 기관은 존재하지 않는 법칙

27 압축기의 클리어런스가 클 때 나타나는 현상으로 가장 거리가 먼 것은?

① 냉동능력이 감소한다.
② 체적효율이 저하한다.
③ 토출가스 온도가 낮아진다.
④ 윤활유가 열화 및 탄화된다.

해설 압축기의 클리어런스(간극)가 크면 압축 후에 실린더 내에 잔류가스가 남아서 토출가스의 온도가 높아진다.

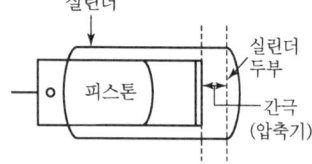

28 다음 냉동기의 $T-S$선도 중 습압축 사이클에 해당되는 것은?

①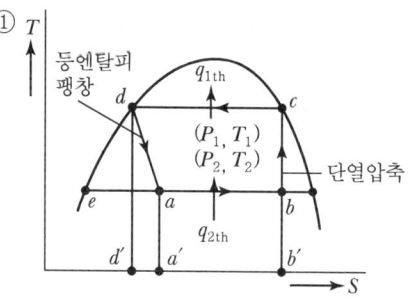

②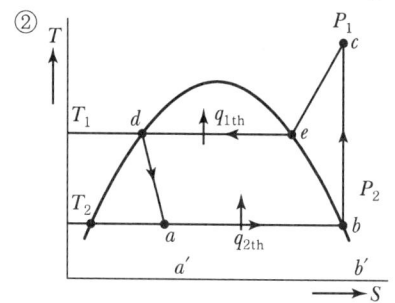

③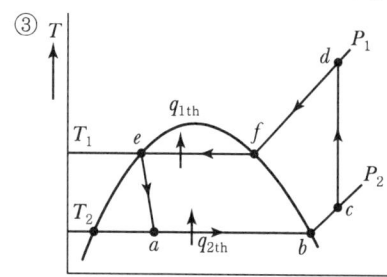

④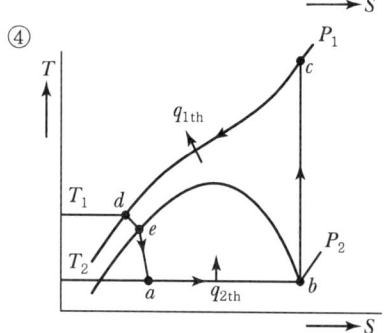

해설 $T-S$선도의 세로축은 절대온도, 가로축은 엔트로피를 나타낸다.
① 습압축 사이클
② 건압축 사이클
③ 과열압축 사이클

25. ④ 26. ③ 27. ③ 28. ① | **ANSWER**

29 냉동장치의 냉매 액관 일부에서 발생한 플래시 가스가 냉동장치에 미치는 영향으로 옳은 것은?

① 냉매의 일부가 증발하면서 냉동유를 압축기로 재순환시켜 윤활이 잘 된다.
② 압축기에 흡입되는 가스에 액체가 혼입되어서 흡입 체적효율을 상승시킨다.
③ 팽창밸브를 통과하는 냉매의 일부가 기체이므로 냉매의 순환량이 적어져 냉동능력을 감소시킨다.
④ 냉매의 증발이 왕성해짐으로써 냉동능력을 증가시킨다.

[해설] 플래시 가스
팽창밸브를 통과하는 냉매의 일부가 기체이므로 냉매액의 순환량이 적어져서 냉동능력을 감소시킨다.

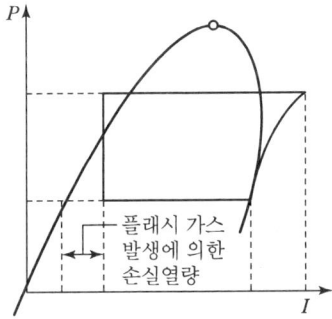

30 왕복동 압축기에서 −30∼−70℃ 정도의 저온을 얻기 위해서는 2단 압축 방식을 채용한다. 그 이유로 틀린 것은?

① 토출가스의 온도를 높이기 위하여
② 윤활유의 온도 상승을 피하기 위하여
③ 압축기의 효율 저하를 막기 위하여
④ 성적계수를 높이기 위하여

[해설] 압축비(응축압력/증발압력)가 6 이상이면 2단 압축을 채택하여 토출가스의 온도를 내린다.

31 하루에 10ton의 얼음을 만드는 제빙장치의 냉동부하는?(단, 물의 온도는 20℃, 생산되는 얼음의 온도는 −5℃이며, 이때 제빙장치의 효율은 0.8이다.)

① 36,280kcal/h ② 46,200kcal/h
③ 53,385kcal/h ④ 73,200kcal/h

[해설]
• 20℃ 물→0℃ 물
물의 현열 $Q_1 = G \cdot C \cdot \Delta T$
$= 10,000 \times 1 \times (20-0)$
$= 200,000$ kcal
• 0℃ 물→0℃ 얼음
물의 응고잠열 $Q_2 = G \cdot \gamma$
$= 10,000 \times 80$
$= 800,000$ kcal
• 0℃ 얼음→−5℃ 얼음
얼음의 현열 $Q_3 = G \cdot C \cdot \Delta T$
$= 10,000 \times 0.5 \times (0-(-5))$
$= 25,000$ kcal
∴ $Q_t = \dfrac{200,000+800,000+25,000}{24 \times 0.8}$
$= 53,385.42$ kcal/h

32 상태 A에서 B로 가역 단열변화를 할 때 상태변화로 옳은 것은?(단, S : 엔트로피, h : 엔탈피, T : 온도, P : 압력이다.)

① $\Delta S = 0$ ② $\Delta h = 0$
③ $\Delta T = 0$ ④ $\Delta P = 0$

[해설] 단열 변화
열의 출입이 없으므로 엔트로피 변화는 등엔트로피이다.(엔트로피 변화가 없다.)

33 다음 중 스크롤 압축기에 관한 설명으로 틀린 것은?

① 인벌류트 치형의 두 개의 맞물린 스크롤의 부품이 선회운동을 하면서 압축하는 용적형 압축기이다.
② 토크변동이 적고 압축요소의 미끄럼 속도가 늦다.
③ 용량제어 방식으로 슬라이드 밸브방식, 리프트밸브 방식 등이 있다.
④ 고정스크롤, 선회스크롤, 자전방지 커플링, 크랭크 축 등으로 구성되어 있다.

[해설] 스크롤 압축기 용량제어 방식
㉠ 회전수 제어방식
㉡ 슬라이드 밸브방식
㉢ 바이패스방식

ANSWER | 29. ③ 30. ① 31. ③ 32. ① 33. ③

34 고온가스에 의한 제상 시 고온가스의 흐름을 제어하기 위해 사용되는 것으로 가장 적절한 것은?
① 모세관　　　② 전자밸브
③ 체크밸브　　④ 자동팽창밸브

해설 고온가스 제상(핫 가스 제상)으로 서리를 제거할 때 고온가스의 흐름을 제어하기 위해 전자밸브를 사용한다.

35 냉동장치의 운전 중에 저압이 낮아질 때 일어나는 현상이 아닌 것은?
① 흡입가스 과열 및 압축비 증대
② 증발온도 저하 및 냉동능력 증대
③ 흡입가스의 비체적 증가
④ 성적계수 저하 및 냉매순환량 감소

해설 증발압력(저압)이 낮아지면 압축비가 증가하여 토출가스 온도가 상승하고 냉동능력이 감소한다.

36 다음 냉동기의 안전장치와 가장 거리가 먼 것은?
① 가용전
② 안전밸브
③ 핫 가스 장치
④ 고 · 저압 차단스위치

해설 증발기의 서리가 부착되면 전열이 불량하게 된다. 고압가스(핫 가스 제상), 즉 압축기의 토출가스로 서리를 제거하여 전열을 좋게 한다.

37 응축기에 대한 설명으로 틀린 것은?
① 응축기는 압축기에서 토출한 고온가스를 냉각시킨다.
② 냉매는 응축기에서 냉각수에 의하여 냉각되어 압력이 상승한다.
③ 응축기에는 불응축가스가 잔류하는 경우가 있다.
④ 응축기 냉각관의 수측에 스케일이 부착되는 경우가 있다.

해설 압축기에서 공급된 기체 냉매는 응축기에서 냉각수에 의해 액화되면서 부피가 축소한다.

38 일반적으로 냉동 운송설비 중 냉동자동차를 냉각장치 및 냉각방법에 따라 분류할 때 그 종류로 가장 거리가 먼 것은?
① 기계식 냉동차　　② 액체질소식 냉동차
③ 헬륨냉동식 냉동차　④ 축랭식 냉동차

해설 냉동자동차 냉각장치에는 불활성 기체인 헬륨(He)은 사용하지 않는다.

39 냉동장치의 부속기기에 관한 설명으로 옳은 것은?
① 드라이어 필터는 프레온 냉동장치의 흡입배관에 설치해 흡입증기 중의 수분과 찌꺼기를 제거한다.
② 수액기의 크기는 장치 내의 냉매순환량만으로 결정한다.
③ 운전 중 수액기의 액면계에 기포가 발생하는 경우는 다량의 불응축가스가 들어 있기 때문이다.
④ 프레온 냉매의 수분 용해도는 작으므로 액 배관 중에 건조기를 부착하면 수분 제거에 효과가 있다.

해설 프레온 냉매는 수분의 용해도가 작아서 수분의 침입으로 팽창밸브 동결을 방지하기 위해 제습기(드라이어)를 설치한다. 드라이어는 응축기나 수액기 가까운 쪽에 부착한다.

40 비열에 관한 설명으로 옳은 것은?
① 비열이 큰 물질일수록 빨리 식거나 빨리 더워진다.
② 비열의 단위는 kJ/kg이다.
③ 비열이란 어떤 물질 1kg을 1℃ 높이는 데 필요한 열량을 말한다.
④ 비열비는 $\frac{정압 비열}{정적 비열}$로 표시되며 그 값은 R-22가 암모니아 가스보다 크다.

해설 비열비는 R-22보다 암모니아가 매우 크다.

비열
어떤 물질 1kg을 1℃ 높이는 데 필요한 열량
- 물의 비열 : 1kcal/kg · ℃
- 공기 비열 : 0.24kcal/kg · ℃
- H_2O 비열 : 0.4kcal/kg · ℃
- 얼음 비열 : 0.5kcal/kg · ℃

SECTION 03 배관일반

41 배수설비에 대한 설명으로 옳은 것은?
① 소규모 건물에서의 빗물 수직관은 통기관으로 사용 가능하다.
② 회로 통기방식에서 통기되는 기구의 수는 9개 이상으로 한다.
③ 배수관에 트랩의 봉수를 보호하기 위해 통기관을 설치한다.
④ 배수트랩의 봉수깊이는 5~10mm 정도가 이상적이다.

해설 ⊙ 빗물 수직관은 통기관 사용은 불가하다.
ⓒ 회로 통기방식에서 통기되는 기구의 수는 8개 이내이다.
ⓒ 배수트랩의 봉수깊이는 50~100mm이다.

42 고가탱크 급수방식의 특징에 관한 설명으로 틀린 것은?
① 항상 일정한 수압으로 급수할 수 있다.
② 수압의 과대 등에 따른 밸브류 등 배관 부속품의 파손이 적다.
③ 취급이 비교적 간단하고 고장이 적다.
④ 탱크는 기밀 제작이므로 값이 싸진다.

해설 고가탱크방식(옥상탱크 방식)은 개방식 제작이므로 가격이 싸다. 압력탱크방식은 기밀제작이므로 탱크가 압력에 견디어야 하므로 제작비가 비싸다.

43 급탕배관 시공 시 고려할 사항이 아닌 것은?
① 배관구배   ② 관의 신축
③ 배관재료의 선택   ④ 청소구의 설치장소

해설 ①, ②, ③항 외 공기 빼기, 관의 지지철물, 보온 등도 고려한다.

44 통기관의 종류가 아닌 것은?
① 각개 통기관   ② 루프 통기관
③ 신정 통기관   ④ 분해 통기관

해설 통기관 설비
⊙ 1관식 : 신정 통기관
ⓒ 2관식 : 각개 통기식, 회로 통기식, 환상 통기식, 섹스티아 배수방식, 솔벤트 방식

45 증기난방의 단관 중력 환수식 배관에서 증기와 응축수가 동일한 방향으로 흐르는 순류관의 구배로 적당한 것은?
① 1/50~1/100   ② 1/100~1/200
③ 1/150~1/250   ④ 1/200~1/300

해설 ⊙ 단관 중력 환수식 증기난방
• 순류관 구배 : 1/100~1/200 기울기
• 역류관 구배 : 1/50~1/100 기울기
ⓒ 복관 중력 환수식
• 건식, 습식 환수관 : 1/200 정도, 앞내림 기울기

46 다음 중 무기질 보온재가 아닌 것은?
① 암면   ② 펠트
③ 규조토   ④ 탄산마그네슘

해설 펠트
양모, 우모 등의 동물성 섬유로 만든 것과 삼베, 면 그 밖의 식물성 섬유를 혼합하여 만든 유기질 보온재이다.(100℃ 이하에 사용하나 아스팔트 천을 이용하여 방습 가공한 것은 -60℃ 보랭용 사용이 가능하다.)

47 다음 중 네오프렌 패킹을 사용하기에 가장 부적절한 배관은?
① 15℃의 배수배관
② 60℃의 급수배관
③ 100℃의 급탕배관
④ 180℃의 증기배관

해설 네오프렌(Neoprene)
플랜지 패킹에 속하며 고무 패킹재이다.(내열범위가 -46~121℃인 합성 고무제로서 물, 기름, 공기, 냉매 배관용) 증기배관에는 사용이 불가능하다.

ANSWER | 41. ③ 42. ④ 43. ④ 44. ④ 45. ② 46. ② 47. ④

48 암모니아 냉동설비의 배관으로 사용하기에 가장 부적절한 배관은?

① 이음매 없는 동관
② 저온 배관용 강관
③ 배관용 탄소강 강관
④ 배관용 스테인리스 강관

해설 동관은 프레온 냉매 설비 배관용이다.

49 도시가스 입상관에 설치하는 밸브는 바닥으로부터 몇 m 범위에 설치해야 하는가?(단, 보호 상자에 설치하는 경우는 제외한다.)

① 0.5m 이상 1m 이내
② 1m 이상 1.5m 이내
③ 1.6m 이상 2m 이내
④ 2m 이상 2.5m 이내

해설 도시가스 입상관 밸브 설치 위치
바닥에서 1.6m 이상 2m 이내이다.

50 유체를 일정방향으로만 흐르게 하고 역류하는 것을 방지하기 위해 설치하는 밸브는?

① 3방 밸브   ② 안전 밸브
③ 게이트 밸브   ④ 체크 밸브

해설 체크 밸브(역류방지 밸브)

※ 스윙 타입과 리프트 타입으로 나뉜다.

51 다음 중 강관 접합법으로 틀린 것은?

① 나사접합   ② 플랜지접합
③ 압축접합   ④ 용접접합

해설 압축접합(플레어접합)
동관의 기계점검, 보수, 관의 해체 시 동관의 지름 20mm 미만 시 접합한다.

52 압력탱크식 급수방법에서 압력탱크 설계요소로 가장 거리가 먼 것은?

① 필요 압력
② 탱크의 용적
③ 펌프의 양수량
④ 펌프의 운전방법

해설 급수방식 중 압력탱크방식은 펌프의 축동력 및 ①, ②, ③항이 설계요소이다.

53 압축공기 배관시공 시 일반적인 주의사항으로 틀린 것은?

① 공기 공급배관에는 필요한 개소에 드레인용 밸브를 장착한다.
② 주관에서 분기관을 취출할 때에는 관의 하단에 연결하여 이물질 등을 제거한다.
③ 용접개소는 가급적 적게 하고 라인의 중간중간에 여과기를 장착하여 공기 중에 섞인 먼지 등을 제거한다.
④ 주관 및 분기관의 관 끝에는 과잉의 압력을 제거하기 위한 불어내기(Blow)용 게이트 밸브를 설치한다.

해설 주관에서 분기관 취출 시 관의 하단이 아닌 상단이나 측면에서 연결하여 이물질을 제거한다.

54 캐비테이션 현상의 발생조건으로 옳은 것은?

① 흡입양정이 작을 경우 발생한다.
② 액체의 온도가 낮을 경우 발생한다.
③ 날개차의 원주속도가 작을 경우 발생한다.
④ 날개차의 모양이 적당하지 않을 경우 발생한다.

해설 캐비테이션(펌프의 이상 현상) 현상은 흡입양정이 크거나 액체의 온도가 높을 때, 날개차의 원주 속도가 클 경우 또는 ④항의 조건에서 발생한다.

48. ① 49. ③ 50. ④ 51. ③ 52. ④ 53. ② 54. ④ | ANSWER

55 냉동장치의 안전장치 중 압축기로의 흡입압력이 소정의 압력 이상이 되었을 경우 과부하에 의한 압축기용 전동기의 위험을 방지하기 위하여 설치되는 밸브는?

① 흡입압력 조정밸브
② 증발압력 조정밸브
③ 정압식 자동팽창밸브
④ 저압 측 플로트밸브

해설 흡입압력 조정밸브
압축기로의 흡입압력이 소정의 압력 이상이 되었을 경우 과부하에 의한 압축기 전동기의 위험을 방지하는 밸브이다.

56 건물의 시간당 최대 예상 급탕량이 2,000kg/h일 때, 도시가스를 사용하는 급탕용 보일러에서 필요한 가스 소모량은?(단, 급탕온도 60℃, 급수온도 20℃, 도시가스 발열량 15,000kcal/kg, 보일러 효율이 95%이며, 열손실 및 예열부하는 무시한다.)

① 5.6kg/h ② 6.6kg/h
③ 7.6kg/h ④ 8.6kg/h

해설 보일러의 효율 η

$\eta = \dfrac{G \times (h'' - h')}{G_f \times H} \times 100\%$에서

$G(h'' - h') = Q = G \cdot C \cdot \Delta T$이므로

$\eta = \dfrac{G \cdot C \cdot \Delta T}{G_f \times H} \times 100\%$

∴ 가스 소모량 $G_f = \dfrac{G \cdot C \cdot \Delta T}{\eta \times H} \times 100$

$= \dfrac{2,000 \times 1 \times (60-20)}{0.95 \times 15,000} = 5.61\text{kg/h}$

57 2가지 종류의 물질을 혼합하면 단독으로 사용할 때보다 더 낮은 융해온도를 얻을 수 있는 혼합제를 무엇이라고 하는가?

① 부취제 ② 기한제
③ 브라인 ④ 에멀션

해설 기한제
2가지 종류의 물질을 혼합하면 단독 물질 사용 시보다 더 낮은 융해온도를 얻을 수 있는 물질이다.(눈+소금, 눈+염화칼슘, 눈+희염산, 눈+탄산칼슘)

58 증기난방설비에 있어서 응축수 탱크에 모아진 응축수를 펌프로 보일러에 환수시키는 환수방법은?

① 중력 환수식 ② 기계 환수식
③ 진공 환수식 ④ 지역 환수식

해설 기계식 응축수 환수 방식(응축수 펌프 이용)

| 진공 환수식 | > | 기계 환수식 | > | 중력 환수식 |

59 다음 도면 표시기호는 어떤 방식인가?

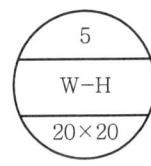

① 5쪽짜리 횡형 벽걸이 방열기
② 5쪽짜리 종형 벽걸이 방열기
③ 20쪽짜리 길드 방열기
④ 20쪽짜리 대류 방열기

해설
• 5 : 섹션 수
• W : 벽걸이
• H : 수평(횡형)
• 20×20 : 유입관 · 유출관

60 다음 중 동일 조건에서 열전도율(kcal/m · h · ℃)이 가장 큰 관은?

① 알루미늄관 ② 강관
③ 동관 ④ 연관

해설 열전도율의 크기
• 알루미늄 : 196
• 강관 : 46
• 동관 : 320
• 연관 : 30

ANSWER | 55. ① 56. ① 57. ② 58. ② 59. ① 60. ③

SECTION 04 전기제어공학

61 공업공정의 제어량을 제어하는 것은?
① 비율제어   ② 정치제어
③ 프로세스 제어 ④ 프로그램 제어

해설 ㉠ 프로세스 제어 : 온도, 유량, 압력, 밀도, 액위, 농도 등 공업 프로세스의 상태량을 제어한다.
㉡ 제어량의 성질에 따른 보류 : 프로그램 제어, 추종제어, 비율제어 등은 추치제어이다.

62 출력의 변동을 조정하는 동시에 목푯값에 정확히 추종하도록 설계한 제어계는?
① 추치제어   ② 안정제어
③ 타력제어   ④ 프로세서 제어

해설 추치제어
출력의 변동을 조정하는 동시에 목푯값에 정확히 추종하도록 설계한 제어로서 프로그램 제어, 추종제어, 비율제어가 있다.

63 시퀸스 제어에 관한 설명 중 틀린 것은?
① 조합 논리회로도 사용된다.
② 시간 지연요소도 사용된다.
③ 유접점 계전기만 사용된다.
④ 제어결과에 따라 조작이 자동적으로 이행된다.

해설 시퀸스 제어(정성적 제어)
순차제어로서 일시에 동작하지 않고 조합논리로도 사용된다.
㉠ 유접점 계전기
㉡ 무접점 계전기

64 60Hz, 6극 3상 유도전동기의 전부하에 있어서의 회전 수가 1,164rpm이다. 슬립은 약 몇 %인가?
① 2   ② 3
③ 5   ④ 7

해설 • 동기속도 $N_s = \dfrac{120f}{P} = \dfrac{120 \times 60}{6} = 1,200 \text{rpm}$

• 슬립 $s = \dfrac{N_s - N}{N_s} \times 100$
$= \dfrac{1,200 - 1,164}{1,200} \times 100$
$= 3\%$

65 압력으로 단위계산함수 $u(t)$를 가했을 때, 출력이 그림과 같은 동작은?

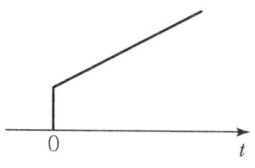

① P 동작   ② PD 동작
③ PI 동작   ④ 2위치 동작

해설 PI 제어(비례 · 적분제어)
제어계의 정상특성을 개선하기 위해 작동된다.

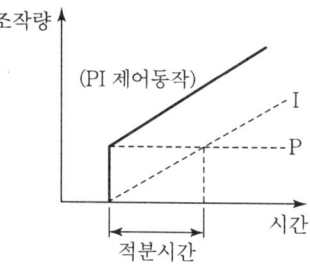

66 50Hz에서 회전하고 있는 2극 유도전동기의 출력이 20kW일 때 전동기의 토크는 약 몇 N·m인가?
① 48   ② 53
③ 64   ④ 84

해설 출력 $P = \omega mT = 2\pi f \dfrac{2}{P} T$

$20,000 = 2\pi \times 50 \times \dfrac{2}{2} \times T$에서

전동기 토크 $T = \dfrac{20,000 \times 2}{2\pi \times 50 \times 2}$
$= 63.66 \text{N} \cdot \text{m}$
$≒ 64 \text{N} \cdot \text{m}$

67 운동계의 각속도 ω는 전기계의 무엇과 대응되는가?
① 저항　　② 전류
③ 인덕턴스　④ 커패시턴스

해설 각속도
㉠ 기호 : ω(운동계의 각속도는 전기계의 전류와 대응된다.)
㉡ 단위 : rad/sec(라디안 퍼 세크)
㉢ 회전체가 1초 동안에 회전한 각도(ω)로 정의된다.
$\omega = \dfrac{Q}{t}$ (rad/sec)

68 반지름 1.5mm, 길이 2km인 도체의 저항이 32Ω이다. 이 도체가 지름이 6mm, 길이가 500m로 변할 경우 저항은 몇 Ω이 되는가?
① 1　　② 2
③ 3　　④ 4

해설 $R = \rho \cdot \dfrac{l}{A}$ 에서

고유저항 $\rho = \dfrac{R \cdot A}{l}$

$= \dfrac{32 \times \left(\dfrac{\pi \times 0.003^2}{4}\right)}{2,000}$

$= 1.13 \times 10^{-7} \Omega \cdot m$

∴ 변경 후 저항 $R = \rho \cdot \dfrac{l}{A}$

$= (1.13 \times 10^{-7}) \times \dfrac{500}{\left(\dfrac{\pi \times 0.006^2}{4}\right)}$

$= 1.998 \Omega$

69 그림의 선도 중 가장 임계안정한 것은?

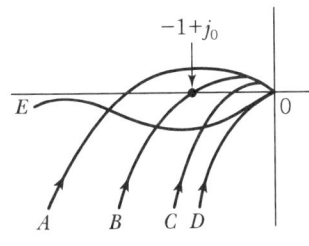

① A　　② B
③ C　　④ D

해설 나이퀴스트 선도에서 시스템이 안정하기 위한 궤적은 $(-1, j_0)$점을 포위하지 않고 회전하여야 한다.

70 8Ω, 12Ω, 20Ω, 30Ω의 4개 저항을 병렬로 접속할 때 합성저항은 약 몇 Ω인가?
① 2.0　　② 2.35
③ 3.43　　④ 3.8

해설 저항의 접속
㉠ 직렬연결(전류 일정) $V_1 = \dfrac{R_1}{R_1 + R_2} \times V$

㉡ 병렬연결(전압 일정) $I_2 = \dfrac{R_1}{R_1 + R_2} \times I$

∴ 합성저항 $(R_0) = \dfrac{1}{\dfrac{1}{R_1} + \dfrac{1}{R_2} + \dfrac{1}{R_3} + \dfrac{1}{R_4}}$

$= \dfrac{1}{\dfrac{1}{8} + \dfrac{1}{12} + \dfrac{1}{20} + \dfrac{1}{30}} = 3.43\Omega$

71 연료의 유량과 공기의 유량과의 관계 비율을 연소에 적합하게 유지하고자 하는 제어는?
① 비율제어　　② 시퀀스 제어
③ 프로세서 제어　④ 프로그램 제어

해설 비율제어
연료의 유량과 공기의 유량과의 관계비율을 연소에 접합하게 유지하고자 하는 제어이다.

72 회전 중인 3상 유도전동기의 슬립이 1이 되면 전동기 속도는 어떻게 되는가?
① 불변이다.
② 정지한다.
③ 무구속 속도가 된다.
④ 동기속도와 같게 된다.

해설 유도전동기
㉠ 회전자가 정지상태이면 슬립(S)=1
㉡ 동기속도로 회전하면 슬립(S)=0
㉢ 일반적으로 슬립은 소형=5~10%, 대형=2.5~5%

ANSWER | 67. ② 68. ② 69. ② 70. ③ 71. ① 72. ②

73 그림과 같은 Y결선 회로와 등가인 △결선회로의 Z_{ab}, Z_{bc}, Z_{ca} 값은?

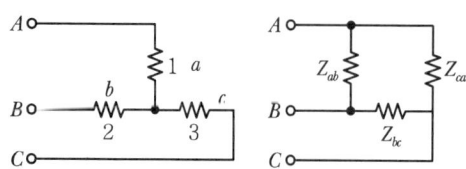

① $Z_{ab} = \dfrac{11}{3}$, $Z_{bc} = 11$, $Z_{ca} = \dfrac{11}{2}$

② $Z_{ab} = \dfrac{7}{3}$, $Z_{bc} = 7$, $Z_{ca} = \dfrac{7}{2}$

③ $Z_{ab} = 11$, $Z_{bc} = \dfrac{11}{2}$, $Z_{ca} = \dfrac{11}{3}$

④ $Z_{ab} = 7$, $Z_{bc} = \dfrac{7}{2}$, $Z_{ca} = \dfrac{7}{3}$

해설 ㉠ $Z_{ab} = \dfrac{R_a R_c + R_c R_b + R_a R_b}{R_c}$

$= \dfrac{1 \times 3 + 3 \times 2 + 1 \times 2}{3} = \dfrac{11}{3}$

㉡ $Z_{bc} = \dfrac{R_a R_c + R_c R_b + R_c R_b}{R_a}$

$= \dfrac{1 \times 3 + 3 \times 2 + 1 \times 2}{1} = 11$

㉢ $Z_{ca} = \dfrac{R_a R_c + R_c R_b + R_a R_b}{R_b}$

$= \dfrac{1 \times 3 + 3 \times 2 + 1 \times 2}{2} = \dfrac{11}{2}$

74 그림과 같은 시스템의 등가 합성전달함수는?

$X \to \boxed{G_1} \to \boxed{G_2} \to Y$

① $G_1 + G_2$ ② $\dfrac{G_1}{G_2}$

③ $G_1 - G_2$ ④ $G_1 \cdot G_2$

해설 직렬결합 $G(s) = \dfrac{C(s)}{R(s)} = G_1(s) \cdot G_2(s)$

75 단위 피드백계에서 $\dfrac{C}{R} = 1$, 즉 입력과 출력이 같다면 전향전달함수 $|G|$의 값은?

① $|G| = 1$ ② $|G| = 0$

③ $|G| = \infty$ ④ $|G| = \sqrt{2}$

해설 $G(s) = \dfrac{C}{R} = 1 = \dfrac{G}{1+G}$

$\dfrac{G}{1+G} = 1$, $\dfrac{1}{G+1} = 1$

∴ $G = \infty$

76 논리함수 $X = A + AB$를 간단히 하면?

① $X = A$ ② $X = B$

③ $X = A \cdot B$ ④ $X = A + B$

해설 $X = A + AB = A(1+B) = A \cdot 1 = A$

77 정현파 전파 정류 전압의 평균값이 119V이면 최댓값은 약 몇 V인가?

① 119   ② 187

③ 238   ④ 357

해설 평균값(V_a) $= 119 = \dfrac{2}{\pi} V_m$

V_m(최댓값) $= 119 \times \dfrac{\pi}{2} = 187$V

78 전기력선의 기본 성질에 관한 설명으로 틀린 것은?

① 전기력선의 밀도는 전계의 세기와 같다.
② 전기력선의 방향은 그 점의 전계의 방향과 일치한다.
③ 전기력선은 전위가 높은 점에서 낮은 점으로 향한다.
④ 전기력선은 부전하에서 시작하여 정전하에서 그친다.

해설 전기력선

전계의 상태를 생각하기 쉽게 하기 위하여 가상으로 나타낸 선이다. 밀도가 전계의 세기를 나타내고 접선의 방향이 그것을 그은 장소에서의 전계 방향을 나타낸다. 전기력선은 양전하에서 나와 음전하에 이른다. 그 특징은 ①, ②, ③과 같다.

79 다음 ( ) 안의 ⓐ, ⓑ에 대한 내용으로 옳은 것은?

> "근궤적은 $G(s)H(s)$의 (ⓐ)에서 출발하여 (ⓑ)에서 종착한다."

① ⓐ 영점, ⓑ 극점   ② ⓐ 극점, ⓑ 영점
③ ⓐ 분지점, ⓑ 극점   ④ ⓐ 극점, ⓑ 분지점

해설 근궤적
㉠ 출발점($K=0$) : 근궤적은 $G(s)H(s)$의 극점에서 출발한다.
㉡ 근궤적은 $G(s)H(s)$의 영점에서 종착한다.
  • 근궤적은 개루프 전달함수의 극으로부터 출발한다.
  • 근궤적은 실수 측의 대칭이다.

80 무효전력을 나타내는 단위는?

① VA   ② W
③ Var   ④ Wh

해설
• VA : 피상전력   • W : 유효전력
• Var : 무효전력   • Wh : 전력량

ANSWER | 79.② 80.③

2017년 1회 공조냉동기계산업기사

SECTION 01 공기조화

01 전공기 방식에 의한 공기조화의 특징에 관한 설명으로 틀린 것은?

① 실내공기의 오염이 적다.
② 계절에 따라 외기냉방이 가능하다.
③ 수배관이 없기 때문에 물에 의한 장치 부식 및 누수의 염려가 없다.
④ 덕트가 소형이라 설치공간이 줄어든다.

해설 전공기 방식(중앙방식) : 덕트가 대형이라 덕트 스페이스와 넓은 공조실이 필요하다.

02 실내 취득 현열량 및 잠열량이 각각 3,000W, 1,000W, 장치 내 취득열량이 550W이다. 실내 온도를 25℃로 냉방하고자 할 때, 필요한 송풍량은 약 얼마인가?(단, 취출구 온도차는 10℃이다.)

① 105.6L/s ② 150.8L/s
③ 295.8L/s ④ 346.6L/s

해설 실내 현열량 $Q_s = (3,000+550) \times 10^{-3} \times 860$
$= 3,053 \text{kcal/h}$
이때, 현열량 $Q_s = G \cdot C \cdot \Delta T = q \times 1.2 \times 0.24 \times \Delta T$ 에서
송풍량 $q = \dfrac{3,053}{1.2 \times 0.24 \times 10} = 1,060.07 \text{m}^3/\text{h}$
$1\text{m}^3 = 1,000\text{L}$, $1\text{h} = 3,600\text{s}$ 이므로
$\therefore \dfrac{1,060.07 \text{m}^3/\text{h} \times 1,000\text{L/m}^3}{3,600\text{s/h}} = 294.46 \text{L/s}$

03 배관 계통에서 유량은 다르더라도 단위길이당 마찰 손실이 일정하도록 관경을 정하는 방법은?

① 균등법
② 정압 재취득법
③ 등마찰 손실법
④ 등속법

해설 등마찰 손실법
배관이나 덕트에서 유량이 다르더라도 단위길이당 마찰 손실이 일정하도록 관경을 정하는 방법이다.

04 냉방 시의 공기조화 과정을 나타낸 것이다. 그림과 같은 조건일 경우 냉각코일의 바이패스 팩터는?(단, 그림에서 ① 실내공기의 상태점, ② 외기의 상태점, ③ 혼합공기의 상태점, ④ 취출공기의 상태점, ⑤ 코일의 장치노점온도이다.)

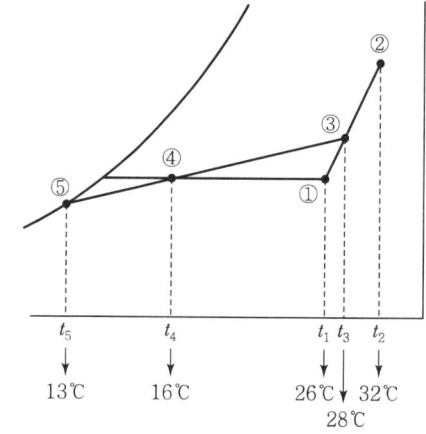

① 0.15 ② 0.20
③ 0.25 ④ 0.30

해설 냉각코일 바이패스 팩터(BF)
$BF = \dfrac{t_4 - t_5}{t_3 - t_5} = \dfrac{16-13}{28-13} = \dfrac{3}{15} = 0.2$

05 단일 덕트 방식에 대한 설명으로 틀린 것은?

① 단일 덕트 정풍량 방식은 개별 제어에 적합하다.
② 중앙기계실에 설치한 공기조화기에서 조화한 공기를 주 덕트를 통해 각 실내로 분배한다.
③ 단일 덕트 정풍량 방식에서는 재열을 필요로 할 때도 있다.
④ 단일 덕트 방식에서는 큰 덕트 스페이스를 필요로 한다.

1. ④ 2. ③ 3. ③ 4. ② 5. ① | ANSWER

해설 개별제어 방식
패키지 공조기, 히트 펌프, 룸 쿨러 등이 있다.

06 바이패스 팩터에 관한 설명으로 틀린 것은?
① 공기가 공기조화기를 통과할 경우, 공기의 일부가 변화를 받지 않고 원상태로 지나쳐갈 때 이 공기량과 전체 통과 공기량에 대한 비율을 나타낸 것이다.
② 공기조화기를 통과하는 풍속이 감소하면 바이패스 팩터는 감소한다.
③ 공기조화기의 코일열수 및 코일 표면적이 작을 때 바이패스 팩터는 증가한다.
④ 공기조화기의 이용 가능한 전열 표면적이 감소하면 바이패스 팩터는 감소한다.

해설 ㉠ 공기조화기에서 전열 표면적이 감소하면 바이패스 팩터는 증가한다.
㉡ 바이패스 팩터 : 공기가 코일을 통과해도 코일과 접촉하지 못하고 지나가는 공기의 비율이다.

07 온수난방의 특징에 대한 설명으로 틀린 것은?
① 증기난방보다 상하온도 차가 적고 쾌감도가 크다.
② 온도조절이 용이하고 취급이 증기보일러보다 간단하다.
③ 예열시간이 짧다.
④ 보일러 정지 후에도 실내난방은 여열에 의해 어느 정도 지속된다.

해설 • 온수난방 : 예열시간이 길다.
• 증기난방 : 증기는 비열이 작아서 예열시간이 짧다.

08 실내 온도 분포가 균일하여 쾌감도가 좋으며 화상의 염려가 없고 방을 개방하여도 난방효과가 있는 난방 방식은?
① 증기난방
② 온풍난방
③ 복사난방
④ 대류난방

해설 복사난방(패널난방)
실내 온도 분포가 균일하여 쾌감도가 좋으며 화상의 염려가 없고 방을 개방하여도 난방효과가 있다.

09 유인유닛방식의 특징으로 틀린 것은?
① 개별 제어가 가능하다.
② 중앙공조기는 1차 공기만 처리하므로 규모를 줄일 수 있다.
③ 유닛에는 동력배선이 필요하지 않다.
④ 송풍량이 적어서 외기냉방의 효과가 크다.

해설 유인유닛방식(공기-수방식) : 외기냉방 효과가 작다.
유인비 = $\dfrac{1차, 2차 합계 공기}{1차 공기}$ = 3~4 또는 6~7 정도

10 흡수식 냉동기에서 흡수기의 설치 위치는?
① 발생기와 팽창밸브 사이
② 응축기와 증발기 사이
③ 팽창밸브와 증발기 사이
④ 증발기와 발생기 사이

해설 흡수식 냉동기의 흡수 위치

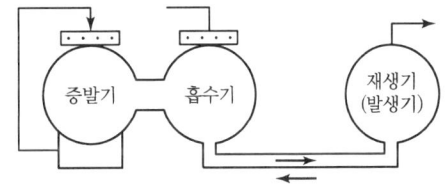

11 여름철을 제외한 계절에 냉각탑을 가동하면 냉각탑 출구에서 흰색 연기가 나오는 현상이 발생할 때가 있다. 이 현상을 무엇이라고 하는가?
① 스모그(Smog) 현상
② 백연(白煙) 현상
③ 굴뚝(Stack Effect) 현상
④ 분무(噴霧) 현상

해설 백연 현상
냉각탑 가동 시 냉각탑 출구에서 흰색 연기가 나오는 현상이다.(단, 여름철 제외)

ANSWER | 6.④ 7.③ 8.③ 9.④ 10.④ 11.②

12 풍량 450m³/min, 정압 50mmAq, 회전수 600rpm 인 다익 송풍기의 소요동력은?(단, 송풍기 효율은 50%이다.)

① 3.5kW
② 7.4kW
③ 11kW
④ 15kW

해설 송풍기 소요동력
$$L = \frac{Q \times P}{102 \times 60 \times \eta}$$
$$= \frac{450 \times 50}{102 \times 60 \times 0.5} = 7.35 ≒ 7.4\text{kW}$$

13 공기의 상태를 표시하는 용어와 단위의 연결로 틀린 것은?

① 절대습도 : kg/kg
② 상대습도 : %
③ 엔탈피 : kcal/m³ · ℃
④ 수증기분압 : mmHg

해설 엔탈피(h) : kcal/kg
$h = u + A \cdot P \cdot V =$ 내부 에너지 $+ \frac{1}{427} \times$ 압력 $\times$ 비체적

14 팬코일 유닛에 대한 설명으로 옳은 것은?

① 고속덕트로 들어온 1차 공기를 노즐에 분출시킴으로써 주위의 공기를 유인하여 팬코일로 송풍하는 공기조화기이다.
② 송풍기, 냉온수코일, 에어필터 등을 케이싱 내에 수납한 소형의 실내용 공기조화기이다.
③ 송풍기, 냉동기, 냉온수코일 등을 기내에 조립한 공기조화기이다.
④ 송풍기, 냉동기, 냉온수코일, 에어필터 등을 케이싱 내에 수납한 소형의 실내용 공기조화기이다.

해설 FCU(팬코일 유닛)
송풍기, 냉온수코일, 에어필터 등을 케이싱 내에 수납한 소형의 실내용 공기조화기이다.

15 온도 30℃, 절대습도 0.0271kg/kg인 습공기의 엔탈피는?

① 89.58kcal/kg
② 47.88kcal/kg
③ 23.73kcal/kg
④ 11.98kcal/kg

해설 습공기 엔탈피(h_w) $= h_a + x \cdot h_v$
$= c_p \cdot t + x(r + c_{vp} \cdot t)$
$= 0.24t + x(597.5 + 0.44t)$
∴ $h_w = (0.24 \times 30) + 0.0271(597.5 + 0.44 \times 30)$
$= 7.2 + 0.0271(597.5 + 13.2) = 23.75\text{kcal/kg}$

16 공기조화장치의 열운반 장치가 아닌 것은?

① 펌프
② 송풍기
③ 덕트
④ 보일러

해설 냉동기, 보일러 : 열발생(열원) 장치

17 수관식 보일러에 관한 설명으로 틀린 것은?

① 보일러의 전열면적이 넓어 증발량이 많다.
② 고압에 적당하다.
③ 비교적 자유롭게 전열 면적을 넓힐 수 있다.
④ 구조가 간단하여 내부 청소가 용이하다.

해설 ④항은 원통형 보일러에 해당하는 내용이다.

18 다수의 전열판을 겹쳐 놓고 볼트로 연결시킨 것으로 판과 판 사이를 유체가 지그재그로 흐르면서 열교환이 이루어지고 열교환 능력이 매우 높아 필요 설치면적이 좁고 전열판의 증감으로 기기 용량의 변동이 용이한 열교환기는?

① 플레이트형 열교환기
② 스파이럴형 열교환기
③ 원통다관형 열교환기
④ 회전형 전열교환기

해설 플레이트형 열교환기(판형 열교환기)
다수의 전열판을 겹쳐놓고 볼트로 연결시켜 만들며 열교환 능력이 높고 절열판의 증감이 용이하다.

12. ② 13. ③ 14. ② 15. ③ 16. ④ 17. ④ 18. ① | **ANSWER**

19 축열시스템의 특징에 관한 설명으로 옳은 것은?
① 피크 컷(Peak Cut)에 의해 열원장치의 용량이 증가한다.
② 부분부하 운전에 쉽게 대응하기가 곤란하다.
③ 도시의 전력수급상태 개선에 공헌한다.
④ 야간운전에 따른 관리 인건비가 절약된다.

해설 축열시스템
야간에 저렴한 전기로 온수나 얼음, 냉각수를 만들어 주간에 냉방, 동절기에는 난방으로 사용한다.(전력 수급 개선)

20 염화리튬, 트리에틸렌 글리콜 등의 액체를 사용하여 감습하는 장치는?
① 냉각 감습장치 ② 압축 감습장치
③ 흡수식 감습장치 ④ 세정식 감습장치

해설 ㉠ 흡수식 감습장치 : 염화리튬, 트리에틸렌 글리콜 등의 액체 감습장치이다.(가습의 반대)
㉡ 감습효과 : 냉각감습 > 화학감습 > 압축감습

SECTION 02 냉동공학

21 정압식 팽창밸브는 무엇에 의하여 작동하는가?
① 응축 압력 ② 증발기의 냉매 과랭도
③ 응축 온도 ④ 증발 압력

해설 정압식 팽창밸브(AEV)
일반적으로 벨로스식이나 다이어프램식을 사용한다. 증발압력이 높아지면 닫히고 낮아지면 열려서 증발 압력을 일정하게 한다.

22 브라인의 구비조건으로 틀린 것은?
① 비열이 크고 동결온도가 낮을 것
② 점성이 클 것
③ 열전도열이 클 것
④ 불연성이며 불활성일 것

해설 브라인 2차 냉매(간접냉매)는 순환펌프나 동력소비 절감을 위해 점성이 작아야 한다.

23 냉동부하가 30RT이고, 냉각장치의 열통과율이 6 kcal/m² · h · ℃, 브라인의 입·출구 평균온도 10 ℃, 냉매의 증발온도가 4℃일 때 전열면적은?
① 1,825m² ② 2,767m²
③ 2,932m² ④ 3,123m²

해설 냉동부하 $Q = K \cdot F \cdot \Delta T$에서
전열면적 $F = \dfrac{Q}{K \cdot \Delta T} = \dfrac{30 \times 3,320}{6 \times (10-4)}$
$= 2,766.67$
$≒ 2,767 \text{m}^2$

24 두께 20cm인 콘크리트 벽 내면에, 두께 15cm인 스티로폼으로 방열을 하고, 그 내면에 두께 1cm의 내장 목재판으로 벽을 완성시킨 냉장실의 벽면에 대한 열관류율은?(단, 열전도율 및 열전달율은 아래와 같다.)

재료		열전도율
콘크리트		0.9kcal/m · h · ℃
스티로폼		0.04kcal/m · h · ℃
내장목재		0.15kcal/m · h · ℃
공기막계수	외부	20kcal/m² · h · ℃
	내부	6kcal/m² · h · ℃

① 1.35kcal/m² · h · ℃
② 0.23kcal/m² · h · ℃
③ 0.13kcal/m² · h · ℃
④ 0.02kcal/m² · h · ℃

해설 열관류율 $(k) = \dfrac{1}{\dfrac{1}{a_1} + \dfrac{b_1}{\lambda_1} + \dfrac{b_2}{\lambda_2} + \dfrac{b_3}{\lambda_3}}$
$= \dfrac{1}{\dfrac{1}{6} + \dfrac{0.2}{0.9} + \dfrac{0.15}{0.04} + \dfrac{0.01}{0.15} + \dfrac{1}{20}}$
$= 0.23 \text{kcal/m}^2 \cdot h \cdot ℃$

ANSWER | 19. ③ 20. ③ 21. ④ 22. ② 23. ② 24. ②

25 암모니아 냉동장치에서 팽창밸브 직전의 엔탈피가 128kcal/kg, 압축기 입구의 냉매가스 엔탈피가 397 kcal/kg이다. 이 냉동장치의 냉동능력이 12냉동톤일 때, 냉매순환량은?(단, 1냉동톤은 3,320kcal/h이다.)
① 3,320kg/h ② 3,228kg/h
③ 269kg/h   ④ 148kg/h

해설 냉동능력(Q) = 냉매순환량(G) × 냉동효과(q)에서
$G = \dfrac{Q}{q} = \dfrac{12 \times 3,320}{(397-128)} = 148.1 \text{kg/h}$

26 할로겐 원소에 해당되지 않는 것은?
① 불소(F)   ② 수소(H)
③ 염소(Cl)   ④ 브롬(Br)

해설 할로겐 원소
주기율표의 17족에 속하는 원소(플루오르, 염소, 브롬, 요오드 등)

27 일의 열당량(A)을 옳게 표시한 것은?
① $A = 427 \text{kg} \cdot \text{m/kcal}$
② $A = \dfrac{1}{427} \text{kcal/kg} \cdot \text{m}$
③ $A = 102 \text{kcal/kg} \cdot \text{m}$
④ $A = 860 \text{kg} \cdot \text{m/kcal}$

해설 ① 열의 일당량
② 일의 열당량

28 냉동사이클에서 증발온도는 일정하고 응축온도가 올라가면 일어나는 현상이 아닌 것은?
① 압축기 토출가스 온도 상승
② 압축기 체적효율 저하
③ COP(성적계수) 증가
④ 냉동능력(효과) 감소

해설 증발온도 일정 → 응축온도 상승 = 압축비 증가(성적계수 감소)

29 온도식 팽창밸브에서 흐르는 냉매의 유량에 영향을 미치는 요인으로 가장 거리가 먼 것은?
① 오리피스 구경의 크기
② 고·저압 측 간의 압력차
③ 고압 측 액상 냉매의 냉매온도
④ 감온통의 크기

해설 감온통은 온도식 자동 팽창밸브(TEV)의 증발기 출구에 부착되어 출구 냉매 상태에 따라 개열량을 조정하는 것으로 그 크기가 냉매 유량에 영향을 미치지는 않는다.

30 영화관을 냉방하는 데 360,000kcal/h의 열을 제거해야 한다. 소요동력을 냉동톤당 1PS로 가정하면 이 압축기를 구동하는 데 약 몇 kW의 전동기가 필요한가?
① 79.8kW   ② 69.8kW
③ 59.8kW   ④ 49.8kW

해설 1RT = 3,320kcal/h
$360,000 \text{kcal/h} = 360,000 \times \dfrac{1}{3,320}$
$= 108.43 \text{RT}$
전동기 용량(kW) $= 108.43 \times \dfrac{632}{860}$
$= 79.68 \text{kW}$

31 플래시 가스(Flash Gas)의 발생 원인으로 가장 거리가 먼 것은?
① 관경이 큰 경우
② 수액기에 직사광선이 비쳤을 경우
③ 스트레이너가 막혔을 경우
④ 액관이 현저하게 입상했을 경우

해설 플래시 가스
팽창밸브에서 냉매액이 증발기로 유입되기 전 먼저 기화하여 냉매액의 증발잠열을 이용하지 못하는 폐가스이다(관경이 작을수록 발생이 심하다).

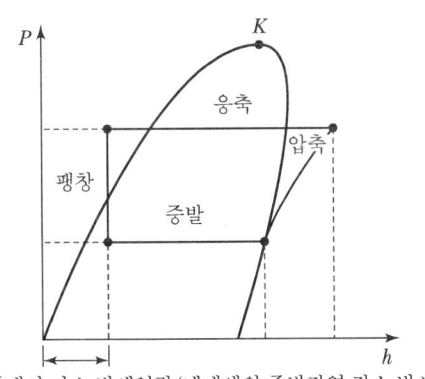

플래시 가스 발생열량(냉매액의 증발잠열 감소 발생)

32 액봉 발생의 우려가 있는 부분에 설치하는 안전장치가 아닌 것은?

① 가용전
② 파열판
③ 안전밸브
④ 압력도피장치

해설 가용전(Fusible Plug)
프레온 냉동장치의 응축기나 수액기에 장착하는 안전장치다. 냉동설비의 화재 사고 시 일정온도 이상이 되면 가용전이 녹으며 고압가스를 외기로 방출하여 기기의 파손을 방지한다.

33 카르노 사이클과 관련 없는 상태 변화는?

① 등온팽창   ② 등온압축
③ 단열압축   ④ 등적팽창

해설 등적팽창 : 체적의 변화가 없는 상태

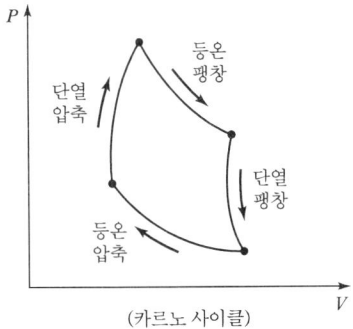

(카르노 사이클)

34 증기 압축식 이론 냉동사이클에서 엔트로피가 감소하고 있는 과정은?

① 팽창과정   ② 응축과정
③ 압축과정   ④ 증발과정

해설 응축과정
냉매의 열이 제거되는 과정이므로(냉매증기 → 냉매액으로 변화) 엔트로피가 감소한다.

35 진공계의 지시가 45cmHg일 때 절대압력은?

① 0.0421kgf/cm² abs
② 0.42kgf/cm² abs
③ 4.21kgf/cm² abs
④ 42.1kgf/cm² abs

해설 abs(절대압) = 대기압(76cmHg) − 진공압(45cmHg)
= 31cmHg
대기압 = 1atm = 1.0332kgf/cm²
절대압력 = $1.0332 \times \frac{31}{76} = 0.42$kgf/cm²abs

36 매시 30℃의 물 2,000kg을 −10℃의 얼음으로 만드는 냉동장치가 있다. 이 냉동장치의 냉각수 입구온도가 32℃, 냉각수 출구온도가 37℃이며, 냉각수량이 60m³/h일 때, 압축기의 소요동력은?

① 81.4kW   ② 88.7kW
③ 90.5kW   ④ 117.4kW

해설 • 30℃ 물 → 0℃ 물
물의 현열 $Q = G \cdot C \cdot \Delta T = 2,000 \times 1 \times (30-0)$
$= 60,000$kcal/h

• 0℃ 물 → 0℃ 얼음
물의 응고잠열 $Q = G \cdot \gamma = 2,000 \times 80 = 160,000$kcal/h

• 0℃ 얼음 → −10℃ 얼음
얼음의 응고열 $Q = G \cdot C \cdot \Delta T$
$= 2,000 \times 0.5 \times (0-(-10))$
$= 10,000$kcal/h

• 응축기 방열량
$Q_c = G \cdot C \cdot \Delta T = 60,000 \times 1 \times (37-32)$
$= 300,000$kcal

∴ 압축기 소요동력
$= \frac{300,000 - (60,000 + 160,000 + 10,000)}{860} = 81.4$kW

ANSWER | 32. ① 33. ④ 34. ② 35. ② 36. ①

37 균압관의 설치 위치는?

① 응축기 상부 – 수액기 상부
② 응축기 하부 – 팽창변 입구
③ 증발기 상부 – 압축기 출구
④ 액분리기 하부 – 수액기 상부

해설 균압관 설치 위치

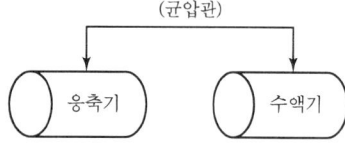

38 압축기의 흡입밸브 및 송출밸브에서 가스 누출이 있을 경우 일어나는 현상은?

① 압축일의 감소
② 체적효율 감소
③ 가스의 압력이 상승
④ 성적계수 증가

해설 압축기 흡입밸브, 송출밸브에서 냉매가스 누출 시 체적효율이 감소한다.

39 어떤 냉동장치의 냉동부하는 14,000kcal/h, 냉매 증기 압축에 필요한 동력은 3kW, 응축기 입구에서 냉각수 온도 30℃, 냉각수량 69L/min일 때, 응축기 출구에서 냉각수 온도는?

① 33℃   ② 38℃
③ 42℃   ④ 46℃

해설
- 냉동부하 $Q_e = 14,000$ kcal/h
- 압축일 $Aw = 3 \times 860 = 2,500$ kcal/h
- 응축부하 $Q_c = Q_e + Aw$
  $= 14,000 + 2,580 = 16,580$ kcal/h

이때, $Q_c = G \cdot C(t_2 - t_1)$에서

출구온도 $t_2 = \dfrac{Q_c}{G_c} + t_1$

$= \dfrac{16,580}{(69 \times 60) \times 1} + 30 = 34℃$

40 교축작용과 관계없는 것은?

① 등엔탈피 변화
② 팽창밸브에서의 변화
③ 엔트로피의 증가
④ 등적변화

해설 냉매의 교축작용 시 압력이 강하하고, 유속이 감소하며, 엔탈피는 일정하고, 비가역 변화가 나타난다.

SECTION 03 배관일반

41 증기난방에 비해 온수난방의 특징을 설명한 것으로 틀린 것은?

① 예열하는 데 많은 시간이 걸린다.
② 부하 변동에 대응한 온도 조절이 어렵다.
③ 방열면의 온도가 비교적 높지 않아 쾌감도가 좋다.
④ 설비비가 다소 고가이나 취급이 쉽고 비교적 안전하다.

해설 온수난방은 증기난방에 비하여 부하 변동 시 온도 조절이 용이하다.

42 배수 배관에 관한 설명으로 틀린 것은?

① 배수 수평 주관과 배수 수평 분기관의 분기점에는 청소구를 설치해야 한다.
② 배수관경의 결정방법은 기구 배수 부하 단위나 정상유량을 사용하는 2가지 방법이 있다.
③ 배수관경이 100A 이하일 때는 청소구의 크기를 배수관경과 같게 한다.
④ 배수 수직관의 관경은 수평 분기관의 최소 관경 이하가 되어야 한다.

해설

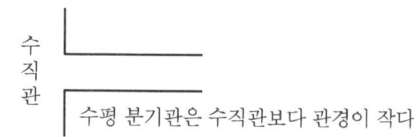

37. ① 38. ② 39. ① 40. ④ 41. ② 42. ④ | ANSWER

43 다음과 같은 증기 난방배관에 관한 설명으로 옳은 것은?

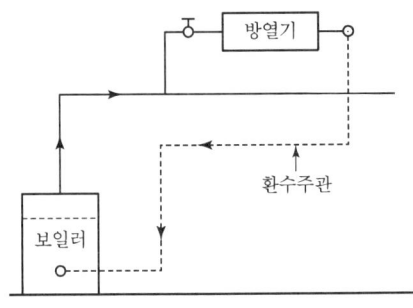

① 진공환수방식으로 습식 환수방식이다.
② 중력환수방식으로 건식 환수방식이다.
③ 중력환수방식으로 습식 환수방식이다.
④ 진공환수방식으로 건식 환수방식이다.

해설 환수주관이 보일러 내 수위보다 높으므로 건식 환수방식이다.(중력환수방식)

44 보온재의 구비조건으로 틀린 것은?

① 열전달률이 클 것
② 물리적, 화학적 강도가 클 것
③ 흡수성이 적고 가공이 용이할 것
④ 불연성일 것

해설 보온재는 열전도, 열전달률이 작아야 내부의 열손실이 방지되어 온도 하강을 예방할 수가 있다.

45 배관지지 장치에서 수직 방향 변위가 없는 곳에 사용되는 행거는?

① 리지드 행거   ② 콘스탄트 행거
③ 가이드 행거   ④ 스프링 행거

해설 리지드 행거(Rigid Hanger)
배관 시공상 하중을 위에서 걸어 당겨 지지할 목적으로 사용된다. 또한, 수직 방향에 변위가 없는 곳에 사용한다.

46 LP가스의 주성분으로 옳은 것은?

① 프로판(C_3H_8)과 부틸렌(C_4H_8)
② 프로판(C_3H_8)과 부탄(C_4H_{10})
③ 프로필렌(C_3H_6)과 부틸렌(C_4H_8)
④ 프로필렌(C_3H_6)과 부탄(C_4H_{10})

해설 LP가스(액화 석유가스) 주성분
프로판(C_3H_8), 부탄(C_4H_{10})

47 가스배관 중 도시가스 공급배관의 명칭에 대한 설명으로 틀린 것은?

① 배관 : 본관, 공급관 및 내관 등을 나타낸다.
② 본관 : 옥외 내관과 가스계량기에서 중간 밸브 사이에 이르는 배관을 나타낸다.
③ 공급관 : 정압기에서 가스 사용자가 소유하거나 점유하고 있는 토지의 경계까지 이르는 배관을 나타낸다.
④ 내관 : 가스 사용자가 소유하거나 점유하고 있는 토지의 경계에서 연소기까지 이르는 배관을 나타낸다.

해설 본관 : 도시가스 제조 사업소와 정압기지를 연결

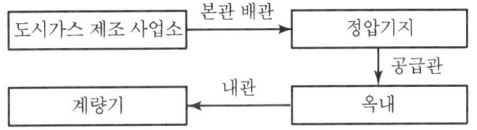

48 자연순환식으로서 열탕의 탕비기 출구온도를 85℃(밀도 0.96876kg/L), 환수관의 환탕온도를 65℃(밀도 0.98001kg/L)로 하면 이 순환계통의 순환수두는 얼마인가?(단, 가장 높은 급탕탱크의 높이는 10m이다.)

① 11.25mmAq   ② 112.5mmAq
③ 15.34mmAq   ④ 153.4mmAq

해설 순환수두(H) = $(\rho_2 - \rho_1)h$
= {(0.98001 − 0.96876)×10}×1,000
= 112.5mmAq
※ 1m = 1,000mm

49 난방배관에서 리프트 이음(Lift Fitting)을 하는 응축수 환수방식은?

① 중력환수식　② 기계환수식
③ 진공환수식　④ 상향환수식

해설 진공환수식

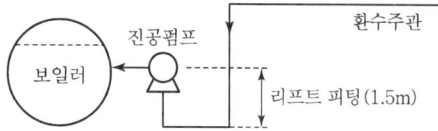

50 개별식(국소식) 급탕방식의 특징으로 틀린 것은?

① 배관설비 거리가 짧고 배관에서의 열손실이 적다.
② 급탕장소가 많은 경우 시설비가 싸다.
③ 수시로 급탕하여 사용할 수 있다.
④ 건물의 완성 후에도 급탕장소의 증설이 비교적 쉽다.

해설 개별식 급탕방식은 급탕장소가 적은 설비에 사용하여야 경제적이다.

51 공기조화 배관 설비 중 냉수코일을 통과하는 일반적인 설계 풍속으로 가장 적당한 것은?

① 2~3m/s　② 5~6m/s
③ 8~9m/s　④ 10~11m/s

해설 공기조화에서 냉수코일을 통과하는 냉방용 풍속의 설계기준 : 2~3m/s

52 냉각탑에서 냉각수는 수직 하향 방향이고 공기는 수평 방향인 형식은?

① 평행류형　② 직교류형
③ 혼합형　④ 대향류형

해설 직교류형 냉각탑(쿨링타워)

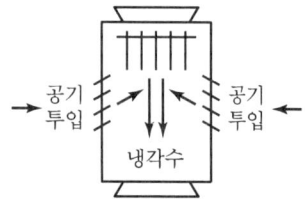

53 통기방식 중 각 기구의 트랩마다 통기관을 설치하여 안정도가 높고 자기 사이펀 작용에도 효과가 있으며 배수를 완전하게 할 수 있는 이상적인 통기 방식은?

① 각개 통기　② 루프 통기
③ 신정 통기　④ 회로 통기

해설 각개 통기 : 각 기구의 트랩마다 통기관을 설치하여 안정도가 높고 자기 사이펀 작용에 효과가 있다.(배수를 완전하게 할 수 있다.)

54 증기난방 배관에서 증기트랩을 사용하는 주된 목적은?

① 관 내의 온도를 조절하기 위해서
② 관 내의 압력을 조절하기 위해서
③ 배관의 신축을 흡수하기 위해서
④ 관 내의 증기와 응축수를 분리하기 위해서

해설
(증기와 응축수 분리 : 수격작용 방지)

55 관 내에 분리된 증기나 공기를 배출하고 물의 팽창에 따른 위험을 방지하기 위해 설치하는 것은?

① 순환탱크　② 팽창탱크
③ 옥상탱크　④ 압력탱크

해설 팽창탱크(개방식, 밀폐식)는 관 내에 분리된 증기나 공기를 배출하고 물의 팽창량보다 약 2배정도 크기로 하여 압력을 조절한다.

56 급수관의 직선관로에서 마찰손실에 관한 설명으로 옳은 것은?

① 마찰손실은 관 지름에 정비례한다.
② 마찰손실은 속도수두에 정비례한다.
③ 마찰손실은 배관 길이에 반비례한다.
④ 마찰손실은 관 내 유속에 반비례한다.

해설 급수관의 마찰손실은 속도수두에 정비례한다.
마찰손실수두$(H) = \dfrac{P}{r} + \dfrac{V^2}{2g} + Z(\text{m})$

57 배관의 행거(Hanger)용 지지철물을 달아매기 위해 천장에 매입하는 철물은?

① 턴버클(Turnbuckle)
② 가이드(Guide)
③ 스토퍼(Stopper)
④ 인서트(Insert)

해설 **인서트**
배관 행거 등을 지지하기 위해 천장에 매입하는 철물이다. (지지철물)

58 수액기를 나온 냉매액은 팽창밸브를 통해 교축되어 저온 저압의 증발기로 공급된다. 팽창밸브의 종류가 아닌 것은?

① 온도식
② 플로트식
③ 인젝터식
④ 압력자동식

해설 인젝터식은 소형 급수설비(증기 사용, 무동력)에 사용되며 정전 시 펌프대용이다.

59 주철관 이음방법이 아닌 것은?

① 플라스턴 이음
② 빅토릭 이음
③ 타이튼 이음
④ 플랜지 이음

해설 **플라스턴 이음(Plastann Joint)**
연관의 접합이며 납 60%+주석 40%, 용융점 232℃의 조인트 이음이다.

60 냉·온수 헤더에 설치하는 부속품이 아닌 것은?

① 압력계
② 드레인관
③ 트랩장치
④ 급수관

해설 **트랩**
㉠ 배수트랩
㉡ 증기트랩(증기헤더에 설치)

SECTION 04 전기제어공학

61 임피던스 강하가 4%인 어느 변압기가 운전 중 단락되었다면 그 단락전류는 정격전류의 몇 배가 되는가?

① 10
② 20
③ 25
④ 30

해설 임피던스 : 전기회로에 교류를 흘렸을 경우에 전류의 흐름을 방해하는 정도의 값
단락전류는 정격전류의 25배($\frac{1}{4}\times 100 = 25$배)이다.

62 $G(s) = \frac{s^2+2s+1}{s^2+s-6}$ 인 특정방정식의 근은?

① -1
② $-3, 2$
③ $-1, -3$
④ $-1, -3, 2$

해설 특정방정식 : 전달함수 분모의 값이 0이 되는 방정식
$s^2+s-6=0 \xrightarrow{\text{인수분해}} (s+3)(s-2)=0$
∴ 근의 값 $s=2, -3$

63 그림과 같은 블록선도에서 전달함수 $\frac{C}{R}$ 는?

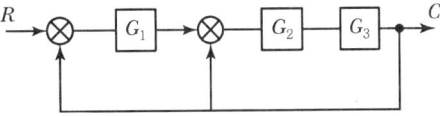

① $\frac{G_1G_2G_3}{1+G_2G_3+G_1G_3}$

② $\frac{G_1G_2G_3}{1+G_1G_2+G_1G_2G_3}$

③ $\frac{G_1G_2G_3}{1+G_2G_3+G_1G_2G_3}$

④ $\frac{G_1G_2G_3}{1+G_1G_3+G_1G_2G_3}$

해설 전달함수($\frac{C}{R}$) : 모든 초기값을 0으로 하였을 때 출력신호의 변환과 입력신호의 라플라스 변환의 비이다.
∴ $\frac{C}{R} = C(s) = \frac{G_1G_2G_3}{1+G_2G_3+G_1G_2G_3}$

ANSWER | 57.④ 58.③ 59.① 60.③ 61.③ 62.② 63.③

64 되먹임 제어계에서 ⓐ부분에 해당하는 것은?

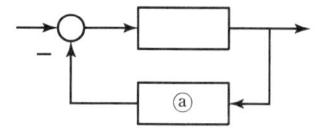

① 조절부 ② 조작부
③ 검출부 ④ 목푯값

해설

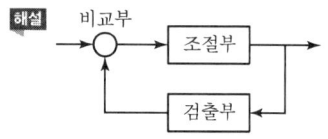

65 배리스터(Varistor)란?
① 비직선적인 전압-전류 특성을 갖는 2단자 반도체소자이다.
② 비직선적인 전압-전류 특성을 갖는 3단자 반도체소자이다.
③ 비직선적인 전압-전류 특성을 갖는 4단자 반도체소자이다.
④ 비직선적인 전압-전류 특성을 갖는 리액턴스 소자이다.

해설 배리스터
비직선적인 전압-전류 특성을 갖는 2단자 반도체소자로 전압에 따라 현저하게 저항값이 변화하는 성질이 있다.

66 직류발전기 전기자 반작용의 영향이 아닌 것은?
① 절연내력의 저하
② 자속의 크기 감소
③ 유기기전력의 감소
④ 자기 중성축의 이동

해설 전기자 반작용 : 발전기나 전동기에 있어서 전기자 전류에 의해 생기는 자속이 주계자 자속에 주는 반작용(전동기 속도나 발전기의 전압 변동률 등에 영향을 미친다.)

67 잔류 편차(Offset)를 발생하는 제어는?
① 미분제어 ② 적분제어
③ 비례제어 ④ 비례적분미분제어

해설 비례제어 시 잔류 편차가 발생하며 적분동작으로 잔류 편차를 제거한다.

68 피측정단자에 그림과 같이 결선하여 전압계로 e(V)라는 전압을 얻었을 때 피측정단자의 절연저항은 몇 (MΩ)인가?(단, R_m : 전압계 내부저항(Ω), V : 시험전압(V)이다.)

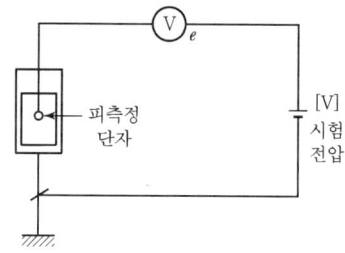

① $R_m(eV-1) \times 10^{-6}$
② $R_m\left(\dfrac{e}{V}-1\right) \times 10^{-6}$
③ $R_m\left(\dfrac{V}{e}-1\right) \times 10^{-6}$
④ $R_m(V-e) \times 10^{-6}$

해설 · 피측정단자의 절연저항 $= R_m\left(\dfrac{V}{e}-1\right) \times 10^{-6}$ MΩ
· 절연저항 : 절연물에 직류전압을 가하면 아주 미소한 전류가 흐르는데, 이때의 전압과 전류의 비이다. 그 단위는 MΩ이다.

69 직류전동기의 속도제어법으로 틀린 것은?
① 저항제어 ② 계자제어
③ 전압제어 ④ 주파수제어

해설 주파수 제어방식 : 농형 유도전동기의 속도제어법이다.

70 그림과 같은 블록선도와 등가인 것은?

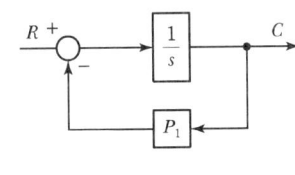

① $R \rightarrow \boxed{\dfrac{s}{P_1}} \rightarrow C$

② $R \rightarrow \boxed{s+P_1} \rightarrow C$

③ $R \rightarrow \boxed{\dfrac{1}{s+P_1}} \rightarrow C$

④ $R \rightarrow \boxed{\dfrac{P_1}{s}} \rightarrow C$

해설 등가회로
부품의 전기적 특성을 생각하기 위해 그 부품 본래의 목적 외에도 저항값(저항기), 인덕턴스(코일), 정전용량(콘덴서) 등, 다른 것도 직렬 또는 병렬로 조합되어서 존재하는 것으로 하여 그린 회로이다.

$$\frac{C}{R} = \frac{\frac{1}{s}}{1+\frac{P_1}{s}} = \frac{1}{s+P_1}$$

등가 = $R \rightarrow \boxed{\dfrac{1}{s+P_1}} \rightarrow C$

71 그림과 같은 그래프에 해당하는 함수를 라플라스 변환하면?

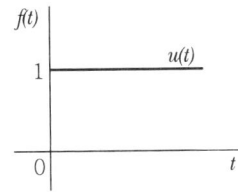

① 1 ② $\dfrac{1}{s}$
③ $\dfrac{1}{s+1}$ ④ $\dfrac{1}{s^2}$

해설 라플라스 변환 $= \mathcal{L}[f(t)] = \int_0^\infty \cdot \dfrac{1}{s}$

$\left[u(t)=1, \ f(s)=\dfrac{1}{s} : 단위계단 함수\right]$

즉, $f(s) = \mathcal{L}[u(t)] = \int_0^\infty 1 \cdot e^{-st}$

$= \left[-\dfrac{1}{s}e^{-st}\right] = \dfrac{1}{s}$

72 교류에서 실횻값과 최댓값의 관계는?

① 실횻값 $= \dfrac{최댓값}{\sqrt{2}}$ ② 실횻값 $= \dfrac{최댓값}{\sqrt{3}}$

③ 실횻값 $= \dfrac{최댓값}{2}$ ④ 실횻값 $= \dfrac{최댓값}{3}$

해설 교류 실횻값 $= \dfrac{최댓값}{\sqrt{2}}$(배)

- 순시값 : 교류는 시간에 따라 순간마다 파의 크기가 변화하므로 전류파형 또는 전압파형에서 어떤 임의의 순간에서 전류 또는 전압의 크기
- 최댓값 : 교류파형의 순시값 중에서 가장 큰 순시값

73 다음 중 다른 값을 나타내는 논리식은?

① $XY+Y$ ② $\overline{X}Y+XY$
③ $(Y+X+\overline{X})Y$ ④ $X(\overline{Y}+X+Y)$

해설 ① $XY+Y = (X+1)Y = 1 \cdot Y = Y$
② $\overline{X}Y+XY = (\overline{X}+X)Y = 1 \cdot Y = Y$
③ $(Y+X+\overline{X})Y = (Y+1) \cdot Y = 1 \cdot Y = Y$
④ $X(\overline{Y}+X+Y) = X(\overline{Y}+Y+X)$
$= X(1+X) = X \cdot 1 = X$

74 프로세스 제어나 자동 조정 등 목푯값이 시간에 대하여 변화하지 않는 제어를 무엇이라 하는가?

① 추종제어 ② 비율제어
③ 정치제어 ④ 프로그램제어

해설 정치제어
프로세스 제어나 자동조정 등 목푯값이 시간에 대하여 변화하지 않는 제어이다.(그 반대는 추치제어이다.)

75 되먹임 제어를 옳게 설명한 것은?

① 입력과 출력을 비교하여 정정동작을 하는 방식
② 프로그램의 순서대로 순차적으로 제어하는 방식
③ 외부에서 명령을 입력하는 데 따라 제어되는 방식
④ 미리 정해진 순시에 따라 순차적으로 제어되는 방식

해설 되먹임 제어(피드백 제어) : 입력과 출력을 비교하여 정정동작을 하는 방식
② 시퀀스 제어
④ 프로그램 제어

76 변압기 내부 고장 검출용 보호계전기는?

① 차동계전기　　② 과전류계전기
③ 역상계전기　　④ 부족전압계전기

해설 차동계전기
정상시에는 계전기를 적용한 2개소의 회로의 전압 또는 전류가 같지만 고장 시에는 전압 또는 전류차로 동작하는 계전기

77 콘덴서만의 회로에서 전압과 전류 사이의 위상관계는?

① 전압이 전류보다 90° 앞선다.
② 전압이 전류보다 90° 뒤진다.
③ 전압이 전류보다 180° 앞선다.
④ 전압이 전류보다 180° 뒤진다.

해설 콘덴서만의 회로 : 전압이 전류보다 90° 뒤진다.

78 보드선도의 위상여유가 45°인 제어계의 계통은?

① 안정하다.
② 불안정하다.
③ 무조건 불안정하다.
④ 조건에 따른 안정을 유지한다.

해설 ㉠ 위상여유 $\phi_m > 0$
㉡ 이득여유 $g > 0$
㉢ 위상교점 주파수 < 이득교점 주파수

위의 ㉠, ㉡, ㉢ 조건을 만족하면 그 계는 안정하다. 불안정한 상태에 도달할 때까지는 45°의 위상여유가 있음을 뜻하므로 제어계는 안정하다.

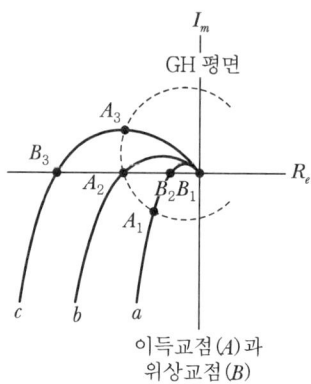

이득교점(A)과
위상교점(B)

79 50Ω의 저항 4개를 이용하여 가장 큰 합성저항을 얻으면 몇 Ω인가?

① 75　　② 150
③ 200　　④ 400

해설
• 직렬 연결 시 합성저항
$R_T = R_1 + R_2 + R_3 + R_4$
$= 50 + 50 + 50 + 50$
$= 50 \times 4 = 200\Omega$

• 병렬 연결 시 합성저항
$R_T = \dfrac{1}{\dfrac{1}{R_1} + \dfrac{1}{R_2} + \dfrac{1}{R_3} + \dfrac{1}{R_4}}$
$= \dfrac{1}{\dfrac{1}{50} + \dfrac{1}{50} + \dfrac{1}{50} + \dfrac{1}{50}}$
$= \dfrac{1}{\dfrac{1}{50} \times 4} = 12.5\Omega$

80 온도에 따라 저항값이 변화하는 것은?

① 서미스터　　② 노즐플래퍼
③ 엠플리다인　　④ 트랜지스터

해설 서미스터(Thermistor, 측온저항체)
망간, 니켈, 구리, 코발트, 크롬, 철 등의 산화물을 조합시켜 혼합소결한 반도체 소자 온도에 의한 전기 저항의 변화가 심하다.(온도가 상승하면 반대로 저항값은 감소한다.) 각종 장치의 온도센서나 전자회로의 온도 보상용으로 사용된다.

2017년 2회 공조냉동기계산업기사

SECTION 01 공기조화

01 바닥 면적이 좁고 층고가 높은 경우에 적합한 공조기(AHU)의 형식은?

① 수직형
② 수평형
③ 복합형
④ 멀티존형

해설 수직형(버티컬형) 공기조화기는 바닥 면적이 좁고 층고가 높은 거실에 적합하다.

02 저속덕트에 비해 고속덕트의 장점이 아닌 것은?

① 동력비가 적다.
② 덕트 설치공간이 작아도 된다.
③ 덕트 재료를 절약할 수 있다.
④ 원격지 송풍에 적당하다.

해설 고속덕트 : 15~20m/s의 유속덕트이다.(저속=15m/s 이하) 소음, 진동, 송풍기의 동력이 많이 소비된다.

03 결로현상에 관한 설명으로 틀린 것은?

① 건축 구조물 사이에 두고 양쪽에 수증기의 압력차가 생기면 수증기는 구조물을 통하여 흐르며, 포화온도, 포화압력 이하가 되면 응결하여 발생된다.
② 결로는 습공기의 온도가 노점온도까지 강하하면 공기 중의 수증기가 응결하여 발생된다.
③ 응결이 발생되면 수증기의 압력이 상승한다.
④ 결로방지를 위하여 방습막을 사용한다.

해설 결로(응결)
공기와 접한 물체의 온도가 그 공기의 노점온도보다 낮을 때 일어나며 온도가 0℃ 이하가 되면 결상·결빙이 된다. 다만 응결이 발생되면 수증기 압력(분압)이 낮아진다.

04 패널복사난방에 관한 설명으로 옳은 것은?

① 천장고가 낮고 외기 침입이 없을 때만 난방효과를 얻을 수 있다.
② 실내온도 분포가 균등하고 쾌감도가 높다.
③ 증발잠열(기화열)을 이용하므로 열의 운반능력이 크다.
④ 대류난방에 비해 방열면적이 적다.

해설 패널복사난방
바닥패널, 천장패널, 벽패널 등이 있으며, 이 패널 내부로 온수를 보내어 복사난방을 한다. 실내온도 분포가 균등하고 쾌감도가 높다.

05 실내의 거의 모든 부분에서 오염가스가 발생되는 경우 실 전체의 기류분포를 계획하여 실내에서 발생하는 오염물질을 완전히 희석하고 확산시킨 다음에 배기를 행하는 환기방식은?

① 자연 환기
② 제3종 환기
③ 국부 환기
④ 전반 환기

해설 전반 환기
실내의 거의 모든 부분에서 오염가스가 발생되는 경우 오염물질을 완전히 희석하고 확산시킨 후 배기하는 환기방식

06 공기설비의 열회수장치인 전열교환기는 주로 무엇을 경감시키기 위한 장치인가?

① 실내부하
② 외기부하
③ 조명부하
④ 송풍기부하

해설 전열교환기
열회수장치로서 주로 외기부하를 경감시키는 데 쓰인다. 환기에서 에너지 회수 목적으로 많이 사용된다.

07 공기조화방식에서 변풍량 유닛방식(VAV Unit)을 풍량제어방식에 따라 구분할 때, 공조기에서 오는 1차 공기의 분출에 의해 실내공기인 2차 공기를 취출하는 방식은 어느 것인가?

① 바이패스형 ② 유인형
③ 슬롯형 ④ 교축형

해설 공기수 방식 중 유인유닛형 공조기(IDU ; Induction Unit System)는 1차 공기(PA), 2차 공기(SA), 1·2차 혼합공기(TA)에 대해 K(유인비) = (TA/PA)이고, 유인비는 약 3~4이다.

08 보일러 동체 내부의 중앙 하부에 파형노통이 길이방향으로 장착되며 이 노통의 하부 좌우에 연관들을 갖춘 보일러는?

① 노통보일러 ② 노통연관보일러
③ 연관보일러 ④ 수관보일러

해설 노통연관 패키지 보일러

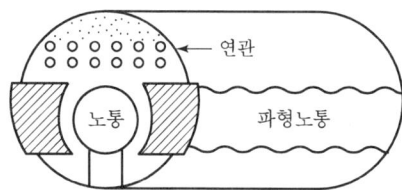

09 물·공기 방식의 공조방식으로서 중앙기계실의 열원설비로부터 냉수 또는 온수를 각 실에 있는 유닛에 공급하여 냉난방하는 공조방식은?

① 바닥취출 공조방식 ② 재열방식
③ 팬코일 유닛방식 ④ 패키지 유닛방식

해설 팬코일 유닛방식(전수방식) : 냉수, 온수, 증기 공급방식
㉠ 외기를 도입하지 않는 방식
㉡ 외기를 실내유닛인 팬코일 유닛으로 직접 도입하는 방식
㉢ 덕트 병용 팬코일 유닛방식(공기수방식에 따름)

10 공조용으로 사용되는 냉동기의 종류로 가장 거리가 먼 것은?

① 원심식 냉동기 ② 자흡식 냉동기
③ 왕복동식 냉동기 ④ 흡수식 냉동기

해설 차흡식 냉동기(자흡식 펌프, Self Priming Pump)
특수구조의 터보형 원심식 펌프로서 별다른 만수장치 없이 펌프 전체로 전원만 넣으면 흡입이 가능하게 만들어진 펌프이다.

11 다익형 송풍기의 크기(No)에 대한 설명으로 옳은 것은?

① 임펠러의 직경(mm)을 60(mm)으로 나눈 값이다.
② 임펠러의 직경(mm)을 100(mm)으로 나눈 값이다.
③ 임펠러의 직경(mm)을 120(mm)으로 나눈 값이다.
④ 임펠러의 직경(mm)을 150(mm)으로 나눈 값이다.

해설
• 송풍기 : 0.1~1.0kg/cm² (1,000~10,000mm H₂O)
• 원심식 다익형 송풍기(siroco fan)의 크기는 회전날개 지름/150이다.

12 두께 20cm의 콘크리트벽 내면에 두께 5cm의 스티로폼으로 단열 시공하고, 그 내면에 두께 2cm의 나무판자로 내장한 건물 벽면의 열관류율은?(단, 재료별 열전도율(kcal/m·h·℃)은 콘크리트 0.7, 스티로폼 0.03, 나무판자 0.15이고, 벽면의 표면 열전달률(kcal/m²·h·℃)은 외벽 20, 내벽 8이다.)

① 0.31kcal/m²·h·℃
② 0.39kcal/m²·h·℃
③ 0.41kcal/m²·h·℃
④ 0.44kcal/m²·h·℃

해설 열관류율(k) = $\dfrac{1}{\dfrac{1}{a_1}+\dfrac{b_1}{\lambda_1}+\dfrac{b_2}{\lambda_2}+\dfrac{b_3}{\lambda_3}+\dfrac{1}{a_2}}$

$= \dfrac{1}{\dfrac{1}{8}+\dfrac{0.2}{0.7}+\dfrac{0.05}{0.03}+\dfrac{0.02}{0.15}+\dfrac{1}{20}}$

$= \dfrac{1}{0.125+0.2857+1.67+0.133+0.05}$

$= \dfrac{1}{2.2637} = 0.44$ kcal/m²·h·℃

13 1,925kg/h의 석탄을 연소하여 10,550kg/h의 증기를 발생시키는 보일러의 효율은?[단, 석탄의 저위발열량은 25,271kJ/kg, 발생증기의 엔탈피는 3,717kJ/kg, 급수엔탈피는 221kJ/kg으로 한다.]
① 45.8% ② 64.6%
③ 70.5% ④ 75.8%

해설 보일러 효율 $\eta = \dfrac{G(h''-h')}{G_f \cdot H_l} \times 100$
$= \dfrac{10{,}550 \times (3{,}717-221)}{1{,}925 \times 25{,}271} \times 100$
$= 75.8\%$

14 다음 중 냉방부하에서 현열만 취득되는 것은?
① 재열부하 ② 인체부하
③ 외기부하 ④ 극간풍부하

해설 재열부하(재열기의 취득 열량)는 현열만 사용된다.(냉방부하이다.)

15 냉수코일의 설계법으로 틀린 것은?
① 공기 흐름과 냉수 흐름의 방향을 평행류로 하고 대수평균온도차를 작게 한다.
② 코일의 열수는 일반 공기 냉각용에는 4~8열(列)이 많이 사용된다.
③ 냉수 속도는 일반적으로 1m/s 전후로 한다.
④ 코일의 설치는 판이 수평으로 놓이게 한다.

해설 냉수코일은 공기와 냉수 흐름을 대향류로 하고 대수평균온도차를 크게 한다.

16 가습장치의 가습방식 중 수분무식이 아닌 것은?
① 원심식 ② 초음파식
③ 분무식 ④ 전열식

해설 증기가습장치(증기발생식)
㉠ 전열식
㉡ 전극식
㉢ 적외선식

17 일반적으로 난방부하의 발생요인으로 가장 거리가 먼 것은?
① 일사부하 ② 외기부하
③ 기기손실부하 ④ 실내손실부하

해설 태양일사부하 : 냉방부하

18 보일러의 종류에 따른 특징을 설명한 것으로 틀린 것은?
① 주철제 보일러는 분해, 조립이 용이하다.
② 노통연관 보일러는 수질관리가 용이하다.
③ 수관 보일러는 예열시간이 짧고 효율이 좋다.
④ 관류 보일러는 보유수량이 많고 설치면적이 크다.

해설 횡형 원통형 보일러는 보유수량이 많고 설치면적이 크다. (관류는 그 반대)

19 겨울철 침입외기(틈새바람)에 의한 잠열부하(kcal/h)는?(단, Q는 극간풍량(m^3/h)이며, t_o, t_r은 각각 실외, 실내온도(℃), x_o, x_r은 각각 실외, 실내 절대습도(kg/kg′)이다.)
① $q_L = 0.24 \cdot Q \cdot (t_o - t_r)$
② $q_L = 0.29 \cdot Q \cdot (t_o - t_r)$
③ $q_L = 539 \cdot Q \cdot (x_o - x_r)$
④ $q_L = 717 \cdot Q \cdot (x_o - x_r)$

해설 극간풍에 의한 손실량
• 현열부하 $q_S = 0.24 \times G \times (t_o - t_r)$
$= 0.29 \times Q \times (t_o - t_r)$
• 잠열부하 $q_L = 597.5 \times G \times (X_o - X_r)$
$= 717 \times Q \times (X_o - X_r)$

20 시로코 팬의 회전속도가 N_1에서 N_2로 변화하였을 때, 송풍기의 송풍량, 전압, 소요동력의 변화값은?

구분	451rpm(N_1)	632rpm(N_2)
송풍량(m^3/min)	199	㉠
전압(Pa)	320	㉡
소요동력(kW)	1.5	㉢

ANSWER | 13. ④ 14. ① 15. ① 16. ④ 17. ① 18. ④ 19. ④ 20. ①

① ㉠ 278.9 ㉡ 628.4 ㉢ 4.1
② ㉠ 278.9 ㉡ 357.8 ㉢ 3.8
③ ㉠ 628.4 ㉡ 402.8 ㉢ 3.8
④ ㉠ 357.8 ㉡ 628.4 ㉢ 4.1

해설 송풍기 회전속도 변화 영향

㉠ 송풍량(Q_2) $= Q_1 \times \left(\dfrac{N_2}{N_1}\right) = 199 \times \left(\dfrac{632}{451}\right) = 278.9 \text{m}^3/\text{h}$

㉡ 전압(P_2) $= P_1 \times \left(\dfrac{N_2}{N_1}\right)^2 = 320 \times \left(\dfrac{632}{451}\right)^2 = 628.4 \text{Pa}$

㉢ 소요동력(L_2) $= L_1 \times \left(\dfrac{N_2}{N_1}\right)^3 = 1.5 \times \left(\dfrac{632}{451}\right)^3 = 4.1 \text{kW}$

SECTION 02 냉동공학

21 증발식 응축기의 특징에 관한 설명으로 틀린 것은?

① 물의 소비량이 비교적 적다.
② 냉각수의 사용량이 매우 크다.
③ 송풍기의 동력이 필요하다.
④ 순환펌프의 동력이 필요하다.

해설 증발식 응축기
암모니아 냉매 전용(냉각수의 증발에 의해 응축되므로 냉각수가 적게 든다.)으로 수랭식 응축기 중 냉각수량이 가장 적게 든다.

22 응축기의 냉매 응축온도가 30℃, 냉각수의 입구수온이 25℃, 출구수온이 28℃일 때, 대수평균온도차(LMTD)는?

① 2.27℃   ② 3.27℃
③ 4.27℃   ④ 5.27℃

해설 대수평균온도차(LMTD)

$\text{LMTD} = \dfrac{\Delta T_1 - \Delta T_2}{\ln \dfrac{\Delta T_1}{\Delta T_2}}$

$= \dfrac{(30-25)-(30-28)}{\ln \dfrac{(30-25)}{(30-28)}} = \dfrac{5-2}{\ln \dfrac{5}{2}} = 3.27℃$

23 무기질 브라인 중에 동결점이 제일 낮은 것은?

① $CaCl_2$ ② $MgCl_2$
③ $NaCl$ ④ H_2O

해설 무기질 브라인 냉매(간접 냉매)의 동결섬
㉠ 염화칼슘($CaCl_2$) : $-55℃$
㉡ 염화마그네슘($MgCl_2$) : $-33.6℃$
㉢ 염화나트륨($NaCl$) : $-21.2℃$
㉣ H_2O : $0℃$

24 카르노 사이클을 행하는 열기관에서 1사이클당 80 kg·m의 일량을 얻으려고 한다. 고열원의 온도(T_1)를 300℃, 1사이클당 공급되는 열량을 0.5kcal라고 할 때, 저열원의 온도(T_2)와 효율(η)은?

① $T_2 = 85℃$, $\eta = 0.315$
② $T_2 = 97℃$, $\eta = 0.315$
③ $T_2 = 85℃$, $\eta = 0.374$
④ $T_2 = 97℃$, $\eta = 0.374$

해설 • 카르노 사이클 열효율 η

$\eta = \dfrac{Aw}{Q_H} = \dfrac{80 \times \dfrac{1}{427}}{0.5} = 0.374$

• 저열원의 온도 T_2

열효율 $\eta = \dfrac{T_1 - T_2}{T_1}$ 에서

$T_2 = T_1 - \eta T_1 = (300+273) - \{0.374 \times (300+273)\}$
$= 358.7 \text{K}$

∴ $358\text{K} - 273 = 85℃$

25 열의 일당량은?

① 860kg·m/kcal
② 1/860kg·m/kcal
③ 427kg·m/kcal
④ 1/427kg·m/kcal

해설 • 열의 일당량(J) = 427kg·m/kcal
• 일의 열당량(A) $= \dfrac{1}{427}$ kcal/kg·m

21. ② 22. ② 23. ① 24. ③ 25. ③ **ANSWER**

26 팽창밸브 종류 중 모세관에 대한 설명으로 옳은 것은?

① 증발기 내 압력에 따라 밸브의 개도가 자동적으로 조정된다.
② 냉동부하에 따른 냉매의 유량조절이 쉽다.
③ 압축기를 가동할 때 기동동력이 적게 소요된다.
④ 냉동부하가 큰 경우 증발기 출구 과열도가 낮게 된다.

해설 ㉠ 모세관 팽창밸브는 소형이며 가정용 냉장고, 창문형 에어컨, 쇼케이스 등에 사용된다.
㉡ 압축기 기동 시 기동동력이 적게 소요된다.

27 냉동장치의 저압차단스위치(LPS)에 관한 설명으로 옳은 것은?

① 유압이 저하되었을 때 압축기를 정지시킨다.
② 토출압력이 저하되었을 때 압축기를 정지시킨다.
③ 장치 내 압력이 일정압력 이상이 되면 압력을 저하시켜 장치를 보호한다.
④ 흡입압력이 저하되었을 때 압축기를 정지시킨다.

해설 저압차단스위치(LPS)는 흡입압력(저압)이 일정 압력 이하가 되면 전기적 접점이 떨어져 압축기가 정지된다.

28 다음 그림은 역카르노 사이클을 절대온도(T)와 엔트로피(S) 선도로 나타낸 것이다. 면적(1-2-2'-1')이 나타내는 것은?

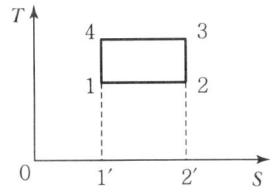

① 저열원으로부터 받는 열량
② 고열원에 방출하는 열량
③ 냉동기에 공급된 열량
④ 고·저열원으로부터 나가는 열량

해설 $T-S$(절대온도-엔트로피) 선도에서 1-2-2'-1' 표시는 저열원(증발기)에서 받는 열량
- 입출열량=1-2-3-4
- 고열원 방출열량=1'-1-4-3-2-2'

29 압축냉동 사이클에서 엔트로피가 감소하고 있는 과정은?

① 증발과정   ② 압축과정
③ 응축과정   ④ 팽창과정

해설
- 엔트로피(ΔS) 변화=$\dfrac{\delta Q}{T}$(응축과정)에서 감소한다.
- 응축기에서는 냉매기체가 잠열을 잃고 액화가 되면서 열이 방출된다.

30 스크루 압축기의 특징에 관한 설명으로 틀린 것은?

① 경부하 운전 시 비교적 동력 소모가 적다.
② 크랭크 샤프트, 피스톤링, 컨넥팅 로드 등의 마모 부분이 없어 고장이 적다.
③ 소형으로서 비교적 큰 냉동능력을 발휘할 수 있다.
④ 왕복동식에서 필요한 흡입밸브와 토출밸브를 사용하지 않는다.

해설 스크루(Screw) 압축기는 경부하(가벼운 부하) 시 비교적 동력소비가 크고 운전 및 유지비가 비싸다.

31 흡수식 냉동기에 관한 설명으로 옳은 것은?

① 초저온용으로 사용한다.
② 비교적 소용량보다는 대용량에 적합하다.
③ 열교환기를 설치하여도 효율은 변함이 없다.
④ 물-LiBr식에서는 물이 흡수제가 된다.

해설
- 흡수식 냉동기는 비교적 소용량보다는 대용량에 적합하다.
- 흡수식 냉동기 재생기 열원은 고압(0.7~0.8MPa 정도)의 증기이며 냉매는 H_2O를 많이 사용한다.

32 내부균압형 자동팽창밸브에 작용하는 힘이 아닌 것은?

① 스프링 압력
② 감온통 내부압력
③ 냉매의 응축압력
④ 증발기에 유입되는 냉매의 증발압력

해설 온도식 자동팽창밸브(TEV)
- 내부균압형 : 스프링 압력, 감온통 내부압력, 냉매증발력의 힘이 작용한다.
- 외부균압형 : 압력강하 0.14kg/cm² 이상에서 사용한다.

ANSWER | 26.③ 27.④ 28.① 29.③ 30.① 31.② 32.③

33 압축기의 압축방식에 의한 분류 중 용적형 압축기가 아닌 것은?

① 왕복동식 압축기   ② 스크루식 압축기
③ 회전식 압축기   ④ 원심식 압축기

해설 원심식 압축기는 비용적식 터보형이다.

34 핼라이드 토치로 누설을 탐지할 때 누설이 있는 곳에서는 토치의 불꽃색깔이 어떻게 변화되는가?

① 흑색   ② 파란색
③ 노란색   ④ 녹색

해설 핼라이드 토치(Halide Torch) 프레온 냉매 누설 검사
  ㉠ 누설이 없으면 : 청색
  ㉡ 소량 누설이면 : 녹색
  ㉢ 중량 누설이면 : 자주색
  ㉣ 다량 누설이면 : 불꽃소화(불꽃꺼짐현상)

35 입형 셸 앤드 튜브식 응축기에 관한 설명으로 옳은 것은?

① 설치 면적이 큰 데 비해 응축용량이 적다.
② 냉각수 소비량이 비교적 적고 설치장소가 부족한 경우에 설치한다.
③ 냉각수의 배분이 불균등하고 유량을 많이 함유하므로 과부하를 처리할 수 없다.
④ 전열이 양호하며, 냉각관 청소가 용이하다.

해설 입형 셸 앤드 튜브식 응축기
• 전열이 양호하며, 운전 중에도 냉각관 청소가 유리하다.
• 설치면적이 작아도 되고 옥외설치가 가능하다.
• 셸(Shell) 내부 : 냉매 흐름
• 튜브(Tube) 내부 : 냉각수 흐름

36 냉각수 입구온도 33℃, 냉각수량 800L/min인 응축기의 냉각면적이 100m², 그 열통과율이 750kcal/m²·h·℃이며, 응축온도와 냉각수온도의 평균온도 차이가 6℃일 때, 냉각수의 출구온도는?

① 36.5℃   ② 38.9℃
③ 42.4℃   ④ 45.5℃

해설 응축부하 $Q_c = K \cdot F \cdot \Delta t_m = G \cdot C \cdot \Delta t_m$
$Q_c = 750 \times 100 \times 6 = 800 \times 60 \times 1 \times (t_2 - 33)$에서
냉각수 출구온도 $t_2 = \dfrac{750 \times 100 \times 6}{800 \times 60 \times 1} + 33$
$= 42.38 ≒ 42.4℃$

37 열펌프 장치의 응축온도 35℃, 증발온도가 -5℃일 때, 성적계수는?

① 3.5   ② 4.8
③ 5.5   ④ 7.7

해설 $35 + 273 = 308K$, $273 - 5 = 268K$
$308 - 268 = 40K$
∴ 성적계수$(COP) = \dfrac{T_2}{T_2 - T_1} = \dfrac{308}{40} = 7.7$

38 냉동장치에서 펌프다운의 목적으로 가장 거리가 먼 것은?

① 냉동장치의 저압 측을 수리하기 위하여
② 기동 시 액 해머 방지 및 경부하 기동을 위하여
③ 프레온 냉동장치에서 오일포밍(Oil Foaming)을 방지하기 위하여
④ 저장고 내 급격한 온도저하를 위하여

해설 ㉠ 펌프다운(Pump Down) : 저압 측에 이상이 생겼을 때 저압 측 냉매를 고압 측으로 이동시키는 것
  ㉡ 펌프 아웃(Pump Out) : 고압 측에 이상이 생겨서 수리가 필요한 경우 고압 측 냉매를 저압 측으로 보내거나 또는 장치 내에서 제거한다.(고압 측 냉매를 저압 측으로 보내기 위한 것)

39 냉매와 화학분자식이 바르게 짝지어진 것은?

① $R-500 : CCl_2F_4 + CH_2CHF_2$
② $R-502 : CHClF_2 + CClF_2CF_3$
③ $R-22 : CCl_2F_2$
④ $R-717 : NH_4$

해설 ① $R-500 : CCl_2F_2 + CH_3CHF_2$
③ $R-22 : CHClF_2$
④ $R-717 : NH_3$

40 열역학 제2법칙을 바르게 설명한 것은?
① 열은 에너지의 하나로서 일을 열로 변환하거나 또는 열을 일로 변환시킬 수 있다.
② 온도계의 원리를 제공한다.
③ 절대 0도에서의 엔트로피 값을 제공한다.
④ 열은 스스로 고온물체로부터 저온물체로 이동되나 그 과정은 비가역이다.

해설 ① 열역학 제1법칙에 대한 설명이다.
④ 열역학 제2법칙에 대한 설명이다.

SECTION 03 배관일반

41 방열기 주변의 신축이음으로 적당한 것은?
① 스위블 이음   ② 미끄럼 신축이음
③ 루프형 이음   ④ 벨로스식 신축이음

해설
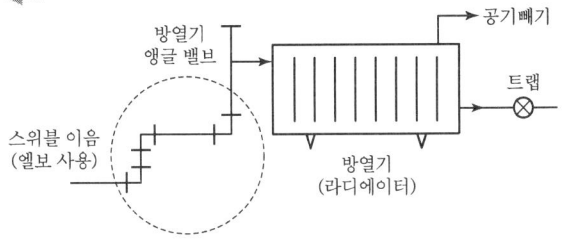

42 다음 중 동관이음 방법의 종류가 아닌 것은?
① 빅토릭 이음   ② 플레어 이음
③ 용접 이음   ④ 납땜 이음

해설 빅토릭 이음(Victoric Joint)은 주철관 이음(고무링과 금속제 컬러를 죄어서 사용)이다.

43 하나의 장치에서 4방밸브를 조작하여 냉·난방 어느 쪽도 사용할 수 있는 공기조화용 펌프를 무엇이라고 하는가?

① 열펌프   ② 냉각펌프
③ 원심펌프   ④ 왕복펌프

해설 열펌프(히트펌프)
4방밸브를 이용하여 냉·난방에 사용하는 공기조화기

44 급수펌프의 설치 시 주의사항으로 틀린 것은?
① 펌프는 기초볼트를 사용하여 기초 콘크리트 위에 설치 고정한다.
② 풋 밸브는 동수위면보다 흡입관경의 2배 이상 물속에 들어가게 한다.
③ 토출 측 수평관은 상향구배로 배관한다.
④ 흡입양정은 되도록 길게 한다.

해설 펌프에서 양정(흡입 측+토출 측)은 되도록 짧게 연결하여 공동현상(캐비테이션)을 방지한다.

45 강관의 두께를 나타내는 스케줄 번호(Sch No)에 대한 설명으로 틀린 것은?(단, 사용압력은 $P(kg/cm^2)$, 허용응력은 $S(kg/mm^2)$이다.)
① 노멀 스케줄 번호는 10, 20, 30, 40, 60, 80, 100, 120, 140, 160(10종류)까지로 되어 있다.
② 허용응력은 인장강도를 안전율로 나눈 값이다.
③ 미터계열 스케줄 번호 관계식은 10×허용응력(S)/사용압력(P)이다.
④ 스케줄 번호(Sch No)는 유체의 사용압력과 그 상태에 있어서 재료의 허용응력과의 비(比)에 의해서 관두께의 체계를 표시한 것이다.

해설 강관의 스케줄 번호(Sch No)=$10 \times \dfrac{P}{S}$

46 배수 및 통기설비에서 배수 배관의 청소구 설치를 필요로 하는 곳으로 가장 거리가 먼 것은?
① 배수 수직관의 제일 밑 부분 또는 그 근처에 설치
② 배수 수평 주관과 배수 수평 분기관의 분기점에 설치
③ 100A 이상의 길이가 긴 배수관의 끝 지점에 설치
④ 배수관이 45° 이상의 각도로 방향을 전환하는 곳에 설치

해설 청소구 설치 간격
㉠ 관경 100A 이하 : 15m마다 설치
㉡ 관경 100A 이상 : 30m마다 설치

47 다음과 같이 압축기와 응축기가 동일한 높이에 있을 때, 배관 방법으로 가장 적합한 것은?

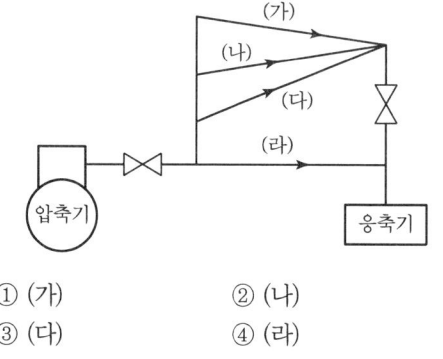

① (가)　　② (나)
③ (다)　　④ (라)

해설 압축기와 응축기가 동일한 높이에서 고압 액관의 연결은 (가)와 같이 하향구배로 한다.

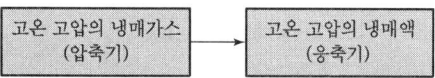

48 체크밸브에 대한 설명으로 옳은 것은?
① 스윙형, 리프트형, 풋형 등이 있다.
② 리프트형은 배관의 수직부에 한하여 사용한다.
③ 스윙형은 수평배관에만 사용한다.
④ 유량조절용으로 적합하다.

해설 체크밸브의 종류
㉠ 스윙형 : 수직, 수평관용
㉡ 리프트형 : 수평관용
㉢ 풋형 : 펌프 흡입구용

49 단열을 위한 보온재 종류의 선택 시 고려해야 할 조건으로 틀린 것은?
① 단위 체적에 대한 가격이 저렴해야 한다.
② 공사현장 상황에 대한 적응성이 커야 한다.
③ 불연성으로 화재 시 유독가스를 발생하지 않아야 한다.
④ 물리적, 화학적 강도가 작아야 한다.

해설 보온재는 물리적, 화학적 강도가 커야 한다.

50 배수배관의 시공상 주의사항으로 틀린 것은?
① 배수를 가능한 빨리 옥외 하수관으로 유출할 수 있을 것
② 옥외 하수관에서 유해가스가 건물 안으로 침입하는 것을 방지할 수 있을 것
③ 배수관 및 통기관은 내구성이 풍부하고 물이 새지 않도록 접합을 완벽히 할 것
④ 한랭지일 경우 동결 방지를 위해 배수관은 반드시 피복을 하며 통기관은 그대로 둘 것

해설 한랭지에서는 배수관, 통기관 모두 동결하지 않도록 피복한다.

51 배관제도에서 배관의 높이 표시기호에 대한 설명으로 틀린 것은?
① TOP : 관 바깥지름 윗면을 기준으로 한 높이 표시
② FL : 1층의 바닥면을 기준으로 한 높이 표시
③ EL : 관 바깥지름의 아랫면을 기준으로 한 높이 표시
④ GL : 포장된 지표면을 기준으로 한 높이 표시

해설 ㉠ EL(Elevation Line) : 배관높이 표시 기준선
㉡ BOP(Bottom of Pipe) : 관 바깥지름의 아랫면을 기준으로 한 높이 표시

52 10kg의 쇳덩어리를 20℃에서 80℃까지 가열하는데 필요한 열량은?(단, 쇳덩어리의 비열은 0.61kJ/kg·℃이다.)
① 27kcal　　② 87kcal
③ 366kcal　　④ 600kcal

해설 현열부하 $Q = G \cdot C \cdot \Delta T$
$= 10 \times 0.61 \times (80-20)$
$= 366 \text{kJ}$
이때, 1kcal = 4.18kJ이므로
∴ $\frac{366 \text{kJ}}{4.18} = 87.56 ≒ 87 \text{kcal}$

53 증기 수평관에서 파이프의 지름을 바꿀 때 방법으로 가장 적절한 것은?(단, 상향구배로 가정한다.)
① 플랜지 접합을 한다.
② 티를 사용한다.
③ 편심 조인트를 사용해 아랫면을 일치시킨다.
④ 편심 조인트를 사용해 윗면을 일치시킨다.

해설 윗면을 일치시키려면 하향구배로 한다.

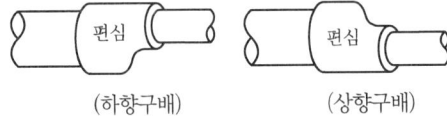

54 다음 중 증기와 응축수의 밀도차에 의해 작동하는 기계식 트랩은?
① 벨로스 트랩   ② 바이메탈 트랩
③ 플로트 트랩   ④ 디스크 트랩

해설 플로트 증기트랩(부자식)은 증기와 응축수의 밀도차(kg/m^3)를 이용한 기계식 증기 트랩이다.

55 냉매 배관 시공법에 관한 설명으로 틀린 것은?
① 압축기와 응축기가 동일 높이 또는 응축기가 아래에 있는 경우 배출관은 하향 기울기로 한다.
② 증발기가 응축기보다 아래에 있을 때 냉매액이 증발기에 흘러내리는 것을 방지하기 위해 2m 이상 역루프를 만들어 배관한다.
③ 증발기와 압축기가 같은 높이일 때는 흡입관을 수직으로 세운 다음 압축기를 향해 선단 상향구배로 배관한다.
④ 액관 배관 시 증발기 입구에 전자밸브가 있을 때는 루프이음을 할 필요가 없다.

해설 ③항에서는 선단 하향구배로 배관한다.

56 증기난방에서 고압식인 경우 증기압력은?
① 0.15~0.35kgf/cm² 미만
② 0.35~0.72kgf/cm² 미만
③ 0.72~1kgf/cm² 미만
④ 1kgf/cm² 이상

해설 ① 저압식 증기난방
④ 고압식 증기난방

57 증기난방에 비해 온수난방의 특징으로 틀린 것은?
① 예열시간이 길지만 가열 후에 냉각시간도 길다.
② 공기 중의 미진이 늘어 생기는 나쁜 냄새가 적어 실내의 쾌적도가 높다.
③ 보일러의 취급이 비교적 쉽고 안전하여 주택 등에 적합하다.
④ 난방부하 변동에 따른 온도조절이 어렵다.

해설 온수난방은 난방부하 변동에 따른 온도조절이 용이하다.

58 배수관에 트랩을 설치하는 주된 이유는?
① 배수관에서 배수의 역류를 방지한다.
② 배수관의 이물질을 제거한다.
③ 배수의 속도를 조절한다.
④ 배수관에 발생하는 유취와 유해가스의 역류를 방지한다.

해설 배수트랩은 배수관에 발생하는 유취와 유해가스의 역류를 방지하기 위한 것이다.

59 다음 그림에 나타낸 배관시스템 계통도는 냉방설비의 어떤 열원방식을 나타낸 것인가?

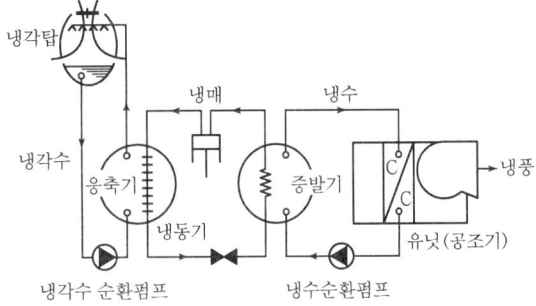

① 냉수를 냉열매로 하는 열원방식
② 가스를 냉열매로 하는 열원방식
③ 증기를 온열매로 하는 열원방식
④ 고온수를 온열매로 하는 열원방식

해설 이 시스템은 냉매를 이용하여 냉수를 냉열매로 사용하는 냉방설비이다.

60 배관의 이동 및 회전을 방지하기 위하여 지지점의 위치에 완전히 고정하는 장치는?
① 앵커
② 행거
③ 가이드
④ 브레이스

해설 ㉠ 리스트레이트 : 앵커, 스톱, 가이드
㉡ 앵커 : 배관의 이동 및 회전을 방지하기 위해 지지점의 위치에 완전히 고정하는 장치

SECTION 04 전기제어공학

61 서보기구용 검출기가 아닌 것은?
① 유량계
② 싱크로
③ 전위차계
④ 차동변압기

해설 ㉠ 서보기구 : 제어량이 기계적 위치에 있도록 하는 자동제어계. 즉, 물체의 위치, 방위, 자세 등 목푯값의 임의 변화에 추종하도록 구성된 피드백 제어계(기계를 명령대로 움직이게 하는 장치)
㉡ 유량계 : 급수량계, 급유오일 유량계, 가스미터기는 공정제어이다.

62 출력의 일부를 입력으로 되돌림으로써 출력과 기준 압력의 오차를 줄여나가도록 제어하는 제어방법은?
① 피드백제어
② 시퀀스제어
③ 리세트제어
④ 프로그램제어

해설 Feedback Control(출력 → 입력)

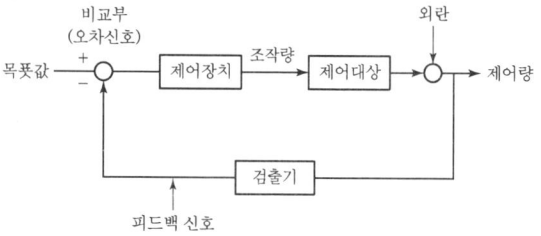

63 제어요소의 출력인 동시에 제어대상의 입력으로 제어요소가 제어대상에게 인가하는 제어신호는?
① 외란
② 제어량
③ 조작량
④ 궤환신호

해설 ㉠ 조작량 : 제어요소의 출력인 동시에 제어대상의 입력으로 제어요소가 제어대상에게 인가하는 제어신호이다.
㉡ 제어요소 : 조절부 조작부이며 동작신호를 조작량으로 변환시키는 요소이다.

64 다음 자기에 관한 법칙들 중 다른 3개와는 공통점이 없는 것은?
① 렌츠의 법칙
② 패러데이의 법칙
③ 자기의 쿨롱법칙
④ 플레밍의 오른손법칙

해설 쿨롱의 법칙
2개의 자극 간에 작용하는 힘(f)의 크기를 나타내는 법칙
$$f = \frac{m_1 m_2}{4\pi \mu_o \mu_s r^2}$$
여기서, f : 힘
m : 자극의 세기
μ_o : 진공의 투자율
Q : 전하의 크기
μ_s : 비투자율
r : 자극 간의 거리

65 위치, 각도 등의 기계적 변위를 제어량으로 해서 목푯값의 임의의 변화에 추종하도록 구성된 제어계는?
① 자동조정
② 서보기구
③ 정치제어
④ 프로그램제어

해설 서보기구
㉠ 전위차계
㉡ 차동변압기
㉢ 싱크로
㉣ 마이크로신

66 그림은 전동기 속도제어의 한 방법이다. 전동기가 최대 출력을 낼 때 사이리스터의 점호각은 몇 rad이 되는가?

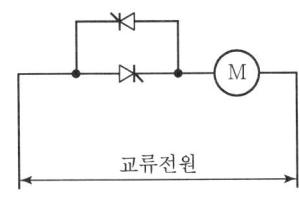

① 0
② $\frac{\pi}{6}$
③ $\frac{\pi}{2}$
④ π

해설 사이리스터(Thyristor)
PNPN 접합의 4층 구조의 반도체소자 총칭, 일반적으로 SCR 역저지 3단자 사이리스터, 실리콘제어 정류소자. 일단 도통하면 에노드 전압을 0으로 하지 않으면 OFF되지 않는다.

67 전달함수 $G(s) = \frac{10}{3+2s}$ 을 갖는 계에 $\omega = 2\text{rad/sec}$인 정현파를 줄 때 이득은 약 몇 dB인가?

① 2
② 3
③ 4
④ 6

해설 $G(j\omega) = \frac{10}{3+2j\omega}$

$|G(j\omega)| = \left|\frac{10}{3+2j\omega}\right|_{\omega=2} = \left|\frac{10}{\sqrt{3^2+4^2}}\right| = 2$

이때, $\omega = 2\text{rad/sec}$이므로
∴ 이득 $= 20\log|G(j\omega)| = 20\log 2$
$= 6.02 \fallingdotseq 6$

68 $L = \bar{x} \cdot y \cdot \bar{z} + \bar{x} \cdot y \cdot z + x \cdot \bar{y} \cdot z + x \cdot y \cdot z$을 간단히 나타낸 식으로 옳은 것은?

① $\bar{x} \cdot y + x \cdot z$
② $x \cdot y + \bar{x} \cdot z$
③ $x \cdot \bar{y} + \bar{x} \cdot z$
④ $\bar{x} \cdot \bar{y} + x \cdot \bar{z}$

해설 $L = \bar{x}y\bar{z} + \bar{x}yz + x\bar{y}z + xyz$
$= \bar{x}y(\bar{z}+z) + xz(\bar{y}+y)$
$= \bar{x}y + xz$
∴ $\bar{z} + z = 1$, $\bar{y} + y = 1$

69 전력(Electric Power)에 관한 설명으로 옳은 것은?
① 전력은 전류의 제곱에 저항을 곱한 값이다.
② 전력은 전압의 제곱에 저항을 곱한 값이다.
③ 전력은 전압의 제곱에 비례하고 전류에 반비례한다.
④ 전력은 전류의 제곱에 비례하고 전압의 제곱에 반비례한다.

해설 P(전력) : 전류의 제곱에 저항을 곱한($I^2 \cdot R$) 것
$P = VI = I^2R = \frac{V^2}{R}$ (W)

70 유도전동기의 속도제어에 사용할 수 없는 전력 변환기는?
① 인버터
② 정류기
③ 위상제어기
④ 사이클로 컨버터

해설 정류기 : 교류를 직류로 변환하는 장치(일반적으로 실리콘 정류기가 사용된다.)

71 다음 중 압력을 감지하는 데 가장 널리 사용되는 것은?
① 전위차계
② 마이크로폰
③ 스트레인 게이지
④ 회전자기 부호기

해설 스트레인 게이지 : 금속 등 재질의 신축량을 전기저항 등으로 변환하도록 한 미소 변위 검출센서(압력을 측정한다.)

72 다음의 정류회로 중 리플전압이 가장 작은 회로는? (단, 저항부하를 사용하였을 경우이다.)
① 3상 반파 정류회로
② 3상 전파 정류회로
③ 단상 반파 정류회로
④ 단상 전파 정류회로

해설 ㉠ 리플전압(Ripple Voltage) : 정류출력 파형 속에 포함되는 리플의 크기(교류분의 실횻값으로 나타내는 경우도 있으나 일반적으로 교류분의 피크부터 피크까지의 전압으로 나타낸다.)
㉡ 정류 : 교류를 직류로 변환하는 것(정류기를 사용한다.)

ANSWER | 66.① 67.④ 68.① 69.① 70.② 71.③ 72.②

73 조절부와 조작부로 구성되어 있는 피드백 제어의 구성요소를 무엇이라 하는가?

① 입력부 ② 제어장치
③ 제어요소 ④ 제어대상

해설 피드백 제어 블록선도

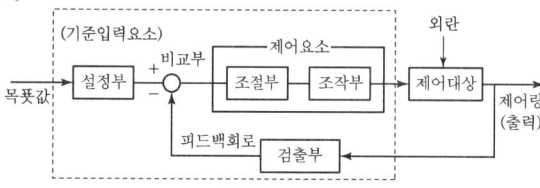

74 그림(a)의 병렬로 연결된 저항회로에서 전류 I와 I_1의 관계를 그림(b)의 블록선도로 나타낼 때 A에 들어갈 전달함수는?

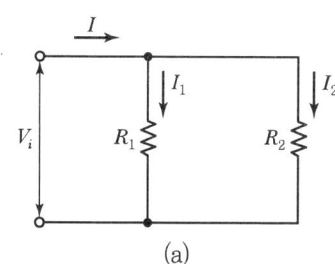
(a)

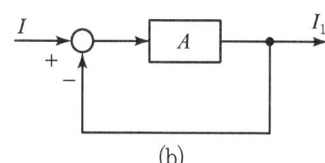
(b)

① $\dfrac{R_1}{R_2}$ ② $\dfrac{R_2}{R_1}$

③ $\dfrac{1}{R_1 R_2}$ ④ $\dfrac{1}{R_1 + R_2}$

해설
- 전류 $I_1 = \dfrac{R_2}{R_1+R_2} \cdot I$, $I_2 = \dfrac{R_1}{R_1+R_2} \cdot I$
- 블록선도 전달함수 $G(s)$

$$G(s) = \dfrac{I_1}{I} = \dfrac{A}{1+A} \text{ 에서}$$

$$I_1 = \dfrac{A}{1+A} \cdot I$$

이때, $I_1 = \dfrac{R_2}{R_1+R_2} \cdot I = \dfrac{A}{1+A} \cdot I$

$\therefore \dfrac{R_2}{R_1+R_2} = \dfrac{A}{1+A}$

$R_2(1+A) = A(R_1+R_2)$

$R_2 + AR_2 = AR_1 + AR_2$

$R_2 = AR_1$

$\therefore A = \dfrac{R_2}{R_1}$

75 3상 유도전동기의 회전방향을 바꾸려 할 때 옳은 방법은?

① 기동보상기를 사용한다.
② 전원 주파수를 변환한다.
③ 전동기의 극수를 변환한다.
④ 전원 3선 중 2선의 접속을 바꾼다.

해설
- 3상 유도전동기에서 전원 3선 중 2선의 접속을 바꾸면 회전방향을 바꿀 수 있다.
- 3상 유도전동기 : 교류전동기이며 성층철심에 슬롯을 두고 3상 권선을 둔 고정자와 농형 혹은 권선형이라는 회전자로 이루어진 전동기이다.

76 그림과 같이 접지저항을 측정하였을 때 R_1의 접지저항(Ω)을 계산하는 식은?(단, $R_{12} = R_1 + R_2$, $R_{23} = R_2 + R_3$, $R_{31} = R_3 + R_1$ 이다.)

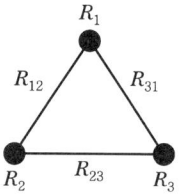

① $R_1 = \dfrac{1}{2}(R_{12} + R_{31} + R_{23})$

② $R_1 = \dfrac{1}{2}(R_{31} + R_{23} - R_{12})$

③ $R_1 = \dfrac{1}{2}(R_{12} - R_{31} + R_{23})$

④ $R_1 = \dfrac{1}{2}(R_{12} + R_{31} - R_{23})$

해설 R_1의 접지저항 계산식 $= \dfrac{1}{2}(R_{12} + R_{31} - R_{23})$

77 다음과 같이 저항이 연결된 회로의 전압 V_1과 V_2의 전압이 일치할 때, 회로의 합성저항은 약 몇 Ω인가?

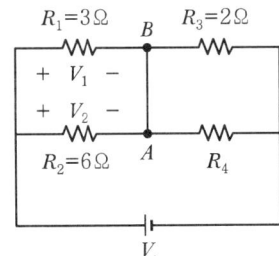

① 0.3　　　　② 2
③ 3.33　　　　④ 4

해설 $R_{12} = R_1 + R_2 = 3+2 = 5Ω$

R_{12}와 R_3의 합성저항 $R = \dfrac{R_{12} \times R_3}{R_{12} + R_3} = \dfrac{5 \times 6}{5+6} = 2.77Ω$

78 $v = 141\sin\left(377t - \dfrac{\pi}{6}\right)(\mathrm{V})$인 전압의 주파수는 약 몇 Hz인가?

① 50　　　　② 60
③ 100　　　④ 377

해설 교류회로에서의 전압 표시(순시값)

$v = 141\sin\left(377t - \dfrac{\pi}{6}\right)$에서

각속도 $\omega = 377\mathrm{rad/s}$이다.

$\omega = 2\pi f$에서

주파수 $f = \dfrac{\omega}{2\pi} = \dfrac{377}{2\pi} = 60\mathrm{Hz}$

79 그림과 같은 블록선도가 의미하는 요소는?

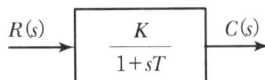

① 비례요소　　② 미분요소
③ 1차 지연요소　④ 2차 지연요소

해설 1차 지연요소
- 입력값에 의해 출력값이 시간 늦음이 있는 요소
- $G(s) = \dfrac{K}{1+sT}$

80 자동제어계의 구성 중 기준입력과 궤환신호의 차를 계산해서 제어시스템에 필요한 신호를 만들어 내는 부분은?

① 조절부　　　② 조작부
③ 검출부　　　④ 목표설정부

해설 조절부 : 기준입력과 궤환신호의 차를 계산해서 제어시스템에 신호를 보낸다.

ANSWER | 77. 전항 정답 78. ② 79. ③ 80. ①

2017년 3회 공조냉동기계산업기사

SECTION 01 공기조화

01 다음 중 냉난방 과정을 설계할 때 주로 사용되는 습공기 선도는?(단, h는 엔탈피, x는 절대습도, t는 건구온도, s는 엔트로피, p는 압력이다.)
① $h-x$ 선도
② $t-s$ 선도
③ $t-h$ 선도
④ $p-h$ 선도

해설 습공기 선도
㉠ $h-x$ 선도(엔탈피 – 절대습도)
㉡ $t-x$ 선도(건구온도 – 절대습도)

02 냉각수 출입구 온도차를 5℃, 냉각수의 처리 열량을 16,380kJ/h로 하면 냉각수량(L/min)은?(단, 냉각수의 비열은 4.2kJ/kg·℃로 한다.)
① 10   ② 13
③ 18   ④ 20

해설 $Q = G \cdot C \cdot \Delta t$에서
냉각수량 $G = \dfrac{Q}{C \cdot \Delta t} = \dfrac{16,380}{4.2 \times 5} = 780\text{L/h}$
∴ $\dfrac{780}{60} = 13\text{L/min}$

03 난방부하 계산에서 손실부하에 해당되지 않는 것은?
① 외벽, 유리창, 지붕에서의 부하
② 조명기구, 재실자의 부하
③ 틈새바람에 의한 부하
④ 내벽, 바닥에서의 부하

해설
• 조명기구, 재열부하 : 냉방부하
• 재실자(인체)의 발생열량 : 냉방부하

04 냉난방부하에 관한 설명으로 옳은 것은?
① 외기온도와 실내설정온도의 차가 클수록 냉난방도일은 작아진다.
② 실내의 잠열부하에 대한 현열부하의 비를 현열비라고 한다.
③ 난방부하 계산 시 실내에서 발생하는 열부하는 일반적으로 고려하지 않는다.
④ 냉방부하 계산 시 틈새 바람에 대한 부하는 무시하여도 된다.

해설 도일(degree day=渡日)
1년 동안에 냉·난방에 소요되는 열량과 이에 따른 연료비용을 산출해야 하는데 그 비용은 냉·난방 기간에 걸쳐서 적산한 기간 냉·난방 부하에 비례한다. 이 기간의 냉·난방 부하의 총량이 도일이다.
도일(D)=냉·난방 기간 총계(설정한 실내온도
　　　　－냉·난방 동안의 매일 평균 외기온도)
　　　　=[deg℃·day]
(난방부하 계산 시 실내발생 열부하는 일반적으로 고려하지 않는다.)

05 복사 냉·난방 방식에 관한 설명으로 틀린 것은?
① 실내 수배관이 필요하며, 결로의 우려가 있다.
② 실내에 방열기를 설치하지 않으므로 바닥이나 벽면을 유용하게 이용할 수 있다.
③ 조명이나 일사가 많은 방에 효과적이며, 천장이 낮은 경우에만 적용된다.
④ 건물의 구조체가 파이프를 설치하여 여름에는 냉수, 겨울에는 온수로 냉·난방을 하는 방식이다.

해설 복사냉·난방(패널난방)은 천장이 높은 경우에 적용되는 온수난방이다.

1. ① 2. ② 3. ② 4. ③ 5. ③ | ANSWER

06 냉각수는 배관 내를 통하게 하고 배관 외부에 물을 살수하여 살수된 물의 증발에 의해 배관 내 냉각수를 냉각시키는 방식으로 대기오염이 심한 곳 등에서 많이 적용되는 냉각탑은?
① 밀폐식 냉각탑 ② 대기식 냉각탑
③ 자연통풍식 냉각탑 ④ 강제통풍식 냉각탑

해설 밀폐식 냉각탑은 대기오염이 심한 곳에 설치한다.

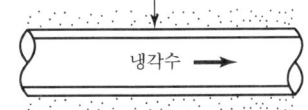

(살수물의 증발에 의해 냉각수가 생산된다.)

07 공기 냉각코일에 대한 설명으로 틀린 것은?
① 소형 코일에는 일반적으로 외경 9~13mm 정도의 동관 또는 강관의 외측에 동, 또는 알루미늄제의 핀을 붙인다.
② 코일의 관 내에는 물 또는 증기, 냉매 등의 열매가 통하고 외측에는 공기를 통과시켜서 열매와 공기를 열교환시킨다.
③ 핀의 형상은 관의 외부에 얇은 리본 모양의 금속판을 일정한 간격으로 감아 붙인 것을 에로핀형이라 한다.
④ 에로핀 중 감아 붙인 핀이 주름진 것을 평판핀, 주름이 없는 평면상의 것을 파형핀이라 한다.

해설 ㉠ 핀이 주름진 것 : 파형핀
㉡ 핀에 주름이 없는 것 : 평판핀

08 다음 공기조화에 관한 설명으로 틀린 것은?
① 공기조화란 온도, 습도조정, 청정도, 실내기류 등 항목을 만족시키는 처리과정이다.
② 반도체산업, 전산실 등은 산업용 공조에 해당된다.
③ 보건용 공조는 재실자에게 쾌적환경을 만드는 것을 목적으로 한다.
④ 공조장치에 여유를 두어 여름에 실·내외 온도차를 크게 할수록 좋다.

해설 여름에 실·내외의 온도차를 크게 하면 공조기의 부하량이 증가하여 동력소비가 증가한다.

09 32W 형광등 20개를 조명용으로 사용하는 사무실이 있다. 이때 조명기구로부터의 취득 열량은 약 얼마인가?(단, 안정기의 부하는 20%로 한다.)
① 550W ② 640W
③ 660W ④ 768W

해설 형광등 취득열량 q_E
$q_E = W \times n \times (1+0.2)$
$= 32 \times 20 \times 1.2$
$= 768W$

10 HEPA 필터에 적합한 효율 측정법은?
① 중량법 ② 비색법
③ 보간법 ④ 계수법

해설 고성능 필터(HEPA)는 DOP법이며 계수법이라 한다.

11 직교류형 및 대향류형 냉각탑에 관한 설명으로 틀린 것은?
① 직교류형은 물과 공기 흐름이 직각으로 교차한다.
② 직교류형은 냉각탑의 충진재 표면적이 크다.
③ 대향류형 냉각탑의 효율이 직교류형보다 나쁘다.
④ 대향류형은 물과 공기 흐름이 서로 반대이다.

해설 대향류형 냉각탑은 냉각탑 종류 중 유체흐름이 정반대여서 가장 효율이 높다.

12 온수난방방식의 분류에 해당되지 않는 것은?
① 복관식 ② 건식
③ 상향식 ④ 중력식

해설 증기난방 : 건식 난방, 습식 난방

ANSWER | 6.① 7.④ 8.④ 9.④ 10.④ 11.③ 12.②

13 그림과 같은 단면을 가진 덕트에서 정압, 동압, 전압의 변화를 나타낸 것으로 옳은 것은?(단, 덕트의 길이는 일정한 것으로 한다.)

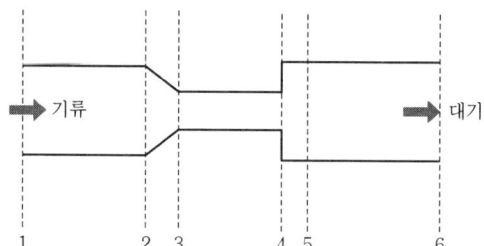

①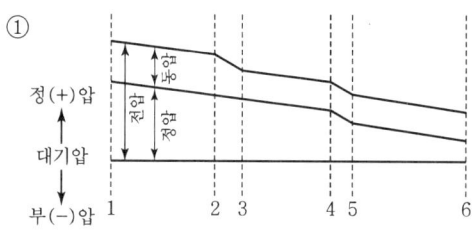

②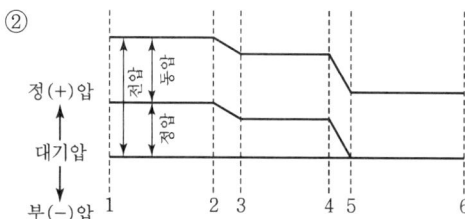

③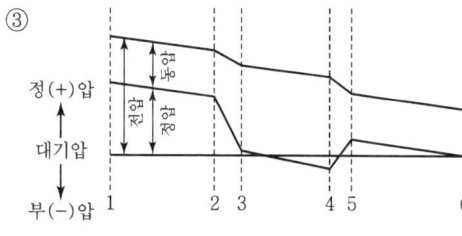

④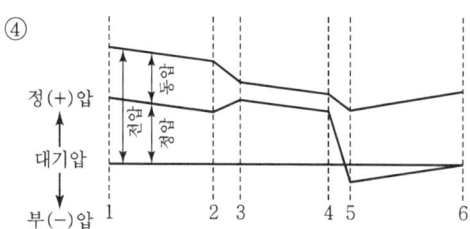

해설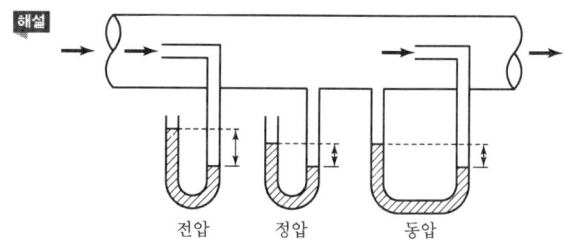

14 수관식 보일러의 특징에 관한 설명으로 틀린 것은?
① 드럼이 작아 구조상 고압 대용량에 적합하다.
② 구조가 복잡하여 보수·청소가 곤란하다.
③ 예열시간이 짧고 효율이 좋다.
④ 보유수량이 커서 파열 시 피해가 크다.

해설 2동 D형 패키지 수관보일러
보유수가 적고 파열 시 피해가 적다.

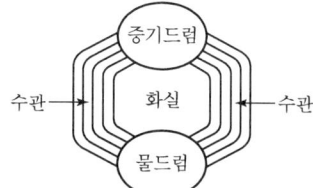

15 공기를 가열하는 데 사용하는 공기 가열코일이 아닌 것은?
① 증기코일   ② 온수코일
③ 전기히터코일   ④ 증발코일

해설 공기 가열코일의 종류
㉠ 증기코일
㉡ 온수코일
㉢ 히팅코일(히터코일)

16 공기조화방식 중 중앙식 전공기방식의 특징에 관한 설명으로 틀린 것은?
① 실내공기의 오염이 적다.
② 외기냉방이 가능하다.
③ 개별제어가 용이하다.
④ 대형의 공조기계실을 필요로 한다.

해설
㉠ 히트펌프
㉡ 패키지 공조기 } 개별제어가 용이하다.
㉢ 룸 쿨러

17 통과풍량이 350m³/min일 때 표준 유닛형 에어필터의 수는?(단, 통과풍속은 1.5m/s, 통과면적은 0.5m²이며, 유효면적은 80%이다.)

① 5개 ② 6개
③ 8개 ④ 10개

해설 통과풍량 $Q = A \cdot V \cdot n$에서
필터개수 $n = \dfrac{Q}{A \cdot V} = \dfrac{350}{(0.5 \times 0.8) \times (1.5 \times 60)}$
$= 9.72 \rightarrow 10$개

여기서, Q : 통과풍량(m³/s)
A : 면적(m²)
V : 통과풍속(m/s)
n : 필터의 개수

18 냉각코일로 공기를 냉각하는 경우에 코일표면 온도가 공기의 노점온도보다 높으면 공기 중의 수분량 변화는?

① 변화가 없다. ② 증가한다.
③ 감소한다. ④ 불규칙적이다.

해설
- 결로현상은 공기와 접한 물체의 온도가 그 공기의 노점보다 낮을 때 발생한다.
- 응축증발이 없으므로 공기 중의 수분량 변화는 없다.
- 코일 표면 온도는 공기의 노점온도보다 높다.

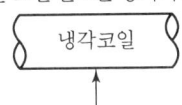
코일 표면 온도
(공기의 노점온도보다 높다.)

19 습공기의 수증기 분압과 동일한 온도에서 포화공기의 수증기 분압과의 비율을 무엇이라 하는가?

① 절대습도 ② 상대습도
③ 열수분비 ④ 비교습도

해설 상대습도 $(\varphi) = \dfrac{P_V}{P_S} \times 100(\%)$

- P_V : 어떤 상태의 공기수증기 분압(ata)
- P_S : 위와 같은 온도의 포화공기의 수증기 분압(ata)

20 어느 실내에 설치된 온수 방열기의 방열면적이 10m² EDR일 때의 방열량(W)은?

① 4,500 ② 6,500
③ 7,558 ④ 5,233

해설 1EDR(상당방열면적) = 450kcal/m² · h
1Wh = 0.86kcal
∴ $\dfrac{10 \times 450}{0.86} = 5,233\text{W}$

SECTION 02 냉동공학

21 어느 재료의 열통과율이 0.35W/m² · K, 외기와 벽면의 열전달률이 20W/m² · K, 내부공기와 벽면의 열전달률이 5.4W/m² · K이고, 재료의 두께가 187.5mm일 때, 이 재료의 열전도도는?

① 0.032W/m · K ② 0.056W/m · K
③ 0.067W/m · K ④ 0.072W/m · K

해설 열관류율 K

$K = \dfrac{1}{\dfrac{1}{a_1} + \dfrac{l}{\lambda} + \dfrac{1}{a_2}}$

$0.35 = \dfrac{1}{\dfrac{1}{20} + \dfrac{(187.5 \times 10^{-3})}{\lambda} + \dfrac{1}{5.4}}$

$\dfrac{1}{20} + \dfrac{0.1875}{\lambda} + \dfrac{1}{5.4} = \dfrac{1}{0.35}$

$\dfrac{0.1875}{\lambda} = \dfrac{1}{0.35} - \dfrac{1}{20} - \dfrac{1}{5.4}$

∴ 열전도도 $\lambda = \dfrac{0.1875}{\dfrac{1}{0.35} - \dfrac{1}{20} - \dfrac{1}{5.4}}$

$= 0.0715 ≒ 0.072\text{W/m} \cdot \text{K}$

22 축열장치에서 축열재가 갖추어야 할 조건으로 가장 거리가 먼 것은?

① 열의 저장은 쉬워야 하나 열의 방출은 어려워야 한다.
② 취급하기 쉽고 가격이 저렴해야 한다.
③ 화학적으로 안정해야 한다.
④ 단위체적당 축열량이 많아야 한다.

해설 축열장치
열의 저장 및 사용 시에 축열재는 저장 및 열의 방출이 용이하여야 한다.

23 1kg의 공기가 온도 20℃의 상태에서 등온변화를 하여, 비체적의 증가는 0.5m³/kg, 엔트로피의 증가량은 0.05kcal/kg·℃였다. 초기의 비체적은 얼마인가? (단, 공기의 기체상수는 29.27kg·m/kg·℃이다.)

① 0.293m³/kg
② 0.465m³/kg
③ 0.508m³/kg
④ 0.614m³/kg

해설 등온과정에서 엔트로피 변화

$\Delta S = AGR \ln\left(\dfrac{V_2}{V_1}\right)$ 에서

$\dfrac{\Delta S}{AGR} = \ln\left(\dfrac{V_2}{V_1}\right) \rightarrow \dfrac{V_2}{V_1} = e^{\frac{\Delta S}{AGR}}$

$V_2 = V_1 \times e^{\frac{\Delta S}{AGR}}$

이때, 비체적 증가량은 0.5m³/kg이므로
$V_2 = V_1 + 0.5$

$\therefore V_1 + 0.5 = V_1 \times e^{\frac{\Delta S}{AGR}}$

$V_1 \times e^{\frac{\Delta S}{AGR}} - V_1 = V_1 \times \left(e^{\frac{\Delta S}{AGR}} - 1\right) = 0.5$에서

초기 비체적 $V_1 = \dfrac{0.5}{e^{\frac{\Delta S}{AGR}} - 1} = \dfrac{0.5}{e^{\frac{0.05}{\frac{1}{427} \times 1 \times 29.27}} - 1}$

$= \dfrac{0.5}{1.074} = 0.465 \text{m}^3/\text{kg}$

24 다음 중 냉각탑의 용량제어 방법이 아닌 것은?

① 슬라이드 밸브 조작방법
② 수량변화방법
③ 공기유량변화방법
④ 분할운전방법

해설 슬라이드 밸브(Slide Valve)
냉각탑이 아닌 스크루 냉동기의 용량 조정에 사용되며 이 밸브를 움직여 냉매가스를 흐르게 하여 냉동능력을 조절한다.

25 다음 중 무기질 브라인이 아닌 것은?

① 염화나트륨
② 염화마그네슘
③ 염화칼슘
④ 에틸렌글리콜

해설 유기질 브라인
㉠ 에틸렌글리콜
㉡ 프로필렌글리콜
㉢ 물
㉣ 메틸 크로라이드(초저온용)

26 저온장치 중 얇은 금속판에 브라인이나 냉매를 통하게 하여 금속판의 외면에 식품을 부착시켜 동결하는 장치는?

① 반송풍 동결장치
② 접촉식 동결장치
③ 송풍 동결장치
④ 터널식 공기 동결장치

해설 접촉식 동결장치 : 얇은 금속판에 브라인이나 냉매를 통하게 하여 금속판의 외면에 식품을 부착시켜 동결하는 장치이다.

27 증발식 응축기에 관한 설명으로 옳은 것은?

① 증발식 응축기는 많은 냉각수를 필요로 한다.
② 송풍기, 순환펌프가 설치되지 않아 구조가 간단하다.
③ 대기온도는 동일하지만 습도가 높을 때는 응축압력이 높아진다.
④ 증발식 응축기의 냉각수 보급량은 물의 증발량과는 큰 관계가 없다.

해설
• 증발식 응축기는 응축기 냉각관 코일에 냉각수를 분무노즐에 의해 분무하고 여기에 3m/s의 공기를 통과하여 냉각관 표면의 물을 증발시킴으로써 냉매가스를 응축시킨다. (암모니아 냉매 사용)
• 외기의 습구온도 영향을 많이 받으므로 습도가 높으면 응축압력이 높아진다.

22. ① 23. ② 24. ① 25. ④ 26. ② 27. ③ | ANSWER

28 이상 냉동 사이클에서 응축기 온도가 40℃, 증발기 온도가 −10℃이면 성적계수는?

① 3.26　② 4.26
③ 5.26　④ 6.26

해설 냉동기 성적계수 COP

$$COP = \frac{T_L}{T_H - T_L}$$
$$= \frac{(-10+273)}{(40+273)-(-10+273)} = 5.26$$

29 진공압력 300mmHg를 절대압력으로 환산하면 약 얼마인가?(단, 대기압은 101.3kPa이다.)

① 48.7kPa　② 55.4kPa
③ 61.3kPa　④ 70.6kPa

해설 76cmHg = 1atm = 101.3kPa = 1.0332kg/cm²
절대압력 = 760 − 진공압 = 760 − 300 = 460mmHg
∴ 절대압력 = $101.3 \times \frac{460}{760} = 61.3$kPa

30 다음 $h-x$(엔탈피−농도) 선도에서 흡수식 냉동기 사이클을 나타낸 것으로 옳은 것은?

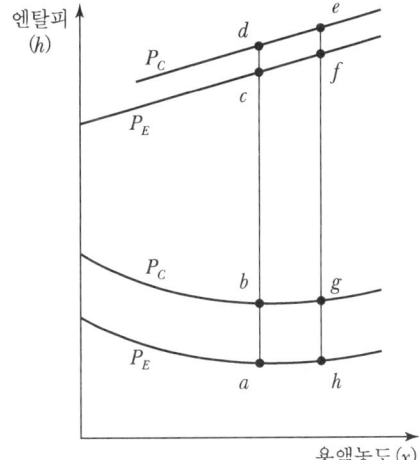

① $c-d-e-f-c$
② $b-c-f-g-b$
③ $a-b-g-h-a$
④ $a-d-e-h-a$

해설 흡수식 냉동기 사이클

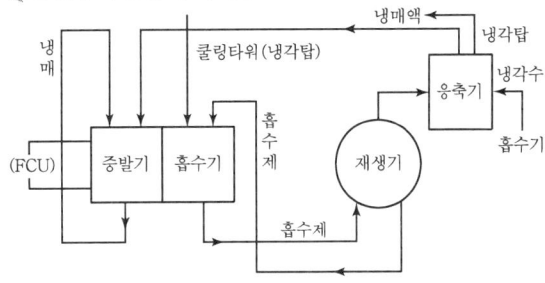

냉매(H_2O), 용액(리튬브로마이드, LiBr)

31 브라인의 구비조건으로 틀린 것은?
① 열용량이 크고 전열이 좋을 것
② 점성이 클 것
③ 빙점이 낮을 것
④ 부식성이 없을 것

해설 브라인 간접 냉매는 순환펌프의 동력 소비 절약을 위하여 점성이 적어야 한다.

32 15℃의 물로 0℃의 얼음을 100kg/h 만드는 냉동기의 냉동능력은 몇 냉동톤(RT)인가?(단, 1RT는 3,320 kcal/h, 얼음의 융해열은 80kcal/kg이다.)

① 1.43
② 1.78
③ 2.12
④ 2.86

해설
• 15℃ 물 → 0℃ 물의 현열 Q_1
  $Q_1 = G \cdot C \cdot \Delta t$
  $= 100 \times 1 \times (15-0)$
  $= 1,500$kcal/h
• 0℃ 물 → 0℃ 얼음의 응고열 Q_2
  $Q_2 = G \cdot \gamma$
  $= 100 \times 80$
  $= 8,000$kcal/h
∴ 냉동톤(RT) = $\frac{1,500 + 8,000}{3,320}$
  = 2.86RT

ANSWER | 28. ③　29. ③　30. ③　31. ②　32. ④

33 이론 냉동사이클을 기반으로 한 냉동장치의 작동에 관한 설명으로 옳은 것은?

① 냉동능력을 크게 하려면 압축비를 높게 운전하여야 한다.
② 팽창밸브 통과 전후의 냉매 엔탈피는 변하지 않는다.
③ 냉동장치의 성적계수 향상을 위해 압축비를 높게 운전하여야 한다.
④ 대형 냉동장치의 암모니아 냉매는 수분이 있어도 아연을 침식시키지 않는다.

해설 ㉠ 압축비가 높으면 냉동효과가 감소한다.(성적계수 감소)
㉡ 암모니아 냉매는 큰 지장은 없으나 아연이 있으면 침식한다.
㉢ 팽창밸브 전후의 엔탈피(kcal/kg)는 일정하다.

34 냉동사이클에서 증발온도가 일정하고 압축기 흡입가스의 상태가 건포화 증기일 때, 응축온도를 상승시키는 경우 나타나는 현상이 아닌 것은?

① 토출압력 상승
② 압축비 상승
③ 냉동효과 감소
④ 압축일량 감소

해설 응축온도 상승
증발온도 일정 ┐ 압축비 증가(압축일량 증가)

35 실제기체가 이상기체의 상태식을 근사적으로 만족하는 경우는?

① 압력이 높고 온도가 낮을수록
② 압력이 높고 온도가 높을수록
③ 압력이 낮고 온도가 높을수록
④ 압력이 낮고 온도가 낮을수록

해설 압력이 낮고 온도가 높을수록 실제기체는 이상기체에 근접한다.

36 $P-h$(압력 – 엔탈피) 선도에서 포화증기선상의 건조도는 얼마인가?

① 2
② 1
③ 0.5
④ 0

해설 $P-h$ 선도

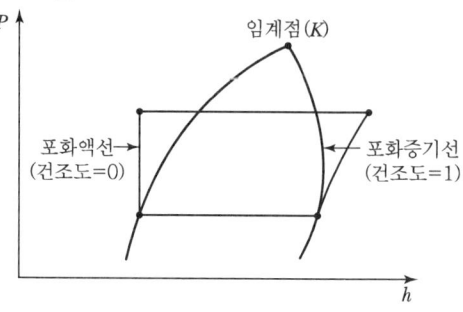

37 냉동장치의 $P-i$(압력 – 엔탈피) 선도에서 성적계수(COP)를 구하는 식으로 옳은 것은?

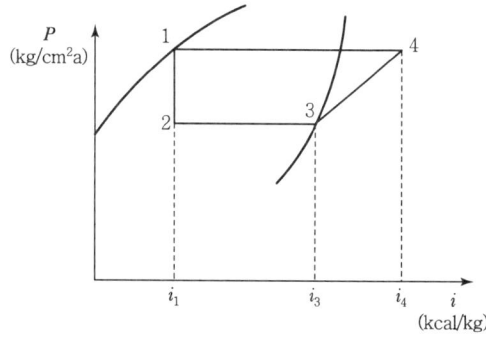

① $COP = \dfrac{i_4 - i_3}{i_3 - i_2}$
② $COP = \dfrac{i_3 - i_2}{i_4 - i_2}$
③ $COP = \dfrac{i_3 - i_2}{i_4 - i_3}$
④ $COP = \dfrac{i_4 - i_2}{i_3 - i_2}$

해설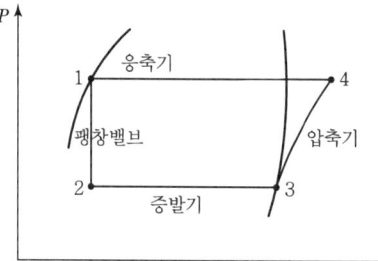

성적계수(COP) = $\dfrac{i_3 - i_2}{i_4 - i_3}$ (성적계수가 클수록 좋다.)

33. ② 34. ④ 35. ③ 36. ② 37. ③ | ANSWER

38 암모니아 냉동장치에서 팽창밸브 직전의 냉매액 온도가 20℃이고, 압축기 직전 냉매가스 온도 −15℃의 건포화 증기이며, 냉매 1kg당 냉동량은 270kcal이다. 필요한 냉동능력이 14RT일 때, 냉매순환량은? (단, 1RT는 3,320kcal/h이다.)

① 123kg/h   ② 172kg/h
③ 185kg/h   ④ 212kg/h

해설 냉동능력 $Q = G \times q$에서

$$냉매순환량(G) = \frac{냉동능력(Q)}{냉동효과(q)} = \frac{14 \times 3,320}{270}$$
$$= 172.15 \text{kg/h}$$

39 2원 냉동사이클의 특징이 아닌 것은?

① 일반적으로 저온 측과 고온 측에 서로 다른 냉매를 사용한다.
② 초저온의 온도를 얻고자 할 때 이용하는 냉동사이클이다.
③ 보통 저온 측 냉매로는 임계점이 높은 냉매를 사용하며, 고온 측에는 임계점이 낮은 냉매를 사용한다.
④ 중간열교환기는 저온 측에서는 응축기 역할을 하며, 고온 측에서는 증발기 역할을 수행한다.

해설 2원 냉동
−70℃ 이하의 저온을 얻기 위해 서로 다른 냉매를 독립적으로 사용한다.
㉠ 저온 측 냉매 : R−13, R−14, 에틸렌, 메탄, 에탄, 프로판 등
㉡ 고온 측 냉매 : R−12, R−22(비등점이 높은 냉매)
※ 저온 측의 응축기와 고온 측의 증발기(캐스케이드 콘덴서)를 열교환시킨다.

40 수랭식 응축기를 사용하는 냉동장치에서 응축압력이 표준압력보다 높게 되는 원인으로 가장 거리가 먼 것은?

① 공기 또는 불응축가스의 혼입
② 응축수 입구온도의 저하
③ 냉각수량의 부족
④ 응축기의 냉각관에 스케일 부착

해설 응축수 입구의 온도가 저하하면 응축압력이 표준압력보다 낮아진다.

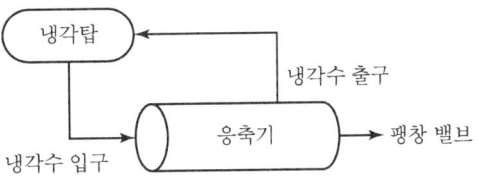

SECTION 03 배관일반

41 가스미터 부착 시 유의사항으로 틀린 것은?

① 온도, 습도가 급변하는 장소는 피한다.
② 부식성의 약품이나 가스가 미터기에 닿지 않도록 한다.
③ 인접 전기설비와는 충분한 거리를 유지한다.
④ 가능하면 미관상 건물의 주요 구조부를 관통한다.

해설 가스는 위험한 기체이므로 가급적 가스미터기는 건물의 주요 구조부를 피해서 설치 부착시킨다.

42 급탕배관 시공 시 주요 고려사항으로 가장 거리가 먼 것은?

① 배관 구배
② 배관재료의 선택
③ 관의 신축과 영향
④ 관내 유체의 물리적 성질

해설 급탕(온수)은 주성분이 물(H_2O)이므로 시공 시 물리적 성질은 고려사항이 아니다.

43 냉매 배관 중 액관은 어느 부분인가?

① 압축기와 응축기까지의 배관
② 증발기와 압축기까지의 배관
③ 응축기와 수액기까지의 배관
④ 팽창밸브와 압축기까지의 배관

해설 냉매액관

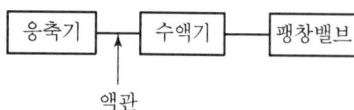

44 배수트랩의 종류에 해당하는 것은?
① 드럼 트랩   ② 버킷 트랩
③ 벨로스 트랩   ④ 디스크 트랩

해설 드럼 트랩(배수트랩에서 박스트랩에 속한다.)

45 증기 가열코일이 있는 저탕조의 하부에 부착하는 배관 또는 부속품이 아닌 것은?
① 배수관   ② 급수관
③ 증기환수관   ④ 버너

해설 연소용 버너는 저탕조(온수탱크)의 온수발생을 위하여 보일러에 부착한다.

46 냉온수 배관에 관한 설명으로 옳은 것은?
① 배관이 보·천장·바닥을 관통하는 개소에는 플렉시블 이음을 한다.
② 수평관의 공기체류부에는 슬리브를 설치한다.
③ 팽창관(도피관)에는 슬루스 밸브를 설치한다.
④ 주관의 굽힘부에는 엘보 대신 벤드(곡관)를 사용한다.

해설

루프형 신축이음쇠

47 다음 중 대구경 강관의 보수 및 점검을 위해 분해·결합을 쉽게 할 수 있도록 사용되는 연결방법은?
① 나사접합   ② 플랜지 접합
③ 용접접합   ④ 슬리브 접합

해설 ㉠ 소구경 보수 점검 : 유니언 사용
㉡ 대구경 보수 점검 : 플랜지 접합

48 파이프 내 흐르는 유체가 "물"임을 표시하는 기호는?
① 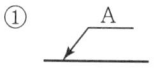   ② ○
③ S   ④ W

해설 ㉠ A : 공기(Air)
㉡ O : 오일(Oil)
㉢ S : 스팀(Steam)
㉣ W : 물(Water)

49 냉동장치의 토출배관 시공 시 유의사항으로 틀린 것은?
① 관의 합류는 T이음보다 Y이음으로 한다.
② 압축기 정지 중에도 관 내에 응축된 냉매가 압축기로 역류하지 않도록 한다.
③ 압축기에서 입상된 토출관의 수평 부분은 응축기 쪽으로 상향 구배를 한다.
④ 여러 대의 압축기를 병렬 운전할 때는 가스의 충돌로 인한 진동이 없게 한다.

해설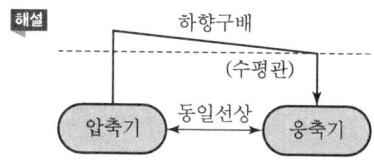

50 다음 중 가스 공급 설비와 관련이 없는 것은?
① 가스 홀더   ② 압송기
③ 정적기   ④ 정압기

해설 가스 공급 설비
㉠ 가스 홀더
㉡ 압송기
㉢ 정압기

51 관경 25A(내경 27.6mm)의 강관에 30L/min의 가스를 흐르게 할 때 유속(m/s)은?
① 0.14　② 0.34
③ 0.64　④ 0.84

해설 연속방정식

$Q = A \cdot V = \left(\dfrac{\pi D^2}{4}\right) \cdot V$에서

유속 $V = \dfrac{Q}{\left(\dfrac{\pi D^2}{4}\right)} = \dfrac{(30 \times 10^{-3}) \times (1/60)}{\left(\dfrac{\pi \times 0.0276^2}{4}\right)}$

$= 0.8357$
$≒ 0.84 \text{m/s}$

52 증기난방배관 시공 시 복관 중력환수식 증기주관의 증기 흐름 방향으로의 구배로 적당한 것은?
① 1/100 정도의 선단 상향 구배로 한다.
② 1/100 정도의 선단 하향 구배로 한다.
③ 1/200 정도의 선단 상향 구배로 한다.
④ 1/200 정도의 선단 하향 구배로 한다.

해설 복관 중력 환수식 증기난방
시공 시 건식환수관은 $\dfrac{1}{200}$ 끝내림 구배(선단하향구배)로 보일러실까지 배관한다.(환수관은 보일러 수면보다 높게 해 준다.)

53 냉온수 배관을 시공할 때 고려해야 할 사항으로 옳은 것은?
① 열에 의한 온수의 체적팽창을 흡수하기 위해 신축 이음을 한다.
② 기기와 관의 부식을 방지하기 위해 물을 자주 교체한다.
③ 열에 의한 배관의 신축을 흡수하기 위해 팽창관을 설치한다.
④ 공기체류장소에는 공기빼기밸브를 설치한다.

해설 ㉠ 팽창탱크 : 온수체적 팽창
㉡ 부식방지 : 청관제 사용
㉢ 배관신축 이음쇠 : 열에 의한 배관 신축 흡수

54 강관의 접합방법에 해당되지 않는 것은?
① 나사 접합　② 플랜지 접합
③ 압축 접합　④ 용접 접합

해설 압축 접합(20mm 이하 동관의 플레어 접합)

55 배관용 탄소강관의 호칭경은 무엇으로 표시하는가?
① 파이프 외경　② 파이프 내경
③ 파이프 유효경　④ 파이프 두께

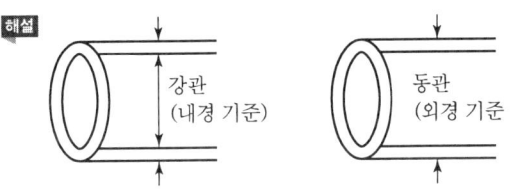

56 공기조화기에 설치된 공기 냉각코일 내에 흐르는 냉수의 적정 유속은?
① 약 1m/s　② 약 3m/s
③ 약 5m/s　④ 약 7m/s

해설 공조기 냉각코일 냉수의 적정 유속은 약 1m/s이다.

57 냉매배관 시공 시 유의사항으로 틀린 것은?
① 팽창밸브 부근에서의 배관길이는 가능한 짧게 한다.
② 지나친 압력강하를 방지한다.
③ 암모니아 배관의 관이음에 쓰이는 패킹재료는 천연고무를 사용한다.
④ 두 개의 입상관 사용 시 트랩 과정은 되도록 크게 한다.

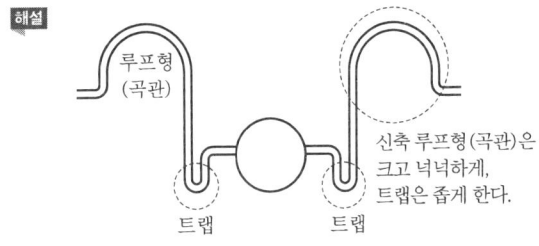

ANSWER | 51. ④ 52. ④ 53. ④ 54. ③ 55. ② 56. ① 57. ④

58 각 난방방식과 관련된 용어의 연결로 옳은 것은?
① 온수난방 – 잠열
② 증기난방 – 팽창탱크
③ 온풍난방 – 팽창관
④ 복사난방 – 평균복사온도

해설 ① 온수난방 : 온수 현열 이용
② 증기난방 : 증기의 잠열 이용
③ 온수난방 : 팽창관 설치
④ 복사난방(패널난방) : 평균복사온도 이용

59 다음 중 관을 도중에 분기시키기 위해 사용되는 부속품이 아닌 것은?
① 티(T)   ② 와이(Y)
③ 크로스(Cross)   ④ 엘보(Elbow)

해설 엘보(90°, 45°) : 방향 전환용

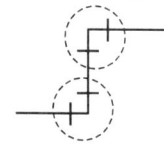

60 펌프 주위 배관에 대한 설명으로 틀린 것은?
① 흡입관의 길이는 가능하면 짧게 배관한다.
② 흡입관은 펌프를 향해서 약 1/50 정도의 올림 구배가 되도록 한다.
③ 토출관에는 글로브 밸브를 설치하고, 흡입관에는 체크밸브를 설치한다.
④ 흡입 측에는 진공계를 설치하고, 토출 측에는 압력계를 설치한다.

해설
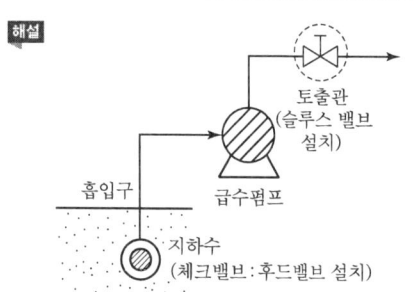

SECTION 04 전기제어공학

61 어떤 회로의 전압이 V(V)이고 전류가 I(A)이며 저항이 $R(\Omega)$일 때 저항이 10% 감소되면 그때의 전류는 처음 전류 I(A)의 약 몇 배가 되는가?
① 1.11배   ② 1.41배
③ 1.73배   ④ 2.82배

해설 전압 V(V)와 전류 I(A)에서 저항 $R(\Omega)$이 10% 감소하면
$I = 100\% - 10\% = 90\%$
∴ 저항 $= \left(\dfrac{1}{0.9}\right) = 1.11$배

62 3상 유도전동기의 출력 5마력, 전압 220V, 효율 80%, 역률 90%일 때 전동기에 흐르는 전류는 약 몇 A인가?
① 11.6   ② 13.6
③ 15.6   ④ 17.6

해설 3상 유도전동기의 출력 $P = \sqrt{3}\, VI\cos\theta\eta$에서
전류 $I = \dfrac{P}{\sqrt{3}\, V\cos\theta\eta} = \dfrac{(5 \times 0.75 \times 10^3)}{\sqrt{3} \times 220 \times 0.9 \times 0.8}$
$= 13.67 ≒ 13.6$A

63 추종제어에 속하지 않는 제어량은?
① 유량   ② 방위
③ 위치   ④ 자세

해설 ㉠ 추종제어 : 목푯값이 임의의 시간적 변화를 하는 경우의 추치제어(방위, 위치, 자세 등)
㉡ 프로세스제어 : 압력, 온도, 유량, 액면, 농도, 밀도 등

64 시퀀스 제어에 관한 설명으로 틀린 것은?
① 시간지연요소가 사용된다.
② 논리회로가 조합 사용된다.
③ 기계적 계전기 접점이 사용된다.
④ 전체시스템에 연결된 접점들이 동시에 동작한다.

해설 시퀀스 제어(Sequential Control) : 미리 정해 놓은 조건이나 순서에 따라 진행되는 자동제어

65 잔류편차가 존재하는 제어계는?

① 적분제어계　　② 비례제어계
③ 비례적분제어계　　④ 비례적분미분제어계

해설 비례제어 P 동작

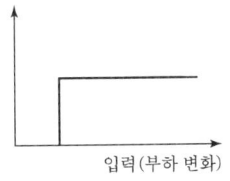

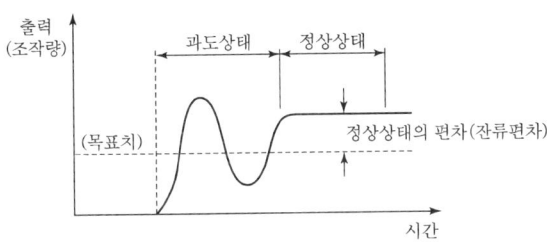

66 전기력선의 성질로 틀린 것은?

① 전기력선은 서로 교차한다.
② 양전하에서 나와 음전하로 끝나는 연속곡선이다.
③ 전기력선상의 접선은 그 점에 있어서 전계의 방향이다.
④ 단위 전계강도 1V/m인 점에 있어서 전기력선 밀도를 1개/m²라 한다.

해설 전기력선
전계의 상태를 생각하기 쉽게 하기 위하여 가상해서 그려지는 선(그 밀도가 전계의 세기를 나타내고 접선의 방향이 그것을 그은 장소에서의 전계의 방향을 나타낸다. 전기력선은 양전하에서 나와 음전하로 흐르는 것이다.)

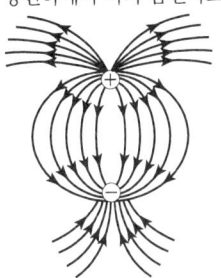

67 다음 그림에서 단위 피드백 제어계의 입력을 $R(s)$, 출력을 $C(s)$라 할 때 전달함수는 어떻게 표현되는가?

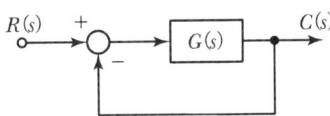

① $\dfrac{G(s)}{1+R(s)}$　　② $\dfrac{G(s)}{1+G(s)}$

③ $\dfrac{C(s)}{1+G(s)}$　　④ $\dfrac{R(s)\cdot C(s)}{1+R(s)}$

해설

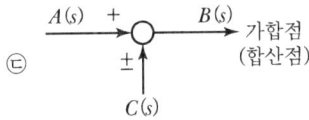

전달함수

㉠ $\boxed{G(s)}$ 전달요소

㉡ $A(s) \rightarrow \boxed{G(s)} \rightarrow B(s)$ 화살표

㉢ 가합점(합산점)

$\therefore RG = C + CG = \dfrac{C}{R} = \dfrac{G(s)}{1+G(s)}$

68 다음 블록선도의 입력과 출력이 성립하기 위한 A의 값은?

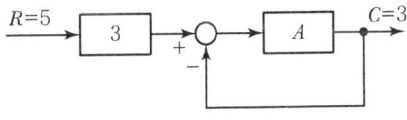

① 3　　② 4
③ $\dfrac{1}{3}$　　④ $\dfrac{1}{4}$

해설 전달함수 $G(s)$

$G(s) = \dfrac{C}{R} = \dfrac{전향경로}{1-피드백경로} = \dfrac{3A}{1+A}$

$\dfrac{3}{5} = \dfrac{3A}{1+A}$

$3(1+A) = 15A \rightarrow 3+3A = 15A$

$12A = 3$

$\therefore A = \dfrac{1}{4}$

ANSWER | 65.② 66.① 67.② 68.④

69 피드백 제어계에서 제어요소에 대한 설명인 것은?
① 목푯값에 비례하는 기준, 입력신호를 발생하는 요소이다.
② 기준입력과 주궤환신호의 차로 제어동작을 일으키는 요소이다.
③ 제어를 하기 위해 제어대상에 부착시켜 놓은 장치이다.
④ 조작부와 조절부로 구성되어 동작신호를 조작량으로 변환하는 요소이다.

해설 피드백 블록선도

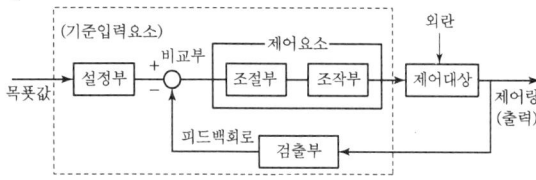

70 계측기를 선택할 경우 고려하여야 할 사항과 가장 관계가 적은 것은?
① 정확성　② 신속성
③ 신뢰성　④ 배율성

해설 계측기 선택 고려사항
㉠ 정확성
㉡ 신속성
㉢ 신뢰성

71 그림과 같은 단위계단함수를 옳게 나타낸 것은?

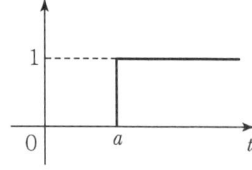

① $U(t)$　② $U(t-a)$
③ $U(a-t)$　④ $U(-a-t)$

해설 단위계단함수
$U(t-a)$는 $U(t)$를 t축으로 a만큼 평행이동한 것으로 $0 \le t \le a$에서 0이며 $a \le t \le \infty$에서는 1이다.
∴ $U(t-a)$

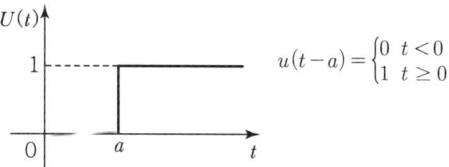

$$u(t-a) = \begin{cases} 0 & t < 0 \\ 1 & t \ge 0 \end{cases}$$

72 전력선, 전기기기 등 보호대상에 발생한 이상상태를 검출하여 기기의 피해를 경감시키거나 그 파급을 저지하기 위하여 사용되는 것은?
① 보호계전기　② 보조계전기
③ 전자접촉기　④ 한시계전기

해설 보호계전기(Protective Relay)
발전기나 송전계통에 사고 발생 시 사고를 검출하고 그 위치나 종류 등을 식별하여 차단기를 동작시키는 장치(전류계전기, 전압계전기, 차동계전기, 방향계전기, 거리계전기, 접지계전기 등이 있다.)

73 목푯값이 다른 양과 일정한 비율 관계를 가지고 변화하는 경우의 제어는?
① 추종제어　② 정치제어
③ 비율제어　④ 프로그램제어

해설 목푯값에 의한 자동제어 분류
㉠ 추종제어　㉡ 비율제어　㉢ 프로그램제어

74 서보 전동기는 다음 중 어디에 속하는가?
① 검출기　② 증폭기
③ 변환기　④ 조작기기

해설 서보전동기(조작기기)
㉠ 속응성이 높다.(전기계 서보기구)
㉡ 시동, 정지 및 역전의 동작을 자주 반복한다.
㉢ 높은 신뢰도가 필요하고 전기자의 길이가 길다.

75 전달함수를 정의할 때의 조건으로 옳은 것은?
① 입력신호만을 고려한다.
② 모든 초기값을 고려한다.
③ 주파수 특성만을 고려한다.
④ 모든 초기값을 0으로 한다.

해설 전달함수
- 모든 초기값을 0으로 가정하고 입력에 대한 출력비를 나타내는 함수
- 입력신호 $x(t)$, 출력신호 $y(t)$의 전달함수
$$G(s) = \frac{\mathcal{L}[y(t)]}{\mathcal{L}[x(t)]} = \frac{Y(s)}{X(s)}$$

76 그림과 같은 $R-L-C$ 직렬회로에서 단자전압과 전류가 동상이 되는 조건은?

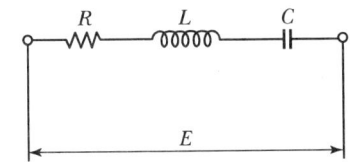

① $\omega = LC$ ② $\omega LC = 1$
③ $\omega^2 LC = 1$ ④ $\omega L^2 C^2 = 1$

해설 $R-L-C$ 직렬회로 단자전압과 전류가 동상이 되는 조건
R(저항), L(인덕턴스), C(정전용량)

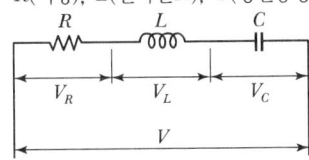

∴ $\omega^2 LC = 1$(동상조건은 임피던스가 순저항 성분(직렬 공진 시 $X_L = X_C = 0$)이 되어야 하므로 $\omega L = \frac{1}{\omega C}$이다. 즉, $\omega^2 LC = 1$이다.

77 변위를 전압으로 변환시키는 장치가 아닌 것은?
① 전위차계 ② 측온저항
③ 포텐셔미터 ④ 차동변압기

해설 측온저항(열선, 서미스터, 백금, 니켈)은 온도→임피던스이다.

78 다음 블록선도에서 전달함수 $\frac{C(s)}{R(s)}$는?

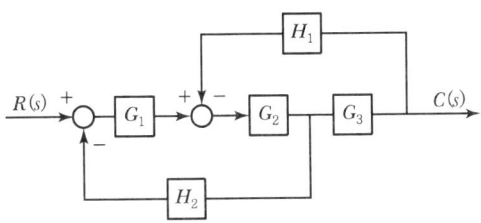

① $\dfrac{G_1 G_2 G_3}{1 + G_2 G_3 H_1 - G_1 G_2 H}$

② $\dfrac{G_1 G_2 G_3}{1 + G_2 G_3 H_1 + G_1 G_2 H}$

③ $\dfrac{G_1 G_2 G_3 H_1}{1 + G_2 G_3 H_1 + G_1 G_2 H}$

④ $\dfrac{G_1 G_2 G_3}{1 + G_2 G_3 H_2 + G_1 G_2 H}$

해설 전항 정답

79 권선형 유도전동기의 회전자 입력이 10kW일 때 슬립이 4%였다면 출력은 약 몇 kW인가?
① 4 ② 8
③ 9.6 ④ 10.4

해설 $\dfrac{N}{N_s} = \dfrac{P}{P_2} = 1-S$에서
출력 $P = P_2 \times (1-S)$
$= 10 \times (1-0.04) = 9.6$kW

80 제동비(ξ)는 그 범위가 0~1 사이의 값을 갖는 것이 보통이다. 그 값이 0에 가까울수록 어떻게 되는가?
① 증가 진동한다.
② 응답속도가 늦어진다.
③ 일정한 진폭으로 계속 진동한다.
④ 최대 오버슈트가 점점 작아진다.

해설 제동비(감쇠계수, ξ)
㉠ $\xi = \dfrac{1}{2\omega_n (\text{rad/s})}$
㉡ 제동비는 그 범위가 0~1 사이의 값을 가질 때 그 값이 0에 가까울수록 응답속도가 늦어진다.
- 제동비가 0이면 일정한 진폭 진동
- 제동비가 1보다 크면 비진동
- 제동비가 1이면 진동에서 비진동 이동
- 제동비가 1보다 부족하면 감쇠진동

2018년 1회 공조냉동기계산업기사

SECTION 01 공기조화

01 보일러에서 물이 끓어 증발할 때 보일러수가 물방울 또는 거품으로 되어 증기에 섞여 보일러 밖으로 분출되어 나오는 장해의 종류는?
① 스케일 장해 ② 부식 장해
③ 캐리오버 장해 ④ 슬러지 장해

해설
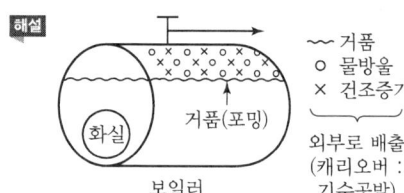

02 건구온도 10℃, 상대습도 60%인 습공기를 30℃로 가열하였다. 이때의 습공기 상대습도는?(단, 10℃의 포화수증기압은 9.2mmHg이고, 30℃의 포화수증기압은 23.75mmHg이다.)
① 17% ② 20%
③ 23% ④ 27%

해설
- 수증기 분압 $P_w = \phi P_s = 0.6 \times 9.2 = 5.52$ mmHg
- 건구온도 30℃의 상대습도
$$Q = \frac{P_w}{P_s} \times 100\% = \frac{5.52}{23.75} \times 100 = 23.2\%$$

03 다음 냉방부하 종류 중 현열부하만 이용하여 계산하는 것은?
① 극간풍에 의한 열량
② 인체의 발생열량
③ 기구의 발생열량
④ 송풍기에 의한 취득열량

해설 수분이 없는 취득열량은 현열부하
- 송풍기(기기취득열량) 취득열량은 냉방부하에서 현열부하

04 겨울철에 난방을 하는 건물의 배기열을 효과적으로 회수하는 방법이 아닌 것은?
① 전열교환기 방법 ② 현열교환기 방법
③ 열펌프 방법 ④ 축열조 방법

해설 축열조 난방 : 심야 전기이용 난방

05 증기난방 방식의 종류에 따른 분류 기준으로 가장 거리가 먼 것은?
① 사용 증기압력 ② 증기 배관방식
③ 증기 공급방향 ④ 사용 열매종류

해설 난방열매
㉠ 증기 ㉡ 온수 ㉢ 열매체(특수용)

06 증기난방의 장점이 아닌 것은?
① 방열기가 소형이 되므로 비용이 적게 든다.
② 열의 운반능력이 크다.
③ 예열시간이 온수난방에 비해 짧고 증기순환이 빠르다.
④ 소음(Steam Hammering)을 일으키지 않는다.

해설 증기난방은 수격작용(워터해머링), 소음 등이 발생한다.
증기 → 잠열손실 → 응축수 발생(워터해머링 발생)

07 온도가 20℃, 절대압력이 1MPa인 공기의 밀도(kg/m³)는?(단, 공기는 이상기체이며, 기체상수(R)는 0.287kJ/kg · K이다.)
① 9.55 ② 11.89
③ 13.78 ④ 15.89

해설 이상기체 상태방정식 $PV = MRT$에서
$$P = \left(\frac{M}{V}\right)RT = \rho RT$$
밀도 $\rho = \dfrac{P}{RT} = \dfrac{1 \times 10^3}{0.287 \times (20 + 273)} = 11.89$ kg/m³

1.③ 2.③ 3.④ 4.④ 5.④ 6.④ 7.② | **ANSWER**

08 에어 핸들링 유닛(Air Handling Unit)의 구성요소가 아닌 것은?
① 공기 여과기   ② 송풍기
③ 공기 냉각기   ④ 압축기

해설
㉠ 압축기 : 냉동기 등에 사용된다.
㉡ 에어 핸들링 유닛 : Air Handling Unit는 공기냉각기, 가습기, 가열기, 냉풍기 등의 중앙식 공조방식에 의한 공기조화기의 장치

09 덕트 내 공기가 흐를 때 정압과 동압에 관한 설명으로 틀린 것은?
① 정압은 항상 대기압 이상의 압력으로 된다.
② 정압은 공기가 정지상태일지라도 존재한다.
③ 동압은 공기가 움직이고 있을 때만 생기는 속도압이다.
④ 덕트 내에서 공기가 흐를 때 그 동압을 측정하면 속도를 구할 수 있다.

해설 정압=전압-동압

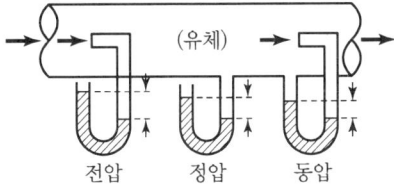

10 가변 풍량 방식에 대한 설명으로 옳은 것은?
① 실내온도제어는 부하변동에 따른 송풍온도를 변화시켜 제어한다.
② 부분부하 시 송풍기 제어에 의하여 송풍기 동력을 절감할 수 있다.
③ 동시 사용률을 적용할 수 없으므로 설비용량을 줄일 수 없다.
④ 시운전 시 취출구의 풍량조절이 복잡하다.

해설 가변 풍량(변풍량)
부분부하 시 송풍기 제어에 의하여 송풍기 동력을 절감할 수 있다.

11 공기조화기(AHU)의 냉·온수 코일 선정에 대한 설명으로 틀린 것은?
① 코일의 통과풍속은 약 2.5m/s를 기준으로 한다.
② 코일 내 유속은 1.0m/s 전후로 하는 것이 적당하다.
③ 공기의 흐름방향과 냉온수의 흐름방향은 평행류보다 대향류로 하는 것이 전열효과가 크다.
④ 코일의 통풍저항을 크게 할수록 좋다.

해설 공기조화의 냉·난방코일은 통풍저항을 적게 할수록 좋다.

12 증기트랩(Steam Trap)에 대한 설명으로 옳은 것은?
① 고압의 증기를 만들기 위해 가열하는 장치
② 증기가 환수관으로 유입되는 것을 방지하기 위해 설치한 밸브
③ 증기가 역류하는 것을 방지하기 위해 만든 자동 밸브
④ 간헐운전을 하기 위해 고압의 증기를 만드는 자동 밸브

해설 증기트랩은 응축수 회수에 의해 수격작용이 방지되며 증기가 환수관으로 유입되는 것을 방지하기 위한 스팀트랩이다.

13 공기조화 방식의 특징 중 전공기식의 특징에 관한 설명으로 옳은 것은?
① 송풍 동력이 펌프 동력에 비해 크다.
② 외기냉방을 할 수 없다.
③ 겨울철에 가습하기가 어렵다.
④ 실내에 누수의 우려가 있다.

해설 열매체인 냉·온풍의 운반에 필요한 팬의 소요동력이 냉·온수를 운반하는 펌프 동력보다 크다.

전공기방식
㉠ 단일덕트 방식
㉡ 2중덕트 방식
㉢ 덕트병용 패키지 방식
㉣ 각층 유닛 방식

ANSWER | 8. ④ 9. ① 10. ② 11. ④ 12. ② 13. ①

14 고온수 난방 배관에 관한 설명으로 옳은 것은?

① 장치의 열용량이 작아 예열시간이 짧다.
② 대량의 열량공급은 용이하지만 배관의 지름은 저온수 난방보다 크게 된다.
③ 관내 압력이 높기 때문에 관내면의 부식문제가 증기난방에 비해 심하다.
④ 공급과 환수의 온도차를 크게 할 수 있으므로 열수송량이 크다.

해설 100℃ 이상의 고온수 난방은 공급과 환수의 온도차를 크게 할 수 있으므로 열수송량이 크다.

15 일반적인 덕트설비를 설계할 때 덕트 설계순서로 옳은 것은?

① 덕트 계획 → 덕트치수 및 저항 산출 → 흡입·취출구 위치결정 → 송풍량 산출 → 덕트 경로결정 → 송풍기 선정
② 덕트 계획 → 덕트 경로결정 → 덕트치수 및 저항 산출 → 송풍량 산출 → 흡입·취출구 위치결정 → 송풍기 선정
③ 덕트 계획 → 송풍량 산출 → 흡입·취출구 위치결정 → 덕트 경로결정 → 덕트치수 및 저항 산출 → 송풍기 선정
④ 덕트 계획 → 흡입·취출구 위치결정 → 덕트치수 및 저항 산출 → 덕트 경로결정 → 송풍량 산출 → 송풍기 선정

해설 덕트 설계순서
덕트 계획 → 송풍량 산출 → 흡입구·취출구 위치결정 → 덕트 경로결정 → 덕트치수 및 저항산출 → 송풍기 선정

16 다음 중 저속덕트와 고속덕트를 구분하는 주덕트 내의 풍속으로 적당한 것은?

① 8m/s
② 15m/s
③ 25m/s
④ 45m/s

해설 덕트 풍속
㉠ 저속덕트 : 15m/s 이하
㉡ 고속덕트 : 15m/s 초과

17 공기조화방식의 열매체에 의한 분류 중 냉매방식의 특징에 대한 설명으로 틀린 것은?

① 유닛에 냉동기를 내장하므로 국소적인 운전이 자유롭게 된다.
② 온도조절기를 내장하고 있어 개별제어가 가능하다.
③ 대형의 공조실을 필요로 한다.
④ 취급이 간단하고 대형의 것도 쉽게 운전할 수 있다.

해설 냉매방식의 열매체 공기조화방식은 공조실이 소형이어도 지장이 없다.

열매체방식
㉠ 증기
㉡ 온수
㉢ 냉매(프레온, 암모니아, 대체냉매 등 사용)

18 전열교환기에 대한 설명으로 틀린 것은?

① 회전식과 고정식 등이 있다.
② 현열과 잠열을 동시에 교환한다.
③ 전열교환기는 공기 대 공기 열교환기라고도 한다.
④ 동계에 실내로부터 배기되는 고온다습한 공기와 한랭건조한 외기와의 열교환을 통해 엔탈피 감소 효과를 가져온다.

해설 전열교환기
㉠ 공조용으로 외기와 배기의 전열교환용으로 사용된다.
㉡ 보일러에 공급되는 외기를 예열하여 열효율을 높인다.
㉢ 전열교환 시 열매는 엔탈피가 증가한다.

19 공조용 저속덕트를 등마찰법으로 설계할 때 사용하는 단위 마찰저항으로 가장 적당한 것은?

① 0.007~0.015Pa/m
② 0.7~1.5Pa/m
③ 7~15Pa/m
④ 70~150Pa/m

해설 덕트치수, 덕트의 저항법
㉠ 등마찰 저항법(0.7~1.5Pa/m)
㉡ 등속법
㉢ 정압재취득법

14. ④ 15. ③ 16. ② 17. ③ 18. ④ 19. ② | ANSWER

20 송풍 공기량을 $Q(\text{m}^3/\text{s})$, 외기 및 실내온도를 각각 t_o, $t_r(℃)$이라 할 때 침입외기에 의한 손실 열량 중 현열부하(kW)를 구하는 공식은?(단, 공기의 정압비열은 $1.0\text{kJ/kg} \cdot \text{K}$, 밀도는 1.2kg/m^3이다.)

① $1.0 \times Q \times (t_o - t_r)$
② $1.2 \times Q \times (t_o - t_r)$
③ $597.5 \times Q \times (t_o - t_r)$
④ $717 \times Q \times (t_o - t_r)$

해설
- 현열부하 $q_S = 1.0 \cdot G \cdot (t_o - t_r)$
  $= 1.0 \cdot Q \cdot 1.2 \cdot (t_o - t_r)$
  $= 1.2 \cdot Q \cdot (t_o - t_r)$
- 잠열부하 $q_L = 2,501 \cdot G \cdot (x_o - x_r)$
  $= 2,501 \cdot Q \cdot 1.2 \cdot (x_o - x_r)$
  $= 3,001.2 \cdot Q \cdot (x_o - x_r)$
여기서, 풍량 $G(\text{kg/h}) = Q(\text{m}^3/\text{h}) \times 1.2(\text{kg/m}^3)$

SECTION 02 냉동공학

21 냉동장치 내 불응축가스가 존재하고 있는 것이 판단되었다. 그 혼입의 원인으로 가장 거리가 먼 것은?

① 냉매충전 전에 장치 내를 진공건조시키기 위하여 상온에서 진공 750mmHg까지 몇 시간 동안 진공 펌프를 운전하였기 때문이다.
② 냉매와 윤활유의 충전작업이 불량했기 때문이다.
③ 냉매와 윤활유가 분해하기 때문이다.
④ 팽창밸브에서 수분이 동결하고 흡입가스 압력이 대기압 이하가 되기 때문이다.

해설 진공 펌프를 이용하여 진공 750mmHg까지 운전하면 불응축가스는 제거된다.(불응축가스 : 공기, 수소, 냉매 및 윤활유 분해 등)

22 다음과 같은 냉동기의 냉동능력(RT)은?(단, 응축기 냉각수 입구온도 18℃, 응축기 냉각수 출구온도 23℃, 응축기 냉각수 수량 1,500L/min, 압축기 주전동기 축마력은 80PS, 1RT는 3,320kcal/h이다.)

① 135
② 120
③ 150
④ 125

해설
- 응축기 방열량
  $Q_c = G \cdot C \cdot \Delta t$
  $= (1,500 \times 60) \times 1 \times (23 - 18)$
  $= 450,000\text{kcal/h}$
- 압축기 열량
  $Aw = 80 \times 632 = 50,560\text{kcal/h}(\because 1\text{PS} = 632\text{kcal/h})$
- 증발기 흡수열량 Q_e
  $Q_e = Q_c - Aw = 450,000 - 50,560$
  $= 399,440\text{kcal/h}$
∴ 냉동기의 냉동능력(RT) $= \dfrac{399,440}{3,320} = 120.31\text{RT}$

23 10kg의 산소가 체적 5m³로부터 11m³로 변화하였다. 이 변화가 일정 압력 하에 이루어졌다면 엔트로피의 변화(kcal/K)는?(단, 산소는 완전가스로 보고, 정압비열은 $0.221\text{kcal/kg} \cdot \text{K}$로 한다.)

① 1.55
② 1.74
③ 1.95
④ 2.05

해설 등압과정의 엔트로피 변화
$\Delta S = GC_p \ln\left(\dfrac{V_2}{V_1}\right)$
$= 10 \times 0.221 \times \ln\left(\dfrac{11}{5}\right)$
$= 1.742\text{kcal/K}$

24 공기냉동기의 온도가 압축기 입구에서 −10℃, 압축기 출구에서 110℃, 팽창밸브 입구에서 10℃, 팽창밸브 출구에서 −60℃일 때, 압축기의 소요열량(kcal/kg)은?(단, 공기비열은 $0.24 \text{ kcal/kg} \cdot ℃$)

① 12
② 14
③ 16
④ 18

해설 압축기의 소요열량
$Aw = Q_c - Q_e$
$= 0.24 \times ((273 + 110) - (273 + 10))$
$\quad - 0.24 \times ((273 + (-10)) - (273 + (-60)))$
$= 0.24 \times (383 - 283) - 0.24 \times (263 - 213)$
$= 12\text{kcal/kg}$

ANSWER | 20. ② 21. ① 22. ② 23. ② 24. ①

25 다음 그림은 어떤 사이클인가?(단, P = 압력, h = 엔탈피, T = 온도, S = 엔트로피이다.)

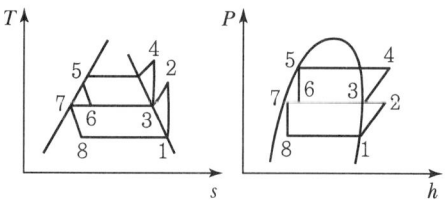

① 2단압축 1단팽창 사이클
② 2단압축 2단팽창 사이클
③ 1단압축 1단팽창 사이클
④ 1단압축 2단팽창 사이클

해설 2단압축 2단팽창 사이클

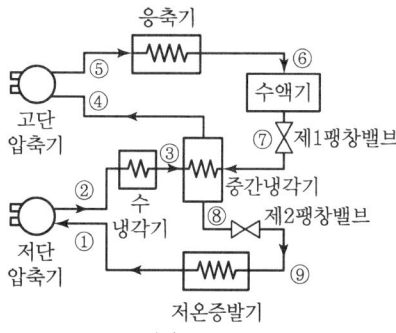

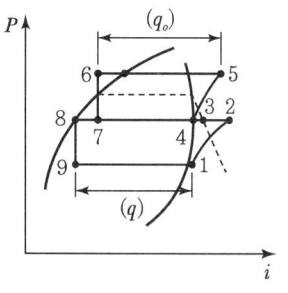

26 냉동장치의 액관 중 발생하는 플래시 가스의 발생 원인으로 가장 거리가 먼 것은?

① 액관의 입상높이가 매우 작을 때
② 냉매 순환량에 비하여 액관의 관경이 너무 작을 때
③ 배관에 설치된 스트레이너, 필터 등이 막혀 있을 때
④ 액관이 직사광선에 노출될 때

해설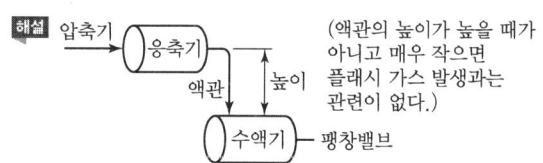
(액관의 높이가 높을 때가 아니고 매우 작으면 플래시 가스 발생과는 관련이 없다.)

27 압축기의 체적효율에 대한 설명으로 틀린 것은?

① 압축기의 압축비가 클수록 커진다.
② 틈새가 작을수록 커진다.
③ 실제로 압축기에 흡입되는 냉매증기의 체적과 피스톤이 배출한 체적과의 비를 나타낸다.
④ 비열비 값이 작을수록 작게 된다.

해설 압축비(응축절대압력/증발절대압력)가 작을수록 성적계수, 냉동능력, 체적효율이 커진다.

28 냉동효과에 관한 설명으로 옳은 것은?

① 냉동효과란 응축기에서 방출하는 열량을 의미한다.
② 냉동효과는 압축기의 출구 엔탈피와 증발기의 입구 엔탈피 차를 이용하여 구할 수 있다.
③ 냉동효과는 팽창밸브 직전의 냉매 액온도가 높을수록 크며, 또 증발기에서 나오는 냉매증기의 온도가 낮을수록 크다.
④ 냉동효과를 크게 하려면 냉매의 과냉각도를 증가시키는 방법을 취하면 된다.

해설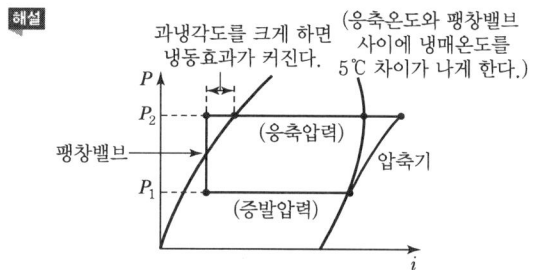

29 다음 중 몰리에르($P-h$) 선도에 나타나 있지 않은 것은?

① 엔트로피
② 온도
③ 비체적
④ 비열

해설 Mollier Diagram($P-h$ 선도)
  ㉠ 절대압력   ㉡ 엔탈피
  ㉢ 엔트로피   ㉣ 온도
  ㉤ 비체적   ㉥ 건조도
  ㉦ 비열 : 물체 1kg을 1℃ 높이는 데 필요한 열량
    (kcal/kg · ℃)

30 조건을 참고하여 산출한 이론 냉동사이클의 성적계수는?

- 증발기 입구 냉매엔탈피 : 250kJ/kg
- 증발기 출구 냉매엔탈피 : 390kJ/kg
- 압축기 입구 냉매엔탈피 : 390kJ/kg
- 압축기 출구 냉매엔탈피 : 440kJ/kg

① 2.5 ② 2.8
③ 3.2 ④ 3.8

해설 이론 성적계수 COP
$$COP = \frac{Q}{Aw} = \frac{T_1}{T_2-T_1} = \frac{Q_1}{Q_2-Q_1} = \frac{390-250}{440-390} = 2.8$$

31 조건을 참고하여 산출한 흡수식냉동기의 성적계수는?

- 응축기 냉각열량 : 20,000kJ/h
- 흡수기 냉각열량 : 25,000kJ/h
- 재생기 가열량 : 21,000kJ/h
- 증발기 냉동열량 : 24,000kJ/h

① 0.88 ② 1.14
③ 1.34 ④ 1.52

해설 성적계수(COP) = $\frac{증발기\ 열량}{재생기\ 열량} = \frac{Q_e}{Aw} = \frac{24,000}{21,000} = 1.14$

32 냉동장치의 안전장치 중 압축기로의 흡입압력이 소정의 압력 이상이 되었을 경우 과부하에 의한 압축기용 전동기의 위험을 방지하기 위하여 설치되는 기기는?

① 증발압력 조정밸브(EPR)
② 흡입압력 조정밸브(SPR)
③ 고압 스위치
④ 저압 스위치

해설 SPR 설치의 경우 설치 시 흡입압력이 소정 압력 이상이 되면 과부하에 의해 압축기용 전동기가 소손되는 것을 방지한다.

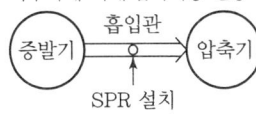

33 중간냉각기에 대한 설명으로 틀린 것은?

① 다단압축냉동장치에서 저단 측 압축기 압축압력(중간압력)의 포화온도까지 냉각하기 위하여 사용한다.
② 고단 측 압축기로 유입되는 냉매증기의 온도를 낮추는 역할도 한다.
③ 중간냉각기의 종류에는 플래시형, 액냉각형, 직접팽창형이 있다.
④ 2단압축 1단팽창 냉동장치에는 플래시형 중간냉각방식이 이용되고 있다.

해설 중간냉각기(Intercooler)는 저단압축기의 출구에 설치한다.(리키드백도 방지된다.)

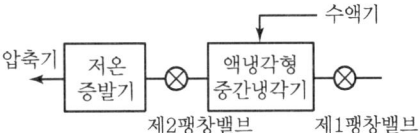

34 어떤 냉매의 액이 30℃의 포화온도에서 팽창밸브로 공급되어 증발기로부터 5℃의 포화증기가 되어 나올 때 1냉동톤당 냉매의 양(kg/h)은?(단, 5℃의 엔탈피는 140.83kcal/kg, 30℃의 엔탈피는 107.65kcal/kg 이다.)

① 100.1 ② 50.6
③ 10.8   ④ 5.3

해설 냉동능력 $Q_e = G \cdot \Delta h$에서
냉매의 양 $G = \frac{Q_e}{\Delta h}$
$= \frac{1 \times 3,320}{140.83-107.65}$
$= 100.06$ kg/h

ANSWER | 30. ② 31. ② 32. ② 33. ④ 34. ①

35 냉매의 구비조건으로 틀린 것은?
① 임계온도는 높고, 응고점은 낮아야 한다.
② 증발잠열과 기체의 비열은 작아야 한다.
③ 장치를 침식하지 않으며 절연 내력이 커야 한다.
④ 점도와 표면장력은 작아야 한다.

해설 냉매는 비열이 작고 증발잠열(kcal/kg)은 커야 한다.

36 증기분사식 냉동장치에서 사용되는 냉매는?
① 프레온   ② 물
③ 암모니아   ④ 염화칼슘

해설 증기분사식 기계적 냉동법에서 냉매가 물이며 저압에서 물의 일부를 흡열한 후 증발시키고 남아 있는 잔류 물(냉매)은 냉각되는데 이 냉각수를 냉동 목적에 사용한다.

37 다음 상태변화에 대한 설명으로 옳은 것은?
① 단열변화에서 엔트로피는 증가한다.
② 등적변화에서 가해진 열량은 엔탈피 증가에 사용된다.
③ 등압변화에서 가해진 열량은 엔탈피 증가에 사용된다.
④ 등온변화에서 절대일은 0이다.

해설 ㉠ 단열변화 : 열의 출입이 없으므로 엔트로피는 변화가 없다.
㉡ 등적변화 : 가열량은 내부에너지에 모두 저장된다.
㉢ 등온변화 : 내부에너지, 엔탈피 변화는 없다.(열량은 0이다.)

38 수랭식 냉동장치에서 단수되거나 순환수량이 적어질 때 경고 또는 장치보호를 위해 작동하는 스위치는?
① 고압 스위치   ② 저압 스위치
③ 유압 스위치   ④ 플로(Flow) 스위치

해설 수랭식 냉동장치에서 단수되거나 물의 순환수량이 적어지면 플로 스위치에 의해 경고 및 장치보호를 위해 작동한다.

39 냉동사이클에서 응축온도를 일정하게 하고 압축기 흡입가스의 상태를 건포화 증기로 할 때 증발온도를 상승시키면 어떤 결과가 나타나는가?
① 압축비 증가   ② 성적계수 감소
③ 냉동효과 증가   ④ 압축일량 증가

해설 응축온도 일정, 증발온도 상승, 압축비 감소로 냉동효과가 증가한다.
$\left(압축비 = \dfrac{응축압력}{증발압력}\right)$

40 핫가스(Hot Gas) 제상을 하는 소형 냉동장치에서 핫가스의 흐름을 제어하는 것은?
① 캐필러리튜브(모세관)
② 자동팽창밸브(AEV)
③ 솔레노이드밸브(전자밸브)
④ 증발압력조정밸브

해설 핫가스 제상(냉매의 고온가스 제상)에서 소형 냉동장치에서 Hot Gas 흐름을 제어하는 것은 전자밸브이다.

SECTION 03 배관일반

41 냉매배관 시공 시 주의사항으로 틀린 것은?
① 배관 재료는 각각의 용도, 냉매종류, 온도를 고려하여 선택한다.
② 배관 곡관부의 곡률 반지름은 가능한 한 크게 한다.
③ 배관이 고온의 장소를 통과할 때는 단열조치 한다.
④ 기기 상호 간 배관길이는 되도록 길게 하고 관경은 크게 한다.

해설 각종 배관의 길이는 짧게 하여야 유체흐름이 양호하고 압력손실이 감소된다.

42 중앙식 급탕법에 대한 설명으로 틀린 것은?

① 급탕 장소가 많은 대규모 건물에 적당하다.
② 직접 가열식은 저탕조와 보일러가 직결되어 있다.
③ 기수 혼합식은 저압증기로 온수를 얻는 방법으로 사용 장소에 제한을 받지 않는다.
④ 간접가열식은 특수한 내압용 보일러를 사용할 필요가 없다.

해설 중앙식 급탕법
㉠ 직접 가열식
㉡ 간접 가열식
㉢ 기수 혼합식(증기압력은 0.1~0.4MPa로, 저압증기가 아닌 중압증기가 필요하다.)

43 증기배관에서 증기와 응축수의 흐름방향이 동일할 때 증기관의 구배는?(단, 특수한 경우를 제외한다.)

① $\frac{1}{50}$ 이상의 순구배 ② $\frac{1}{50}$ 이상의 역구배
③ $\frac{1}{250}$ 이상의 순구배 ④ $\frac{1}{250}$ 이상의 역구배

해설 단관식 증기배관(증기와 응축수의 흐름이 동일), 즉 중력환수식 순류관의 구배는 $\frac{1}{100} \sim \frac{1}{200}$ 또는 $\frac{1}{100} \sim \frac{1}{250}$ 이상이 필요하다.

44 다음 중 이온화에 의한 금속부식에서 이온화 경향이 가장 적은 금속은?

① Mg ② Sn
③ Pb ④ Al

해설 금속의 이온화 경향
금속이 전자를 내주고 (+)이온이 되려는 정도이다.(K>Ca>Na>Mg>Al>Zn>Fe>Ni>Sn>Pb>Cu>Hg>Ag>Au 순이다.)

45 열전도도가 비교적 크고, 내식성과 굴곡성이 풍부한 장점이 있어 열교환기용 관으로 널리 사용되는 관은?

① 강관 ② 플라스틱관
③ 주철관 ④ 동관

해설 동관
㉠ 열전도도가 크다.
㉡ 굴곡성이 풍부하다.
㉢ 열교환기용이다.

46 다음 중 기밀성, 수밀성이 뛰어나고 견고한 배관 접속 방법은?

① 플랜지접합 ② 나사접합
③ 소켓접합 ④ 용접접합

해설 용접접합
㉠ 기밀성이 우수하다.
㉡ 수밀성이 우수하다.
㉢ 견고하다.

47 배관설계 시 유의사항으로 틀린 것은?

① 가능한 한 동일 직경의 배관은 짧고, 곧게 배관한다.
② 관로의 색깔로 유체의 종류를 나타낸다.
③ 관로가 너무 길어서 압력손실이 생기지 않도록 한다.
④ 곡관을 사용할 때는 관 굽힘 곡률 반경을 작게 한다.

해설 곡률 반경은 관지름의 6배 이상 크게 한다.

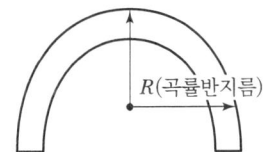

R(곡률반지름)

48 다음 냉동 기호가 의미하는 밸브는 무엇인가?

① 체크 밸브 ② 글로브 밸브
③ 슬루스 밸브 ④ 앵글 밸브

해설 체크 밸브(역류방지밸브) 기호 :

49 도시가스배관을 지하에 매설하는 중압 이상인 배관 (a)과 지상에 설치하는 배관(b)의 표면 색상으로 옳은 것은?

① (a) 적색 (b) 회색　② (a) 백색 (b) 적색
③ (a) 적색 (b) 황색　④ (a) 백색 (b) 황색

해설 도시가스배관의 표면 색상
㉠ 지하 매설 중압 이상 배관 : 적색
㉡ 지상 배관 : 황색

50 다음 중 유기질 보온재의 종류가 아닌 것은?

① 석면　　　　② 펠트
③ 코르크　　　④ 기포성 수지

해설 보온재 종류
㉠ 석면, 글라스울, 암면 등은 무기질
㉡ 코르크, 펠트, 기포성 수지 등은 유기질

51 급탕배관 계통에서 배관 중 총 손실열량이 15,000 kcal/h이고, 급탕온도가 70℃, 환수온도가 60℃일 때, 순환수량(kg/min)은?

① 1,500　　② 100
③ 25　　　　④ 5

해설 $Q = G \cdot C \cdot \Delta t$ 에서

순환수량 $G = \dfrac{Q}{C \cdot \Delta t} = \dfrac{15,000 \times \frac{1}{60}}{1 \times (70-60)}$
　　　　　　$= 25 \text{ kg/min}$

52 증기난방 배관 방법에서 리프트 피팅을 사용할 때, 1단의 흡상고 높이는 얼마 이내로 해야 하는가?

① 4m 이내　　② 3m 이내
③ 2.5m 이내　④ 1.5m 이내

해설 Lift Fitting 진공환수식 증기난방 1단의 흡상고 높이

53 송풍기의 토출측과 흡입측에 설치하여 송풍기의 진동이 덕트나 장치에 전달되는 것을 방지하기 위한 접속법은?

① 크로스 커넥션(Cross Connection)
② 캔버스 커넥션(Canvas Connection)
③ 서브 스테이션(Sub Station)
④ 하트포드(Hartford) 접속법

해설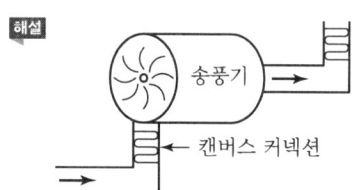

54 급탕설비에 사용되는 저탕조에서 필요한 부속품으로 가장 거리가 먼 것은?

① 안전밸브　　② 수위계
③ 압력계　　　④ 온도계

해설

55 관의 끝을 나팔모양으로 넓혀 이음쇠의 테이퍼면에 밀착시키고 너트로 체결하는 이음으로, 배관의 분해·결합이 필요한 경우에 이용하는 이음방법은?

① 빅토릭 이음(Victoric Joint)
② 그립식 이음(Grip Type Joint)
③ 플레어 이음(Flare Joint)
④ 랩 조인트(Lap Joint)

해설 플레어 이음(압축이음)
20mm 이하의 나팔관의 동관용 이음방법이다.

56 온수난방 배관 시공 시 배관의 구배에 관한 설명으로 틀린 것은?

① 배관의 구배는 1/250 이상으로 한다.
② 단관 중력 환수식의 온수 주관은 하향구배를 준다.
③ 상향 복관 환수식에서는 온수 공급관, 복귀관 모두 하향 구배를 준다.
④ 강제 순환식은 배관의 구배를 자유롭게 한다.

해설 온수난방 배관 시공 시 복관 중력 환수식의 구배
㉠ 상향식 : 온수관은 상향기울기, 복귀관은 하향기울기
㉡ 하향식 : 온수관, 복귀관 모두 하향기울기

57 다음 중 옥내 노출배관 보온재 외피 시공 시 미관과 내구성을 고려하였을 때 적합한 재료는?

① 면포
② 아연도금강판
③ 비닐 테이프
④ 방수 마포

해설 옥내 노출배관 외피 시공 시 미관과 내구성을 고려할 때 아연도금강판을 사용한다.

58 가스배관에서 가스공급을 중단시키지 않고 분해 · 점검할 수 있는 것은?

① 바이패스관
② 가스미터
③ 부스터
④ 수취기

해설 바이패스관(우회배관)

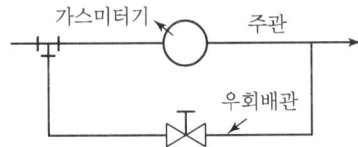

59 각 종류별 통기관경의 기준으로 틀린 것은?

① 건물의 배수탱크에 설치하는 통기관의 관경은 50mm 이상으로 한다.
② 각개통기관의 관경은 그것이 접속되는 배수관 관경의 $\frac{1}{2}$ 이상으로 한다.
③ 루프통기관의 관경은 배수수평지관과 통기수직관 중 작은 쪽 관경의 $\frac{1}{2}$ 이상으로 한다.
④ 신정통기관의 관경은 배수수직관의 관경보다 작게 해야 한다.

해설 • 신정통기관(1관식 배관 통기법)은 건물 3층 이하의 작은 건물용 통기관이다.
• 통기관은 공기의 흐름이므로 액체인 배수수직관의 관경보다 크게 한다.

60 냉동 장치에서 증발기가 응축기보다 아래에 있을 때 압축기 정지 시 증발기로의 냉매 흐름방지를 위해 설치하는 것은?

① 역구배 루프 배관
② 드런처
③ 균압 배관
④ 안전밸브

해설
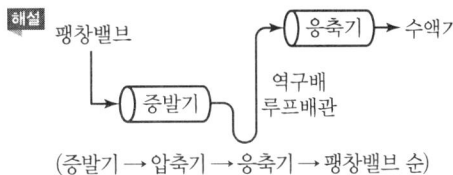
(증발기 → 압축기 → 응축기 → 팽창밸브 순)

SECTION 04 전기제어공학

61 직류기에서 전기자 반작용에 관한 설명으로 틀린 것은?

① 주자속이 감소한다.
② 전기자 기자력이 증대된다.
③ 전기적 중성축이 이동한다.
④ 자속의 분포가 한쪽으로 기울어진다.

해설 • 전기자 반작용 : 발전기나 전동기에 있어서 전기자 전류에 의해 생기는 자속이 주계자 자속에 주는 반작용(전동기 속도나 발전기의 전압 변동률에 영향을 준다.)
• 전기자 : 기전력을 유기한다.(발전기에서)

62 그림과 같은 신호흐름선도에서 $\dfrac{X_2}{X_1}$를 구하면?

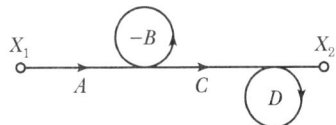

ANSWER | 56. ③ 57. ② 58. ① 59. ④ 60. ① 61. ② 62. ④

① $\dfrac{AC}{(1+B)(1+D)}$ ② $\dfrac{AC}{(1-B)(1+D)}$
③ $\dfrac{AC}{(1-B)(1-D)}$ ④ $\dfrac{AC}{(1+B)(1-D)}$

해설 메이슨의 이득공식

$G = \dfrac{\sum G_i \Delta_i}{\Delta}$

여기서, G_i : i번째 전향경로 $= AC$
Δ_i : 1 - 전향경로와 비접촉인 피드백 + …
Δ : 1 - (피드백 경로) + (2개가 서로 비접촉인 피드백 경로) - (3개가 서로 비접촉인 피드백 경로) + … $= 1 - (-B + D) + (-B)D$

$\therefore \dfrac{X_2}{X_1} = \dfrac{AC}{1-(-B+D)+(-BD)}$
$= \dfrac{AC}{1+B-D-BD}$
$= \dfrac{AC}{(1+B)(1-D)}$

63 그림에서 전류계의 측정범위를 10배로 하기 위한 전류계의 내부저항 $r(\Omega)$과 분류기 저항 $R(\Omega)$과의 관계는?

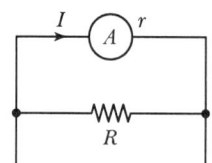

① $r = 9R$ ② $r = \dfrac{R}{9}$
③ $r = 10R$ ④ $r = \dfrac{R}{10}$

해설 • 내부저항의 전류 $I_r = \dfrac{R}{R+R_m}I$ 에서

$\dfrac{I}{I_r} = \dfrac{R_m + R}{R} = 1 + \dfrac{R_m}{R}$

이때, 내부저항이 r인 전류계에 저항 R을 병렬로 연결하면 전류계의 측정범위는 $1 = \dfrac{r}{R} = n$배로 증가한다.

• $\left(1 + \dfrac{r}{R}\right) = 10$ 에서 $\dfrac{R+r}{R} = 10$
$R + r = 10R$
$\therefore r = 9R$

64 다음 그림에 대한 키르히호프법칙의 전류 관계식으로 옳은 것은?

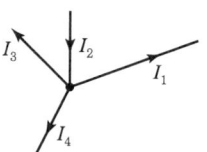

① $I_1 = I_2 - I_3 + I_4$ ② $I_1 = I_2 + I_3 + I_4$
③ $I_1 = I_2 - I_3 - I_4$ ④ $I_1 = -I_2 - I_3 - I_4$

해설 키르히호프 법칙 전류 관계식
$I_1 = I_2 - I_3 - I_4$

65 미분요소에 해당하는 것은?(단, K는 비례상수이다.)

① $G(s) = K$ ② $G(s) = Ks$
③ $G(s) = \dfrac{K}{s}$ ④ $G(s) = \dfrac{K}{Ts+1}$

해설 미분요소 : 출력신호가 입력신호의 미분값으로 주어지는 전달요소로서 전달함수 $G(s) = Ks$로 나타낸다.

인디셜 응답 그림

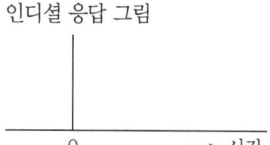

66 15cm의 거리에 두 개의 도체구가 놓여 있고 이 도체구의 전하가 각각 $+0.2\mu C$, $-0.4\mu C$이라 할 때 $-0.4\mu C$의 전하를 접지하면 어떤 힘이 나타나겠는가?

① 반발력이 나타난다.
② 흡인력이 나타난다.
③ 접지되어 힘은 0이 된다.
④ 흡인력과 반발력이 반복된다.

해설 ㉠ 도체 : 금속, 산, 알칼리, 소금의 수용막, 용융상태 전해질 등
㉡ 전하 : 음 또는 양의 전기 일종의 양으로서 다른 것(단위 : 쿨롱(C))
㉢ 1C : 1A의 불변전류로 1초간에 운반되는 전기의 양이다.

도체전하 $+0.2\mu C$에서 $-0.4\mu C$의 전하를 접지하면 흡인력이 발생한다.

67 온도보상용으로 사용되는 것은?
① SCR ② 다이액
③ 다이오드 ④ 서미스터

해설 서미스터 : 공정제어용 저항온도계

68 $G(s) = \dfrac{1}{1+5s}$ 일 때 절점주파수 ω_0(rad/sec)를 구하면?
① 0.1 ② 0.2
③ 0.25 ④ 0.4

해설 전달함수 $G(s) = \dfrac{1}{1+5s} \rightarrow G(j\omega) = \dfrac{1}{1+j5\omega}$
절점주파수는 실수와 허수가 같을 때의 값을 의미하므로
$\omega_0 = \dfrac{1}{5} = 0.2\,\mathrm{rad/sec}$

69 컴퓨터 제어의 아날로그 신호를 디지털 신호로 변환하는 과정에서, 아날로그 신호의 최댓값을 M, 변환기의 bit 수를 3이라 하면 양자화 오차의 최댓값은 얼마인가?
① M ② $\dfrac{M}{2}$
③ $\dfrac{M}{7}$ ④ $\dfrac{M}{8}$

해설 비트(bit)는 0과 1 중 하나만 나타내는 정보단위이다.
(1,048,576 = 1MB)
∴ 양자화 오차의 최댓값 = $2^3 = 8$

70 그림과 같은 유접점 회로를 간단히 한 회로는?

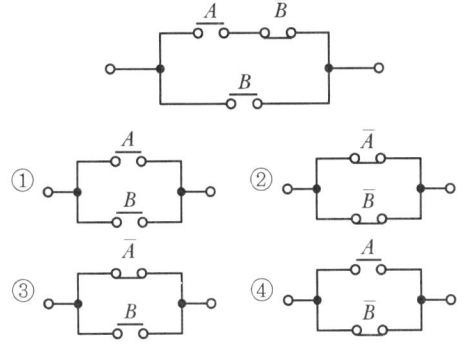

해설 A, $\overline{B}$는 직렬, B는 병렬이므로 OR 회로이다.

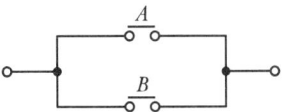

71 제백효과(Seebeck Effect)를 이용한 센서에 해당하는 것은?
① 저항 변화용 ② 용량 변화용
③ 전압 변화용 ④ 인덕턴스 변화용

해설 제백효과(기전력 효과)를 이용한 센서는 전압 변화용에 해당한다.

72 $v = 200\sin\left(120\pi t + \dfrac{\pi}{3}\right)$(V)인 전압의 순시값에서 주파수는 몇 Hz인가?
① 50 ② 55
③ 60 ④ 65

해설 정현파 교류 순시값 : $v = E_m \sin(\omega t + \phi)$(V)
$\omega = 2\pi f$, $f(\text{주파수}) = \dfrac{120}{2\pi} = 60\,\mathrm{Hz}$

73 목푯값이 시간적으로 변화하지 않는 일정한 제어는?
① 정치제어 ② 추종제어
③ 비율제어 ④ 프로그램제어

해설 ㉠ 정치제어 : 목푯값이 시간적으로 변화하지 않는다.
㉡ 추치제어(추종제어, 비율제어, 프로그램제어) : 목푯값이 시간적으로 변화한다.

74 3상 유도전동기의 출력이 15kW, 선간전압이 220V, 효율이 80%, 역률이 85%일 때, 이 전동기에 유입되는 전류는 약 몇 A인가?
① 33.4 ② 45.6
③ 57.9 ④ 69.4

해설 3상 유도전동기 출력 $P = \sqrt{3}\,VI\cos\theta\eta$에서
선전류 $I = \dfrac{P}{\sqrt{3} \cdot V \cdot \cos\theta \cdot \eta}$
$= \dfrac{15 \times 10^3}{\sqrt{3} \times 220 \times 0.85 \times 0.8} = 57.89 ≒ 57.9\,\mathrm{A}$

ANSWER | 67. ④ 68. ② 69. ④ 70. ① 71. ③ 72. ③ 73. ① 74. ③

75 피드백제어에서 반드시 필요한 장치는?
① 구동장치
② 안정도를 좋게 하는 장치
③ 입력과 출력을 비교하는 장치
④ 응답속도를 빠르게 하는 장치

해설 자동제어에서 피드백제어(Feedback Control)는 반드시 입력과 출력을 비교하는 장치가 필요하다.

76 그림의 전달함수를 계산하면?

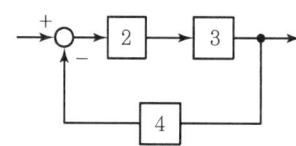

① 0.15
② 0.22
③ 0.24
④ 0.44

해설 전달함수 $G(s) = \dfrac{Y(s)}{X(s)}$

$G(s) = \dfrac{G_1 \times G_2}{1-(-G_1 G_2 G_3)} = \dfrac{G_1 \times G_2}{1+G_1 G_2 G_3}$
$= \dfrac{2 \times 3}{1+(2 \times 3 \times 4)} = 0.24$

77 그림과 같은 전체 주파수 전달함수는?(단, A가 무한히 크다.)

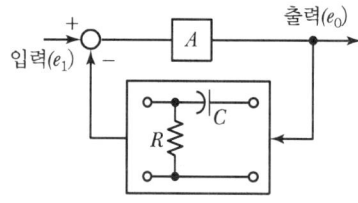

① $1+j\omega CR$
② $1+\dfrac{1}{j\omega CR}$
③ $\dfrac{1}{1+j\omega CR}$
④ $\dfrac{1}{1-j\omega CR}$

해설 전달함수 $= \dfrac{sCR+1}{sCR} = 1+\dfrac{1}{j\omega CR}$
- 전달함수 : 모든 초기값을 0으로 했을 때 입력변수와 출력변수의 비를 나타내는 함수

78 제어량이 온도, 유량 및 액면 등과 같은 일반 공업량일 때의 제어는?
① 자동 조정
② 자력 제어
③ 프로세서 제어
④ 프로그램 제어

해설 프로세서 제어
온도, 유량, 액면 등 제어량이 공업량일 때의 제어이다.

79 폐루프 제어계에서 제어요소가 제어 대상에 주는 양은?
① 조작량
② 제어량
③ 검출량
④ 측정량

해설
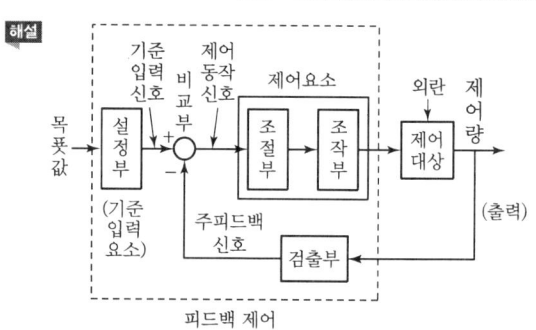

80 단위계단함수 $u(t)$의 그래프는?

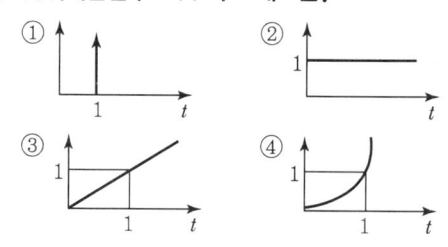

해설 단위계단함수 $u(t) = 1 \to \dfrac{1}{2}$

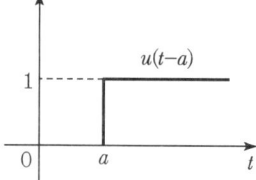

75. ③ 76. ③ 77. ② 78. ③ 79. ① 80. ②

2018년 2회 공조냉동기계산업기사

SECTION 01 공기조화

01 어떤 실내의 취득열량을 구했더니 감열이 40kW, 잠열이 10kW였다. 실내를 건구온도 25℃, 상대습도 50%로 유지하기 위해 취출 온도차 10℃로 송풍하고자 한다. 이 때 현열비(SHF)는?

① 0.6　② 0.7
③ 0.8　④ 0.9

해설 현열비 $SHF = \dfrac{현열}{전열} = \dfrac{q_S}{q_T}$

$= \dfrac{현열}{현열 + 잠열} = \dfrac{q_S}{q_S + q_L} = \dfrac{40}{40+10} = 0.8$

02 실내취득열량 중 현열이 35kW일 때 실내온도를 26℃로 유지하기 위해 12.5℃의 공기를 송풍하고자 한다. 송풍량(m³/min)은?(단, 공기의 비열은 1.0kJ/kg · ℃, 공기의 밀도는 1.2kg/m³로 한다.)

① 129.6　② 154.3
③ 308.6　④ 617.2

해설 $Q = G \cdot C \cdot \Delta t = q \times 1.2 \times C \times \Delta t$에서

송풍량 $q = \dfrac{Q}{1.2 \times C \times \Delta t} = \dfrac{35}{1.2 \times 1 \times (26-12.5)}$

$= 2.1605 \, m^3/s$

$\therefore 2.1605 \times 60 = 129.63 \, m^3/min$

03 지하 주차장 환기설비에서 천정부에 설치되어 있는 고속노즐로부터 취출되는 공기의 유인효과를 이용하여 오염공기를 국부적으로 희석시키는 방식은?

① 제트팬 방식　② 고속덕트 방식
③ 무덕트환기 방식　④ 고속노즐 방식

해설 고속노즐 방식 환기설비 : 지하 주차장 천정부에 설치(공기의 유인 효과를 이용하여 오염공기를 국부적으로 희석시키는 환기설비)

04 고성능의 필터를 측정하는 방법으로 일정한 크기(0.3μm)의 시험 입자를 사용하여 먼지의 수를 계측하는 시험법은?

① 중량법　② TETD/TA법
③ 비색법　④ 계수(DOP)법

해설 에어필터 효율측정법
㉠ 중량법 : 필터 사용(분진중량법)
㉡ 변색도법 : 광투과법 이용
㉢ 계수법(DOP법) : 미립자 처리법

05 다음 중 천장이나 벽면에 설치하고 기류방향을 자유롭게 조정할 수 있는 취출구는?

① 펑커루버형 취출구
② 베인형 취출구
③ 팬형 취출구
④ 아네모스탯형 취출구

해설 축류형 취출구
㉠ 노즐형은 덕트에 접속시킨다.
㉡ 펑커루버형(천장이나 벽 쪽의 덕트에 접속)은 기류의 방향을 자유자재로 변경시킬 수 있는 노즐형 취출구이다.

06 수관보일러의 종류가 아닌 것은?

① 노통연관식 보일러
② 관류보일러
③ 자연순환식 보일러
④ 강제순환식 보일러

해설 노통연관식 보일러(원통형 보일러)

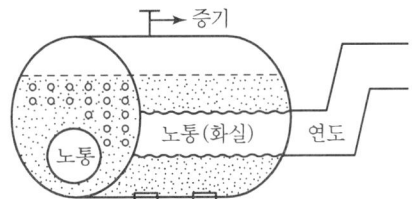

ANSWER | 1.③ 2.① 3.④ 4.④ 5.① 6.①

07 냉동기를 구동시키기 위하여 여름에도 보일러를 가동하는 열원방식은?

① 터보냉동기 방식 ② 흡수식 냉동기 방식
③ 빙축열 방식 ④ 열병합 발전 방식

해설 흡수식 냉동기

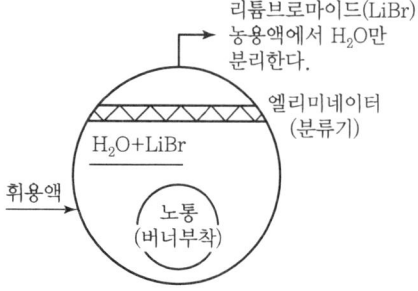

08 다음 중 습공기선도상에 표시되지 않는 것은?

① 비체적 ② 비열
③ 노점온도 ④ 엔탈피

해설 비열 : 어떤 물질 1kg을 온도 1℃ 상승시키는 데 필요한 열 (kcal/kg · ℃)

09 A 상태에서 B 상태로 가는 냉방과정에서 현열비는?

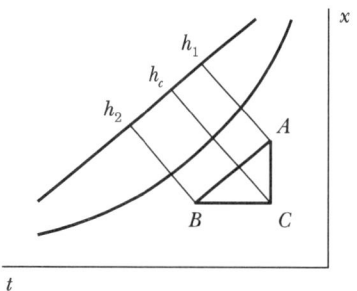

① $\dfrac{h_1 - h_2}{h_1 - h_c}$ ② $\dfrac{h_1 - h_c}{h_1 - h_2}$

③ $\dfrac{h_1 - h_c}{h_c - h_2}$ ④ $\dfrac{h_c - h_2}{h_1 - h_2}$

해설 현열비 SHF

$$SHF = \frac{현열}{전열} = \frac{현열}{현열 + 잠열} = \frac{q_S}{q_S + q_L} = \frac{h_c - h_2}{h_1 - h_2}$$

10 단효용 흡수식 냉동기의 능력이 감소하는 원인이 아닌 것은?

① 냉수 출구온도가 낮아질수록 심하게 감소한다.
② 압축비가 작을수록 감소한다.
③ 사용 증기압이 낮아질수록 감소한다.
④ 냉각수 입구온도가 높아질수록 감소한다.

해설 ㉠ 단효용 흡수식 냉동기(1중효용) : 고온재생기 1개만 부착한다.
㉡ 2중효용 흡수식 냉동기 : 재생기가 2개이다.
  • 고온재생기
  • 저온재생기
㉢ 증기압축식 냉동기(냉매 사용) : 압축기를 사용한다.(압축비가 작을수록 성적계수 상승)

11 인접실, 복도, 상층, 하층이 공조되지 않는 일반 사무실의 남측 내벽(A)의 손실 열량(kcal/h)은?(단, 설계조건은 실내온도 20℃, 실외온도 0℃, 내벽 열통과율(k)은 1.6kcal/m² · h · ℃로 한다.)

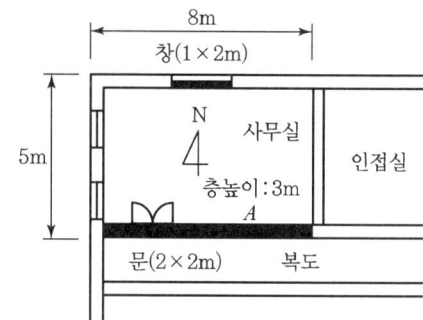

① 320 ② 872
③ 1,193 ④ 2,937

해설 • 손실열량
  $Q = K \cdot F \cdot \Delta t$
• 남쪽 벽면적
  $F = (8 \times 3) - (2 \times 2) = 20\text{m}^2$
• 공조되지 않은 복도의 온도
  $t = \dfrac{20 + 0}{2} = 10℃$

$\therefore Q = 1.6 \times \{(8 \times 3) - (2 \times 2)\} \times \left(20 - \dfrac{20 + 0}{2}\right)$
  $= 320\text{kcal/h}$

12 다음 중 방열기의 종류로 가장 거리가 먼 것은?
① 주철재 방열기 ② 강판재 방열기
③ 컨벡터 ④ 응축기

해설 ㉠ 냉동기
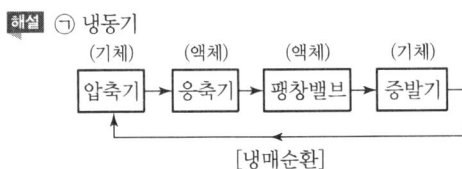
[냉매순환]
㉡ 증기방열기 : 증기트랩 부착(응축수 제거)

13 다음 중 개방식 팽창탱크에 반드시 필요한 요소가 아닌 것은?
① 압력계 ② 수면계
③ 안전관 ④ 팽창관

해설 밀폐식 팽창탱크(100℃ 이상 고온수난방) : 압력계, 방출밸브(안전릴리프밸브) 설치

14 개방식 냉각탑의 설계 시 유의사항으로 옳은 것은?
① 압축식 냉동기 1RT당 냉각열량은 3.26kW로 한다.
② 쿨링 어프로치는 일반적으로 10℃로 한다.
③ 압축식 냉동기 1RT당 수량은 외기습구온도가 27℃일 때 8L/min 정도로 한다.
④ 흡수식 냉동기를 사용할 때 열량은 일반적으로 압축식 냉동기의 약 1.7~2.0배 정도로 한다.

해설 ㉠ 냉동기
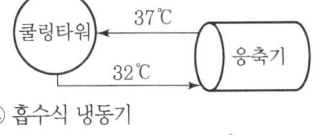
㉡ 흡수식 냉동기
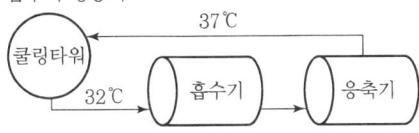
(압축식 냉동기에 비해 1.7~2.0배 부하가 크다.)
㉢ 1RT=3,320kcal/h=3.86kW
㉣ 쿨링 어프로치는 5℃(흡수식은 6~8℃) 차이가 난다.
㉤ 냉각탑 1RT=3,900kcal/h=4.54kW
㉥ 습구온도 27℃에서 압축식 냉각탑수량=13L/min

15 다음은 난방부하에 대한 설명이다. ( )에 적당한 용어로서 옳은 것은?

겨울철에는 실내의 일정한 온도 및 습도를 유지하기 위하여 실내에서 손실된 (㉮)이나 부족한 (㉯)을 보충하여야 한다.

① ㉮ 수분량, ㉯ 공기량
② ㉮ 열량, ㉯ 공기량
③ ㉮ 공기량, ㉯ 열량
④ ㉮ 열량, ㉯ 수분량

해설 ㉮ 열량, ㉯ 수분량

16 공기의 가습방법으로 틀린 것은?
① 에어워셔에 의한 방법
② 얼음을 분무하는 방법
③ 증기를 분무하는 방법
④ 가습팬에 의한 방법

해설 얼음의 융해잠열 : 79.68kcal/kg(자연 냉각법)

17 온수난방 배관 시 유의사항으로 틀린 것은?
① 배관의 최저점에는 필요에 따라 배관 중의 물을 완전히 배수할 수 있도록 배수 밸브를 설치한다.
② 배관 내 발생하는 기포를 배출시킬 수 있는 장치를 한다.
③ 팽창관 도중에는 밸브를 설치하지 않는다.
④ 증기배관과는 달리 신축 이음을 설치하지 않는다.

해설 ㉠ 온수난방, 증기난방 : 신축 이음쇠 설치(벨로스식, 슬리브식, 루프식, 스위블식)
㉡ 강관 1m 길이에서 온도 1℃ 상승마다 신축은 0.12mm 팽창한다.

18 일정한 건구온도에서 습공기의 성질 변화에 대한 설명으로 틀린 것은?
① 비체적은 절대습도가 높아질수록 증가한다.
② 절대습도가 높아질수록 노점온도는 높아진다.
③ 상대습도가 높아지면 절대습도는 높아진다.
④ 상대습도가 높아지면 엔탈피는 감소한다.

ANSWER | 12. ④ 13. ① 14. ④ 15. ④ 16. ② 17. ④ 18. ④

해설 상대습도가 높아지면 엔탈피가 증가한다.

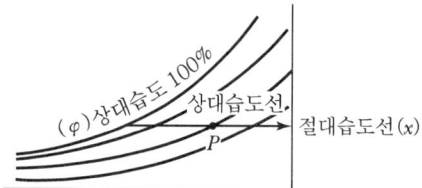

19 복사난방에 관한 설명으로 옳은 것은?
① 고온식 복사난방은 강판제 패널 표면의 온도를 100℃ 이상으로 유지하는 방법이다.
② 파이프 코일의 매설 깊이는 균등한 온도분포를 위해 코일 외경과 동일하게 한다.
③ 온수의 공급 및 환수 온도차는 가열면의 균일한 온도분포를 위해 10℃ 이상으로 한다.
④ 방이 개방상태에서도 난방효과가 있으나 동일 방열량에 대해 손실량이 비교적 크다.

해설 복사난방

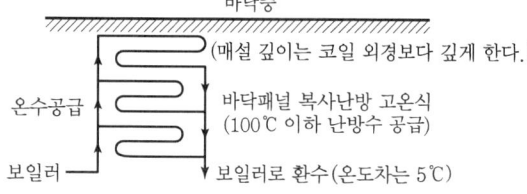

20 난방부하의 변동에 따른 온도조절이 쉽고, 열용량이 커서 실내의 쾌감도가 좋으며, 공급온도를 변화시킬 수 있고, 방열기 밸브로 방열량을 조절할 수 있는 난방방식은?
① 온수난방방식   ② 증기난방방식
③ 온풍난방방식   ④ 냉매난방방식

해설 온수난방의 특징
㉠ 부하 변동에 따른 온도조절이 용이하다.
㉡ 열용량이 커서 실내의 쾌감도가 좋다.
㉢ 공급온도 변화가 용이하다.
㉣ 방열기 밸브로 방열량 조절이 용이하다.
㉤ 방열기 온도가 낮아서 화상의 염려가 없다.
㉥ 배관의 관경이 커야 순환이 잘 되므로 설비비가 고가이다.

SECTION 02 냉동공학

21 냉동장치의 액분리기에 대한 설명으로 바르게 짝지어진 것은?

> ⓐ 증발기와 압축기 흡입측 배관 사이에 설치한다.
> ⓑ 기동 시 증발기 내의 액이 교란되는 것을 방지한다.
> ⓒ 냉동부하의 변동이 심한 장치에는 사용하지 않는다.
> ⓓ 냉매액이 증발기로 유입되는 것을 방지하기 위해 사용한다.

① ⓐ, ⓑ   ② ⓒ, ⓓ
③ ⓐ, ⓒ   ④ ⓑ, ⓒ

해설 냉매액분리기(냉동기 기동 시 증발기 내의 액교란 방지)

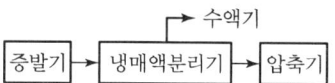

22 스크롤 압축기의 특징에 대한 설명으로 틀린 것은?
① 부품수가 적고 고속회전이 가능하다.
② 소요토크의 영향으로 토출가스의 압력변동이 심하다.
③ 진동 소음이 적다.
④ 스크롤의 설계에 의해 압축비가 결정되는 특징이 있다.

해설 스크롤 압축기의 특징은 ①, ③, ④항이다.

23 다음 중 공비혼합냉매는 무엇인가?
① R-401A   ② R-501
③ R-717   ④ R-600

해설 공비혼합냉매
㉠ R-500($CCl_2F_2 + CH_3CHF_2$)
㉡ R-502($CHClF_2 + CClF_2CF_3$)
㉢ R-503($HF_3 + CClF_3$)

24 증기압축식 냉동장치에서 응축기의 역할로 옳은 것은?
① 대기 중으로 열을 방출하여 고압의 기체를 액화시킨다.
② 저온, 저압의 냉매기체를 고온, 고압의 기체로 만든다.
③ 대기로부터 열을 흡수하여 열에너지를 저장한다.
④ 고온, 고압의 냉매기체를 저온, 저압의 기계로 만든다.

해설 증기압축식 냉동기(냉매사용 냉동기)
고온, 고압의 냉매기체를 냉매액으로 액화시킨다.(냉매 가스열을 외부로 방출시킨다.)

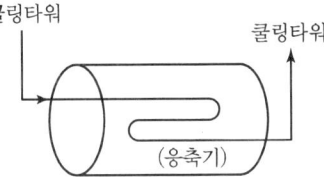

25 냉동장치의 압력스위치에 대한 설명으로 틀린 것은?
① 고압스위치는 이상고압이 될 때 냉동장치를 정지시키는 안전장치이다.
② 저압스위치는 냉동장치의 저압 측 압력이 지나치게 저하하였을 때 전기회로를 차단하는 안전장치이다.
③ 고저압스위치는 고압스위치와 저압스위치를 조합하여 고압 측이 일정압력 이상이 되거나 저압 측이 일정압력보다 낮으면 압축기를 정지시키는 스위치이다.
④ 유압스위치는 윤활유 압력이 어떤 원인으로 일정압력 이상으로 된 경우 압축기의 훼손을 방지하기 위하여 설치하는 보조장치이다.

해설 유압스위치
압축기 기동 시 60~90초 사이에 오일의 압력(유압)이 정상으로 오르지 않을 경우 압축기 구동용 모터로 들어가는 전원을 자동적으로 차단시켜 압축기를 보호한다. 일명 OPS(Oil Protection Switch)이다.

26 프레온 냉매를 사용하는 수랭식 응축기의 순환수량이 20L/min이며 냉각수 입·출구 온도차가 5.5℃였다면, 이 응축기의 방출열량(kcal/h)은?
① 110   ② 6,000
③ 6,600   ④ 700

해설 응축기 방열량
= 20L/min × 60min/h × 1kcal/kg·℃ × 5.5℃
= 6,600kcal/h

27 냉동장치의 냉동능력이 3RT이고, 이때 압축기의 소요동력이 3.7kW이었다면 응축기에서 제거하여야 할 열량(kcal/h)은?
① 9,860   ② 13,142
③ 18,250   ④ 25,500

해설 • 냉동능력 Q_e
$Q_e = 3 \times 3,320 = 9,960$ kcal/h
• 압축기 소요동력 Aw
$Aw = 3.7 \times 860 = 3,182$ kcal/h
∴ 응축열량 $Q_c = Q_e + Aw$
$= 9,960 + 3,182$
$= 13,142$ kcal/h

28 2단 압축식 냉동장치에서 증발압력부터 중간압력까지 압력을 높이는 압축기를 무엇이라고 하는가?
① 부스터   ② 이코노마이저
③ 터보   ④ 무트

해설 부스터 압축기
중간압력$(P_m) = \sqrt{P_e \times P_c}$ (kg/cm²a)
압축비 $= \dfrac{P_c(응축압력)}{P_e(증발압력)}$

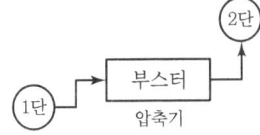

29 엔트로피에 관한 설명으로 틀린 것은?

① 엔트로피는 자연현상의 비가역성을 나타내는 척도가 된다.
② 엔트로피를 구할 때 적분경로는 반드시 가역변화여야 한다.
③ 열기관이 가역사이클이면 엔트로피는 일정하다.
④ 열기관이 비가역사이클이면 엔트로피는 감소한다.

해설 열기관이 비가역사이클이면 엔트로피는 항상 증가한다.
엔트로피 변화(ΔS) = $S_2 - S_1 = \dfrac{\delta Q}{T}$ (kcal/kg · K)

30 R-22 냉매의 압력과 온도를 측정하였더니 압력이 15.8kg/cm² abs, 온도가 30℃였다. 이 냉매의 상태는 어떤 상태인가?(단, R-22 냉매의 온도가 30℃일 때 포화압력은 12.25kg/cm² abs이다.)

① 포화상태
② 과열 상태인 증기
③ 과냉 상태인 액체
④ 응고상태인 고체

해설 냉매의 과냉액(증발 전의 냉매액체)
동일 압력하에서 포화온도 이하로 냉각된 액체
15.8kg/cm²a → 12.25kg/cm²a(압력저하 → 온도하강)

31 다음 중 압축기의 보호를 위한 안전장치로 바르게 나열된 것은?

① 가용전, 고압스위치, 유압보호스위치
② 고압스위치, 안전밸브, 가용전
③ 안전밸브, 안전두, 유압보호스위치
④ 안전밸브, 가용전, 유압보호스위치

해설 압축기 안전장치
안전밸브, 안전두, 유압보호스위치

32 브라인 냉각장치에서 브라인의 부식방지 처리법이 아닌 것은?

① 공기와 접촉시키는 순환방식 채택
② 브라인의 pH를 7.5~8.2 정도로 유지
③ $CaCl_2$ 방청제 첨가
④ NaCl 방청제 첨가

해설 브라인냉매
브라인 2차 간접냉매는 공기와 접촉하면 부식력이 증대한다.
㉠ 무기질 : 염화칼슘, 염화나트륨, 염화마그네슘
㉡ 유기질 : 에틸렌글리콜, 프로필렌글리콜

33 다음 그림에서 냉동효과(kcal/kg)는 얼마인가?

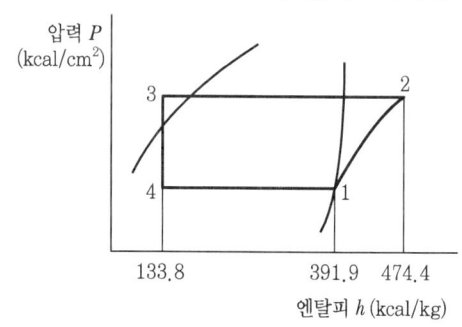

① 340.6
② 258.1
③ 82.5
④ 3.13

해설 냉동효과 $q_e = h_1 - h_4$
= 391.9 - 133.8
= 258.1kcal/kg

※ 압축일량 $Aw = h_2 - h_1$
응축일량 $q_e = h_2 - h_3$
성적계수 $COP = \dfrac{q_e}{Aw} = \dfrac{h_1 - h_4}{h_2 - h_1}$

34 암모니아 냉동장치에서 압축기의 토출 압력이 높아지는 이유로 틀린 것은?

① 장치 내 냉매 충전량이 부족하다.
② 공기가 장치에 혼입되었다.
③ 순환 냉각수 양이 부족하다.
④ 토출 배관 중의 폐쇄밸브가 지나치게 조여져 있다.

해설 장치 내 냉매 충전량이 부족하면 압축기 토출 압력이 저하한다.

35 냉동장치의 운전에 관한 유의사항으로 틀린 것은?

① 운전 휴지 기간에는 냉매를 회수하고, 저압 측의 압력은 대기압보다 낮은 상태로 유지한다.
② 운전 정지 중에는 오일 리턴 밸브를 차단시킨다.
③ 장시간 정지 후 시동 시에는 누설 여부를 점검 후 기동시킨다.
④ 압축기를 기동시키기 전에 냉각수 펌프를 기동시킨다.

해설 ㉠ 냉동장치 운전 일시적 휴지기간에도 냉매는 충전되어 있어야 한다.
㉡ 냉매 압력은 절대압 기준이므로 항상 저압이나 고압은 대기압보다 높다.

36 표준냉동사이클에 대한 설명으로 옳은 것은?

① 응축기에서 버리는 열량은 증발기에서 취하는 열량과 같다.
② 증기를 압축기에서 단열압축하면 압력과 온도가 높아진다.
③ 팽창밸브에서 팽창하는 냉매는 압력이 감소함과 동시에 열을 방출한다.
④ 증발기 내에서의 냉매증발온도는 그 압력에 대한 포화온도보다 낮다.

해설 ㉠ 응축기부하=증발부하+압축기부하
㉡ 팽창밸브는 응축압력보다 압력이 저하된 후 증발기로 공급한다.
㉢ 증발기 내의 냉매증발온도는 그 압력에 해당하는 포화온도이다.

37 암모니아 냉동장치에서 팽창밸브 직전의 냉매액의 온도가 25℃이고, 압축기 흡입가스가 -15℃인 건조포화 증기이다. 냉동능력 15RT가 요구될 때 필요 냉매순환량(kg/h)은?(단, 냉매순환량 1kg당 냉동효과는 269kcal이다.)

① 168 ② 172
③ 185 ④ 212

해설 냉동능력 $Q_e = G \times q$ 에서
냉매순환량 $G = \dfrac{Q_e}{q} = \dfrac{15 \times 3{,}320}{269} = 185.13 \text{kg/h}$

38 밀폐계에서 10kg의 공기가 팽창 중 400kJ의 열을 받아서 150kJ의 내부에너지가 증가하였다. 이 과정에서 계가 한 일(kJ)은?

① 550 ② 250
③ 40   ④ 15

해설 400kJ → 150kJ 내부에너지 증가
계가 외부로 한 일 = 400 − 150
= 250kJ

39 액분리기(Accumulator)에서 분리된 냉매의 처리방법이 아닌 것은?

① 가열시켜 액을 증발시킨 후 응축기로 순환시킨다.
② 증발기로 재순환시킨다.
③ 가열시켜 액을 증발시킨 후 압축기로 순환시킨다.
④ 고압측 수액기로 회수한다.

해설 냉매액분리기

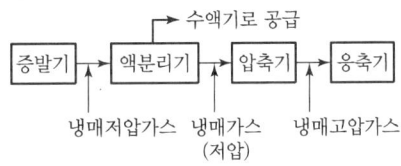

40 4마력(PS)기관이 1분간 하는 일의 열당량(kcal)은?

① 0.042 ② 0.42
③ 4.2   ④ 42.1

해설 1PS = 632kcal/h
∴ $4 \times 632 \times \dfrac{1}{60} = 42.13 \text{kcal/min}$

ANSWER | 35. ① 36. ② 37. ③ 38. ② 39. ① 40. ④

SECTION 03 배관일반

41 온수난방 배관 시공 시 유의사항에 관한 설명으로 틀린 것은?

① 배관은 1/250 이상의 일정기울기로 하고 최고부에 공기빼기 밸브를 부착한다.
② 고장 수리용으로 배관의 최저부에 배수 밸브를 부착한다.
③ 횡주배관 중에 사용하는 래듀서는 되도록 편심레듀서를 사용한다.
④ 횡주관의 관말에는 관말 트랩을 부착한다.

해설 증기난방 : 횡주관의 관말(관의 끝부분)에 증기 트랩을 부착한다.

42 다음 중 중압 가스용 지중 매설관 배관 재료로 가장 적합한 것은?

① 경질염화비닐관
② PE 피복강관
③ 동합금관
④ 이음매 없는 피복 황동관

해설 중압(1~10kg/cm²) 가스용 지중 매설관 배관의 재료는 폴리에틸렌(PE) 피복강관이 이상적이다.

43 급수관의 지름을 결정할 때 급수 본관인 경우 관내의 유속은 일반적으로 어느 정도로 하는 것이 가장 적절한가?

① 1~2m/s
② 3~6m/s
③ 10~15m/s
④ 20~30m/s

해설 급수관의 본관에서 관내 유속은 약 1~2m/s 정도이다.

44 펌프 주변 배관 설치 시 유의사항으로 틀린 것은?

① 흡입관은 되도록 길게 하고 굴곡부분은 적게 한다.
② 펌프에 접속하는 배관의 하중이 직접 펌프로 전달되지 않도록 한다.
③ 배관의 하단부에는 드레인 밸브를 설치한다.
④ 흡입 측에는 스트레이너를 설치한다.

해설 펌프 주변 배관에서 흡입관이 길면 캐비테이션(공동현상)이 발생하게 된다.(굴곡부분은 되도록 크게 한다.)

45 다음은 횡형 셸 튜브 타입 응축기의 구조도이다. 열전달 효율을 고려하여 냉매 가스의 입구 측 배관은 어느 곳에 연결하여야 하는가?

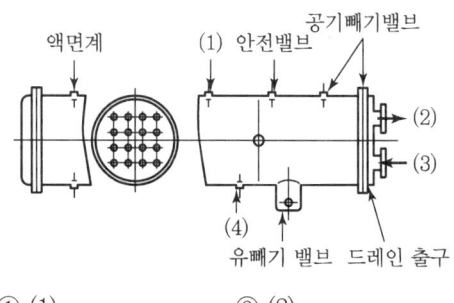

① (1)
② (2)
③ (3)
④ (4)

해설 횡형 셸 튜브 타입 응축기에서 열전달 효율을 고려하여 냉매 가스의 입구 측 배관은 (1) 부근에 연결하는 것이 이상적이다.

46 냉동배관 재료로서 갖추어야 할 조건으로 틀린 것은?

① 저온에서 강도가 커야 한다.
② 내식성이 커야 한다.
③ 관내 마찰저항이 커야 한다.
④ 가공 및 시공성이 좋아야 한다.

해설 냉동배관 재료는 관내 유체의 마찰저항이 작어야 한다.

47 암모니아 냉매 배관에 사용하기 가장 적합한 것은?

① 알루미늄 합금관
② 동관
③ 아연관
④ 강관

해설 ㉠ 강관 : 물, 공기, 유류, 가스, 증기, 암모니아 냉매 등의 유체배관용
㉡ 동관 : 프레온 냉매 배관용

41. ④ 42. ② 43. ① 44. ① 45. ① 46. ③ 47. ④ | ANSWER

48 플로트 트랩의 장점이 아닌 것은?
① 다량·소량의 응축수 모두 처리 가능하다.
② 넓은 범위의 압력에서 작동한다.
③ 견고하고 증기해머에 강하다.
④ 자동 에어벤트가 있어 공기배출 능력이 우수하다.

해설 플로트 트랩(Float Steam Trap)
㉠ 종류 : 다량 트랩, 부자형 트랩
㉡ 기계적 증기트랩이다.
㉢ 0.4MPa 이하 압력에 사용한다.
㉣ 수격작용(워터해머)에 약하다.

49 증기난방 설비 시공 시 수평주관으로부터 분기 입상시키는 경우 관의 신축을 고려하여 2개 이상의 엘보를 이용하여 설치하는 신축 이음은?
① 스위블 이음 ② 슬리브 이음
③ 벨로스 이음 ④ 플랙시블 이음

해설 스위블 이음 : 엘보를 2개 이상 사용하여 온수난방, 저압증기 난방에 사용한다.

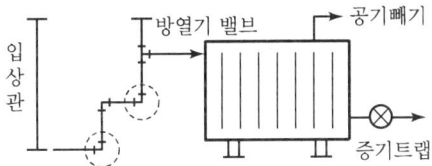

50 보온재의 구비 조건으로 틀린 것은?
① 열전도율이 클 것
② 불연성일 것
③ 내식성 및 내열성이 있을 것
④ 비중이 적고 흡습성이 적을 것

해설 보온재는 열전도율(kcal/m·h·℃)이 작아야 보온능력이 유지된다.

51 저온배관용 탄소강관의 기호는?
① STBH ② STHA
③ SPLT ④ STLT

해설 ① STBH : 보일러 열교환기 합금강관
② STHA : 보일러 열교환기 탄소강관
④ STLT : 저온열 교환기용 강관

52 흡수식 냉동기 주변 배관에 관한 설명으로 틀린 것은?
① 증기조절밸브와 감압밸브장치는 가능한 한 냉동기 가까이에 설치한다.
② 공급 주관의 응축수가 냉동기 내에 유입되도록 한다.
③ 증기관에는 신축 이음 등을 설치하여 배관의 신축으로 발생하는 응력이 냉동기에 전달되지 않도록 한다.
④ 증기 드레인 제어방식은 진공펌프로 냉동기 내의 드레인을 직접 압출하도록 한다.

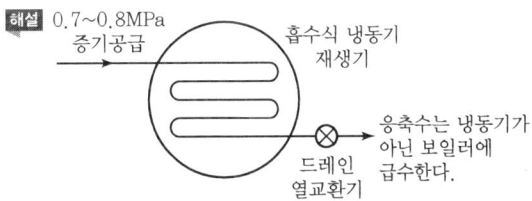

53 급수관의 관 지름 결정 시 유의사항으로 틀린 것은?
① 관 길이가 길면 마찰손실도 커진다.
② 마찰손실은 유량, 유속과 관계가 있다.
③ 가는 관을 여러 개 쓰는 것이 굵은 관을 쓰는 것보다 마찰손실이 적다.
④ 마찰손실은 고저차가 크면 클수록 손실도 커진다.

해설 가는 관을 여러 개 쓰는 것은 마찰손실이 크다.

54 동합금 납땜 관이음쇠와 강관의 이종관 접합 시 1개의 동합금 납땜 관이음쇠로 90° 방향전환을 위한 부속의 접합부 기호 및 종류로 옳은 것은?
① C×F 90° 엘보
② C×M 90° 엘보
③ F×F 90° 엘보
④ C×M 어댑터

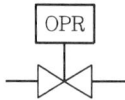

55 다음 그림 기호가 나타내는 밸브는?

① 증발압력 조정밸브
② 유압 조정밸브
③ 용량 조정밸브
④ 흡입압력 조정밸브

해설 ㉠ O : 오일(기름)
㉡ P : 유압
㉢ R : 감압 조정

56 음용수 배관과 음용수 이외의 배관이 접속되어 서로 혼합을 일으켜 음용수가 오염될 가능성이 큰 배관접속 방법은?

① 하트포드 이음
② 리버스리턴 이음
③ 크로스 이음
④ 역류방지 이음

해설 크로스 이음
음용수배관+음용수 이외의 배관 접속(음용수가 오염될 우려가 크다.)

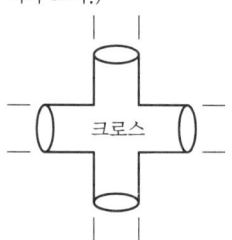

57 증기난방 방식에서 응축수 환수방법에 따른 분류가 아닌 것은?

① 중력 환수식
② 진공 환수식
③ 정압 환수식
④ 기계 환수식

해설 증기난방 응축수 환수방법
㉠ 중력 환수식(밀도차이용)
㉡ 기계 환수식(펌프사용)
㉢ 진공 환수식(대규모용)

58 관의 보냉 시공의 주된 목적은?

① 물의 동결 방지
② 방열 방지
③ 결로 방지
④ 인화 방지

해설 ㉠ 관의 보냉 시공의 주 목적 : 결로 방지
㉡ 보냉 : 100℃ 이하의 온도 보호

59 공장에서 제조 정제된 가스를 저장하여 가스품질을 균일하게 유지하면서 제조량과 수요량을 조절하는 장치는?

① 정압기
② 가스홀더
③ 가스미터
④ 압송기

해설 가스홀더(저압식, 고압식) : 제조 정제된 도시가스를 저장하여 가스품질을 균일하게 유지하면서 제조량과 수요량을 조절한다.

60 증기난방과 비교하여 온수난방의 특징에 대한 설명으로 틀린 것은?

① 온수난방은 부하 변동에 대응한 온도조절이 쉽다.
② 온수난방은 예열하는 데 많은 시간이 걸리지만 잘 식지 않는다.
③ 연료소비량이 적다.
④ 온수난방의 설비비가 저가인 점이 있으나 취급이 어렵다.

해설 • 온수난방은 관경이 커야 하므로 설비비가 고가이다.
• 다단 증기난방에 비하여 취급이 용이하다.

SECTION 04 전기제어공학

61 그림과 같은 논리회로의 출력 Y는?

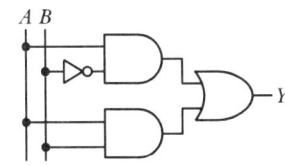

① $Y = AB + A\overline{B}$
② $Y = \overline{A}B + AB$
③ $Y = \overline{A}B + A\overline{B}$
④ $Y = \overline{A}\overline{B} + A\overline{B}$

해설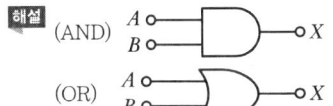

(AND) $X = A \cdot B$
(OR) $X = A + B$
(NOT) $X = \overline{A}$

∴ 논리회로 출력$(Y) = A \cdot B + A\overline{B}$

62 되먹임 제어의 종류에 속하지 않는 것은?
① 순서제어
② 정치제어
③ 추치제어
④ 프로그램제어

해설 ㉠ 순서제어(Flow Control) : 일반적으로 컴퓨터나 데이터 통신에서 작업이나 데이터의 흐름을 제어하는 것
㉡ 되먹임 제어(피드백제어)

63 직류전동기의 속도제어 방법 중 속도제어의 범위가 가장 광범위하며, 운전 효율이 양호한 것으로 워드 레너드 방식과 정지 레너드 방식이 있는 제어법은?
① 저항 제어법
② 전압 제어법
③ 계자 제어법
④ 2차여자 제어법

해설 전압 제어법
㉠ 직류전동기의 속도제어법이며 속도제어 범위가 광범위하고 운전효율이 좋다.
㉡ 워드 레너드 방식, 플라이 휠 일그너 방식, 정토크 제어방식 등이 있다.

64 그림과 같은 신호흐름선도에서 $\dfrac{C}{R}$를 구하면?

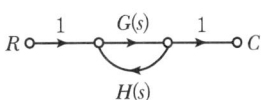

① $\dfrac{G(s)H(s)}{1 - G(s)H(s)}$
② $\dfrac{G(s)}{1 + G(s)H(s)}$
③ $\dfrac{G(s)H(s)}{1 + G(s)H(s)}$
④ $\dfrac{G(s)}{1 - G(s)H(s)}$

해설 $G_1 = G(s)$, $\Delta_1 = 1$, $L_{11} = G(s)H(s)$
$\Delta = 1 - L_{11} = 1 - G(s)H(s)$
∴ $G = \dfrac{C}{R} = \dfrac{\text{전향경로}}{1 - \text{피드백 경로}}$
$= \dfrac{G_1 \Delta_1}{\Delta} = \dfrac{G(s)}{1 - G(s)H(s)}$

65 그림과 같은 RL 직렬회로에 구형파 전압을 인가했을 때 전류 i를 나타내는 식은?

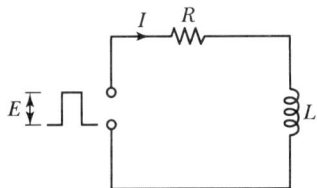

① $i = \dfrac{E}{R} e^{-\frac{R}{L}t}$
② $i = ERe^{-\frac{R}{L}t}$
③ $i = \dfrac{E}{R}(1 - e^{-\frac{L}{R}t})$
④ $i = \dfrac{E}{R}(1 - e^{-\frac{R}{L}t})$

해설 ㉠ RL 직렬회로 구형파 전압인가 전류(i)
전류$(i) = \dfrac{E}{R}(1 - e^{-\frac{R}{Lt}})$
㉡ 저항(R)과 인덕턴스(L)의 전압$(\dot{V}_R)$과 벡터$(\dot{V}_L)$의 벡터의 합$(\dot{V}) = \dot{V}_R + \dot{V}_L$

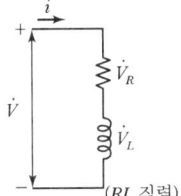

(RL 직렬)

ANSWER | 61. ① 62. ① 63. ② 64. ④ 65. ④

66 어떤 제어계의 단위계단 입력에 대한 출력응답 $c(t) = 1 - e^{-t}$로 되었을 때 지연시간 $T_d(\sec)$는?

① 0.693　　② 0.346
③ 0.278　　④ 1.386

해설 ㉠ 단위계단 입력 : $r(t) = u(t)$, $R(s) = \dfrac{1}{s}$
㉡ 지연시간(T_d) : 응답이 최초로 목푯값의 50%가 되는 데 걸리는 시간
$\lim\limits_{t \to \infty} c(t) = 1$, $0.5 = 1 - e^{-T_d}$, $\dfrac{1}{e^{T_d}} = 1 - 0.5$, $e^{T_d} = 2$
∴ $T_d = \ln 2 = 0.693\sec$

67 다음 블록선도의 입력과 출력이 일치하기 위해서 A에 들어갈 전달함수는?

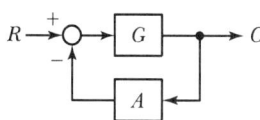

① $\dfrac{1+G}{G}$　　② $\dfrac{G}{G+1}$
③ $\dfrac{G-1}{G}$　　④ $\dfrac{G}{G-1}$

해설 • 전달함수 $G(s) = \dfrac{C}{R} = \dfrac{\text{전향경로}}{1 - \text{피드백 경로}}$
• 전체 전달함수 $\dfrac{C}{R} = \dfrac{G}{1+GA}$
이때, 입력과 출력이 일치하므로 $C = R$이다.
∴ $\dfrac{C}{R} = \dfrac{G}{1+GA} = 1$
$1 + GA = G$
$1 = G - GA$, $1 = G(1-A)$, $\dfrac{1}{G} = 1 - A$
∴ $A = 1 - \dfrac{1}{G} = \dfrac{G-1}{G}$

68 제어량은 회전수, 전압, 주파수 등이 있으며 이 목표치를 장기간 일정하게 유지시키는 것은?

① 서보기구　　② 자동조정
③ 추치제어　　④ 프로세스제어

해설 자동조정 : 목표치를 장기간 일정하게 유지시키는 것

69 열처리 노의 온도제어는 어떤 제어에 속하는가?

① 자동조정　　② 비율제어
③ 프로그램제어　　④ 프로세스제어

해설 열처리(담금질 등) 노의 온도 제어 : 프로그램제어

70 어떤 제어계의 임펄스 응답이 $\sin \omega t$일 때 계의 전달함수는?

① $\dfrac{\omega}{s+\omega}$　　② $\dfrac{\omega^2}{s+\omega}$
③ $\dfrac{s}{s+\omega^2}$　　④ $\dfrac{\omega}{s^2+\omega^2}$

해설 임펄스 응답 : 파고율이 큰 전기적 충격파의 응답(입력신호가 임펄스 형태로 변화할 때의 응답)
$\sin \omega t$의 계의 전달함수$= \dfrac{\omega}{s^2+\omega^2}$
$R(s) = \mathcal{L}(r(t)) = \mathcal{L}(\delta(t)) = 1$
$C(s) = \mathcal{L}(C(t)) = \mathcal{L}(\sin \omega t) = \dfrac{\omega}{s^2+\omega^2}$
∴ $G(s) = \dfrac{C(s)}{R(s)} = C(s) = \dfrac{\omega}{s^2+\omega^2}$

71 다음 블록선도 중 비례적분제어기를 나타낸 블록선도는?

①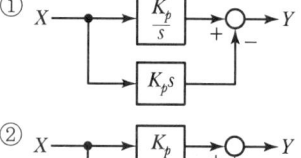

②

③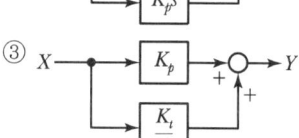

④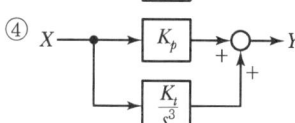

해설 비례적분제어(PI) 동작

$$y(t) = K_p\left[Z(t) + \frac{1}{T_I}\int Z(t)dt\right]$$

T_I(적분시간), K_p(비례감도), $y(t)$(조작량), $Z(t)$(편차)

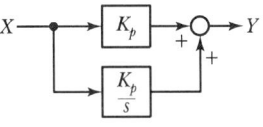

72 배리스터의 주된 용도는?
① 온도 측정용
② 전압 증폭용
③ 출력전류 조절용
④ 서지전압에 대한 회로 보호용

해설 배리스터(Varistor)
전압, 전류 특성이 비직선적인 저항소자의 총칭이다. 피뢰기, 변압기나 코일 등의 과전압 보호, 스위치나 계전기의 접점 불꽃 소거법용 등에 사용한다.

73 피드백 제어계의 구성요소 중 동작신호에 해당되는 것은?
① 목푯값과 제어량의 차
② 기준입력과 궤환신호의 차
③ 제어량에 영향을 주는 외적 신호
④ 제어요소가 제어대상에 주는 신호

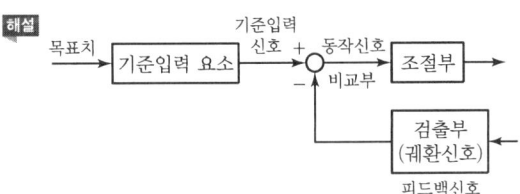

74 $s^2 + 2\delta\omega_n s + \omega_n^2 = 0$인 계가 무재동 진동을 할 경우 δ의 값은?
① $\delta = 0$
② $\delta < 1$
③ $\delta = 1$
④ $\delta > 1$

해설 $s^2 + 2\delta\omega_n s + \omega_n^2 = 0$, $2\delta\omega_n = b$, $\omega_n = c$
∴ $2\delta c = 0$(감쇠율)

75 동기속도가 3,600rpm인 동기발전기의 극수는 얼마인가?(단, 주파수는 60Hz이다.)
① 2극
② 4극
③ 6극
④ 8극

해설 동기속도 $N_s = \frac{120f}{P}$에서
극수 $P = \frac{120f}{N_s} = \frac{120 \times 60}{3,600} = 2$
∴ 2극

76 어떤 제어계의 입력이 단위 임펄스이고 출력 $c(t) = te^{-3t}$이었다. 이 계의 전달함수 $G(s)$는?
① $\frac{1}{(s+3)^2}$
② $\frac{t}{(s+3)^2}$
③ $\frac{s}{(s+3)^2}$
④ $\frac{1}{(s+2)(s+1)}$

해설 입력(단위 임펄스), 출력 $c(t) = te^{-3t}$, 전달함수 $G(s)$
$\mathcal{L}[f(t)e^{-at}] = F(s+a)$, $\mathcal{L}[t] = \frac{1}{s^2}$이므로
$\mathcal{L}[te^{-3t}] = \frac{1}{(s+3)^2}$
따라서 $R(s) = \mathcal{L}[c(t)] = \mathcal{L}[te^{-3t}] = \frac{1}{(s+3)^2}$
∴ $G(s) = \frac{C(s)}{R(s)} = C(s) = \frac{1}{(s+3)^2}$

77 전류 $I = 3t^2 + 6t$를 어떤 전선에 5초 동안 통과시켰을 때 전기량은 몇 C인가?
① 140
② 160
③ 180
④ 200

해설 전기량 $Q = I \times t$
이때, t초 동안의 전기량
$q = \int_{t_1}^{t_2} I dt$
∴ 5초 동안의 전기량 q
$= \int_0^5 (3t^2 + 6t)dt = [t^3 + 3t^2]_0^5$
$= (5^3 + 3 \times 5^2) - (0^3 + 3 \times 0^2)$
$= 200\text{C}$

ANSWER | 72.④ 73.② 74.① 75.① 76.① 77.④

78 전자회로에서 온도 보상용으로 많이 사용되고 있는 소자는?

① 저항 ② 코일
③ 콘덴서 ④ 서미스터

해설 전자회로에서 온도 보상용으로 서미스터 저항 온도계, 열전대 온도계 등 바이메탈 온도계가 많이 사용된다.

79 제어계의 응답 속응성을 개선하기 위한 제어동작은?

① D 동작 ② I 동작
③ PD 동작 ④ PI 동작

해설 PD(비례미분)동작 : 정상 특성과 속응성을 동시에 개선하는 제어동작

80 일정전압의 직류전원에 저항을 접속하고 전류를 흘릴 때, 이 전룻값을 50% 증가시키기 위한 저항값은?

① $0.6R$ ② $0.67R$
③ $0.82R$ ④ $1.2R$

해설 일정전압이므로 $V_1 = V_2$
$V_1 = I_1 R_1 = V_2 = I_2 R_2$ (∵ 옴의 법칙)
이때, 전룻값을 50% 증가시키면
$I_2 = 1.5 I_1$
$I_1 R_1 = 1.5 I_1 R_2$
∴ 저항값 $R_2 = \dfrac{I_1}{1.5 I_1} R_1 = \dfrac{1}{1.5} R_1 = 0.67 R_1$

2018년 3회 공조냉동기계산업기사

SECTION 01 공기조화

01 다음 중 공기조화기 부하를 바르게 나타낸 것은?
① 실내부하+외기부하+덕트통과열부하+송풍기부하
② 실내부하+외기부하+덕트통과열부하+배관통과열부하
③ 실내부하+외기부하+송풍기부하+펌프부하
④ 실내부하+외기부하+재열부하+냉동기부하

해설 공기조화 부하
㉠ 실내부하(실내취득열량)
㉡ 외기부하(극간풍)
㉢ 덕트통과열부하(기기로부터 취득열량)
㉣ 송풍기부하(기기로부터 취득열량)

02 압력 760mmHg, 기온 15℃의 대기가 수증기 분압 9.5mmHg를 나타낼 때 건조공기 1kg 중에 포함되어 있는 수증기의 중량은 얼마인가?
① 0.00623kg/kg
② 0.00787kg/kg
③ 0.00821kg/kg
④ 0.00931kg/kg

해설 절대습도$(x) = 0.622 \times \dfrac{P_w}{P - P_w} = 0.622 \times \dfrac{9.5}{760 - 9.5}$
$= 0.00787$kg/kg

03 8,000W의 열을 발산하는 기계실의 온도를 외기 냉방하여 26℃로 유지하기 위해 필요한 외기도입량(m³/h)은?(단, 밀도는 1.2kg/m³, 공기 정압비열은 1.01kJ/kg·℃, 외기온도는 11℃이다.)
① 600.06
② 1,584.16
③ 1,851.85
④ 2,160.22

해설 $Q = q \times 1.2 \times C \times \Delta t$에서
외기 도입량 $q = \dfrac{Q}{1.2 \times C \times \Delta t} = \dfrac{\left(\dfrac{8,000}{1,000}\right) \times 3,600}{1.2 \times 1.01 \times (26-11)}$
$= 1,584.16$m³/h

04 증기난방에 대한 설명으로 옳은 것은?
① 부하의 변동에 따라 방열량을 조절하기가 쉽다.
② 소규모 난방에 적당하며 연료비가 적게 든다.
③ 방열면적이 작으며 단시간 내에 실내온도를 올릴 수 있다.
④ 장거리 열수송이 용이하며 배관의 소음발생이 작다.

해설 증기난방 : 방열면적이 작으며 잠열과 열량이 커서 단시간 내 실내온도를 올릴 수 있다.
• 증기난방 소요 정격 방열량 : 650kcal/m²·h
• 증기표준난방 : 102℃

05 공기조화방식의 분류 중 전공기 방식에 해당되지 않는 것은?
① 팬코일 유닛 방식
② 정풍량 단일덕트 방식
③ 2중덕트 방식
④ 변풍량 단일덕트 방식

해설 팬코일 유닛 방식 : 전수방식
㉠ 덕트스페이스가 필요 없다.
㉡ 열매체가 증기, 냉수, 온수 등으로 각 실 제어가 용이하다.
㉢ 송풍공기가 없어서 실내오염 및 실내배관에 의한 누수의 염려가 있다.

06 일반적인 취출구의 종류가 아닌 것은?
① 라이트-트로퍼(Light-troffer)형
② 아네모스탯(Annemostat)형
③ 머쉬룸(Mushroom)형
④ 웨이(Way)형

해설 ① 천장 취출구
② 천장 취출구
③ 바닥형 흡입구
④ 천장 취출구

ANSWER | 1.① 2.② 3.② 4.③ 5.① 6.③

07 극간풍을 방지하는 방법으로 적합하지 않는 것은?
① 실내를 가압하여 외부보다 압력을 높게 유지한다.
② 건축의 건물 기밀성을 유지한다.
③ 이중문 또는 회전문을 설치한다.
④ 실내외 온도차를 크게 한다.

해설 • 극간풍(틈새바람)을 차단하려면 ①, ②, ③항을 채택한다.
• 실내외 온도차를 크게 하면 열손실이 증가한다.

08 다음 중 실내 환경기준 항목이 아닌 것은?
① 부유분진의 양
② 상대습도
③ 탄산가스 함유량
④ 메탄가스 함유량

해설 메탄(CH_4)가스는 환경과는 관계없는 천연가스이다.(가연성 도시가스이다.)

09 덕트를 설계할 때 주의사항으로 틀린 것은?
① 덕트를 축소할 때 각도는 30° 이하로 되게 한다.
② 저속 덕트 내의 풍속은 15m/s 이하로 한다.
③ 장방형 덕트의 종횡비는 4 : 1 이상 되게 한다.
④ 덕트를 확대할 때 확대각도는 15° 이하로 되게 한다.

해설 사각덕트의 장변과 단변치수(종횡비)는 4 : 1 이하가 바람직하나 8 : 1을 넘지 않는 범위로 한다.

10 상당방열면적을 계산하는 식에서 q_0는 무엇을 뜻하는가?

$$EDR = \frac{H_r}{q_0}$$

① 상당 증발량
② 보일러 효율
③ 방열기의 표준 방열량
④ 방열기의 전 방열량

해설 방열기의 표준 방열량(q_0)
• 온수난방 $q_0 = 450\text{kcal/m}^2 \cdot \text{h}$
• 증기난방 $q_0 = 650\text{kcal/m}^2 \cdot \text{h}$

11 중앙 공조기의 전열교환기에서는 어떤 공기가 서로 열교환을 하는가?
① 환기와 급기
② 외기와 배기
③ 배기와 급기
④ 환기와 배기

해설 전열교환기

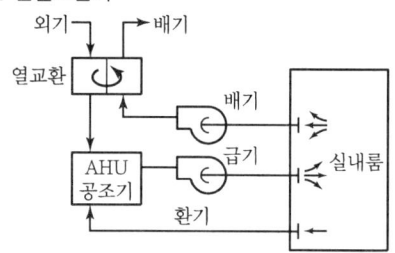

12 실내 발생열에 대한 설명으로 틀린 것은?
① 벽이나 유리창을 통해 들어오는 전도열은 현열뿐이다.
② 여름철 실내에서 인체로부터 발생하는 열은 잠열뿐이다.
③ 실내의 기구로부터 발생열은 잠열과 현열이다.
④ 건축물의 틈새로부터 침입하는 공기가 갖고 들어오는 열은 잠열과 현열이다.

해설 인체발생열 : 현열 + 잠열

13 공기여과기의 성능을 표시하는 용어 중 가장 거리가 먼 것은?
① 제거효율
② 압력손실
③ 집진용량
④ 소재의 종류

해설 공기여과기 성능 표시
㉠ 제거효율
㉡ 압력손실
㉢ 집진용량

14 환기의 목적이 아닌 것은?

① 실내공기 정화 ② 열의 제거
③ 소음 제거 ④ 수증기 제거

해설 환기의 목적
㉠ 공기 정화
㉡ 열의 제거
㉢ 수증기 제거

15 공조기 내에 흐르는 냉·온수 코일의 유량이 많아서 코일 내에 유속이 너무 빠를 때 사용하기 가장 적절한 코일은?

① 풀서킷 코일(Full Circuit Coil)
② 더블서킷 코일(Double Circuit Coil)
③ 하프서킷 코일(Half Circuit Coil)
④ 슬로서킷 코일(Slow Circuit Coil)

해설 코일수로 형식에 따른 공조기 코일
㉠ 풀서킷 코일 : 보통 많이 사용
㉡ 더블서킷 코일 : 코일 내에 수속이 너무 클 때 사용
㉢ 하프서킷 코일 : 유량이 적을 때 사용

16 날개 격자형 취출구에 대한 설명으로 틀린 것은?

① 유니버설형은 날개를 움직일 수 있는 것이다.
② 레지스터란 풍량조절 셔터가 있는 것이다.
③ 수직 날개형은 실의 폭이 넓은 방에 적합하다.
④ 수평 날개형은 그릴이라고도 한다.

해설 베인 격자형 취출구
㉠ 고정 베인형 취출구
㉡ 가동 베인형 취출구(유니버설형)
※ 댐퍼나 셔터가 없는 것을 그릴(Grille)이라고 한다.

17 송풍기의 회전수 변환에 의한 풍량 제어 방법에 대한 설명으로 틀린 것은?

① 극수를 변환한다.
② 유도전동기의 2차 측 저항을 조정한다.
③ 전동기에 의한 회전수에 변화를 준다.
④ 송풍기 흡입 측에 있는 댐퍼를 조인다.

해설 풍량 제어의 종류
㉠ 토출댐퍼에 의한 제어
㉡ 흡입댐퍼에 의한 제어
㉢ 흡입베인에 의한 제어(가동날개 조정)
㉣ 회전수에 의한 제어
㉤ 가변피치에 의한 제어(날개각도 변화)

18 현열비를 바르게 표시한 것은?

① $\dfrac{현열량}{전열량}$ ② $\dfrac{잠열량}{전열량}$

③ $\dfrac{잠열량}{현열량}$ ④ $\dfrac{현열량}{잠열량}$

해설 SHF(현열비) $= \dfrac{현열}{현열+잠열} = \dfrac{현열}{전열량}$

19 어떤 실내의 전체 취득열량이 9kW, 잠열량이 2.5kW이다. 이때 실내를 26℃, 50%(RH)로 유지시키기 위해 취출 온도차를 10℃로 일정하게 하여 송풍한다면 실내 현열비는 얼마인가?

① 0.28   ② 0.68
③ 0.72   ④ 0.88

해설 현열 = 9 - 2.5 = 6.5kW

∴ 현열비(SHF) $= \dfrac{9-2.5}{9} = 0.72$

※ 6.5×860 = 5,590kcal/h

20 다음 중 온수난방 설비와 관계가 없는 것은?

① 리버스 리턴 배관
② 하트포드 배관 접속
③ 순환펌프
④ 팽창탱크

해설 하트포드 배관
증기난방에서 저수위 사고를 예방하기 위한 균형관을 설치 접속한다.(표준수면에서 50mm 아래 균형관을 설치한다.)

ANSWER | 14. ③ 15. ② 16. ④ 17. ④ 18. ① 19. ③ 20. ②

SECTION 02 냉동공학

21 2차 냉매인 브라인이 갖추어야 할 성질에 대한 설명으로 틀린 것은?

① 열용량이 적어야 한다.
② 열전도율이 커야 한다.
③ 동결점이 낮아야 한다.
④ 부식성이 없어야 한다.

해설 2차 냉매(브라인 간접냉매)
- 열용량(kcal/℃)이 커야 한다.
- 전열이 우수해야 한다.
- 응고온도가 낮아서 항상 액체상태이어야 한다.

22 냉동장치의 운전 중에 냉매가 부족할 때 일어나는 현상에 대한 설명으로 틀린 것은?

① 고압이 낮아진다.
② 냉동능력이 저하한다.
③ 흡입관에 서리가 부착되지 않는다.
④ 저압이 높아진다.

해설 냉매가 부족하면 증발압력이 낮아지고 토출가스 온도가 상승한다. 흡입가스가 과열되고 압축비가 증대한다.

23 히트 파이프의 특징에 관한 설명으로 틀린 것은?

① 등온성이 풍부하고 온도상승이 빠르다.
② 사용온도 영역에 제한이 없으며 압력손실이 크다.
③ 구조가 간단하고 소형경량이다.
④ 증발부, 응축부, 단열부로 구성되어 있다.

해설 히트 파이프
㉠ 구리나 알루미늄보다 40~80배가량 열 전달속도가 빠르다.
㉡ 본체 : 구리, 스테인리스, 세라믹스, 텅스텐 등
㉢ 내부 물체 : 휘발성인 메탄올, 아세톤, 수은, 물 등

24 다음 조건으로 운전되고 있는 수랭식 응축기가 있다. 냉매와 냉각수와의 평균 온도차는?

- 냉각수 입구온도 : 16℃
- 냉각수량 : 200L/min
- 냉각수 출구온도 : 24℃
- 응축기 냉각면적 : 20m²
- 응축기 열 통과율 : 3,349.6kJ/m² · h · ℃

① 4℃   ② 5℃
③ 6℃   ④ 7℃

해설 $Q = K \cdot F \cdot \Delta t_m = G \cdot C \cdot \Delta t$ 에서

평균 온도차 $\Delta t_m = \dfrac{G \cdot C \cdot \Delta t}{K \cdot F}$

$= \dfrac{(200 \times 60) \times (1 \times 4.18) \times (24-16)}{3,349.6 \times 20}$

$= 5.99 ≒ 6℃$

※ 1kcal = 4.18kJ

25 냉동장치 내 불응축 가스에 관한 설명으로 옳은 것은?

① 불응축 가스가 많아지면 응축압력이 높아지고 냉동능력은 감소한다.
② 불응축 가스는 응축기에 잔류하므로 압축기의 토출가스 온도에는 영향이 없다.
③ 장치에 윤활유를 보충할 때에 공기가 흡입되어도 윤활유에 용해되므로 불응축 가스는 생기지 않는다.
④ 불응축 가스가 장치 내에 침입해도 냉매와 혼합되므로 응축압력은 불변한다.

해설 불응축 가스
- 공기 및 수소가스 등이 해당한다.
- 응축압력 상승, 압축비 증대, 오일의 열화 및 탄화, 토출가스 온도 상승에 영향을 미친다.
- 응축기나 수액기 상부에 불응축가스가 발생하며 증발식 응축기에서는 액 헤더에 발생한다.

26 얼음 제조 설비에서 깨끗한 얼음을 만들기 위해 빙관 내로 공기를 송입, 물을 교반시키는 교반장치의 송풍 압력(kPa)은 어느 정도인가?

① 2.5~8.5   ② 19.6~34.3
③ 62.8~86.8   ④ 101.3~132.7

21. ① 22. ④ 23. ② 24. ③ 25. ① 26. ② | ANSWER

해설 얼음 제조 빙관 내 공기를 송입, 물을 교반시키는 교반장치의 송풍압력은 약 19.6~34.3kPa이다.

27 냉동 사이클이 −10℃와 60℃ 사이에서 역카르노 사이클로 작동될 때, 성적계수는?

① 2.21　② 2.84
③ 3.76　④ 4.75

해설 성적계수 $COP = \dfrac{q}{A_w} = \dfrac{Q_2}{Q_1 - Q_2} = \dfrac{T_2}{T_1 - T_2}$
$= \dfrac{273 + (-10)}{(273 + 60) - (273 + (-10))}$
$= 3.76$

28 증기 압축식 사이클과 흡수식 냉동 사이클에 관한 비교 설명으로 옳은 것은?

① 증기 압축식 사이클은 흡수식에 비해 축동력이 적게 소요된다.
② 흡수식 냉동 사이클은 열구동 사이클이다.
③ 흡수식은 증기 압축식의 압축기를 흡수기와 펌프가 대신한다.
④ 흡수식의 성능은 원리상 증기 압축식에 비해 우수하다.

해설 • 증기 압축식(냉매 사용) 냉동기는 축동력이 크다.
• 흡수식에서는 압축기 대용 재생기가 사용된다.
• 흡수식에서는 직화식의 경우 열구동(버너)이 사용된다.
• 흡수식의 성능(COP)은 증기 압축식에 비해 낮다.

29 밀폐된 용기의 부압작용에 의하여 진공을 만들어 냉동작용을 하는 것은?

① 증기분사 냉동기　② 왕복동 냉동기
③ 스크루 냉동기　④ 공기압축 냉동기

해설 증기분사 냉동기(Steam Ejector)는 대량의 증기를 분사할 경우 분압작용에 의해 증발기 내의 압력이 저하(진공)되어 이 저압 속의 물의 일부를 증발시켜 냉각된 잔류물을 이용하여 냉동작용을 한다.

30 저온용 냉동기에 사용되는 보조적인 압축기로서 저온을 얻을 목적으로 사용되는 것은?

① 회전 압축기(Rotary Compressor)
② 부스터(Booster)
③ 밀폐식 압축기(Hermetic Compressor)
④ 터보 압축기(Turbo Compressor)

해설 저압가스 압력 → 부스터 압축기(보조적인 압축기로 저압가스를 약간 압축하여 그 압력을 저압압력과 응축압력의 중간 압력까지 승압) → 응축압력 도달

31 다음 중 무기질 브라인이 아닌 것은?

① 염화칼슘
② 염화마그네슘
③ 염화나트륨
④ 트리클로로에틸렌

해설 트리클로로에틸렌(ClCHCCl₂) : 클로로포름 냄새가 나는 투명한 무색의 휘발성 액체로 삼염화에틸렌이라고도 한다. 기계 세척, 염색, 음료 용매에 사용되며, 유독성 발암물질이다.

32 $P-V$(압력−체적)선도에서 1에서 2까지 단열압축 하였을 때 압축일량(절대일)은 어느 면적으로 표현되는가?

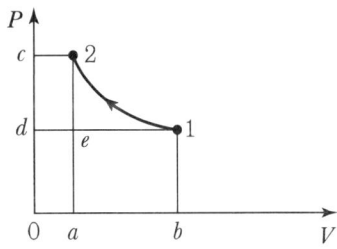

① 면적 1 2 c d 1　② 면적 1 d 0 b 1
③ 면적 1 2 a b 1　④ 면적 a e d 0 a

해설 $P-V$ 선도의 단열압축 압축일량 : 면적 1 2 a b 1
• P(압력) : kgf/cm²
• V(비체적) : kg/m³

ANSWER | 27. ③ 28. ② 29. ① 30. ② 31. ④ 32. ③

33 응축 부하계산법이 아닌 것은?
① 냉매순환량×응축기 입·출구 엔탈피차
② 냉각수량×냉각수 비열×응축기 냉각수 입·출구 온도차
③ 냉매순환량×냉동효과
④ 증발부하+압축일량

해설 응축부하(q_1) = 냉동효과+압축일의 열량 = $q_2 + Aw$

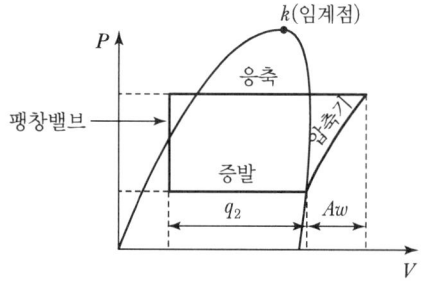

34 핼라이드 토치로 누설을 탐지할 때 소량의 누설이 있는 곳에서 토치의 불꽃 색깔은 어떻게 변화되는가?
① 보라색   ② 파란색
③ 노란색   ④ 녹색

해설 프레온 냉매(F) 누설 검사 : Halide Torch 사용
㉠ 청색 : 누설이 없다.
㉡ 녹색 : 소량 누설
㉢ 자주색 : 중량 누설
㉣ 꺼진다 : 다량 누설
※ 토치 사용 연료 : C_2H_2, C_3H_8, C_4H_{10}, 알코올 등

35 28℃의 원수 9ton을 4시간에 5℃까지 냉각하는 수 냉각장치의 냉동능력은?(단, 1RT는 13,900kJ/h 로 한다.)
① 12.5RT   ② 15.6RT
③ 17.1RT   ④ 20.7RT

해설 냉동능력 $Q = G \cdot C \cdot \Delta t$
$= \dfrac{(9 \times 10^3)}{4} \times 1 \times (28-5)$
$= 51,750 \text{kcal/h}$
1kcal = 4.18kJ이므로
∴ 냉동능력(RT) $= \dfrac{51,750 \times 4.18}{13,900} = 15.56 \text{RT}$

36 냉동장치에서 교축작용(Throttling)을 하는 부속기기는 어느 것인가?
① 다이어프램 밸브   ② 솔레노이드 밸브
③ 아이솔레이트 밸브   ④ 팽창 밸브

해설 팽창 밸브 : 냉매의 교축작용을 한다.(엔탈피 변화가 없다.)

37 탱크식 증발기에 관한 설명으로 틀린 것은?
① 제빙용 대형 브라인나 물의 냉각장치로 사용된다.
② 냉각관의 모양에 따라 헤링본식, 수직관식, 패러럴식이 있다.
③ 물건을 진열하는 선반대용으로 쓰기도 한다.
④ 증발기는 피냉각액 탱크 내의 칸막이 속에 설치되며 피냉각액은 이 속을 교반기에 의해 통과한다.

해설
• 탱크식 증발기(Herring Bone Type Cooler)는 암모니아 냉동기에서 브라인 냉매를 사용한다.
• 캐스케이드 증발기는 벽코일 동결실의 동결선반 등으로 사용한다.

38 기준 냉동사이클로 운전할 때 단위질량당 냉동효과가 큰 냉매 순으로 나열한 것은?
① R-11 > R-12 > R-22
② R-12 > R-11 > R-22
③ R-22 > R-12 > R-11
④ R-22 > R-11 > R-12

해설 -15℃ 표준온도에서 냉매 증발열(kcal/kg)
㉠ R-22 : 52
㉡ R-11 : 45.8
㉢ R-12 : 38.57

39 증발잠열을 이용하므로 물의 소비량이 적고, 실외 설치가 가능하며, 송풍기 및 순환 펌프의 동력을 필요로 하는 응축기는?
① 입형 셸 앤드 튜브식 응축기
② 횡형 셸 앤드 튜브식 응축기
③ 증발식 응축기
④ 공랭식 응축기

해설 증발식 응축기
- NH₃ 냉매 장치용, 중형의 프레온용(냉각수의 증발에 의해 냉매가스가 응축된다. 물의 증발잠열(kcal/kg)을 이용하므로 냉각수가 적게 들며 회수율이 95%이다.
- 수랭식 응축기 중 냉각수량이 제일 적게 든다.
- 일반 수랭식에 비해 전열이 나쁘다.

40 유량 100L/min의 물을 15℃에서 9℃로 냉각하는 수냉각기가 있다. 이 냉동 장치의 냉동효과가 168 kJ/kg 일 경우 냉매순환량(kg/h)은?(단, 물의 비열은 4.2kJ/kg · K로 한다.)
① 700   ② 800
③ 900   ④ 1,000

해설
- 냉동능력 $Q = G \cdot C \cdot \Delta t$
  $= (100 \times 60) \times 4.2 \times (15-9)$
  $= 151,200 \text{kJ/h}$
- 냉매순환량 $G = \dfrac{Q}{q}$
  $= \dfrac{151,200}{168}$
  $= 900 \text{kg/h}$

SECTION 03 배관일반

41 냉매배관 중 토출측 배관 시공에 관한 설명으로 틀린 것은?
① 응축기가 압축기보다 2.5m 이상 높은 곳에 있을 때에는 트랩을 설치한다.
② 수직관이 너무 높으면 2m마다 트랩을 1개씩 설치한다.
③ 토출관의 합류는 Y이음으로 한다.
④ 수평관은 모두 끝 내림 구배로 배관한다.

해설 ㉠ 흡입관 : 10m마다 중간트랩 설치(오일 회수를 좋게 하기 위해)
㉡ 토출관 : 2.5m 이상의 경우 오일이 압축기에 역류하는 것을 방지하기 위해 오일트랩 설치

42 일정 흐름 방향에 대한 역류 방지 밸브는?
① 글로브 밸브   ② 게이트 밸브
③ 체크 밸브   ④ 앵글 밸브

해설 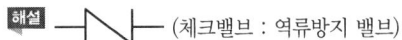 (체크밸브 : 역류방지 밸브)

43 스트레이너의 종류에 속하지 않는 것은?
① Y형   ② X형
③ U형   ④ V형

해설 여과기 종류 : Y형, U형, V형

44 한쪽은 커플링으로 이음쇠 내에 동관이 들어갈 수 있도록 되어 있고 다른 한쪽은 수나사가 있어 강 부속과 연결할 수 있도록 되어 있는 동관용 이음쇠는?
① 커플링 C×C   ② 어댑터 C×M
③ 어댑터 Ftg×M   ④ 어댑터 C×F

해설 어댑터
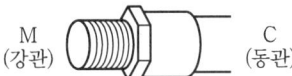
M (강관)   C (동관)

45 다음 프레온 냉매 배관에 관한 설명으로 틀린 것은?
① 주로 동관을 사용하나 강관도 사용된다.
② 증발기와 압축기가 같은 위치인 경우 흡입관을 수직으로 세운 다음 압축기를 향해 선단 하향 구배로 배관한다.
③ 동관의 접속은 플레어 이음 또는 용접 이음 등이 있다.
④ 관의 굽힘 반경을 작게 한다.

해설
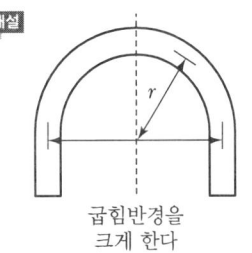
굽힘반경을 크게 한다

ANSWER | 40. ③ 41. ② 42. ③ 43. ② 44. ② 45. ④

46 일반적으로 관의 지름이 크고 관의 수리를 위해 분해할 필요가 있는 경우 사용되는 파이프 이음에 속하는 것은?

① 신축이음　② 엘보 이음
③ 턱걸이 이음　④ 플랜지 이음

해설

유니언　　플랜지 이음
50mm 이하용　50mm 이상용

47 다음 중 배관 내의 침식에 영향을 미치는 요소로 가장 거리가 먼 것은?

① 물의 속도　② 사용시간
③ 배관계의 소음　④ 물속의 부유물질

해설 배관내 침식(부식) 요소
㉠ 물의 속도
㉡ 사용시간
㉢ 물속의 부유물질

48 맞대기 용접의 홈 형상이 아닌 것은?

① V형　② U형
③ X형　④ Z형

해설 맞대기 용접의 홈(그로버)의 형상
㉠ V형
㉡ U형
㉢ X형

49 배수 배관의 시공상 주의점으로 틀린 것은?

① 배수를 가능한 한 빨리 옥외 하수관으로 유출할 수 있을 것
② 옥외 하수관에서 하수가스나 벌레 등이 건물 안으로 침입하는 것을 방지할 것
③ 배수관 및 통기관은 내구성이 풍부할 것
④ 한랭지에서는 배수, 통기관 모두 피복을 하지 않을 것

해설 한랭지에서는 필히 통기관 및 배수관을 피복하여 배수가 동결되지 않도록 한다.

50 프레온 냉동장치 흡입관이 횡주관일 때 적정 구배는 얼마인가?

① $\dfrac{1}{100}$　② $\dfrac{1}{200}$
③ $\dfrac{1}{300}$　④ $\dfrac{1}{400}$

해설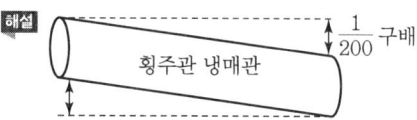

51 급탕배관 내의 압력이 0.7kgf/cm^2이면 수주로 몇 m와 같은가?

① 0.7　② 1.7
③ 7　④ 70

해설 $1\text{kgf/cm}^2 = 10\text{mH}_2\text{O}$
∴ $0.7\text{kgf/cm}^2 = 0.7 \times 10 = 7\text{mH}_2\text{O}$

52 배수설비에 대한 설명으로 틀린 것은?

① 오수란 대소변기, 비데 등에서 나오는 배수이다.
② 잡배수란 세면기, 싱크대, 욕조 등에서 나오는 배수이다.
③ 특수배수는 그대로 방류하거나 오수와 함께 정화하여 방류시키는 배수이다.
④ 우수는 옥상이나 부지 내에 내리는 빗물의 배수이다.

해설 배수(옥내배수, 옥외배수)
㉠ 대소변 오수, 허드렛물, 목욕물 배수 : 옥내배수
㉡ 빗물 배수 : 옥외배수

53 다음 중 열역학식 트랩에 해당되는 것은?

① 디스크형 트랩　② 벨로스식 트랩
③ 버킷 트랩　④ 바이메탈식 트랩

해설 열역학, 유체역학을 이용한 증기트랩
  ㉠ 디스크형
  ㉡ 오리피스형

54 다음 중 소켓식 이음을 나타내는 기호는?
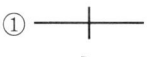 ①   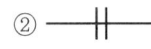 ②
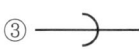 ③    ④

해설
― ┼ ― : 나사이음
― ┤├ ― : 플랜지 이음
― ⊃ ― : 소켓식 이음
― ┤├ ― : 유니언 이음

55 가스배관 설비에서 정압기의 종류가 아닌 것은?
① 피셔(Fisher)식 정압기
② 오리피스(Orifice)식 정압기
③ 레이놀즈(Reynolds)식 정압기
④ AFV(Axial Flow Valve)식 정압기

해설 오리피스 : 차압식 유량계
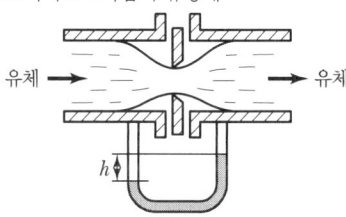

56 일반적으로 프레온 냉매 배관용으로 사용하기 가장 적절한 배관 재료는?
① 아연도금 탄소강 강관
② 배관용 탄소강 강관
③ 동관
④ 스테인리스 강관

해설 ㉠ 프레온 냉매 배관 재료 : 동관(Mg 및 Mg를 2% 이상 함유한 알루미늄은 사용하지 않는다.)
㉡ 암모니아 냉매 배관 : 구리나 구리 합금을 부식시킨다.

57 가스배관의 관 지름을 결정하는 요소와 가장 거리가 먼 것은?
① 가스 발열량   ② 가스관의 길이
③ 허용 압력손실 ④ 가스 비중

해설 가스발열량(kcal/m³)은 가스배관의 지름을 결정하는 요소와는 거리가 멀다.

58 급수배관와 마찰손실수두와 가장 거리가 먼 것은?
① 관의 길이   ② 관의 직경
③ 관의 두께   ④ 유속

해설 마찰손실수두(H_f) = 마찰계수 × $\dfrac{관의 길이}{관의 직경}$ × $\dfrac{(유속)^2}{2 \times 9.8}$ (m)

59 가스배관을 실내에 노출설치할 때의 기준으로 틀린 것은?
① 배관은 환기가 잘 되는 곳으로 노출하여 시공할 것
② 배관은 환기가 잘 되지 않는 천정·벽·공동구 등에는 설치하지 아니할 것
③ 배관의 이음매(용접이음매 제외)와 전기 계량기와는 60cm 이상 거리를 유지할 것
④ 배관 이음부와 단열조치를 하지 않은 굴뚝과의 거리는 5cm 이상의 거리를 유지할 것

해설
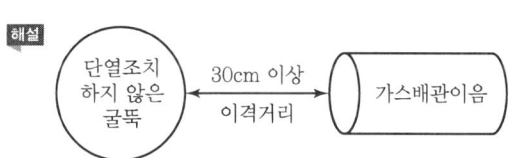

60 다음 중 중앙 급탕방식에서 경제성, 안정성을 고려한 적정 급탕온도(℃)는 얼마인가?
① 40   ② 60
③ 80   ④ 100

해설 급탕(온수)의 적정온도 : 60℃ 정도

ANSWER | 54. ③ 55. ② 56. ③ 57. ① 58. ③ 59. ④ 60. ②

SECTION 04 전기제어공학

61 유도전동기의 회전력에 관한 설명으로 옳은 것은?
① 단자전압에 비례한다.
② 단자전압과는 무관하다.
③ 단자전압의 2승에 비례한다.
④ 단자전압의 3승에 비례한다.

해설 유도전동기 토크(회전력)는 단자전압의 2승에 비례한다.
(유도전동기 토크 $T \propto V^2$)

62 정현파전압 $v = 50\sin(628t - \frac{\pi}{6})(V)$인 파형의 주파수는 얼마인가?
① 30
② 50
③ 60
④ 100

해설 주파수 : 1초 동안에 동일 파형을 반복하는 진동수
주파수$(f) = \frac{1}{T}$(Hz), 주기$(T) = \frac{1}{f}$(sec)
각주파수$(\omega) = 2\pi f$
주파수$(f) = \frac{\omega}{2\pi} = \frac{628}{2 \times 3.14} = 100$

63 피드백 제어계의 특징으로 옳은 것은?
① 정확성이 떨어진다.
② 감대폭이 감소한다.
③ 계의 특성 변화에 대한 입력 대 출력비의 감도가 감소한다.
④ 발진이 전혀 없고 항상 안정한 상태로 되어 가는 경향이 있다.

해설 피드백 제어(계의 특성변화에 대한 입력 대 출력비의 감도가 감소한다.)

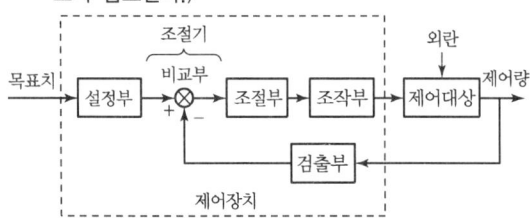

64 스캔타임(Scan Time)에 대한 설명으로 맞는 것은?
① PLC 입력 모듈에서 1개 신호가 입력되는 시간
② PLC 출력 모듈에서 1개 출력이 실행되는 시간
③ PLC에 의해 제어되는 시스템의 1회 실행시간
④ PLC에 입력된 프로그램을 1회 연산하는 시간

해설 스캔타임 : PLC(Programmable Logic Controller)에 입력된 프로그램을 1회 연산하는 시간이다.

65 2진수 $0010111101011001_{(2)}$을 16진수로 변환하면?
① 3F59
② 2G6A
③ 2F59
④ 3G6A

해설 ㉠ 16진수 : 2진수로 나타내는 4자리의 숫자는 0000에서 1111까지의 16 방법이 있다. 이것을 표에서 0에서 9까지의 숫자와 A에서 F까지의 영어문자에 대응시켜서 표현한 것을 16진수라 한다.(16진수는 4비트의 정보를 처리하는 데 편리하다.)
㉡ 2진수 → 16진수 : 2진수 네 자리를 16진수 한 자리로 변환(2진수를 16진수로 변환할 때는 4자리씩 끊어서 16진수 한 자리로 변환하면 된다.)
2진수 0010 1111 0101 1001
→ 0010(2), 1111(F), 0101(5), 1001(9)

66 교류 전기에서 실효치는?
① $\frac{최대치}{2}$
② $\frac{최대치}{\sqrt{3}}$
③ $\frac{최대치}{\sqrt{2}}$
④ $\frac{최대치}{3}$

해설
• 실효치 $= \frac{I_m(최대치)}{\sqrt{2}} = -0.707 I_m$
• 파고율 $= \sqrt{2} = 1.414$
• 파형률 $= \frac{\pi}{2\sqrt{2}} = 1.11$

67 자기 평형성이 없는 보일러 드럼의 액위제어에 적합한 제어동작은?
① P 동작
② I 동작
③ PI 동작
④ PD 동작

ANSWER 61. ③ 62. ④ 63. ③ 64. ④ 65. ③ 66. ③ 67. ①

해설 보일러 드럼의 액위제어 : 비례동작(P 동작)

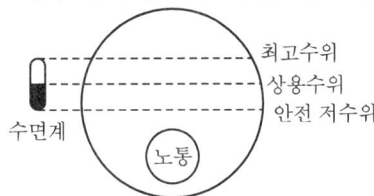

68 농형 유도전동기의 기동법이 아닌 것은?
① 전전압기동법 ② 기동보상기법
③ Y-△기동법 ④ 2차저항법

해설 ㉠ 농형 유도전동기 기동법 : 전전압기동법, Y-△기동법, 리액터기동법, 기동보상기법
㉡ 권선형 유도전동기 기동법 : 2차저항법

69 블록선도에서 등가 합성 전달함수는?

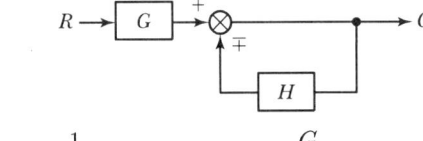

① $\dfrac{1}{1 \pm GH}$ ② $\dfrac{G}{1 \pm H}$
③ $\dfrac{G}{1 \pm GH}$ ④ $\dfrac{1}{1 \pm H}$

해설 $RG - CH = C$
$RG = C + CH = C(1+H)$
∴ $\dfrac{C}{R} = \dfrac{G}{1+H}$

70 검출용 스위치에 해당하지 않는 것은?
① 리밋 스위치 ② 광전 스위치
③ 온도 스위치 ④ 복귀형 스위치

해설 복귀형 스위치 : 조작 중에만 접점상태가 변하고 조작을 중지하면 원래상태로 복귀하는 스위치(Push-button Switch, Foot Switch가 있다.)

71 논리식 $A(A+B)$를 간단히 하면?
① A ② B
③ AB ④ $A+B$

해설 $A(A+B) = A \cdot A + A \cdot B$
$= A + A \cdot B$
$= A \cdot (1+B)$
$= A$

72 그림과 같은 논리회로는?

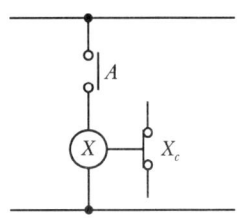

① OR 회로 ② AND 회로
③ NOT 회로 ④ NAND 회로

해설 NOT 회로(논리부정회로) : 입력이 0일 때 출력은 1, 입력이 1일 때 출력은 0이 되는 회로
㉠ 논리식 $(X) = \overline{A}$

A	X
0	1
1	0

㉡ 논리기호 :

73 어떤 계기에 장시간 전류를 통전한 후 전원을 OFF시켜도 지침이 0으로 되지 않았다. 그 원인에 해당되는 것은?
① 정전계 영향
② 스프링의 피로도
③ 외부자계 영향
④ 자기가열 영향

해설 계기 등의 피로도가 심하면 OFF시켜도 지침이 0이 되지 않는다.

ANSWER | 68. ④ 69. ② 70. ④ 71. ① 72. ③ 73. ②

74 그림과 같은 회로에 전압 200V를 가할 때 30Ω의 저항에 흐르는 전류는 몇 A인가?

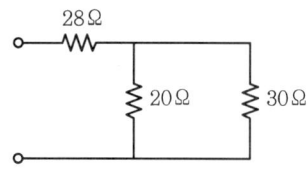

① 2 ② 3
③ 5 ④ 10

해설 • 직병렬 회로의 합성저항
$$R = 28 + \frac{1}{\frac{1}{20}+\frac{1}{30}} = 40Ω$$
• 전전류
$$I = \frac{V}{R} = \frac{200}{40} = 5A$$
• 30Ω 저항에 흐르는 전류
전류분배법칙을 이용하면
$$I_{30} = \frac{R_{20}}{R_{20}+R_{30}} \times I = \frac{20}{20+30} \times 5 = 2A$$

75 PI 제어동작은 프로세스 제어계의 정상특성 개선에 흔히 사용된다. 이것에 대응하는 보상요소는?
① 동상 보상요소 ② 지상 보상요소
③ 진상 보상요소 ④ 지상 및 진상 보상요소

해설 PI(비례적분)동작 : 프로세스 제어계의 정상 특성에서 개선용으로 사용하는 지상 요소이다.(PD동작은 진상요소이다.) 지상 보상요소는 주어진 안정도에 대하여 속도편차 상수(K_v)가 증가하고 시간응답이 일반적으로 느리다.

76 내부 장치 또는 공간을 물질로 포위시켜 외부 자계의 영향을 차폐시키는 방식을 자기차폐라 한다. 다음 중 자기차폐에 가장 좋은 물질은?
① 강자성체 중에서 비투자율이 큰 물질
② 강자성체 중에서 비투자율이 작은 물질
③ 비투자율이 1보다 작은 역자성체
④ 비투자율과 관계없이 두께에만 관계되므로 되도록 두꺼운 물질

해설 • 자기차폐(Magnetic Shielding)에 가장 좋은 물질은 강자성체 중에서 비투자율이 큰 물질이다.
• 투자율 : 자성체의 자속밀도 B와 H의 비 $(\mu) = \dfrac{B}{H}$

77 그림과 같은 시스템의 등가합성 전달함수는?

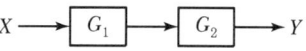

① $G_1 + G_2$ ② $G_1 \cdot G_2$
③ $G_1 - G_2$ ④ $\dfrac{1}{G_1 \cdot G_2}$

해설 $X \cdot G_1 \cdot G_2 = Y$
∴ $G(s) = \dfrac{Y}{X} = G_1 \cdot G_2$

78 자동제어의 조절기기 중 불연속 동작인 것은?
① 2위치 동작 ② 비례제어 동작
③ 적분제어 동작 ④ 미분제어 동작

해설 불연속 동작
㉠ 2위치 동작(온-오프 동작)
㉡ 간헐 동작
㉢ 다위치 동작

79 그림과 같은 회로에서 저항 R_2에 흐르는 전류 $I_2(A)$는?

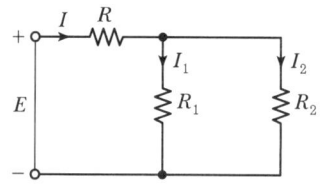

① $\dfrac{I \cdot (R_1+R_2)}{R_1}$ ② $\dfrac{I \cdot (R_1+R_2)}{R_2}$
③ $\dfrac{I \cdot R_2}{R_1+R_2}$ ④ $\dfrac{I \cdot R_1}{R_1+R_2}$

해설 전류분배법칙으로부터 $I_2 = \dfrac{R_1}{R_1+R_2} \times I$

80 다음의 블록선도와 등가인 블록선도는?

①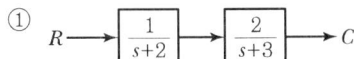

②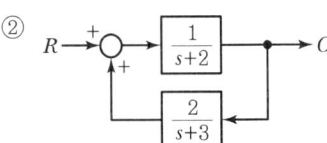

③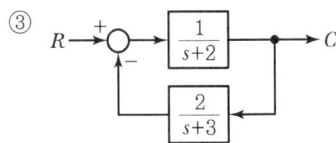

④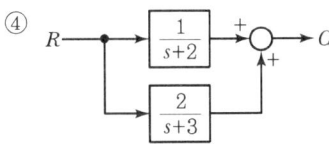

해설 ㉠ 블록선도 : 자동제어계의 요소를 블록으로 나타내어 입출력신호 사이의 관계를 나타내는 계통도
㉡ 등가회로 : 부품의 전기적 특성을 생각하기 위해 그 부품 본래의 목적인 저항값(저항기), 인덕턴스(코일), 정전용량(콘덴서) 외에 다른 것도 직렬 또는 병렬로 조합되어서 존재하는 것으로 하여 그린 회로
㉢ 블록선도의 등가 변환 : 직렬접속, 병렬접속, 피드백 접속이 있다.
$$\therefore \frac{C}{R} = \frac{3s+7}{s+2} \cdot \frac{1}{s+3} = \frac{1}{s+2} + \frac{2}{s+3}$$

2019년 1회 공조냉동기계산업기사

SECTION 01 공기조화

01 원심송풍기에서 사용되는 풍량제어 방법 중 풍량과 소요동력과의 관계에서 가장 효과적인 제어 방법은?
  ① 회전수 제어 ② 베인 제어
  ③ 댐퍼 제어 ④ 스크롤 댐퍼 제어

해설 송풍기 풍량제어
  ㉠ 토출댐퍼에 의한 제어
  ㉡ 흡입댐퍼에 의한 제어
  ㉢ 흡입베인에 의한 제어
  ㉣ 회전수에 의한 제어(소요동력에 의함)
  ㉤ 가변피치에 의한 제어

02 다음 중 제올라이트(Zeolite)를 이용한 제습 방법은 어느 것인가?
  ① 냉각식 ② 흡착식
  ③ 흡수식 ④ 압축식

해설 흡착식 제습 : 고체 제습장치로서 제올라이트, 실리카겔, 활성알루미나, 아드소울과 같은 반고체 또는 고체 흡수제를 이용한다.

03 습공기선도상에 나타나 있지 않은 것은?
  ① 상대습도 ② 건구온도
  ③ 절대습도 ④ 포화도

해설 습공기선도에서 포화도에 대한 선도는 나타내기 어렵다.
$x = \dfrac{\text{습공기 절대습도}}{\text{포화습공기 절대습도}} \times 100(\%)$

04 난방부하는 어떤 기기의 용량을 결정하는 데 기초가 되는가?
  ① 공조장치의 공기냉각기
  ② 공조장치의 공기가열기
  ③ 공조장치의 수액기
  ④ 열원설비의 냉각탑

해설 난방부하에 따라 공조장치의 공기가열기 용량을 결정한다.

05 난방방식과 열매체의 연결이 틀린 것은?
  ① 개별 스토브 – 공기
  ② 온풍 난방 – 공기
  ③ 가열 코일 난방 – 공기
  ④ 저온 복사 난방 – 공기

해설 저온 복사 난방 : 패널 내로 흐르는 온수가 열매체이다.

06 기류 및 주위 벽면에서의 복사열은 무시하고 온도와 습도만으로 쾌적도를 나타내는 지표를 무엇이라 하는가?
  ① 쾌적 건강지표 ② 불쾌지수
  ③ 유효온도지수 ④ 청정지표

해설 불쾌지수(UI : Uncomfort Index)
$UI = 0.72(DB + WB) + 40.6$
여기서, DB(건구온도), WB(습구온도)

07 실내 냉방부하 중에서 현열부하가 2,500kcal/h, 잠열부하가 500kcal/h일 때 현열비는?
  ① 0.2 ② 0.83
  ③ 1 ④ 1.2

해설 현열비 $SHF = \dfrac{\text{현열}}{\text{전열}} = \dfrac{q_S}{q_T}$
$= \dfrac{\text{현열}}{\text{잠열} + \text{현열}} = \dfrac{q_S}{q_S + q_L}$
$= \dfrac{2,500}{2,500 + 500} = 0.83$

08 극간풍의 풍량을 계산하는 방법으로 틀린 것은?
  ① 환기 횟수에 의한 방법
  ② 극간 길이에 의한 방법
  ③ 창 면적에 의한 방법
  ④ 재실 인원수에 의한 방법

1. ① 2. ② 3. ④ 4. ② 5. ④ 6. ② 7. ② 8. ④ | ANSWER

해설 ㉠ 극간풍(틈새바람) 취득열량(q_{is})
$q_{is} = 0.29 Q_1 (t_o - t_r)$
㉡ 극간풍 풍량 계산법
- 환기 횟수법
- 창문의 틈새 길이법
- 창의 면적법
- 출입문의 사용 빈도수법

09 그림에서 공기조화기를 통과하는 유입공기가 냉각코일을 지날 때의 상태를 나타낸 것은?

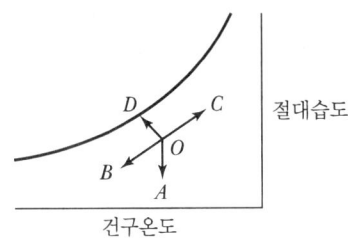

① OA
② OB
③ OC
④ OD

해설 ㉠ $O \to B$: 건구온도 하강
㉡ $O \to E$: 건구온도 상승

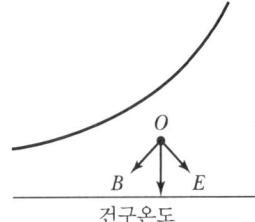

10 복사난방의 특징에 대한 설명으로 틀린 것은?
① 외기온도 변화에 따라 실내의 온도 및 습도 조절이 쉽다.
② 방열기가 불필요하므로 가구 배치가 용이하다.
③ 실내의 온도분포가 균등하다.
④ 복사열에 의한 난방이므로 쾌감도가 크다.

해설 복사난방

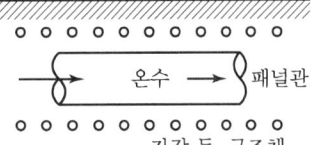

외기온도 변화 시 실내의 온도, 습도 조절이 불편하다.

11 공기조화방식에서 수-공기방식의 특징에 대한 설명으로 틀린 것은?
① 전공기방식에 비해 반송동력이 많다.
② 유닛에 고성능 필터를 사용할 수가 없다.
③ 부하가 큰 방에 대해 덕트의 치수가 작아질 수 있다.
④ 사무실, 병원, 호텔 등 다실 건물에서 외부 존은 수방식, 내부 존은 공기방식으로 하는 경우가 많다.

해설 수공기 방식
㉠ 덕트 병용 팬코일방식
㉡ 유인유닛방식
㉢ 복사냉난방방식 : 열운반 동력은 전공기방식에 비해 적게 든다. 단, 유닛 내 필터가 저성능이라서 공기청정에 도움이 되지 못한다.

12 송풍기의 법칙 중 틀린 것은?(단, 각각의 값은 아래 표와 같다.)

$Q_1 (m^3/h)$	초기풍량
$Q_2 (m^3/h)$	변화풍량
$P_1 (mmAq)$	초기정압
$P_2 (mmAq)$	변화정압
$N_1 (rpm)$	초기회전수
$N_2 (rpm)$	변화회전수
$d_1 (mm)$	초기날개직경
$d_2 (mm)$	변화날개직경

① $Q_2 = \left(\dfrac{N_2}{N_1}\right) \times Q_1$
② $Q_2 = \left(\dfrac{d_2}{d_1}\right)^3 \times Q_1$
③ $P_2 = \left(\dfrac{N_2}{N_1}\right)^3 \times P_1$
④ $P_2 = \left(\dfrac{d_2}{d_1}\right)^2 \times P_1$

ANSWER | 9. ② 10. ① 11. ① 12. ③

해설 회전수 변화 후 송풍기 압력에 의한 P_2의 변화

$$P_2 = P_1 \times \left(\frac{N_2}{N_1}\right)^2$$

13 다음 중 히트펌프 방식의 열원에 해당되지 않는 것은?
① 수열원 ② 마찰열원
③ 공기열원 ④ 태양열원

해설 열펌프(히트펌프) 방식의 열원
수열원, 공기열원, 태양열원, 폐수열원, 지열원 등

14 냉수 코일 설계 시 유의사항으로 옳은 것은?
① 대수 평균 온도차(MTD)를 크게 하면 코일의 열수가 많아진다.
② 냉수의 속도는 2m/s 이상으로 하는 것이 바람직하다.
③ 코일을 통과하는 풍속은 2~3m/s가 경제적이다.
④ 물의 온도 상승은 일반적으로 15℃ 전후로 한다.

해설 ㉠ MTD가 크면 코일의 열수가 감소한다.
㉡ 냉수의 속도는 1m/s가 이상적이다.
㉢ 수온의 온도변화는 일반적으로 5℃이다.

15 다음 그림의 난방 설계도에서 콘벡터(Convector)의 표시 중 F가 가진 의미는?

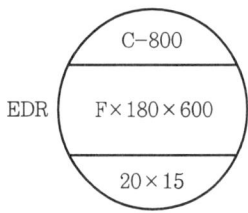

① 케이싱 길이 ② 높이
③ 형식 ④ 방열면적

해설 ㉠ EDR : 상당 방열 면적(m²)
㉡ 콘벡터 강철제 방열기 표시
• F : 방열기 형식
• C : 베이스 길이
• 180 : 쪽수
• 600 : 방열기 높이

16 공기조화 냉방 부하 계산 시 잠열을 고려하지 않아도 되는 경우는?
① 인체에서의 발생열
② 문틈에서의 틈새바람
③ 외기의 도입으로 인한 열량
④ 유리를 통과하는 복사열

해설 복사열은 수분이 없으므로 증발하는 잠열 부하는 고려하지 않는다.

17 공기 중에 분진의 미립자 제거뿐만 아니라 세균, 곰팡이, 바이러스 등까지 극소로 제한시킨 시설로서 병원의 수술실, 식품 가공, 제약 공장 등의 특정한 공정이나 유전자 관련 산업 등에 응용되는 설비는?
① 세정실 ② 산업용 클린룸(ICR)
③ 바이오 클린룸(BCR) ④ 칼로리미터

해설 ㉠ 클린룸(Clean Room)의 청정도는 1ft³의 공기체적에 대한 0.5μm 크기의 입자 수로 나타낸다.
㉡ 바이오 클린룸(BCR : Bio Clean Room) : 병원에서 수술에 이용하는 설비이다.

18 실내온도가 25℃이고, 실내 절대습도가 0.0165kg/kg인 조건에서 틈새바람에 의한 침입 외기량이 200L/s일 때 현열부하와 잠열부하는?(단, 실외온도 35℃, 실외절대습도 0.0321kg/kg, 공기의 비열 1.01kJ/kg · K, 물의 증발잠열 2,501kJ/kg이다.)
① 현열부하 2.424kW, 잠열부하 7.803kW
② 현열부하 2.424kW, 잠열부하 9.364kW
③ 현열부하 2.828kW, 잠열부하 7.803kW
④ 현열부하 2.828kW, 잠열부하 9.364kW

해설 • 현열부하 $Q_S = G \cdot C \cdot \Delta t$
$= (0.2 \times 1.2) \times 1.01 \times (35 - 25)$
$= 2.424$ kW
• 잠열부하 $Q_L = G \cdot \gamma \cdot \Delta x$
$= (0.2 \times 1.2) \times 2,501 \times (0.0321 - 0.0165)$
$= 9.364$ kW
※ 1kJ/s = 1kW, 1m³ = 1,000L
공기의 비중량 = 1.2kg/m³

19 건구온도 30℃, 상대습도 60%인 습공기에서 건공기의 분압(mmHg)은?(단, 대기압은 760mmHg, 포화 수증기압은 27.65mmHg이다.)

① 27.65　　② 376.21
③ 743.41　　④ 700.97

해설 상대습도 $\phi = \dfrac{P_w}{P_s} \times 100\%$에서

수증기 분압 $P_w = \dfrac{\phi \times P_s}{100}$
$= \dfrac{60 \times 27.65}{100}$
$= 16.59\,\text{mmHg}$

∴ 건공기 분압(P_A) = 대기압(P) − 수증기 분압(P_w)
$= 760 - 16.59$
$= 743.41\,\text{mmHg}$

20 다음 중 보일러의 열효율을 향상시키기 위한 장치가 아닌 것은?

① 저수위 차단기　　② 재열기
③ 절탄기　　　　　④ 과열기

해설 보일러 저수위 차단기(안전장치)
㉠ 맥도널식
㉡ 전극봉식
㉢ 코프식
㉣ 차압식

SECTION 02 냉동공학

21 단위에 대한 설명으로 틀린 것은?

① 열의 일당량은 427kg·m/kcal이다.
② 1kcal는 약 4.2kJ이다.
③ 1kWh는 760kcal이다.
④ ℃ = 5(℉−32)/9이다.

해설 1kW = 102kg·m/s = 860kcal = 3,600kJ

22 냉동기 윤활유의 구비조건으로 틀린 것은?

① 저온에서 응고하지 않고 왁스를 석출하지 않을 것
② 인화점이 낮고 고온에서 열화하지 않을 것
③ 냉매에 의하여 윤활유가 용해되지 않을 것
④ 전기 절연도가 클 것

해설 냉매가스 또는 냉매사용 압축기의 윤활유 인화점이 낮으면 저온에서도 화재의 위험이 따른다.

23 냉동사이클에서 응축기의 냉매액 압력이 감소하면 증발온도는 어떻게 되는가?

① 감소한다.　　　② 증가한다.
③ 변화하지 않는다.　④ 증가하다 감소한다.

해설 냉매액의 압력이 감소하면 자연적으로 증발온도가 감소한다.

24 아래 선도와 같은 암모니아 냉동기의 이론 성적계수(ⓐ)와 실제 성적계수(ⓑ)는 얼마인가?(단, 팽창밸브 직전의 액온도는 32℃이고, 흡입가스는 건포화증기이며, 압축효율은 0.85, 기계효율은 0.91로 한다.)

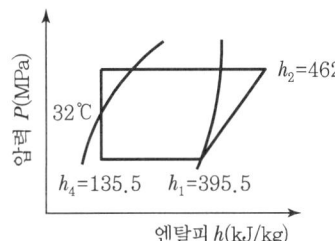

① ⓐ 3.9, ⓑ 3.0　　② ⓐ 3.9, ⓑ 2.1
③ ⓐ 4.9, ⓑ 3.8　　④ ⓐ 4.9, ⓑ 2.6

해설
• 이론 성적계수
$COP_{이론} = \dfrac{q}{Aw} = \dfrac{h_1 - h_4}{h_2 - h_1}$
$= \dfrac{395.5 - 135.5}{462 - 395.5} = 3.91 ≒ 3.9$

• 실제 성적계수
$COP_{실제} = COP_{이론} \times \eta_c \times \eta_m$
$= 3.9 \times 0.85 \times 0.91 = 3.02 ≒ 3.0$

25 축열 시스템의 종류가 아닌 것은?
① 가스축열 방식 ② 수축열 방식
③ 빙축열 방식 ④ 잠열축열 방식

해설 축열 시스템
㉠ 수축열 방식
㉡ 빙축열 방식
㉢ 잠열축열 방식

26 항공기 재료의 내한(耐寒)성능을 시험하기 위한 냉동장치를 설치하려고 한다. 가장 적합한 냉동기는?
① 왕복동식 냉동기 ② 원심식 냉동기
③ 전자식 냉동기 ④ 흡수식 냉동기

해설 ㉠ 왕복동식 내한성능시험 냉동장치는 항공기 재료시험에 적합하다.
㉡ 왕복동식은 초저온 냉동기($-100 \sim -70℃$)에 사용이 가능하다.

27 몰리에르 선도상에서 압력이 증대함에 따라 포화액선과 건조포화증기선이 만나는 일치점을 무엇이라 하는가?
① 한계점 ② 임계점
③ 상사점 ④ 비등점

해설 $P-i$ 선도

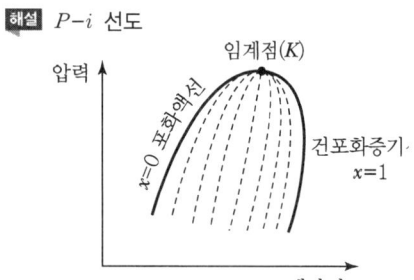

28 저온의 냉장실에서 운전 중 냉각기에 적상(성에)이 생길 경우 이것을 살수로 제상하고자 할 때 주의사항으로 틀린 것은?
① 냉각기용 송풍기는 정지 후 살수 제상을 행한다.
② 제상수의 온도는 50~60℃ 정도의 물을 사용한다.
③ 살수하기 전에 냉각(증발)기로 유입되는 냉매액을 차단한다.
④ 분사 노즐은 항상 깨끗이 청소한다.

해설 살수식 제상 시 수온은 10~25℃가 적당하며 $1m^3$당 140 L/min 정도의 물을 뿌려서 서리를 제거한다.

29 다음 중 냉동 방법의 종류로 틀린 것은?
① 얼음의 융해잠열 이용 방법
② 드라이아이스의 승화열 이용 방법
③ 액체질소의 증발열 이용 방법
④ 기계식 냉동기의 압축열 이용 방법

해설 기계식(증기압축식) : 압축기를 사용하나 압축열은 사용하지 않는다.

30 압축기의 구조에 관한 설명으로 틀린 것은?
① 반밀폐형은 고정식이므로 분해가 곤란하다.
② 개방형에는 벨트 구동식과 직결 구동식이 있다.
③ 밀폐형은 전동기와 압축기가 한 하우징 속에 있다.
④ 기통 배열에 따라 입형, 횡형, 다기통형으로 구분된다.

해설 반밀폐형 압축기
전동기와 압축기가 한 하우징 속에 들어 있지만 분리 설치된 것이다.(37kW용)

31 증기압축 이론 냉동사이클에 대한 설명으로 틀린 것은?
① 압축기에서의 압축과정은 단열과정이다.
② 응축기에서의 응축과정은 등압, 등엔탈피 과정이다.
③ 증발기에서의 증발과정은 등압, 등온 과정이다.
④ 팽창밸브에서의 팽창과정은 교축과정이다.

해설 ㉠ 등엔탈피 과정 : 단열과정이다.
㉡ 응축기에 불응축가스가 혼입되면 응축압력, 온도, 엔탈피가 변화한다.

32 냉매가 구비해야 할 조건으로 틀린 것은?

① 임계온도가 높고 응고온도가 낮을 것
② 같은 냉동능력에 대하여 소요동력이 적을 것
③ 전기절연성이 낮을 것
④ 저온에서도 대기압 이상의 압력으로 증발하고 상온에서 비교적 저압으로 액화할 것

해설 냉매는 전기의 절연성이 높아야 한다.

33 열에 대한 설명으로 틀린 것은?

① 열전도는 물질 내에서 열이 전달되는 것이기 때문에 공기 중에서는 열전도가 일어나지 않는다.
② 열이 온도차에 의하여 이동되는 현상을 열전달이라 한다.
③ 고온 물체와 저온 물체 사이에서는 복사에 의해서도 열이 전달된다.
④ 온도가 다른 유체가 고체 벽을 사이에 두고 있을 때 온도가 높은 유체에서 온도가 낮은 유체로 열이 이동되는 현상을 열통과라고 한다.

해설
- 공기의 열전도율 : 0.019kcal/m · h · ℃
- 공기 밀도 : 0.00193g/cm^3

34 2원 냉동 사이클에서 중간 열교환기인 캐스케이드 열교환기의 구성은 무엇으로 이루어져 있는가?

① 저온 측 냉동기의 응축기와 고온 측 냉동기의 증발기
② 저온 측 냉동기의 증발기와 고온 측 냉동기의 응축기
③ 저온 측 냉동기의 응축기와 고온 측 냉동기의 응축기
④ 저온 측 냉동기의 증발기와 고온 측 냉동기의 증발기

해설 중간 냉각기(인터쿨러)

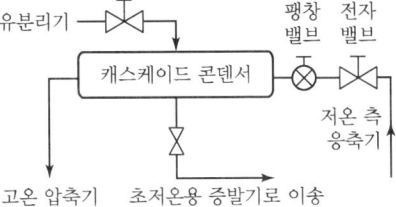

35 수산물의 단기 저장을 위한 냉각 방법으로 적합하지 않은 것은?

① 빙온 냉각 ② 염수 냉각
③ 송풍 냉각 ④ 침지 냉각

해설 침지 냉각
제품을 냉각수에 완전히 담가서 제품의 온도를 낮추는 냉각 방법

36 흡수식 냉동기의 구성품 중 왕복동 냉동기의 압축기와 같은 역할을 하는 것은?

① 발생기 ② 증발기
③ 응축기 ④ 순환펌프

해설 ㉠ 발생기의 종류
- 노통연관식
- 수관식
- 반전연소식
㉡ 발생기의 열매 분류
- 직화식 연료용
- 증기식
- 중온수식
㉢ 흡수식 발생기 : 압축기의 역할

37 다음 조건을 갖는 수랭식 응축기의 전열면적(m^2)은 얼마인가?(단, 응축기 입구의 냉매가스의 엔탈피는 430kcal/kg, 응축기 출구의 냉매액의 엔탈피는 145kcal/kg, 냉매 순환량은 150kg/h, 응축온도는 38℃, 냉각수 평균온도는 32℃, 응축기의 열관류율은 850kcal/m^2 · h · ℃이다.)

① 7.96 ② 8.38
③ 8.90 ④ 10.05

해설 응축기의 응축부하 Q_c
$Q_c = G \cdot \Delta h = K \cdot F \cdot \Delta t_m$에서
응축기 전열면적 $F = \dfrac{G \cdot \Delta h}{K \cdot \Delta t_m}$
$= \dfrac{150 \times (430 - 145)}{850 \times (38 - 32)}$
$= 8.38\text{m}^2$

38 어떤 냉동장치의 계기압력이 저압은 60mmHg, 고압은 673kPa이었다면, 이때의 압축비는 얼마인가?

① 5.8 ② 6.0
③ 7.4 ④ 8.3

해설 압축비 P_r

$$P_r = \frac{\text{고압의 절대압력}}{\text{저압의 절대압력}} = \frac{\text{응축압력}}{\text{증발압력}} = \frac{P_h}{P_L}$$

이때, $P_r = 673 + 101 = 774\text{kPa}$

$$P_L = 101 - \left(\frac{60}{760} \times 101\right) = 93.03 ≒ 93$$

$$\therefore P_r = \frac{774}{93} = 8.32$$

39 압축기 실린더 직경 110mm, 행정 80mm, 회전수 900rpm, 기통수가 8기통인 암모니아 냉동장치의 냉동능력(RT)은 얼마인가?(단, 냉동능력은 $R = \frac{V}{C}$로 산출하며 여기서 R은 냉동능력(RT), V는 피스톤 토출량(m³/h), C는 정수로서 8.4이다.)

① 39.1 ② 47.7
③ 85.3 ④ 234.0

해설 피스톤 토출량 V

$$V = \frac{\pi D^2}{4} \cdot L \cdot N \cdot R \cdot 60$$

$$= \left(\frac{\pi \times 0.11^2}{4}\right) \times 0.08 \times 900 \times 8 \times 60$$

$$= 328.43\text{m}^3/\text{h}$$

$$\therefore \text{냉동능력 } R = \frac{V}{C} = \frac{328.43}{8.4} = 39.1\text{RT}$$

40 30냉동톤의 브라인 쿨러에서 입구온도가 −15℃일 때 브라인 유량이 매분 0.6m³이면 출구온도(℃)는 얼마인가?(단, 브라인의 비중은 1.27, 비열은 0.669 kcal/kg·℃이고, 1냉동톤은 3,320kcal/h이다.)

① −11.7℃ ② −15.4℃
③ −20.4℃ ④ −18.3℃

해설 냉동부하 $Q = G \cdot C \cdot \Delta t = G \cdot C \cdot (t_1 - t_2)$에서

출구온도 $t_2 = t_1 - \dfrac{Q}{G \times C}$

$$= (-15) - \frac{30 \times 3,320}{(0.6 \times 1,000 \times 1.27 \times 60) \times 0.669}$$

$$= -18.26 ≒ -18.3℃$$

SECTION 03 배관일반

41 주철관의 소켓 이음 시 코킹작업을 하는 주된 목적으로 가장 적합한 것은?

① 누수 방지 ② 경도 증가
③ 인장강도 증가 ④ 내진성 증가

해설 코킹작업 : 누수 방지가 목적이다.

42 보온재에 관한 설명으로 틀린 것은?

① 무기질 보온재료는 암면, 유리면 등이 사용된다.
② 탄산마그네슘은 250℃ 이하의 파이프 보온용으로 사용된다.
③ 광명단은 밀착력이 강한 유기질 보온재이다.
④ 우모펠트는 곡면 시공에 매우 편리하다.

해설 광명단 도료(연단)는 방청용 도료이다.(보온재와는 연관성이 없다.)

43 염화비닐관 이음법의 종류가 아닌 것은?

① 플랜지 이음
② 인서트 이음
③ 테이퍼 코어 이음
④ 열간 이음

해설 인서트(Insert)란 성형품 속에 삽입된 금속이나 기타 재료이며 형틀의 일부로서 수명이 짧은 부분만을 교환식으로 바꿔 갈아끼울 수 있게 만들어진 부분이다.

44 배관의 지지 목적이 아닌 것은?
 ① 배관의 중량지지 및 고정
 ② 신축의 제한 지지
 ③ 진동 및 충격 방지
 ④ 부식 방지

해설 수소, 암모니아, 금속의 카보닐화, 황화수소, 산소 및 CO_2에 의한 산화 등을 방지하면 부식이 방지된다.

45 옥상탱크식 급수방식의 배관계통의 순서로 옳은 것은?
 ① 저수탱크 → 양수펌프 → 옥상탱크 → 양수관 → 급수관 → 수도꼭지
 ② 저수탱크 → 양수관 → 양수펌프 → 급수관 → 옥상탱크 → 수도꼭지
 ③ 저수탱크 → 양수관 → 급수관 → 양수펌프 → 옥상탱크 → 수도꼭지
 ④ 저수탱크 → 양수펌프 → 양수관 → 옥상탱크 → 급수관 → 수도꼭지

해설 옥상탱크(고가탱크) 급수방식 계통
저수탱크 → 양수펌프 → 양수관 → 옥상고가수조 → 급수관 → 수도꼭지

46 트랩의 봉수 파괴 원인이 아닌 것은?
 ① 증발작용   ② 모세관작용
 ③ 사이펀작용 ④ 배수작용

해설 봉수 파괴의 원인은 ①, ②, ③항이다.

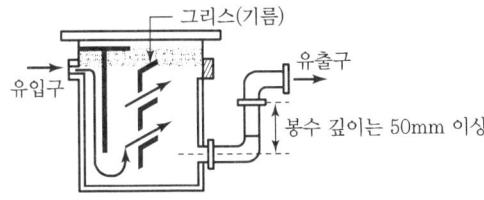

※ 배수트랩
 • 관트랩(S형, P형, U형 등)
 • 박스트랩(드럼, 벨 그리스, 가솔린 등)

47 가스용접에서 아세틸렌과 산소의 비가 1 : 0.85∼0.95인 불꽃은 무슨 불꽃인가?
 ① 탄화불꽃   ② 기화불꽃
 ③ 산화불꽃   ④ 표준불꽃

해설 아세틸렌과 산소의 비 $\left(\dfrac{산소}{아세틸렌}\right)$
 ㉠ 탄화불꽃 : $\dfrac{0.85 \sim 0.95}{1}$
 ㉡ 산화불꽃 : $\dfrac{1.15 \sim 1.70}{1}$
 ㉢ 표준불꽃 : $\dfrac{1 \sim 1.14}{1}$

48 배관의 도중에 설치하여 유체 속에 혼입된 토사나 이물질 등을 제거하기 위해 설치하는 배관 부품은?
 ① 트랩   ② 유니언
 ③ 스트레이너 ④ 플랜지

해설
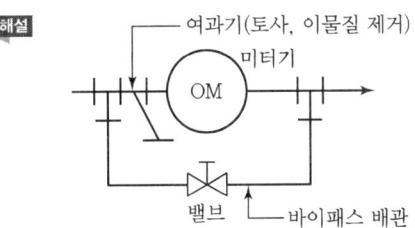

49 냉매배관 중 토출관을 의미하는 것은?
 ① 압축기에서 응축기까지의 배관
 ② 응축기에서 팽창밸브까지의 배관
 ③ 증발기에서 압축기까지의 배관
 ④ 응축기에서 증발기까지의 배관

해설
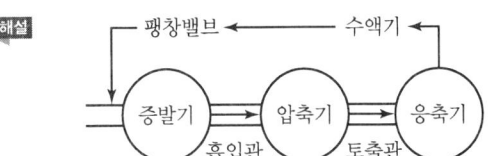

ANSWER | 44. ④ 45. ④ 46. ④ 47. ① 48. ③ 49. ①

50 급수설비에서 수격작용 방지를 위하여 설치하는 것은?
① 에어체임버(Air Chamber)
② 앵글밸브(Angle Valve)
③ 서포트(Support)
④ 볼 탭(Ball Tap)

해설 에어체임버
급수설비의 수격작용(워터해머) 방지기기이다.

51 급탕배관에 대한 설명으로 틀린 것은?
① 배관이 길 경우에는 필요한 곳에 공기빼기 밸브를 설치한다.
② 벽 관통부분 배관에는 슬리브를 끼운다.
③ 상향식 배관에서는 공급관을 앞내림 구배로 한다.
④ 배관 중간에 신축이음을 설치한다.

해설 급탕배관 구배 : 중력순환식 = $\frac{1}{150}$, 강제순환식 = $\frac{1}{200}$
㉠ 상향공급식 : 급탕관은 끝올림 구배, 복귀관은 끝내림 구배
㉡ 하향공급식 : 급탕관, 복귀관 모두 끝내림 구배, 복귀관은 끝내림 구배

52 호칭지름 20A의 관을 그림과 같이 나사 이음할 때 중심 간의 길이가 200mm라 하면 강관의 실제 소요되는 절단길이(mm)는?(단, 이음쇠의 중심에서 단면까지의 길이는 32mm, 나사가 물리는 최소의 길이는 13mm이다.)

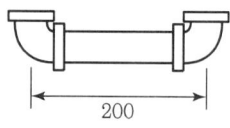

① 136
② 148
③ 162
④ 200

해설 관의 절단길이(l) = $L - 2(A - a)$
= $200 - 2(32 - 13)$
= $162(mm)$

53 펌프 주위의 배관도이다. 각 부품의 명칭으로 틀린 것은?

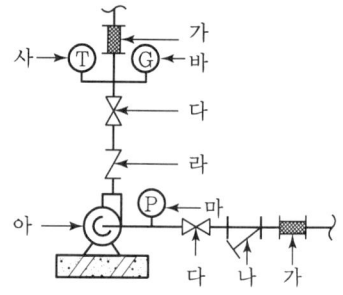

① 나 : 스트레이너
② 가 : 플랙시블조인트
③ 라 : 글로브 밸브
④ 사 : 온도계

해설
• 라 : 체크 밸브
• 마 : 급수압력계
• 다 : 게이트(슬루스) 밸브

54 급배수 배관 시험 방법 중 물 대신 압축공기를 관 속에 압입하여 이음매에서 공기가 새는 것을 조사하는 시험방법은?
① 수압시험
② 기압시험
③ 진공시험
④ 통기시험

해설 기압시험 : 급배수 배관시험에서 물 대신 압축공기를 관 속에 압입하여 이음매에서 공기가 새는 것을 조사한다.

55 동관 접합방법의 종류가 아닌 것은?
① 빅토리 접합
② 플레어 접합
③ 플랜지 접합
④ 납땜 접합

해설 빅토리 접합, 타이톤 접합, 소켓 접합, 플랜지 접합, 기계적 접합(미케니컬 접합) 등은 주철관의 접합이다.

56 저압증기난방 장치에서 증기관과 환수관 사이에 설치하는 균형관은 표준수면에서 몇 mm 아래에 설치하는가?
① 20mm
② 50mm
③ 80mm
④ 100mm

해설 저압증기난방(하트포드 연결법)에서 균형관을 표준수면에서 50mm 아래 설치한다.

57 급탕배관의 구배에 관한 설명으로 옳은 것은?
① 중력순환식은 1/250 이상의 구배를 준다.
② 강제순환식은 구배를 주지 않는다.
③ 하향식 공급 방식에서는 급탕관 및 복귀관은 모두 선하향 구배로 한다.
④ 상향공급식 배관의 반탕관은 상향구배로 한다.

해설 급탕배관 구배 : 중력순환식 = $\frac{1}{150}$, 강제순환식 = $\frac{1}{200}$
㉠ 상향공급식 : 급탕관은 끝올림 구배, 복귀관은 끝내림 구배
㉡ 하향공급식 : 급탕관, 복귀관 모두 끝내림 구배, 복귀관은 끝내림 구배

58 다음 중 온도에 따른 팽창 및 수축이 가장 큰 배관재료는?
① 강관 ② 동관
③ 염화비닐관 ④ 콘크리트관

해설 비금속관(열의 불량도체)
㉠ 경질염화비닐관 ㉡ 폴리에틸렌관

59 중앙식 급탕설비에서 직접 가열식 방법에 대한 설명으로 옳은 것은?
① 열효율상으로는 경제적이지만 보일러 내부에 스케일이 생길 우려가 크다.
② 탱크 속에 직접 증기를 분사하여 물을 가열하는 방식이다.
③ 탱크는 저장과 가열을 동시에 하므로 탱크히터 또는 스토리지 탱크로 부른다.
④ 가열 코일이 필요하다.

해설 중앙식 급탕법
㉠ 직접 가열식(소규모 건물용)
㉡ 간접 가열식(대규모 건물용)
㉢ 기수혼합법(증기 사용)
보일러 내부에 스케일 성분이 생길 우려가 큰 직접 가열식 대신에 간접 가열식이 채택된다.(직접 가열식의 단점 개선)

60 고층 건물이나 기구 수가 많은 건물에서 입상관까지의 거리가 긴 경우, 루프 통기의 효과를 높이기 위해 설치된 통기관은?

① 도피 통기관 ② 반송 통기관
③ 공용 통기관 ④ 신정 통기관

해설 도피 통기관
고층건물이나 기구 수가 많은 건물에서 입상관까지의 거리가 긴 경우 루프 통기의 효과를 높이기 위해 설치된 통기관이다.

SECTION 04 전기제어공학

61 그림과 같은 피드백 회로의 전달함수 $\frac{C(s)}{R(s)}$ 는?

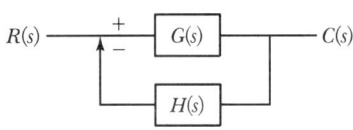

① $\frac{1}{1+G(s)H(s)}$ ② $1-\frac{1}{G(s)H(s)}$
③ $\frac{G(s)}{1-G(s)H(s)}$ ④ $\frac{G(s)}{1+G(s)H(s)}$

해설 피드백 접속(부궤환제어가 기본 블록)
$E(s) = R(s) - B(s)$
$B(s) = H(s)C(s) = R(s) - H(s)C(s)$
• $C(s) = G(s), E(s) = G(s)[R(s) - H(s)C(s)]$
• $C(s) = G(s)R(s) - G(s)H(s)C(s)$
• $C(s)[1 + G(s)H(s)] = G(s)R(s)$
∴ $G(s) = \frac{C(s)}{R(s)} = \frac{G(s)}{1+G(s)H(s)}$

62 위치 감지용으로 적합한 장치는?
① 전위차계 ② 회전자기부호기
③ 스트레인게이지 ④ 마이크로폰

해설 전위차계
퍼텐쇼미터이며 정도가 높고 전압계나 전류계의 눈금 교정 등에도 사용된다. 위치 감지용으로 적합하다.

63 제어계에서 동작신호를 조작량으로 변화시키는 것은?
① 제어량 ② 제어요소
③ 궤환요소 ④ 기준입력요소

ANSWER | 57. ③ 58. ③ 59. ① 60. ① 61. ④ 62. ① 63. ②

해설 제어요소

조절부와 조작부의 합으로, 동작신호를 조작량으로 변환시키는 것이다.

64 다음 블록선도를 수식으로 표현한 것 중 옳은 것은?

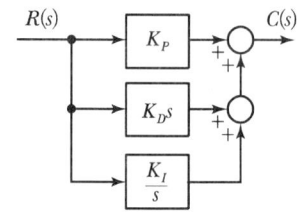

① $K_P R + K_D \dfrac{dR}{dt} + K_I \displaystyle\int_0^T R\,dt$

② $K_D R + K_P \displaystyle\int_0^T R\,dt + K_I \dfrac{dR}{dt}$

③ $K_I R + K_D \displaystyle\int_0^T R\,dt + K_P \dfrac{dR}{dt}$

④ $K_P R + \dfrac{1}{K_D} \displaystyle\int_0^T R\,dt + K_I \dfrac{dR}{dt}$

해설 $R(s)C(s) = K_P R + K_P \dfrac{dR}{dt} + K_I \displaystyle\int_0^T R\,dt$

블록선도

제어에 관계되는 신호가 어떠한 모양으로 변하여 어떻게 전달되는가를 표시한다.

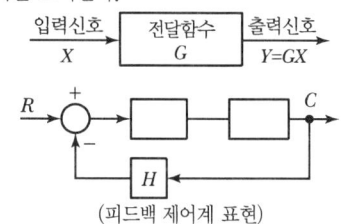

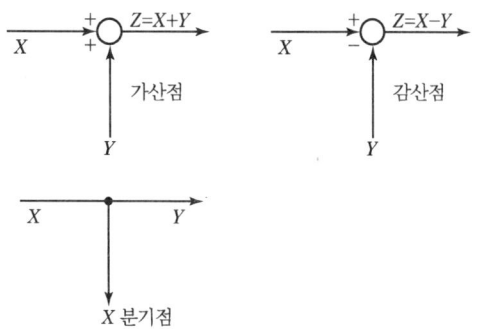

65 그림과 같은 Y결선 회로와 등가인 △결선 회로의 Z_{ab}, Z_{bc}, Z_{ca} 값은?

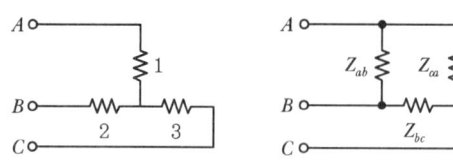

① $Z_{ab} = \dfrac{11}{3},\ Z_{bc} = 11,\ Z_{ca} = \dfrac{11}{2}$

② $Z_{ab} = \dfrac{7}{3},\ Z_{bc} = 7,\ Z_{ca} = \dfrac{7}{2}$

③ $Z_{ab} = 11,\ Z_{bc} = \dfrac{11}{2},\ Z_{ca} = \dfrac{11}{3}$

④ $Z_{ab} = 7,\ Z_{bc} = \dfrac{7}{2},\ Z_{ca} = \dfrac{7}{3}$

해설 Y결선 → △결선 변환

$Z_{ab} = \dfrac{Z_a Z_b + Z_b Z_c + Z_c Z_a}{Z_c}$
$= \dfrac{(1 \times 2) + (2 \times 3) + (3 \times 1)}{3} = \dfrac{11}{3}$

$Z_{bc} = \dfrac{Z_a Z_b + Z_b Z_c + Z_c Z_a}{Z_a}$
$= \dfrac{(1 \times 2) + (2 \times 3) + (3 \times 1)}{1} = \dfrac{11}{1} = 11$

$Z_{ca} = \dfrac{Z_a Z_b + Z_b Z_c + Z_c Z_a}{Z_b}$
$= \dfrac{(1 \times 2) + (2 \times 3) + (3 \times 1)}{2} = \dfrac{11}{2}$

66 자동제어의 기본 요소로서 전기식 조작기기에 속하는 것은?

① 다이어프램 ② 벨로스
③ 펄스전동기 ④ 파일럿밸브

해설 전기계 조작기기
㉠ 전자밸브
㉡ 2상서보전동기
㉢ 전동밸브
㉣ 직류서보전동기
㉤ 펄스전동기

64. ① 65. ① 66. ③ | **ANSWER**

67 직류전동기의 속도제어 방법이 아닌 것은?

① 전압제어   ② 계자제어
③ 저항제어   ④ 슬립제어

해설 유도전동기 슬립 = $\dfrac{\text{동기속도} - \text{회전자의 회전속도}}{\text{회전속도}}$

68 부궤환(Negative Feedback) 증폭기의 장점은?

① 안정도의 증가   ② 증폭도의 증가
③ 전력의 절약   ④ 능률의 증대

해설 부궤환
출력의 일부를 입력 측으로 위상을 반대로 하여 되돌리는 것 증폭기의 일그러짐을 경감하기 위해 사용된다. 이득의 변동을 억제하여 안정한 동작을 시킬 수 있다.

69 그림과 같은 신호흐름 선도에서 $\dfrac{C}{R}$ 의 값은?

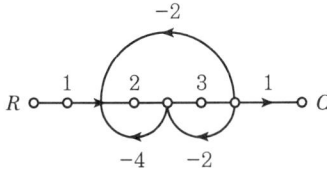

① $\dfrac{6}{21}$ ② $-\dfrac{6}{21}$
③ $\dfrac{6}{27}$ ④ $-\dfrac{6}{27}$

해설 전달함수 $G(s)$

$G(s) = \dfrac{C}{R} = \dfrac{\text{전향경로}}{1 - \text{피드백 경로}}$

$= \dfrac{1 \times 2 \times 3 \times 1}{1 - \{2 \times 3 \times (-2) + 2 \times (-4) + 3 \times (-2)\}}$

$= \dfrac{6}{1-(-26)} = \dfrac{6}{27}$

70 피드백 제어계의 안정도와 직접적인 관련이 없는 것은?

① 이득 여유   ② 위상 여유
③ 주파수 특성   ④ 제동비

해설 주파수 특성
회로나 기기의 입력이나 출력에서 주파수에 대한 전압, 전류 등의 변화를 나타내는 것이다.

71 저항 R_1과 R_2가 병렬로 접속되어 있을 때, R_1에 흐르는 전류가 3A이면 R_2에 흐르는 전류는 몇 A인가?

① 1.0   ② 1.5
③ 2.0   ④ 2.5

해설 문제에서 저항값이 누락되었으므로 전항 정답 처리함

R_2의 $I_2 = \dfrac{R_2}{R_1 + R_2} \times I$

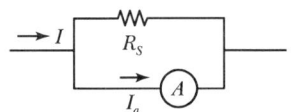

병렬연결

72 다음 분류기의 배율은?(단, R_s : 분류기의 저항, R_a : 전류계의 내부저항)

① $\dfrac{R_s}{R_a}$ ② $1 + \dfrac{R_s}{R_a}$
③ $1 + \dfrac{R_a}{R_s}$ ④ $\dfrac{R_a}{R_s}$

해설 분류기
어느 전로의 전류를 측정하려는 경우에 전로의 전류가 전류계의 정격보다 큰 경우에는 전류계와 병렬로 다른 전로를 만들고 전류를 분류하여 측정한다.

$I_o = \left(1 + \dfrac{r}{R}\right) I_a$

∴ 분류기 배율 $= 1 + \dfrac{R_a}{R_s}$

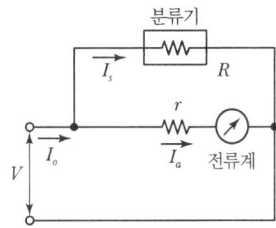

ANSWER | 67. ④ 68. ① 69. ③ 70. ③ 71. 전항 정답 72. ③

73 그림과 같은 제어에 해당하는 것은?

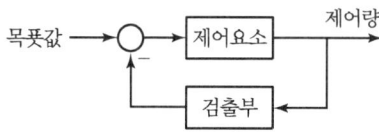

① 개방 제어 ② 개루프 제어
③ 시퀀스 제어 ④ 폐루프 제어

해설 폐루프(피드백) 제어
제어요소(조절부, 조작부), 검출부, 비교부, 제어량, 설정부, 기준입력요소가 필요하다.

74 그림과 같이 교류의 전압을 직류용 가동코일형 계기를 사용하여 측정하였다. 전압계의 눈금은 몇 V인가?(단, 교류전압의 최댓값은 V_m이고, 전압계의 내부저항 R의 값은 충분히 크다고 한다.)

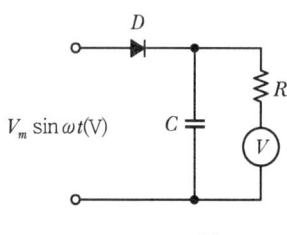

① V_m ② $\dfrac{V_m}{\sqrt{2}}$
③ $\dfrac{V_m}{2}$ ④ $\dfrac{V_m}{2\sqrt{2}}$

해설 전압계
㉠ 전압의 크기를 재기 위한 계기이다.(가반형, 패널용)
㉡ 동작원리상으로 가동코일형, 가동철편형, 열전형, 정류형이 있다.
㉢ 교류용 전압계는 단자에 극성이 없다.
㉣ 가동코일형은 영구자석과 가동코일에 흐르는 전류 사이의 전자력을 이용한 것으로 직류에 사용되며 등분 눈금이다. 토크가 크고 정확도가 높으며, 감도도 양호하다.(직류 전용이므로 교류를 측정하려면 정류기를 삽입해야 한다.)
㉤ 교류전압의 최댓값은 V_m이고 내부저항 R의 값이 충분히 크므로 전압계 최대 눈금은 V_m(V)으로 본다.

75 평형위치에서 목푯값과 현재 수위와의 차이를 잔류편차(Offset)라 한다. 다음 중 잔류편차가 있는 제어계는?

① 비례 동작(P 동작)
② 비례 미분 동작(PD 동작)
③ 비례 적분 동작(PI 동작)
④ 비례 적분 미분 동작(PID 동작)

해설 비례제어(P 동작)
$y(t) = K_p Z(t)$
• $y(t)$: 조작량
• $Z(t)$: 편차
• K_p : 비례감도

76 자동제어계에서 과도응답 중 지연시간을 옳게 정의한 것은?

① 목푯값의 50%에 도달하는 시간
② 목푯값이 허용오차 범위에 들어갈 때까지의 시간
③ 최대 오버슈트가 일어나는 시간
④ 목푯값의 10~90%까지 도달하는 시간

해설 과도응답 지연시간(Time Delay)
• 지연시간 T_d는 응답이 최초로 목푯값의 50%가 되는 데 필요한 시간이다.
• 10~90%까지 도달하는 시간은 상승시간이다.

77 제어량이 온도, 압력, 유량, 액위, 농도 등과 같은 일반 공업량일 때의 제어는?

① 추종제어
② 시퀀스 제어
③ 프로그래밍 제어
④ 프로세스 제어

해설 프로세스 제어
제어량이 온도, 압력, 유량, 액위, 농도 등과 같은 일반 공업량일 때의 제어이다.

73. ④ 74. ① 75. ①, ② 76. ① 77. ④ | **ANSWER**

78 어떤 도체의 단면을 1시간에 7,200C의 전기량이 이동했다고 하면 전류는 몇 A인가?

① 1　　　② 2
③ 3　　　④ 4

해설 전류$(I) = \dfrac{Q}{t} = \dfrac{7,200\text{C}}{3,600\text{sec/h}} = 2\text{A}$

79 어떤 계의 단위 임펄스 응답이 e^{-2t}이다. 이 제어계의 전달함수 $G(s)$는?

① $\dfrac{1}{s}$　　　② $\dfrac{1}{s+1}$
③ $\dfrac{1}{s+2}$　　　④ $s+2$

해설 전달함수
모든 초깃값은 0으로 하였을 때 출력신호의 라플라스 변환과 입력신호의 라플라스 변환의 비이다.
$R(s) = \mathcal{L}[r(t)] = [\delta(t)] = 1$
$C(s) = \mathcal{L}[c(t)] = \mathcal{L}[e^{-2t}] = \dfrac{1}{s+2}$
$\therefore\ G(s) = \dfrac{C(s)}{R(s)} = C(s) = \dfrac{1}{s+2}$

80 시퀀스 제어에 관한 설명 중 틀린 것은?

① 시간지연요소가 사용된다.
② 조합 논리회로도 사용된다.
③ 기계적 계전기 접점이 사용된다.
④ 전체 시스템의 접점들이 일시에 동작한다.

해설 시퀀스 제어
일시 동작이 아닌 순차적인 제어이며 피드백 궤환요소가 없는 제어

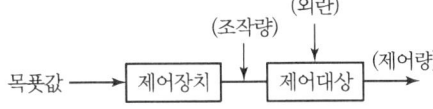

2019년 2회 공조냉동기계산업기사

SECTION 01 공기조화

01 다음 중 직접난방방식이 아닌 것은?
① 증기난방 ② 온수난방
③ 복사난방 ④ 온풍난방

해설 온풍난방
덕트시설을 이용한 간접난방이다.

02 건축물의 출입문으로부터 극간풍의 영향을 방지하는 방법으로 틀린 것은?
① 회전문을 설치한다.
② 이중문을 충분한 간격으로 설치한다.
③ 출입문에 블라인드를 설치한다.
④ 에어커튼을 설치한다.

해설 출입문에는 블라인드가 아닌 에어커튼을 설치한다.

03 유리를 투과한 일사에 의한 취득열량과 가장 거리가 먼 것은?
① 유리창 면적 ② 일사량
③ 환기 횟수   ④ 차폐계수

해설 환기 횟수는 극간풍에 영향을 받는 손실부하(외기부하)이다. 즉, 난방부하에 속한다. 유리의 투과 일사량과는 관련이 없다.

04 공조방식 중 송풍온도를 일정하게 유지하고 부하변동에 따라서 송풍량을 변화시킴으로써 실온을 제어하는 방식은?
① 멀티존 유닛 방식 ② 이중 덕트 방식
③ 가변풍량방식   ④ 패키지 유닛 방식

해설 가변풍량방식
송풍온도 일정, 부하변동 시 송풍량의 변화 조정

05 다음 중 냉방부하 계산 시 상당외기온도차를 이용하는 경우는?
① 유리창의 취득열량 ② 내벽의 취득열량
③ 침입외기 취득열량 ④ 외벽의 취득열량

해설 상당외기온도(t_e)
$$t_e = \frac{외벽\ 벽체\ 표면의\ 일사흡수율}{표면\ 열전달률} \times 벽체\ 표면이\ 받는\ 전\ 일사량 + 외기온도(℃)$$

06 송풍기 회전수를 높일 때 일어나는 현상으로 틀린 것은?
① 정압 감소   ② 동압 증가
③ 소음 증가   ④ 송풍기 동력 증가

해설 송풍기 회전수를 높이면 풍량 증가로 정압이 증가한다. (회전수 증가의 2승에 비례)

07 냉방부하의 종류 중 현열만 존재하는 것은?
① 외기의 도입으로 인한 취득열
② 유리를 통과하는 전도열
③ 문틈에서의 틈새 바람
④ 인체에서의 발생열

해설 유리 통과 일사량은 H_2O(수분)가 없어서 잠열이 없으므로 온도변화에 의한 현열만 계산한다.

08 주로 소형 공조기에 사용되며, 증기 또는 전기 가열기로 가열한 온수 수면에서 발생하는 증기로 가습하는 방식은?
① 초음파형 ② 원심형
③ 노즐형   ④ 가습팬형

해설 가습팬형 가습
소형 공조기형 가습장치이며 증기나 전기열에 의해 온수 수면에서 발생하는 증기로 가습하는 방식이다.

1. ④ 2. ③ 3. ③ 4. ③ 5. ④ 6. ① 7. ② 8. ④ | ANSWER

09 31℃의 외기와 25℃의 환기를 1 : 2의 비율로 혼합하고 바이패스 팩터가 0.16인 코일로 냉각 제습할 때 코일 출구온도(℃)는?(단, 코일의 표면온도는 14℃이다.)

① 14　　② 16
③ 27　　④ 29

해설 $(31 \times 1) + (25 \times 2) = 81$이므로 혼합온도 $= \dfrac{81}{1+2} = 27℃$
∴ 출구온도 $= 27 \times 0.16 + (1 - 0.16) \times 14 = 16℃$

10 습공기 5,000m³/h를 바이패스 팩터 0.2인 냉각코일에 의해 냉각시킬 때 냉각코일의 냉각열량(kW)은?(단, 코일 입구 공기의 엔탈피는 64.5kJ/kg, 밀도는 1.2kg/m³, 냉각코일 표면온도는 10℃이며, 10℃의 포화습공기 엔탈피는 30kJ/kg이다.)

① 38　　② 46
③ 138　　④ 165

해설 • 코일 출구 공기 엔탈피 h_2
바이패스 팩터 $BF = \dfrac{h_2 - h_s}{h_1 - h_s}$ 에서
$h_2 = \{BF \times (h_1 - h_s)\} + h_s$
$\quad = \{0.2 \times (64.5 - 30)\} + 30 = 36.9$
• 냉각코일 열량
$Q = G \cdot \Delta h = \dfrac{(5,000 \times 1.2) \times (64.5 - 36.9)}{60 \times 60} = 46\text{kW}$

11 냉방부하에 관한 설명으로 옳은 것은?
① 조명에서 발생하는 열량은 잠열로서 외기부하에 해당된다.
② 상당외기온도차는 방위, 시각 및 벽체 재료 등에 따라 값이 정해진다.
③ 유리창을 통해 들어오는 부하는 태양복사열만 계산한다.
④ 극간풍에 의한 부하는 실내외 온도차에 의한 현열만을 계산한다.

해설 ㉠ 상당외기온도차(EDT) = 상당외기온도 - 실내온도
㉡ 냉방부하에서 상당외기온도차는 방위·시각·벽체 재료에 따라 값이 정해진다.
(유리창 : 현열 이용, 극간풍 : 현열, 잠열 이용)

12 저속덕트와 고속덕트의 분류 기준이 되는 풍속은?
① 10m/s　　② 15m/s
③ 20m/s　　④ 30m/s

해설 고속덕트 풍속 기준 : 15m/s 이상

13 20℃ 습공기의 대기압이 100kPa이고, 수증기의 분압이 1.5kPa이라면 주어진 습공기의 절대습도(kg/kg′)는?
① 0.0095　　② 0.0112
③ 0.0129　　④ 0.0133

해설 절대습도 $x = 0.622 \times \dfrac{P_w}{P - P_w}$
$\quad = 0.622 \times \left(\dfrac{1.5}{100 - 1.5}\right)$
$\quad = 0.0095 \text{kg/kg}'$

14 다음 송풍기 풍량제어법 중 축동력이 가장 많이 소요되는 것은?(단, 모든 조건은 동일하다.)
① 회전수제어　　② 흡입베인제어
③ 흡입댐퍼제어　　④ 토출댐퍼제어

해설 축동력(kW) 소요량
㉠ 토출댐퍼제어 : 가장 많이 소요된다.
㉡ 회전수제어 : 가장 적게 소요된다.

15 에어워셔(공기세정기) 속의 플러딩노즐(Flooding Nozzle)의 역할은?
① 균일한 공기흐름 유지
② 분무수의 분무
③ 엘리미네이터 청소
④ 물방울의 기류에 혼입 방지

해설 ㉠ 공기세정기 속 플러딩 노즐 : 엘리미네이터의 청소에 사용한다.
㉡ 에어워셔 부속 : 스프레이노즐, 스탠드파이프, 수밀램프, 엘리미네이터, 점검구, 흡입구, 스프레이헤더, 플러딩노즐 등이 있다.

ANSWER | 9. ②　10. ②　11. ②　12. ②　13. ①　14. ④　15. ③

16 덕트 계통의 열손실(취득)과 직접적인 관계로 가장 거리가 먼 것은?
① 덕트 주위 온도   ② 덕트 가공 정도
③ 덕트 주위 소음   ④ 덕트 속 공기압력

해설 덕트 주위의 소음은 열손실과는 관계가 없다.

17 지역난방의 특징에 관한 설명으로 틀린 것은?
① 연료비는 절감되나 열효율이 낮고 인건비가 증가한다.
② 개별 건물의 보일러실 및 굴뚝이 불필요하므로 건물 이용의 효용이 높다.
③ 설비의 합리화로 대기오염이 적다.
④ 대규모 열원기기를 이용하므로 에너지를 효율적으로 이용할 수 있다.

해설 지역난방(열병합 발전)
연료비 절감, 열효율 증가, 인건비 감소, 전기 및 급탕, 난방수 공급 편리

18 대향류의 냉수코일 설계 시 일반적인 조건으로 틀린 것은?
① 냉수 입출구 온도차는 일반적으로 5~10℃로 한다.
② 관 내 물의 속도는 5~15m/s로 한다.
③ 냉수 온도는 5~15℃로 한다.
④ 코일 통과 풍속은 2~3m/s로 한다.

해설 냉수코일 설계 시 관 내 물의 유속 : 1m/s 전후

19 공기조화 시스템에서 난방을 할 때 보일러에 있는 온수를 목적지인 사용처로 보냈다가 다시 사용하기 위해 되돌아오는 관을 무엇이라고 하는가?
① 온수공급관   ② 온수환수관
③ 냉수공급관   ④ 냉수환수관

해설
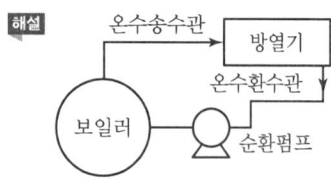

20 흡착식 감습장치의 흡착제로 적당하지 않은 것은?
① 실리카겔
② 염화리튬
③ 활성알루미나
④ 합성 제올라이트

해설 염화리튬(Lithium Chloride)
㉠ 흡수식 냉온수기의 흡수제 등으로 사용한다.
㉡ 화학식 LiCl, 흡습용해성 결정체로 공기 중에서 수분을 흡수하여 녹는다.
㉢ 리튬이온＋염화이온 결합체

SECTION 02 냉동공학

21 흡입관 내를 흐르는 냉매증기의 압력강하가 커지는 경우는?
① 관이 굵고 흡입관 길이가 짧은 경우
② 냉매증기의 비체적이 큰 경우
③ 냉매의 유량이 적은 경우
④ 냉매의 유속이 빠른 경우

해설 냉매 유속이 빠르면 저항이 증가하여 압력이 강하된다.

22 다음 중 냉동장치의 압축기와 관계가 없는 효율은?
① 소음효율   ② 압축효율
③ 기계효율   ④ 체적효율

해설 냉동장치의 압축기 효율
㉠ 기계효율 : 실제 소요동력과 관계
㉡ 압축효율 : 이론적 소요동력과 관계
㉢ 체적효율 : 피스톤 압출량과 관계

23 냉동사이클 중 $P-h$ 선도(압력-엔탈피 선도)로 구할 수 없는 것은?
① 냉동능력   ② 성적계수
③ 냉매순환량   ④ 마찰계수

해설 몰리에르 선도($P-h$ 선도)상의 표시사항
㉠ 냉동능력
㉡ 성적계수
㉢ 냉매순환량

24 이상기체의 압력이 0.5MPa, 온도가 150℃, 비체적이 0.4m³/kg일 때, 가스상수(J/kg·K)는 얼마인가?
① 11.3
② 47.28
③ 113
④ 472.8

해설 이상기체 상태방정식 $PV=mRT$에서
가스상수 $R = \dfrac{PV}{mT}$
$= \dfrac{(0.5 \times 10^6) \times 0.4}{1 \times (150+273)}$
$= 472.81 \text{J/kg} \cdot \text{K}$
여기서, $\text{Pa} = \text{N/m}^2$, $\text{J} = \text{N} \cdot \text{m}$

25 가용전에 대한 설명으로 옳은 것은?
① 저압 차단 스위치를 의미한다.
② 압축기 토출 측에 설치한다.
③ 수랭응축기 냉각수 출구 측에 설치한다.
④ 응축기 또는 고압 수액기의 액 배관에 설치한다.

해설 가용전(합금제 안전장치)
응축기, 고압 수액기의 압력 상승이나 온도 증가 시 용융되어서 고온의 냉매를 방출시켜 이상 고압을 방지한다.

26 냉매가 구비해야 할 조건으로 틀린 것은?
① 증발잠열이 클 것
② 응고점이 낮을 것
③ 전기저항이 클 것
④ 증기의 비열비가 클 것

해설 증기의 비열비가 크면 냉매 토출가스 온도가 높아서 압축기 과열에 의한 손상이 우려된다.

27 몰리에르 선도에서 건도(x)에 관한 설명으로 옳은 것은?
① 몰리에르 선도의 포화액선상 건도는 1이다.
② 액체 70%, 증기 30%인 냉매의 건도는 0.7이다.
③ 건도는 습포화증기구역 내에서만 존재한다.
④ 건도는 과열증기 중 증기에 대한 포화액체의 양을 말한다.

해설
• 포화액선 : 건도는 0
• 포화증기선 : 건도는 1
• 습포화증기구역 : 건도는 x

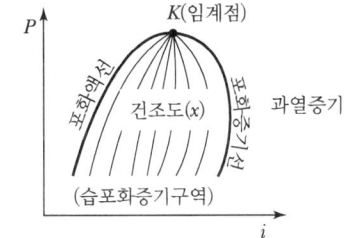

28 몰리에르 선도에 대한 설명으로 틀린 것은?
① 과열구역에서 등엔탈피선은 등온선과 거의 직교한다.
② 습증기 구역에서 등온선과 등압선은 평행한다.
③ 포화액체와 포화증기의 상태가 동일한 점을 임계점이라고 한다.
④ 등비체적선은 과열 증기구역에서도 존재한다.

해설 과열구역에서는 등온선과 등엔탈피선이 거의 평행한다. 습증기구역에서는 직교한다.

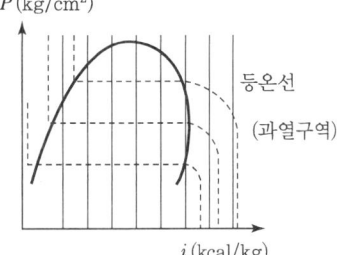

29 팽창밸브 직후 냉매의 건도가 0.2이다. 이 냉매의 증발열이 1,884kJ/kg이라 할 때, 냉동효과(kJ/kg)는 얼마인가?

① 376.8　　② 1,324.6
③ 1,507.2　　④ 1,804.3

해설 냉동효과=증발열×(1-건도)=1,884×(1-0.2)
　　　　　　=1,507.2kJ/kg

30 평판을 통해서 표면으로 확산에 의해서 전달되는 열유속(Heat Flux)이 0.4kW/m²이다. 이 표면과 20℃ 공기흐름과의 대류전열계수가 0.01kW/m²·℃인 경우 평판의 표면온도(℃)는?

① 45　　② 50
③ 55　　④ 60

해설 $Q=K \cdot F \cdot \Delta t=K \cdot F \cdot (t_2-t_1)$에서
평판의 표면온도 $t_1=\dfrac{Q}{K \cdot F}+t_2=\dfrac{0.4}{0.01 \times 1}+20=60℃$

31 이상적인 냉동사이클과 비교한 실제 냉동사이클에 대한 설명으로 틀린 것은?

① 냉매가 관 내를 흐를 때 마찰에 의한 압력 손실이 발생한다.
② 외부와 다소의 열 출입이 있다.
③ 냉매가 압축기의 밸브를 지날 때 약간의 교축작용이 이루어진다.
④ 압축기 입구에서의 냉매 상태 값은 증발기 출구와 동일하다.

해설 실제 냉동사이클에서는 압축기 입구에서의 냉매 엔탈피가 증발기 출구 냉매 엔탈피보다 약간 더 열량이 크다.

32 흡수식 냉동기의 특징에 대한 설명으로 틀린 것은?

① 용량 제어의 범위가 넓어 폭넓은 용량 제어가 가능하다.
② 터보 냉동기에 비하여 소음과 진동이 크다.
③ 부분부하에 대한 대응성이 좋다.
④ 회전부가 적어 기계적인 마모가 적고 보수 관리가 용이하다.

해설 흡수식 냉동기의 열원은 일반적으로 증기를 사용하고 압축기가 없어서 소음이 적다.

33 액분리기에 대한 설명으로 옳은 것은?

① 장치를 순환하고 남는 여분의 냉매를 저장하기 위해 설치하는 용기를 말한다.
② 액분리기는 흡입관 중의 가스와 액의 혼합물로부터 액을 분리하는 역할을 한다.
③ 액분리기는 암모니아 냉동장치에는 사용하지 않는다.
④ 팽창밸브와 증발기 사이에 설치하여 냉각효율을 상승시킨다.

해설 냉매액분리기
㉠ 압축기 전 증발기와 압축기 사이 흡입가스배관에 설치한다.(일명 어큐뮬레이터, 서지드럼이라고 한다.)
㉡ 냉매가스 흡입관 중의 냉매가스와 냉매액을 분리하여 압축기 내 리퀴드백(액압축)을 방지한다.

34 암모니아의 증발잠열은 -15℃에서 1,310.4kJ/kg이지만, 실제 냉동능력은 1,126.2kJ/kg으로 작아진다. 차이가 생기는 이유로 가장 적절한 것은?

① 체적효율 때문이다.
② 전열면의 효율 때문이다.
③ 실제 값과 이론 값의 차이 때문이다.
④ 교축팽창 시 발생하는 플래시가스 때문이다.

해설 교축팽창 변화

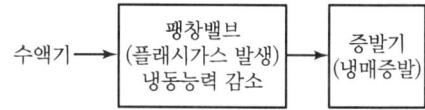

35 냉동장치의 운전 중 저압이 낮아질 때 일어나는 현상이 아닌 것은?

① 흡입가스 과열 및 압축비 증대
② 증발온도 저하 및 냉동능력 증대
③ 흡입가스의 비체적 증가
④ 성적계수 저하 및 냉매순환량 감소

29. ③ 30. ④ 31. ④ 32. ② 33. ② 34. ④ 35. ② | ANSWER

해설 냉동장치의 운전 중 저압이 낮아지면 증발온도 저하, 냉동능력 감소, 압축비 증가 등의 현상이 발생한다.

36 냉동장치 내에 불응축가스가 혼입되었을 때 냉동장치의 운전에 미치는 영향으로 가장 거리가 먼 것은?

① 열교환 작용을 방해하므로 응축압력이 낮게 된다.
② 냉동능력이 감소한다.
③ 소비전력이 증가한다.
④ 실린더가 과열되고 윤활유가 열화 및 탄화된다.

해설 불응축가스(공기, 수소가스)가 냉동장치에 발생하면 열교환 작용을 방해하므로 응축압력이 높아진다.

37 냉동장치에서 플래시가스가 발생하지 않도록 하기 위한 방지대책으로 틀린 것은?

① 액관의 직경이 충분한 크기를 갖고 있도록 한다.
② 증발기의 위치를 응축기와 비교해서 너무 높게 설치하지 않는다.
③ 여과기나 필터의 점검 청소를 실시한다.
④ 액관 냉매액의 과랭도를 줄인다.

해설 플래시가스 발생을 방지하기 위해서는 액관 냉매액의 과랭도를 크게 하여야 한다.

38 다음 중 고압가스 안전관리법에 적용되지 않는 것은?

① 스크루 냉동기
② 고속다기통 냉동기
③ 회전용적형 냉동기
④ 열전모듈 냉각기

해설 고압가스 안전관리법에서 열전모듈 냉각기는 다루지 않는다.

39 −20℃의 암모니아 포화액의 엔탈피가 314kJ/kg이며, 동일 온도에서 건조포화증기의 엔탈피가 1,687 kJ/kg이다. 이 냉매액이 팽창밸브를 통과하여 증발기에 유입될 때의 냉매의 엔탈피가 670kJ/kg이었다면 중량비로 약 몇 %가 액체 상태인가?

① 16　　　　② 26
③ 74　　　　④ 84

해설 액체의 습도(냉매액) = $\left(\dfrac{1,687-670}{1,687-314}\right) \times 100$
　　　　　　　　　　　= 74.07
　　　　　　　　　　　≒ 74%

40 증발식 응축기에 관한 설명으로 옳은 것은?

① 증발식 응축기의 냉각수는 보충할 필요가 없다.
② 증발식 응축기는 물의 현열을 이용하여 냉각하는 것이다.
③ 내부에 냉매가 통하는 나관이 있고, 그 위에 노즐을 이용하여 물을 산포하는 형식이다.
④ 압력강하가 작으므로 고압 측 배관에 적당하다.

해설 증발식 응축기 사용처
㉠ 암모니아 냉동기
㉡ 중형의 프레온 냉동기

수랭식 응축기 중 냉각수량이 가장 적게 사용된다.(냉각수 보충은 필요하다.)

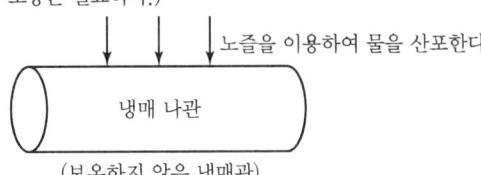

(보온하지 않은 냉매관)

SECTION 03 배관일반

41 물은 가열하면 팽창하여 급탕탱크 등 밀폐가열장치 내의 압력이 상승한다. 이 압력을 도피시킬 목적으로 설치하는 관은?

① 배기관　　② 팽창관
③ 오버플로관　　④ 압축공기관

해설 물은 포화수가 되면 4.3%가 팽창한다. 팽창수를 도피시키는 관은 팽창관 또는 방출관이다.

42 도시가스를 공급하는 배관의 종류가 아닌 것은?
① 공급관 ② 본관
③ 내관 ④ 주관

해설 주관(송수주관, 환수주관)은 일반적으로 온수난방용 배관이다.

43 가스배관에서 가스가 누설될 경우 중독 및 폭발사고를 미연에 방지하기 위하여 조금만 누설되어도 냄새로 충분히 감지할 수 있도록 설치하는 장치는?
① 부스터설비 ② 정압기
③ 부취설비 ④ 가스홀더

해설 가스누설 탐지용 부취제
㉠ THT(석탄가스 냄새) : 냄새가 약하다.
㉡ TBM(양파 썩는 냄새) : 냄새가 강하다.
㉢ DMS(마늘 냄새) : 냄새가 가장 약하다.

44 배관용 패킹 재료를 선택할 때 고려해야 할 사항으로 가장 거리가 먼 것은?
① 재료의 탄력성 ② 진동의 유무
③ 유체의 압력 ④ 재료의 부식성

해설 패킹재 역할은 누설 방지이며 선택 시 고려사항은 ②, ③, ④이다. 탄력보다는 탄성이 요구된다.

45 급수방식 중 고가탱크방식의 특징에 대한 설명으로 틀린 것은?
① 다른 방식에 비해 오염 가능성이 적다.
② 저수량을 확보하여 일정 시간 동안 급수가 가능하다.
③ 사용자의 수도꼭지에서 항상 일정한 수압을 유지한다.
④ 대규모 급수설비에 적합하다.

해설 옥상 고가탱크 급수방식
항상 일정량의 저수량 확보로 하부에 오염물이 발생할 수 있다.

46 동관의 분류 중 가장 두꺼운 것은?
① K형 ② L형
③ M형 ④ N형

해설 ㉠ 동관의 두께별 분류 : K형>L형>M형
㉡ 동관의 질별 분류 : 경질>반경질>반연질>연질

47 루프형 신축이음쇠의 특징에 대한 설명으로 틀린 것은?
① 설치공간을 많이 차지한다.
② 신축에 따른 자체 응력이 생긴다.
③ 고온, 고압의 옥외 배관에 많이 사용된다.
④ 장시간 사용 시 패킹의 마모로 누수의 원인이 된다.

해설 루프형 신축이음(옥외배관 만곡관형)

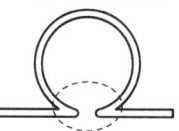

반복응력이 생겨서 파손의 위험이 생긴다.

48 고압배관과 저압배관의 사이에 설치하여 고압 측 압력을 필요한 압력으로 낮추어 저압 측 압력을 일정하게 유지시키는 밸브는?
① 체크밸브 ② 게이트밸브
③ 안전밸브 ④ 감압밸브

해설

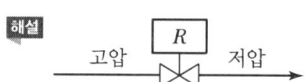

감압밸브(증기배관이나 유체배관 등에 사용)

49 건물 1층의 바닥면을 기준으로 배관의 높이를 표시할 때 사용하는 기호는?
① EL ② GL
③ FL ④ UL

해설 ㉠ EL(CEL) : 배관 높이 기준선 표시
㉡ GL : 지면에서 배관의 높이 표시
㉢ FL : 건물의 바닥면에서 배관의 높이 표시

42. ④ 43. ③ 44. ① 45. ① 46. ① 47. ④ 48. ④ 49. ③ | ANSWER

50 냉매액관 시공 시 유의사항으로 틀린 것은?
① 긴 입상 액관의 경우 압력의 감소가 크므로 충분한 과냉각이 필요하다.
② 배관 도중에 다른 열원으로부터 열을 받지 않도록 한다.
③ 액관 배관은 가능한 한 길게 한다.
④ 액 냉매가 관 내에서 증발하는 것을 방지하도록 한다.

해설 모든 배관은 저항 손실을 감소시키고자 가능한 한 짧게 한다.

51 다음 중 증기난방설비 시공 시 보온을 필요로 하는 배관은 어느 것인가?
① 관말 증기 트랩장치의 냉각관
② 방열기 주위 배관
③ 증기공급관
④ 환수관

해설 보온이 필요한 관
㉠ 급탕관　　㉡ 온수공급관
㉢ 증기공급관　　㉣ 기름예열관

52 가스배관의 설치 방법에 관한 설명으로 틀린 것은?
① 최단거리로 할 것
② 구부러지거나 오르내림을 적게 할 것
③ 가능한 한 은폐하거나 매설할 것
④ 가능한 한 옥외에 할 것

해설 가연성, 독성 가스는 누설 시 용이하게 검출이 가능하여야 하기 때문에 가능한 한 옥외 설치나 개방배관이 필요하다.

53 다음 중 엘보를 용접이음으로 나타낸 기호는?

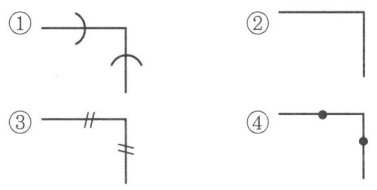

해설 ① 소켓 이음　　② 앵글
③ 플랜지 이음　　④ 용접이음

54 2가지 종류의 물질을 혼합하면 단독으로 사용할 때보다 더 낮은 융해온도를 얻을 수 있는 혼합제를 무엇이라고 하는가?
① 부취제
② 기한제
③ 브라인
④ 에멀션

해설 기한제
냉매의 일종이며 2가지 종류의 물질을 혼합하면 단독 사용 시보다 더 낮은 용해도를 얻을 수 있는 물질이다.

55 배관의 호칭 중 스케줄 번호는 무엇을 기준으로 하여 부여하는가?
① 관의 안지름
② 관의 바깥지름
③ 관의 두께
④ 관의 길이

해설 ㉠ 관의 두께
스케줄 번호(SCH) = 10 ×(사용압력/허용응력)
㉡ 관의 살두께$(t) = \left(\dfrac{\text{사용압력} \times \text{관의 외경}}{175 \times \text{허용인장응력}} \right) + 2.54\text{mm}$

56 온수난방에서 역귀환방식을 채택하는 주된 이유는?
① 순환펌프를 설치하기 위해
② 배관의 길이를 축소하기 위해
③ 열손실과 발생소음을 줄이기 위해
④ 건물 내 각 실의 온도를 균일하게 하기 위해

해설 역귀환방식(리버스리턴) : 저항 일정

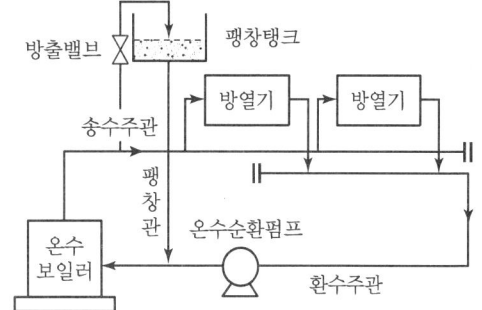

57 냉·온수 헤더에 설치하는 부속품이 아닌 것은?
① 압력계　　　② 드레인관
③ 트랩장치　　④ 급수관

해설 증기트랩장치
증기배관의 응축수 배출용(비중차, 온도차, 열역학 이용) 장치이다.

58 냉각탑에서 냉각수는 수직 하향 방향이고 공기는 수평 방향인 형식은?
① 평행류형　　② 직교류형
③ 혼합형　　　④ 대향류형

해설 직교류형 냉각탑

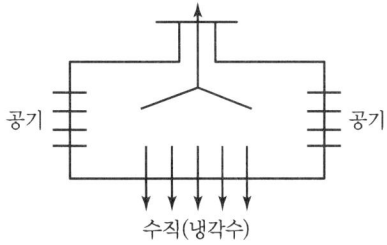

59 급수배관에서 수격작용 발생 개소로 가장 거리가 먼 것은?
① 관 내 유속이 빠른 곳
② 구배가 완만한 곳
③ 급격히 개폐되는 밸브
④ 굴곡 개소가 있는 곳

해설 구배(기울기)가 완만하면 물의 흐름이 원활하여 수격작용(워터해머)이 완화된다.

60 다음 중 급수설비에 설치되어 물이 오염되기 쉬운 형태의 배관은?
① 상향식 배관
② 하향식 배관
③ 조닝 배관
④ 크로스커넥션 배관

해설 크로스커넥션(Cross Connection) 배관
급수배관과 배수배관에 서로 상이한 목적의 관들이 연결되어 수질이 저하되는 것으로 이를 막기 위해 배관에 색을 칠해 서로 구분하며, 배관의 상하에 오수(汚水)의 혼입으로 오염이 생기는 것을 방지해야 한다.

SECTION 04 전기제어공학

61 제어된 제어 대상의 양, 즉 제어계의 출력을 무엇이라고 하는가?
① 목푯값　　　② 조작량
③ 동작신호　　④ 제어량

해설 자동제어 제어량
제어계의 출력이다. 즉 제어 대상에 속하는 양 중 그것을 제어하는 것을 목적으로 하는 출력량(Control Variable Output)이다.

62 플로차트를 작성할 때 다음 기호의 의미는?

① 단자　　　　② 처리
③ 입출력　　　④ 결합자

해설

플로차트 입출력의 기호이다.

63 피드백 제어계 중 물체의 위치, 방위, 자세 등의 기계적 변위를 제어량으로 하는 것은?
① 서보기구　　② 프로세스제어
③ 자동조정　　④ 프로그램제어

해설 서보기구
물체의 위치, 방위, 자세 등의 기계적 변위를 제어량으로 하는 것이다.(미사일의 유도기구, 동력장치의 자동속도조정, 아날로그 자동공학기계, 대공포의 포신방향제어 등의 Servo Mechanism)

64 발전기의 유기기전력의 방향과 관계가 있는 법칙은?

① 플레밍의 왼손법칙   ② 플레밍의 오른손법칙
③ 패러데이의 법칙   ④ 암페어의 법칙

해설 ㉠ 직류발전기 : 플레밍의 오른손법칙(엄지 : 운동방향, 검지 : 자장방향, 중지 : 기전력방향)
㉡ 직류전동기 : 플레밍의 왼손법칙(엄지 : 힘의 방향, 검지 : 자장방향, 중지 : 전류의 방향)

65 시퀀스 제어에 관한 설명 중 틀린 것은?

① 조합논리회로로 사용된다.
② 미리 정해진 순서에 의해 제어된다.
③ 입력과 출력을 비교하는 장치가 필수적이다.
④ 일정한 논리에 의해 제어된다.

해설 시퀀스 제어
㉠ 입력과 출력을 비교하는 장치는 없고, ①, ②, ④항을 특징으로 갖는다.
㉡ 자동판매기, 승강기, 공작기계, 공기조화기 경보, 팬이나 펌프의 기동 정지 등에 사용된다.
㉢ 0과 1의 신호를 발생하는 유접점, 무접점 제어방식이다.

66 100mH의 자기 인덕턴스를 가진 코일에 10A의 전류가 통과할 때 축적되는 에너지는 몇 J인가?

① 1   ② 5
③ 50   ④ 1,000

해설 인덕턴스
전선이나 코일 주위나 내부를 통하는 자속의 변화를 방해하는 작용이다. 단위는 H(헨리)이다.

축적 에너지$(W) = \frac{1}{2}LI^2$
$= \frac{1}{2} \times (100 \times 10^{-3}) \times 10^2 = 5J$

※ $1H = 10^3 mH$

67 평형 3상 Y결선에서 상전압 V_p와 선간전압 V_l과의 관계는?

① $V_l = V_p$ ② $V_l = \sqrt{3} \, V_p$
③ $V_l = \frac{1}{\sqrt{3}} V_p$ ④ $V_l = 3 V_p$

해설 평형 3상 Y결선에서 상전압 V_p와 선간전압 V_l과의 관계 ($V_l = \sqrt{3} \, V_p$)

㉠ Y-Y : 상전압이 선간전압의 $\frac{1}{\sqrt{3}}$이다.
㉡ Y결선은 상전압을 쓰지 않고 선간전압 사용(선간전압 = 상전압 $\times \sqrt{3}$, 즉 선간전압의 위상이 30°만큼 빠르다.)

68 전원 전압을 일정 전압 이내로 유지하기 위해서 사용되는 소자는?

① 정전류 다이오드   ② 브리지 다이오드
③ 제너 다이오드   ④ 터널 다이오드

해설 제너 다이오드
전원 전압을 일정 전압 이내로 유지하기 위해서 사용되는 소자이다.(정전압 다이오드, 전압표준 다이오드)

69 그림과 같이 블록선도를 접속하였을 때, ⓐ에 해당하는 것은?

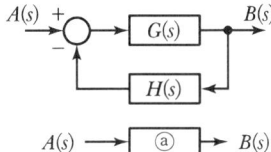

① $G(s) + H(s)$ ② $G(s) - H(s)$
③ $\dfrac{G(s)}{1 + G(s) \cdot H(s)}$ ④ $\dfrac{H(s)}{1 + G(s) \cdot H(s)}$

해설 피드백 접속 $B(s)$
$\dfrac{C}{R} = \dfrac{\text{전향경로}}{1 - \text{피드백 경로}}$
$B = (A \pm BH)G$
$B(1 \mp GH) = GA$
$B = \dfrac{G}{1 \pm GH} A$
∴ ⓐ $= \dfrac{G(s)}{1 + G(s) \cdot H(s)}$

70 목푯값이 미리 정해진 변화를 할 때의 제어로서, 열처리 노의 온도제어, 무인 운전 열차 등이 속하는 제어는?

① 추종제어   ② 프로그램 제어
③ 비율제어   ④ 정치제어

ANSWER | 64. ② 65. ③ 66. ② 67. ② 68. ③ 69. ③ 70. ②

해설 프로그램 제어
목푯값이 미리 정해진 변화를 할 때의 제어로서 열처리 노의 온도제어, 무인 운전 열차 등의 제어에 이용된다.

71 3상 유도전동기의 회전방향을 바꾸기 위한 방법으로 옳은 것은?

① △-Y 결선으로 변경한다.
② 회전자를 수동으로 역회전시켜 기동한다.
③ 3선을 차례대로 바꾸어 연결한다.
④ 3상 전원 중 2선의 접속을 바꾼다.

해설 ㉠ 3상 유도전동기 : 구리 또는 알루미늄 원판을 축으로 회전할 수 있도록 만들고 구리 원판을 강한 자석 사이에 놓고 자석을 회전시키면 원판은 자석보다 조금 뒤진 속도로 회전한다.
㉡ 회전방향을 바꾸기 위해서는 전동기에 가해지는 3개의 단자 중 어느 2개의 단자를 서로 바꾸어 준다.

72 60Hz, 100V의 교류전압이 200Ω의 전구에 인가될 때 소비되는 전력은 몇 W인가?

① 50
② 100
③ 150
④ 200

해설 전력$(P) = \dfrac{V^2}{R} = \left(\dfrac{100^2}{200}\right) = 50\text{W}$

73 그림과 같은 계전기 접점회로의 논리식은?

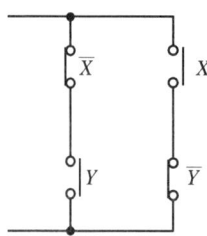

① XY
② $\overline{X}(X+Y)$
③ $\overline{X}Y + X\overline{Y}$
④ $(\overline{X}+Y)(X+\overline{Y})$

해설 ㉠ 계전기 접점회로 논리식 : $\overline{X}Y + X\overline{Y}$
㉡ 계전기(Relay)
$(\overline{X}+Y)(X+\overline{Y}) = \overline{X}X + \overline{X}\overline{Y} + XY + Y\overline{Y}$
$= \overline{X}Y + X\overline{Y}$

74 특성방정식 $s^2 + 2s + 2 = 0$을 갖는 2차계에서의 감쇠율 ζ(Damping Ratio)은?

① $\sqrt{2}$
② $\dfrac{1}{\sqrt{2}}$
③ $\dfrac{1}{2}$
④ 2

해설 ㉠ 과도응답의 감쇠비 $= \dfrac{\text{제2오버슈트}}{\text{최대오버슈트}}$
㉡ 특성방정식 : 상태천이행렬 $\Phi(t) = \mathcal{L}^{-1}[(sI-A)^{-1}]$에서 $|sI-A| = 0$일 때 특성방정식이 된다.
2차 요소의 특성방정식 $s^2 + 2s + 2 = 0$에 의해서
$2\zeta\omega_n = 2, \ \omega_n^2 = 2$
∴ $\omega_n = \sqrt{2}$
∴ $\zeta = \dfrac{1}{\sqrt{2}}$

75 8Ω, 12Ω, 20Ω, 30Ω의 4개 저항을 병렬로 접속할 때 합성저항은 약 몇 Ω인가?

① 2.0
② 2.35
③ 3.43
④ 3.8

해설 병렬접속 합성저항(R)
$R = \dfrac{V}{I} = \dfrac{V}{V\left(\dfrac{1}{R_1} + \dfrac{1}{R_2} + \dfrac{1}{R_3} + \dfrac{1}{R_4}\right)}$
$= \dfrac{1}{\dfrac{1}{R_1} + \dfrac{1}{R_2} + \dfrac{1}{R_3} + \dfrac{1}{R_4}}$
$= \dfrac{1}{\dfrac{1}{8} + \dfrac{1}{12} + \dfrac{1}{20} + \dfrac{1}{30}} = 3.43\Omega$

76 $F(s) = \dfrac{3s+10}{s^3 + 2s^2 + 5s}$일 때 $f(t)$의 최종치는?

① 0
② 1
③ 2
④ 8

해설 $\lim\limits_{t\to\infty} f(t) = \lim\limits_{s\to 0} sF(s) = \lim\limits_{s\to 0} s\dfrac{3s+10}{s^3 + 2s^2 + 5s}$
$= \lim\limits_{s\to 0} s\dfrac{3s+10}{s(s^2+2s+5)} = \lim\limits_{s\to 0} \dfrac{3s+10}{s^2+2s+5}$
$= \dfrac{3 \cdot 0 + 10}{0^2 + 2 \cdot 0 + 5} = \dfrac{10}{5} = 2$

71. ④ 72. ① 73. ② 74. ② 75. ③ 76. ③ | ANSWER

77 그림과 같은 병렬공진회로에서 전류 I가 전압 E보다 앞서는 관계로 옳은 것은?

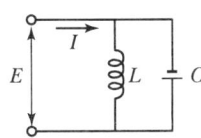

① $f < \dfrac{1}{2\pi\sqrt{LC}}$ ② $f > \dfrac{1}{2\pi\sqrt{LC}}$

③ $f = \dfrac{1}{2\pi\sqrt{LC}}$ ④ $f = \dfrac{1}{\sqrt{2\pi LC}}$

해설 병렬공진 공진주파수$(f) = \dfrac{1}{2\pi\sqrt{LC}}$

전류 I가 전압 E보다 앞서는 관계는 $f > \dfrac{1}{2\pi\sqrt{LC}}$

78 $T_1 > T_2 > 0$일 때 $G(s) = \dfrac{1+T_2 s}{1+T_1 s}$ 의 벡터 궤적은?

① 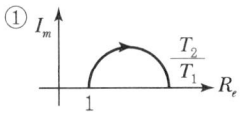 ②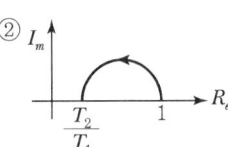

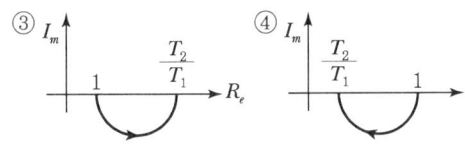

해설 ㉠ 벡터 궤적 : 주파수(ω)가 0에서 ∞까지 변화하였을 때 $G(j\omega)$ 주파수 전달 함수의 크기와 위상 각의 변화를 극좌표로 표시한 것
   ※ $G(s)$: 전달 함수
㉡ 벡터 궤적 주파수 전달 함수

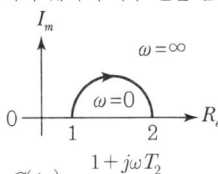

$G(j\omega) = \dfrac{1+j\omega T_2}{1+j\omega T_1}$

$\omega = 0$일 때 $|G(j\omega)| = 1$
$\omega = \infty$일 때 $|G(j\omega)| = |T_2/T_1| = 2$

∴ $T_1 > T_2 > 0$에서 $G(s) = \dfrac{1+T_2 s}{1+T_1 s}$

①은 $T_2 > T_1$일 때이고, ④는 $T_1 > T_2$일 때 $\tan^{-1}$은 거의 값과 위상이 선형관계에 있기 때문에 T_1이 T_2보다 크므로 위상은 언제나 음이 되어 그래프는 ④가 된다.

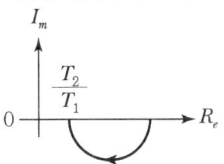

79 유도전동기의 역률을 개선하기 위하여 일반적으로 많이 사용되는 방법은?

① 조상기 병렬접속   ② 콘덴서 병렬접속
③ 조상기 직렬접속   ④ 콘덴서 직렬접속

해설 ㉠ 유도전동기 역률 개선 : 콘덴서 병렬접속
㉡ 역률 $= \dfrac{\text{유효전력}}{\text{피상전력}} = \dfrac{P}{P_o} = \dfrac{VI\cos\theta}{VI} = \cos\theta$

80 다음 블록선도 중에서 비례미분제어기는?

①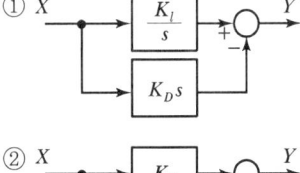

②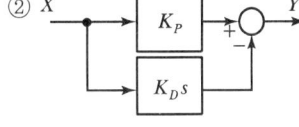

③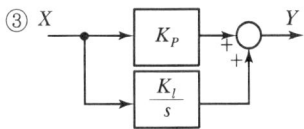

④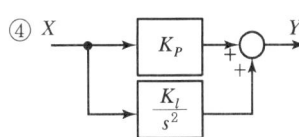

해설 ① $\dfrac{K_I}{s} - K_D s$ (적분미분회로)
② $K_P - K_D s$ (비례미분회로)
③ $K_P + \dfrac{K_I}{s}$ (비례적분회로)
④ $K_p + \dfrac{K_I}{s^2}$

ANSWER | 77. ② 78. ④ 79. ② 80. ②

2019년 3회 공조냉동기계산업기사

SECTION 01 공기조화

01 콘크리트로 된 외벽의 실내 측에 내장재를 부착했을 때 내장재의 실내 측 표면에 결로가 일어나지 않도록 하기 위한 내장두께 L_2(mm)는 최소 얼마이어야 하는가?(단, 외기온도 $-5℃$, 실내온도 $20℃$, 실내공기의 노점온도 $12℃$, 콘크리트의 벽두께 $100mm$, 콘크리트의 열전도율 $0.0016kW/m \cdot K$, 내장재의 열전도율 $0.00017kW/m \cdot K$, 실외 측 열전달률 $0.023 kW/m^2 \cdot K$, 실내 측 열전달률 $0.009kW/m^2 \cdot K$이다.)

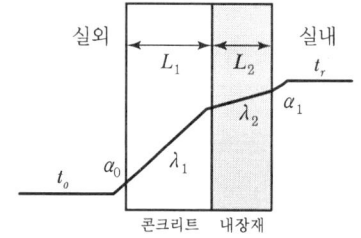

① 19.7
② 22.1
③ 25.3
④ 37.2

해설 • 결로가 일어나지 않기 위한 열통과율 K
$K \times F \times (t_i - t_o) = \alpha_i \times F \times (t_i - t_w)$에서
$K = \dfrac{\alpha_i \times (t_i - t_w)}{t_i - t_o}$
$= \dfrac{0.009 \times (20 - 12)}{20 - (-5)}$
$= 0.00288$

• 결로가 일어나지 않기 위한 단열재의 두께 L_2
$\dfrac{1}{K} = \dfrac{1}{\alpha_o} + \dfrac{L_1}{\lambda_1} + \dfrac{L_2}{\lambda_2} + \dfrac{L_3}{\lambda_3} + \dfrac{1}{\alpha_i}$
$\dfrac{1}{0.00288} = \dfrac{1}{0.023} + \dfrac{0.1}{0.0016} + \dfrac{L_2}{0.00017} + \dfrac{1}{0.009}$
$(\because L_3 = \lambda_3 = 0)$
$\therefore L_2 = \left\{\left(\dfrac{1}{0.00288}\right) - \left(\dfrac{1}{0.023} + \dfrac{0.1}{0.0016} + \dfrac{1}{0.009}\right)\right\}$
$\quad \times 0.00017$
$= 0.0221m = 22.1mm$

02 지하철에 적용할 기계환기방식의 기능으로 틀린 것은?
① 피스톤효과로 유발된 열차풍으로 환기효과를 높인다.
② 화재 시 배연기능을 달성한다.
③ 터널 내의 고온의 공기를 외부로 배출한다.
④ 터널 내의 잔류 열을 배출하고 신선외기를 도입하여 토양의 발열효과를 상승시킨다.

해설 지하철에 적용할 기계환기방식
터널 내의 잔류열을 배출하고 신선외기를 도입하여 토양의 발열을 감소시킨다.

03 90℃ 고온수 25kg을 100℃의 건조포화액으로 가열하는 데 필요한 열량(kJ)은?(단, 물의 비열은 4.2kJ/kg · K이다.)
① 42
② 250
③ 525
④ 1,050

해설 가열 시 필요한 열량 Q
$Q = G \cdot C \cdot \Delta t = G \cdot C \cdot (t_2 - t_1)$
$= 25 \times 4.2 \times (100 - 90) = 1,050 kJ$

04 셸 앤드 튜브 열교환기에서 유체의 흐름에 의해 생기는 진동의 원인으로 가장 거리가 먼 것은?
① 층류 흐름
② 음향 진동
③ 소용돌이 흐름
④ 병류의 와류 형성

해설 유체의 층류 흐름이 아닌 난류 흐름이 진동의 원인이다.

05 열원방식의 분류는 일반 열원방식과 특수 열원방식으로 구분할 수 있다. 다음 중 일반 열원방식으로 가장 거리가 먼 것은?
① 빙축열 방식
② 흡수식 냉동기 + 보일러
③ 전동 냉동기 + 보일러
④ 흡수식 냉온수 발생기

1. ② 2. ④ 3. ④ 4. ① 5. ① | **ANSWER**

해설 빙축열(심야전기 이용) 냉방은 특수 열원방식이다.

06 공기조화계획을 진행하기 위한 순서로 옳은 것은?

① 기본계획 → 기본구상 → 실시계획 → 실시설계
② 기본구상 → 기본계획 → 실시설계 → 실시계획
③ 기본구상 → 기본계획 → 실시계획 → 실시설계
④ 기본계획 → 실시계획 → 기본구상 → 실시설계

해설 공기조화계획
기본구상 → 기본계획 → 실시계획 → 실시설계 → 기기제작 → 현장설치

07 지역난방의 특징에 대한 설명으로 틀린 것은?

① 광범위한 지역의 대규모 난방에 적합하며, 열매는 고온수 또는 고압증기를 사용한다.
② 소비처에서 24시간 연속난방과 연속급탕이 가능하다.
③ 대규모화에 따라 고효율 운전 및 폐열을 이용하는 등 에너지 취득이 경제적이다.
④ 순환펌프 용량이 크며 열수송배관에서의 열손실이 작다.

해설 지역난방은 수송거리가 길어서 열수송배관에서의 열손실이 크다.

08 증기트랩에 대한 설명으로 옳지 않은 것은?

① 바이메탈 트랩은 내부에 열팽창계수가 다른 두 개의 금속이 접합된 바이메탈로 구성되며, 워터해머에 안전하고, 과열증기에도 사용 가능하다.
② 벨로스 트랩은 금속제의 벨로스 속에 휘발성 액체가 봉입되어 있어 주위에 증기가 있으면 팽창되고, 증기가 응축되면 온도에 의해 수축하는 원리를 이용한 트랩이다.
③ 플로트 트랩은 응축수의 온도차를 이용하여 플로트가 상하로 움직이며 밸브를 개폐한다.
④ 버킷 트랩은 응축수의 부력을 이용하여 밸브를 개폐하며 상향식과 하향식이 있다.

해설 ㉠ 온도차 이용 증기 트랩
• 벨로스식
• 바이메탈식
㉡ 기계적 트랩
• 플로트 트랩(프리형, 레버형)
• 버킷형 트랩

09 다음 중 흡습성 물질이 도포된 엘리먼트를 적층시켜 원판형태로 만든 로터와 로터를 구동하는 장치 및 케이싱으로 구성되어 있는 전열교환기의 형태는?

① 고정형   ② 정지형
③ 회전형   ④ 원판형

해설 회전형 전열교환기
흡습성 물질이 도포된 엘리먼트를 적층시켜 원판형태로 만든 로터와 로터를 구동하는 구성의 전열교환기

10 복사난방에 대한 설명으로 틀린 것은?

① 다른 방식에 비해 쾌감도가 높다.
② 시설비가 적게 든다.
③ 실내에 유닛이 노출되지 않는다.
④ 열용량이 크기 때문에 방열량 조절에 시간이 다소 걸린다.

해설 복사난방은 바닥, 벽, 천장 패널의 매립배관이라서 시설비가 많이 든다.

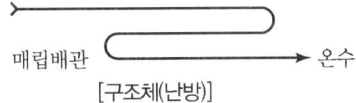
[구조체(난방)]

11 주로 대형 덕트에서 덕트의 찌그러짐을 방지하기 위하여 덕트의 옆면 철판에 주름을 잡아주는 것을 무엇이라고 하는가?

① 다이아몬드 브레이크   ② 가이드 베인
③ 보강 앵글   ④ 심

해설 다이아몬드 브레이크
주로 대형 덕트에서 덕트의 찌그러짐을 방지하기 위하여 덕트의 옆면 철판에 주름을 잡아주는 것을 말한다.

ANSWER | 6. ③ 7. ④ 8. ③ 9. ③ 10. ② 11. ①

12 냉방부하 계산 시 유리창을 통한 취득열부하를 줄이는 방법으로 가장 적절한 것은?

① 얇은 유리를 사용한다.
② 투명 유리를 사용한다.
③ 흡수율이 큰 재질의 유리를 사용한다.
④ 반사율이 큰 재질의 유리를 사용한다.

해설 냉방부하 계산 시 유리창의 취득열량을 감소시키기 위하여 반사율이 큰 재질의 유리창을 이용한다.(단, 난방 시는 그 반대이다.)

13 다음 중 수 – 공기 공기조화방식에 해당하는 것은?

① 2중 덕트 방식   ② 패키지 유닛 방식
③ 복사 냉난방 방식   ④ 정풍량 단일 덕트 방식

해설 수-공기 공기조화방식
복사 냉난방 방식, 유인 유닛 방식, 덕트 병용 팬코일 유닛 방식

14 두께 150mm, 면적 10m²인 콘크리트 내벽의 외부온도가 30℃, 내부온도가 20℃일 때 8시간 동안 전달되는 열량(kJ)은?(단, 콘크리트 내벽의 열전도율은 1.5W/m·K이다.)

① 1,350
② 8,350
③ 13,200
④ 28,800

해설 전도전열$(Q) = \lambda \times \dfrac{A \cdot \Delta t}{b} \times h$

$\therefore Q = 1.5 \times \dfrac{10 \times (30-20)}{0.15} \times 8 = 1,000W$

$\therefore 1,000 \times 0.86 kcal/W \times 4.186 kJ/kcal \times 8 = 28,800 kJ$

※ $1W = 0.86 kcal/h$, $1kcal = 4.186kJ$

15 습공기의 상태변화에 관한 설명으로 옳은 것은?

① 습공기를 가습하면 상대습도가 내려간다.
② 습공기를 냉각감습하면 엔탈피는 증가한다.
③ 습공기를 가열하면 절대습도는 변하지 않는다.
④ 습공기를 노점온도 이하로 냉각하면 절대습도는 내려가고, 상대습도는 일정하다.

해설 습공기를 가열하면 절대습도는 변화하지 않고 상대습도가 감소한다.(절대습도는 노점온도와 수증기분압이다.) 즉, 노점온도가 변화하지 않으면 절대습도는 일정하다.

16 공기조화의 조닝계획 시 부하패턴이 일정하고, 사용시간대가 동일하며, 중간기 외기냉방, 소음방지, CO_2 등의 실내환경을 고려해야 하는 곳은?

① 로비   ② 체육관
③ 사무실   ④ 식당 및 주방

해설 사무실은 조닝계획 시 부하패턴이 일정하고 사용시간대가 동일하며 중간기(봄, 가을) 외기냉방, 소음방지, CO_2 등의 실내환경을 고려한다.

17 냉·난방 설계 시 열부하에 관한 설명으로 옳은 것은?

① 인체에 대한 냉방부하는 현열만이다.
② 인체에 대한 난방부하는 현열과 잠열이다.
③ 조명에 대한 냉방부하는 현열만이다.
④ 조명에 대한 난방부하는 현열과 잠열이다.

해설 조명은 수분(H_2O)이 없어서 잠열의 부하가 없고 온도에 의한 현열부만 계산된다.

18 덕트에 설치하는 가이드 베인에 대한 설명으로 틀린 것은?

① 보통 곡률반지름이 덕트 장변의 1.5배 이내일 때 설치한다.
② 덕트를 작은 곡률로 구부릴 때 통풍저항을 줄이기 위해 설치한다.
③ 곡관부의 내측보다 외측에 설치하는 것이 좋다.
④ 곡관부의 기류를 세분하여 생기는 와류의 크기를 작게 한다.

해설 덕트에 설치하거나 펌프에 설치하는 가이드 베인(안내 깃)은 곡관부 등의 외측보다 내측에 설치한다.

19 다음 난방방식 중 자연환기가 많이 일어나도 비교적 난방효율이 좋은 것은?

① 온수난방
② 증기난방
③ 온풍난방
④ 복사난방

해설 복사난방(패널매립난방)은 자연환기가 많이 일어나도 난방효율이 비교적 우수하다.

20 보일러의 급수장치에 대한 설명으로 옳은 것은?

① 보일러 급수의 경도가 낮으면 관 내 스케일이 부착되기 쉬우므로 가급적 경도가 높은 물을 급수로 사용한다.
② 보일러 내 물의 광물질이 농축되는 것을 방지하기 위하여 때때로 관수를 배출하여 소량씩 물을 바꾸어 넣는다.
③ 수질에 의한 영향을 받기 쉬운 보일러에서는 경수장치를 사용한다.
④ 증기보일러에서는 보일러 내 수위를 일정하게 유지할 필요는 없다.

해설 보일러 급수장치

SECTION 02 냉동공학

21 냉동효과가 1,088kJ/kg인 냉동사이클에서 1냉동톤당 압축기 흡입증기의 체적(m^3/h)은?(단, 압축기 입구의 비체적은 0.5087m^3/kg이고, 1냉동톤은 3.9kW이다.)

① 15.5
② 6.5
③ 0.258
④ 0.002

해설 $G = \dfrac{Q}{q} = \dfrac{V}{v} \times \eta_v$

여기서, Q : 열량(kJ/h)
q : 냉동효과(kJ/kg)
G : 냉매순환량(kg/h)
V : 압축기의 흡입증기량(m^3/h)
v : 비체적(m^3/kg)
η_v : 체적효율

압축기 흡입량 $V = \dfrac{Q}{q} \times v$

$= \dfrac{(3.9 \times 60 \times 60)}{1,088} \times 0.5087 = 6.5 m^3/h$

※ 1kW = 1kJ/s, 1h = 60×60 = 3,600s

22 다음 냉매 중 오존파괴지수(ODP)가 가장 낮은 것은?

① R-11
② R-12
③ R-22
④ R-134a

해설 냉매의 오존파괴지수(ODP)
㉠ R-11, R-12, R-22는 오존층파괴지수가 0.6~1.0 사이이다.
㉡ R-134a는 대체 냉매이므로 ODP가 가장 낮다.

23 프레온 냉동기의 흡입배관에 이중 입상관을 설치하는 주된 목적은?

① 흡입가스의 과열을 방지하기 위하여
② 냉매액의 흡입을 방지하기 위하여
③ 오일의 회수를 용이하게 하기 위하여
④ 흡입관에서의 압력강하를 보상하기 위하여

해설 프레온 냉매 사용 냉동기 흡입배관에 이중 입상관을 설치하는 목적은 오일의 회수를 용이하게 하기 위함이다. (프레온 냉매는 오일에 잘 용해하므로 오일의 분리가 필요하다.)

ANSWER | 19. ④ 20. ② 21. ② 22. ④ 23. ③

24 냉동장치를 장기간 운전하지 않을 경우 조치방법으로 틀린 것은?

① 냉매의 누설이 없도록 밸브의 패킹을 잘 잠근다.
② 저압 측의 냉매는 가능한 한 수액기로 회수한다.
③ 저압 측의 냉매를 다른 용기로 회수하고 그 대신 공기를 넣어둔다.
④ 압축기의 워터재킷을 위한 물은 완전히 뺀다.

해설 냉동장치를 장기간 운전하지 않을 때 냉동기 내를 진공상태로 유지하여 산화를 방지한다.

25 열 및 열펌프에 관한 설명으로 옳은 것은?

① 일의 열당량은 $\frac{1\,kcal}{427\,kgf \cdot m}$ 이다. 이것은 427 kgf·m의 일이 열로 변할 때, 1kcal의 열량이 되는 것이다.
② 응축온도가 일정하고 증발온도가 내려가면 일반적으로 토출가스온도가 높아지기 때문에 열펌프의 능력이 상승된다.
③ 비열 2.1kJ/kg·℃, 비중량 1.2kg/L의 액체 2L를 온도 1℃ 상승시키기 위해서는 2.27kJ의 열량을 필요로 한다.
④ 냉매에 대해서 열의 출입이 없는 과정을 등온압축이라 한다.

해설 ② 압축비 증가로 열펌프 능력이 저하된다.
③ $2 \times 1.2 \times 2.1 \times 1 = 5.04$ kJ의 열량이 필요하다.
④ 단열압축이다.

26 냉매에 대한 설명으로 틀린 것은?

① R-21은 화학식으로 $CHCl_2F$이고, $CClF_2-ClF_2$는 R-113이다.
② 냉매의 구비조건으로 응고점이 낮아야 한다.
③ 냉매의 구비조건으로 증발열과 열전도율이 커야 한다.
④ R-500은 R-12와 R-152를 합한 공비 혼합 냉매라 한다.

해설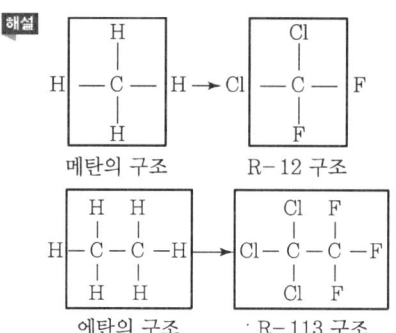

- R-12(CCl_2F) : 10단위 냉매(메탄 계열)
- R-21($CHCl_2F$)
- R-113($C_2Cl_3F_3$) : 100단위 냉매(에탄 계열)

27 압축기의 설치 목적에 대한 설명으로 옳은 것은?

① 엔탈피 감소로 비체적을 증가시키기 위해
② 상온에서 응축 액화를 용이하게 하기 위한 목적으로 압력을 상승시키기 위해
③ 수랭식 및 공랭식 응축기의 사용을 위해
④ 압축 시 임계온도 상승으로 상온에서 응축 액화를 용이하게 하기 위해

해설 냉매 기체를 압축하면 비체적이 감소하여 상온에서 쉽게 액화된다.

28 냉동장치에서 액봉이 쉽게 발생되는 부분으로 가장 거리가 먼 것은?

① 액펌프 방식의 펌프 출구와 증발기 사이의 배관
② 2단 압축 냉동장치의 중간 냉각기에서 과냉각된 액관
③ 압축기에서 응축기로의 배관
④ 수액기에서 증발기로의 배관

해설 ㉠ 압축기에서 응축기로 가는 냉매는 기체로 공급된다.
㉡ 액봉 현상(액압축 현상) : 압축기에서 냉매 증기가 습압축된 상태에서 냉매액 압축이 발생한다.

29 어떤 냉동기로 1시간당 얼음 1ton을 제조하는 데 37kW의 동력을 필요로 한다. 이때 사용하는 물의 온도는 10℃이며 얼음은 −10℃이었다. 이 냉동기의 성적계수는?(단, 융해열은 335kJ/kg이고, 물의 비열은 4.19kJ/kg·K, 얼음의 비열은 2.09kJ/kg·K이다.)

① 2.0　　② 3.0
③ 4.0　　④ 5.0

해설
- 10℃ 물 → 0℃ 물의 현열 Q_1
  $Q_1 = G \cdot C \cdot \Delta t = 1{,}000 \times 4.19 \times (10-0)$
  $\quad\quad = 41{,}900 \text{kJ}$
- 0℃ 물 → 0℃ 얼음의 현열 Q_2
  $Q_2 = G \cdot \gamma = 1{,}000 \times 335$
  $\quad\quad = 335{,}000 \text{kJ}$
- 0℃ 얼음 → −10℃ 얼음의 융해열 Q_3
  $Q_3 = G \cdot C \cdot \Delta t = 1{,}000 \times 2.09 \times (0-(-10))$
  $\quad\quad = 20{,}900 \text{kJ}$

$Q_t = 41{,}900 + 335{,}000 + 20{,}900$
$\quad = 397{,}800 \text{kJ}$

∴ 성적계수 $COP = \dfrac{Q_t}{Aw} = \dfrac{397{,}800}{37 \times 3{,}600} = 2.98$

30 증발온도(압력)가 감소할 때, 장치에 발생되는 현상으로 가장 거리가 먼 것은?(단, 응축온도는 일정하다.)

① 성적계수(COP) 감소
② 토출가스 온도 상승
③ 냉매순환량 증가
④ 냉동효과 감소

해설 응축온도 일정 시 냉매 증발온도가 감소하면 압축비 증가로 성적계수가 감소하므로 냉매의 순환량이 감소한다.

31 다음 중 냉동장치의 운전상태 점검 시 확인해야 할 사항으로 가장 거리가 먼 것은?

① 윤활유의 상태
② 운전 소음 상태
③ 냉동장치 각부의 온도 상태
④ 냉동장치 전원의 주파수 변동 상태

해설 교류일 때 전압과 전류는 시간과 함께 변화한다.

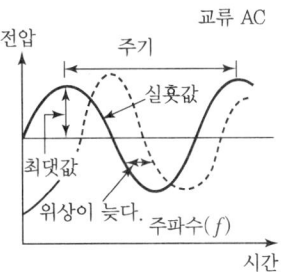

32 다음 중 줄-톰슨 효과와 관련이 가장 깊은 냉동방법은?

① 압축기체의 팽창에 의한 냉동법
② 감열에 의한 냉동법
③ 흡수식 냉동법
④ 2원 냉동법

해설 줄-톰슨 효과
압축냉매기체의 팽창에 의한 냉동법(온도하강 발생)

33 표준냉동사이클에서 냉매액이 팽창밸브를 지날 때 냉매의 온도, 압력, 엔탈피의 상태변화를 올바르게 나타낸 것은?

① 온도 : 일정, 압력 : 감소, 엔탈피 : 일정
② 온도 : 일정, 압력 : 감소, 엔탈피 : 감소
③ 온도 : 감소, 압력 : 일정, 엔탈피 : 일정
④ 온도 : 감소, 압력 : 감소, 엔탈피 : 일정

해설 팽창밸브의 기능
냉매액의 온도 감소, 압력 감소, 엔탈피(kcal/kg)는 일정, 비체적 증가

34 흡수식 냉동기의 특징에 대한 설명으로 틀린 것은?

① 부분 부하에 대한 대응성이 좋다.
② 용량제어의 범위가 넓어 폭넓은 용량제어가 가능하다.
③ 초기 운전 시 정격 성능을 발휘할 때까지의 도달 속도가 느리다.
④ 압축식 냉동기에 비해 소음과 진동이 크다.

해설 흡수식 냉동기는 압축기가 없어서 소음과 진동이 작다.

ANSWER | 29. ② 30. ③ 31. ④ 32. ① 33. ④ 34. ④

35 압축기의 클리어런스가 클 경우 상태변화에 대한 설명으로 틀린 것은?

① 냉동능력이 감소한다.
② 체적효율이 저하한다.
③ 압축기가 과열한다.
④ 토출가스의 온도가 감소한다.

해설 톱 클리어런스가 크면 냉매 토출가스의 온도가 상승한다.

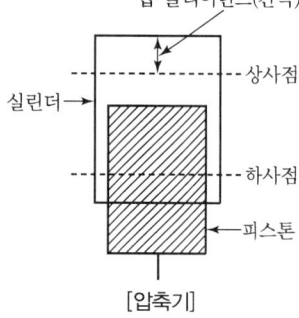

36 브라인의 구비조건으로 틀린 것은?

① 비열이 크고 동결온도가 낮을 것
② 불연성이며 불활성일 것
③ 열전도율이 클 것
④ 점성이 클 것

해설 브라인 냉매(2차 간접 냉매)는 냉매의 현열을 이용하여 냉동작용을 하며 점성이 크면 순환펌프의 동력 소비가 증가한다.

37 증발온도 −15℃, 응축온도 30℃인 이상적인 냉동기의 성적계수(COP)는?

① 5.73 ② 6.41
③ 6.73 ④ 7.34

해설 냉동장치의 성적계수 COP

$$COP = \frac{T_L}{T_H - T_L}$$
$$= \frac{(-15+273)}{(30+273)-(-15+273)}$$
$$= 5.73$$

38 열전달에 대한 설명으로 틀린 것은?

① 열전도는 물체 내에서 온도가 높은 쪽에서 낮은 쪽으로 열이 이동하는 현상이다.
② 대류는 유체의 열이 유체와 함께 이동하는 현상이다.
③ 복사는 떨어져 있는 두 물체 사이의 전열 현상이다.
④ 전열에서는 전도, 대류, 복사가 각각 단독으로 일어나는 경우가 많다.

해설 열의 이동은 전도, 대류, 복사가 동시에 일어난다.

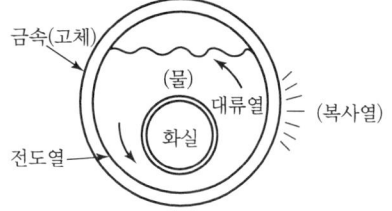

39 암모니아 냉동기에서 유분리기의 설치위치로 가장 적당한 곳은?

① 압축기와 응축기 사이
② 응축기와 팽창밸브 사이
③ 증발기와 압축기 사이
④ 팽창밸브와 증발기 사이

해설 냉매 중 냉매 속에 흡입된 오일의 제거를 위해 유분리기를 압축기와 응축기 사이에 설치한다.

40 다음과 같은 조건에서 작동하는 냉동장치의 냉매순환량(kg/h)은?(단, 1RT는 3.9kW이다.)

- 냉동능력 : 5RT
- 증발기 입구 냉매 엔탈피 : 240kJ/kg
- 증발기 출구 냉매 엔탈피 : 400kJ/kg

① 325.2 ② 438.8
③ 512.8 ④ 617.3

해설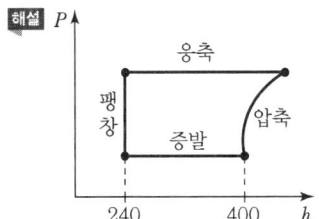

냉동능력(Q)냉매순환량(G) × 냉동효과(q)

냉매순환량 $G = \dfrac{Q}{q} = \dfrac{5 \times 3.9 \times 3,600}{400-240}$

$= 438.75 ≒ 438.8$

※ $3.9\text{kW} = 3.9\text{kJ/s}$, $1\text{h} = 3,600\text{s}$

SECTION 03 배관일반

41 냉매배관 설계 시 유의사항으로 틀린 것은?

① 2중 입상관 사용 시 트랩을 크게 한다.
② 과도한 압력강하를 방지한다.
③ 압축기로 액체 냉매의 유입을 방지한다.
④ 압축기를 떠난 윤활유가 일정 비율로 다시 압축기로 되돌아오게 한다.

해설 2중 입상관에서는 관경이 감소하여 트랩을 작게 하여도 된다.

42 고가 탱크식 급수설비에서 급수경로를 바르게 나타낸 것은?

① 수도본관 → 저수조 → 옥상탱크 → 양수관 → 급수관
② 수도본관 → 저수조 → 양수관 → 옥상탱크 → 급수관
③ 저수조 → 옥상탱크 → 수도본관 → 양수관 → 급수관
④ 저수조 → 옥상탱크 → 양수관 → 수도본관 → 급수관

해설 고가 탱크 방식

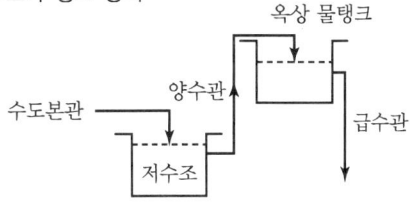

43 다음 중 건물의 급수량 산정의 기준과 가장 거리가 먼 것은?

① 건물의 높이 및 층수
② 건물의 사용 인원수
③ 설치될 기구의 수량
④ 건물의 유효면적

해설 건물의 급수량 산정 기준
㉠ 사용 인원수
㉡ 설치될 기구의 수량
㉢ 건물의 유효면적

44 제조소 및 공급소 밖의 도시가스 배관 설비 기준으로 옳은 것은?

① 철도부지에 매설하는 경우에는 배관의 외면으로부터 궤도 중심까지 3m 이상 거리를 유지해야 한다.
② 철도부지에 매설하는 경우 지표면으로부터 배관의 외면까지의 깊이를 1.2m 이상 유지해야 한다.
③ 하천구역을 횡단하는 배관의 매설은 배관의 외면과 계획하상높이와의 거리 2m 이상 거리를 유지해야 한다.
④ 수로 밑을 횡단하는 배관의 매설은 1.5m 이상, 기타 좁은 수로인 경우 0.8m 이상 깊게 매설해야 한다.

해설 ① 4m 이상 유지
③ 4m 이상 유지
④ 2m 이상, 1.2m 이상 매설

ANSWER | 41. ① 42. ② 43. ① 44. ②

45 다음 중 통기관의 종류가 아닌 것은?
① 각개 통기관　② 루프 통기관
③ 신정 통기관　④ 분해 통기관

해설 통기관 설비
㉠ 1관식 배관법(신정 통기관)
㉡ 2관식 배관법(고층건물용)
  • 각개 통기식
  • 회로 통기식
㉢ 환상 통기식(루프식)
㉣ 섹스티아 배수방식
㉤ 솔벤트 방식

46 펌프에서 캐비테이션 방지대책으로 틀린 것은?
① 흡입 양정을 짧게 한다.
② 양흡입 펌프를 단흡입 펌프로 바꾼다.
③ 펌프의 회전수를 낮춘다.
④ 배관의 굽힘을 적게 한다.

해설 펌프의 캐비테이션(공동현상) 방지

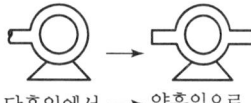

단흡입에서 → 양흡입으로 바꾼다.

47 간접배수관의 관경이 25A일 때 배수구 공간으로 최소 몇 mm가 가장 적당한가?
① 50　② 100
③ 150　④ 200

48 증기난방 배관 시공법에 관한 설명으로 틀린 것은?
① 증기 주관에서 가지관을 분기할 때는 증기 주관에서 생성된 응축수가 가지관으로 들어가지 않도록 상향 분기한다.
② 증기 주관에서 가지관을 분기하는 경우에는 배관의 신축을 고려하여 3개 이상의 엘보를 사용한 스위블 이음으로 한다.
③ 증기 주관 말단에는 관말트랩을 설치한다.
④ 증기관이나 환수관이 보 또는 출입문 등 장애물과 교차할 때는 장애물을 관통하여 배관한다.

해설 증기관이나 환수관이 보 또는 출입문 등 장애물과 교차할 때는 장애물을 우회하여 배관한다.

49 공기조화 설비의 구성과 가장 거리가 먼 것은?
① 냉동기 설비　② 보일러 실내기기 설비
③ 위생기구 설비　④ 송풍기, 공조기 설비

해설 공기조화 설비와 위생기구 설비는 관련성이 없다.

50 암모니아 냉동설비의 배관으로 사용하기에 가장 부적절한 배관은?
① 이음매 없는 동관
② 저온 배관용 강관
③ 배관용 탄소강 강관
④ 배관용 스테인리스 강관

해설 암모니아(NH_3) 냉매는 동(Cu)이나 동합금을 부식시킨다. (단, 수분이 없으면 상관이 없다.) 따라서 암모니아 냉매 배관에 동관은 사용하지 않는 것이 좋다.

51 건물의 시간당 최대 예상 급탕량이 2,000kg/h일 때, 도시가스를 사용하는 급탕용 보일러에서 필요한 가스 소모량(kg/h)은?(단, 급탕온도 60℃, 급수온도 20℃, 도시가스 발열량 15,000kcal/kg, 보일러 효율 95%이며, 열손실 및 예열부하는 무시한다.)
① 5.6　② 6.6
③ 7.6　④ 8.6

해설 보일러 효율 $\eta = \dfrac{G(h''-h')}{G_f \cdot H} \times 100$에서
$G(h''-h') = Q(정격출력) = G \cdot C \cdot \Delta t$
$\therefore \eta = \dfrac{G(h''-h')}{G_f \cdot H} \times 100\% = \dfrac{Q}{G_f \cdot H} \times 100\%$
$= \dfrac{G \cdot C \cdot \Delta t}{G_f \cdot H} \times 100\%$
$0.95 = \dfrac{2,000 \times 1 \times (60-20)}{G_f \times 15,000}$
$\therefore$ 가스 소모량 $G_f = \dfrac{2,000 \times 1 \times (60-20)}{0.95 \times 15,000}$
$= 5.61 \text{kg/h}$

45. ④ 46. ② 47. ① 48. ④ 49. ③ 50. ① 51. ① | **ANSWER**

52 다음 특징은 어떤 포집기에 대한 설명인가?

> 영업용(호텔, 레스토랑) 주방 등의 배수 중 함유되어 있는 지방분을 포집하여 제거한다.

① 드럼 포집기 ② 오일 포집기
③ 그리스 포집기 ④ 플라스터 포집기

해설 그리스 포집기
호텔, 레스토랑 등의 주방에서 배수 중의 지방분을 포집하는 배수트랩이다.

53 다음 배관 부속 중 사용 목적이 서로 다른 것과 연결된 것은?

① 플러그-캡 ② 티-리듀서
③ 니플-소켓 ④ 유니언-플랜지

해설
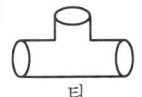 
티   리듀서(줄임쇠)

54 자동 2방향 밸브를 사용하는 냉온수 코일 배관법에서 바이패스관에 설치하기에 가장 적절한 밸브는?

① 게이트 밸브 ② 체크 밸브
③ 글로브 밸브 ④ 감압 밸브

해설
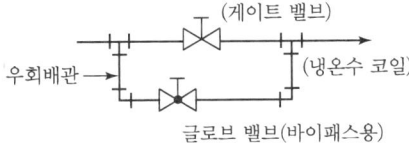

55 도시가스 배관에서 중압은 얼마의 압력을 의미하는가?

① 0.1MPa 이상 1MPa 미만
② 1MPa 이상 3MPa 미만
③ 3MPa 이상 10MPa 미만
④ 10MPa 이상 100MPa 미만

해설 도시가스 배관 압력
㉠ 저압 : 0.1MPa 미만
㉡ 중압 : 0.1MPa 이상 ~ 1MPa 미만
㉢ 고압 : 1MPa 이상

56 냉동배관 중 액관 시공 시 유의사항으로 틀린 것은?

① 매우 긴 입상 배관의 경우 압력이 증가하게 되므로 충분한 과냉각이 필요하다.
② 배관은 가능한 한 짧게 하여 냉매가 증발하는 것을 방지한다.
③ 가능한 한 직선적인 배관으로 하고, 곡관의 곡률 반경은 가능한 한 크게 한다.
④ 증발기가 응축기 또는 수액기보다 높은 위치에 설치되는 경우는 액을 충분히 과냉각시켜 액 냉매가 관 내에서 증발하는 것을 방지하도록 한다.

해설 수직입상관이 매우 길면 압력이 저하하고 온도가 감소한다.

57 강관을 재질상으로 분류한 것이 아닌 것은?

① 탄소강관 ② 합금강관
③ 전기용접강관 ④ 스테인리스강관

해설 강관의 재질별 분류
㉠ 탄소강관
㉡ 합금강관
㉢ 스테인리스강관

58 단열시공 시 곡면부 시공에 적합하고, 표면에 아스팔트 피복을 하면 -60℃ 정도까지 보랭이 되며 양모, 우모 등의 모(毛)를 이용한 피복제는?

① 실리카울 ② 아스베스토
③ 섬유유리 ④ 펠트

해설 펠트
단열시공 시 곡면부에 적합하고 표면에 아스팔트 피복을 하면 -60℃까지 보랭이 가능하며 양모, 우모 등의 모를 이용한 유기질 보온 보랭재이다.

59 기수 혼합 급탕기에서 증기를 물에 직접 분사시켜 가열하면 압력차로 인해 소음이 발생한다. 이러한 소음을 줄이기 위해 사용하는 설비는?

① 스팀 사일런서 ② 응축수 트랩
③ 안전밸브 ④ 가열코일

해설 스팀 사일런서
증기와 물을 혼합하여 급탕하는 기수 혼합식에서 증기와 물의 압력차에 의해 소음이 발생하는 것을 줄이는 기기이다.

60 유체의 흐름을 한 방향으로만 흐르게 하고 반대 방향으로는 흐르지 못하게 하는 밸브의 도시기호는?

① 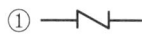 ②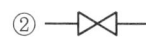
③  ④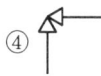

해설 ② 일반 밸브
③ 글로브밸브
④ 앵글밸브

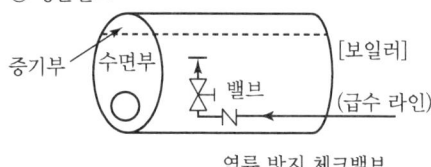

역류 방지 체크밸브

SECTION 04 전기제어공학

61 서보전동기에 대한 설명으로 틀린 것은?
① 정·역운전이 가능하다.
② 직류용은 없고 교류용만 있다.
③ 급가속 및 급감속이 용이하다.
④ 속응성이 대단히 높다.

해설 제어용 서보전동기
㉠ DC용
㉡ AC용
 • 정역전이 가능하다.
 • 급가속, 급감속이 가능하다.
 • 속응성이 대단히 높다.
※ 속응성 : 응답이며, 기기가 어느 정상상태에서 다음 정상상태로 옮기는 과도기 상태 시간의 장단점을 나타내는 말이다. 시간이 짧을수록 속응성이 높다.

62 자동연소제어에서 연료의 유량과 공기의 유량 관계가 일정한 비율로 유지되도록 제어하는 방식은?
① 비율제어   ② 시퀀스 제어
③ 프로세스 제어 ④ 프로그램 제어

해설 비율제어
자동연소제어(ACC)에서 연료량과 공기유량의 일정한 비율을 유지하는 제어이다.

63 저항 R에 100V의 전압을 인가하여 10A의 전류를 1분간 흘렸다면, 이때의 열량은 약 몇 kcal인가?
① 14.4   ② 28.8
③ 60   ④ 120

해설 열량(H) = $\frac{1}{4.186} I^2 Rt = 0.24 I^2 Rt$ (cal)
∴ 열량(H) = $0.24 Pt = 0.24 VIt = 0.24 \times 100 \times 10 \times 60$
= 14,400cal = 14.4kcal
※ 1J = 0.24cal, 1분 = 60초

64 다음 블록선도의 특성방정식으로 옳은 것은?

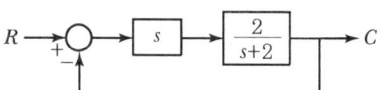

① $3s + 2 = 0$ ② $\frac{s}{s+2} = 0$
③ $\frac{2s}{3s+2} = 0$ ④ $2s = 0$

해설 특성방정식
상태공간법에서 계의 특성을 일련의 1차 미분방정식 또는 미분방정식으로 표현한다.
㉠ 일반식(x) = $Ax + Bx$
㉡ 출력식(y) = Cx
㉢ 특성방정식 $|sI - A| = 0$
$C = \frac{2}{s+2} D = \frac{2}{s+2} Es = \frac{2s}{s+2}(R - C)$
$\frac{2}{s+2} R = C\left(\frac{3s+2}{s+2}\right)$
$C = \frac{2}{3s+2} R$
∴ $3s + 2 = 0$

※ $E \to [s] \to D \to [\frac{2}{s+2}] \to C$

65 직류기의 브러시에 탄소를 사용하는 이유는?

① 접촉저항이 크다.
② 접촉저항이 작다.
③ 고유저항이 동보다 작다.
④ 고유저항이 동보다 크다.

해설 직류기에서 브러시에 탄소를 사용하는 이유는 접촉저항이 크기 때문이다.

66 제어계에서 제어량이 원하는 값을 갖도록 외부에서 주어지는 값은?

① 동작신호 ② 조작량
③ 목푯값   ④ 궤환량

해설 제어계 목푯값은 제어량이 원하는 값을 갖도록 외부에서 주어지는 값이다.

67 그림과 같은 평형 3상 회로에서 전력계의 지시가 100W일 때 3상 전력은 몇 W인가?(단, 부하의 역률은 100%로 한다.)

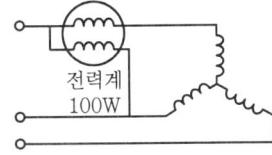

① $100\sqrt{2}$ ② $100\sqrt{3}$
③ 200   ④ 300

해설 3상 회로에서 역률이 100%, 위상차 ϕ가 0이므로
$\phi = 0$
$P_1 = P_2 = 100\text{W}$
$P = P_1 + P_2 = 100 + 100 = 200\text{W}$
※ 전력$(P) = VI = I^2R = \dfrac{V^2}{R}\text{W}$
1초 동안 1J의 일을 하면 1W의 전력

68 그림과 같은 신호흐름선도의 선형방정식은?

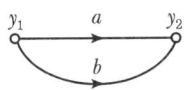

① $y_2 = (a+2b)y_1$ ② $y_2 = (a+b)y_1$
③ $y_2 = (2a+b)y_1$ ④ $y_2 = 2(a+b)y_1$

해설 ㉠ 신호흐름선도는 블록선도를 간단화한 것으로 전달선은 게인과 부호를 포함하고 있는데, 화살표 위에 써 있는 값이 부호를 포함한 게인(곱하는 것)이고, 원은 가산점 및 분기점을 의미한다.
㉡ 신호흐름선도는 선형 시스템에 적용하며 결과와 원인의 함수로 표현되는 형태이다.
㉢ 마디 : 변수를 나타내고 원인과 결과의 순서를 왼쪽부터 차례로 배열한다.
㉣ 신호 : 가지의 화살표 방향으로만 전송된다.
∴ $y_2 = (a+b)y_1$

69 R-L 직렬회로에 100V의 교류 전압을 가했을 때 저항에 걸리는 전압이 80V이었다면 인덕턴스에 걸리는 전압(V)은?

① 20   ② 40
③ 60   ④ 80

해설 총 전압 $V = V_R + jV_L$
$V = \sqrt{V_R^2 + V_L^2}$ 에서
인덕턴스에 걸리는 전압 $V_L = \sqrt{V^2 - V_R^2}$
$= \sqrt{100^2 - 80^2}$
$= 60\text{V}$

70 교류회로에서 역률은?

① $\dfrac{무효전력}{피상전력}$ ② $\dfrac{유효전력}{피상전력}$
③ $\dfrac{무효전력}{유효전력}$ ④ $\dfrac{유효전력}{무효전력}$

해설 교류회로 역률 $= \dfrac{유효전력}{피상전력}$

71 변압기 내부 고장 검출용 보호계전기는?
① 차동계전기   ② 과전류계전기
③ 역상계전기   ④ 부족전압계전기

해설 차동계전기
정상 시에는 계전기를 적용한 2개소 회로의 전압 또는 전류가 같지만 고장 시에는 전압 또는 전류에 차가 생겨서 이에 의해 동작하는 계전기이다.

72 제어시스템의 구성에서 서보전동기는 어디에 속하는가?
① 조절부   ② 제어대상
③ 조작부   ④ 검출부

해설 서보전동기(조작부, 제어대상용)
서보기구에 사용되는 전동기(직류용, 교류용)이다. 즉 물체의 위치, 방위, 자세에 목푯값의 임의 변화를 추종하도록 구성된 피드백 제어계이다. 기계를 명령대로 움직이는 장치이다.

73 $i = 2t^2 + 8t$(A)로 표시되는 전류가 도선에 3초 동안 흘렀을 때 통과한 전체 전하량(C)은?
① 18   ② 48
③ 54   ④ 61

해설 전하
대전된 물체가 가지고 있는 전기이다. 전하가 가지고 있는 전기의 양을 전기량이라고 한다. 단위는 Coulomb(C)이다.
$$I = \frac{dQ}{dt} = \int_0^3 (2t^2 + 8t)dt$$
$$= \left[\frac{2}{3}t^3 + \frac{8}{2}t^2\right]_0^3$$
$$= \frac{2}{3} \times 3^3 + 4 \times 3^2$$
$$= 18 + 36 = 54$$

74 적분시간이 3초이고, 비례감도가 5인 PI 제어계의 전달함수는?
① $G(s) = \dfrac{10s+5}{3s}$ ② $G(s) = \dfrac{15s-5}{3s}$
③ $G(s) = \dfrac{10s-3}{3s}$ ④ $G(s) = \dfrac{15s+5}{3s}$

해설 ㉠ 전달함수 : 모든 초깃값을 0으로 하였을 때 출력신호의 라플라스 변환과 입력신호의 라플라스 변환의 비이다.
$$G(s) = \frac{C(s)}{R(s)} = K_p\left(1 + \frac{1}{T_1 s}\right)$$
$$= 5\left(1 + \frac{1}{3s}\right) = \frac{15s+5}{3s}$$
㉡ 비례요소 전달함수 $G(s) = \dfrac{Y(s)}{X(s)} = K$
㉢ 적분요소 전달함수 $G(s) = \dfrac{E(s)}{I(s)} = \dfrac{1}{Cs} = \dfrac{K}{s}$

75 서보기구의 제어량에 속하는 것은?
① 유량   ② 압력
③ 밀도   ④ 위치

해설 서보기구 제어량
위치, 방위, 자세

76 운동계의 각속도 ω는 전기계의 무엇과 대응되는가?
① 저항   ② 전류
③ 인덕턴스   ④ 커패시턴스

해설 운동계의 각속도(ω)는 전기계의 전류와 대응한다.(관성모멘트는 인덕턴스)

77 정상편차를 제거하고 응답속도를 빠르게 하여, 속응성과 정상상태 응답 특성을 개선하는 제어동작은?
① 비례동작
② 비례적분동작
③ 비례미분동작
④ 비례미분적분동작

해설 비례미분적분동작(PID 동작)
정상편차를 제거하고 응답속도를 빠르게 하여 속응성과 정상상태 응답 특성을 개선하는 제어동작이다.

78 직류전동기의 속도 제어방법이 아닌 것은?

① 계자제어법　　② 직렬저항법
③ 병렬저항법　　④ 전압제어법

해설 직류전동기 속도 제어법
㉠ 계자제어법
㉡ 직렬저항법
㉢ 전압제어법
㉣ 저항제어법

79 그림과 같은 유접점 회로의 논리식은?

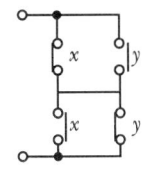

① $x\bar{y}+x\bar{y}$
② $(\bar{x}+\bar{y})(x+y)$
③ $\bar{x}y+\bar{x}\bar{y}$
④ $xy+\bar{x}\bar{y}$

해설 ㉠ x와 y는 병렬연결이고 이 두 개의 회로가 직렬로 연결되어 있다.
㉡ 직렬연결은 논리곱(AND)으로 표시한다.
㉢ $Y=A\bar{B}+\bar{A}B=A\oplus B$이므로 OR 회로이다.(병렬연결이며 논리합)
㉣ $Y=xy+\bar{x}\bar{y}$(유접점회로논리)
∴ $(x+y)(x+y)=xx+xy=xy+yy=xy+xy$

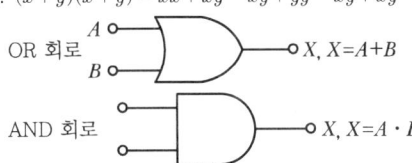

80 피드백 제어계에서 제어요소에 대한 설명 중 옳은 것은?

① 목푯값에 비례하는 신호를 발생하는 요소이다.
② 조절부와 검출부로 구성되어 있다.
③ 동작신호를 조작량으로 변화시키는 요소이다.
④ 조절부와 비교부로 구성되어 있다.

해설 피드백 제어계의 기본적 요소 및 구성

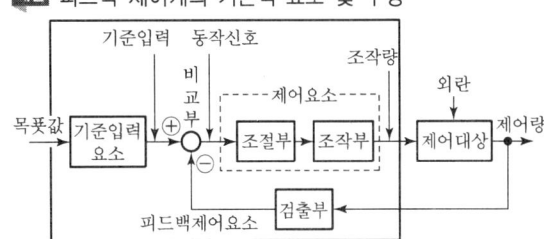

ANSWER | 78. ③　79. ④　80. ③

2020년 1·2회 공조냉동기계산업기사

SECTION 01 공기조화

01 증기난방에 관한 설명으로 틀린 것은?
① 열매온도가 높아 방열기의 방열면적이 작아진다.
② 예열 시간이 짧다.
③ 부하변동에 따른 방열량의 제어가 곤란하다.
④ 증기의 증발현열을 이용한다.

해설 증기난방

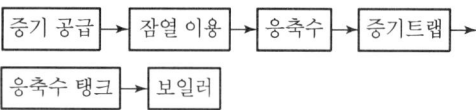

증기는 증발현열이 아닌 증발잠열(1atm에서 539kcal/kg, 2,256kJ/kg)을 이용하며 그 잔재물은 응축수이고 증기트랩으로 응축수를 회수하여 재사용한다.

02 온풍난방의 특징에 대한 설명으로 틀린 것은?
① 예열부하가 거의 없으므로 가동시간이 아주 짧다.
② 취급이 간단하고 취급자격자를 필요로 하지 않는다.
③ 방열기기나 배관 등의 시설이 필요 없으므로 설비비가 싸다.
④ 토출 공기온도가 높으므로 쾌적성이 좋다.

해설 온풍난방
• 토출공기의 온도가 별로 높지 않으며 공기가 건조하다.
• 비열이 0.24kcal/kg·℃로 낮아서 예열부하가 필요 없다.
• 그 외 특징은 ①, ②, ③항과 같다.

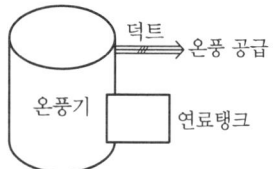

03 공조방식 중 변풍량 단일덕트방식에 대한 설명으로 틀린 것은?
① 운전비의 절약이 가능하다.
② 동시 부하율을 고려하여 기기 용량을 결정하므로 설비용량을 적게 할 수 있다.
③ 시운전 시 각 토출구의 풍량 조정이 복잡하다.
④ 부하 변동에 대하여 제어응답이 빠르기 때문에 거주성이 향상된다.

해설 변풍량 공조방식(VAV 방식)
㉠ 종류
 • 단일덕트방식
 • 2중덕트방식
㉡ 풍량제어방식 : 바이패스형, 슬롯형, 유인형
㉢ 특징 : 풍량제어가 용이하다.

04 풍량이 800m³/h인 공기를 건구온도 33℃, 습구온도 27℃(엔탈피(h_1)는 85.26kJ/kg)의 상태에서 건구온도 16℃, 상대습도 90%(엔탈피(h_2)는 42kJ/kg) 상태까지 냉각할 경우 필요한 냉각열량(kW)은?(단, 건공기의 비체적은 0.83m³/kg이다.)
① 3.1
② 5.4
③ 11.6
④ 22.8

해설 냉각열량 $Q = G(h_1 - h_2) = \dfrac{q}{v}(h_1 - h_2)$

$= \dfrac{\left(800 \times \dfrac{1}{3,600}\right)}{0.83} \times (85.26 - 42)$

$= 11.58 ≒ 11.6\text{kW}$

05 겨울철 침입외기(틈새바람)에 의한 잠열부하(q_L, kJ/h)를 구하는 공식으로 옳은 것은?(단, Q는 극간풍량(m³/h), Δt는 실내·외 온도 차(℃), Δx는 실내·외 절대습도 차(kg/kg′)이다.)
① $1.212 \times Q \times \Delta t$
② $539 \times Q \times \Delta x$
③ $2,501 \times Q \times \Delta x$
④ $3,001.2 \times Q \times \Delta x$

1.④ 2.④ 3.③ 4.③ 5.④ | ANSWER

해설 틈새바람(극간풍) 부하 손실
㉠ 현열부하 = $0.29Q(t_r - t_0)$ kcal/h
㉡ 잠열부하 = $717Q(x_r - x_0)$ kcal/h
∴ $717 \times 4.186 \times Q(x_r - x_0) = 3,001.2 \times Q \times \Delta x$ (kJ/h)
※ 1kcal = 4.186kJ

06 공기조화 부하의 종류 중 실내부하와 장치부하에 해당되지 않는 것은?
① 사무기기나 인체를 통해 실내에서 발생하는 열
② 유리 및 벽체를 통한 전도열
③ 급기덕트에서 실내로 유입되는 열
④ 외기로 실내 온·습도를 냉각시키는 열

해설
• 외기로 실내 온습도를 냉각시키는 열은 중간기 외기부하이다.(장치는 송풍기나 덕트이며 현열부하에만 해당)
• 실내부하는 벽체, 유리, 극간풍, 인체, 기구에 의한 발생열

07 에어필터의 포집방법 중 무기질 섬유 공간을 공기가 통과할 때 충돌, 차단, 확산에 의해 큰 분진입자를 포집하는 필터는 무엇인가?
① 정전식 필터
② 여과식 필터
③ 점착식 필터
④ 흡착식 필터

해설 여과식 필터
큰 분진입자를 포집한다.(무기질 섬유 공간 이용)

08 다음 중 자연환기가 많이 일어나도 비교적 난방 효율이 제일 좋은 것은?
① 대류난방
② 증기난방
③ 온풍난방
④ 복사난방

해설 복사(방사)난방은 자연환기가 많이 일어나도 비교적 난방 효율이 좋은 온수 패널 난방이다.

09 열교환기 중 공조기 내부에 주로 설치되는 공기가열기 또는 공기냉각기를 흐르는 냉·온수의 통로수는 코일의 배열방식에 따라 나뉜다. 이 중 코일의 배열방식에 따른 종류가 아닌 것은?
① 풀 서킷
② 하프 서킷
③ 더블 서킷
④ 플로 서킷

해설 코일형식의 분류
㉠ 풀 서킷
㉡ 더블 서킷
㉢ 하프 서킷

10 다음 가습기 방식 분류 중 기화식이 아닌 것은?
① 모세관식 가습기
② 회전식 가습기
③ 적하식 가습기
④ 원심식 가습기

해설 ㉠ 수분무식 가습기 : 원심식, 초음파식, 분무식
㉡ 기화(증발)식 가습기 : 회전식, 모세관식, 적하식

11 각 실마다 전기 스토브나 기름난로 등을 설치하여 난방하는 방식을 무엇이라고 하는가?
① 온돌난방
② 중앙난방
③ 지역난방
④ 개별난방

해설 개별난방
각 실마다 전기 스토브나 기름난로를 설치한 난방방식이다. 소규모 사무실, 단독주택 등에서 채택한다.

12 송풍기 특성곡선에서 송풍기의 운전점은 어떤 곡선의 교차점을 의미하는가?
① 압력곡선과 저항곡선의 교차점
② 효율곡선과 압력곡선의 교차점
③ 축동력곡선과 효율곡선의 교차점
④ 저항곡선과 축동력곡선의 교차점

ANSWER | 6.④ 7.② 8.④ 9.④ 10.④ 11.④ 12.①

해설 송풍기 특성곡선 운전점

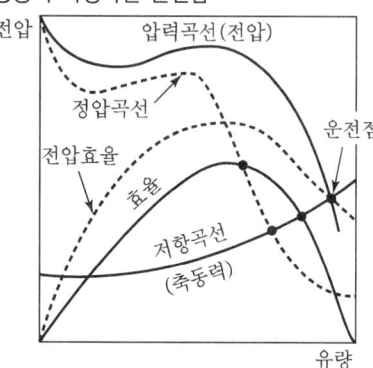

13 방열량이 5.25kW인 방열기에 공급해야 할 온수량(m³/h)은?(단, 방열기 입구온도는 80℃, 출구온도는 70℃이며, 물의 비열은 4.2kJ/kg·℃, 물의 밀도는 977.5kg/m³이다.)

① 0.34 ② 0.46
③ 0.66 ④ 0.75

해설 난방능력 $Q = G \cdot C \cdot \Delta t$에서

온수순환량 $G = \dfrac{Q}{C \cdot \Delta t}$

$= \dfrac{5.25 \times 3{,}600}{977.5 \times 4.2 \times (80-70)}$

$= 0.46\,\text{m}^3/\text{h}$

14 외기와 배기 사이에서 현열과 잠열을 동시에 회수하는 방식으로 외기 도입량이 많고 운전시간이 긴 시설에서 효과가 큰 방식은?

① 전열교환기 방식 ② 히트 파이프 방식
③ 콘덴서 리히트 방식 ④ 런 어라운드 코일 방식

해설 전열교환기 시스템

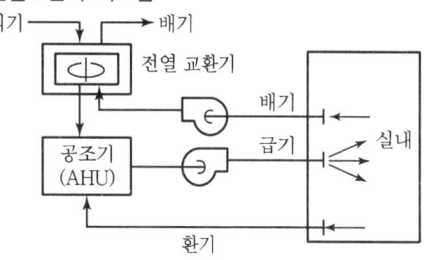

15 송풍기 번호에 의한 송풍기 크기를 나타내는 식으로 옳은 것은?

① 원심송풍기 : $\text{No}(\#) = \dfrac{\text{회전날개지름mm}}{100\text{mm}}$

  축류송풍기 : $\text{No}(\#) = \dfrac{\text{회전날개지름mm}}{150\text{mm}}$

② 원심송풍기 : $\text{No}(\#) = \dfrac{\text{회전날개지름mm}}{150\text{mm}}$

  축류송풍기 : $\text{No}(\#) = \dfrac{\text{회전날개지름mm}}{100\text{mm}}$

③ 원심송풍기 : $\text{No}(\#) = \dfrac{\text{회전날개지름mm}}{150\text{mm}}$

  축류송풍기 : $\text{No}(\#) = \dfrac{\text{회전날개지름mm}}{150\text{mm}}$

④ 원심송풍기 : $\text{No}(\#) = \dfrac{\text{회전날개지름mm}}{100\text{mm}}$

  축류송풍기 : $\text{No}(\#) = \dfrac{\text{회전날개지름mm}}{100\text{mm}}$

해설 송풍기 크기

㉠ 원심식 : $\dfrac{\text{회전날개지름(mm)}}{150(\text{mm})}$

㉡ 축류식 : $\dfrac{\text{회전날개지름(mm)}}{100(\text{mm})}$

16 보일러를 안전하고 경제적으로 운전하기 위한 여러 가지 부속기기 중 급수관계장치와 가장 거리가 먼 것은?

① 증기관 ② 급수 펌프
③ 급수 밸브 ④ 자동급수장치

해설 보일러의 급수관계장치

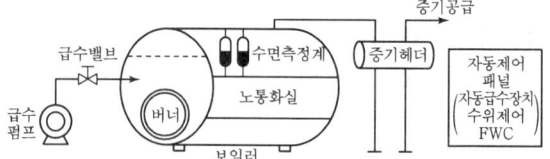

17 압력 10,000kPa, 온도 227℃인 공기의 밀도(kg/m³)는 얼마인가?(단, 공기의 기체상수는 287.04J/kg·K이다.)

① 57.3 ② 69.6
③ 73.2 ④ 82.9

해설 $PV = mRT$에서
$$V = \frac{P}{RT} = \frac{10,000}{(287.04 \times 10^{-3}) \times (227+273)} = 69.68 \text{kg/m}^3$$
※ $1\text{Pa} = \text{N/m}^2$, $1\text{J} = 1\text{N/m}$

18 다음 공조방식 중 중앙방식이 아닌 것은?
① 단일덕트 방식   ② 2중덕트 방식
③ 팬코일유닛 방식 ④ 룸쿨러 방식

해설 개별방식
룸쿨러 방식, 패키지 방식, 멀티유닛 방식

19 다음 중 엔탈피가 0kJ/kg인 공기는 어느 것인가?
① 0℃ 습공기   ② 0℃ 건공기
③ 0℃ 포화공기 ④ 32℃ 습공기

해설 0℃ 공기(건공기)의 엔탈피 : 0kJ/kg

20 아래 습공기선도에서 습공기의 상태가 1 지점에서 2 지점을 거쳐 3 지점으로 이동하였다. 이 습공기가 거친 과정은?(단, 1, 2의 엔탈피는 같다.)

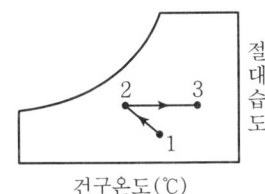

① 냉각 감습-가열
② 냉각-제습제를 이용한 제습
③ 순환수 가습-가열
④ 온수 감습-냉각

해설 순환수 가습-가열선도

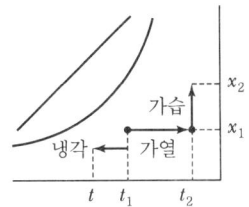

SECTION 02 냉동공학

21 다음의 냉매가스를 단열압축 하였을 때 온도상승률이 가장 큰 것부터 순서대로 나열된 것은?(단, 냉매가스는 이상기체로 가정한다.)
① 공기>암모니아>메틸클로라이드>R-502
② 공기>메틸클로라이드>암모니아>R-502
③ 공기>R-502>메틸클로라이드>암모니아
④ R-502>공기>암모니아>메틸클로라이드

해설 단열압축(등엔트로피 변화) 냉매 증기온도(℃)
[기준 냉동사이클에서]
㉠ 공기 : 100 정도
㉡ 암모니아 : 98
㉢ 메틸클로라이드 : 77.8
㉣ R-502 : 토출가스 온도가 다른 가스보다 낮다.

22 몰리에르 선도상에서 압력이 증대함에 따라 포화액선과 건포화증기선이 만나는 일치점을 무엇이라 하는가?
① 한계점   ② 임계점
③ 상사점   ④ 비등점

해설 역카르노 사이클

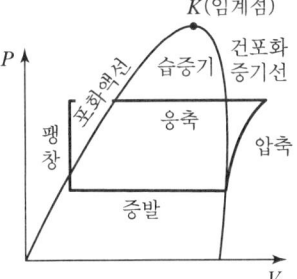

23 다음 중 냉동기의 압축기에서 일어나는 이상적인 압축과정은 어느 것인가?
① 등온변화
② 등압변화
③ 등엔탈피 변화
④ 등엔트로피 변화

ANSWER | 18. ④ 19. ② 20. ③ 21. ① 22. ② 23. ④

해설 냉동기의 이상적인 압축(단열압축) : 등엔트로피 변화

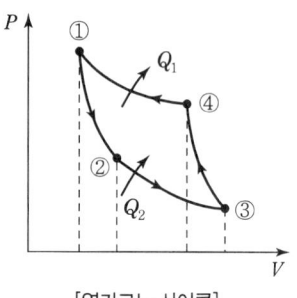

[역카르노 사이클]
- ① → ② : 단열팽창
- ② → ③ : 등온팽창
- ③ → ④ : 단열압축
- ④ → ① : 등온압축

24 다음 열에 대한 설명으로 틀린 것은?
① 냉동실이나 냉장실 벽체를 통해 실내로 들어오는 열은 감열과 잠열이다.
② 냉동실 출입문의 틈새로 공기가 갖고 들어오는 열은 감열과 잠열이다.
③ 하절기 냉장실에서 작업하는 인체의 발생열은 감열과 잠열이다.
④ 냉장실 내 백열등에서 발생하는 열은 감열이다.

해설 냉동실, 냉장실 벽체(고체)에서 들어오는 열 : 전도열

25 다음 중 펠티에(Peltier) 효과를 이용한 냉동법은?
① 기체팽창 냉동법
② 열전 냉동법
③ 자기 냉동법
④ 2원 냉동법

해설 전자냉동기(열전냉동법) : 펠티에 효과 이용
※ 전자냉동기 열전반도체 : 비스무트텔루라이드, 안티몬텔루라이드, 비스무트셀렌 등 이용

26 온도식 팽창밸브(Thermostatic Expansion Valve)에 있어서 과열도란 무엇인가?
① 팽창밸브 입구와 증발기 출구 사이의 냉매 온도 차
② 팽창밸브 입구와 팽창밸브 출구 사이의 냉매 온도 차
③ 흡인관 내의 냉매가스 온도와 증발기 내의 포화온도와의 온도 차
④ 압축기 토출가스와 증발기 내 증발가스의 온도 차

해설 온도식 팽창밸브(벨로스식, 다이어프램식)
• 과열도 : 압축기의 흡입가스냉매온도 − 증발온도
• 온도식 팽창밸브 감온통 설치(가스 충전용, 액 충전용, 크로스 충전용)

27 수랭식 응축기를 사용하는 냉동장치에서 응축압력이 표준압력보다 높게 되는 원인으로 가장 거리가 먼 것은?
① 공기 또는 불응축가스의 혼입
② 응축수 입구온도의 저하
③ 냉각수량의 부족
④ 응축기의 냉각관에 스케일이 부착

해설 응축수 입구온도가 저하하면 응축압력이 표준압력보다 낮아진다.

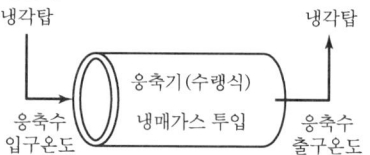

28 증기 압축식 냉동법(A)과 전자 냉동법(B)의 역할을 비교한 것으로 틀린 것은?
① (A) 압축기 : (B) 소대자(P−N)
② (A) 압축기 모터 : (B) 전원
③ (A) 냉매 : (B) 전자
④ (A) 응축기 : (B) 저온 측 접합부

해설 ④ (A) 응축기 : (B) 고온 측 방열부
※ 전자 냉동법 : 전자냉동기 반도체 펠티에 효과 이용

24. ① 25. ② 26. ③ 27. ② 28. ④ | ANSWER

29 흡수식 냉동기에 관한 설명으로 옳은 것은?

① 초저온용으로 사용된다.
② 비교적 소용량보다는 대용량에 적합하다.
③ 열교환기를 설치하여도 효율은 변함 없다.
④ 물-LiBr식인 경우 물이 흡수제가 된다.

해설 대형 흡수식 냉동기(리튬브로마이드 흡수제 이용)

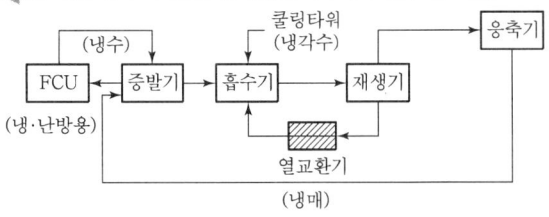

30 다음 중 가스엔진구동형 열펌프(GHP) 시스템의 설명으로 틀린 것은?

① 압축기를 구동하는 데 전기에너지 대신 가스를 이용하는 내연기관을 이용한다.
② 하나의 실외기에 하나 또는 여러 개의 실내기가 장착된 형태로 이루어진다.
③ 구성요소로서 압축기를 제외한 엔진, 그리고 내·외부열교환기 등으로 구성된다.
④ 연료로는 천연가스, 프로판 등이 이용될 수 있다.

해설 가스엔진 열펌프(GHP 히트펌프) 구성요소

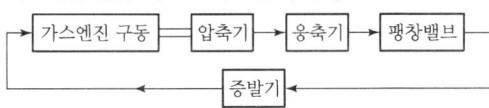

31 다음 그림은 단효용 흡수식 냉동기에서 일어나는 과정을 나타낸 것이다. 각 과정에 대한 설명으로 틀린 것은?

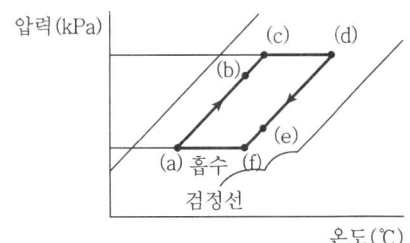

① (a) → (b) 과정 : 재생기에서 돌아오는 고온 농용액과 열교환에 의한 희용액의 온도 상승
② (b) → (c) 과정 : 재생기 내에서의 가열에 의한 냉매 응축
③ (d) → (e) 과정 : 흡수기에서의 저온 희용액과 열교환기에 의한 농용액의 온도 강하
④ (e) → (f) 과정 : 흡수기에서 외부로부터의 냉각에 의한 농용액의 온도 강하

해설 (b) → (c) 과정 : 재생기 내에서 가열로 가열에 의한 희용액 온도 상승, 압력 증가

단효용 흡수식 냉동기

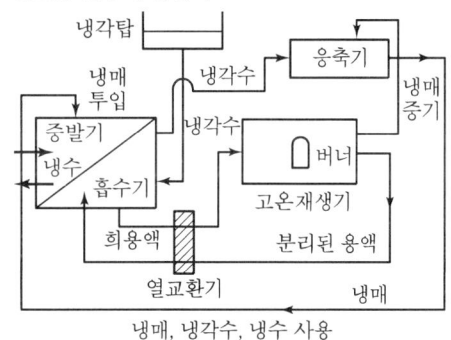

냉매, 냉각수, 냉수 사용

32 다음 냉동기의 종류와 원리의 연결로 틀린 것은?

① 증기압축식 - 냉매의 증발잠열
② 증기분사식 - 진공에 의한 물 냉각
③ 전자냉동법 - 전류흐름에 의한 흡열작용
④ 흡수식 - 프레온 냉매의 증발잠열

해설 흡수식 냉동기
• 냉매 : H_2O
• 흡수제 : LiBr(리튬브로마이드)

33 다음 중 핼라이드 토치를 이용하여 누설검사를 하는 냉매는?

① R-134a   ② R-717
③ R-744   ④ R-729

ANSWER | 29. ② 30. ③ 31. ② 32. ④ 33. ①

해설 프레온 냉매 누설검사 : Halide Torch 사용(R-134a 등)
㉠ 냉매 누설이 없는 경우 : 청색 반응
㉡ 냉매 소량 누설의 경우 : 녹색 반응
㉢ 중량 누설의 경우 : 자주색 반응
㉣ 다량 누설의 경우 : 토치 불이 꺼진다.
(토치 내 사용연료 : 아세틸렌, 프로판, 부탄, 알코올 등)

34 냉동기 속 두 냉매가 아래 표의 조건으로 작동될 때, A 냉매를 이용한 압축기의 냉동능력이 Q_A, B 냉매를 이용한 압축기의 냉동능력이 Q_B인 경우 Q_A/Q_B의 비는?(단, 두 압축기의 피스톤 압출량은 동일하며, 체적효율도 75%로 동일하다.)

구분	A	B
냉동효과(kJ/kg)	1,130	170
비체적(m³/kg)	0.509	0.077

① 1.5 ② 1.0
③ 0.8 ④ 0.5

해설 냉동능력 $Q = G \times q = \left(\dfrac{V}{v} \times \eta_v\right) \times q$

이때, $Q_A = \left(\dfrac{V}{0.509} \times 0.75\right) \times 1,130 = 1,665.03\,V$

$Q_B = \left(\dfrac{V}{0.077} \times 0.75\right) \times 170 = 1,655.84\,V$

$\therefore \dfrac{Q_A}{Q_B} = \dfrac{1,665.03\,V}{1,655.84\,V} \fallingdotseq 1.0$

35 두께 3cm인 석면판의 한쪽 면의 온도는 400℃, 다른 쪽 면의 온도는 100℃일 때, 이 판을 통해 일어나는 열전달량(W/m²)은?(단, 석면의 열전도율은 0.095 W/m·℃이다.)

① 0.95 ② 95
③ 950 ④ 9,500

해설 열전달량 Q

$Q = \dfrac{\lambda}{l} \times \Delta t = \dfrac{0.095}{0.03} \times (400 - 100) = 950\,\text{W/m}^2$

여기서, Q : 열전달량 (W/m²)
λ : 열전도율 (W/m·℃)
l : 두께 (m)
Δt : 온도차

36 R-502를 사용하는 냉동장치의 몰리에르 선도가 다음과 같다. 이 장치의 실제 냉매순환량은 167kg/h이고, 전동기 출력이 3.5kW일 때, 실제 성적계수는?

① 1.3 ② 1.4
③ 1.5 ④ 1.6

해설 실제 성적계수 COP

$COP = \dfrac{Q}{Aw} = \dfrac{G(h_1 - h_2)}{Aw}$

$= \dfrac{167 \times (563 - 449)}{3.5 \times 3,600} = 1.5$

※ 1kW = 1kJ/s

37 냉매 충전용 매니폴드로 구성하는 주요 밸브와 가장 거리가 먼 것은?

① 흡입밸브 ② 자동용량제어밸브
③ 펌프연결밸브 ④ 바이패스밸브

해설 냉매충전 매니폴드
흡입밸브, 펌프연결밸브, 바이패스밸브 등으로 구성된 Manifold이다.(구냉매, 신냉매, 자동차용)

38 냉매와 배관재료의 선택을 바르게 나타낸 것은?

① NH_3 : Cu 합금
② 크롬메탈 : Al 합금
③ R-21 : Mg을 함유한 Al 합금
④ 이산화탄소 : Fe 합금

해설 냉매 재료별 사용 불가 금속
㉠ 암모니아 : 동, 동 합금 불가
㉡ 프레온 : 마그네슘, 마그네슘 2% 이상 함유한 알루미늄 합금 사용 불가
㉢ 크롬메틸 : 알루미늄 합금 사용 불가

39 2단압축 사이클에서 증발압력이 계기압력으로 235 kPa이고, 응축압력은 절대압력으로 1,225kPa일 때 최적의 중간 절대압력(kPa)은?(단, 대기압은 101 kPa이다.)

① 514.5   ② 536.06
③ 641.56   ④ 668.36

해설 증발절대압력 = 235 + 101 = 336kPa
2단압축 중간압력(P) = $\sqrt{P_e \times P_c}$
= $\sqrt{336 \times 1,225}$
= 641.56kPa

※ 1atm = 101.325kPa

40 30℃의 공기가 체적 1m³의 용기 내에 압력 600kPa 인 상태로 들어 있을 때 용기 내의 공기 질량(kg)은? (단, 기체상수는 287J/kg·K이다.)

① 5.9   ② 6.9
③ 7.9   ④ 4.9

해설 $PV = GRT$
$G = \dfrac{PV}{RT} = \dfrac{600 \times 1}{(287 \times 10^{-3}) \times (30+273)} = 6.9$kg

※ 287J/kg·K = 0.287kJ/kg·K

SECTION 03 배관일반

41 증기난방 배관에서 증기트랩을 사용하는 주된 목적은?

① 관 내의 온도를 조절하기 위해서
② 관 내의 압력을 조절하기 위해서
③ 배관의 신축을 흡수하기 위해서
④ 관 내의 증기와 응축수를 분리하기 위해서

해설
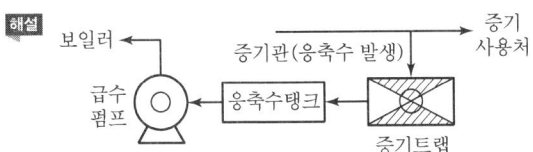

42 배수관 설치기준에 대한 내용으로 틀린 것은?

① 배수관의 최소 관경은 20mm 이상으로 한다.
② 지중에 매설하는 배수관의 관경은 50mm 이상이 좋다.
③ 배수관은 배수가 흐르는 방향으로 관경을 축소해서는 안 된다.
④ 기구 배수관의 관경은 이것에 접속하는 위생기구의 트랩구경 이상으로 한다.

해설 배수관경 크기
최소한 30mm 이상으로 한다.

43 배관 지름이 100cm이고, 유량이 0.785m³/sec일 때, 이 파이프 내의 평균유속(m/s)은 얼마인가?

① 1   ② 10
③ 100   ④ 1,000

해설 연속방정식 $Q = AV = \dfrac{\pi D^2}{4} \cdot V$에서

유속 $V = \dfrac{Q}{\left(\dfrac{\pi D^2}{4}\right)}$

$= \dfrac{0.785}{\left(\dfrac{\pi \times 1^2}{4}\right)}$

$= 0.9995 ≒ 1$m/s

44 냉매 배관 시공법에 관한 설명으로 틀린 것은?

① 압축기와 응축기가 동일 높이 또는 응축기가 아래에 있는 경우 배출관은 하향 구배로 한다.
② 증발기가 응축기보다 아래에 있을 때 냉매액이 증발기에 흘러내리는 것을 방지하기 위해 역루프를 만들어 배관한다.
③ 증발기와 압축기가 같은 높이일 때는 흡입관을 수직으로 세운 다음 압축기를 향해 선단 상향 구배로 배관한다.
④ 액관 배관 시 증발기 입구에 전자밸브가 있을 때는 루프이음을 할 필요가 없다.

해설 증발기와 압축기가 동일 높이에 있는 경우
흡입관 수직 입상시킨다.
(선단 하향 구배를 준다.)

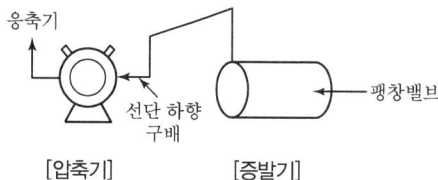

45 증기배관 내의 수격작용을 방지하기 위한 내용으로 가장 적당한 것은?

① 감압밸브를 설치한다.
② 가능한 한 배관에 굴곡부를 많이 둔다.
③ 가능한 한 배관의 관경을 크게 한다.
④ 배관 내 증기의 유속을 빠르게 한다.

해설 증기배관 내 관경이 크면 수격작용이 방지된다.

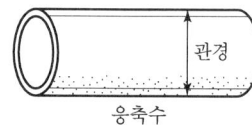 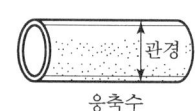

46 냉동장치 배관도에서 다음과 같은 부속기기의 기호는 무엇을 나타내는가?

① 송풍기   ② 응축기
③ 펌프   ④ 체크밸브

해설 펌프 배관도

47 캐비테이션 현상의 발생 원인으로 옳은 것은?

① 흡입양정이 작을 경우 발생한다.
② 액체의 온도가 낮을 경우 발생한다.
③ 날개차의 원주속도가 작을 경우 발생한다.
④ 날개차의 모양이 적당하지 않을 경우 발생한다.

해설 캐비테이션(펌프의 공동현상)
압력이 순간 저하하거나 날개차의 모양이 적당하지 않을 때 발생한다.(압력이 낮아지거나 흡입양정이 높은 경우)

48 다음 중 옥상 급수탱크의 부속장치에 해당하는 것은?

① 압력 스위치   ② 압력계
③ 안전밸브   ④ 오버플로관

해설 옥상 급수탱크 방식

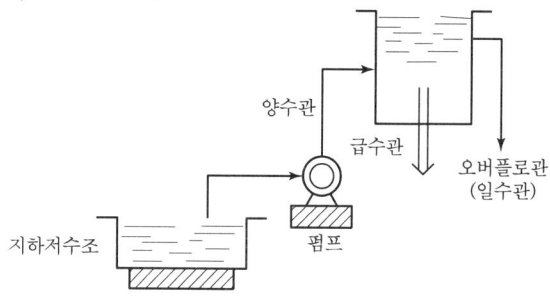

49 다음 중 온수온돌 난방의 바닥 매설배관으로 가장 적합한 것은?

① 주철관   ② 강관
③ 동관   ④ PVC 관

해설 온수온도 패널
동관, 강관, XL 배관 등 사용(동관의 열전달이 가장 양호하다.)

50 다음 배관 도시기호 중 리듀서 표시는 무엇인가?

해설 리듀서(줄임쇠)

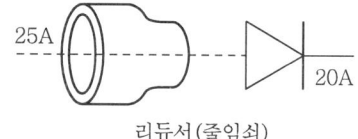

51 천연고무보다 더 우수한 성질을 가지고 있으며 내유성, 내후성, 내산성, 내마모성 등이 뛰어난 고무류 패킹재는 무엇인가?
① 테플론 ② 석면
③ 네오프렌 ④ 합성수지

해설 플랜지 패킹
- 고무패킹(천연고무, 네오프렌), 석면 조인트, 합성수지(테플론), 금속패킹
- 네오프렌은 −46℃∼121℃ 합성고무이다.(증기배관은 부적당)

52 배관지지 철물이 갖추어야 할 조건으로 가장 거리가 먼 것은?
① 충격과 진동에 견딜 수 있는 재료일 것
② 배관시공에 있어서 구배조정이 용이할 것
③ 보온 및 방로를 위한 재료일 것
④ 온도변화에 따른 관의 팽창과 신축을 흡수할 수 있을 것

해설 배관지지대(행거, 서포트, 리스트레인트 등)는 보온이나 방로와는 관련이 없다.

53 냉매 배관 시 주의사항으로 틀린 것은?
① 배관은 가능한 한 간단하게 한다.
② 굽힘 반지름은 작게 한다.
③ 관통 개소 외에는 바닥에 매설하지 않아야 한다.
④ 배관에 응력이 생길 우려가 있을 경우에는 신축이음으로 배관한다.

해설 배관의 굴곡에서 굽힘 반지름(R)은 크게 한다.

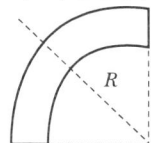

54 열전도율이 극히 낮고 경량이며 흡수성은 좋지 않으나 굽힘성이 풍부한 유기질 보온재는?
① 펠트 ② 코르크
③ 기포성 수지 ④ 규조토

해설 기포성 수지(유기질 보온재)는 열전도율(W/m·℃)이 극히 낮고 가벼운 경량이며 흡수성은 좋지 않으나 굽힘성이 풍부하여 시공성이 좋다.

55 배관의 온도변화에 의한 수축과 팽창을 흡수하기 위한 이음쇠로 적절하지 못한 것은?
① 벨로스 ② 플랙시블
③ U밴드 ④ 플랜지

해설 관의 해체용 플랜지 이음(50A 이상의 관에 사용)

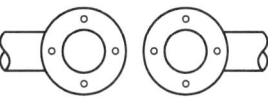

56 개방식 팽창탱크 주변의 배관에서 팽창탱크의 수면 아래에 접속되는 관은?
① 팽창관 ② 통기관
③ 안전관 ④ 오버플로관

해설 개방식 팽창탱크 구성

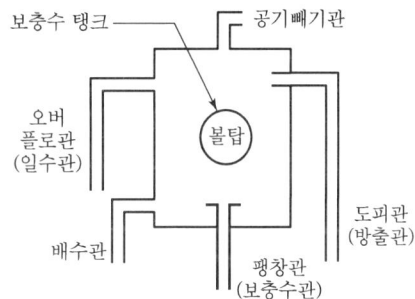

57 이음쇠 중 방진, 방음의 역할을 하는 것은?
① 플랙시블형 이음쇠
② 슬리브형 이음쇠
③ 스위블형 이음쇠
④ 루프형 이음쇠

해설 플랙시블형 이음쇠는 펌프 등 토출배관에서 방진, 방음의 역할을 한다.

58 관 이음쇠의 종류에 따른 용도의 연결로 틀린 것은?

① 와이(Y) – 분기할 때
② 벤드 – 방향을 바꿀 때
③ 플러그 – 직선으로 이을 때
④ 유니온 – 분해, 수리, 교체가 필요할 때

해설 플러그나 캡은 관의 끝 막음용이다.

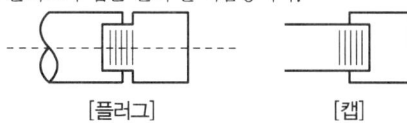

[플러그]　　　　　[캡]

59 배관지지 금속 중 리스트레인트(Restraint)에 해당하지 않는 것은?

① 행거　　　② 앵커
③ 스토퍼　　④ 가이드

해설
㉠ 리스트레인트 : 앵커, 스토퍼, 가이드
㉡ 행거 : 리지드 행거, 스프링 행거, 콘스탄트 행거
㉢ 서포트 : 스프링서포트, 롤러서포트, 파이프슈, 리지드 서포트
※ 리스트레인트는 신축으로 인한 배관의 좌우 상하 이동을 구속하고 제한하는 목적으로 사용한다.

60 정압기의 부속 설비에서 가스 수요량이 급격히 증가하여 압력이 필요한 경우 쓰이는 장치는?

① 정압기
② 가스미터
③ 부스터
④ 가스필터

해설 부스터
도시가스 압력 조정기의 정압기 부속장치로 가스 수요량이 급격히 증가하여 압력이 필요한 경우에 쓰인다.

SECTION 04 전기제어공학

61 대칭 3상 Y부하에서 부하전류가 20A이고 각 상의 임피던스가 $Z=3+j4(\Omega)$일 때, 이 부하의 선간전압(V)은 약 얼마인가?

① 141　　② 173
③ 220　　④ 282

해설
• 임피던스
$Z = 3+j4 = \sqrt{3^2+4^2} = 5\Omega$
• 선간전압
$V_l = \sqrt{3}\,V_p = \sqrt{3}\,I_p Z$
　　$= \sqrt{3}\times 20\times 5$
　　$= 173.21$
　　$\fallingdotseq 173V$

62 인디셜 응답이 지수함수적으로 증가하다가 결국 일정 값으로 되는 계는 무슨 요소인가?

① 미분요소　　② 적분요소
③ 1차 지연요소　④ 2차 지연요소

해설 1차 지연요소
인디셜 응답이 지수함수적으로 증가하다 결국 일정값이 되는 계의 요소이다.

63 회전 중인 3상 유도전동기의 슬립이 1이 되면 전동기 속도는 어떻게 되는가?

① 불변이다.
② 정지한다.
③ 무부하 상태가 된다.
④ 동기속도와 같게 된다.

해설
㉠ 회전 중인 3상 유도전동기의 슬립이 1이 되면 전동기 속도가 0이 된다.(정지한다.)
㉡ 슬립$(s)= \dfrac{N_s - N}{N_s}\times 100\%$
(N_s : 전동기의 동기속도, N : 전동기의 회전속도)

64 전동기 정역회로를 구성할 때 기기의 보호와 조작자의 안전을 위하여 필수적으로 구성되어야 하는 회로는?

① 인터록 회로
② 플립플롭 회로
③ 정지우선자기유지회로
④ 기동우선자기유지회로

해설 인터록 회로
전동기 정역회로를 구성할 때 기기의 보호와 조작자의 안전을 위하여 필수적으로 구성되어야 하는 회로이다.

65 R-L-C 직렬회로에 $t=0$에서 교류전압 $v=E_m \sin(\omega t+\theta)$(V)를 가할 때 이 회로의 응답유형은? (단, $R^2-4\dfrac{L}{C}>0$이다.)

① 완전진동
② 비진동
③ 임계진동
④ 감쇠진동

해설 $\left(\dfrac{R}{2L}\right)^2 - \dfrac{1}{LC} = R^2 - 4\dfrac{1}{C} = 10^4 - 4\times\dfrac{0.1\times 10^{-3}}{0.1\times 10^{-6}}$
$= 10^4 - 4\times 10^3 > 0$
∴ 비진동이다.

66 단일 궤환 제어계의 개루프 전달함수가 $G(s)=\dfrac{2}{s+1}$일 때, 입력 $r(t)=5u(t)$에 대한 정상상태 오차 e_{ss}는?

① $\dfrac{1}{3}$
② $\dfrac{2}{3}$
③ $\dfrac{4}{3}$
④ $\dfrac{5}{3}$

해설 정상상태 오차 e_{ss}

$e_{ss} = \lim_{s\to 0}\dfrac{s}{1+G(s)}\cdot R(s)$
$= \lim_{s\to 0}\dfrac{s}{1+\dfrac{2}{s+1}}\cdot \dfrac{5}{s} = \lim_{s\to 0}\dfrac{5}{1+\dfrac{2}{s+1}}$
$= \lim_{s\to 0}\dfrac{5}{\dfrac{s+1}{s+1}+\dfrac{2}{s+1}} = \lim_{s\to 0}\dfrac{5}{\dfrac{s+3}{s+1}}$
$= \lim_{s\to 0}\dfrac{5s+5}{s+3} = \dfrac{5}{3}$

67 계전기를 이용한 시퀀스 제어에 관한 사항으로 옳지 않은 것은?

① 인터록 회로 구성이 가능하다.
② 자기유지회로 구성이 가능하다.
③ 순차적으로 연산하는 직렬처리 방식이다.
④ 제어결과에 따라 조작이 자동적으로 이행된다.

해설 계전기(Relay)
전기로 작동하는 스위치이다. 전기회로에서 회로를 두 개로 나누어 한쪽에서 신호를 만들고 그 신호에 따라 다른 쪽 회로의 작동을 제어, 즉 회로를 열거나 닫을 때 사용하는 전자부품이다.

68 제어량을 어떤 일정한 목푯값으로 유지하는 것을 목적으로 하는 제어는?

① 추종제어
② 비율제어
③ 정치제어
④ 프로그램 제어

해설 ㉠ 정치제어 : 제어량을 어떤 일정한 목푯값으로 유지하는 것이 목적이다.
㉡ 자동제어 목푯값에 의한 분류 : 정치제어, 추치제어(추종제어, 프로그램 제어, 비율제어)

69 도체의 전기저항에 대한 설명으로 틀린 것은?

① 같은 길이, 단면적에서도 온도가 상승하면 저항이 증가한다.
② 단면적에 반비례하고 길이에 비례한다.
③ 고유 저항은 백금보다 구리가 크다.
④ 도체 반지름의 제곱에 반비례한다.

해설 ㉠ 전기저항(R) : 전류의 흐름을 방해하는 정도를 나타내는 상수이다.
㉡ 전류는 저항에 반비례하고 전압에 비례하다.
㉢ 도체의 전기저항(비저항, $\Omega\cdot m$, 20℃)
  • 은(1.59×10^{-8})
  • 구리(1.68×10^{-8})
  • 금(2.44×10^{-8})
  • 알루미늄(2.82×10^{-8})
  • 백금(1.06×10^{-7})

ANSWER | 64.① 65.② 66.④ 67.③ 68.③ 69.③

70 회로시험기(Multi Meter)로 직접 측정할 수 없는 것은?
① 저항 ② 교류전압
③ 직류전압 ④ 교류전력

해설 ㉠ 회로시험기(멀티미터) : 저항, 직류전압, 교류전압 측정. 직류의 전류 측정도 가능
㉡ 교류전력측정기 : 멀티테스터

71 그림과 같은 단위계단함수를 옳게 나타낸 것은?

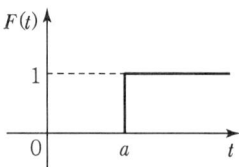

① $u(t)$ ② $u(t-a)$
③ $u(a-t)$ ④ $u(-a-t)$

해설 단위계단함수는 $t>0$일 때 $F(t)$가 1이 되는 함수를 의미하며, $t<0 \rightarrow f(t)=0$, $t>0 \rightarrow f(t)=1$이다.
문제의 그래프 $u(t-a)$는 시간이 a인 시점에 $F(t)$가 1이 되는 계단함수이며 원래의 단위 계단함수를 a만큼 수평이동한 것으로 시간적으로 a만큼 지연시킨 것을 나타낸다.

시간함수	라플라스 변환	비고
$u(t)$	$\frac{1}{s}$	
$e^{-at}u(t)$	$\frac{1}{s+a}$	$f(t) \rightarrow F(s)$
$\sin\omega t$	$\frac{\omega}{s^2+\omega^2}$	$f(t-a) \rightarrow e^{-as}F(s)$
$\cos\omega t$	$\frac{s}{s^2+\omega^2}$	

72 어떤 회로에 220V의 교류전압을 인가했더니 4.4A의 전류가 흐르고, 전압과 전류와의 위상차는 60°가 되었다. 이 회로의 저항성분(Ω)은?
① 10 ② 25
③ 50 ④ 75

해설 소비전력 $P = VI\cos\theta = 220\times 4.4\times \cos 60°$
$= 220\times 4.4\times \frac{1}{2} = 484W$
저항성분 $Z = \frac{V}{I} = \frac{P}{I^2} = \frac{484}{4.4^2} = 25\Omega$

73 기계적 변위를 제어량으로 해서 목푯값의 임의의 변화에 추종하도록 구성되어 있는 것은?
① 자동조정 ② 서보기구
③ 정치제어 ④ 프로세스제어

해설 서보기구
기계적 변위를 제어량으로 해서 목푯값의 임의의 변화에 추종하도록 구성되어 있는 기구(전위차계, 싱크로, 차동변압기, 마이크로신 등)

74 다음 회로에서 합성정전용량(μF)은?

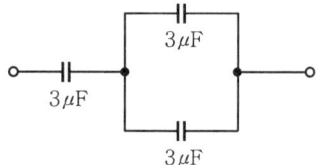

① 1.1 ② 2.0
③ 2.4 ④ 3.0

해설 ㉠ 콘덴서 병렬접속 합성정전용량(C_0)
$C_0 = C_1 + C_2$(F)
㉡ 콘덴서 직렬접속 합성정전용량(C_0)
$C_0 = \dfrac{1}{\dfrac{1}{C_1}+\dfrac{1}{C_2}} = \dfrac{C_1 C_2}{C_1+C_2}$(F)
∴ $C = \dfrac{3\times(3\times 2)}{3+(3\times 2)} = 2\mu F$
※ $10^{-6}F = 1\mu F$

75 직류전동기의 속도제어방법 중 광범위한 속도제어가 가능하며 정토크 가변속도의 용도에 적합한 방법은?
① 계자제어 ② 직렬저항제어
③ 병렬저항제어 ④ 전압제어

해설 직류전동기 속도제어
• 전압제어 : 속도제어가 광범위하고 정토크 가변속도용
• 계자제어 : 정출력 제어방식
• 저항제어 : 전압 강하 이용, 속도 조절
• 직렬저항제어 : 전기자 회로에 직렬로 저항 삽입

76 서보 전동기는 다음 중 어디에 속하는가?

① 검출기 ② 증폭기
③ 변환기 ④ 조작기기

해설 서보 전동기
시간적으로 연속된 신호를 받고 지시된 대로 작동하는 전동기를 통틀어 이르는 말이다. 작동방식에 따라 공기식, 유압식, 전기식이 있다. 조작기기로서 직류형, 교류형이 있다.

77 다음 중 기동 토크가 가장 큰 단상 유도전동기는?

① 분상기동형 ② 반발기동형
③ 셰이딩코일형 ④ 콘덴서 기동형

해설 단상 유도전동기
㉠ 기동토크가 0이다. 즉, 슬립 $s=1$에서 기동토크를 발생하지 않는다.
㉡ 종류
  • 분상기동형   • 콘덴서 기동형
  • 반발기동형   • 셰이딩코일형
※ 반발기동형은 기동 때 반발전동기로서 기동하므로 큰 기동 토크가 얻어진다.

78 그림과 같은 회로에서 해당되는 램프의 식으로 옳은 것은?

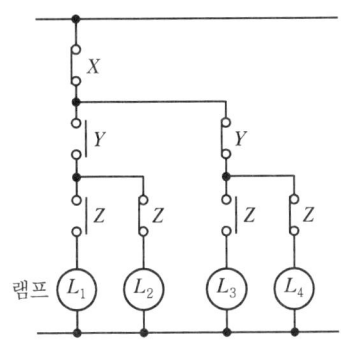

① $L_1 = \overline{X} \cdot Y \cdot Z$ ② $L_2 = \overline{X} \cdot Y \cdot Z$
③ $L_3 = \overline{X} \cdot Y \cdot Z$ ④ $L_4 = \overline{X} \cdot Y \cdot Z$

해설 유접점 회로의 병렬은 OR(논리합)이고 직렬은 AND(논리곱)를 의미한다. b 접점은 반전기(NOT)를 의미하므로 회로의 램프가 점등되는 논리식은
$(L_1) = \overline{X}YZ$ $(L_2) = XY\overline{Z}$
$(L_3) = X\overline{Y}Z$ $(L_4) = XY\overline{Z}$

79 목푯값이 미리 정해진 변화량에 따라 제어량을 변화시키는 제어는?

① 정치 제어   ② 추종 제어
③ 비율 제어   ④ 프로그램 제어

해설 프로그램 제어
목푯값이 미리 정해진 변화량에 따라 제어량을 변화시키는 제어이다.

80 그림과 같은 블록선도와 등가인 것은?

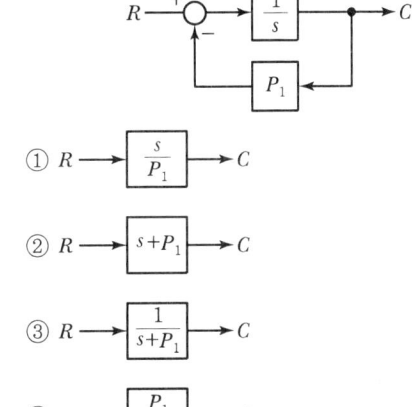

① $R \rightarrow \boxed{\dfrac{s}{P_1}} \rightarrow C$

② $R \rightarrow \boxed{s+P_1} \rightarrow C$

③ $R \rightarrow \boxed{\dfrac{1}{s+P_1}} \rightarrow C$

④ $R \rightarrow \boxed{\dfrac{P_1}{s}} \rightarrow C$

해설 피드백 제어계의 전달함수 $\left(\dfrac{C}{R}\right) = \dfrac{G}{1+GH}$가 된다.

$$\therefore \dfrac{C}{R} = \dfrac{G}{1+GH} = \dfrac{\dfrac{1}{s}}{1+\dfrac{1}{s}P_1} = \dfrac{\dfrac{1}{s}}{\dfrac{s+P_1}{s}}$$

$$= \dfrac{s}{s(s+P_1)} = \dfrac{1}{s+P_1}$$

ANSWER | 76. ④ 77. ② 78. ① 79. ④ 80. ③

2020년 3회 공조냉동기계산업기사

SECTION 01 공기조화

01 덕트의 설계순서로 옳은 것은?

① 송풍량 결정 → 취출구 및 흡입구의 위치 결정 → 덕트경로 결정 → 덕트치수 결정
② 취출구 및 흡입구의 위치 결정 → 덕트경로 결정 → 덕트치수 결정 → 송풍량 결정
③ 송풍량 결정 → 취출구 및 흡입구의 위치 결정 → 덕트치수 결정 → 덕트경로 결정
④ 취출구 및 흡입구의 위치 결정 → 덕트치수 결정 → 덕트경로 결정 → 송풍량 결정

해설 덕트의 설계순서
송풍량 결정 → 취출구·흡입구의 위치 결정 → 덕트경로 결정 → 덕트치수 결정

02 다음의 공기선도상에 수분의 증가 없이 가열 또는 냉각되는 경우를 나타낸 것은?

①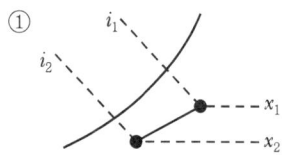
②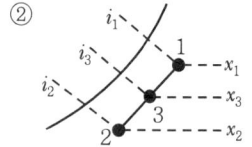
③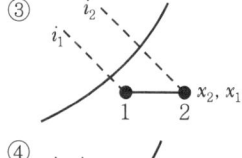
④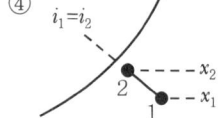

해설 수분이 없으면 습도가 일정하다.(선도가 일직선)

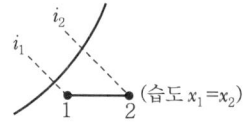

03 공조공간을 작업공간과 비작업공간으로 나누어 전체적으로는 기본적인 공조만 하고, 작업공간에서는 개인의 취향에 맞도록 개별 공조하는 방식은?

① 바닥취출 공조방식
② 테스크 앰비언트 공조방식
③ 저온공조방식
④ 축열공조방식

해설 테스크 앰비언트 공조방식
공간작업을 작업공간과 비작업공간으로 구별하여 전체적으로는 기본적인 공조만 하고, 작업공간에서는 개인의 취향에 맞도록 개별 공조로 하는 방식이다.

04 냉각코일의 용량 결정방법으로 옳은 것은?

① 실내취득열량+기기로부터의 취득열량+재열부하+외기부하
② 실내취득열량+기기로부터의 취득열량+재열부하+냉수펌프부하
③ 실내취득열량+기기로부터의 취득열량+재열부하+배관부하
④ 실내취득열량+기기로부터의 취득열량+재열부하+냉수펌프 및 배관부하

해설 냉각코일 용량 결정(냉방부하 결정)
부하의 합으로 나타낸다.
∴ 실내취득열량+기기로부터의 취득열량+재열부하+외기부하(kJ/h)

1. ① 2. ③ 3. ② 4. ① | ANSWER

05 외기의 온도가 -10℃이고 실내온도가 20℃이며 벽면적이 25m²일 때, 실내의 열손실량(kW)은?(단, 벽체의 열관류율은 10W/m²·K, 방위계수는 북향으로 1.2이다.)
① 7   ② 8
③ 9   ④ 10

해설 외벽을 통한 손실열량 q_w
$$q_w = K \cdot F \cdot \Delta t \cdot k$$
$$= 10 \times 25 \times \{(273+20)-(273+(-10))\} \times 1.2$$
$$= 9,000W = 9kW$$

06 다음과 같은 공기선도상의 상태에서 CF(Contact Factor)를 나타내고 있는 것은?

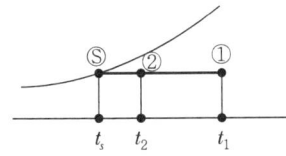

① $\dfrac{t_1-t_2}{t_1-t_s}$ ② $\dfrac{t_1-t_2}{t_2-t_s}$

③ $\dfrac{t_2-t_s}{t_1-t_s}$ ④ $\dfrac{t_2-t_s}{t_1-t_2}$

해설 공기선도

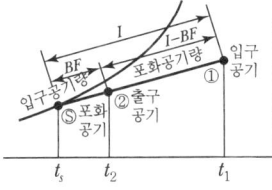

• CF : 전체 공기 중 코일과 접촉한 비율
• BF : 공기가 코일을 통과해도 코일과 접촉하지 못하고 지나가는 공기의 비율

07 공기조화 부하계산을 위한 고려사항으로 가장 거리가 먼 것은?
① 열원방식
② 실내 온·습도의 설정조건
③ 지붕재료 및 치수
④ 실내 발열기구의 사용시간 및 발열량

해설 공기조화설비 분류
㉠ 열원방식 : 난방방식(보일러), 냉방방식(냉동기)
㉡ 열운반장치 : 송풍기, 덕트, 펌프, 배관 등
㉢ 공기조화기 : 혼합실, 가열코일, 냉각코일, 필터, 노즐 등
㉣ 자동제어장치

08 다음 중 흡수식 감습장치에 일반적으로 사용되는 액상흡수제로 가장 적절한 것은?
① 트리에틸렌글리콜   ② 실리카겔
③ 활성알루미나   ④ 탄산소다수용액

해설 액상 감습장치 흡수제 : 트리메틸렌글리콜

09 공기 중의 수증기 분압을 포화압력으로 하는 온도를 무엇이라 하는가?
① 건구온도   ② 습구온도
③ 노점온도   ④ 글로브(Globe)온도

해설 노점온도(t'')
공기 중의 수증기 분압을 포화압력으로 하는 온도이다.(이슬이 맺히는 결로현상 발생 시 온도)

10 다음 중 공기조화설비와 가장 거리가 먼 것은?
① 냉각탑   ② 보일러
③ 냉동기   ④ 압력탱크

해설 압력탱크는 고압설비장치(가스저장탱크, 압력용기 등)에 해당한다.

11 대류난방과 비교하여 복사난방의 특징으로 틀린 것은?
① 환기 시에는 열손실이 크다.
② 실의 높이에 따른 온도편차가 크지 않다.
③ 하자가 발생하였을 때 위치확인이 곤란하다.
④ 열용량이 크므로 부하에 즉각적인 대응이 어렵다.

해설 복사난방(패널난방)은 환기 시에 열손실이 적다.
• 패널의 종류 : 바닥패널, 천장패널, 벽패널
• 복사난방은 패널 내부로 온수를 보내서 난방한다.

ANSWER | 5.③ 6.① 7.① 8.① 9.③ 10.④ 11.①

12 실내 압력은 정압상태로 주로 작은 용적의 연소실 등과 같이 급기량을 확실하게 확보하기 어려운 장소에 적용하기에 가장 적합한 환기방식은?

① 압입 흡출 병용 환기 ② 압입식 환기
③ 흡출식 환기 ④ 풍력 환기

해설 압입식 환기
실내 압력은 정압상태이며 주로 작은 용적의 연소실 등과 같이 급기량을 확실하게 확보하기 어려운 장소에 가장 적합한 환기방식이다.

13 온풍난방에 관한 설명으로 틀린 것은?

① 예열부하가 거의 없으므로 기동시간이 아주 짧다.
② 온풍을 이용하므로 쾌감도가 좋다.
③ 보수·취급이 간단하여 취급에 자격이 필요하지 않다.
④ 설치면적이 적으며 설치 장소도 제약을 받지 않는다.

해설 쾌감도가 높은 난방방식은 복사난방이다. 온풍난방은 공기가 건조하여 쾌감도가 그다지 좋지 않다.

14 온수난방 방식의 분류에 해당되지 않는 것은?

① 복관식 ② 건식
③ 상향식 ④ 중력식

해설 증기난방의 종류 : 건식, 습식

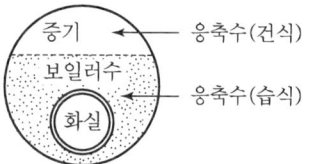

15 다음 취득열량 중 잠열이 포함되지 않는 것은?

① 인체의 발열 ② 조명기구의 발열
③ 외기의 취득열 ④ 증기 소독기의 발생열

해설 조명기구(백열등, 형광등)
• 수분이 없어서 현열만 포함된다.
• 1Watt=0.86kcal/h

16 다음 중 표면 결로발생 방지조건으로 틀린 것은?

① 실내 측에 방습막을 부착한다.
② 다습한 외기를 도입하지 않는다.
③ 실내에서 발생되는 수증기량을 억제한다.
④ 공기와의 접촉면 온도를 노점온도 이하로 유지한다.

해설 표면 결로를 예방하려면 공기와 접촉하는 접촉면의 온도는 노점온도 이상으로 유지해야 한다.

17 제습장치에 대한 설명으로 틀린 것은?

① 냉각식 제습장치는 처리공기를 노점온도 이하로 냉각시켜 수증기를 응축시킨다.
② 일반 공조에서는 공조기에 냉각코일을 채용하므로 별도의 제습장치가 없다.
③ 제습방법은 냉각식, 흡수식, 흡착식으로 구분된다.
④ 에어와셔 방식은 냉각식으로 소형이고 수처리가 편리하여 많이 채용된다.

해설 고압수 분무형(1~4kg/cm² 고압수 분무)
㉠ 대형 설비 : 에어와셔
㉡ 소규모 설비 : 고압수 분무

에어와셔
㉠ 입구에는 루버 설치(공기흐름 균일)
㉡ 출구 측에는 엘리미네이터 설치(물방울과 급기가 혼입되지 않게 함)
㉢ 프러딩 노즐을 상부에 설치(엘리미네이터가 더러워지는 것을 방지)
㉣ 세정실(분무수와 공기 접촉용)

18 난방설비에 관한 설명으로 옳은 것은?

① 온수난방은 온수의 현열과 잠열을 이용한 것이다.
② 온풍난방은 온풍의 현열과 잠열을 이용한 직접난방 방식이다.
③ 증기난방은 증기의 현열을 이용한 대류난방이다.
④ 복사난방은 열원에서 나오는 복사에너지를 이용한 것이다.

해설 ㉠ 온수난방 : 현열 이용
㉡ 증기난방 : 잠열 이용
㉢ 온풍난방 : 현열 이용
㉣ 복사난방 : 패널의 온수열원에서 복사에너지 이용

19 다음 중 축류 취출구의 종류가 아닌 것은?

① 노즐형　　　② 펑커루버형
③ 베인격자형　④ 팬형

해설
㉠ 축류취출구 : 노즐형, 펑커루버형, 베인격자형, 슬롯형, 다공판형
㉡ 복류형 : 팬형, 아네모스탯형

20 겨울철 외기조건이 2℃(DB), 50%(RH), 실내조건이 19℃(DB), 50%(RH)이다. 외기와 실내공기를 1 : 3으로 혼합할 경우 혼합공기의 최종온도(℃)는?

① 5.3　　　② 10.3
③ 14.8　　④ 17.3

해설 혼합공기온도 $t_m = \dfrac{G_1 t_1 + G_2 t_2}{G_1 + G_2}$

$= \dfrac{(1 \times 2) + (3 \times 19)}{1 + 3} = 14.75℃$

여기서, t_1 : 외기온도(℃), t_2 : 실내온도(℃)
G_1 : 외기공기량, G_2 : 실내공기량

SECTION 02 냉동공학

21 표준 냉동사이클에 대한 설명으로 옳은 것은?

① 응축기에서 버리는 열량은 증발기에서 취하는 열량과 같다.
② 증기를 압축기에서 단열압축하면 압력과 온도가 높아진다.
③ 팽창밸브에서 팽창하는 냉매는 압력이 감소함과 동시에 열을 방출한다.
④ 증발기 내에서의 냉매증발온도는 그 압력에 대한 포화온도보다 낮다.

해설 이상적인 냉동사이클(역카르노 사이클)

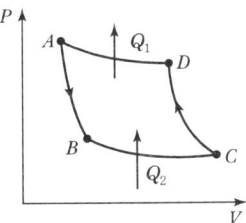

- $B - C$: 저온에서 Q_2 열량 흡수
- $D - A$: 고온에서 Q_1 열량 방출
- $A \to B$: 단열팽창, 팽창밸브
- $B \to C$: 등온팽창, 증발기
- $C \to D$: 단열압축, 압축기
- $D \to A$: 등온압축, 응축기

※ 단열압축 : 온도·압력상승

22 컴파운드(Compound)형 압축기를 사용한 냉동방식에 대한 설명으로 옳은 것은?

① 증발기가 2개 이상 있어서 각 증발기에 압축기를 연결하여 필요에 따라 다른 온도에서 냉매를 증발시킬 수 있는 방식
② 냉매를 한 가지만 쓰지 않고 두 가지 이상을 써서 각 냉매에 압축기를 설치하여 낮은 온도를 얻을 수 있게 하는 방식
③ 한쪽 냉동기의 증발기가 다른 쪽 냉동기의 응축기를 냉각시키도록 각각의 사이클에 독립된 압축기를 배열하는 방식
④ 동일한 냉매에 대해 1대의 압축기로 2단 압축을 하도록 하여 고압의 냉매를 사용하여 냉동을 수행하는 방식

해설 컴파운드형 압축기
동일한 냉매에 대해 1대의 압축기로 2단 압축을 하도록 하여 고압의 냉매를 사용하여 냉동을 수행하는 방식의 압축기(단기 2단 압축)로, 1대의 압축기에서 기통을 저단 측 기통과 고단 측 기통으로 2단으로 나누어 사용하며 설치면적, 중량, 설비비가 절감된다.

23 방열벽을 통해 실외에서 실내로 열이 전달될 때, 실외 측 열전달계수가 $0.02093 \text{kW/m}^2 \cdot \text{K}$, 실내 측 열전달계수가 $0.00814 \text{kW/m}^2 \cdot \text{K}$, 방열벽 두께가 0.2m, 열전도도가 $5.8 \times 10^{-5} \text{kW/m} \cdot \text{K}$일 때, 총괄열전달계수($\text{kW/m}^2 \cdot \text{K}$)는?

① 1.54×10^{-3}
② 2.77×10^{-4}
③ 4.82×10^{-4}
④ 5.04×10^{-3}

해설 열통과율 K

$$K = \frac{1}{\frac{1}{\alpha_1} + \frac{l}{\lambda} + \frac{1}{\alpha_2}} = \frac{1}{\frac{1}{0.02093} + \frac{0.2}{5.8 \times 10^{-5}} + \frac{1}{0.00814}}$$
$$= 2.763 \times 10^{-4} \text{kW/m}^2 \cdot \text{K}$$

24 냉동효과에 관한 설명으로 옳은 것은?

① 냉동효과란 응축기에서 방출하는 열량을 의미한다.
② 냉동효과는 압축기의 출구 엔탈피와 증발기의 입구 엔탈피 차를 이용하여 구할 수 있다.
③ 냉동효과는 팽창밸브 직전의 냉매 액온도가 높을수록 크며, 또 증발기에서 나오는 냉매증기의 온도가 낮을수록 크다.
④ 냉매의 과냉각도를 증가시키면 냉동효과는 커진다.

해설 • 냉매의 과냉각도를 증가시키면 냉동효과가 커진다.
• 응축온도 − 팽창밸브 직전온도 = 30℃ − 25℃ = 5℃ = 과냉각 온도(플래시 가스양이 줄어든다.)

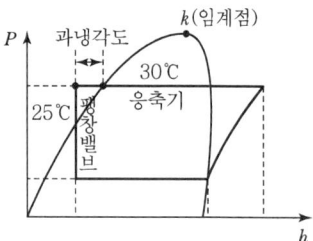

25 조건을 참고하여 산출한 흡수식 냉동기의 성적계수는 얼마인가?

| • 응축기 냉각열량 : 5.6kW |
| • 흡수기 냉각열량 : 7.0kW |
| • 재생기 가열량 : 5.8kW |
| • 증발기 냉동열량 : 6.7kW |

① 0.88   ② 1.16
③ 1.34   ④ 1.52

해설 흡수식 냉동기의 성적계수(COP)

$$COP = \frac{증발기\ 냉동열량}{재생기\ 가열량} = \frac{Q}{Aw} = \frac{6.7}{5.8} = 1.16$$

26 다음 압축기의 종류 중 압축 방식이 다른 것은?

① 원심식 압축기   ② 스크루 압축기
③ 스크롤 압축기   ④ 왕복동식 압축기

해설 ⑤ 용적식(체적식) 압축기
• 왕복동식
• 로터리식(회전식)
• 스크루식
• 스크롤식
ⓒ 원심식 압축기 : 터보형

27 터보 압축기에서 속도에너지를 압력으로 변화시키는 역할을 하는 것은?

① 임펠러
② 베인
③ 증속기어
④ 스크루

해설 터보형(원심식) 압축기에서 속도에너지를 압축 시 압력으로 변화시키는 것은 임펠러(Impeller) 주위에 있는 디퓨저이다.

28 노즐에서 압력 1,764kPa, 온도 300℃인 증기를 마찰이 없는 이상적인 단열 유동으로 압력 196kPa까지 팽창시킬 때 증기의 최종속도(m/s)는?(단, 최초속도는 매우 작아 무시하고, 입출구의 높이는 같으며, 단열 열낙차는 442.3kJ/kg로 한다.)

① 912.1
② 940.5
③ 946.4
④ 963.3

해설 • 열낙차 $h_1 - h_2 = 442.3$kJ/kg
$\qquad = 442.3 \times 10^3$J/kg
• 최종속도 $V_2 = \sqrt{2 \times (h_1 - h_2)}$
$\qquad = \sqrt{2 \times (442.3 \times 10^3)}$
$\qquad = 940.5$m/s
※ 최초속도 V_1은 무시한다.

29 압축기 직경이 100mm, 행정이 850mm, 회전수 2,000rpm, 기통수 4일 때 피스톤 배출량(m³/h)은?

① 3,204.4 ② 3,316.2
③ 3,458.8 ④ 3,567.1

해설 피스톤 토출량 V

$$V = \left(\frac{\pi D^2}{4}\right) \cdot L \cdot N \cdot R \cdot 60$$
$$= \left(\frac{\pi \times 0.1^2}{4}\right) \times 0.85 \times 4 \times 2,000 \times 60 = 3,204.42 \, m^3/h$$

30 1RT(냉동톤)에 대한 설명으로 옳은 것은?

① 0℃ 물 1kg을 0℃ 얼음으로 만드는 데 24시간 동안 제거해야 할 열량
② 0℃ 물 1ton을 0℃ 얼음으로 만드는 데 24시간 동안 제거해야 할 열량
③ 0℃ 물 1kg을 0℃ 얼음으로 만드는 데 1시간 동안 제거해야 할 열량
④ 0℃ 물 1ton을 0℃ 얼음으로 만드는 데 1시간 동안 제거해야 할 열량

해설 1RT(냉동톤)
0℃의 물 1톤(1,000kg)을 0℃의 얼음으로 만드는 데 24시간 동안 제거해야 할 열량(3,320kcal/h)

31 일반적으로 대용량의 공조용 냉동기에 사용되는 터보식 냉동기의 냉동부하 변화에 따른 용량제어 방식으로 가장 거리가 먼 것은?

① 압축기 회전수 가감법
② 흡입 가이드 베인 조절법
③ 클리어런스 증대법
④ 흡입 댐퍼 조절법

해설 냉동기 용량제어법
㉠ 왕복동식
 • 회전수 가감법 • 바이패스법
 • 클리어런스 증대법(간극조절법)
 • 언로드법
㉡ 원심식
 • 베인 조절법 • 회전수 가감법
 • 바이패스법 • 흡입 댐퍼 조절법
 • 냉각수량 조절법

32 표준 냉동사이클에서 냉매액이 팽창밸브를 지날 때 상태량의 값이 일정한 것은?

① 엔트로피 ② 엔탈피
③ 내부에너지 ④ 온도

해설 팽창밸브에서 냉매액이 단열팽창하므로 팽창 전후의 냉매 엔탈피 차는 없다.

33 다음 중 증발온도가 저하되었을 때 감소되지 않는 것은?(단, 응축온도는 일정하다.)

① 압축비 ② 냉동능력
③ 성적계수 ④ 냉동효과

해설

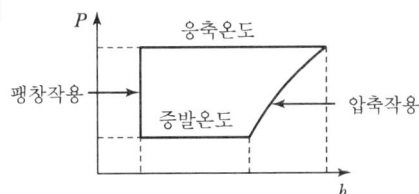

압축비 = 응축압력 / 증발압력

응축온도가 일정할 때 증발온도가 저하하면 압축비가 증가한다.

34 피스톤 압출량이 500m³/h인 암모니아 압축기가 그림과 같은 조건으로 운전되고 있을 때 냉동능력(kW)은 얼마인가?(단, 체적효율은 0.68이다.)

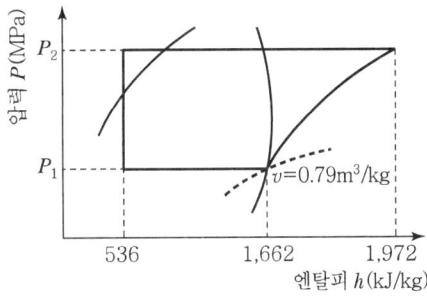

① 101.8 ② 134.6
③ 158.4 ④ 182.1

해설
- 냉매순환량 $G = \dfrac{Q}{q} = \dfrac{V}{v} \times \eta_v$

  $= \dfrac{500}{0.79} \times 0.68$

  $= 430.38 ≒ 430.4 \text{kg/h}$

- 냉동능력 $Q = G \times q = G \times (h_1 - h_4)$

  $= 430.4 \times (1,662 - 536)$

  $= 484,630.4 \text{kJ/h}$

∴ $484,630 \times \dfrac{1}{3,600} = 134.6 \text{kJ/s} = 134.6 \text{kW}$

※ $1 \text{kJ/s} = 1 \text{kW}$

35 실제기체가 이상기체의 상태식을 근사적으로 만족하는 경우는?

① 압력이 높고 온도가 낮을수록
② 압력이 높고 온도가 높을수록
③ 압력이 낮고 온도가 높을수록
④ 압력이 낮고 온도가 낮을수록

해설 실제기체가 압력이 낮고 온도가 높으면 이상기체 상태식을 근사적으로 만족한다.

36 암모니아 냉동기에서 암모니아가 누설되는 곳에 페놀프탈레인 시험지를 대면 어떤 색으로 변하는가?

① 적색 ② 청색
③ 갈색 ④ 백색

해설 냉매누설 검사(NH_3)

누설검사	누설반응변화
냄새검사	취기가 남
• 붉은 리트머스 시험지 • 유황초 화기 • 페놀프탈레인 시험지	• 청색 • 흰 연기 발생 • 홍색(적색)
브라인에 누설 시 네슬러시약 투입	• 소량 누설 시 : 황색 • 다량 누설 시 : 자색
염산 탈지면	흰 연기 발생

37 냉장고의 증발기에 서리가 생기면 나타나는 현상으로 옳은 것은?

① 압축비 감소 ② 소요동력 감소
③ 증발압력 감소 ④ 냉장고 내부온도 감소

해설

표면에 서리가 생기면 냉매 증발이 감소하고, 전열이 방해되어 증발압력이 감소한다.

38 냉매의 구비조건으로 틀린 것은?

① 동일한 냉동능력을 내는 경우에 소요동력이 작을 것
② 증발잠열이 크고 액체의 비열이 작을 것
③ 액상 및 기상의 점도는 낮고 열전도도는 높을 것
④ 임계온도가 낮고 응고온도는 높을 것

해설 냉매는 임계온도가 높고 응고온도는 낮을 것

냉매	임계온도	임계압력
암모니아	133℃	116.5kg/cm²a
R-12	112℃	41.4kg/cm²a

39 열 이동에 대한 설명으로 틀린 것은?

① 서로 접하고 있는 물질의 구성분자 사이에 정지상태에서 에너지가 이동하는 현상을 열전도라 한다.
② 고온의 유체분자가 고체의 전열면까지 이동하여 열에너지를 전달하는 현상을 열대류라 한다.
③ 물체로부터 나오는 전자파 형태로 열이 전달되는 전열작용을 열복사라 한다.
④ 열관류율이 클수록 단열재로 적당하다.

해설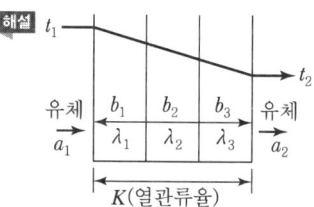

$K = \dfrac{1}{\dfrac{1}{a_1} + \dfrac{b_1}{\lambda_1} + \dfrac{b_2}{\lambda_2} + \dfrac{b_3}{\lambda_3} + \dfrac{1}{a_2}}$ (kcal/m² · K)

열관류율이 크면 단열재 및 여러 층의 저항층이 많을수록 좋다.

40 다음 중 프레온계 냉동장치의 배관재료로 가장 적당한 것은?

① 철 ② 강
③ 동 ④ 마그네슘

해설 프레온 냉매배관에 부적당한 금속
마그네슘을 2% 이상 함유한 알루미늄합금이나, 철강재료는 사용하지 않는 것이 좋다.

SECTION 03 배관일반

41 주철관에 관한 설명으로 틀린 것은?

① 압축강도, 인장강도가 크다.
② 내식성, 내마모성이 우수하다.
③ 충격치, 휨강도가 작다.
④ 보통 급수관, 배수관, 통기관에 사용된다.

해설
- 강관의 경우 인장강도가 크다.
- 주철관은 내압성, 내마모성, 내식성, 내구성이 우수하다.
- 일반적으로 급수관, 배수관, 통기관에 사용된다.

42 평면상의 변위뿐만 아니라 입체적인 변위까지도 안전하게 흡수하므로 어떤 형상의 신축에도 배관이 안전하며 증기, 물, 기름 등의 2.9MPa 압력과 220℃ 정도까지 사용할 수 있는 신축 이음쇠는?

① 스위블형 신축 이음쇠
② 슬리브형 신축 이음쇠
③ 볼조인트형 신축 이음쇠
④ 루프형 신축 이음쇠

해설 볼조인트형 신축 이음쇠
- 평면상의 변위, 입체적인 변위까지 안전하게 흡수한다.
- 증기관, 물배관, 기름배관에서 압력 2.9MPa(29kg/cm²), 온도 220℃ 정도까지 사용이 가능하다.

43 냉온수 배관을 시공할 때 고려해야 할 사항으로 옳은 것은?

① 열에 의한 온수의 체적팽창을 흡수하기 위해 신축이음을 한다.
② 기기와 관의 부식을 방지하기 위해 물을 자주 교체한다.
③ 열에 의한 배관의 신축을 흡수하기 위해 팽창관을 설치한다.
④ 공기체류장소에는 공기빼기밸브를 설치한다.

해설 ㉠ 온수의 체적팽창을 흡수하기 위해 팽창탱크를 설치한다.
㉡ 물을 자주 교체하면 경제적 손실이 커진다.
㉢ 배관 신축에 대비하여 신축 조인트를 설치한다.

44 냉매배관 시공 시 유의사항으로 틀린 것은?

① 팽창밸브 부근에서의 배관길이는 가능한 한 짧게 한다.
② 지나친 압력강하를 방지한다.
③ 암모니아 배관의 관이음에 쓰이는 패킹재료는 천연고무를 사용한다.
④ 두 개의 입상관 사용 시 트랩은 가능한 한 크게 한다.

해설

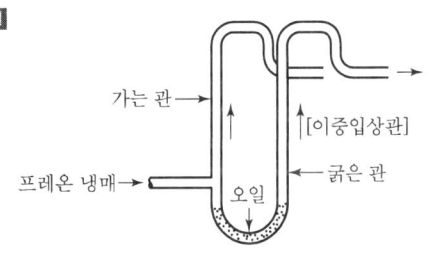

트랩부는 되도록 작게 하여 압축기 유면 변동을 억제해야 한다.

45 수액기를 나온 냉매액은 팽창밸브를 통해 교축되어 저온 저압의 증발기로 공급된다. 팽창밸브의 종류가 아닌 것은?

① 온도식 ② 플로트식
③ 인젝터식 ④ 압력자동식

해설 인젝터는 소형 급수설비(증기를 이용한 급수보급장치)이다.

46 펌프에서 물을 압송하고 있을 때 발생하는 수격작용을 방지하기 위한 방법으로 틀린 것은?

① 급격한 밸브 개폐는 피한다.
② 관 내의 유속을 빠르게 한다.
③ 기구류 부근에 공기실을 설치한다.
④ 펌프에 플라이 휠을 설치한다.

해설 관 내의 유체가 이송 시 유속을 느리게 하면 수격작용(워터해머)이 방지된다.

47 냉매배관 중 액관은 어느 부분인가?

① 압축기와 응축기까지의 배관
② 증발기와 압축기까지의 배관
③ 응축기와 수액기까지의 배관
④ 팽창밸브와 압축기까지의 배관

해설 ㉠ 응축기 → 수액기 배관 : 냉매액관
㉡ 증발기 → 압축기 배관 : 흡입배관

48 다음 중 가스배관의 크기를 결정하는 요소로 가장 거리가 먼 것은?

① 관의 길이
② 가스의 비중
③ 가스의 압력
④ 가스 기구의 종류

해설 가스배관의 크기 결정 요소
㉠ 관의 길이
㉡ 가스비중
㉢ 가스압력

49 다음의 배관도시 기호 중 유체의 종류와 기호의 연결로 틀린 것은?

① 공기 - A
② 수증기 - W
③ 가스 - G
④ 유류 - O

해설 유체기호에서 수증기(H_2O) - S

50 일반도시가스사업 가스공급시설 중 배관설비를 건축물에 고정부착할 때, 배관의 호칭지름이 13mm 이상 33mm 미만인 경우 몇 m마다 고정장치를 설치해야 하는가?

① 1
② 2
③ 3
④ 5

해설 가스배관 호칭별 고정장치 설치간격
㉠ 13mm 미만 : 3m
㉡ 13mm 이상 33mm 미만 : 2m
㉢ 33mm 이상 : 3m

51 다음 그림에서 ㉠과 ㉡의 명칭으로 바르게 설명된 것은?

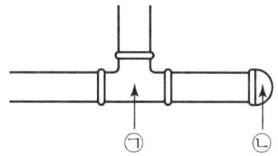

① ㉠ : 크로스, ㉡ : 트랩
② ㉠ : 소켓, ㉡ : 캡
③ ㉠ : 90° Y티, ㉡ : 트랩
④ ㉠ : 티, ㉡ : 캡

해설 ㉠ 부속 : 티(관의 분기)
㉡ 부속 : 캡(관의 폐쇄)

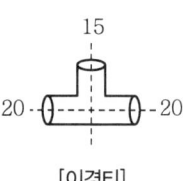

[동경티]   [이경티]

52 급탕배관에 관한 설명으로 틀린 것은?

① 건물의 벽 관통부분 배관에는 슬리브(Sleeve)를 끼운다.
② 공기빼기밸브를 설치한다.
③ 배관의 기울기는 중력순환식인 경우 보통 1/150으로 한다.
④ 직선 배관 시에는 강관인 경우 보통 60m마다 1개의 신축 이음쇠를 설치한다.

해설 강관의 경우 약 30m마다 1개씩의 신축 이음쇠가 필요하다.

53 각개통기방식에서 트랩 위어(Weir)로부터 통기관까지의 구배로 가장 적절한 것은?

① $\frac{1}{25} \sim \frac{1}{50}$
② $\frac{1}{50} \sim \frac{1}{100}$
③ $\frac{1}{100} \sim \frac{1}{150}$
④ $\frac{1}{150} \sim \frac{1}{200}$

해설 각개통기방식
㉠ 기구 트랩 각각에서 통기관을 빼내는 통기방식이다.
㉡ 각개통기방식에서 트랩 위어로부터 통기관까지 구배는 $\frac{1}{50} \sim \frac{1}{100}$ 이다.

54 배수 트랩의 봉수깊이로 가장 적당한 것은?

① 30~50mm
② 50~100mm
③ 100~150mm
④ 150~200mm

해설
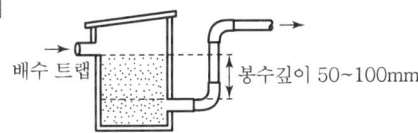

55 배관길이 200m, 관경 100mm의 배관 내 20℃의 물을 80℃로 상승시킬 경우 배관의 신축량(mm)은? (단, 강관의 선팽창계수는 11.5×10^{-6} m/m·℃이다.)

① 138
② 13.8
③ 104
④ 10.4

해설 신축량 Δl
$\Delta l = l \times \alpha \times \Delta t$
$= 200 \times (11.5 \times 10^{-6}) \times (80-20)$
$= 0.138\text{m} = 138\text{mm}$
여기서, Δl : 신축량(mm)
l : 배관길이(m)
α : 선팽창계수(m/m·℃)
Δt : 온도차(℃)

56 다음 중 공기 가열기나 열교환기 등에서 다량의 응축수를 처리하는 경우에 가장 적합한 트랩은?

① 버킷 트랩
② 플로트 트랩
③ 온도조절식 트랩
④ 열역학적 트랩

해설 응축수 다량 트랩 : 플로트 트랩(부자식 트랩)

57 증기난방에서 환수주관을 보일러 수면보다 높은 위치에서 설치하는 배관방식은?

① 습식 환수관식
② 진공 환수식
③ 강제 순환식
④ 건식 환수관식

해설 증기난방 환수관 배관법
㉠ 건식 환수관 : 환수주관을 보일러 수면보다 높게 배관
㉡ 습식 환수관 : 환수주관을 보일러 수면보다 낮게 배관

58 다음 중 신축 이음쇠의 종류에 해당하지 않는 것은?

① 슬리브형
② 벨로스형
③ 루프형
④ 턱걸이형

해설 ㉠ 배관이음
• 용접이음 :
• 나사이음 :
• 플랜지이음 :
• 턱걸이이음 :
㉡ 신축이음
• 루프형 :
• 슬리브형 :
• 벨로스형:

• 스위블형 :

59 배관의 KS 도시기호 중 틀린 것은?

① 고압 배관용 탄소강관 – SPPH
② 보일러 및 열교환기용 탄소강관 – STBH
③ 기계 구조용 탄소강관 – SPTW
④ 압력 배관용 탄소강관 – SPPS

ANSWER | 53. ② 54. ② 55. ① 56. ② 57. ④ 58. ④ 59. ③

해설 ㉠ 기계 구조용 탄소강관 : STM
㉡ 수도용 도복장 강관 : STPW

60 배관이 바닥이나 벽을 관통할 때 설치하는 슬리브(Sleeve)에 관한 설명으로 틀린 것은?

① 슬리브의 구경은 관통배관의 지름보다 충분히 크게 한다.
② 방수층을 관통할 때는 누수 방지를 위해 슬리브를 설치하지 않는다.
③ 슬리브를 설치하여 관을 교체하거나 수리할 때 용이하게 한다.
④ 슬리브를 설치하여 관의 신축에 대응할 수 있다.

해설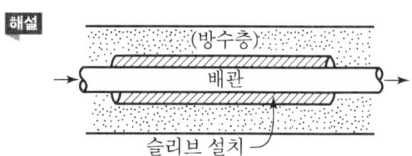

SECTION 04 전기제어공학

61 어떤 회로에 10A의 전류를 흘리기 위해서 300W의 전력이 필요하다면, 이 회로의 저항(Ω)은 얼마인가?

① 3 ② 10
③ 15 ④ 30

해설 $P = VI = I^2 R$에서
저항 $R = \dfrac{P}{I^2} = \dfrac{300}{10^2} = 3\Omega$

62 목표치가 정해져 있으며, 입·출력을 비교하여 신호 전달 경로가 반드시 폐루프를 이루고 있는 제어는?

① 조건제어 ② 시퀀스제어
③ 피드백제어 ④ 프로그램제어

해설 피드백제어(폐루프) 블록선도 제어계 구성도

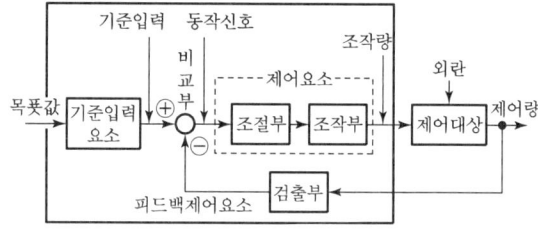

63 그림의 신호흐름선도에서 $\dfrac{C(s)}{R(s)}$의 값은?

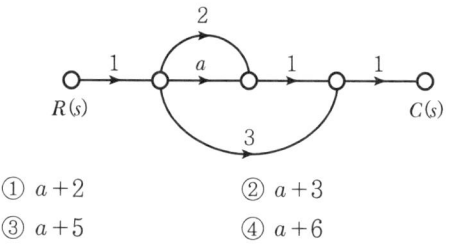

① $a+2$ ② $a+3$
③ $a+5$ ④ $a+6$

해설 전달함수 $G(s)$
$$G(s) = \dfrac{C(s)}{R(s)} = \dfrac{\text{전향경로}}{1-\text{피드백 경로}}$$
$$= \dfrac{1 \cdot a \cdot 1 \cdot 1 + 1 \cdot 2 \cdot 1 \cdot 1 + 1 \cdot 3 \cdot 1}{1-0}$$
$$= \dfrac{a+2+3}{1-0}$$
$$= a+5$$

64 피드백제어의 특성에 관한 설명으로 틀린 것은?

① 정확성이 증가한다.
② 대역폭이 증가한다.
③ 계의 특성변화에 대한 입력 대 출력비의 감도가 증가한다.
④ 구조가 비교적 복잡하고 오픈루프에 비해 설치비가 많이 든다.

해설 피드백제어(Closed Loop Control System)
• 출력의 일부를 입력방향으로 피드백시켜 목푯값과 비교하도록 폐루프를 형성하는 제어계이다.
• 계의 특성변화에 대한 입력 대 출력비의 감도가 감소한다.

65 동작 틈새가 가장 많은 조절계는?

① 비례동작   ② 2위치 동작
③ 비례미분동작   ④ 비례적분동작

해설 불연속 ON-OFF 동작(2위치 동작)은 동작 틈새가 가장 많은 조절계이다.

66 R-L-C 직렬회로에서 소비전력이 최대가 되는 조건은?

① $\omega L - \dfrac{1}{\omega C} = 1$ ② $\omega L + \dfrac{1}{\omega C} = 0$
③ $\omega L + \dfrac{1}{\omega C} = 1$ ④ $\omega L - \dfrac{1}{\omega C} = 0$

해설 R-L-C 직렬회로

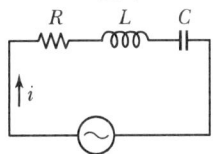

R(저항), L(코일), C(정전용량)
최대전력 전송조건 : 임피던스 정합(내부 임피던스=외부 임피던스)

∴ $R = \omega L - \dfrac{1}{\omega C}$ 이 되어야 한다.

- 임피던스 : 전기회로에 교류를 흘렸을 시 전류의 흐름을 방해하는 정도이다.
  (임피던스 Z는 전압을 V, 전류를 I라 하면 $Z = \dfrac{V}{I}(\Omega)$)

67 그림과 같은 유접점 회로의 논리식과 논리회로 명칭으로 옳은 것은?

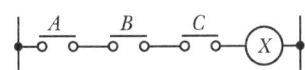

① $X = A + B + C$, OR 회로
② $X = A \cdot B \cdot C$, AND 회로
③ $X = \overline{A \cdot B \cdot C}$, NOT 회로
④ $X = \overline{A + B + C}$, NOR 회로

해설 논리곱 회로(AND Gate)
2개의 입력 A와 B가 모두 1일 때 출력이 1이 되는 회로이며 논리식은 $X = A \cdot B$로 나타낸다.

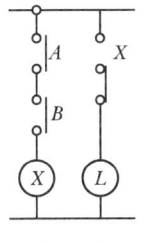

접점 AB가 닫히면 릴레이 Ⓧ가 동작하고 접점 X가 닫혀 전등 Ⓛ이 점등된다.

[유접점]

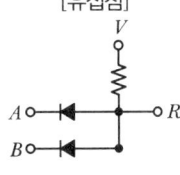

[무접점]

A	B	X
0	0	0
0	1	0
1	0	0
1	1	1

[진리값표]

68 접지 도체 P_1, P_2, P_3의 각 접지저항이 R_1, R_2, R_3이다. R_1의 접지저항(Ω)을 계산하는 식은?(단, $R_{12} = R_1 + R_2$, $R_{23} = R_2 + R_3$, $R_{31} = R_3 + R_1$이다.)

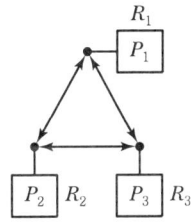

① $R_1 = \dfrac{1}{2}(R_{12} + R_{31} + R_{23})$
② $R_1 = \dfrac{1}{2}(R_{31} + R_{23} - R_{12})$
③ $R_1 = \dfrac{1}{2}(R_{12} - R_{31} + R_{23})$
④ $R_1 = \dfrac{1}{2}(R_{12} + R_{31} - R_{23})$

해설 저항$(R) = \dfrac{V}{I}(\Omega)$, 전류$(I) = \dfrac{V}{R}$(A), 전압$(V) = IR$(V)

R_1, R_2, R_3에서 R_1의 접지저항 $= \dfrac{1}{2}(R_{12} + R_{21} - R_{23})$

ANSWER | 65. ② 66. ④ 67. ② 68. ④

69 유도전동기의 고정손에 해당하지 않는 것은?

① 1차 권선의 저항손
② 철손
③ 베어링 마찰손
④ 풍손

해설 유도전동기
㉠ 동손(P_{C2}) = SP_2 = W
㉡ 철손이나 기계손 등 부하 전류의 증감과는 관련이 없이 일어나는 전력손실이 고정손이다. 1차 권선의 저항손과는 관련이 없다.

70 목푯값이 미리 정해진 시간적 변화를 하는 경우 제어량을 그것에 추종시키기 위한 제어는?

① 프로그램제어
② 정치제어
③ 추종제어
④ 비율제어

해설 ㉠ 추치제어 : 추정제어, 프로그램제어, 비율제어
㉡ 프로그램제어 : 미리 정해진 시간적 변화에 따라 정해진 순서대로 제어한다.(무인 엘리베이터, 무인자판기, 무인 열차 등)

71 맥동 주파수가 가장 크고 맥동률이 가장 작은 정류방식은?

① 단상 반파정류
② 단상 브리지 정류회로
③ 3상 반파정류
④ 3상 전파정류

해설 정류회로
㉠ 다이오드(단상 반파, 단상 전파)
㉡ 3상 반파, 3상 전파
㉢ SCR
㉣ 단상 브리지 정류회로

72 다음 블록선도에서 전달함수 $\dfrac{C(s)}{R(s)}$는?

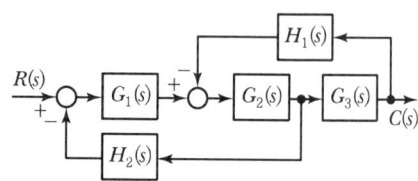

① $\dfrac{G_1(s)G_2(s)G_3(s)}{1+G_2(s)G_3(s)H_1(s)-G_1(s)G_2(s)H_2(s)}$

② $\dfrac{G_1(s)G_2(s)G_3(s)}{1+G_2(s)G_3(s)H_1(s)+G_1(s)G_2(s)H_2(s)}$

③ $\dfrac{G_1(s)G_2(s)G_3(s)H_1(s)}{1+G_2(s)G_3(s)H_1(s)+G_1(s)G_2(s)H_2(s)}$

④ $\dfrac{G_1(s)G_2(s)G_3(s)}{1+G_2(s)G_3(s)H_2(s)+G_1(s)G_2(s)H_1(s)}$

해설 ㉠ 전달함수
- 입력신호와 출력신호의 관계를 수식으로 표기한 것이다.
- 출력신호와 입력신호에 대한 라플라스 변환값의 비이다.
- 시스템의 초기값은 0이다.
- 전달함수는 S만의 함수이다.

입력 $R(t)$ → $G(s)$ → 출력 $C(t)$
$R(s)$ $C(s)$

㉡ 피드백 접속

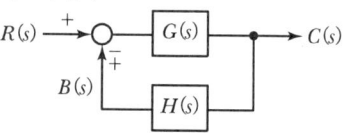

$E(s) = R(s) \mp B(s)$
$C(s) = G(s)E(s)$
$B(s) = H(s)C(s)$
$C(s) = R(s) \pm H(s)C(s)G(s)$
∴ $C(s) = \dfrac{G(s)}{1 \pm G(s)H(s)}R(s)$

㉢ 블록선도 전달함수
$\dfrac{C(s)}{R(s)} = \dfrac{G_1(s)G_2(s)G_3(s)}{1+G_2(s)G_3(s)H_1(s)+G_1(s)G_2(s)H_2(s)}$

73 다음 회로에서 합성 정전용량(F)의 값은?

① $C_0 = C_1 + C_2$
② $C_0 = C_1 - C_2$
③ $C_0 = \dfrac{C_1 + C_2}{C_1 C_2}$
④ $C_0 = \dfrac{C_1 C_2}{C_1 + C_2}$

해설 정전용량이란 전열된 도체 간에 전위를 주었을 때 전하를 축적하는 양이다.

정전용량$(C) = \dfrac{전하}{전위}$

= 극판 간의 물질의 비유전율 $\left(= \dfrac{극판의\ 면적}{거리}\right)$

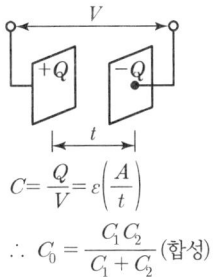

$C = \dfrac{Q}{V} = \varepsilon\left(\dfrac{A}{t}\right)$

∴ $C_0 = \dfrac{C_1 C_2}{C_1 + C_2}$ (합성)

74 주파수 60Hz의 정현파 교류에서 위상차 $\dfrac{\pi}{6}$(rad)은 약 몇 초의 시간 차인가?

① 1×10^{-3}
② 1.4×10^{-3}
③ 2×10^{-3}
④ 2.4×10^{-3}

해설 위상차 $\theta = \omega t = 2\pi f t$에서

시간차 $t = \dfrac{\theta}{2\pi f} = \dfrac{\dfrac{\pi}{6}}{2\pi \times 60} = 1.39 \times 10^{-3}$s

여기서, θ : 위상차(rad)
ω : 각속도(rad/s)
t : 시간(s)
f : 주파수(Hz)

75 블록선도에서 요소의 신호전달 특성을 무엇이라 하는가?

① 가합요소
② 전달요소
③ 동작요소
④ 인출요소

해설 전달요소는 블록선도에서 요소의 신호전달 특성이다.

76 오픈 루프 전달함수가 $G(s) = \dfrac{1}{s(s^2 + 5s + 6)}$인 단위궤환계에서 단위계단입력을 가하였을 때의 잔류편차는?

① $\dfrac{5}{6}$
② $\dfrac{6}{5}$
③ ∞
④ 0

해설 입력이 계단함수인 경우 $l_{ssp} = 0$, $K_p = \infty$가 되어야 한다.
$K_p = \infty$가 되기 위한 l의 형은 0이 되어야 한다.

$\begin{cases} l = 0 일\ 때 \\ l = 1 일\ 때 \end{cases}$ $\begin{cases} l_{ssp} = \dfrac{R}{1 + K_p} = 일정 \\ K_p = \infty 이므로\ l_{ssp} = 0 \end{cases}$

$K_p = \lim\limits_{s \to 0} G(s) = \lim \dfrac{1}{s(s^2 + 5_s + 6)} \to \infty$

∴ $l_{ssp} = \dfrac{1}{1 + K_p} = \dfrac{1}{1 + \infty} \to 0$

77 권선형 3상 유도전동기에서 2차 저항을 변화시켜 속도를 제어하는 경우, 최대 토크는 어떻게 되는가?

① 최대 토크가 생기는 점의 슬립에 비례한다.
② 최대 토크가 생기는 점의 슬립에 반비례한다.
③ 2차 저항에만 비례한다.
④ 항상 일정하다.

해설 유도전동기(농형, 권선형, 특수농형) 중 권선형은 2차 회전자에 저항을 접속하고 그 저항값이 변화함에 따라 기동 토크나 속도를 제어할 수 있는 전동기이다. 최대 토크가 일정하다.

ANSWER | 73. ④ 74. ② 75. ② 76. ④ 77. ④

78 다음 그림은 무엇을 나타낸 논리연산회로인가?

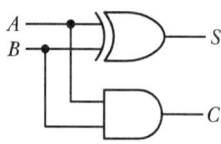

① Half-Adder 회로
② Full-Adder 회로
③ NAND 회로
④ Exclusive OR 회로

해설 반가산기(HALF-ADDER)

A ○─┬───┬─○ C
B ○─┤ HA ├─○ D(s)

논리식(D) = $\overline{A} \cdot B + A \cdot \overline{B} = A \oplus B$, $C = AB$

입력		출력	
A	B	C	D
0	0	1	1
0	1	1	0
1	0	0	1
1	1	0	0

79 시스템의 전달함수가 $T(s) = \dfrac{1,250}{s^2 + 50s + 1,250}$ 으로 표현되는 2차 제어시스템의 고유 주파수는 몇 rad/sec인가?

① 35.26
② 28.87
③ 25.62
④ 20.83

해설 전달함수 $T(s) = \dfrac{1,250}{s^2 + 50s + 1,250}$ 에서

특성방정식은 $s^2 + 2\delta\omega_n s + \omega_n^2 = 0$
여기서, ω_n : 고유 주파수
δ : 감쇠율
이때, 특성방정식은 분모가 0이 되는 값으로
$s^2 + 50s + 1,250 = 0$ 이므로
$\omega_n^2 = 1,250$
∴ $\omega_n = \sqrt{1,250} = 35.36 \text{rad/s}$

80 계전기 접점의 아크를 소거할 목적으로 사용되는 소자는?

① 배리스터(Varistor)
② 바렉터다이오드
③ 터널다이오드
④ 서미스터

해설 배리스터
㉠ SiC 분말과 점토를 혼합해서 소결시켜 만든 것으로 비직선적인 전압, 전류 특성을 갖는 2단자 반도체 소자이다.
㉡ 서지전압에 대한 회로보호용이다.
㉢ 계전기 접점의 아크를 소거할 때 사용되는 소자이다.

공조냉동기계산업기사 필기 과년도 문제풀이 10개년
INDUSTRIAL ENGINEER AIR-CONDITIONING REFRIGERATING MACHINERY

출제기준

2022년 이전	2022년 이후
• 1과목 : 공기조화(20문항) • 2과목 : 냉동공학(20문항) • 3과목 : 배관일반(20문항) • 4과목 : 전기제어공학(20문항)	• 공기조화 설비(20문항) • 냉동냉장 설비(20문항) • 공조냉동 설치·운영(20문항) 　배관일반(10문항), 전기일반(8문항), 관련법(2문항)
총 80문항	총 60문항

※ 총 60문항 중 계산문제는 15문항가량 출제되며, 전기일반에서 블록선도, 주파수응답, 시간응답, 제어의 응용 등 어려운 문제는 출제되지 않아 비교적 용이해졌다.

PART 03

CBT 실전모의고사

01 | CBT 실전모의고사
02 | CBT 실전모의고사
03 | CBT 실전모의고사

2021년~2025년 CBT 필기시험 대비
복원기출문제 수록

1과목 공기조화 설비

01 다음 그림 (가)~(라)는 습공기 선도상에 나타낸 공기조화 과정의 기본형이다. 다음의 보기를 그림의 상태와 맞추어 연결한 것은?

| ㉠ 가열 | ㉡ 가습 |
| ㉢ 가열, 가습 | ㉣ 냉각, 가습 |

(가) 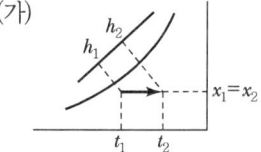 (나)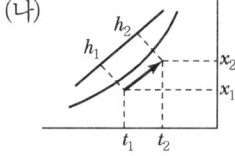

(다) 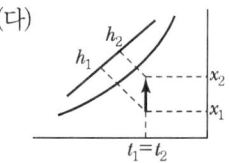 (라)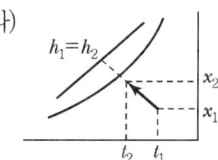

① (가)-㉠, (나)-㉡, (다)-㉢, (라)-㉣
② (가)-㉠, (나)-㉢, (다)-㉡, (라)-㉣
③ (가)-㉣, (나)-㉢, (다)-㉡, (라)-㉠
④ (가)-㉡, (나)-㉢, (다)-㉣, (라)-㉠

02 다음 중 수증기 분압표시로 맞는 것은?(단, P_W : 습공기 중의 수증기의 분압, P_S : 동일온도의 포화수증기 압력, ϕ : 상대습도)

① $P_W = \phi - P_S$
② $P_W = \phi P_S$
③ $P_W = \dfrac{\phi}{P_S}$
④ $P_W = \phi + P_S$

03 온풍로 방식 난방의 특징을 설명한 것으로 옳지 않은 것은?

① 예열부하가 거의 없으므로 기동시간이 아주 짧다.
② 연소장치, 송풍장치 등이 일체로 되어 있어 설치가 간단하다.
③ 실내 온도 분포가 고르다.
④ 습도조절장치를 구비하면 습도 조정이 가능하다.

04 인접실, 복도, 상층, 하층이 공조되지 않는 일반 사무실의 남쪽 내벽 손실 열량은 얼마인가?(단, 설계조건은 실내온도 20℃, 실외온도 0℃, 내벽 $k=1.6\text{kcal/m}^2 \cdot \text{h} \cdot \text{℃}$으로 한다.)

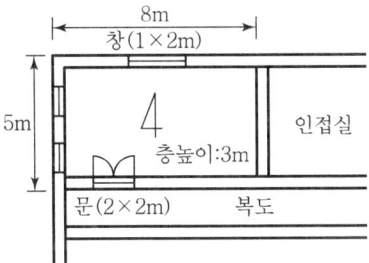

① 320kcal/h
② 872kcal/h
③ 1,193kcal/h
④ 293kcal/h

05 일사의 영향을 받는 외벽 지붕을 통한 취득열량(q_w)을 구하는 식으로 맞는 것은? (단, 시간에 제약받지 않으며 K는 열관류율($\text{kcal/m}^2 \cdot \text{h} \cdot \text{℃}$), A는 벽체의 면적(m^2), t_e는 상당외기온도(℃), t_r은 실내온도(℃)이다.)

① $q_w = K \cdot A \cdot (t_e - t_r)$
② $q_w = \dfrac{K \cdot A}{t_e - t_r}$
③ $q_w = \dfrac{t_e - t_r}{K \cdot A}$
④ $q_w = K \cdot A \cdot (t_e + t_r)$

06 두께 150mm, 면적 10m²인 콘크리트 내벽의 외부온도가 30℃, 내부온도가 20℃일 때 8시간 동안 전달되는 열량은 약 얼마인가?(단, 콘크리트 내벽의 열전도율은 $1.3\text{kcal/m} \cdot \text{h} \cdot \text{℃}$이다.)

① 866.7kcal
② 1,733.3kcal
③ 2,600kcal
④ 6,933.3kcal

07 송풍기의 풍량을 제어하는 방법이 아닌 것은?
① 압력 제어
② 회전수 제어
③ 흡입 베인 제어
④ 스크롤 댐퍼 제어

08 덕트 도중에 설치하여 풍량조절 및 유체 흐름의 개폐 등에 사용하는 부속기기는?
① 송풍기
② 댐퍼
③ 가이드 베인
④ 시임

09 다음의 산업용 공기조화에서 상대습도가 가장 낮은 분야는 어느 것인가?
① 담배 원료가공실
② 렌즈 연마실
③ 전기정류기실
④ 도장분무실

10 온도 30℃, 절대습도 $x=0.0271$ kg/kg′인 습공기의 엔탈피값(kcal/kg)은 약 얼마인가?
① 89.58
② 47.88
③ 23.73
④ 11.98

11 증기를 사용하는 주철제 방열기의 표준방열량은?
① 450kcal/m² · h
② 550kcal/m² · h
③ 650kcal/m² · h
④ 750kcal/m² · h

12 공조기 내의 각종 기기에 대한 설명으로 틀린 것은?
① 에어 워셔의 분무수를 코일에 뿌리면 휜이 빨리 부식하므로 증기분무 또는 고압 수분무를 사용한다.
② 냉각 코일의 풍속이 2.5m/s 이상일 때에는 엘리미네이터를 설치한다.
③ 냉각 코일과 재열 코일을 겸용하면 공조기의 전 길이가 가장 짧게 된다.
④ 송풍기의 치수가 과대하게 될 때에는 단흡입형 송풍기를 사용한다.

13 수관 보일러의 특징으로 틀린 것은?

① 사용압력이 연관식보다 높다.
② 부하변동에 따른 추종성이 높다.
③ 예열시간이 짧고 효율이 좋다.
④ 초기투자비가 적게 들며 급수처리도 용이하다.

14 화장실과 같이 악취가 난다든지 유독가스가 발생하는 실은 항상 부압상태를 유지하여 악취나 유독가스가 인접실로 번지는 일을 방지하여야 한다. 적절한 환기방식은?

① 자연 환기법　　　　② 제1종 환기법
③ 제2종 환기법　　　　④ 제3종 환기법

15 공기조화방식 분류 중 전공기방식이 아닌 것은?

① 멀티존 유닛 방식　　　② 변풍량 2중 덕트 방식
③ 유인 유닛 방식　　　　④ 각층 유닛 방식

16 인텔리전트 빌딩과 같이 냉방부하가 큰 건물이나 백화점과 같이 잠열부하가 큰 건물에서 송풍량과 덕트 크기를 크게 늘리지 않고자 할 때 적합한 공조방식은 어느 것인가?

① 바닥취출 공조방식　　② 저온공조방식
③ 팬 코일 유닛 방식　　④ 재열 코일 방식

17 모터로 고속회전반을 돌리고 그 힘으로 물을 빨아올려 회전반에 공급하면 얇은 수막이 형성되어 안개와 같이 비산된 후 공기를 가습하는 것은?

① 스크루식　　　　② 회전식
③ 원심식　　　　　④ 분무식

18 다음은 흡수식 냉온수기에 대한 설명이다. ( ) 안에 들어갈 명칭으로 가장 알맞은 용어는?

"흡수식 냉온수기는 여름철에는 (㉠)에서 나오는 냉수를 이용하여 냉방을 행하며 겨울철에는 (㉡)에서 나오는 열을 이용하여 온수를 생산하여 냉방과 난방을 동시에 해결할 수 있는 기기로서 현재 일반 건축물에서 많이 사용되고 있다."

① ㉠ 증발기, ㉡ 응축기
② ㉠ 재생기, ㉡ 증발기
③ ㉠ 증발기, ㉡ 재생기
④ ㉠ 발생기, ㉡ 방열기

19 흡수식 냉동기의 종류에 해당되지 않는 것은?
① 단효용 흡수식 냉동기
② 2중효용 흡수식 냉동기
③ 직화식 냉온수기
④ 증기압축식 냉온수기

20 원통다관식 열교환기에 관한 설명으로 맞지 않는 것은?
① 동체 내에 다수의 관을 설치한 형식으로 되어 있다.
② 관내 수속은 1.2m/s 이하로 선정한다.
③ 전열관은 일반적으로 지름 25.4mm의 동관이 많이 사용된다.
④ 유량이 적을 때는 패스수를 줄여 관내 유속을 올리도록 설계한다.

2과목 냉동냉장 설비

21 다음 중 브라인의 구비조건이 아닌 것은?
 ① 열용량이 작고 전열이 좋을 것
 ② 점도가 적당할 것
 ③ 응고점이 낮을 것
 ④ 금속에 대한 부식성이 적고 불연성일 것

22 전자 누설탐지기는 냉매가 새는 경우 어떤 반응을 보이는가?
 ① 불꽃의 색깔이 변한다.
 ② 눈금을 나타내거나 빛 또는 소리가 난다.
 ③ 관에 있는 색깔이 변한다.
 ④ 바이메탈을 이용하여 굽어지는 정도로써 눈금을 나타낸다.

23 냉동 사이클에서 등엔탈피 과정이 이루어지는 곳은?
 ① 압축기   ② 증발기
 ③ 수액기   ④ 팽창 밸브

24 30℃의 원수 5ton을 3시간에 2℃까지 냉각하는 수냉각 장치의 냉동능력은 얼마인가?
 ① 8RT   ② 11RT
 ③ 14RT   ④ 26RT

25 제빙장치에서 브라인 온도가 −10℃이고, 얼음의 두께가 20cm인 관빙의 결빙 소요시간은?
 ① 24.4시간   ② 22.4시간
 ③ 20.4시간   ④ 18.4시간

26 −20℃의 암모니아 포화액의 엔탈피가 78kcal/kg이며 동일 온도에서 건조포화증기의 엔탈피가 395kcal/kg이다. 이 냉매액이 팽창 밸브를 통과하여 증발기에 유입될 때의 냉매의 엔탈피가 125kcal/kg이었다면 중량비로 약 몇 %가 액체상태인가?
 ① 95%   ② 85%
 ③ 35%   ④ 15%

27 R-12 열교환기에서 고압액과 저압증기가 병류로 흐르고 있을 때 고압액은 입구에서 80℃, 출구에서 6.5℃이고, 저압증기는 입구에서 -20℃, 출구에서 -13.5℃가 된다면 이때 대수평균온도차는 얼마인가?

① -16.7℃ ② 13.2℃
③ 49.7℃ ④ 60℃

28 다음은 제어기기와 안전장치에 대한 설명이다. 옳은 것은 어느 것인가?
① 유압보호스위치는 유압계의 지시가 일정압력보다 내려갔을 때 압축기가 작동하도록 조정한다.
② 압축기에 안전 밸브와 고압차단 장치를 설치했을 때 안전 밸브의 작동압력은 고압차단 장치의 작동압력보다 높게 조정하는 것이 좋다.
③ 압축기의 토출압력이 올라가면 전동기의 부하도 커지므로 전동기의 과부하차단 장치(오버로드 릴레이)가 있으면 냉매계통의 안전장치는 없어도 된다.
④ 절수 밸브는 증발압력을 검지하여 냉각수량을 가감하는 조정 밸브이므로 안전장치로 간주한다.

29 다음 입형 셸 앤드 튜브식 응축기의 설명으로 맞는 것은?
① 설치 면적이 큰 데 비해 응축 용량이 적다.
② 냉각수 소비량이 비교적 적고 설치장소가 부족한 경우에 설치한다.
③ 냉각수의 배분이 불균등하고 유량을 많이 함유하므로 과부하를 처리할 수 없다.
④ 설치면적이 작고 운전 중에도 냉각관 청소가 용이하다.

30 냉각관 상부에 피냉각액의 저장조를 설치하여 피냉각액을 작은 구멍을 통해 흘러내리게 하면 피냉각액이 냉각관 외벽에 막상을 이루며 냉매와 열교환을 하는 증발기는?

① 냉매살포식 증발기 ② 원통 코일형 증발기
③ 보델로 증발기 ④ 이중관식 증발기

31 다음은 흡수식 냉동장치에 관한 설명이다. 옳지 않은 것은 어느 것인가?

① 흡수식 냉동기에서는 증기압축식 냉동기에서의 압축기 역할을 흡수기와 발생기가 대신하고 있다.
② 흡수식 냉동기는 가열원으로 천연가스, LPG 등을 사용할 수 있으나 효율이 나쁘므로 고온의 폐열을 얻을 수 있는 곳에 적합하다.
③ 흡수식 냉동기의 냉매로는 LiBr, 흡수제로서는 물로 사용하는 흡수식 냉동기가 현재 많이 사용되고 있다.
④ 흡수식 냉동기는 용량제어의 범위가 넓어 폭넓은 용량제어가 가능하다.

32 다음 열역학에 이용되고 있는 식 중 잘못된 것은?(단, q : 열량, C_V : 정적비열, C_P : 정압비열, u : 내부에너지, h : 엔탈피, T : 절대온도, v : 비체적, A : 일의 열당량, p : 압력)

① $\Delta u = C_V(T_2 - T_1)$
② $\Delta h = C_P(T_2 - T_1)$
③ $\Delta q = \Delta u + A p \Delta v$
④ $\Delta h = \Delta q + A p \Delta v$

33 다음 몰리에르 선도는 어떤 냉동장치를 나타낸 것인가?

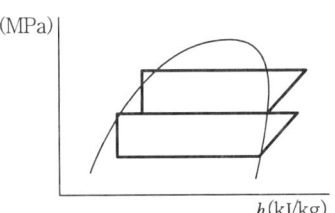

① 1단압축 1단팽창 냉동 시스템
② 1단압축 2단팽창 냉동 시스템
③ 2단압축 1단팽창 냉동 시스템
④ 2단압축 2단팽창 냉동 시스템

34. 증발기에서 나오는 냉매가스의 과열도를 일정하게 조정하는 밸브는?
① 모세관
② 정압식 팽창 밸브
③ 온도식 자동팽창 밸브
④ 플로트형 밸브

35. 다음은 프레온 장치에서 유분리기를 사용해야 될 경우의 설명이다. 옳지 않은 것은?
① 만액식 증발기를 사용하는 경우에 사용한다.
② 다량의 기름이 토출가스에 혼입될 때 사용한다.
③ 증발온도가 높은 경우에 사용한다.
④ 토출가스 배관이 길어지는 경우에 사용한다.

36. 다음 설명 중 옳은 것은?
① 냉동능력을 크게 하려면 압축비를 높게 운전하여야 한다.
② 팽창 밸브 통과 전후의 냉매 엔탈피는 변하지 않는다.
③ 암모니아 압축기용 냉동유는 암모니아보다 가볍다.
④ 암모니아는 수분이 있어도 아연을 침식시키지 않는다.

37. 항공기 재료의 내한(耐寒) 성능을 시험하기 위한 냉동장치를 설치하려고 한다. 가장 적합한 냉동기는?
① 왕복동 압축식 냉동기
② 원심 압축식 냉동기
③ 축류 압축식 냉동기
④ 흡수식 냉동기

38. 다음 압력 중 크기가 다른 것은?
① 9,806.65Pa
② 0.1kgf/cm^2
③ 1.422331bf/in^2
④ 0.967841atm

39 다음은 압축기의 구조에 대해 설명한 것이다. 틀린 것은?

① 반 밀폐형은 고정식이므로 분해가 곤란하다.
② 개방형에는 벨트 구동식과 직결 구동식이 있다.
③ 밀폐형은 전동기와 압축기가 한 하우징 속에 있다.
④ 기통 배열에 따라 입형, 횡형, 다기통형으로 구분된다.

40 히트 파이프의 특징을 설명한 것으로 틀린 것은?

① 등온성이 풍부하고 온도상승이 빠르다.
② 사용온도 영역에 제한이 없으며 압력손실이 크다.
③ 국부부하의 변동이 강하고 열 유속의 변동이 심하다.
④ 작은 온도차에서 장거리 열수송이 가능하다.

3과목 공조냉동 설치 · 운영

41 다음 중 네오프렌 패킹을 사용할 수 없는 배관은?
① 60℃의 급탕배관
② 15℃의 배수배관
③ 20℃의 급수배관
④ 180℃의 증기배관

42 다음 중 주철관의 접합방법이 아닌 것은?
① 플랜지 접합
② 메커니컬 접합
③ 소켓 접합
④ 플레어 접합

43 난방, 급탕, 급수배관에서 높은 곳에 설치하여 공기를 제거하여 유체의 흐름을 원활하게 하는 것은?
① 안전 밸브
② 에어벤트 밸브
③ 팽창 밸브
④ 스톱 밸브

44 냉매 배관 설계 시 잘못된 것은?
① 2중 입상관(Riser) 사용 시 트랩(Trap)을 크게 한다.
② 과도한 압력강하를 방지한다.
③ 압축기로 액체 냉매의 유입을 방지한다.
④ 압축기를 떠난 윤활유가 일정비율로 다시 압축기로 되돌아오게 한다.

45 허용응력이 35kgf/mm^2이고, 사용압력이 70kgf/mm^2인 강관의 스케줄 번호(Schedule Number)는?
① 20
② 35
③ 70
④ 105

46 배관지지의 필요조건이 아닌 것은?
① 배관 충격에 견딜 것
② 배관 소음을 방지할 것
③ 열팽창에 의한 신축에 대응할 수 있을 것
④ 배관 중량에 견딜 것

47 보온재의 구비조건으로 틀린 것은?
① 내구성과 내식성이 클 것
② 안전 사용온도 범위에 적합할 것
③ 열전도율이 크고 가벼울 것
④ 흡습성이 작고 시공이 용이할 것

48 가스배관을 지하에 매설하는 경우 기준으로 틀린 것은?
① 배관은 그 외면으로부터 수평거리로 건축물까지 1.5m 이상을 유지할 것
② 배관은 그 외면으로부터 지하의 다른 시설물과 0.5m 이상의 거리를 유지할 것
③ 배관은 지반의 동결에 의하여 손상을 받지 아니하는 깊이로 매설할 것
④ 굴착 및 되메우기는 안전확보를 위하여 적절한 방법으로 실시할 것

49 배수관에 U자 트랩을 설치하는 이유는?
① 배수관의 흐름을 좋게 하기 위해서이다.
② 통기 작용을 돕기 위함이다.
③ 배수 속도를 높이기 위함이다.
④ 유독가스 침입을 방지하기 위함이다.

50 냉각 코일 및 가열 코일을 부착한 덕트의 분기 각도로 적합한 것은?

① 상류 측 : 최대 15°, 하류 측 : 최대 30°
② 상류 측 : 최대 30°, 하류 측 : 최대 45°
③ 상류 측 : 최대 30°, 하류 측 : 최대 15°
④ 상류 측 : 최대 45°, 하류 측 : 최대 30°

51 회전자가 슬립 S로 회전하고 있을 때 고정자 및 회전자의 실효 권수비를 a라 하면, 고정자 기전력 E_1과 회전자 기전력 E_2와의 비는 어떻게 표현되는가?

① $\dfrac{a}{S}$ ② Sa

③ $(1-S)a$ ④ $\dfrac{a}{1-S}$

52 그림과 같은 회로에서 I_1 및 I_2는 몇 A인가?

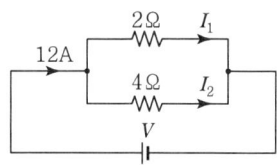

① $I_1=8\text{A},\ I_2=4\text{A}$
② $I_1=4\text{A},\ I_2=8\text{A}$
③ $I_1=7\text{A},\ I_2=5\text{A}$
④ $I_1=5\text{A},\ I_2=7\text{A}$

53 그림과 같은 직병렬회로에 180V를 가하면 $3\mu F$의 콘덴서에 축적된 에너지는 약 몇 J인가?

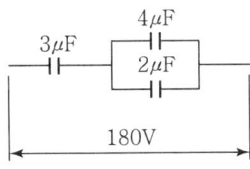

① 0.01J ② 0.02J
③ 0.03J ④ 0.04J

54 그림과 같이 실린더의 한쪽으로 단위시간에 유입하는 유체의 유량을 $x(t)$라 하고 피스톤의 움직임을 $y(t)$로 한다. t시간이 경과한 후의 전달함수를 구해보면 어떤 요소가 되는가?

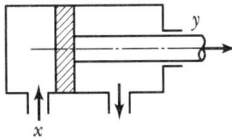

① 비례요소 ② 미분요소
③ 적분요소 ④ 미적분요소

55 $R-L-C$ 직렬회로에서 전류가 최대로 되는 조건은?

① $\omega L = \omega C$
② $\dfrac{\omega^2 L}{R} = \dfrac{1}{\omega CL}$
③ $\omega LC = 1$
④ $\omega L = \dfrac{1}{\omega C}$

56 단일 궤환 제어계의 개루프 전달함수 $G(s) = \dfrac{2}{s+1}$일 때, 입력 $r(t) = 5u(t)$에 대한 정상상태오차 e_{ss}는?

① $\dfrac{1}{3}$
② $\dfrac{2}{3}$
③ $\dfrac{4}{3}$
④ $\dfrac{5}{3}$

57 논리식 $A+B(\overline{A}+B)$ 와 등가인 것은?

① A
② B
③ $\overline{A}B$
④ $A\overline{B}$

58 8Ω, 12Ω, 20Ω, 30Ω의 4개 저항을 병렬로 접속할 때 합성저항은 약 몇 요인가?

① 2.0Ω
② 2.35Ω
③ 3.43Ω
④ 70Ω

59 다음 그림의 논리회로는?

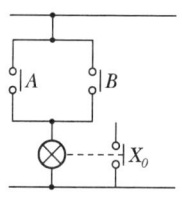

① AND 회로
② OR 회로
③ NOT 회로
④ NOR 회로

60 유도전동기의 1차 접속을 △에서 Y로 바꾸면 기동 시의 1차 전류는 어떻게 변화하는가?

① $\dfrac{1}{3}$로 감소
② $\dfrac{1}{\sqrt{3}}$로 감소
③ $\sqrt{3}$배로 증가
④ 3배로 증가

CBT 정답 및 해설

01	02	03	04	05	06	07	08	09	10
②	②	③	①	①	④	①	②	③	③
11	12	13	14	15	16	17	18	19	20
③	④	④	④	③	②	③	③	④	④
21	22	23	24	25	26	27	28	29	30
①	②	②	②	②	③	②	②	④	③
31	32	33	34	35	36	37	38	39	40
③	④	④	③	③	②	①	④	①	②
41	42	43	44	45	46	47	48	49	50
④	④	①	③	③	②	④	②	④	②
51	52	53	54	55	56	57	58	59	60
①	①	②	③	④	④	④	③	②	①

01 정답 | ②
풀이 | (가) 가열
    (나) 가열, 가습
    (다) 가습
    (라) 냉각, 가습

02 정답 | ②
풀이 | 습공기 중의 수증기의 분압 $(P_W) = \phi P_S$

03 정답 | ③
풀이 | 복사난방 : 실내 온도 분포가 균일하다.

04 정답 | ①
풀이 | $(3 \times 8) - (2 \times 2) = 20 m^2$
손실열량$(Q) = \dfrac{20 \times 1 \times 1.6 \times (20-0)}{2} = 320 kcal/h$

05 정답 | ①
풀이 | 취득열량$(q_w) = K \cdot A(t_e - t_r)$

06 정답 | ④
풀이 | 전달열량$(Q) = \lambda \times \dfrac{(t_2 - t_1)A}{b} \times hr$
$= 1.3 \times \dfrac{(30-20) \times 10}{0.15} \times 8$
$= 6,933 kcal/h$
※ $150mm = 0.15m$

07 정답 | ①
풀이 | 송풍기의 풍량 제어 방법
    ㉠ 회전수 제어
    ㉡ 흡입 베인 제어
    ㉢ 스크롤 댐퍼 제어
    ㉣ 흡입, 토출 댐퍼에 의한 제어
    ㉤ 가변 피치 제어

08 정답 | ②
풀이 | 댐퍼
덕트 도중에 설치하여 풍량조절, 유체 흐름의 개폐 등에 사용한다.

09 정답 | ③
풀이 | 전기정류기실
상대습도가 낮아야 한다.(전기 감전 방지)

10 정답 | ③
풀이 | 습공기 엔탈피(i)
$= i_a + i_w = 0.240t + (597 + 0.441t)x$
$= 0.240 \times 30 + (597 + 0.441 \times 30) \times 0.0271$
$= 7.2 + (597 + 13.23) \times 0.0271 = 23.73 kcal/kg'$

11 정답 | ③
풀이 | ㉠ 증기난방 : $650 kcal/m^2 \cdot h$
    ㉡ 온수난방 : $450 kcal/m^2 \cdot h$

12 정답 | ④
풀이 | 양흡입형 송풍기 : 부하가 적게 걸린다.

13 정답 | ④
풀이 | 수관식 보일러는 설계가 복잡하고 대용량이라서 초기 투자비가 많이 들며 급수처리가 심각하다.

14 정답 | ④
풀이 | 제3종 환기
자연급기와 배기팬을 조합(오염실에 적합)

15 정답 | ③
풀이 | 공기-수방식
    ㉠ 덕트 병용 팬 코일 유닛
    ㉡ 유인 유닛
    ㉢ 복사 냉난방

16 정답 | ②
   풀이 | 저온공조방식
   ㉠ 냉방부하가 큰 곳
   ㉡ 잠열부하가 큰 곳
   ㉢ 송풍량과 덕트 크기를 크게 늘리지 않는 곳

17 정답 | ③
   풀이 | 원심식 가습
   모터로 고속회전반을 돌려 물을 빨아올려 안개와 같이 비산된 후 공기를 가습한다.

18 정답 | ③
   풀이 | 흡수식 냉온수기
   ㉠ 여름철에는 증발기 사용(냉방)
   ㉡ 겨울철에는 재생기 사용(난방)

19 정답 | ④
   풀이 | 증기압축식에는 프레온, 암모니아 냉매 등이 사용된다.

20 정답 | ④
   풀이 | 원통다관식 열교환기에서 유량이 적을 때는 패스수를 증가시켜서 관내 유속을 올리도록 한다.(열교환기 중 가장 많이 사용한다.)

21 정답 | ①
   풀이 | 브라인(2차 간접냉매)은 열용량이 커야 한다.

22 정답 | ②
   풀이 | 전자 누설탐지기(Electronic Leak Detector)는 눈금을 나타내거나 빛 또는 소리로써 냉매 누설을 검지한다.

23 정답 | ④
   풀이 | 팽창 밸브에서는 냉매의 등엔탈피 과정이 이루어진다.

24 정답 | ③
   풀이 | 5ton=5,000kg, 1RT=3,320kcal
   ∴ 냉동능력 $= \dfrac{5,000 \times 1 \times (30-2)}{3,320 \times 3} = 14RT$

25 정답 | ②
   풀이 | 결빙시간(h) $= \dfrac{0.56 \times t^2}{-(t_b)} = \dfrac{0.56 \times (20)^2}{-(-10)} = 22.4hr$

26 정답 | ②
   풀이 | $395-78=317$, $395-125=270$
   ∴ $\dfrac{270}{317} \times 100 = 85\%$

27 정답 | ③
   풀이 | $100℃ \begin{pmatrix} 80℃ & \rightarrow & 6.5℃ \\ -20℃ & \rightarrow & -13.5℃ \end{pmatrix} 20℃$
   대수평균온도차$(\Delta t_m) = \dfrac{100-20}{\ln\left(\dfrac{100}{20}\right)} = 49.7℃$

28 정답 | ②
   풀이 | ㉠ 안전 밸브는 고압차단스위치(HPS)보다 높게 조정한다.
   ㉡ 유압보호스위치(OPS) : 유압이 일정 이하가 되면 압축기를 정지시킨다.

29 정답 | ④
   풀이 | 입형 셸 앤드 튜브식 응축기는 운전 중에도 냉각관 청소가 용이하며, 설치면적이 작고 옥외설치가 가능하다. 또한 전열이 양호하고 과부하에 잘 견딘다.

30 정답 | ③
   풀이 | 보델로 증발기
   냉각관 상부에 피냉각 액체가 흐르고 냉매는 냉각관 내를 순환하는 구조로서 작용은 대기식 응축기와 반대이다.

31 정답 | ③
   풀이 | 흡수식 냉동장치
   ㉠ 가열원으로 천연가스, LPG, 증기, 고온수를 이용한다.
   ㉡ 용량제어 범위가 좁다.
   ㉢ 고압부는 재생기, 응축기이다.
   ㉣ 폐열 사용이 곤란하다.(흡수식은 냉매가 물, 흡수제가 LiBr)

32 정답 | ④
   풀이 | ① $\Delta u = C_V(T_2 - T_1)$
   ② $\Delta h = C_P(T_2 - T_1)$
   ③ $\Delta q = \Delta u + Ap\Delta v$

33 정답 | ④
   풀이 | 몰리에르 선도 : 2단압축 2단팽창 $P-h$ 선도

CBT 정답 및 해설

34 정답 | ③
풀이 | 온도식 자동팽창 밸브는 증발기에서 나오는 냉매가스의 과열도를 일정하게 조정한다.

35 정답 | ③
풀이 | 냉매 사용에서 유분리기는 증발온도가 낮은 저온 장치인 경우에 사용한다.

36 정답 | ②
풀이 | 팽창 밸브 통과 전후의 엔탈피는 변동이 없다. 암모니아는 중량이 냉동유보다 낮아야 한다.

37 정답 | ①
풀이 | 왕복동식 압축기는 항공기 재료의 내한(耐寒) 성능을 시험하기 위한 냉동기이다.

38 정답 | ④
풀이 | $9,806.65Pa = 0.1kgf/cm^2 = 1.42233$
$1bf/in^2 = 0.0999atm$

39 정답 | ①
풀이 | 반 밀폐형은 왕복동식 압축기이므로 분해가 가능하다.

40 정답 | ②
풀이 | ㉠ 히트 펌프의 종류
  • 지열식 • EHP
  • GHP • 증기압축식 • 흡착식
㉡ 히트 펌프는 사용온도 영역에 제한이 따른다.

41 정답 | ④
풀이 | 네오프렌(플랜지 고무 패킹)
㉠ 열과 기름에 극히 약하며 100℃ 이상 사용 불가(고무 패킹)
㉡ 네오프렌(합성고무)의 내열도는 -46~121℃이다.

42 정답 | ④
풀이 | 플레어 접합 : 동관의 접합방법이다.

43 정답 | ②
풀이 | 에어벤트 밸브 : 공기제거용

44 정답 | ①
풀이 | 압축기와 응축기 사이 배관(토출관)에서 입상관이 2.5m 이상이면 트랩을 설치한다.

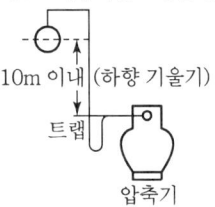

45 정답 | ①
풀이 | 스케줄 번호(Sch) $= 10 \times \dfrac{p}{s} = 10 \times \dfrac{70}{35} = 20$

46 정답 | ②
풀이 | 배관지지대와 소음방지기는 연관성이 없다.

47 정답 | ③
풀이 | 보온재는 열전도율이 작고 가벼울 것

48 정답 | ②
풀이 | 가스배관과 타 시설물은 0.3m 이상의 거리를 유지한다.

49 정답 | ④
풀이 | 배수관에 U자 트랩을 설치하여 유독가스 침입을 방지한다.

50 정답 | ②
풀이 | 덕트의 분기 각도
㉠ 상류 측 최대 30°
㉡ 하류 측 최대 45° 초과 방지

51 정답 | ①
풀이 | ㉠ 정지 시 $\dfrac{E_1}{E_2} = a$
$\therefore E_2 = \dfrac{E_1}{a}$
㉡ 운전 시 $E_{2s} = SE_2 = \dfrac{SE_1}{a}$
$\therefore \dfrac{E_1}{E_{2s}} = \dfrac{E_1}{\dfrac{SE_1}{a}} = \dfrac{a}{S}$

CBT 정답 및 해설

52 정답 | ①
풀이 | 전류$(I_1) = I \times \dfrac{R_2}{R_1+R_2} = 12 \times \dfrac{4}{2+4} = 8A$
전류$(I_2) = 12 - 8 = 4A$

53 정답 | ②
풀이 | 축적에너지$(W) = \dfrac{1}{2}CV^2$
합성용량 $= \dfrac{3C \times 3C}{3C+3C} = 1.5C(F)$
$\therefore \dfrac{1}{2} \times 1.5 \times 10^{-6} \times (180)^2 = 0.02J$

54 정답 | ③
풀이 | 적분(I)동작
제어편차의 시간적분 값에 비례하는 크기의 출력 신호를 내는 동작
$y(t) = \dfrac{1}{k}\int x(t)dt$ (적분요소)

55 정답 | ④
풀이 | $R-L-C$ 직렬회로에서 전류가 최대로 되는 조건 (공진회로)
$\omega L = \dfrac{1}{\omega C}$
※ R(저항), L(인덕턴스), C(정전용량)

56 정답 | ④
풀이 | 응답 $C(t) = L^{-1}\left(\dfrac{2}{s+1} \cdot 1\right) = L^{-1}\left(\dfrac{2}{s+1}\right) = 2e^{-t}$
편차 $2e^{-t} = \lim s \cdot E(s)$
$\therefore \dfrac{R}{1+s} = \dfrac{5}{1+2} = \dfrac{5}{3}$

57 정답 | ②
풀이 | $A + B(\overline{A}+B)$
$= A \cdot \overline{A} + \overline{A} \cdot B + A \cdot B + B \cdot B$
$= B \cdot (\overline{A}+A) + B = B + B = B$

58 정답 | ③
풀이 | $R = \dfrac{V}{I} = \dfrac{1}{\dfrac{1}{R_1}+\dfrac{1}{R_2}+\dfrac{1}{R_3}+\dfrac{1}{R_4}}$
$= \dfrac{1}{\dfrac{1}{8}+\dfrac{1}{12}+\dfrac{1}{20}+\dfrac{1}{30}} = 3.43\Omega$

59 정답 | ②
풀이 | OR 회로
둘 이상의 입력단자와 하나의 출력단자를 가지며 입력이 하나라도 1이면 출력이 1이 되는 회로
(논리식 $X = A + B$)

입력 $\begin{matrix}A \circ \\ B \circ\end{matrix}$ ⎯⎯⎯ $\circ X$ 출력

60 정답 | ①
풀이 | $\triangle \to Y$ 전환 시 기동토크는 $\left(\dfrac{1}{\sqrt{3}}\right)^2 = \dfrac{1}{3}$ 배
$\therefore$ 기동 시의 1차 전류는 $\dfrac{1}{3}$로 감소한다.

1과목 공기조화 설비

01 다음 중 여름철 냉방에 가장 중요한 것은?
① 온도 변화
② 압력 변화
③ 탄산가스양 변화
④ 비체적 변화

02 열원방식의 분류 중 특수 열원방식으로 분류되지 않는 것은?
① 열회수 방식(전열 교환 방식)
② 흡수식 냉온수기 방식
③ 지역 냉난방 방식
④ 태양열 이용 방식

03 공조용 열원기기 중 흡수식 냉동기에 관한 다음 설명 중 옳지 않은 것은?
① 부분 부하에 대한 대응성이 나쁘다.
② 압축장치가 없어 진동이 작다.
③ 가열원으로는 증기나 가스 등이 이용된다.
④ 증기 압축식에 비해서 냉각탑 용량이 커진다.

04 다음은 팬코일 유닛 방식의 배관방법에 따른 장단점 및 특징을 기술한 내용이다. 틀린 것은?(단, 2관식, 3관식, 4관식을 비교)
① 3관식에서는 손실열량이 타 방식에 비하여 거의 없다.
② 2관식에서는 냉·난방의 동시운전이 불가능하다.
③ 4관식이 설비비면에서 가장 불리하다.
④ 4관식은 동시에 냉·난방운전이 가능하다.

05 다음의 온수난방에 관한 설명 중 옳지 않은 것은?

① 밀폐식일 경우에는 배관의 부식이 적고 수명이 길다.
② 각 방열기기에 공급되는 온수가 균일하고 양호하게 순환되도록 한다.
③ 온수순환으로 인한 소음이나 진동 등의 장애가 일어나지 않도록 한다.
④ 팽창 탱크의 팽창관에는 밸브를 부착하여 유량을 조절할 수 있도록 한다.

06 열교환기 중 공조기 내부에 주로 설치되는 공기가열기 또는 공기냉각기를 흐르는 냉·온수의 통로수는 코일의 배열방식에 따라 나눌 수 있다. 이 중 코일의 배열방식에 따른 종류가 아닌 것은?

① 풀 서킷
② 하프 서킷
③ 더블 서킷
④ 플로 서킷

07 공조 부하 계산에서 백열등 1kW당 방열량은?

① 1kcal/h
② 600kcal/h
③ 860kcal/h
④ 1,000kcal/h

08 공기조화를 하고 있는 건축물의 출입구로부터 들어오는 틈새바람을 줄이기 위한 가장 효과적인 방법은?

① 출입구에 자동 개폐되는 문을 사용한다.
② 출입구에 회전문을 사용한다.
③ 출입구에 플로어 힌지를 부착한 자재문을 사용한다.
④ 출입구에 수동문을 사용한다.

09 다음 습공기선도에서 습공기의 상태가 1지점에서 1′지점을 걸쳐 2지점으로 이동하였다. 이 습공기는 어떤 과정인가?(단, $h_1 = h_{1'}$이다.)

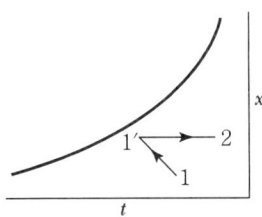

① 냉각 감습 – 가열
② 냉각 – 제습제를 이용한 제습
③ 순환수 가습 – 가열
④ 온수 감습 – 냉각

10 지하철에 적용할 기계환기 방식의 기능으로 맞지 않는 것은?

① 피스톤 효과로 유발된 열차풍으로 환기효과를 높인다.
② 터널 내 고온의 공기를 외부로 배출한다.
③ 터널 내 잔류 열을 배출하고 신선외기를 도입하여 토양의 발열효과를 상승시킨다.
④ 화재 시 배연기능을 달성한다.

11 덕트 설계 시 주의할 사항 중 옳은 것은?

① 곡부분(曲部分)은 될 수 있는 대로 곡률 지름을 크게 한다.
② 확대부분의 각도는 가능한 한 45° 이상으로 한다.
③ 축소부분의 각도는 가능한 60° 이내로 한다.
④ 덕트 단면의 아스펙트 비는 가능한 6보다 크게 한다.

12 어떤 실내의 전체 취득열량이 7,600kcal/h, 잠열량이 2,100kcal/h이다. 이때 실내를 26℃/50%(RH)로 유지시키기 위해 취출 온도차를 10℃로 일정하게 하여 송풍한다면 실내 현열비는 약 얼마인가?

① 0.28
② 0.68
③ 0.72
④ 0.88

13 다음은 난방설비에 관한 설명이다. 옳은 것은?
① 온수난방은 온수의 현열과 잠열을 이용한 것이다.
② 온풍난방은 온풍의 현열과 잠열을 이용한 것이다.
③ 증기난방은 증기의 현열을 이용한 대류 난방이다.
④ 복사난방은 열원에서 나오는 복사 에너지를 이용한 것이다.

14 보일러의 안전장치 중 옳지 않은 것은?
① 보일러는 기기 내에 고압의 증기나 고온의 물을 저장하고 있으므로 안전을 위하여 충분한 강도를 지닌 구조로 되어 있음과 동시에 철저한 관리를 하여야 한다.
② 수온이 120℃가 넘는 온수 보일러의 경우는 릴리프 밸브가, 수온이 120℃ 이하의 온수 보일러에서는 안전 밸브가 설치된다.
③ 연소장치에서 압력, 온도의 상한을 제한하는 안전장치와 광전관 등에 의한 착화, 감화의 안전장치가 쓰인다.
④ 잔류 연소가스의 폭발을 방지하기 위하여 시퀀스 제어가 사용되고 있다.

15 송풍기를 원심, 축류 및 기타로 크게 나눌 때 원심 송풍기에 속하지 않는 것은?
① 터보 송풍기
② 리미트 로드 송풍기
③ 익형 송풍기
④ 프로펠러 송풍기

16 냉각수 출입구 온도차를 5℃, 냉각수의 처리 열량을 3,900kcal/h · RT로 하면 냉각수량 (L/min · RT)은 얼마인가?(단, 냉각수의 비열은 1kcal/kg · ℃로 한다.)
① 10
② 13
③ 18
④ 20

17 다음 사업장 중에서 상대습도(%)가 가장 낮은 곳은?
① 렌즈 연마실
② 빵 발효 식품 공장
③ 담배 원료 가공 공장
④ 반도체 공장

18 높은 습도를 요구하는 경우에 사용하는 증발식 가습장치의 종류로 옳은 것은?

① 원심식, 초음파식, 분무식
② 전열식, 전극식, 적외선식
③ 과열증기식, 분무식, 원심식
④ 회전식, 모세관식, 적하식

19 다음 중 개별 공조방식의 특징이 아닌 것은?

① 외기냉방이 용이하다.
② 실내공기 청정도가 나빠지고 소음이 크다.
③ 개별 실내 제어에 적합하다.
④ 기존 설치된 건물에 비교적 용이하게 설치할 수 있다.

20 공기조화기의 냉수 코일을 설계하고자 할 때의 설명으로 적당하지 않은 것은?

① 코일을 통과하는 물의 속도는 1m/s 정도가 되도록 한다.
② 코일 출입구의 수온차는 대개 5~10℃ 정도가 되도록 한다.
③ 공기와 물의 흐름은 병류(평행류)로 하는 것이 대수평균 온도차가 크게 된다.
④ 습 코일인 경우가 건 코일인 경우보다 열통과율이 크게 된다.

2과목 냉동냉장 설비

21. 어느 기체의 압력이 0.5MPa, 온도 150℃, 비체적 0.4m³/kg일 때 가스 상수 (J/kg·K)를 구하면 약 얼마인가?
① 11.3
② 47.28
③ 113
④ 472.8

22. P(압력) – h(엔탈피) 선도에서 포화증기선상의 건조도는 얼마인가?
① 2
② 1
③ 0.5
④ 0

23. 식품동결용으로 사용되는 저온액화가스로 가장 적당한 것은?
① 액화수소, 액화이산화탄소
② 액화산소, 액화천연가스
③ 액화질소, 액화이산화탄소
④ 액화질소, 액화암모니아

24. 왕복동식 냉동기의 시동부하를 경감시키는 방법이 아닌 것은?
① 바이패스법
② 클리어런스 증대법
③ 언로더 시스템법
④ 흡입 댐퍼 조절법

25. 흡수식 냉동기의 냉매와 흡수제 조합으로 적당하지 않은 것은?
① 냉매 – 암모니아, 흡수제 – 물
② 냉매 – 암모니아, 흡수제 – 프레온
③ 냉매 – 물, 흡수제 – 염화리튬
④ 냉매 – 물, 흡수제 – 취화리튬

26. 다음 중 공기 냉각용 증발기에 속하는 것은?
① 보데로 증발기
② 탱크형 증발기
③ 캐스케이드 증발기
④ 셸 앤드 코일 증발기

27 다음의 응축기 중 열통과율이 가장 나쁜 것은?

① 공랭식
② 횡형 셸 앤드 튜브식
③ 증발식
④ 입형 셸 앤드 튜브식

28 팽창밸브를 통하여 증발기에 유입되는 냉매액의 엔탈피를 F, 증발기 출구 엔탈피를 A, 포화액의 엔탈피를 G라 할 때 팽창밸브를 통과한 곳에서 증기로 된 냉매의 양의 계산식으로 옳은 것은?(단, P : 압력, h : 엔탈피를 나타낸다.)

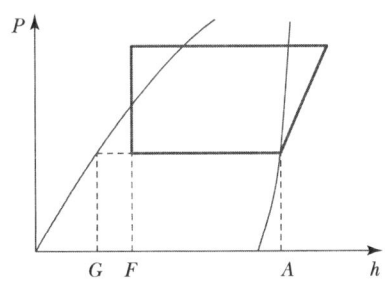

① $\dfrac{A-F}{A-G}$
② $\dfrac{A-F}{F-G}$
③ $\dfrac{F-G}{A-G}$
④ $\dfrac{F-G}{A-F}$

29 액분리기(Accumulator)의 설명이 잘못된 것은?

① 압축기에 액이 흡입되지 않게 한다.
② 응축기와 압축기 사이에 설치한다.
③ 압축기의 파손을 방지한다.
④ 장치 기동시 증발기 내에서의 냉매의 교란을 방지한다.

30 축열장치의 장점이 아닌 것은?

① 축열조 및 단열공사비 축소
② 냉동장치의 용량감소 효과
③ 수전설비 축소로 기본전력비 감소
④ 부하 변동 시도 안정적 열 공급

31 냉동장치에서 액관의 어떤 부분에 플래시가스가 나타났을 때 그 원인에 해당되는 것은?

① 액관이 냉매액 온도보다 낮은 냉장실 같은 곳을 통과하기 때문이다.
② 액가스 열교환기를 설치하여 냉매액을 과냉각시켰기 때문이다.
③ 냉매의 저항을 적게 하기 위하여 액관을 과도하게 굵게 했기 때문이다.
④ 액관 중의 솔레노이드 밸브 또는 스트레이너가 오물로 막히거나 액관이 용량에 비하여 적기 때문이다.

32 냉동장치 내에 불응축가스가 존재하고 있는 것이 판단되었다. 그 혼입의 원인으로 볼 수 없는 것은?

① 냉매충전 전에 장치 내를 진공건조시키기 위하여 상온에서 진공 750mmHg까지 몇 시간 동안 진공 펌프를 운전하였기 때문이다.
② 냉매와 윤활유의 충전작업이 불량했기 때문이다.
③ 냉매와 윤활유가 분해하기 때문이다.
④ 팽창밸브에서 수분이 동결하고 흡입가스 압력이 대기압 이하가 되기 때문이다.

33 다음 중 회전식 압축기에 관한 설명으로 옳지 않은 것은?

① 용량제어 범위가 크다.
② 베인식, 회전자식 두 가지 형식이 있다.
③ 유압펌프를 사용하지 않으므로 윤활에 주의를 요한다.
④ 압축비에 비하여 체적효율이 높다.

34 냉동 사이클이 0℃와 100℃ 사이에서 역카르노 사이클로 작동될 때 성적계수는?

① 1.37　　② 0.19
③ 2.73　　④ 3.73

35 팽창밸브를 너무 닫았을 때에 일어나는 현상이 아닌 것은?
① 증발압력이 높아지고 증발기 온도가 상승한다.
② 압축기의 흡입가스가 과열된다.
③ 능력당 소요동력이 증가한다.
④ 압축기의 토출가스 온도가 높아진다.

36 열에너지의 흐름에 대한 방향성을 말해주는 법칙은?
① 제0법칙
② 제1법칙
③ 제2법칙
④ 제3법칙

37 브라인에 대한 다음 설명 중 옳은 것은?
① 브라인 중에 융해하고 있는 산소량이 증가하면 부식이 심해진다.
② 브라인의 pH는 보통 5로 유지한다.
③ 유기질 브라인은 무기질에 비해 부식성이 크다.
④ 염화칼슘용액, 식염수, 프로필렌 글리콜은 무기질 브라인이다.

38 다음 기체 동력사이클 중 가열량, 초기온도, 초기압력, 압축비가 동일할 때 열효율이 높은 순서대로 나열된 것은?
① 복합사이클 → 오토사이클 → 디젤사이클
② 디젤사이클 → 복합사이클 → 오토사이클
③ 오토사이클 → 복합사이클 → 디젤사이클
④ 복합사이클 → 디젤사이클 → 오토사이클

39 할론(Halon)냉매의 원소에 해당되지 않는 것은?
① 불소(F)
② 수소(H)
③ 염소(Cl)
④ 브롬(Br)

40 제빙장치의 설명으로 틀린 것은?
① 용빙탱크 : 빙관과 얼음의 접촉면을 녹이는 장치
② 주수탱크 : 결빙시간을 단축하기 위한 장치
③ 탈빙기 : 얼음과 빙관을 분리시키는 장치
④ 양빙기 : 결빙된 얼음을 빙관에 든 채로 이동시키는 장치

3과목 공조냉동 설치 · 운영

41 보온재의 구비조건이 아닌 것은?

① 열전도도가 작고 방습성이 클 것
② 인화성이 우수할 것
③ 내압강도가 클 것
④ 사용온도 범위가 클 것

42 배관장치의 도중에 설치하는 기구들의 설명으로 맞는 것은?

① 스트레이너는 유체의 유동방향을 따라갈 때 트랩 다음에 설치한다.
② 저압 트랩의 설치 시에는 바이패스(Bypass) 배관이 필요하다.
③ 감압 밸브의 설치 시에는 바이패스(Bypass) 배관이 불필요하다.
④ 증기 트랩의 설치장소는 증기공급이 시작되는 위치이다.

43 배관계의 계기표시 방법 중 온도 지시계를 나타낸 것은?

① PT
② FI
③ GI
④ TI

44 사용압력은 4kg/cm² 정도 이하이며, 공기 가열기, 열교환기 등 다량의 응축수를 처리하는 데 적합한 증기 트랩은?

① 플로트 트랩
② 열동식 트랩
③ U트랩
④ 버킷 트랩

45 온수난방할 수 있는 온수를 증기의 열을 이용해서 생산하는 장치는?

① 스토리지 탱크 ② 열교환기
③ 증발 탱크 ④ 팽창 탱크

46 배관 관련설비의 공기조화설비와 거리가 먼 것은?

① 냉동기 설비 ② 보일러 실내기기 설비
③ 위생기구 설비 ④ 송풍기, 공조기 설비

47 증기난방 배관방법에 있어서 리프트 피팅(Lift Fitting)의 빨아올리는 높이는 1단을 몇 m 이내로 하는가?

① 0.7m ② 1m
③ 1.5m ④ 3m

48 다음 냉매 배관 중 액관은?

① 액축기와 응축기까지의 배관
② 증발기와 압축기까지의 배관
③ 응축기와 수액기까지의 배관
④ 팽창 밸브와 압축기까지의 배관

49 압력 수조식 급수법의 설명으로 옳지 않은 것은?

① 공기 압축기를 설치하여 공기를 보급해야 한다.
② 펌프는 고가 수조에 비하여 양정이 낮다.
③ 탱크의 설치 위치에 제한을 받지 않는다.
④ 최고, 최저의 압력차가 크고 급수압이 일정하지 않다.

50 배관의 지지 간격 결정조건에 포함되지 않는 사항은?

① 관경의 대소
② 수압시험 압력
③ 보온 및 보냉의 유무
④ 유체의 흐름에 따른 진동

51 전압계에 대한 설명으로 옳지 않은 것은?

① 동작원리는 전류계와 같다.
② 회로에 직렬로 접속한다.
③ 내부저항이 있다.
④ 가동 코일형은 직류측정에 사용한다.

52 동기속도가 3,600rpm인 동기발전기의 극수는 얼마인가?(단, 주파수는 60Hz이다.)

① 2극
② 4극
③ 6극
④ 8극

53 다음 중 미분요소에 해당하는 것은?

① $G(S) = K$
② $G(S) = KS$
③ $G(S) = \dfrac{K}{S}$
④ $G(S) = \dfrac{K}{TS+1}$

54 그림과 같은 계전기 접점회로의 논리식으로 알맞은 것은?

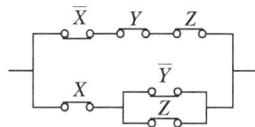

① $(X+\overline{Y}+Z)(\overline{X}+Y+Z)$
② $X(\overline{Y}+Z)\overline{X}YZ$
③ $(X+\overline{Y}Z)(\overline{X}+Y+Z)$
④ $(X\overline{Y}+Z)\overline{X}YZ$

55 PI 제어동작은 프로세스 제어계의 정상특성 개선에 흔히 사용된다. 이것에 대응하는 보상요소는?

① 동상 보상요소
② 지상 보상요소
③ 진상 보상요소
④ 지상 및 진상 보상요소

56 SCR의 설명으로 옳지 않은 것은?
① 순방향으로 부성저항을 가지고 있다.
② OFF 상태에서의 저항은 매우 작다.
③ 단방향성 사이리스터이다.
④ 3단자 형식이다.

57 서로 같은 방향으로 흐르고 있는 두 도선 사이에는 어떤 힘이 작용하는가?
① 서로 미는 힘
② 서로 당기는 힘
③ 하나는 밀고, 하나는 당기는 힘
④ 회전하는 힘

58 다음 중 시퀀스 제어에 속하지 않는 것은?
① 컨베이어 제어   ② 엘리베이터 제어
③ 주파수 조정   ④ 세탁기

59 교류 전류의 한 주기에 대한 평균값은 얼마인가?(단, I_m은 전류의 최댓값이다.)
① 0
② I_m
③ $\dfrac{2I_m}{\pi}$
④ $\dfrac{I_m}{\sqrt{2}}$

60 다음의 블록 선도의 출력이 4가 되기 위해서는, 입력은 얼마이어야 하는가?

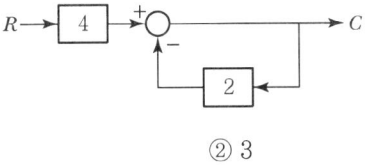

① 2
② 3
③ 4
④ 5

CBT 정답 및 해설

01	02	03	04	05	06	07	08	09	10
①	②	①	①	④	④	③	②	③	③
11	12	13	14	15	16	17	18	19	20
①	③	④	②	④	②	④	④	①	③
21	22	23	24	25	26	27	28	29	30
④	②	③	④	②	③	①	③	③	①
31	32	33	34	35	36	37	38	39	40
④	①	①	③	①	③	①	③	②	②
41	42	43	44	45	46	47	48	49	50
②	②	④	①	②	③	③	①	③	②
51	52	53	54	55	56	57	58	59	60
②	①	②	②	②	①	②	③	①	②

01 정답 | ①
풀이 | 여름철 냉방에 가장 중요한 것은 온도 변화이다.

02 정답 | ②
풀이 | 흡수식 냉온수기의 열원은 증기, 중온수, 가스 연소열이다.

03 정답 | ①
풀이 | 흡수식 냉동기는 부분부하에 대한 적응성이 좋은 편이다.

04 정답 | ①
풀이 | 3관식은 2관식에 비해 손실열량이 있다.

05 정답 | ④
풀이 | 팽창관에는 어떠한 경우에도 밸브의 부착이 엄격하게 제한되고 있다.

06 정답 | ④
풀이 | 코일의 배열방식 종류
　　㉠ 풀 서킷
　　㉡ 하프 서킷
　　㉢ 더블 서킷

07 정답 | ③
풀이 | 1kWh=860kcal/h, 1PSh=632kcal, 1HPh=641kcal

08 정답 | ②
풀이 | 출입구에 회전문을 사용하면 틈새바람을 줄일 수 있다.

09 정답 | ③
풀이 | 1 → 1′ → 2 : 순환수 가습과 가열 상태

10 정답 | ③
풀이 | 기계환기
　　건물이나 실내에 적당한 급기구나 배기구를 설치하여 송풍기를 사용하여 강제적으로 외부의 공기를 끌어들이고 실내공기를 밖으로 배출하는 것

11 정답 | ①
풀이 | ㉠ 확대의 경우 : 15° 이하
　　㉡ 축소의 경우 : 30° 이하
　　㉢ 아스펙트 비 : 4 : 1 이하, 8 : 1을 넘지 않는다.

12 정답 | ③
풀이 | 현열=7,600-2,100=5,500kcal/h
　　∴ 현열비= $\frac{5,500}{7,600}$ =0.72

13 정답 | ④
풀이 | ㉠ 온수난방 : 현열 이용
　　㉡ 증기난방 : 잠열 이용
　　㉢ 복사난방 : 복사에너지 이용

14 정답 | ②
풀이 | ㉠ 120℃ 이하 : 릴리프 방출 밸브 사용
　　㉡ 120℃ 초과 : 안전 밸브 사용

15 정답 | ④
풀이 | 프로펠러 송풍기 : 축류형 송풍기

16 정답 | ②
풀이 | $\frac{3,900}{60}$ =65kcal/min
　　∴ 냉각수량= $\frac{65}{5 \times 1}$ =13 L/min · RT

17 정답 | ④
풀이 | 반도체 공장에서는 타 사업장에 비하여 상대습도가 낮다.

18 정답 | ④
풀이 | 증발식 가습장치
　　회전식, 모세관식, 적하식

19 정답 | ①
풀이 | 개별 공조방식은 외기냉방이 불가능하다.

20 정답 | ③
풀이 | 공기와 물의 흐름에서 향류형이 대수평균 온도차가 커진다.

CBT 정답 및 해설

21 정답 | ④
풀이 | 가스상수$(R) = \dfrac{PV}{T}$
$= \dfrac{10^6 \times 0.5 \times 0.4}{273 + 150} = 472.8 \text{J/kg} \cdot \text{K}$
※ 0.5MPa = 500,000Pa

22 정답 | ②
풀이 | $P-h$ 선도에서 포화증기선상의 건조도는 1이다.

23 정답 | ③
풀이 | 식품동결용 저온액화가스 : 액화질소, 액화이산화탄소

24 정답 | ④
풀이 | 왕복동식 냉동기 시동부하 경감조건
　　　㉠ 바이패스법
　　　㉡ 클리어런스 증대법
　　　㉢ 언로더 시스템법

25 정답 | ②
풀이 | ㉠ 흡수식 냉동기의 냉매가 H_2O이면 흡수제는 LiBr이다.
　　　㉡ 흡수식 냉동기의 냉매가 암모니아(NH_3)이면 흡수제는 암모니아(NH_3)이다.

26 정답 | ③
풀이 | 캐스케이드 증발기 : 공기냉각용 증발기

27 정답 | ①
풀이 | 공랭식 응축기 : 열통과율이 나쁘다.

28 정답 | ③
풀이 | 팽창밸브 통과 시 냉매가 증기로 된 냉매량의 공식
$\dfrac{F-G}{A-G}$
(①은 증발기로 공급되는 냉매량)

29 정답 | ②
풀이 | 액분리기는 증발기와 압축기 흡입관 사이에 설치한다.

30 정답 | ①
풀이 | 축열장치 설치 시 축열조 및 단열공사비는 증가한다.

31 정답 | ④
풀이 | 액관에 플래시가스가 나타난 이유는 액관 중 전자밸브 또는 여과기의 여과망에 오물이 막히거나 액관의 구경이 용량에 비해 작기 때문이다.

32 정답 | ①
풀이 | 진공펌프를 운전하면 불응축가스가 배출된다.

33 정답 | ①
풀이 | 회전식 압축기(Rotary Compressor)는 용량제어가 불가능하다.

34 정답 | ③
풀이 | 성적계수(COP) $= \dfrac{Q_2}{A_W} = \dfrac{Q_2}{Q_1 - Q_2}$
$= \dfrac{T_2}{T_1 - T_2} = \dfrac{273}{373 - 273} = 2.73$

35 정답 | ①
풀이 | 팽창밸브를 너무 닫으면 증발압력이 낮아지고 증발온도가 낮아진다.

36 정답 | ③
풀이 | 열역학 제2법칙 : 열에너지의 흐름에 대한 방향성을 말해주는 법칙

37 정답 | ①
풀이 | 브라인 중에 용해하고 있는 산소량이 증가하면 부식이 촉진된다.
　　　② pH 7 이하는 좋지 않다.(7.5~8.2 유지)
　　　③ 무기질은 C를 포함하지 않고 부식성이 크다.
　　　④ 염화칼슘용액, 식염수는 무기질이고 프로필렌글리콜은 유기질이다.

38 정답 | ③
풀이 | 사이클 열효율
　　　오토사이클 > 복합사이클 > 디젤사이클

39 정답 | ②
풀이 | 할론냉매 성분
　　　탄소(C), 불소(F), 염소(Cl), 취소(Br)

40 정답 | ②
풀이 | 주수탱크 : 물탱크이다.

CBT 정답 및 해설

41 정답 | ②
풀이 | 보온재(유기질, 무기질)는 인화성이 낮을 것

42 정답 | ②
풀이 | ① 스트레이너는 트랩 전에 설치한다.
③ 감압 밸브나 유량계 설치 시 바이패스가 필요하다.
④ 증기 트랩은 배관 끝이나 방열기 출구에 설치한다.

43 정답 | ④
풀이 | FI : 유량 지시계, TI : 온도 지시계

44 정답 | ①
풀이 | 플로트 스팀 트랩(기계식) : 다량 증기 트랩

45 정답 | ②
풀이 | 스팀 보일러 열교환기는 증기의 잠열을 이용하여 급수를 온수(급탕)로 생산한다.

46 정답 | ③
풀이 | 위생기구 설비와 공기조화설비와는 거리가 멀다.

47 정답 | ③
풀이 | 진공환수식 증기난방에서 리프트 피팅 양정
1.5m가 1단 높이

48 정답 | ③
풀이 | 냉매 액관 : 응축기와 수액기까지의 배관

49 정답 | ②
풀이 | 압력 탱크 급수방식은 단점으로 펌프의 양정이 커야 하므로 시설비가 많이 든다.

50 정답 | ②
풀이 | 수압시험과 배관의 지지 간격 결정은 무관하다.

51 정답 | ②
풀이 | 전압계
㉠ 동작원리는 전류계와 같다.
㉡ 내부저항이 있다.
㉢ 가동 코일형은 직류측정에 사용된다.

52 정답 | ①
풀이 | 극수(P) = $\dfrac{120f}{N_s}$ = $\dfrac{120 \times 60}{3,600}$ = 2

53 정답 | ②
풀이 | 미분요소 $G(S) = KS$
① $G(S) = K$ (비례요소)
③ $G(S) = \dfrac{K}{S}$ (적분요소)
④ $G(S) = \dfrac{K}{TS+1}$ (1차 지연요소)

54 정답 | ②
풀이 | 계전기 접점회로 논리식 = $X(\overline{Y}+Z)\overline{X}YZ$

55 정답 | ②
풀이 | 지상 보상요소
PI 제어동작은 프로세스 제어계의 정상특성 개선에 흔히 사용되는데 이것에 대응하는 보상요소이다.

56 정답 | ①
풀이 | SCR(Silicon Controlled Rectifier) : 순방향 대전류 스위칭 소자

57 정답 | ②
풀이 | 서로 같은 방향으로 전류가 흐르고 있는 두 도선 사이에 서로 당기는 힘이 작용한다.(반대방향은 서로 미는 힘이 생긴다.)

58 정답 | ③
풀이 | 시퀀스 제어에 속하는 것
㉠ 컨베이어
㉡ 엘리베이터
㉢ 세탁기
㉣ 전기밥통
※ 피드백 제어 : 검출부가 필요한 주파수 조정

59 정답 | ①
풀이 | 교류의 +파와 −파가 같은 대칭파를 1주기 평균하면 0이 되나 그 크기를 표시할 수 없기 때문에 교류의 방향이 변하지 않는 반주기 동안의 파형 극반파를 평균한 값을 평균값이라 한다.

60 정답 | ②
풀이 | $RG \pm CH = C$, $RG = C(1 \pm H)$
∴ $G(S) = \dfrac{C}{R} = R(S)4 = C(S)(1+2) = \dfrac{1+2}{4} = \dfrac{3}{4}$

1과목 공기조화 설비

01 다음은 냉각 코일에서 공기상태변화를 나타낸 것이다. 이때 코일의 BF(Bypass Factor)는 어느 것인가?

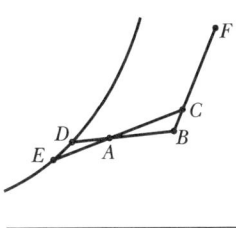

① $\dfrac{BA}{BD}$
② $\dfrac{AD}{BA}$
③ $\dfrac{AE}{CE}$
④ $\dfrac{CA}{CE}$

02 다음 중 공급방식에 의한 분류에 해당되는 증기난방 방식은?
① 고압식 증기난방 방식
② 하향 급기식 증기난방 방식
③ 중력식 증기난방 방식
④ 습식 증기난방 방식

03 다음 중 저속 덕트의 설계방법과 거리가 먼 것은?
① 일반적으로 등압법으로 설계한다.
② 일반적으로 주덕트의 풍속을 20~30m/s로 설계한다.
③ 가장 저항이 큰 경로(주경로)에 대하여 압력손실을 같은 값으로 설계한다.
④ 일반적으로 풍량이 10,000m³/h 이상인 부분은 풍속으로, 그 이하인 부분은 압력강하로 설계한다.

04 공기조화기에 관한 다음의 설명 중 부적당한 것은?
① 패키지형 에어컨디셔너는 압축기, 팬 및 코일 등을 내장하고 있다.
② 유닛 히터는 냉동기 및 코일 등을 내장하고 있다.
③ 에어 핸들링 유닛은 팬 및 코일 등을 내장하고 있다.
④ 팬 코일 유닛은 팬과 코일 등을 내장하고 있다.

05 스테인리스 강판에 리브형 홈을 만들어 합성고무의 개스킷으로 수밀(水密)을 기하여, 초고층 건물의 수-수열교환기로 많이 사용하는 열교환기는?
① 원통다관형   ② 열사이펀형
③ 스파이럴형   ④ 플레이트형

06 다음 공조방식 중 팬, 펌프 등 동력비가 가장 큰 것은?
① FC 유닛 방식(덕트 병용)
② 멀티존 방식
③ 유인 유닛 방식
④ 패키지 방식

07 40W짜리 형광등 10개를 조명용으로 사용하는 어떤 사무실이 있다. 이때 조명기구로부터의 취득열량은 약 얼마인가?(단, 안정기의 부하는 20%로 한다.)
① 68kcal/h   ② 210kcal/h
③ 413kcal/h   ④ 625kcal/h

08 다음 용어 중에서 습공기선도와 관계가 없는 것은?
① 비체적   ② 열용량
③ 노점온도   ④ 엔탈피

03회	실전점검! CBT 실전모의고사	수험번호 : 수험자명 :	제한 시간 : 90분 남은 시간 :

글자 크기 100% 150% 200% | 화면 배치 | 전체 문제 수 : / 안 푼 문제 수 :

09 **크기가 15m×5m, 천장고가 2.4m인 어느 실의 틈새 바람에 의한 전열부하(kcal/h)는 약 얼마인가?**

[조건]

구분	건구온도(℃)	상대습도(%)	엔탈피(kcal/kg)
실내	26	50	12.6
외기	31	67	19.6
환기횟수	2회/h		
공기성질	• 비중량 : 1.2kg/m^3 • 비열 : 0.24kcal/kg · ℃		

① 2,000
② 3,000
③ 4,000
④ 5,000

10 **다음은 냉각코일에 관한 사항이다. 옳은 것은?**

① 대수평균 온도차(MTD)를 크게 하면 코일의 열수가 많아져 불리하다.
② 냉수의 속도는 2m/s 이상으로 하는 것이 바람직하다.
③ 코일을 통과하는 풍속은 2～3m/s가 경제적이다.
④ 물의 온도 상승은 일반적으로 10℃ 전후로 한다.

11 **다음 중 복사난방의 특징이 아닌 것은?**

① 낮은 온도에서도 쾌적성이 높다.
② 실내 온도가 균일하다.
③ 설비비가 많이 든다.
④ 간헐난방에 적합하다.

답안 표기란

1	①	②	③	④
2	①	②	③	④
3	①	②	③	④
4	①	②	③	④
5	①	②	③	④
6	①	②	③	④
7	①	②	③	④
8	①	②	③	④
9	①	②	③	④
10	①	②	③	④
11	①	②	③	④
12	①	②	③	④
13	①	②	③	④
14	①	②	③	④
15	①	②	③	④
16	①	②	③	④
17	①	②	③	④
18	①	②	③	④
19	①	②	③	④
20	①	②	③	④
21	①	②	③	④
22	①	②	③	④
23	①	②	③	④
24	①	②	③	④
25	①	②	③	④
26	①	②	③	④
27	①	②	③	④
28	①	②	③	④
29	①	②	③	④
30	①	②	③	④

계산기 | 다음 ▶ | 안 푼 문제 | 답안 제출

12 다음과 같은 벽체의 열관류율 K값은 몇 kcal/m² · h · ℃인가?

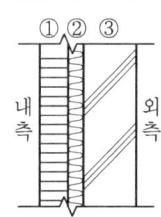

번호	재료명	두께(m)	열전도율(kcal/m · h · ℃)
①	벽돌	0.1	1.2
②	단열재	0.05	0.03
③	콘크리트	0.15	1.40

• 내표면 열전달률 : 8kcal/m² · h · ℃
• 외표면 열전달률 : 30kcal/m² · h · ℃

① 0.248 ② 0.363
③ 0.496 ④ 0.521

13 환기방식 중에서 송풍기를 이용하여 실내에 공기를 공급하고, 배기구나 건축물의 틈새를 통하여 자연적으로 배기하는 방법은?

① 제1종 환기 ② 제2종 환기
③ 제3종 환기 ④ 제4종 환기

14 보일러에서 이코노마이저(절탄기)의 기능은?

① 급수 예열 ② 연료 가열
③ 급기 예열 ④ 증기 가열

15 다음 중 냉난방 시 인체에 적당한 공기의 속도는?

① 냉방 : 0.10~0.25m/sec 난방 : 0.13~0.18m/sec
② 냉방 : 1.12~1.18m/sec 난방 : 1.18~1.25m/sec
③ 냉방 : 0.10~0.25m/min 난방 : 0.13~0.18m/min
④ 냉방 : 1.12~1.18m/min 난방 : 1.18~1.25m/min

16 다음 중 방열기기의 종류가 아닌 것은?

① 주철제 방열기 ② 강판제 방열기
③ 컨벡터 ④ 직화 방열기

17 다음 중 전공기 방식의 특징에 관한 설명으로 옳지 않은 것은?

① 송풍량이 충분하므로 실내공기의 오염이 적다.
② 리턴 팬을 설치하면 외기냉방이 가능하게 된다.
③ 실내에는 취출구와 흡입구를 설치하면 되고 팬 코일 유닛과 같은 기구가 노출되지 않는다.
④ 큰 부하의 실에 대해서도 덕트가 작게 되고 스페이스가 적다.

18 다음은 송풍기 번호에 의한 크기를 나타내는 식이다. 옳은 것은?

① 원심송풍기 : $No(\#) = \dfrac{회전날개지름(mm)}{100mm}$

   축류송풍기 : $No(\#) = \dfrac{회전날개지름(mm)}{150mm}$

② 원심송풍기 : $No(\#) = \dfrac{회전날개지름(mm)}{150mm}$

   축류송풍기 : $No(\#) = \dfrac{회전날개지름(mm)}{100mm}$

③ 원심송풍기 : $No(\#) = \dfrac{회전날개지름(mm)}{150mm}$

   축류송풍기 : $No(\#) = \dfrac{회전날개지름(mm)}{150mm}$

④ 원심송풍기 : $No(\#) = \dfrac{회전날개지름(mm)}{100mm}$

   축류송풍기 : $No(\#) = \dfrac{회전날개지름(mm)}{100mm}$

19 공조용 열원 시스템에서 토털 에너지 방식에 사용하는 구동기관으로 맞지 않는 것은?

① 전동기
② 가스 엔진
③ 디젤 엔진
④ 가스 터빈

20 다음 중 공기의 가습방법으로 맞지 않는 것은?

① 에어 워셔에 의해서 단열가습을 하는 방법
② 얼음을 분무하는 방법
③ 증기를 분무하는 방법
④ 가습팬에 의해 수증기를 사용하는 방법

2과목 냉동냉장 설비

21 증발온도 −15℃인 R−12 냉동기에 사용하는 수랭식 응축기의 설계 계산을 다음의 조건하에서 하고자 한다. 이때의 열관류율 $K(\text{kcal/m}^2 \cdot \text{h} \cdot ℃)$값은 약 얼마인가?

- 관벽의 두께 : 1.5mm
- 관재료의 열전도율 : 300kcal/m·h·℃
- 냉매 측 열전달률 : 1,500kcal/m²·h·℃
- 냉각수 측 열전달률 : 2,000kcal/m²·h·℃
- 물때의 두께 : 0.2mm
- 물때의 연전도율 : 1.0kcal/m·h·℃

① 930
② 830
③ 730
④ 630

22 냉동장치의 저압차단 스위치(LPS)에 관한 설명으로 맞는 것은?

① 유압이 저하했을 때 압축기를 정지시킨다.
② 토출압력이 저하했을 때 압축기를 정지시킨다.
③ 장치 내 압력이 일정압력 이상이 되면 압력을 저하시켜 장치를 보호한다.
④ 흡입압력이 저하했을 때 압축기를 정지시킨다.

23 응축압력이 $13.82\text{kgf/cm}^2 \cdot g$이고 증발압력이 $1.18\text{kgf/cm}^2 \cdot g$일 때 가장 적당한 중간압력($\text{kgf/cm}^2 \cdot g$)은 약 얼마인가?

① 4.42
② 4.69
③ 6.48
④ 6.99

24. 응축기에 대한 설명으로 옳은 것은?
① 수랭식 응축기의 냉각관의 두께를 1/2로 하면 그 정도 열저항이 감소하므로 두께에 비례하여 좋게 된다.
② 수랭식 응축기의 냉각수량 및 입구수온이 일정하여도 냉각관에 물때가 부착하면 응축 압력은 상승한다.
③ 증발식 응축기는 외기의 습구온도 영향을 거의 받지 않는다.
④ 냉매계통 중에서 공기 등 불응축 가스가 혼입되면 응축압력은 저하한다.

25. 증발압력 조정 밸브(EPR)의 부착 위치로 옳은 곳은?

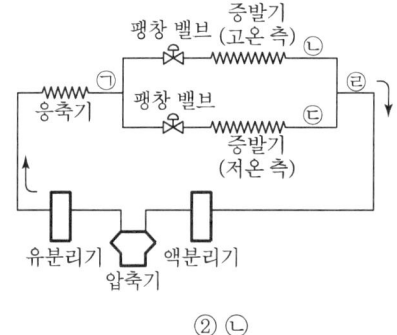

① ㉠
② ㉡
③ ㉢
④ ㉣

26. 냉동장치의 액관 중에 플래시 가스가 발생하면 냉각작용에 영향을 미치는데 플래시 가스의 발생원인이 아닌 것은?
① 액관의 입상높이가 매우 작을 때
② 냉매 순환량에 비해 액관의 지름이 너무 작을 때
③ 배관에 설치된 스트레이너, 필터 등이 막혀 있을 때
④ 액관이 직사광선에 노출될 때

27 어떤 영화관을 냉방하는 데 360,000kcal/h의 열을 제거해야 한다. 소요동력을 냉동톤당 1PS로 가정하면 이 압축기를 구동하는 데 약 몇 kW의 전동기를 필요로 하는가?

① 79.8　　　　　　　　② 69.8
③ 59.8　　　　　　　　④ 49.8

28 다음 중에서 열역학 제0법칙에 관해 정의한 것은?

① 두 물체가 제3의 물체와 온도의 동등성을 가질 때 두 물체도 역시 서로 온도의 동등성을 갖는다.
② 두 물체가 제3의 물체와 온압력의 동등성을 가질 때 두 물체도 역시 서로 압력의 동등성을 갖는다.
③ 두 물체가 제3의 물체와 무게의 동등성을 가질 때 두 물체도 역시 서로 무게의 동등성을 갖는다.
④ 두 물체가 제3의 물체와 질량의 동등성을 가질 때 두 물체도 역시 서로 질량의 동등성을 갖는다.

29 증발압력이 저하되면 증발잠열과 비체적은 어떻게 되는가?

① 증발잠열은 커지고 비체적은 작아진다.
② 증발잠열은 작아지고 비체적은 커진다.
③ 증발잠열과 비체적 모두 커진다.
④ 증발잠열과 비체적 모두 작아진다.

30 냉매가 구비해야 할 조건 중 틀린 것은?

① 증발잠열이 클 것　　　　② 응고점이 낮을 것
③ 전기저항이 클 것　　　　④ 증기의 비열비가 클 것

31 다음 중 구비해야 할 냉동 사이클을 나타낸 것은?

①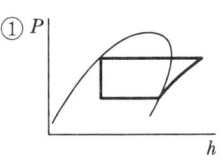
②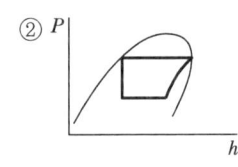
③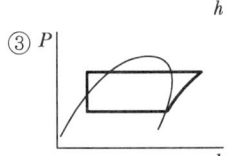
④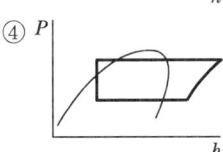

32 이중 효용 흡수식 냉동기에 대한 설명 중 옳지 않은 것은?
① 일중 효용 흡수식 냉동기에 비해 효율이 높다.
② 2개의 재생기를 갖고 있다.
③ 2개의 증발기를 갖고 있다.
④ 이중 효용 흡수식 냉동기에서 일중 효용 흡수식 냉동기와 같은 양의 냉매액을 얻기 위해서는 가열량이 일중 효용보다 작다.

33 냉동용 압축기에 사용되는 윤활유를 냉동기유라고 한다. 냉동기유의 역할과 거리가 먼 것은?
① 윤활작용
② 냉각작용
③ 제습작용
④ 밀봉작용

34 다음은 증발기의 구조와 작용에 대해 설명한 것이다. 이 중 옳지 않은 것은?
① 만액식 증발기는 리퀴드백을 방지하기 위해 액분리기를 설치한다.
② 액순환식 증발기는 액 펌프에 의해 액을 순환시키므로 타 증발기에 비해 전열이 양호하다.
③ 공기의 흐름과 냉매의 흐름은 직교류보다 평행류일 때 전열작용이 좋다.
④ 건식 증발기가 만액식 증발기에 비해 충전냉매량이 적다.

35 터보 압축기에서 속도 에너지를 압력으로 변화시키는 장치는?
 ① 임펠러 ② 베인
 ③ 증속기어 ④ 디퓨저

36 증기 분사식 냉동기의 특징으로 옳지 않은 것은?
 ① 냉매로 사용하는 수증기는 인체에 무해하고 값이 싸며 증발잠열이 크다.
 ② 가동 부분이 많아서 윤활이 요구된다.
 ③ 증기의 분사압력은 3~10kgf/cm² 정도이다.
 ④ 구조가 비교적 간단하고 진동의 발생이 없다.

37 정압식 팽창 밸브에 대한 설명 중 옳은 것은?
 ① 증발 압력을 일정하게 유지하기 위해 사용한다.
 ② 부하 변동에 따른 유량제어를 용이하게 할 수 있다.
 ③ 주로 대용량에 사용되며 증발부하가 큰 곳에 사용한다.
 ④ 증발기 내 압력이 높아지면 밸브가 열리고 낮아지면 닫힌다.

38 냉동용 운송설비 중 냉동차에 대한 설명으로 적당하지 않은 것은?
 ① 보냉동차 : 차체에 단열시공이 되어 있는 자동차
 ② 보냉차 : 내부공간을 냉각할 어떤 장비 없이 보냉하고자 하는 차체만 있는 자동차
 ③ 냉동차 : 내부공간을 냉각할 어떤 설비를 장착한 자동차
 ④ 냉장차 : 차체에 단열시공이 되어 있고, 얼음만을 운반하기 위한 자동차

39 다음 중 HFC 냉매의 구성 원소가 아닌 것은?
 ① 염소 ② 수소
 ③ 불소 ④ 탄소

40 투명한 얼음을 만들기 위해 빙관 내로 공기를 송입하는 공기 교반장치의 송풍압력(kPa)은 어느 정도인가?
 ① 2.5~8.5 ② 14.7~24.5
 ③ 34.0~46.8 ④ 57.8~76.7

3과목 공조냉동 설치 · 운영

41 주철관 이음방법이 아닌 것은?
① 플라스턴 이음
② 빅토릭 이음
③ 타이튼 이음
④ 플랜지 이음

42 오수만을 정화조에서 단독으로 정화처리한 후 공공하수도에 방류하며, 잡배수 및 우수는 그대로 공공하수도로 방유되는 방식은?
① 합류식
② 분류식
③ 단독식
④ 일체식

43 운반되는 열매체에 의해 공조설비를 분류한 것이다. 해당되지 않는 것은?
① 전공기 방식
② 전수 방식
③ 수 · 공기 방식
④ 부분 공기 방식

44 다음은 배관의 KS 도시 기호이다. 이 중 옳지 않은 것은?
① 고압배관용 탄소강 강관 : SPPH
② 저온배관용 강관 : SPLT
③ 수도용 아연도금 강관 : SPTW
④ 일반 구조용 탄소강 강관 : SPS

45 다음 중 배관의 이음에 있어서 플랜지형 기호는?
① —|—
② —||—
③ —⊂—
④ —|||—

46 도시가스 배관을 도로에 매설할 경우 기준으로 틀린 것은?
① 배관의 외면으로부터 도로의 경계까지 1m 이상 수평거리를 유지할 것
② 시가지의 도로노면 밑에 매설하는 경우에는 노면으로부터 배관의 외면까지 깊이를 1.5m 이상으로 할 것
③ 시가지 외의 도로노면 밑에 매설하는 경우에는 노면으로부터 배관의 외면까지 깊이를 1m 이상으로 할 것
④ 인도 등 노면 외의 도로 밑에 매설하는 경우에는 지표면으로부터 배관의 외면까지 깊이를 1.2m 이상으로 할 것

47 단열시공 시 곡면부의 시공에 적합하고 표면에 아스팔트 피복을 하면 −60℃까지 보냉이 되며 양모, 우모 등의 모(毛)를 이용한 피복재는?
① 실리카 울(Silica Wool)
② 아스베스토스(Asbestos)
③ 섬유유리(Glass Wool)
④ 펠트(Felt)

48 다음 그림은 감압밸브 주위의 배관도이다. 명칭이 틀린 것은?

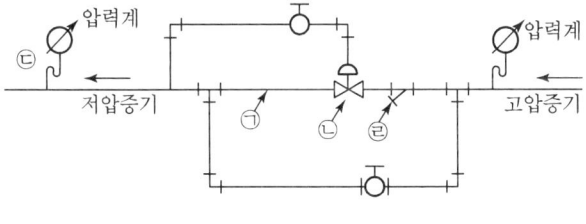

① ㉠ 스톱밸브
② ㉡ 감압밸브
③ ㉢ 파일럿관
④ ㉣ 티

49 다음 중 간접 가열식 급탕방식의 특징이 아닌 것은?

① 호텔, 병원 등의 대규모 설비에 적합하다.
② 보일러의 내면에 스케일 부착이 적다.
③ 증기난방을 할 때 그 증기의 일부를 급탕 가열 코일에 도입하도록 설치하면 별도로 급탕용 보일러가 필요 없다.
④ 고압 보일러에 적합하다.

50 배수관 설치 시 유의사항으로 틀린 것은?

① 배수관은 하류방향으로 갈수록 관의 지름을 작게 설계한다.
② 지중 혹은 지하층 바닥에 매설하는 배수관은 50mm 이상으로 한다.
③ 배수 수평지관의 지름은 이것과 접속하는 기구 배수관의 최대 관의 지름 이상으로 한다.
④ 배수 수직관의 지름은 이것과 접속하는 배수 수평지관의 최대 관의 지름 이상으로 한다.

51 기전력 1.5V, 내부저항 0.2Ω인 전지 5개를 직렬로 접속하면 전 기전력은 몇 V가 되는가?

① 0　　② 1.5
③ 3.0　　④ 7.5

52 저속이지만 큰 출력을 얻을 수 있고, 속응성이 빠른 조작기기는?

① 유압식 조작기기　　② 공기압식 조작기기
③ 전기식 조작기기　　④ 기계식 조작기기

31	①	②	③	④
32	①	②	③	④
33	①	②	③	④
34	①	②	③	④
35	①	②	③	④
36	①	②	③	④
37	①	②	③	④
38	①	②	③	④
39	①	②	③	④
40	①	②	③	④
41	①	②	③	④
42	①	②	③	④
43	①	②	③	④
44	①	②	③	④
45	①	②	③	④
46	①	②	③	④
47	①	②	③	④
48	①	②	③	④
49	①	②	③	④
50	①	②	③	④
51	①	②	③	④
52	①	②	③	④
53	①	②	③	④
54	①	②	③	④
55	①	②	③	④
56	①	②	③	④
57	①	②	③	④
58	①	②	③	④
59	①	②	③	④
60	①	②	③	④

53 그림과 같은 계전기 접점회로의 논리식은?

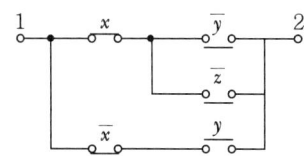

① $(x+\bar{y}z)(\bar{x}+y)$
② $(x\bar{y}+z)\bar{x}y$
③ $(x+\bar{y}+z)(\bar{x}+y)$
④ $x(\bar{y}+\bar{z})+\bar{x}y$

54 그림과 같은 논리회로와 등가인 게이트는?

① ② ③ ④

55 100V, 500W의 전열기를 90V로 사용하면 소비 전력은 몇 W인가?
① 500
② 450
③ 425
④ 405

56 정현파 교류에서 최댓값은 실횻값의 몇 배인가?
① $\sqrt{2}$
② $\sqrt{3}$
③ 2
④ 3

57 "가정용 전원 전압이 200V이다."라고 하는 것은 정현파 교류에서 어느 값을 나타내는가?
① 실횻값
② 평균값
③ 최댓값
④ 순시값

58 그림과 같이 1차 측 직류 10V를 가했을 때 변압기 2차 측에 걸리는 전압 V_2는 몇 V인가?(단, 변압기는 이상적이며, n_1 = 100회, n_2 = 500회이다.)

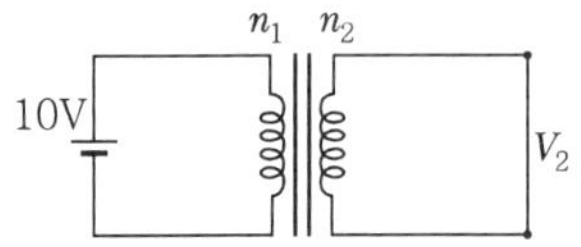

① 0
② 2
③ 10
④ 50

59 변압기는 어떤 작용을 이용한 전기기계인가?

① 정전유도작용
② 전자유도작용
③ 전류의 발열작용
④ 전류의 화학작용

60 궤환제어계(Feedback Control System)에서 제어장치에 속하지 않는 것은?

① 설정부
② 조작부
③ 검출부
④ 제어대상

답안 표기란

31	①	②	③	④
32	①	②	③	④
33	①	②	③	④
34	①	②	③	④
35	①	②	③	④
36	①	②	③	④
37	①	②	③	④
38	①	②	③	④
39	①	②	③	④
40	①	②	③	④
41	①	②	③	④
42	①	②	③	④
43	①	②	③	④
44	①	②	③	④
45	①	②	③	④
46	①	②	③	④
47	①	②	③	④
48	①	②	③	④
49	①	②	③	④
50	①	②	③	④
51	①	②	③	④
52	①	②	③	④
53	①	②	③	④
54	①	②	③	④
55	①	②	③	④
56	①	②	③	④
57	①	②	③	④
58	①	②	③	④
59	①	②	③	④
60	①	②	③	④

CBT 정답 및 해설

01	02	03	04	05	06	07	08	09	10
③	②	②	②	④	②	③	②	②	③
11	12	13	14	15	16	17	18	19	20
④	③	②	①	①	④	④	②	①	②
21	22	23	24	25	26	27	28	29	30
③	④	②	②	②	①	①	①	③	④
31	32	33	34	35	36	37	38	39	40
②	③	③	③	④	③	①	④	①	②
41	42	43	44	45	46	47	48	49	50
①	②	④	②	③	④	④	④	③	①
51	52	53	54	55	56	57	58	59	60
④	①	④	①	④	①	①	①	②	④

01 정답 | ③
풀이 | 냉각 코일에서 일부의 공기는 코일과 접촉하지 못하고 빠져 나간다. 이때 공기가 코일을 통과해도 코일과 접촉하지 못하고 지나가는 공기의 비율이 BF이다.
$BF + CF = 1$
$BT = \dfrac{AE}{CE}$
$CF(\text{콘택트 팩터}) = \dfrac{CA}{CE}$

02 정답 | ②
풀이 | ㉠ 증기난방 공급방식
  • 하향 급기식
  • 상향 급기식
㉡ 응축수 환수방식
  • 중력 환수식
  • 기계 환수식
  • 진공 환수식

03 정답 | ②
풀이 | 공기조화에서 저속 덕트의 풍속은 15m/s 이하이다.

04 정답 | ②
풀이 | 유닛 히터는 냉동기 등은 별도의 장소에 설치한다.

05 정답 | ④
풀이 | ㉠ 플레이트형 열교환기 : 스테인리스 강판에 리브형 홈을 만들어 합성고무의 개스킷으로 수밀을 기하여 수-수열교환기로 지역난방 등에서 많이 사용한다.
㉡ 리브(rib) : 대형의 덕트가 내압에 진동하는 것을 방지한다.

06 정답 | ②
풀이 | 멀티존 방식(전공기 2중 덕트 방식)은 팬이나 펌프 등의 동력비가 가장 크다.

07 정답 | ③
풀이 | 40W=0.04kW, 1kWh=860kcal
∴ 조명기구 취득열량(Q)
  $= 0.04 \times 10 \times 860 \times (1+0.2)$
  $= 412.8$kcal/h

08 정답 | ②
풀이 | 습공기선도
엔탈피, 절대습도, 건구온도, 습구온도, 노점온도, 상대습도, 비체적 등을 알 수 있다.

09 정답 | ②
풀이 | 체적(V) $= 15 \times 5 \times 2.4 = 180$m³
질량(G) $= 180 \times 1.2 = 216$kg
$216 \times 2 = 432$kg
∴ 전열부하 $= 432 \times (19.6-12.6) ≒ 3,000$kcal

10 정답 | ③
풀이 | 냉각코일의 풍속은 2~3m가 경제적이다.
① MTD를 크게 하면 코일의 열수가 적어진다.
② 냉수의 속도는 1m/s 전후로 한다.
④ 물의 온도 변화는 5℃ 정도로 한다.

11 정답 | ④
풀이 | 보일러 연속운전에 의해 복사난방은 연속난방이 가능하다.

12 정답 | ③
풀이 | 열관류율(K) $= \dfrac{1}{\dfrac{1}{a_1} + \dfrac{b}{\lambda} + \dfrac{1}{a_2}}$
$= \dfrac{1}{\dfrac{1}{8} + \dfrac{0.1}{1.2} + \dfrac{0.05}{0.03} + \dfrac{0.15}{1.4} + \dfrac{1}{30}}$
$= 0.496$kcal/m² · h · ℃

13 정답 | ②
풀이 | 제2종 환기 : 급기팬과 자연배기의 조합

14 정답 | ①
풀이 | 절탄기(폐열회수장치) : 급수 가열기(보일러 연료를 절약한다.)

CBT 정답 및 해설

15 정답 | ①
풀이 | 냉난방 시 공기속도
   ㉠ 냉방 : 0.10~0.25m/s
   ㉡ 난방 : 0.13~0.18m/s

16 정답 | ④
풀이 | 직화 방열기는 제작되지 않는 방열기이다.(직화식 : 버너부착용)

17 정답 | ④
풀이 | 전공기 방식은 대형 덕트 스페이스가 필요하고 공조실이 커야 한다.

18 정답 | ②
풀이 | 송풍기 크기(No) = $\dfrac{\text{회전날개지름}}{150}$
축류형 크기(No) = $\dfrac{\text{회전날개지름}}{100}$

19 정답 | ①
풀이 | 토털 에너지 구동기관 : 가스 엔진, 디젤 엔진, 가스 터빈

20 정답 | ②
풀이 | 얼음은 냉방에 필요한 용해잠열 방식이다.(얼음 융해열 : 79.68kcal/kg)

21 정답 | ③
풀이 | 열관류율(K) = $\dfrac{1}{\dfrac{1}{1,500}+\dfrac{0.0015}{300}+\dfrac{0.0002}{1}+\dfrac{1}{2,000}}$
= 732kcal/m·h·℃
※ 1.5mm=0.0015m, 0.2mm=0.0002m

22 정답 | ④
풀이 | LPS 목적
흡입압력 저하시 압축기 정지용

23 정답 | ②
풀이 | 중간압력(P_1) = $\sqrt{P_c \times P_e}$
= $\sqrt{(13.82+1)\times(1.18+1)}-1$
= 4.6839kgf/cm²·g(게이지 압력)

24 정답 | ②
풀이 | 냉각관에 물때가 부착하면 응축압력이 상승한다.(불응축가스 혼입은 응축압력 상승)

25 정답 | ②
풀이 | 증발압력 조정 밸브는 고온 측에 설치한다.

26 정답 | ①
풀이 | 액관의 입상높이가 매우 높을 때 플래시 가스가 발생된다.

27 정답 | ①
풀이 | 냉동능력(RT) = $\dfrac{360,000}{3,320}$ = 108RT
1PSh = 632kcal, 1kWh = 860kcal
전동기 소요동력(P) = $\dfrac{108\times632}{860}$ = 79kW

28 정답 | ①
풀이 | 열역학 제0법칙
두 물체가 제 3의 물체와 온도의 동등성을 가질 때 두 물체도 역시 서로 온도의 동등성을 갖는다.

29 정답 | ③
풀이 | 압력이 저하되면 잠열과 비체적이 커진다.

30 정답 | ④
풀이 | 냉매는 비열비(정압비열/정적비열)가 작아야 한다.

31 정답 | ②
풀이 | ①③ : 건압축, ② : 습압축, ④ : 과열압축

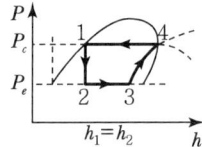

32 정답 | ③
풀이 | 이중 효용 흡수식 냉동기나 냉-온수기는 증발기가 1개뿐이다.

33 정답 | ③
풀이 | 제습기
활성 알루미나, 실리카겔, 드라이 얼라이트, 염화칼슘, 산화칼슘, 소바비드, 몰레큘러시브

34 정답 | ③
풀이 | 증발기에서 평행류보다 직교류식이 전열작용이 좋다.

CBT 정답 및 해설

03 | CBT 실전모의고사

35 **정답 | ④**
 풀이 | 디퓨저
  터보 압축기에서 속도 에너지를 압력으로 변화시킨다.

36 **정답 | ②**
 풀이 | 증기 분사식
  압축기 대신 이젝터 내에 있는 노즐을 통해 고압의 수증기를 고속도로 분출시키는 냉동기라서 윤활이 필요 없다.

37 **정답 | ①**
 풀이 | 정압식 팽창 밸브 : 증발 압력을 일정하게 유지하기 위해 사용한다.

38 **정답 | ④**
 풀이 | ㉠ 냉방, 냉장, 냉동, 냉매를 구별한다.
  ㉡ 냉장 : 우유, 치즈, 야채, 식품류를 차게 보관하는 것

39 **정답 | ①**
 풀이 | HFC 냉매는 H(수소), F(불소), C(탄소)로 구성된다.

40 **정답 | ②**
 풀이 | 빙관 내 공기 송입 교반장치의 송풍압력은 14.7~24.5kPa이다.

41 **정답 | ①**
 풀이 | 플라스턴 이음은 연관의 이음방법에 해당한다.

42 **정답 | ②**
 풀이 | 분류식
  잡배수, 우수는 그대로 공공하수도로 방류되나 오수만은 정화조에서 단독으로 정화처리 후 공공하수도에 방류한다.

43 **정답 | ④**
 풀이 | 열매체에 의한 공조설비 분류
  ㉠ 전공기 방식
  ㉡ 전수 방식
  ㉢ 수 · 공기 방식

44 **정답 | ③**
 풀이 | SPTW
  수도용 도복장 강관

45 **정답 | ②**
 풀이 | —┼— : 일반나사 이음
  —┼┼— : 플랜지 이음
  —⊂— : 턱걸이 이음
  —┼┼┼— : 유니온 이음

46 **정답 | ③**
 풀이 | 시가지 외의 도로노면 밑에 매설하는 경우에는 노면으로부터 배관의 외면까지 깊이를 1.2m 이상으로 할 것

47 **정답 | ④**
 풀이 | 펠트
  아스팔트 천으로 방습가공한 것은 −60℃까지 보냉용으로 사용이 가능하다.

48 **정답 | ④**
 풀이 | ㉣ 여과기

49 **정답 | ④**
 풀이 | 간접 가열식은 0.3~1kgf/cm²의 저압으로 가능하다.

50 **정답 | ①**
 풀이 | 배수관은 하류방향으로 갈수록 지름을 크게 한다.

51 **정답 | ④**
 풀이 | 전력$(P) = VI = I^2R = \dfrac{V^2}{R}$ (V)
  기전력$= 1.5 \times 5 = 7.5$ V

52 **정답 | ①**
 풀이 | 유압식 조작기기 : 저속이나 큰 출력이 가능하고 속응성(응답)이 빠르다.

53 **정답 | ④**
 풀이 | 계전기 논리식$= x(\overline{y+z}) + \overline{x}y$

54 **정답 | ①**
 풀이 | 논리회로 : 논리대수에 의한 연산을 실시하기 위해 사용되는 회로
  $\overline{\overline{A} \cdot \overline{B}} = A + B$

CBT 정답 및 해설

55 정답 | ④

풀이 | 전력$(P) = VI = I^2R = \dfrac{V^2}{R}$

전류$(I) = \dfrac{Q}{t}(C/s) = \dfrac{Q}{t}(A)$, $Q = I_t(C)$

전압$(V) = \dfrac{W}{Q}(J/C) = \dfrac{W}{Q}(V)$, $W = VQ(J)$

∴ 저항$(R) = \dfrac{V^2}{R} = \dfrac{100^2}{500} = 20\,\Omega$

소비전력$(P') = \dfrac{V^2}{R} = \dfrac{90^2}{20} = 405\,W$

56 정답 | ①

풀이 | ㉠ 최댓값 : 교류파형 순시값 중에서 가장 큰 값이다.
㉡ 실횻값 : 일정한 시간 동안 교류가 발생하는 열량과 직류가 발생하는 열량을 비교한 교류의 크기
㉢ $V_{\max} = \sqrt{2}\,V_e$이다.

57 정답 | ①

풀이 | ㉠ 실횻값 : 순시값 제곱의 평균값의 평방근
㉡ 순시값 : 교류는 시간에 따라 순서마다 파의 크기가 변화하므로 전류파형 또는 전압파형에서 어떤 임의의 순간에서 전류 또는 전압의 크기를 나타낸 값

58 정답 | ①

풀이 | 변압기

∴ $V_2 = 0\,V$

59 정답 | ②

풀이 | 변압기
하나의 회로에서 교류전력을 받아 전자유도 작용에 의해 다른 회로에 전력을 공급하는 정지기기

60 정답 | ④

풀이 | 궤환(Feedback)
전송계에서 출력의 일부를 입력 측으로 되돌려서 가하는 것으로 제어량과 목푯값의 차이를 자동적으로 조절하기 위해 운전상태를 나타내는 출력신호를 원상으로 되돌려서 목푯값에 해당하는 신호로서 기준입력과 비교하는 것

공조냉동기계산업기사 필기
과년도 문제풀이 10개년

발행일	2012. 2. 28	초판 발행
	2020. 1. 20	개정 11판1쇄
	2021. 1. 15	개정 12판1쇄
	2022. 1. 15	개정 13판1쇄
	2022. 4. 15	개정 13판2쇄
	2023. 1. 10	개정 14판1쇄
	2024. 1. 10	개정 15판1쇄
	2025. 1. 10	개정 16판1쇄
	2025. 3. 10	개정 16판2쇄
	2026. 1. 20	개정 17판1쇄

저 자 | 권오수 · 안효열
발행인 | 정용수
발행처 | 예문사

주 소 | 경기도 파주시 직지길 460(출판도시) 도서출판 예문사
T E L | 031) 955-0550
F A X | 031) 955-0660
등록번호 | 11-76호

- 이 책의 어느 부분도 저작권자나 발행인의 승인 없이 무단 복제하여 이용할 수 없습니다.
- 파본 및 낙장은 구입하신 서점에서 교환하여 드립니다.
- 예문사 홈페이지 http://www.yeamoonsa.com

정가 : 26,000원

ISBN 978-89-274-6037-4 13550